高等院校教材同步辅导
及考研复习用书

线性代数辅导

同济·六版

张天德◎主编

高丽、王玮◎副主编

北京理工大学出版社
BEIJING INSTITUTE OF TECHNOLOGY PRESS

图书在版编目（CIP）数据

线性代数辅导：同济六版/张天德主编. —北京 ：北京理工大学出版社，2015.1
(2020.4 重印)

ISBN 978 - 7 - 5682 - 0233 - 6

Ⅰ. ①线… Ⅱ. ①张… Ⅲ. ①线性代数-研究生-入学考试-自学参考资料
Ⅳ. ①O151.2

中国版本图书馆 CIP 数据核字（2015）第 017469 号

出版发行 / 北京理工大学出版社有限责任公司
社　　址 / 北京市海淀区中关村南大街 5 号
邮　　编 / 100081
电　　话 / (010) 68914775（总编室）
　　　　　82562903（教材售后服务热线）
　　　　　68948351（其他图书服务热线）
网　　址 / http：//www. bitpress. com. cn
经　　销 / 全国各地新华书店
印　　刷 / 保定市中画美凯印刷有限公司
开　　本 / 710 毫米×1000 毫米　1/16
印　　张 / 17.75
字　　数 / 318 千字
版　　次 / 2015 年 1 月第 1 版　2020 年 4 月第 6 次印刷
定　　价 / 29.80 元

责任编辑 / 高　芳
文案编辑 / 胡　莹
责任校对 / 周瑞红
责任印制 / 李志强

图书出现印装质量问题，请拨打售后服务热线，本社负责调换

前　言

线性代数是理工类专业的一门重要的基础课，也是硕士研究生入学考试的重点科目。同济大学数学系主编的《线性代数》是一部深受读者欢迎并多次获奖的优秀教材。为了帮助读者学好线性代数，我们编写了《线性代数辅导(同济六版)》，该书与同济大学数学系主编的《线性代数(第六版)》配套，汇集了编者几十年的丰富经验，将一些典型例题及解题方法与技巧融入书中。本书将会成为读者学习线性代数的良师益友。

本书的章节划分和内容设置与同济大学数学系主编的《线性代数(第六版)》教材完全一致。在每一章的开头先对本章知识进行简要的概括，然后用网络结构图的形式揭示出本章知识点之间的有机联系，以便于学生从总体上系统地掌握本章知识体系和核心内容。

讲解结构六大部分

一、知识结构　用结构图解的形式对每节涉及的基本概念、基本定理和基本公式进行系统的梳理，并指出在理解与应用基本概念、定理、公式时需要注意的问题以及各类考试中经常考查的重要知识点。

二、考点精析　分类总结每章重点题型以及重要定理，使读者能更扎实地掌握各个知识点，最终提升读者应试能力。

三、例题精解　这一部分是每一节讲解中的核心内容，也是全书的核心内容。作者基于多年的教学经验和对研究生入学考试试题及全国大学生数学竞赛试题研究的经验，将该节教材内容中学生需要掌握的、考研和数学竞赛中经常考到的重点、难点、考点，归纳为一个个在考试中可能出现的基本题型，然后针对每一个基本题型，举出大量精选例题深入讲解，使读者扎实掌握每一个知识点，并能熟练运用在具体解题中。可谓基础知识梳理、重点考点深讲、联系考试解题三重互动，一举突破，从而获得实际应用能力的全面提升。例题讲解中穿插出现的“思路探索”“方法点击”，更是巧妙点拨，让读者举一反三、触类旁通。

四、本章知识总结　对本章所学的知识进行系统的回顾，帮助读者更好地复习、总结、提高。

五、本章同步自测　精选部分有代表性、测试价值高的题目(部分题目选自历年研究生入学考试和大学生数学竞赛试题)，以此检测、巩固读者所学知识以达到提高应试水平的目的。

六、教材习题全解　为了方便读者对课本知识进行复习巩固，对教材课后习题作详细解答，这与市面上习题答案不全的某些参考书有很大的不同。在解题过程中，本书对部分有代表性的习题设置了"思路探索",以引导读者尽快找到解决问题的思路和方法;本书安排有"方法点击"来帮助读者归纳解决问题的关键、技巧与规律。针对部分习题,还给出了一题多解,以培养读者的分析能力和发散思维的能力。

内容编写三大特色

一、重新修订、内容完善 本书是《线性代数辅导(同济五版)》的最新修订版,前一版在市场上受到了广大学子的欢迎,每年销量都在 8 万册以上。这次修订增加了大学生数学竞赛试题,更新了研究生入学考试试题,改正了原来的印刷错误,使其内容更加完善,体例更为合理。

二、知识清晰、学习高效 知识点讲解清晰明了,分析透彻到位,既有对重点及常考知识点进行归纳,同时又对基本题型的解题思路、解题方法和答题技巧进行了深层次的总结。据此,读者不仅可以从全局上对章节要点有整体性的把握,更可以纲举目张,系统地把握数学知识的内在逻辑性。

三、联系考研、经济实用 本书不仅是一本教材同步辅导书,也是一本不可多得的考研复习用书,书中内容与研究生入学考试联系紧密。在知识全解版块设置"考研大纲要求"版块,例题精解和自测题部分选取大量考研真题,让读者在同步学习中完成考研的备考。

本书由张天德任主编,高丽、王玮任副主编。衷心希望我们的这本《线性代数辅导(同济六版)》能对读者有所裨益。由于编者水平有限,书中疏漏之处在所难免,不足之处敬请读者批评指正,以便不断完善。

张天德

目　录

教材知识全解

教材习题全解

教材知识全解

第一章　行列式

行列式是整个线性代数的基础，它要求我们在概念上要清晰，运用时要灵活，对知识的衔接与内在联系要掌握好.一方面，要掌握行列式的计算方法，另一方面，要注意行列式与其他数学知识的结合.本章的重点是行列式的计算，要学会利用行列式的性质及按行(列)展开等基本方法来简化行列式的运算，并掌握两行(列)交换、某行(列)乘数、某行(列)加上另一行(列)的 k 倍这三类运算.

第一节　二阶与三阶行列式

知识全解

【知识结构】

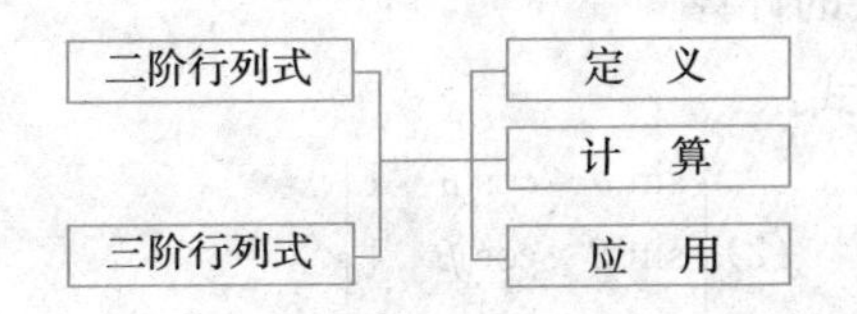

【考点精析】

1. 二阶与三阶行列式定义.

名称	定义	备注
二阶行列式	$\begin{vmatrix} a_{11} & a_{12} \\ a_{21} & a_{22} \end{vmatrix}=a_{11}a_{22}-a_{12}a_{21}$	①行列式从本质上讲就是一个数； ②注意在行列式展开过程中各项的正负号是否正确
三阶行列式	$\begin{vmatrix} a_{11} & a_{12} & a_{13} \\ a_{21} & a_{22} & a_{23} \\ a_{31} & a_{32} & a_{33} \end{vmatrix}=a_{11}a_{22}a_{33}+a_{12}a_{23}a_{31}+a_{13}a_{21}a_{32}-a_{11}a_{23}a_{32}-a_{12}a_{21}a_{33}-a_{13}a_{22}a_{31}$	

2. 二阶行列式的应用.

问题	应用	说明
解二元线性方程组 $\begin{cases} a_{11}x_1+a_{12}x_2=b_1, \\ a_{21}x_1+a_{22}x_2=b_2 \end{cases}$	记 $D=\begin{vmatrix} a_{11} & a_{12} \\ a_{21} & a_{22} \end{vmatrix}$，$D_1=\begin{vmatrix} b_1 & a_{12} \\ b_2 & a_{22} \end{vmatrix}$，$D_2=\begin{vmatrix} a_{11} & b_1 \\ a_{21} & b_2 \end{vmatrix}$，则 $x_1=\dfrac{D_1}{D}$，$x_2=\dfrac{D_2}{D}$	这个应用推广到一般情况就是克拉默法则(第二章第四节)

3. 对应习题.

习题一第 1 题(教材 P_{21}).

例题精解

基本题型Ⅰ:二阶行列式的计算

例1 计算下列行列式:

(1)$\begin{vmatrix} 1 & 2 \\ -1 & 3 \end{vmatrix}$; (2)$\begin{vmatrix} x+1 & x \\ 1 & x^2-x+1 \end{vmatrix}$.

【解析】 (1)$\begin{vmatrix} 1 & 2 \\ -1 & 3 \end{vmatrix}=1\times3-2\times(-1)=5$;

(2)$\begin{vmatrix} x+1 & x \\ 1 & x^2-x+1 \end{vmatrix}=(x+1)(x^2-x+1)-x=x^3-x+1$.

【方法点击】 二阶行列式可由定义直接计算.读者应熟练掌握二阶行列式的定义.

基本题型Ⅱ:三阶行列式的计算

例2 计算下列行列式:

(1)$\begin{vmatrix} 2 & 1 & 1 \\ 1 & 1 & 0 \\ 3 & -7 & -1 \end{vmatrix}$; (2)$\begin{vmatrix} \sin\alpha & \cos\alpha & 1 \\ \sin\beta & \cos\beta & 1 \\ \sin v & \cos v & 1 \end{vmatrix}$.

【解析】 (1)$\begin{vmatrix} 2 & 1 & 1 \\ 1 & 1 & 0 \\ 3 & -7 & -1 \end{vmatrix}=2\times1\times(-1)+1\times0\times3+1\times1\times(-7)-1\times1\times3-1\times1\times(-1)-2\times0\times(-7)=-11$;

(2)$\begin{vmatrix} \sin\alpha & \cos\alpha & 1 \\ \sin\beta & \cos\beta & 1 \\ \sin v & \cos v & 1 \end{vmatrix}=\sin\alpha\cos\beta+\sin v\cos\alpha+\sin\beta\cos v-\sin v\cos\beta-\sin\beta\cos\alpha-\sin\alpha\cos v$

$=\sin(\alpha-\beta)+\sin(\beta-v)+\sin(v-\alpha)$.

【方法点击】 三阶行列式可利用对角线法则直接计算.读者应熟练掌握三阶行列式的定义,并要特别注意各项的正负号.

基本题型Ⅲ:二阶、三阶行列式的应用

例3 用行列式解线性方程组$\begin{cases} x_1-2x_2=3, \\ 3x_1-4x_2=-2. \end{cases}$

【解析】 $D=\begin{vmatrix} 1 & -2 \\ 3 & -4 \end{vmatrix}=1\times(-4)-(-2)\times3=2\neq0$,

$$D_1=\begin{vmatrix}3 & -2\\ -2 & -4\end{vmatrix}=3\times(-4)-(-2)\times(-2)=-16,$$

$$D_2=\begin{vmatrix}1 & 3\\ 3 & -2\end{vmatrix}=1\times(-2)-3\times3=-11,$$

所以 $x_1=\frac{D_1}{D}=-\frac{16}{2}=-8, x_2=\frac{D_2}{D}=-\frac{11}{2}$.

【方法点击】 本题是行列式的一个初步应用．读者应注意观察 D, D_1, D_2 与方程组系数的对应关系，找出其规律．事实上，此规律可推广到更高阶线性方程组，读者在后面的章节中将会学到．

第二节　全排列和对换

知识全解

【知识结构】

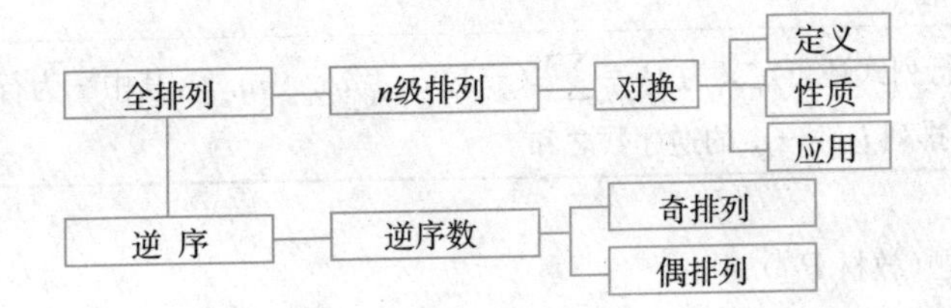

【考点精析】

1. 全排列．

概念	n 个不同元素排成一列，称为 **n 个元素的全排列**
特例	n 个自然数的排列
所有排列种数	$P_n=n!$

2. 逆序数．

名称	内容	备注
逆序	排列中的某两个元素的先后次序与标准次序(规定的)不同，就说有一个**逆序**	常用标准次序是从小到大
逆序数	一个排列 $i_1i_2\cdots i_n$ 中所有逆序的总和称为这个**排列的逆序数**，记为 $\tau(i_1i_2\cdots i_n)$	τ 为奇数，称为奇排列；τ 为偶数，称为偶排列

续表

名称	内容	备注
逆序数公式	(1)**第一种算法**:$\tau(i_1i_2\cdots i_n)=$(i_2 前面比 i_2 大的数的个数)+(i_3 前面比 i_3 大的数的个数)+…+(i_n 前面比 i_n 大的数的个数); (2)**第二种算法**:$\tau(i_1i_2\cdots i_n)=$(i_1 后面比 i_1 小的数的个数)+(i_2 后面比 i_2 小的数的个数)+…+(i_{n-1}后面比 i_{n-1}小的数的个数)	

3. 对换.

定义	在排列中,将任意两个元素对换,其余不动,称为**对换**
性质	一个排列中的任意两个元素对换,排列改变奇偶性
	奇排列变成标准排列的对换次数为**奇数**;偶排列变成标准排列的对换次数为**偶数**
应用	n 阶行列式也可定义为 $D=\sum(-1)^{\tau}a_{p_1 1}a_{p_2 2}\cdots a_{p_n n}$,其中 τ 为行标排列 $p_1p_2\cdots p_n$ 的逆序数
	n 阶行列式还可定义为 $D=\sum(-1)^{\tau}a_{i_1j_1}a_{i_2j_2}\cdots a_{i_nj_n}$,其中 τ 为行标排列 $i_1i_2\cdots i_n$ 和列标排列 $j_1j_2\cdots j_n$ 的逆序数之和

4. 对应习题.

习题一第 2 题(教材 P_{21}).

例题精解

基本题型Ⅰ:逆序数的求法

例 1 求下列排列的逆序数:

(1)134782695;　(2)987654321.

用第一种算法

【解析】 (1)$\tau(134782695)=0+0+0+0+4+2+0+4=10$;

(其中各项依次对应 3 4 7 8 2 6 9 5)

用第二种算法

(2)$\tau(987654321)=8+7+6+5+4+3+2+1=36$.

(其中各项依次对应 9 8 7 6 5 4 3 2)

【方法点击】 求逆序数一般按上面给出的公式依次来算,对初学者来说,可按本例给出的虚线对应,以避免出错.通过本题,读者应充分理解逆序和排列的逆序数的定义,并掌握求排列的逆序数所常用的两种方法.

例2　求下列排列的逆序数,并确定它们的奇偶性.

(1) $n\ (n-1) \cdots 2\ 1$;　(2) $1\ 3 \cdots (2n-1)\ 2\ 4 \cdots (2n)$;

(3) $1\ 3\ 5 \cdots (2n-1)\ (2n)\ (2n-2) \cdots 4\ 2$.

【解析】 (1)由第一种计算法,有

$$\tau(n\ (n-1) \cdots 2\ 1)=1+2+\cdots+(n-1)=\frac{n(n-1)}{2}.$$

对$\frac{n(n-1)}{2}$的奇偶性判断,需按以下情况进行讨论:

请注意:为什么要分四种情况而不是两种?

当$n=4k$时,$\frac{n(n-1)}{2}=2k(4k-1)$为偶数;

当$n=4k+1$时,$\frac{n(n-1)}{2}=2k(4k+1)$为偶数;

当$n=4k+2$时,$\frac{n(n-1)}{2}=(2k+1)(4k+1)$为奇数;

当$n=4k+3$时,$\frac{n(n-1)}{2}=(2k+1)(4k+3)$为奇数;

因此,当$n=4k$或$4k+1$时,此排列为偶排列;当$n=4k+2$或$4k+3$时,此排列为奇排列($k\in \mathbf{Z}^+ \cup \{0\}$).

(2)由第二种计算法,排列中前n个数$1,3,5,\cdots,(2n-1)$之间不构成逆序,后n个数$2,4,6,\cdots,(2n)$之间也不构成逆序,只有前n个数与后n个数之间才构成逆序,因此

$$\tau(1\ 3\ 5 \cdots (2n-1)\ 2\ 4\ 6 \cdots (2n))=0+1+2+\cdots+(n-1)=\frac{n(n-1)}{2}.$$

由(1)可知,当$n=4k$或$4k+1$时,此排列为偶排列;当$n=4k+2$或$4k+3$时,此排列为奇排列($k\in \mathbf{Z}^+ \cup \{0\}$).

(3)由第二种计算法,有

$$\begin{aligned}\tau(1\ 3\ 5 \cdots (2n-1)\ (2n)\ (2n-2) \cdots 4\ 2)&=0+1+\cdots+n-1+n-1+\cdots+1+0\\&=n(n-1).\end{aligned}$$

因为对任意$n\in \mathbf{Z}^+$,$n(n-1)$均为偶数,故所给排列为偶排列.

基本题型Ⅱ:求抽象排列的逆序数

例3　设排列$x_1x_2\cdots x_{n-1}x_n$的逆序数为k,则排列$x_nx_{n-1}\cdots x_2x_1$的逆序数是多少?

【解析】 在n个元素$x_1,x_2,\cdots,x_n$中,任选两个元素x_i,x_j,则x_i与x_j必然在排列$x_1x_2\cdots x_{n-1}x_n$和排列$x_nx_{n-1}\cdots x_2x_1$中的一个排列中构成逆序,所以,这两个排列的逆序数之和等于从n个元素中取两个元素的组合数,即$C_n^2=\frac{n(n-1)}{2}$,于是

$$\tau(x_nx_{n-1}\cdots x_2x_1)=\frac{n(n-1)}{2}-\tau(x_1x_2\cdots x_{n-1}x_n)=\frac{n(n-1)}{2}-k.$$

【方法点击】 通过考查$x_1x_2\cdots x_{n-1}x_n$中逆序与$x_nx_{n-1}\cdots x_2x_1$中逆序之间的关系,加深对逆序及排列逆序数的理解.

第三节　n 阶行列式的定义

知识全解

【知识结构】

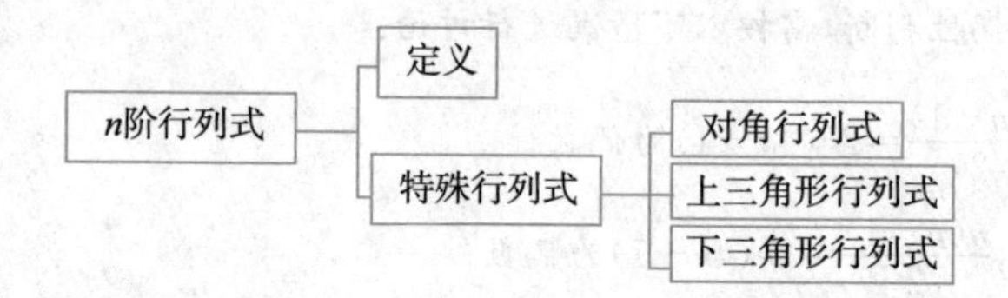

【考点精析】

1. n 阶行列式.

名称	定义	理解
n 阶行列式	$\begin{vmatrix} a_{11} & a_{12} & \cdots & a_{1n} \\ a_{21} & a_{22} & \cdots & a_{2n} \\ \vdots & \vdots & & \vdots \\ a_{n1} & a_{n2} & \cdots & a_{nn} \end{vmatrix} = \sum (-1)^{\tau} a_{1p_1} a_{2p_2} \cdots a_{np_n}$	①τ 是排列 $p_1 p_2 \cdots p_n$ 的逆序数； ②n 阶行列式等于所有取自不同行不同列的元素之积的代数和

2. 几种特殊行列式

名称	定义
对角行列式	$\begin{vmatrix} \lambda_1 & & & \\ & \lambda_2 & & \\ & & \ddots & \\ & & & \lambda_n \end{vmatrix} = \lambda_1 \lambda_2 \cdots \lambda_n$
副对角行列式	$\begin{vmatrix} & & & \lambda_1 \\ & & \lambda_2 & \\ & \iddots & & \\ \lambda_n & & & \end{vmatrix} = (-1)^{\frac{n(n-1)}{2}} \lambda_1 \lambda_2 \cdots \lambda_n$
下三角形行列式	$\begin{vmatrix} a_{11} & & & 0 \\ a_{21} & a_{22} & & \\ \vdots & \vdots & \ddots & \\ a_{n1} & a_{n2} & \cdots & a_{nn} \end{vmatrix} = a_{11} a_{22} \cdots a_{nn}$
上三角形行列式	$\begin{vmatrix} a_{11} & a_{12} & \cdots & a_{1n} \\ & a_{22} & \cdots & a_{2n} \\ & & \ddots & \vdots \\ 0 & & & a_{nn} \end{vmatrix} = a_{11} a_{22} \cdots a_{nn}$

3. 对应习题.

习题一第 3 题和第 7 题(教材 $P_{21\sim22}$).

例题精解

基本题型Ⅰ:求行列式中项的符号

例 1　若 $a_{i1}a_{2k}a_{13}a_{m2}$ 是四阶行列式中的项,则 i,k,m 应为何值?此时该项的符号是什么?

【解析】　由行列式定义知,四阶行列式的每一项是取自不同行不同列的四个元素之积,所以 $k=4$,且有 $i=3,m=4$ 或 $i=4,m=3$.

当 $i=3,m=4,k=4$ 时,所给项按元素的行标为自然顺序改写为 $a_{13}a_{24}a_{31}a_{42}$,列标构成的排列为 3412,其逆序数为 4. 所以,此时该项的符号为正.

当 $i=4,m=3,k=4$ 时,所给项按元素的行标为自然顺序改写为 $a_{13}a_{24}a_{32}a_{41}$,列标构成的排列为 3421,其逆序数为 5. 所以,此时该项的符号为负.

基本题型Ⅱ:利用定义计算含零元素较多的行列式

例 2　用 n 阶行列式的定义直接计算

$$D_n=\begin{vmatrix} 0 & 0 & \cdots & 0 & a_1 & 0 \\ 0 & 0 & \cdots & a_2 & 0 & 0 \\ \vdots & \vdots & & \vdots & \vdots & \vdots \\ 0 & a_{n-2} & \cdots & 0 & 0 & 0 \\ a_{n-1} & 0 & \cdots & 0 & 0 & 0 \\ 0 & 0 & \cdots & 0 & 0 & a_n \end{vmatrix}\text{(其中 } a_i\neq 0, i=1,2,\cdots,n\text{)}.$$

【解析】　由于该行列式中每一行及每一列只有一个非零元素,由 n 阶行列式定义知,D_n 只含一项 $a_1a_2\cdots a_{n-1}a_n$,其中元素的下标正好是它们所在行的下标,恰好按自然序排列,而它们所在列的下标构成的排列为

$$(n-1)\quad(n-2)\cdots 2\ 1\ n,$$

其逆序数为 $\tau=\dfrac{(n-1)(n-2)}{2}$. 故 $D_n=(-1)^{\frac{(n-1)(n-2)}{2}}a_1a_2\cdots a_{n-1}a_n$.

例 3　证明:$\begin{vmatrix} 0 & \cdots & 0 & a_{1n} \\ 0 & \cdots & a_{2,n-1} & a_{2n} \\ \vdots & & \vdots & \vdots \\ a_{n1} & \cdots & a_{n,n-1} & a_{nn} \end{vmatrix}=(-1)^{\frac{n(n-1)}{2}}a_{1n}a_{2,n-1}\cdots a_{n1}$.

【证明】　根据行列式的定义,项的一般形式为

$$(-1)^{\tau(j_1j_2\cdots j_n)}a_{1j_1}a_{2j_2}\cdots a_{nj_n},$$

行列式的第 1 行只有 a_{1n} 为非零元,第 2 行除 $a_{2,n-1}$ 和 a_{2n} 外全为零,故第 2 行只能取 $a_{2,n-1}$,…,第 n 行只能取 a_{n1},则行列式只有 $a_{1n}a_{2,n-1}\cdots a_{n1}$ 这一项为非零元,而这一项的列下标所成的排列的逆序数为

$$\tau(n\quad(n-1)\cdots 2\quad 1)=\frac{n(n-1)}{2},$$

于是 $\begin{vmatrix} 0 & \cdots & 0 & a_{1n} \\ 0 & \cdots & a_{2,n-1} & a_{2n} \\ \vdots & & \vdots & \vdots \\ a_{n1} & \cdots & a_{n,n-1} & a_{nn} \end{vmatrix} = (-1)^{\frac{n(n-1)}{2}} a_{1n}a_{2,n-1}\cdots a_{n1}$.

【方法点击】 计算含零较多的行列式时,通常是先按定义写出其一般项,然后结合所给行列式元素的特点分析列下标的可能取值,再进行计算.

例 4 证明:(1) $\begin{vmatrix} a_{11} & a_{12} & a_{13} & a_{14} & a_{15} \\ a_{21} & a_{22} & a_{23} & a_{24} & a_{25} \\ 0 & 0 & 0 & a_{34} & a_{35} \\ 0 & 0 & 0 & a_{44} & a_{45} \\ 0 & 0 & 0 & a_{54} & a_{55} \end{vmatrix} = 0$;

(2) $\begin{vmatrix} a_{11} & a_{12} & 0 & 0 \\ a_{21} & a_{22} & 0 & 0 \\ a_{31} & a_{32} & a_{33} & a_{34} \\ a_{41} & a_{42} & a_{43} & a_{44} \end{vmatrix} = \begin{vmatrix} a_{11} & a_{12} \\ a_{21} & a_{22} \end{vmatrix} \begin{vmatrix} a_{33} & a_{34} \\ a_{43} & a_{44} \end{vmatrix}$.

【证明】 (1)由行列式定义知,

$$D = \begin{vmatrix} a_{11} & a_{12} & a_{13} & a_{14} & a_{15} \\ a_{21} & a_{22} & a_{23} & a_{24} & a_{25} \\ 0 & 0 & 0 & a_{34} & a_{35} \\ 0 & 0 & 0 & a_{44} & a_{45} \\ 0 & 0 & 0 & a_{54} & a_{55} \end{vmatrix} = \sum (-1)^{\tau(j_1j_2j_3j_4j_5)} a_{1j_1}a_{2j_2}a_{3j_3}a_{4j_4}a_{5j_5},$$

若 $a_{1j_1}a_{2j_2}a_{3j_3}a_{4j_4}a_{5j_5} \neq 0$,由题设知 j_3,j_4,j_5 只能等于 4 或 5,从而 j_3,j_4,j_5 中至少有两个相等,这与 $j_1j_2j_3j_4j_5$ 是 1,2,3,4,5 的一个全排列矛盾,故 $a_{1j_1}a_{2j_2}a_{3j_3}a_{4j_4}a_{5j_5}=0$,于是 $D=0$.

(2)由行列式定义知,

$$D = \begin{vmatrix} a_{11} & a_{12} & 0 & 0 \\ a_{21} & a_{22} & 0 & 0 \\ a_{31} & a_{32} & a_{33} & a_{34} \\ a_{41} & a_{42} & a_{43} & a_{44} \end{vmatrix} = \sum (-1)^{\tau(j_1j_2j_3j_4)} a_{1j_1}a_{2j_2}a_{3j_3}a_{4j_4}.$$

由题设,要使 $a_{1j_1}a_{2j_2}a_{3j_3}a_{4j_4} \neq 0$,必须 j_1,j_2 取 1 或 2,而 $j_1j_2j_3j_4$ 是 1,2,3,4 的一个全排列,故 j_3,j_4 取 3 或 4,于是

$$\begin{aligned} D &= (-1)^{\tau(1234)}a_{11}a_{22}a_{33}a_{44} + (-1)^{\tau(1243)}a_{11}a_{22}a_{34}a_{43} + (-1)^{\tau(2134)}a_{12}a_{21}a_{33}a_{44} + (-1)^{\tau(2143)}a_{12}a_{21}a_{34}a_{43} \\ &= a_{11}a_{22}a_{33}a_{44} - a_{11}a_{22}a_{34}a_{43} - a_{12}a_{21}a_{33}a_{44} + a_{12}a_{21}a_{34}a_{43}, \end{aligned}$$

而 $\begin{vmatrix} a_{11} & a_{12} \\ a_{21} & a_{22} \end{vmatrix}\begin{vmatrix} a_{33} & a_{34} \\ a_{43} & a_{44} \end{vmatrix}=(a_{11}a_{22}-a_{12}a_{21})(a_{33}a_{44}-a_{34}a_{43})$

$$=a_{11}a_{22}a_{33}a_{44}-a_{11}a_{22}a_{34}a_{43}-a_{12}a_{21}a_{33}a_{44}+a_{12}a_{21}a_{34}a_{43}.$$

所以等式成立.

基本题型Ⅲ:确定某些展开项的系数

例 5　函数 $f(x)=\begin{vmatrix} 2x & 1 & -1 \\ -x & -x & x \\ 1 & 2 & x \end{vmatrix}$ 中 x^3 的系数为________.

【解析】 因为行列式各项中每行每列只能有一个元素,此行列式中每个元素的最高次数为 1. 因此,行列式展开后只有主对角线上三个元素的乘积才出现 x^3 项,此项为 $(-1)^{\tau(123)}2x\cdot(-x)\cdot x=-2x^3$,所以,$x^3$ 的系数为-2. 故应填-2.

【方法点击】 此类型题目不需要把行列式的值计算出来,而只需考虑行列式的不同行不同列乘积中出现 x^n 的项,然后将它们的系数相加即可.

第四节　行列式的性质

知识全解

【知识结构】

行列式的性质——行列式的计算

【考点精析】

1. 行列式的性质.

性质	形式举例	备注
性质 1:行列式与它的转置行列式相等	$\begin{vmatrix} a_{11} & a_{12} & \cdots & a_{1n} \\ a_{21} & a_{22} & \cdots & a_{2n} \\ \vdots & \vdots & & \vdots \\ a_{n1} & a_{n2} & \cdots & a_{nn} \end{vmatrix}=\begin{vmatrix} a_{11} & a_{21} & \cdots & a_{n1} \\ a_{12} & a_{22} & \cdots & a_{n2} \\ \vdots & \vdots & & \vdots \\ a_{1n} & a_{2n} & \cdots & a_{nn} \end{vmatrix}$	D 的转置记作 D^T,则 $D^T=D$
性质 2:互换行列式的两行(列),行列式变号	$\begin{vmatrix} a_{11} & a_{12} & \cdots & a_{1n} \\ \vdots & \vdots & & \vdots \\ a_{i1} & a_{i2} & \cdots & a_{in} \\ \vdots & \vdots & & \vdots \\ a_{j1} & a_{j2} & \cdots & a_{jn} \\ \vdots & \vdots & & \vdots \\ a_{n1} & a_{n2} & \cdots & a_{nn} \end{vmatrix}=-\begin{vmatrix} a_{11} & a_{12} & \cdots & a_{1n} \\ \vdots & \vdots & & \vdots \\ a_{j1} & a_{j2} & \cdots & a_{jn} \\ \vdots & \vdots & & \vdots \\ a_{i1} & a_{i2} & \cdots & a_{in} \\ \vdots & \vdots & & \vdots \\ a_{n1} & a_{n2} & \cdots & a_{nn} \end{vmatrix}$	交换 i,j 两行,记作 $r_i\leftrightarrow r_j$;交换 i,j 两列,记作 $c_i\leftrightarrow c_j$. **推论**:如果行列式有两行(列)完全相同,则此行列式等于零

续表

性质	形式举例	备注
性质 3:行列式的某一行(列)中所有的元素都乘以同一数 k,等于用数 k 乘此行列式	$\begin{vmatrix} a_{11} & a_{12} & \cdots & a_{1n} \\ \vdots & \vdots & & \vdots \\ ka_{i1} & ka_{i2} & \cdots & ka_{in} \\ \vdots & \vdots & & \vdots \\ a_{n1} & a_{n2} & \cdots & a_{nn} \end{vmatrix} = k \begin{vmatrix} a_{11} & a_{12} & \cdots & a_{1n} \\ \vdots & \vdots & & \vdots \\ a_{i1} & a_{i2} & \cdots & a_{in} \\ \vdots & \vdots & & \vdots \\ a_{n1} & a_{n2} & \cdots & a_{nn} \end{vmatrix}$	第 i 行乘以 k,记作 $r_i \times k$;第 i 列乘以 k,记作 $c_i \times k$. **推论**:行列式中某一行(列)的所有元素的公因子可以提到行列式记号的外面
性质 4:行列式中如果有两行(列)元素成比例,则此行列式等于零	$\begin{vmatrix} a_{11} & a_{12} & \cdots & a_{1n} \\ \vdots & \vdots & & \vdots \\ ka_{11} & ka_{12} & \cdots & ka_{1n} \\ \vdots & \vdots & & \vdots \\ a_{n1} & a_{n2} & \cdots & a_{nn} \end{vmatrix} = 0$	
性质 5:若行列式的某一列(行)的元素都是两数之和,则行列式可以写成两个行列式之和	$\begin{vmatrix} a_{11} & a_{12} & \cdots & (a_{1i}+a'_{1i}) & \cdots & a_{1n} \\ a_{21} & a_{22} & \cdots & (a_{2i}+a'_{2i}) & \cdots & a_{2n} \\ \vdots & \vdots & & \vdots & & \vdots \\ a_{n1} & a_{n2} & \cdots & (a_{ni}+a'_{ni}) & \cdots & a_{nn} \end{vmatrix} =$ $\begin{vmatrix} a_{11} & a_{12} & \cdots & a_{1i} & \cdots & a_{1n} \\ a_{21} & a_{22} & \cdots & a_{2i} & \cdots & a_{2n} \\ \vdots & \vdots & & \vdots & & \vdots \\ a_{n1} & a_{n2} & \cdots & a_{ni} & \cdots & a_{nn} \end{vmatrix} +$ $\begin{vmatrix} a_{11} & a_{12} & \cdots & a'_{1i} & \cdots & a_{1n} \\ a_{21} & a_{22} & \cdots & a'_{2i} & \cdots & a_{2n} \\ \vdots & \vdots & & \vdots & & \vdots \\ a_{n1} & a_{n2} & \cdots & a'_{ni} & \cdots & a_{nn} \end{vmatrix}$	**推论**:如果行列式某一列(行)的元素都是 $m(\geqslant 2)$ 个数的和,则此行列式可以写成 m 个行列式之和
性质 6:把行列式的某一列(行)的各元素乘以同一数,然后加到另一列(行)对应的元素上去,行列式不变	$\begin{vmatrix} a_{11} & \cdots & a_{1i} & \cdots & a_{1j} & \cdots & a_{1n} \\ a_{21} & \cdots & a_{2i} & \cdots & a_{2j} & \cdots & a_{2n} \\ \vdots & & \vdots & & \vdots & & \vdots \\ a_{n1} & \cdots & a_{ni} & \cdots & a_{nj} & \cdots & a_{nn} \end{vmatrix} \xlongequal{c_i+kc_j}$ $\begin{vmatrix} a_{11} & \cdots & (a_{1i}+ka_{1j}) & \cdots & a_{1j} & \cdots & a_{1n} \\ a_{21} & \cdots & (a_{2i}+ka_{2j}) & \cdots & a_{2j} & \cdots & a_{2n} \\ \vdots & & \vdots & & \vdots & & \vdots \\ a_{n1} & \cdots & (a_{ni}+ka_{nj}) & \cdots & a_{nj} & \cdots & a_{nn} \end{vmatrix}$	以数 k 乘第 j 行加到第 i 行上,记作 r_i+kr_j;以数 k 乘第 j 列加到第 i 列上,记作 c_i+kc_j

2. 对应习题.

习题一第 4～6 题(教材 $P_{21\sim22}$).

例题精解

基本题型Ⅰ:含零较多的行列式计算

例 1　计算行列式 $D=\begin{vmatrix} a_1 & 0 & b_1 & 0 \\ 0 & c_1 & 0 & d_1 \\ b_2 & 0 & a_2 & 0 \\ 0 & d_2 & 0 & c_2 \end{vmatrix}$.

【思路探索】　所给行列式中含较多的零,可利用性质 2 将零调到右上角,然后利用教材本章第四节例 10 的结论求解.

【解析】　$D\overset{r_2\leftrightarrow r_3}{=\!=\!=}-\begin{vmatrix} a_1 & 0 & b_1 & 0 \\ b_2 & 0 & a_2 & 0 \\ 0 & c_1 & 0 & d_1 \\ 0 & d_2 & 0 & c_2 \end{vmatrix}\overset{c_2\leftrightarrow c_3}{=\!=\!=}\begin{vmatrix} a_1 & b_1 & 0 & 0 \\ b_2 & a_2 & 0 & 0 \\ 0 & 0 & c_1 & d_1 \\ 0 & 0 & d_2 & c_2 \end{vmatrix}$

$$\overset{\text{教材例 10 结论}}{=\!=\!=\!=\!=}\begin{vmatrix} a_1 & b_1 \\ b_2 & a_2 \end{vmatrix}\cdot\begin{vmatrix} c_1 & d_1 \\ d_2 & c_2 \end{vmatrix}=(a_1a_2-b_1b_2)(c_1c_2-d_1d_2).$$

基本题型Ⅱ:行和或列和相等的行列式计算

例 2　计算 n 阶行列式 $D_n=\begin{vmatrix} x-a & a & a & \cdots & a \\ a & x-a & a & \cdots & a \\ a & a & x-a & \cdots & a \\ \vdots & \vdots & \vdots & & \vdots \\ a & a & a & \cdots & x-a \end{vmatrix}$.

【解析】　将行列式的第 2,3,…,n 列都加到第 1 列,然后对第 1 列提取公因子$[x+(n-2)a]$,得

$$D_n=[x+(n-2)a]\begin{vmatrix} 1 & a & a & \cdots & a \\ 1 & x-a & a & \cdots & a \\ 1 & a & x-a & \cdots & a \\ \vdots & \vdots & \vdots & & \vdots \\ 1 & a & a & \cdots & x-a \end{vmatrix}$$

$$\overset{\text{第一行}\times(-1)}{\underset{\text{加到其他各行}}{=\!=\!=\!=\!=}}[x+(n-2)a]\begin{vmatrix} 1 & a & a & \cdots & a \\ 0 & x-2a & 0 & \cdots & 0 \\ 0 & 0 & x-2a & \cdots & 0 \\ \vdots & \vdots & \vdots & & \vdots \\ 0 & 0 & 0 & \cdots & x-2a \end{vmatrix}$$

$$=[x+(n-2)a](x-2a)^{n-1}.$$

【方法点击】 若行列式每行元素相加后相等，可将行列式第 2,3,…,n 列都加到第 1 列后提取公因子，再化简计算行列式．

同样，若行列式每列元素相加后相等，可将行列式第 2,3,…,n 行都加到第 1 行后提取公因子，再化简计算行列式．本题也可用该方法求解.

基本题型Ⅲ：行或列有公因式的行列式计算

例3 计算行列式

$$D=\begin{vmatrix} a_1b_1 & a_1b_2 & a_1b_3 & a_1b_4 \\ a_1b_2 & a_2b_2 & a_2b_3 & a_2b_4 \\ a_1b_3 & a_2b_3 & a_3b_3 & a_3b_4 \\ a_1b_4 & a_2b_4 & a_3b_4 & a_4b_4 \end{vmatrix}.$$

【解析】 观察行列式中元素的特点，第 4 行提出公因子 b_4 后，再把第 4 行的 $-b_1,-b_2,-b_3$ 倍分别加到第 1,2,3 行，可得

$$D=b_4\begin{vmatrix} a_1b_1 & a_1b_2 & a_1b_3 & a_1b_4 \\ a_1b_2 & a_2b_2 & a_2b_3 & a_2b_4 \\ a_1b_3 & a_2b_3 & a_3b_3 & a_3b_4 \\ a_1 & a_2 & a_3 & a_4 \end{vmatrix}\xlongequal[r_3-b_3r_4]{\substack{r_1-b_1r_4 \\ r_2-b_2r_4}}b_4\begin{vmatrix} 0 & a_1b_2-a_2b_1 & a_1b_3-a_3b_1 & a_1b_4-a_4b_1 \\ 0 & 0 & a_2b_3-a_3b_2 & a_2b_4-a_4b_2 \\ 0 & 0 & 0 & a_3b_4-a_4b_3 \\ a_1 & a_2 & a_3 & a_4 \end{vmatrix}$$

$$\xlongequal[r_1\leftrightarrow r_2]{\substack{r_3\leftrightarrow r_4 \\ r_2\leftrightarrow r_3}}(-1)^3b_4\begin{vmatrix} a_1 & a_2 & a_3 & a_4 \\ 0 & a_1b_2-a_2b_1 & a_1b_3-a_3b_1 & a_1b_4-a_4b_1 \\ 0 & 0 & a_2b_3-a_3b_2 & a_2b_4-a_4b_2 \\ 0 & 0 & 0 & a_3b_4-a_4b_3 \end{vmatrix}$$

$$=-a_1b_4(a_1b_2-a_2b_1)(a_2b_3-a_3b_2)(a_3b_4-a_4b_3).$$

基本题型Ⅳ：“三线型”行列式计算

例4 计算下列行列式：

$$(1)D_{n+1}=\begin{vmatrix} a_0 & b_1 & b_2 & \cdots & b_n \\ c_1 & a_1 & 0 & \cdots & 0 \\ c_2 & 0 & a_2 & \cdots & 0 \\ \vdots & \vdots & \vdots & & \vdots \\ c_n & 0 & 0 & \cdots & a_n \end{vmatrix},a_i\neq 0,i=1,2,\cdots,n;$$

$$(2)D_{n+1}=\begin{vmatrix} a_1 & 0 & \cdots & 0 & c_1 \\ 0 & a_2 & \cdots & 0 & c_2 \\ \vdots & \vdots & & \vdots & \vdots \\ 0 & 0 & \cdots & a_n & c_n \\ b_1 & b_2 & \cdots & b_n & a_0 \end{vmatrix},a_i\neq 0,i=1,2,\cdots,n.$$

【解析】 (1)将第 $i+1$ 列的 $-\frac{c_i}{a_i}(i=1,2,\cdots,n)$ 倍加到第1列,得

上三角形行列式

$$D_{n+1}=\begin{vmatrix} a_0-\sum_{i=1}^{n}\frac{b_ic_i}{a_i} & b_1 & b_2 & \cdots & b_n \\ 0 & a_1 & 0 & \cdots & 0 \\ 0 & 0 & a_2 & \cdots & 0 \\ \vdots & \vdots & \vdots & & \vdots \\ 0 & 0 & 0 & \cdots & a_n \end{vmatrix}=a_1a_2\cdots a_n\left(a_0-\sum_{i=1}^{n}\frac{b_ic_i}{a_i}\right).$$

(2)将第 i 行的 $-\frac{b_i}{a_i}(i=1,2,\cdots,n)$ 倍加到第 $n+1$ 行,得

上三角形行列式

$$D_{n+1}=\begin{vmatrix} a_1 & 0 & \cdots & 0 & c_1 \\ 0 & a_2 & \cdots & 0 & c_2 \\ \vdots & \vdots & & \vdots & \vdots \\ 0 & 0 & \cdots & a_n & c_n \\ 0 & 0 & 0 & \cdots & a_0-\sum_{i=1}^{n}\frac{b_ic_i}{a_i} \end{vmatrix}=a_1a_2\cdots a_n\left(a_0-\sum_{i=1}^{n}\frac{b_ic_i}{a_i}\right).$$

【方法点击】 本题中的行列式为“三线型”行列式,“三线型”行列式是指除某一行、某一列和对角线或次对角线不为零外,其余元素均为零的行列式.此类型行列式可利用本节性质6化为三角形行列式计算(化为三角形法).

基本题型Ⅴ:每个元素都是两项和的行列式计算

例5 计算行列式 $D_n=\begin{vmatrix} 1+x_1y_1 & 1+x_1y_2 & \cdots & 1+x_1y_n \\ 1+x_2y_1 & 1+x_2y_2 & \cdots & 1+x_2y_n \\ \vdots & \vdots & & \vdots \\ 1+x_ny_1 & 1+x_ny_2 & \cdots & 1+x_ny_n \end{vmatrix}$(其中 $n\geqslant 2$).

【解析】 当 $n=2$ 时,

$$D_2=\begin{vmatrix} 1+x_1y_1 & 1+x_1y_2 \\ 1+x_2y_1 & 1+x_2y_2 \end{vmatrix}=\begin{vmatrix} 1 & 1+x_1y_2 \\ 1 & 1+x_2y_2 \end{vmatrix}+\begin{vmatrix} x_1y_1 & 1+x_1y_2 \\ x_2y_1 & 1+x_2y_2 \end{vmatrix}$$

$$=(x_2-x_1)y_2+y_1\cdot\begin{vmatrix} x_1 & 1 \\ x_2 & 1 \end{vmatrix}=(x_2-x_1)(y_2-y_1);$$

当 $n\geqslant 3$ 时,由性质5,将 D_n 拆为两个易于计算的行列式之和:

$$D_n=\begin{vmatrix} 1 & 1+x_1y_2 & \cdots & 1+x_1y_n \\ 1 & 1+x_2y_2 & \cdots & 1+x_2y_n \\ \vdots & \vdots & & \vdots \\ 1 & 1+x_ny_2 & \cdots & 1+x_ny_n \end{vmatrix}+\begin{vmatrix} x_1y_1 & 1+x_1y_2 & \cdots & 1+x_1y_n \\ x_2y_1 & 1+x_2y_2 & \cdots & 1+x_2y_n \\ \vdots & \vdots & & \vdots \\ x_ny_1 & 1+x_ny_2 & \cdots & 1+x_ny_n \end{vmatrix}$$

$$=\begin{vmatrix} 1 & x_1y_2 & \cdots & x_1y_n \\ 1 & x_2y_2 & \cdots & x_2y_n \\ \vdots & \vdots & & \vdots \\ 1 & x_ny_2 & \cdots & x_ny_n \end{vmatrix}+y_1\begin{vmatrix} x_1 & 1+x_1y_2 & \cdots & 1+x_1y_n \\ x_2 & 1+x_2y_2 & \cdots & 1+x_2y_n \\ \vdots & \vdots & & \vdots \\ x_n & 1+x_ny_2 & \cdots & 1+x_ny_n \end{vmatrix}$$

$$=0+y_1\begin{vmatrix} x_1 & 1 & \cdots & 1 \\ x_2 & 1 & \cdots & 1 \\ \vdots & \vdots & & \vdots \\ x_n & 1 & \cdots & 1 \end{vmatrix}=0.$$

【方法点击】 此行列式的每个元素都是两项的和，可将其分解为两个行列式之和，再计算行列式的值．此外，还要注意对行列式的阶数 n 的各种取值进行讨论．

基本题型Ⅵ：行列式的证明

例 6　如果 n 阶行列式 $D_n=|a_{ij}|$ 满足 $a_{ji}=-a_{ij}(i,j=1,2,\cdots,n)$，则称 D_n 为反对称行列式．证明：奇数阶反对称行列式为零．

【证明】 设 D_n 为 n 阶反对称行列式，且 n 为奇数，由定义知 $a_{ii}=-a_{ii}$，于是有 $a_{ii}=0(i=1,2,\cdots,n)$，所以

$$D_n=\begin{vmatrix} 0 & a_{12} & a_{13} & \cdots & a_{1n} \\ -a_{12} & 0 & a_{23} & \cdots & a_{2n} \\ -a_{13} & -a_{23} & 0 & \cdots & a_{3n} \\ \vdots & \vdots & \vdots & & \vdots \\ -a_{1n} & -a_{2n} & -a_{3n} & \cdots & 0 \end{vmatrix} \xlongequal{\text{各列提出}(-1)} (-1)^n \begin{vmatrix} 0 & -a_{12} & -a_{13} & \cdots & -a_{1n} \\ a_{12} & 0 & -a_{23} & \cdots & -a_{2n} \\ a_{13} & a_{23} & 0 & \cdots & -a_{3n} \\ \vdots & \vdots & \vdots & & \vdots \\ a_{1n} & a_{2n} & a_{3n} & \cdots & 0 \end{vmatrix}$$

$$=(-1)^n D_n^{\mathrm{T}}=(-1)^n D_n \xlongequal{n\text{为奇数}} -D_n,$$

于是 $D_n=0$.

【方法点击】 本题利用行列式的性质 1 和性质 3 先证明 $D_n=-D_n$，从而 $D_n=0$. 此外，读者可推知偶数阶反对称行列式不一定为 0.

第五节　行列式按行(列)展开

知识全解

【知识结构】

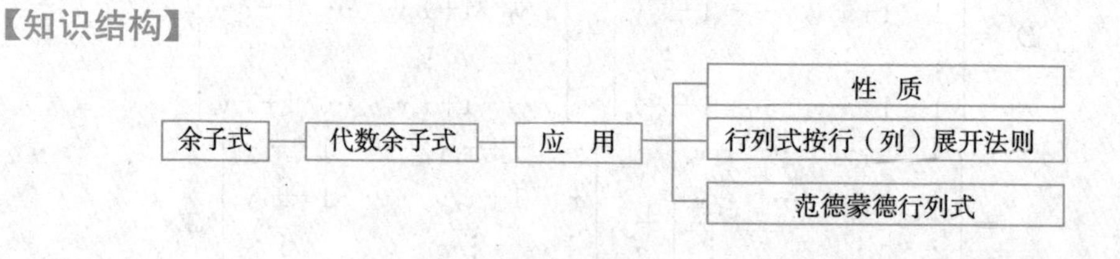

【考点精析】

1. 余子式与代数余子式的概念.

<table>
<tr><th>名称</th><th>定义</th><th>备注</th></tr>
<tr><td>余子式</td><td>在 n 阶行列式中,把 a_{ij} 所在的第 i 行和第 j 列划去后,留下的 $n-1$ 阶行列式叫作 a_{ij} 的余子式,记作 M_{ij}</td><td rowspan="2">①余子式 M_{ij} 与代数余子式 A_{ij} 仅与 a_{ij} 的位置 (i,j) 有关,而与 a_{ij} 的数值无关;
②M_{ij} 与 A_{ij} 的关系与 $i+j$ 的奇偶性有关</td></tr>
<tr><td>代数余子式</td><td>a_{ij} 的代数余子式
$A_{ij}=(-1)^{i+j}M_{ij}$</td></tr>
</table>

2. 代数余子式的性质与应用.

<table>
<tr><td colspan="2">性质</td><td>$\sum\limits_{k=1}^{n}a_{ki}A_{kj}=D\delta_{ij}=\begin{cases}D, & i=j,\\0, & i\neq j,\end{cases}$
或 $\sum\limits_{k=1}^{n}a_{ik}A_{jk}=D\delta_{ij}=\begin{cases}D, & i=j,\\0, & i\neq j\end{cases}$</td></tr>
<tr><td rowspan="2">应用</td><td>行列式按一行(列)展开</td><td>$D=a_{i1}A_{i1}+a_{i2}A_{i2}+\cdots+a_{in}A_{in}(i=1,2,\cdots,n)$,
或 $D=a_{1j}A_{1j}+a_{2j}A_{2j}+\cdots+a_{nj}A_{nj}(i=1,2,\cdots,n)$</td></tr>
<tr><td>范德蒙德行列式</td><td>$D_n=\begin{vmatrix}1 & 1 & \cdots & 1\\x_1 & x_2 & \cdots & x_n\\x_1^2 & x_2^2 & \cdots & x_n^2\\\vdots & \vdots & & \vdots\\x_1^{n-1} & x_2^{n-1} & \cdots & x_n^{n-1}\end{vmatrix}=\prod\limits_{1\leqslant j<i\leqslant n}(x_i-x_j)$</td></tr>
</table>

3. 对应习题.

习题一第 8 ~ 9 题(教材 $P_{22\sim23}$).

例题精解

基本题型 Ⅰ:代数余子式的有关计算

例1　设 $D=\begin{vmatrix}1 & 2 & 3 & 4 & 5\\5 & 5 & 3 & 3 & 3\\3 & 2 & 4 & 5 & 2\\2 & 2 & 1 & 1 & 1\\4 & 3 & 5 & 2 & 1\end{vmatrix}$,求:

(1)$A_{31}+A_{32}$;　(2)$A_{33}+A_{34}+A_{35}$.

【解析】　将 D 中第三行元素换成第二行的对应元素,按第三行展开得

$$5(A_{31}+A_{32})+3(A_{33}+A_{34}+A_{35})=0, \quad ①$$

同理,将 D 中第三行元素换成第四行的对应元素,按第三行展开得

$$2(A_{31}+A_{32})+(A_{33}+A_{34}+A_{35})=0, \quad ②$$

联立①② 解得 $A_{31}+A_{32}=0, A_{33}+A_{34}+A_{35}=0$.

【方法点击】 在深刻理解行列式按行(列)展开定理的基础上,认真观察所给行列式 D,结合行列式的性质,巧妙地构造方程组,联立求解.

例 2　设行列式 $D=\begin{vmatrix}3&0&4&0\\2&2&2&2\\0&-7&0&0\\5&3&-2&2\end{vmatrix}$,则第四行各元素余子式之和的值为________.(考研题)

【解析】 由余子式与代数余子式的关系知

$$M_{41}+M_{42}+M_{43}+M_{44}=-A_{41}+A_{42}-A_{43}+A_{44}=\begin{vmatrix}3&0&4&0\\2&2&2&2\\0&-7&0&0\\-1&1&-1&1\end{vmatrix}$$

$$=-7\cdot(-1)^{3+2}\begin{vmatrix}3&4&0\\2&2&2\\-1&-1&1\end{vmatrix}=7\begin{vmatrix}3&4&0\\4&4&2\\0&0&1\end{vmatrix}=-28,$$

故应填 -28.

【方法点击】 (1)注意本题要计算的是第四行各元素余子式之和,而不是第四行各元素代数余子式之和.

一般地,设 $D_n=|a_{ij}|$,则有

$$\sum_{j=1}^{n}k_jA_{ij}=\begin{vmatrix}a_{11}&a_{12}&\cdots&a_{1n}\\\vdots&\vdots&&\vdots\\a_{i-1,1}&a_{i-1,2}&\cdots&a_{i-1,n}\\k_1&k_2&\cdots&k_n\\a_{i+1,1}&a_{i+1,2}&\cdots&a_{i+1,n}\\\vdots&\vdots&&\vdots\\a_{n1}&a_{n2}&\cdots&a_{nn}\end{vmatrix},$$

其中 A_{ij} 为元素 a_{ij} 的代数余子式;

(2)通过本题计算,我们应熟练掌握余子式与代数余子式的区别与联系.另外,代数余子式的题目还常使用伴随矩阵 $\boldsymbol{A}^*$ 计算,此类题目将在第二章中讨论.

基本题型 Ⅱ:有关行列式按行(列)展开定理

例 3　设四阶行列式 D_4 的第三行元素分别为 $-1,0,2,4$.

(1) 当 $D_4=4$,第三行元素所对应的代数余子式依次为 $5,10,a,4$ 时,求 a;

(2) 当第四行元素所对应的余子式依次为 $5,10,a,4$ 时,求 a.

【解析】 (1) 根据行列式展开定理，当 $D_4=4$，将行列式 D_4 按第三行展开得

$$-1\times5+0\times10+2\times a+4\times4=4,$$

解得 $a=-\dfrac{7}{2}$.

(2) 根据行列式展开定理推论，当第四行对应余子式依次为 5,10,a,4 时，有

$$-1\times(-1)^{4+1}\times5+0\times(-1)^{4+2}\times10+2\times(-1)^{4+3}\times a+4\times(-1)^{4+4}\times4=0,$$

解得 $a=\dfrac{21}{2}$.

【方法点击】 行列式展开定理及推论中用的是一行(列)元素的代数余子式，而不是余子式．这一点做题时务必要牢记.

基本题型 Ⅲ：直接用行列式按行(列)展开定理计算行列式

例4 计算行列式 $D_n=\begin{vmatrix} a & 0 & 0 & \cdots & 0 & 1 \\ 0 & a & 0 & \cdots & 0 & 0 \\ 0 & 0 & a & \cdots & 0 & 0 \\ \vdots & \vdots & \vdots & & \vdots & \vdots \\ 0 & 0 & 0 & \cdots & a & 0 \\ 1 & 0 & 0 & \cdots & 0 & a \end{vmatrix}$.

【解析】 将行列式 D_n 按第一行展开得

$$D_n=a\begin{vmatrix} a & 0 & \cdots & 0 & 0 \\ 0 & a & \cdots & 0 & 0 \\ \vdots & \vdots & \vdots & & \vdots \\ 0 & 0 & \cdots & a & 0 \\ 0 & 0 & \cdots & 0 & a \end{vmatrix}_{(n-1)}+1\times(-1)^{1+n}\begin{vmatrix} 0 & a & 0 & \cdots & 0 \\ 0 & 0 & a & \cdots & 0 \\ \vdots & \vdots & \vdots & & \vdots \\ 0 & 0 & 0 & \cdots & a \\ 1 & 0 & 0 & \cdots & 0 \end{vmatrix}_{(n-1)}$$

$$=a\cdot a^{n-1}+1\times(-1)^{1+n}\times(-1)^{n}\begin{vmatrix} a & 0 & \cdots & 0 \\ 0 & a & \cdots & 0 \\ \vdots & \vdots & & \vdots \\ 0 & 0 & \cdots & a \end{vmatrix}_{(n-2)}=a^n-a^{n-2}.$$

【方法点击】 当所给行列式的某一行(列)只有较少的非零元素时，可将其按这一行(列)展开.

基本题型 Ⅳ：用递推法计算行列式的值

例5 计算 $D_n=\begin{vmatrix} x & x+y & x+y & \cdots & x+y \\ x-y & x & x+y & \cdots & x+y \\ x-y & x-y & x & \cdots & x+y \\ \vdots & \vdots & \vdots & & \vdots \\ x-y & x-y & x-y & \cdots & x \end{vmatrix}$.

【解析】 $D_n \xlongequal{r_2\times(-1)+r_1} \begin{vmatrix} y & y & 0 & \cdots & 0 \\ x-y & x & x+y & \cdots & x+y \\ x-y & x-y & x & \cdots & x+y \\ \vdots & \vdots & \vdots & & \vdots \\ x-y & x-y & x-y & \cdots & x \end{vmatrix}$

$\xlongequal{c_2\times(-1)+c_1} \begin{vmatrix} 0 & y & 0 & \cdots & 0 \\ -y & x & x+y & \cdots & x+y \\ 0 & x-y & x & \cdots & x+y \\ \vdots & \vdots & \vdots & & \vdots \\ 0 & x-y & x-y & \cdots & x \end{vmatrix} = y^2 D_{n-2}$,

已知 $D_1 = x, D_2 = y^2$,因此有:

当 n 为偶数时,$D_n = y^2 D_{n-2} = y^4 D_{n-4} = \cdots = y^{n-2} D_2 = y^n$;

当 n 为奇数时,$D_n = y^2 D_{n-2} = \cdots = y^{n-1} D_{n-(n-1)} = y^{n-1} D_1 = xy^{n-1}$.

【方法点击】 对 n 阶行列式递推时,若遇到 $D_n = pD_{n-2} + q$ 或 $D_n = \alpha D_{n-2} + \beta D_{n-4}$ 等递推公式,一定要对 n 的奇偶性进行讨论.

例 6 计算 $D_n = \begin{vmatrix} \alpha+\beta & \alpha\beta & 0 & \cdots & 0 & 0 \\ 1 & \alpha+\beta & \alpha\beta & \cdots & 0 & 0 \\ 0 & 1 & \alpha+\beta & \cdots & 0 & 0 \\ \vdots & \vdots & \vdots & & \vdots & \vdots \\ 0 & 0 & 0 & \cdots & \alpha+\beta & \alpha\beta \\ 0 & 0 & 0 & \cdots & 1 & \alpha+\beta \end{vmatrix}$.

【思路探索】 对于三对角行列式,一般用递推法求解.对此行列式,按第一行展开后可得 D_n 与 D_{n-1}, D_{n-2} 的递推关系.

【解析】 $D_n \xlongequal{\text{按第一行展开}} (\alpha+\beta)D_{n-1} - \alpha\beta D_{n-2}$,于是

$$\begin{aligned} D_n - \alpha D_{n-1} &= \beta(D_{n-1} - \alpha D_{n-2}) \\ &= \beta^2(D_{n-2} - \alpha D_{n-3}) = \cdots = \beta^{n-2}(D_2 - \alpha D_1) \\ &= \beta^{n-2}[(\alpha^2 + \alpha\beta + \beta^2) - \alpha(\alpha+\beta)] = \beta^n, \quad ① \\ D_n - \beta D_{n-1} &= \alpha(D_{n-1} - \beta D_{n-2}) \\ &= \alpha^2(D_{n-2} - \beta D_{n-3}) = \cdots = \alpha^{n-2}(D_2 - \beta D_1) \\ &= \alpha^{n-2}[(\beta^2 + \alpha\beta + \alpha^2) - \beta(\alpha+\beta)] = \alpha^n. \quad ② \end{aligned}$$

(1) 当 $\alpha = \beta$ 时,则 ① 变为 $D_n - \alpha D_{n-1} = \alpha^n$.

若 $\alpha = 0$,则 $D_n = 0$.

若 $\alpha \neq 0$,则 $D_n = \alpha^n + \alpha D_{n-1} = \alpha^n + \alpha \cdot (\alpha^{n-1} + \alpha D_{n-2})$

$= 2\alpha^n + \alpha^2 D_{n-1} = \cdots = (n-1)\alpha^n + \alpha^{n-1} D_1 = (n+1)\alpha^n$.

(2) 当 $\alpha \neq \beta$ 时,则由 ①② 两式相减得 $D_{n-1} = \dfrac{\alpha^n - \beta^n}{\alpha - \beta}$,则 $D_n = \dfrac{\alpha^{n+1} - \beta^{n+1}}{\alpha - \beta}$.

【方法点击】 展开行列式得到两个递推公式,然后解方程组得通项.

基本题型 Ⅴ:用数学归纳法计算行列式

例 7 用数学归纳法证明:当 $b\neq c$ 时,

$$D_n=\begin{vmatrix} a & b & b & \cdots & b & b \\ c & a & b & \cdots & b & b \\ c & c & a & \cdots & b & b \\ \vdots & \vdots & \vdots & & \vdots & \vdots \\ c & c & c & \cdots & a & b \\ c & c & c & \cdots & c & a \end{vmatrix}=\frac{c(a-b)^n-b(a-c)^n}{c-b}.$$

【证明】 $$D_n=\begin{vmatrix} a & b & b & \cdots & b & b \\ c & a & b & \cdots & b & b \\ c & c & a & \cdots & b & b \\ \vdots & \vdots & \vdots & & \vdots & \vdots \\ c & c & c & \cdots & a & b \\ c+0 & c+0 & c+0 & \cdots & c+0 & c+(a-c) \end{vmatrix}$$

$$=\begin{vmatrix} a & b & b & \cdots & b & b \\ c & a & b & \cdots & b & b \\ c & c & a & \cdots & b & b \\ \vdots & \vdots & \vdots & & \vdots & \vdots \\ c & c & c & \cdots & a & b \\ c & c & c & \cdots & c & c \end{vmatrix}+\begin{vmatrix} a & b & b & \cdots & b & b \\ c & a & b & \cdots & b & b \\ c & c & a & \cdots & b & b \\ \vdots & \vdots & \vdots & & \vdots & \vdots \\ c & c & c & \cdots & a & b \\ 0 & 0 & 0 & \cdots & 0 & a-c \end{vmatrix}$$

$$=c\begin{vmatrix} a-b & 0 & 0 & \cdots & 0 & 0 \\ c-b & a-b & 0 & \cdots & 0 & 0 \\ c-b & c-b & a-b & \cdots & 0 & 0 \\ \vdots & \vdots & \vdots & & \vdots & \vdots \\ c-b & c-b & c-b & \cdots & a-b & 0 \\ 1 & 1 & 1 & \cdots & 1 & 1 \end{vmatrix}+(a-c)D_{n-1}$$

$$=c(a-b)^{n-1}+(a-c)D_{n-1}, \qquad ①$$

当 $n=1$ 时,$D_1=a=\dfrac{c(a-b)-b(a-c)}{c-b}$ 成立;

当 $n=2$ 时,$D_2=\begin{vmatrix} a & b \\ c & a \end{vmatrix}=a^2-bc=\dfrac{c(a-b)^2-b(a-c)^2}{c-b}$ 成立;

假设 $n=k-1$ 时,结论成立,即 $D_{k-1}=\dfrac{c(a-b)^{k-1}-b(a-c)^{k-1}}{c-b}$ 成立,则由 ① 得

$$D_k=c(a-b)^{k-1}+(a-c)D_{k-1}=c(a-b)^{k-1}+(a-c)\cdot\frac{c(a-b)^{k-1}-b(a-c)^{k-1}}{c-b}$$

$$=\frac{c(a-b)^{k-1}[(c-b)+(a-c)]-b(a-c)^k}{c-b}=\frac{c(a-b)^k-b(a-c)^k}{c-b}.$$

因此,对一切自然数 n,结论成立.

【方法点击】 关键是通过对某一行(列)展开找出 D_n 与 D_{n-1}(或 D_{n-2} 等)的关系,再利用归纳假设证明结论.

例 8 证明:$D_n=\begin{vmatrix} 2a & 1 & 0 & \cdots & 0 & 0 \\ a^2 & 2a & 1 & \cdots & 0 & 0 \\ 0 & a^2 & 2a & \cdots & 0 & 0 \\ \vdots & \vdots & \vdots & & \vdots & \vdots \\ 0 & 0 & 0 & \cdots & 2a & 1 \\ 0 & 0 & 0 & \cdots & a^2 & 2a \end{vmatrix}=(n+1)a^n$.

【证明】 用数学归纳法证明.

当 $n=1$ 时,$D_1=2a$,结论成立;

当 $n=2$ 时,$D_2=\begin{vmatrix} 2a & 1 \\ a^2 & 2a \end{vmatrix}=3a^2$,结论成立;

假设当 $n<k$ 时,结论 $D_n=(n+1)a^n$ 成立,则对于 $n=k$ 时,D_k 按第一列展开得

$$D_k=2aD_{k-1}+(-1)^{2+1}a^2\begin{vmatrix} 1 & 0 & 0 & \cdots & 0 & 0 \\ a^2 & 2a & 1 & \cdots & 0 & 0 \\ \vdots & \vdots & \vdots & & \vdots & \vdots \\ 0 & 0 & 0 & \cdots & 2a & 1 \\ 0 & 0 & 0 & \cdots & a^2 & 2a \end{vmatrix}_{(k-1)}=2aD_{k-1}-a^2D_{k-2},$$

由归纳假设 $D_{k-1}=ka^{k-1}$,$D_{k-2}=(k-1)a^{k-2}$,得

$$D_k=2a\cdot ka^{k-1}-a^2\cdot(k-1)a^{k-2}=(k+1)a^k.$$

于是对所有自然数 n,结论成立.

【方法点击】 此题所用方法称为第二数学归纳法,其原理与读者所熟悉的数学归纳法类似,望读者仔细揣摩.

基本题型 Ⅵ:范德蒙德行列式法计算行列式

例 9 计算行列式

$$D=\begin{vmatrix} 1 & 1 & 1 & 1 \\ 1+\cos\alpha & 1+\cos\beta & 1+\cos\gamma & 1+\cos\zeta \\ \cos\alpha+\cos^2\alpha & \cos\beta+\cos^2\beta & \cos\gamma+\cos^2\gamma & \cos\zeta+\cos^2\zeta \\ \cos^2\alpha+\cos^3\alpha & \cos^2\beta+\cos^3\beta & \cos^2\gamma+\cos^3\gamma & \cos^2\zeta+\cos^3\zeta \end{vmatrix}.$$

【解析】 $D\xlongequal[r_4-r_3]{r_2-r_1 \atop r_3-r_2}\begin{vmatrix} 1 & 1 & 1 & 1 \\ \cos\alpha & \cos\beta & \cos\gamma & \cos\zeta \\ \cos^2\alpha & \cos^2\beta & \cos^2\gamma & \cos^2\zeta \\ \cos^3\alpha & \cos^3\beta & \cos^3\gamma & \cos^3\zeta \end{vmatrix}$

$=(\cos\beta-\cos\alpha)(\cos\gamma-\cos\alpha)(\cos\zeta-\cos\alpha)(\cos\gamma-\cos\beta)(\cos\zeta-\cos\beta)$
$(\cos\zeta-\cos\gamma)$.

例 10 计算行列式 $D=\begin{vmatrix}1 & 1 & 1\\ x_1 & x_2 & x_3\\ x_1^3 & x_2^3 & x_3^3\end{vmatrix}$.

【思路探索】 本题的行列式与范德蒙德行列式很接近,它缺少的是字母的平方项,可以用加边的方法构造一个四阶的范德蒙德行列式,然后分析这两个行列式之间的联系,进而推导出所求结论.

【解析】 构造范德蒙德行列式 $D_1=\begin{vmatrix}1 & 1 & 1 & 1\\ x_1 & x_2 & x_3 & x\\ x_1^2 & x_2^2 & x_3^2 & x^2\\ x_1^3 & x_2^3 & x_3^3 & x^3\end{vmatrix}$.

一方面,将行列式 D_1 按第 4 列展开得

$$D_1=1\cdot A_{14}+x\cdot A_{24}+x^2\cdot A_{34}+x^3\cdot A_{44},$$

而 x^2 的系数是

$$A_{34}=(-1)^{3+4}\begin{vmatrix}1 & 1 & 1\\ x_1 & x_2 & x_3\\ x_1^3 & x_2^3 & x_3^3\end{vmatrix}=-D; \qquad ①$$

另一方面,因 D_1 是范德蒙德行列式,则

$$D_1=(x_2-x_1)(x_3-x_1)(x-x_1)(x_3-x_2)(x-x_2)(x-x_3),$$

易见 x^2 的系数为

$$-(x_1+x_2+x_3)(x_2-x_1)(x_3-x_1)(x_3-x_2), \qquad ②$$

比较 ①② 两式得

$$D=(x_1+x_2+x_3)(x_2-x_1)(x_3-x_1)(x_3-x_2).$$

基本题型 Ⅶ:用加边法计算行列式

例 11 计算阶行列式

$$D_n=\begin{vmatrix}1+x_1^2 & x_2x_1 & x_3x_1 & \cdots & x_nx_1\\ x_1x_2 & 1+x_2^2 & x_3x_2 & \cdots & x_nx_2\\ x_1x_3 & x_2x_3 & 1+x_3^2 & \cdots & x_nx_3\\ \vdots & \vdots & \vdots & & \vdots\\ x_1x_n & x_2x_n & x_3x_n & \cdots & 1+x_n^2\end{vmatrix}.$$

【解析】 加一行一列得

$$D_n=\begin{vmatrix}1 & 0 & 0 & \cdots & 0\\ x_1 & 1+x_1^2 & x_2x_1 & \cdots & x_nx_1\\ x_2 & x_1x_2 & 1+x_2^2 & \cdots & x_nx_2\\ \vdots & \vdots & \vdots & & \vdots\\ x_n & x_1x_n & x_2x_n & \cdots & 1+x_n^2\end{vmatrix}\xlongequal[\substack{c_3-x_2c_1\\ \vdots\\ c_{n+1}-x_nc_1}]{c_2-x_1c_1}\begin{vmatrix}1 & -x_1 & -x_2 & \cdots & -x_n\\ x_1 & 1 & 0 & \cdots & 0\\ x_2 & 0 & 1 & \cdots & 0\\ \vdots & \vdots & \vdots & & \vdots\\ x_n & 0 & 0 & \cdots & 1\end{vmatrix}$$

$$\begin{array}{c} r_1+x_1r_2 \\ r_1+x_2r_3 \\ \vdots \\ \underline{\underline{r_1+x_nr_{n+1}}} \end{array}\begin{vmatrix} 1+x_1^2+x_2^2+\cdots+x_n^2 & 0 & 0 & \cdots & 0 \\ x_1 & 1 & 0 & \cdots & 0 \\ x_2 & 0 & 1 & \cdots & 0 \\ \vdots & \vdots & \vdots & & \vdots \\ x_n & 0 & 0 & \cdots & 1 \end{vmatrix}=1+x_1^2+x_2^2+\cdots+x_n^2.$$

【方法点击】 加边法中加上的行(列)中一般会是只有一个1,其余元素全为0,保证加边后的行列式与原行列式相等;而加上的列(行)中元素必须能通过变换使其余列(行)大部分变为0,用以简化计算.

本章整合

一 本章知识图解

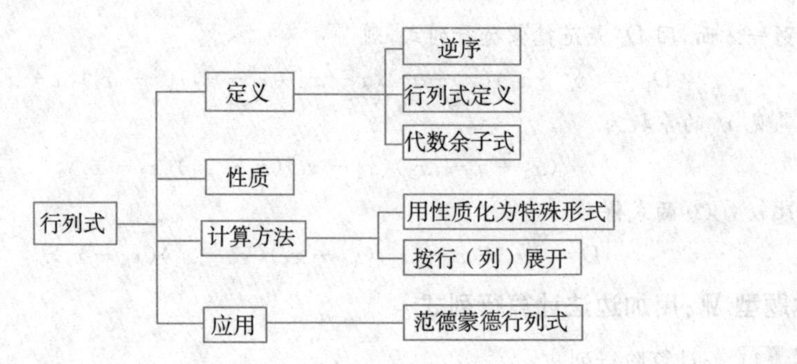

二 本章知识总结

1. 关于行列式定义的小结.

行列式可采用两种定义.一种是课本中给出的定义:行列式等于取自不同行不同列的n个元素的乘积的代数和;另一种是利用行列式按行(列)展开定理得到的定义:行列式等于某行(列)的每个元素与其对应代数余子式乘积的代数和.

2. 关于行列式计算的小结.

行列式的计算是本章的重点和难点,根据行列式的特点选择正确的方法是计算行列式的关键,主要方法有:

(1) **定义法** 根据n阶行列式的定义直接计算行列式值的方法.

(2) **目标行列式法** 把欲计算的行列式,利用行列式的性质化为会求值的特殊行列式(所谓的目标行列式),从而求得其值.一般常把三角形行列式作为目标行列式.

(3) **降阶法** 应用行列式按行(列)展开定理,把高阶行列式的计算转化为低阶行列式计算. 具体计算中,总是先结合行列式的性质,把行列式的某行(列)的元素化出尽可能多的零,然后再展开.

(4) **升阶法**　根据要计算的行列式的特征,把原行列式加上一行一列,以便利用行列式的性质对行列式进行化简.

(5) **拆分法**　把行列式适当地拆分成若干个同阶行列式之和,然后求各行列式的值,从而得到原行列式的值.

(6) **递推公式法**　应用行列式的性质,把一个 n 阶行列式表示为具有相同结构的较低阶行列式的线性关系式,再根据此关系式递推求得所给 n 阶行列式的值.

(7) **归纳法**　运用数学归纳法,求出行列式的值.

(8) **析因子法**　如果行列式 D 中有一些元素是变量 x 的多项式,那么可将行列式 D 当作一个多项式 $f(x)$,然后直接对行列式施行某些变换,求出 $f(x)$ 的互素线性因式(一次因式),使得 $f(x)$ 与这些线性因式的乘积 $g(x)$ 只相差一个常数 k,再根据多项式恒等定义,比较 $f(x)$ 与 $g(x)$ 的某一项系数,求出待定常数 k,从而得原行列式的值.

在计算行列式值时,应按下列原则进行:

(1) 低阶行列式的计算常根据行或列元素的特点,或者化为上(下)三角形行列式计算,或者根据行列式展开定理使用降阶法求解;

(2) n 阶行列式的计算可使用定义或行列式的各种计算方法求解;

(3) 所求行列式若某一行(或某一列)至多有两个非零元素,则一般按此行(或列)直接展开求解.

3. 本章考研要求.

(1) 了解行列式的概念,掌握行列式的性质.

(2) 会用行列式的性质计算行列式.

(3) 会应用行列式按行(列)展开定理计算行列式.

行列式的计算是研究生入学考试数学试卷中要求掌握的内容,但该内容一般很少单独出现,常常是在综合题中作为其中的一部分,这个特点在今后的考试中仍然存在.

三 本章同步自测

同步自测题

一、选择题

1. 当(　　)时,$n(n>2)$ 阶行列式的值为零.

(A) 行列式主对角线上的元素全为零

(B) 行列式中零元素的个数多于 n 个

(C) 行列式中非零元素的个数少于 n 个

(D) 行列式中某行元素之和为零

2. 若 $a_{1i}a_{23}a_{35}a_{5j}a_{44}$ 是五阶行列式中带正号的一项,则 i,j 的值为(　　).

(A) $i=1,j=3$　　(B) $i=2,j=3$

(C) $i=1,j=2$　　(D) $i=2,j=1$

3. 方程 $f(x)=\begin{vmatrix} x-2 & x-1 & x-2 & x-3 \\ 2x-2 & 2x-1 & 2x-2 & 2x-3 \\ 3x-3 & 3x-2 & 4x-5 & 3x-5 \\ 4x & 4x-3 & 5x-7 & 4x-3 \end{vmatrix}=0$ 的根的个数为(　　).

(A)1　　(B)2　　(C)3　　(D)4

4. 四阶行列式 $\begin{vmatrix} a_1 & 0 & 0 & b_1 \\ 0 & a_2 & b_2 & 0 \\ 0 & b_3 & a_3 & 0 \\ b_4 & 0 & 0 & a_4 \end{vmatrix}$ 的值等于(　　).

(A)$a_1a_2a_3a_4-b_1b_2b_3b_4$　　(B)$a_1a_2a_3a_4+b_1b_2b_3b_4$

(C)$(a_1a_2-b_1b_2)(a_3a_4-b_3b_4)$　　(D)$(a_2a_3-b_2b_3)(a_1a_4-b_1b_4)$

5. 齐次线性方程组 $\begin{cases} x_1+\lambda x_3=0, \\ 2x_1-x_4=0, \\ \lambda x_1+x_2=0, \\ x_3+2x_4=0 \end{cases}$ 有非零解,则 $\lambda=$(　　).

(A) $\dfrac{1}{2}$　　(B) $-\dfrac{1}{2}$　　(C) $\dfrac{1}{4}$　　(D) $-\dfrac{1}{4}$

二、填空题

6. 设 a,b,c 两两互不相同,则 $\begin{vmatrix} a & b & c \\ a^2 & b^2 & c^2 \\ b+c & c+a & a+b \end{vmatrix}=0$ 的充要条件是______.

7. 设 α,β,γ 是方程 $x^3+px+q=0$ 的三个根,则行列式 $\begin{vmatrix} \alpha & \beta & \gamma \\ \gamma & \alpha & \beta \\ \beta & \gamma & \alpha \end{vmatrix}=$______.

8. 设 $D=\begin{vmatrix} 1 & 2 & 3 & 4 \\ -1 & 0 & 2 & 3 \\ 1 & 2 & 0 & 3 \\ 5 & 4 & 6 & 7 \end{vmatrix}$,则 $A_{41}+2A_{42}+3A_{44}=$______.

9. $D=\begin{vmatrix} a_0 & 1 & 1 & \cdots & 1 \\ 1 & a_1 & 0 & \cdots & 0 \\ 1 & 0 & a_2 & \cdots & 0 \\ \vdots & \vdots & \vdots & & \vdots \\ 1 & 0 & 0 & \cdots & a_n \end{vmatrix}=$______.(其中 $a_1a_2\cdots a_n\neq 0$)

10. 设 $abcd=1$,行列式 $D=\begin{vmatrix} a^2+\frac{1}{a^2} & a & \frac{1}{a} & 1 \\ b^2+\frac{1}{b^2} & b & \frac{1}{b} & 1 \\ c^2+\frac{1}{c^2} & c & \frac{1}{c} & 1 \\ d^2+\frac{1}{d^2} & d & \frac{1}{d} & 1 \end{vmatrix}=$______.

三、解答题

11. 计算下列行列式的值:

(1)$D=\begin{vmatrix} 1 & -1 & 1 & x-1 \\ 1 & -1 & x+1 & -1 \\ 1 & x-1 & 1 & -1 \\ 1+x & -1 & 1 & -1 \end{vmatrix}$;

(2)$D_5=\begin{vmatrix} 1-a & a & 0 & 0 & 0 \\ -1 & 1-a & a & 0 & 0 \\ 0 & -1 & 1-a & a & 0 \\ 0 & 0 & -1 & 1-a & a \\ 0 & 0 & 0 & -1 & 1-a \end{vmatrix}$;

(3)$D_n=\begin{vmatrix} x+a_1 & a_2 & \cdots & a_n \\ a_1 & x+a_2 & \cdots & a_n \\ \vdots & \vdots & & \vdots \\ a_1 & a_2 & \cdots & x+a_n \end{vmatrix}$;

(4)$D_n=\begin{vmatrix} a_1 & -1 & 0 & \cdots & 0 & 0 \\ a_2 & x & -1 & \cdots & 0 & 0 \\ a_3 & 0 & x & \cdots & 0 & 0 \\ \vdots & \vdots & \vdots & & \vdots & \vdots \\ a_{n-1} & 0 & 0 & \cdots & x & -1 \\ a_n & 0 & 0 & \cdots & 0 & x \end{vmatrix}\quad(n\geqslant 2)$.

自测题答案

一、选择题

1. (C) **2.** (C) **3.** (B) **4.** (D) **5.** (C)

1. 解:显然,选项(A)、(B)、(D) 都推不出行列式的值为零.而由选项(C) 和行列式的定义知,行列式位于不同行不同列的 n 个元素乘积都为零,所以行列式的值为零.故应选(C).

2. 解:由行列式的定义知,每一项为取自不同行不同列的五个元素之积,因此,i,j 只能取 1,2,故可排除(A)、(B).当 $i=1,j=2$ 时,$a_{11}a_{23}a_{35}a_{52}a_{44}=a_{11}a_{23}a_{35}a_{44}a_{52}$,且 $\tau(13542)=4$,为偶数,此项应取正号,故(C) 正确.而当 $i=2,\ j=1$ 时,此项应取负号,故(D) 不正确.

3. 解:先计算行列式 $f(x)$,将第 1 列的 -1 倍加至第 2,3,4 列得

$$f(x)=\begin{vmatrix} x-2 & 1 & 0 & -1 \\ 2x-2 & 1 & 0 & -1 \\ 3x-3 & 1 & x-2 & -2 \\ 4x & -3 & x-7 & -3 \end{vmatrix}\xlongequal{c_4+c_2}\begin{vmatrix} x-2 & 1 & 0 & 0 \\ 2x-2 & 1 & 0 & 0 \\ 3x-3 & 1 & x-2 & -1 \\ 4x & -3 & x-7 & -6 \end{vmatrix}$$

$$=\begin{vmatrix} x-2 & 1 \\ 2x-2 & 1 \end{vmatrix}\cdot\begin{vmatrix} x-2 & -1 \\ x-7 & -6 \end{vmatrix}=5x(x-1).$$

故应选(B).

4. 解：$\begin{vmatrix} a_1 & 0 & 0 & b_1 \\ 0 & a_2 & b_2 & 0 \\ 0 & b_3 & a_3 & 0 \\ b_4 & 0 & 0 & a_4 \end{vmatrix} \xlongequal[c_2 \leftrightarrow c_3]{c_3 \leftrightarrow c_4} \begin{vmatrix} a_1 & b_1 & 0 & 0 \\ 0 & 0 & a_2 & b_2 \\ 0 & 0 & b_3 & a_3 \\ b_4 & a_4 & 0 & 0 \end{vmatrix} \xlongequal[r_2 \leftrightarrow r_3]{r_3 \leftrightarrow r_4} \begin{vmatrix} a_1 & b_1 & 0 & 0 \\ b_4 & a_4 & 0 & 0 \\ 0 & 0 & a_2 & b_2 \\ 0 & 0 & b_3 & a_3 \end{vmatrix}$

$$= \begin{vmatrix} a_1 & b_1 \\ b_4 & a_4 \end{vmatrix} \cdot \begin{vmatrix} a_2 & b_2 \\ b_3 & a_3 \end{vmatrix} = (a_1a_4 - b_1b_4)(a_2a_3 - b_2b_3).$$

故应选(D).

5. 解：齐次线性方程组有非零解，则其系数行列式 $D=0$，即

$$D = \begin{vmatrix} 1 & 0 & \lambda & 0 \\ 2 & 0 & 0 & -1 \\ \lambda & 1 & 0 & 0 \\ 0 & 0 & 1 & 2 \end{vmatrix} \xlongequal[\text{展开}]{\text{按第2列}} 1 \times (-1)^{3+2} \begin{vmatrix} 1 & \lambda & 0 \\ 2 & 0 & -1 \\ 0 & 1 & 2 \end{vmatrix}$$

$$= -\begin{vmatrix} 1 & \lambda & 0 \\ 0 & -2\lambda & -1 \\ 0 & 1 & 2 \end{vmatrix} = -\begin{vmatrix} -2\lambda & -1 \\ 1 & 2 \end{vmatrix} = 4\lambda - 1 = 0,$$

解得 $\lambda = \frac{1}{4}$. 故应选(C).

二、填空题

6. $a+b+c=0$ **7.** 0 **8.** 0 **9.** $a_1a_2\cdots a_n\left(a_0 - \sum_{i=1}^{n} \frac{1}{a_i}\right)$ **10.** 0

6. 解：$D = \begin{vmatrix} a & b & c \\ a^2 & b^2 & c^2 \\ b+c & c+a & a+b \end{vmatrix} \xlongequal{r_3+r_1} \begin{vmatrix} a & b & c \\ a^2 & b^2 & c^2 \\ a+b+c & a+b+c & a+b+c \end{vmatrix}$

$$= (a+b+c)\begin{vmatrix} a & b & c \\ a^2 & b^2 & c^2 \\ 1 & 1 & 1 \end{vmatrix} \xlongequal[r_1 \leftrightarrow r_2]{r_2 \leftrightarrow r_3} (a+b+c)\begin{vmatrix} 1 & 1 & 1 \\ a & b & c \\ a^2 & b^2 & c^2 \end{vmatrix}$$

$= (a+b+c)(b-a)(c-a)(c-b)$,

因为 a,b,c 两两不相等，所以 $D=0$ 的充要条件是 $a+b+c=0$. 故应填 $a+b+c=0$.

7. 解：由多项式根与系数的关系知 $x^3+px+q=(x-\alpha)(x-\beta)(x-\gamma)$，比较等式两边 x^2 的系数为 $-(\alpha+\beta+\gamma)=0$，即 $\alpha+\beta+\gamma=0$，于是

$$\begin{vmatrix} \alpha & \beta & \gamma \\ \gamma & \alpha & \beta \\ \beta & \gamma & \alpha \end{vmatrix} \xlongequal[c_1+c_3]{c_1+c_2} \begin{vmatrix} \alpha+\beta+\gamma & \beta & \gamma \\ \alpha+\beta+\gamma & \alpha & \beta \\ \alpha+\beta+\gamma & \gamma & \alpha \end{vmatrix} = \begin{vmatrix} 0 & \beta & \gamma \\ 0 & \alpha & \beta \\ 0 & \gamma & \alpha \end{vmatrix} = 0.$$

8. 解：由行列式按行展开定理知

$$A_{41} + 2A_{42} + 3A_{44} = \begin{vmatrix} 1 & 2 & 3 & 4 \\ -1 & 0 & 2 & 3 \\ 1 & 2 & 0 & 3 \\ 1 & 2 & 0 & 3 \end{vmatrix} = 0.$$

9. 解：把行列式中第二列 $\times\left(-\frac{1}{a_1}\right)$，第三列 $\times\left(-\frac{1}{a_2}\right)$，…，第 $n+1$ 列 $\times\left(-\frac{1}{a_n}\right)$ 分别加至第一

列，可将行列式化为上三角形行列式，即

$$D=\begin{vmatrix} a_0-\sum_{i=1}^{n}\frac{1}{a_i} & 1 & 1 & \cdots & 1 \\ 0 & a_1 & 0 & \cdots & 0 \\ 0 & 0 & a_2 & \cdots & 0 \\ \vdots & \vdots & \vdots & & \vdots \\ 0 & 0 & 0 & \cdots & a_n \end{vmatrix}=a_1a_2\cdots a_n\left(a_0-\sum_{i=1}^{n}\frac{1}{a_i}\right).$$

10. 解：由性质 5 知

$$D=\begin{vmatrix} a^2 & a & \frac{1}{a} & 1 \\ b^2 & b & \frac{1}{b} & 1 \\ c^2 & c & \frac{1}{c} & 1 \\ d^2 & d & \frac{1}{d} & 1 \end{vmatrix}+\begin{vmatrix} \frac{1}{a^2} & a & \frac{1}{a} & 1 \\ \frac{1}{b^2} & b & \frac{1}{b} & 1 \\ \frac{1}{c^2} & c & \frac{1}{c} & 1 \\ \frac{1}{d^2} & d & \frac{1}{d} & 1 \end{vmatrix}$$

$$=abcd\begin{vmatrix} a & 1 & \frac{1}{a^2} & \frac{1}{a} \\ b & 1 & \frac{1}{b^2} & \frac{1}{b} \\ c & 1 & \frac{1}{c^2} & \frac{1}{c} \\ d & 1 & \frac{1}{d^2} & \frac{1}{d} \end{vmatrix}+(-1)^3\begin{vmatrix} a & 1 & \frac{1}{a^2} & \frac{1}{a} \\ b & 1 & \frac{1}{b^2} & \frac{1}{b} \\ c & 1 & \frac{1}{c^2} & \frac{1}{c} \\ d & 1 & \frac{1}{d^2} & \frac{1}{d} \end{vmatrix}=0.$$

三、解答题

11. 解：(1) 将行列式的第 2,3,4 列都加到第一列后提取公因子 x，得

$$D=x\begin{vmatrix} 1 & -1 & 1 & x-1 \\ 1 & -1 & x+1 & -1 \\ 1 & x-1 & 1 & -1 \\ 1 & -1 & 1 & -1 \end{vmatrix}\xlongequal[c_4+c_1]{c_2+c_1,\ c_3-c_1}x\begin{vmatrix} 1 & 0 & 0 & x \\ 1 & 0 & x & 0 \\ 1 & x & 0 & 0 \\ 1 & 0 & 0 & 0 \end{vmatrix}\xlongequal[c_2\leftrightarrow c_3]{c_1\leftrightarrow c_4}x\begin{vmatrix} x & 0 & 0 & 1 \\ 0 & x & 0 & 1 \\ 0 & 0 & x & 1 \\ 0 & 0 & 0 & 1 \end{vmatrix}=x^4.$$

(2) 令 $D_n=\begin{vmatrix} 1-a & a & & & \\ -1 & 1-a & & & \\ & \ddots & \ddots & \ddots & \\ & & -1 & 1-a & a \\ & & & -1 & 1-a \end{vmatrix}$ $(n\geqslant 2)$，则

$$D_n\xlongequal{\text{各行加到第一行}}\begin{vmatrix} -a & 0 & 0 & \cdots & 1 \\ -1 & 1-a & a & & \\ & -1 & 1-a & & \\ & \ddots & \ddots & \ddots & \\ & & -1 & 1-a & a \\ & & & -1 & 1-a \end{vmatrix}$$

$$\xlongequal{\text{按第一行展开}} (-a)\cdot D_{n-1}+1\cdot(-1)^{n+1}\cdot(-1)^{n-1}=1-aD_{n-1},$$

因为 $D_2=(1-a)^2+a=1-a+a^2$,所以

$$D_3=1-aD_2=1-a+a^2-a^3,$$
$$D_4=1-aD_3=1-a+a^2-a^3+a^4,$$
$$D_5=1-aD_4=1-a+a^2-a^3+a^4-a^5.$$

(3) 将行列式的第 2,3,…,n 列都加至第一列后,提取公因子$(x+a_1+a_2+\cdots+a_n)$,得

$$D_n=(x+\sum_{i=1}^{n}a_i)\begin{vmatrix}1 & a_2 & \cdots & a_n\\ 1 & x+a_2 & \cdots & a_n\\ \vdots & \vdots & & \vdots\\ 1 & a_2 & \cdots & x+a_n\end{vmatrix}$$

$$\xlongequal[r_n-r_1]{r_2-r_1,\ r_3-r_1,\ \cdots} (x+\sum_{i=1}^{n}a_i)\begin{vmatrix}1 & a_2 & \cdots & a_n\\ 0 & x & \cdots & 0\\ \vdots & \vdots & & \vdots\\ 0 & 0 & \cdots & x\end{vmatrix}=(x+\sum_{i=1}^{n}a_i)x^{n-1}.$$

(4) 将行列式 D_n 按第 n 行展开得

$$D_n=a_n\times(-1)^{n+1}\begin{vmatrix}-1 & 0 & \cdots & 0 & 0\\ x & -1 & \cdots & 0 & 0\\ 0 & x & \cdots & 0 & 0\\ \vdots & \vdots & & \vdots & \vdots\\ 0 & 0 & \cdots & x & -1\end{vmatrix}+x\times(-1)^{n+n}\begin{vmatrix}a_1 & -1 & 0 & \cdots & 0\\ a_2 & x & -1 & \cdots & 0\\ a_3 & 0 & x & \cdots & 0\\ \vdots & \vdots & \vdots & & \vdots\\ a_{n-1} & 0 & 0 & \cdots & x\end{vmatrix}$$

$$=a_n\times(-1)^{n+1}\times(-1)^{n-1}+xD_{n-1}=xD_{n-1}+a_n,$$

从而递推得到

$$D_n=xD_{n-1}+a_n,$$
$$D_{n-1}=xD_{n-2}+a_{n-1},$$
$$D_{n-2}=xD_{n-3}+a_{n-2},$$
$$\vdots$$
$$D_3=xD_2+a_3,$$
$$D_2=\begin{vmatrix}a_1 & -1\\ a_2 & x\end{vmatrix}=a_1x+a_2,$$

将上述等式分别用 $1,x,x^2,\cdots,x^{n-2}$ 相乘,然后相加得

$$D_n=a_1x^{n-1}+a_2x^{n-2}+a_3x^{n-3}+\cdots+a_{n-2}x^2+a_{n-1}x+a_n.$$

第二章 矩阵及其运算

矩阵是线性代数的核心,矩阵的概念、运算及理论贯穿线性代数的始终,对矩阵的理解与掌握要扎实深入,融会贯通.

第一节 线性方程组和矩阵

【知识结构】

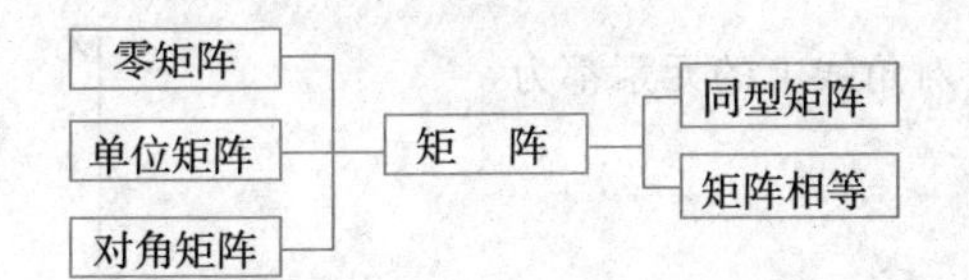

【考点精析】

1. 矩阵的相关概念.

名称	定义
矩阵	$\boldsymbol{A}=\begin{pmatrix} a_{11} & a_{12} & \cdots & a_{1n} \\ a_{21} & a_{22} & \cdots & a_{2n} \\ \vdots & \vdots & & \vdots \\ a_{m1} & a_{m2} & \cdots & a_{mn} \end{pmatrix}$,称为 m 行 n 列矩阵
方阵	行数和列数都等于 n 的矩阵称为 n **阶方阵**
同型矩阵	两个矩阵的行数相等,列数也相等时,就称它们为**同型矩阵**
矩阵相等	若 $\boldsymbol{A}=(a_{ij})_{m\times n}$ 和 $\boldsymbol{B}=(b_{ij})_{m\times n}$ 是同型矩阵,且 $a_{ij}=b_{ij}(i=1,2,\cdots,m;j=1,2,\cdots,n)$,则称**矩阵 $\boldsymbol{A}$ 与矩阵 $\boldsymbol{B}$ 相等**,记作 $\boldsymbol{A}=\boldsymbol{B}$

2. 几种特殊矩阵.

名称	定义	形式
行矩阵	只有一行的矩阵	$\boldsymbol{A}=(a_1,a_2,\cdots,a_n)$

续表

名称	定义	形式
列矩阵	只有一列的矩阵	$\boldsymbol{A}=\begin{pmatrix}b_1\\b_2\\\vdots\\b_n\end{pmatrix}$
零矩阵	元素都为 0 的矩阵	$\boldsymbol{O}$
单位矩阵	主对角线上元素都为 1，其余元素为零的方阵	$\boldsymbol{E}=\begin{pmatrix}1&0&\cdots&0\\0&1&\cdots&0\\\vdots&\vdots&&\vdots\\0&0&\cdots&1\end{pmatrix}$
对角矩阵	不在主对角线上的元素都为零的方阵	$\boldsymbol{\Lambda}=\mathrm{diag}(\lambda_1,\lambda_2,\cdots,\lambda_n)=\begin{pmatrix}\lambda_1&&&\\&\lambda_2&&\\&&\ddots&\\&&&\lambda_n\end{pmatrix}$
上三角矩阵	主对角线下方的元素都为零的方阵	$\begin{pmatrix}a_{11}&a_{12}&\cdots&a_{1n}\\0&a_{22}&\cdots&a_{2n}\\\vdots&\vdots&&\vdots\\0&0&\cdots&a_{nn}\end{pmatrix}$
下三角矩阵	主对角线上方的元素都为零的方阵	$\begin{pmatrix}a_{11}&0&\cdots&0\\a_{21}&a_{22}&\cdots&0\\\vdots&\vdots&&\vdots\\a_{n1}&a_{n2}&\cdots&a_{nn}\end{pmatrix}$

3. 线性变换.

线性变换	系数矩阵	关系
$\begin{cases}y_1=a_{11}x_1+a_{12}x_2+\cdots+a_{1n}x_n,\\y_2=a_{21}x_1+a_{22}x_2+\cdots+a_{2n}x_n,\\\vdots\\y_m=a_{m1}x_1+a_{m2}x_2+\cdots+a_{mn}x_n\end{cases}$ 称为从变量 $x_1,x_2,\cdots,x_n$ 到变量 $y_1,y_2,\cdots,y_m$ 的线性变换	$\boldsymbol{A}=\begin{pmatrix}a_{11}&a_{12}&\cdots&a_{1n}\\a_{21}&a_{22}&\cdots&a_{2n}\\\vdots&\vdots&&\vdots\\a_{m1}&a_{m2}&\cdots&a_{mn}\end{pmatrix}$	一一对应

第二节　矩阵的运算

知识全解

【知识结构】

【考点精析】

1. 矩阵的运算.

名称	形式	运算规律	备注
矩阵的加法	$\boldsymbol{A}+\boldsymbol{B}=(a_{ij})_{m\times n}+(b_{ij})_{m\times n}=\begin{pmatrix} a_{11}+b_{11} & a_{12}+b_{12} & \cdots & a_{1n}+b_{1n} \\ a_{21}+b_{21} & a_{22}+b_{22} & \cdots & a_{2n}+b_{2n} \\ \vdots & \vdots & & \vdots \\ a_{m1}+b_{m1} & a_{m2}+b_{m2} & \cdots & a_{mn}+b_{mn} \end{pmatrix}$	$\boldsymbol{A}+\boldsymbol{B}=\boldsymbol{B}+\boldsymbol{A}$; $(\boldsymbol{A}+\boldsymbol{B})+\boldsymbol{C}=\boldsymbol{A}+(\boldsymbol{B}+\boldsymbol{C})$	①$\boldsymbol{A}-\boldsymbol{B}=\boldsymbol{A}+(-\boldsymbol{B})$ ②只有同型矩阵才能相加减
数与矩阵相乘	$\lambda\boldsymbol{A}=\boldsymbol{A}\lambda=\begin{pmatrix} \lambda a_{11} & \lambda a_{12} & \cdots & \lambda a_{1n} \\ \lambda a_{21} & \lambda a_{22} & \cdots & \lambda a_{2n} \\ \vdots & \vdots & & \vdots \\ \lambda a_{m1} & \lambda a_{m2} & \cdots & \lambda a_{mn} \end{pmatrix}$	$(\lambda\mu)\boldsymbol{A}=\lambda(\mu\boldsymbol{A})$; $(\lambda+\mu)\boldsymbol{A}=\lambda\boldsymbol{A}+\mu\boldsymbol{B}$; $\lambda(\boldsymbol{A}+\boldsymbol{B})=\lambda\boldsymbol{A}+\lambda\boldsymbol{B}$	$-\boldsymbol{A}=(-1)\boldsymbol{A}$为$\boldsymbol{A}$的负矩阵
矩阵的乘法	$\boldsymbol{A}=(a_{ij})_{m\times l},\boldsymbol{B}=(b_{ij})_{l\times n}$, $\boldsymbol{C}=\boldsymbol{AB}$, 其中 $c_{ij}=a_{i1}b_{1j}+a_{i2}b_{2j}+\cdots+a_{il}b_{lj}$ $=\sum\limits_{k=1}^{l}a_{ik}b_{kj}$	$(\boldsymbol{AB})\boldsymbol{C}=\boldsymbol{A}(\boldsymbol{BC})$; $\lambda(\boldsymbol{AB})=(\lambda\boldsymbol{A})\boldsymbol{B}=\boldsymbol{A}(\lambda\boldsymbol{B})$; $\boldsymbol{A}(\boldsymbol{B}+\boldsymbol{C})=\boldsymbol{AB}+\boldsymbol{AC}$; $(\boldsymbol{B}+\boldsymbol{C})\boldsymbol{A}=\boldsymbol{BA}+\boldsymbol{CA}$	①$\boldsymbol{AB}=\boldsymbol{BA}$一般来说不成立; ②只当$\boldsymbol{A}$的列数与$\boldsymbol{B}$的行数相等时,才能进行$\boldsymbol{AB}$运算; ③$\boldsymbol{A}\neq\boldsymbol{O},\boldsymbol{B}\neq\boldsymbol{O}$,但$\boldsymbol{AB}$可能为$\boldsymbol{O}$; ④由$\boldsymbol{Ax}=\boldsymbol{O}$不能推出$\boldsymbol{x}=\boldsymbol{O}$; ⑤$\boldsymbol{EA}=\boldsymbol{A},\boldsymbol{AE}=\boldsymbol{A}$ ⑥若$\boldsymbol{AB}=\boldsymbol{BA}$,称方阵$\boldsymbol{A}$,$\boldsymbol{B}$可交换

续表

名称	形式	运算规律	备注
方阵的幂	A 为方阵 $A^k = \underbrace{A \cdot A \cdot \cdots \cdot A}_{k个}$，$k$ 为正整数	$A^m \cdot A^n = A^{m+n}$ $(A^m)^n = A^{mn}$	$A^0 = E$
矩阵的转置	若 $A = (a_{ij})_{m\times n}$ $A^T = \begin{pmatrix} a_{11} & a_{21} & \cdots & a_{n1} \\ a_{12} & a_{22} & \cdots & a_{n2} \\ \vdots & \vdots & & \vdots \\ a_{1n} & a_{2n} & \cdots & a_{nn} \end{pmatrix}$	$(A^T)^T = A$ $(A+B)^T = A^T + B^T$ $(\lambda A)^T = \lambda A^T$ $(AB)^T = B^T A^T$	
方阵的行列式	$A = (a_{ij})_{n\times n}$ $\mid A \mid = \det A = \begin{vmatrix} a_{11} & a_{12} & \cdots & a_{1n} \\ a_{21} & a_{22} & \cdots & a_{2n} \\ \vdots & \vdots & & \vdots \\ a_{n1} & a_{n2} & \cdots & a_{nn} \end{vmatrix}$	$\mid A^T \mid = \mid A \mid$； $\mid \lambda A \mid = \lambda^n \mid A \mid$； $\mid AB \mid = \mid A \mid \mid B \mid$	① 矩阵是一个数表，而行列式是一个数； ② 方阵才能求行列式

2. 几种特殊矩阵.

名称	定义	形状	性质
伴随矩阵	行列式 $\mid A \mid$ 的每一个元素的代数余子式 A_{ij} 构成的矩阵	$A^* = \begin{pmatrix} A_{11} & A_{21} & \cdots & A_{n1} \\ A_{12} & A_{22} & \cdots & A_{n2} \\ \vdots & \vdots & & \vdots \\ A_{1n} & A_{2n} & \cdots & A_{nn} \end{pmatrix}$	$A^* A = AA^* = \mid A \mid E$， $\mid A^* \mid = \mid A \mid^{n-1}$
数量矩阵	单位矩阵 E 与数 k 相乘所得的矩阵	$kE = \begin{pmatrix} k & & & \\ & k & & \\ & & \ddots & \\ & & & k \end{pmatrix}$	$\mid kE \mid = k^n$
对称矩阵	满足 $A^T = A$ 的矩阵	$\begin{pmatrix} a_{11} & a_{12} & \cdots & a_{1n} \\ a_{12} & a_{22} & \cdots & a_{2n} \\ \vdots & \vdots & & \vdots \\ a_{1n} & a_{2n} & \cdots & a_{nn} \end{pmatrix}$	$a_{ij} = a_{ji}$， $i,j = 1,2,\cdots,n$
反对称矩阵	满足 $A^T = -A$ 的矩阵	$\begin{pmatrix} 0 & a_{12} & \cdots & a_{1n} \\ -a_{12} & 0 & \cdots & a_{2n} \\ \vdots & \vdots & & \vdots \\ -a_{1n} & -a_{2n} & \cdots & 0 \end{pmatrix}$	$a_{ij} = -a_{ji}$，且 $a_{ii} = 0$， $i,j = 1,2,\cdots,n$

3. 对应习题.

习题二第 1 ～ 8 题(教材 $P_{52\sim53}$).

例题精解

基本题型 Ⅰ:与矩阵加法相关的问题

例 1　证明任何一个方阵都可以表示为一对称矩阵与一反对称矩阵之和.

【证明】　设 $\boldsymbol{A}$ 为任一方阵,若 $\boldsymbol{A}$ 可分解为一对称矩阵 $\boldsymbol{B}$ 与一反对称矩阵 $\boldsymbol{C}$ 之和,则 $\boldsymbol{A}=\boldsymbol{B}+\boldsymbol{C}$ 且 $\boldsymbol{B}^{\mathrm{T}}=\boldsymbol{B},\boldsymbol{C}^{\mathrm{T}}=-\boldsymbol{C}$. 所以,$\boldsymbol{A}^{\mathrm{T}}=(\boldsymbol{B}+\boldsymbol{C})^{\mathrm{T}}=\boldsymbol{B}^{\mathrm{T}}+\boldsymbol{C}^{\mathrm{T}}=\boldsymbol{B}-\boldsymbol{C}$, 于是

$$\boldsymbol{B}=\frac{1}{2}(\boldsymbol{A}+\boldsymbol{A}^{\mathrm{T}}),\boldsymbol{C}=\frac{1}{2}(\boldsymbol{A}-\boldsymbol{A}^{\mathrm{T}}).$$

故 $\boldsymbol{A}=\boldsymbol{B}+\boldsymbol{C}$ 有解,所以,原命题成立.

【方法点击】　读者是否还记得《高等数学》中学过的“任一函数都可以表示为一个奇函数与一个偶函数之和”的性质,此性质与本题结论相似.

基本题型 Ⅱ:与矩阵乘法相关的问题

例 2　已知 $\boldsymbol{A},\boldsymbol{B}$ 均为 n 阶方阵,则必有(　　).

(A)$(\boldsymbol{A}+\boldsymbol{B})(\boldsymbol{A}-\boldsymbol{B})=\boldsymbol{A}^2-\boldsymbol{B}^2$

(B)$(\boldsymbol{AB})^{\mathrm{T}}=\boldsymbol{A}^{\mathrm{T}}\boldsymbol{B}^{\mathrm{T}}$

(C) 若 $\boldsymbol{AB}=\boldsymbol{O}$,则 $\boldsymbol{A}=\boldsymbol{O}$ 或 $\boldsymbol{B}=\boldsymbol{O}$

(D) 若 $|\boldsymbol{AB}+\boldsymbol{B}|=0$,则 $|\boldsymbol{A}+\boldsymbol{E}|=0$ 或 $|\boldsymbol{B}|=0$

【解析】　因为$(\boldsymbol{A}+\boldsymbol{B})(\boldsymbol{A}-\boldsymbol{B})=\boldsymbol{A}^2-\boldsymbol{AB}+\boldsymbol{BA}-\boldsymbol{A}^2$,只有 $\boldsymbol{AB}=\boldsymbol{BA}$ 时,才有$(\boldsymbol{A}+\boldsymbol{B})(\boldsymbol{A}-\boldsymbol{B})=\boldsymbol{A}^2-\boldsymbol{B}^2$,故选项(A)不正确. 由矩阵乘法及转置的运算规律知,选项(B)、(C)都不正确. 由于 $|\boldsymbol{AB}+\boldsymbol{B}|=|(\boldsymbol{A}+\boldsymbol{E})\boldsymbol{B}|=|\boldsymbol{A}+\boldsymbol{E}|\cdot|\boldsymbol{B}|$,则当 $|\boldsymbol{AB}+\boldsymbol{B}|=0$ 时,有 $|\boldsymbol{A}+\boldsymbol{E}|=0$ 或 $|\boldsymbol{B}|=0$, 故应选(D).

例 3　设 n 维行向量 $\boldsymbol{\alpha}=\left(\frac{1}{2},0,\cdots,0,\frac{1}{2}\right)$,矩阵 $\boldsymbol{A}=\boldsymbol{E}-\boldsymbol{\alpha}^{\mathrm{T}}\boldsymbol{\alpha},\boldsymbol{B}=\boldsymbol{E}+2\boldsymbol{\alpha}^{\mathrm{T}}\boldsymbol{\alpha}$,其中 $\boldsymbol{E}$ 为 n 阶单位矩阵,则 $\boldsymbol{AB}=$(　　).

(A)$\boldsymbol{O}$　　(B)$\boldsymbol{E}$　　(C)$-\boldsymbol{E}$　　(D)$\boldsymbol{E}+\boldsymbol{\alpha}^{\mathrm{T}}\boldsymbol{\alpha}$

【解析】

$$\begin{aligned}\boldsymbol{AB}&=(\boldsymbol{E}-\boldsymbol{\alpha}^{\mathrm{T}}\boldsymbol{\alpha})(\boldsymbol{E}+2\boldsymbol{\alpha}^{\mathrm{T}}\boldsymbol{\alpha})=\boldsymbol{E}^2-\boldsymbol{\alpha}^{\mathrm{T}}\boldsymbol{\alpha}+2\boldsymbol{\alpha}^{\mathrm{T}}\boldsymbol{\alpha}-2(\boldsymbol{\alpha}^{\mathrm{T}}\boldsymbol{\alpha})(\boldsymbol{\alpha}^{\mathrm{T}}\boldsymbol{\alpha})\\&=\boldsymbol{E}+\boldsymbol{\alpha}^{\mathrm{T}}\boldsymbol{\alpha}-2\boldsymbol{\alpha}^{\mathrm{T}}(\boldsymbol{\alpha}\boldsymbol{\alpha}^{\mathrm{T}})\boldsymbol{\alpha}=\boldsymbol{E}+\boldsymbol{\alpha}^{\mathrm{T}}\boldsymbol{\alpha}-2\boldsymbol{\alpha}^{\mathrm{T}}\cdot\frac{1}{2}\cdot\boldsymbol{\alpha}\\&=\boldsymbol{E}+\boldsymbol{\alpha}^{\mathrm{T}}\boldsymbol{\alpha}-\boldsymbol{\alpha}^{\mathrm{T}}\boldsymbol{\alpha}=\boldsymbol{E}.\end{aligned}$$

故应选(B).

【方法点击】　若 $\boldsymbol{\alpha}$ 是 n 维行向量时,$\boldsymbol{\alpha}^{\mathrm{T}}\boldsymbol{\alpha}$ 是 n 阶方阵,而 $\boldsymbol{\alpha}\boldsymbol{\alpha}^{\mathrm{T}}$ 是一个数. 在计算矩阵的乘积时,恰当地运用乘法运算规律可使计算简化.

基本题型 Ⅲ:与矩阵乘法交换性相关的问题

例 4 设$\boldsymbol{A}=\begin{pmatrix}1&0&0\\1&1&0\\0&1&1\end{pmatrix}$,求所有3阶方阵$\boldsymbol{B}$,使$\boldsymbol{A}$和$\boldsymbol{B}$可交换(即$\boldsymbol{AB}=\boldsymbol{BA}$).

【解析】 设所求的3阶方阵为$\boldsymbol{B}=\begin{pmatrix}x_{11}&x_{12}&x_{13}\\x_{21}&x_{22}&x_{23}\\x_{31}&x_{32}&x_{33}\end{pmatrix}$,则

$$\boldsymbol{AB}=\begin{pmatrix}x_{11}&x_{12}&x_{13}\\x_{11}+x_{21}&x_{12}+x_{22}&x_{13}+x_{23}\\x_{21}+x_{31}&x_{22}+x_{32}&x_{23}+x_{33}\end{pmatrix},\boldsymbol{BA}=\begin{pmatrix}x_{11}+x_{12}&x_{12}+x_{13}&x_{13}\\x_{21}+x_{22}&x_{22}+x_{23}&x_{23}\\x_{31}+x_{32}&x_{32}+x_{33}&x_{33}\end{pmatrix},$$

由$\boldsymbol{AB}=\boldsymbol{BA}$,可得$x_{12}=0,x_{13}=0,x_{23}=0,x_{11}=x_{22}=x_{33},x_{21}=x_{32}$.不妨记$x_{11}=x_{22}=x_{33}=a$,$x_{21}=x_{32}=b,x_{31}=c$,故所求矩阵$\boldsymbol{B}=\begin{pmatrix}a&0&0\\b&a&0\\c&b&a\end{pmatrix}$,其中$a,b,c$为任意实数.

例 5 设$\boldsymbol{A},\boldsymbol{B}$为$n$阶方阵,且满足$\boldsymbol{A}^2=\boldsymbol{A},\boldsymbol{B}^2=\boldsymbol{B}$及$(\boldsymbol{A}-\boldsymbol{B})^2=\boldsymbol{A}+\boldsymbol{B}$,证明:$\boldsymbol{AB}=\boldsymbol{BA}=\boldsymbol{O}$.

【证明】 由于$\boldsymbol{A}^2=\boldsymbol{A},\boldsymbol{B}^2=\boldsymbol{B}$,则有

$$(\boldsymbol{A}-\boldsymbol{B})^2=(\boldsymbol{A}-\boldsymbol{B})(\boldsymbol{A}-\boldsymbol{B})=\boldsymbol{A}^2-\boldsymbol{AB}-\boldsymbol{BA}+\boldsymbol{B}^2=\boldsymbol{A}-\boldsymbol{AB}-\boldsymbol{BA}+\boldsymbol{B}.$$

又因$(\boldsymbol{A}-\boldsymbol{B})^2=\boldsymbol{A}+\boldsymbol{B}$,所以

$$\boldsymbol{A}-\boldsymbol{AB}-\boldsymbol{BA}+\boldsymbol{B}=\boldsymbol{A}+\boldsymbol{B},$$

从而有$\boldsymbol{AB}+\boldsymbol{BA}=\boldsymbol{O}$,对上式两边左乘$\boldsymbol{A}$得$\boldsymbol{A}^2\boldsymbol{B}+\boldsymbol{ABA}=\boldsymbol{O}$,即$\boldsymbol{AB}+\boldsymbol{ABA}=\boldsymbol{O}$.同样地,对$\boldsymbol{AB}+\boldsymbol{BA}=\boldsymbol{O}$两边右乘$\boldsymbol{A}$,得$\boldsymbol{ABA}+\boldsymbol{BA}^2=\boldsymbol{O}$,即$\boldsymbol{ABA}+\boldsymbol{BA}=\boldsymbol{O}$,于是有$\boldsymbol{AB}=-\boldsymbol{ABA}=\boldsymbol{BA}$,所以,$\boldsymbol{AB}=\boldsymbol{BA}=\boldsymbol{O}$.

【方法点击】 本题在证明$\boldsymbol{AB}=\boldsymbol{BA}$时,先证明$\boldsymbol{AB},\boldsymbol{BA}$都等于同一个矩阵.本题在展开$(\boldsymbol{A}-\boldsymbol{B})^2$时应注意$(\boldsymbol{A}-\boldsymbol{B})^2\neq\boldsymbol{A}^2-2\boldsymbol{AB}+\boldsymbol{B}^2$.

基本题型 Ⅳ:与伴随矩阵相关的问题

例 6 设$\boldsymbol{A}$是任一$n(n\geqslant3)$阶方阵,$\boldsymbol{A}^*$是其伴随矩阵,k为常数,且$k\neq0,k\neq\pm1$,则必有$(k\boldsymbol{A})^*=($ $)$.

(A)$k\boldsymbol{A}^*$ (B)$k^{n-1}\boldsymbol{A}^*$ (C)$k^n\boldsymbol{A}^*$ (D)$k^{-1}\boldsymbol{A}^*$

【解析】 若$\boldsymbol{A}=(a_{ij})$,则有$k\boldsymbol{A}=(ka_{ij})$,矩阵$k\boldsymbol{A}$的$i$行$j$列元素的代数余子式为

提取行列式中各行的公因式

$$(-1)^{i+j}\begin{vmatrix}ka_{11}&\cdots&ka_{1,j-1}&ka_{1,j+1}&\cdots&ka_{1n}\\\vdots&&\vdots&\vdots&&\vdots\\ka_{i-1,1}&\cdots&ka_{i-1,j-1}&ka_{i-1,j+1}&\cdots&ka_{i-1,n}\\ka_{i+1,1}&\cdots&ka_{i+1,j-1}&ka_{i+1,j+1}&\cdots&ka_{i+1,n}\\\vdots&&\vdots&\vdots&&\vdots\\ka_{n1}&\cdots&ka_{n,j-1}&ka_{n,j+1}&\cdots&ka_{nn}\end{vmatrix}$$

$$=(-1)^{i+j}k^{n-1}\begin{vmatrix} a_{11} & \cdots & a_{1,j-1} & a_{1,j+1} & \cdots & a_{1n} \\ \vdots & & \vdots & \vdots & & \vdots \\ a_{i-1,1} & \cdots & a_{i-1,j-1} & a_{i-1,j+1} & \cdots & a_{i-1,n} \\ a_{i+1,1} & \cdots & a_{i+1,j-1} & a_{i+1,j+1} & \cdots & a_{i+1,n} \\ \vdots & & \vdots & \vdots & & \vdots \\ a_{n1} & \cdots & a_{n,j-1} & a_{n,j+1} & \cdots & a_{nn} \end{vmatrix}.$$

所以，$|k\boldsymbol{A}|$ 中的元素的代数余子式恰是 $|\boldsymbol{A}|$ 中相应元素的代数余子式的 k^{n-1} 倍，从而由伴随矩阵的定义知$(k\boldsymbol{A})^*$ 中元素是 $\boldsymbol{A}^*$ 中相应元素的 k^{n-1} 倍，故应选(B).

基本题型 Ⅴ：与特殊矩阵相关的问题

例 7　设 $\boldsymbol{A}=\boldsymbol{E}-2\boldsymbol{\xi}\boldsymbol{\xi}^{\mathrm{T}}$，其中 $\boldsymbol{\xi}=(x_1,x_2,\cdots,x_n)^{\mathrm{T}}$，且 $\boldsymbol{\xi}^{\mathrm{T}}\boldsymbol{\xi}=1$.

证明：(1)$\boldsymbol{A}$ 是对称矩阵；

(2)$\boldsymbol{A}$ 是幂幺阵(即 $\boldsymbol{A}^2=\boldsymbol{E}$).

【证明】　(1)$\boldsymbol{A}^{\mathrm{T}}=(\boldsymbol{E}-2\boldsymbol{\xi}\boldsymbol{\xi}^{\mathrm{T}})^{\mathrm{T}}=\boldsymbol{E}^{\mathrm{T}}-2(\boldsymbol{\xi}\boldsymbol{\xi}^{\mathrm{T}})^{\mathrm{T}}=\boldsymbol{E}-2\boldsymbol{\xi}\boldsymbol{\xi}^{\mathrm{T}}=\boldsymbol{A}$，故 $\boldsymbol{A}$ 是对称矩阵.

$$(2)\boldsymbol{A}^2=(\boldsymbol{E}-2\boldsymbol{\xi}\boldsymbol{\xi}^{\mathrm{T}})(\boldsymbol{E}-2\boldsymbol{\xi}\boldsymbol{\xi}^{\mathrm{T}})=\boldsymbol{E}-2\boldsymbol{\xi}\boldsymbol{\xi}^{\mathrm{T}}-2\boldsymbol{\xi}\boldsymbol{\xi}^{\mathrm{T}}+4\boldsymbol{\xi}\boldsymbol{\xi}^{\mathrm{T}}\boldsymbol{\xi}\boldsymbol{\xi}^{\mathrm{T}}$$
$$=\boldsymbol{E}-4\boldsymbol{\xi}\boldsymbol{\xi}^{\mathrm{T}}+4\boldsymbol{\xi}(\boldsymbol{\xi}^{\mathrm{T}}\boldsymbol{\xi})\boldsymbol{\xi}^{\mathrm{T}}=\boldsymbol{E},$$

故 $\boldsymbol{A}$ 是幂幺阵.

【方法点击】　对于 $n\times 1$ 矩阵 $\boldsymbol{\xi}$(即 n 维列向量) 来说，$\boldsymbol{\xi}^{\mathrm{T}}\boldsymbol{\xi}$ 是一个数，而数与矩阵的乘法是可交换的，这点以后常用. 但要注意，$\boldsymbol{\xi}\boldsymbol{\xi}^{\mathrm{T}}$ 是一个 n 阶方阵.

基本题型 Ⅵ：求方阵的幂

例 8　设 $\boldsymbol{A}=\begin{pmatrix} 1 & \frac{1}{2} & \frac{1}{3} \\ 2 & 1 & \frac{2}{3} \\ 3 & \frac{3}{2} & 1 \end{pmatrix}$，求 $\boldsymbol{A}^n$.

【思路探索】　若直接求 $\boldsymbol{A}^n$ 很烦琐，注意观察元素排列规律，若 $\boldsymbol{A}$ 的任意两行(列) 元素对应成比例，则 $\boldsymbol{A}$ 可分解为列矩阵和行矩阵的乘积，然后再进行相应运算.

【解析】　设 $\boldsymbol{\alpha}=(1,2,3)$，$\boldsymbol{\beta}=\left(1,\frac{1}{2},\frac{1}{3}\right)$，则 $\boldsymbol{A}=\begin{pmatrix}1\\2\\3\end{pmatrix}\left(1\ \frac{1}{2}\ \frac{1}{3}\right)=\boldsymbol{\alpha}^{\mathrm{T}}\boldsymbol{\beta}$，可得

$$\boldsymbol{A}^n=\underbrace{(\boldsymbol{\alpha}^{\mathrm{T}}\boldsymbol{\beta})(\boldsymbol{\alpha}^{\mathrm{T}}\boldsymbol{\beta})\cdots(\boldsymbol{\alpha}^{\mathrm{T}}\boldsymbol{\beta})}_{n\text{个}}=\boldsymbol{\alpha}^{\mathrm{T}}\underbrace{(\boldsymbol{\beta}\boldsymbol{\alpha}^{\mathrm{T}})(\boldsymbol{\beta}\boldsymbol{\alpha}^{\mathrm{T}})\cdots(\boldsymbol{\beta}\boldsymbol{\alpha}^{\mathrm{T}})}_{n-1\text{个}}\boldsymbol{\beta}=\boldsymbol{\alpha}^{\mathrm{T}}(\boldsymbol{\beta}\boldsymbol{\alpha}^{\mathrm{T}})^{n-1}\boldsymbol{\beta},$$

而 $\boldsymbol{\beta}\boldsymbol{\alpha}^{\mathrm{T}}=\left(1\ \frac{1}{2}\ \frac{1}{3}\right)\begin{pmatrix}1\\2\\3\end{pmatrix}=3$，所以 $\boldsymbol{A}^n=\boldsymbol{\alpha}^{\mathrm{T}}3^{n-1}\boldsymbol{\beta}=3^{n-1}(\boldsymbol{\alpha}^{\mathrm{T}}\boldsymbol{\beta})=3^{n-1}\boldsymbol{A}=3^{n-1}\begin{pmatrix} 1 & \frac{1}{2} & \frac{1}{3} \\ 2 & 1 & \frac{2}{3} \\ 3 & \frac{3}{2} & 1 \end{pmatrix}$.

【方法点击】 求矩阵的高次幂时，经常要使用矩阵乘法的结合律. 若 $\boldsymbol{A}=\boldsymbol{\alpha}^{\mathrm{T}}\boldsymbol{\beta}$，则应特别注意 $\boldsymbol{\beta}\boldsymbol{\alpha}^{\mathrm{T}}$ 为一个数.

掌握下列结论：

设 $\boldsymbol{\alpha}=(a_1,a_2,\cdots,a_n)$，$\boldsymbol{\beta}=(b_1,b_2,\cdots,b_n)$，且 $\boldsymbol{A}=\boldsymbol{\alpha}^{\mathrm{T}}\boldsymbol{\beta}$，则 $\boldsymbol{A}^m=l^{m-1}\boldsymbol{A}$，其中

$$l=a_1b_1+a_2b_2+\cdots+a_nb_n.$$

例 9 设 $\boldsymbol{A}=\begin{pmatrix}1&0&0\\1&0&1\\0&1&0\end{pmatrix}$，$n\geqslant 3$ 为正整数，求 $\boldsymbol{A}^n-\boldsymbol{A}^{n-2}$.

【解析】 $\boldsymbol{A}^n-\boldsymbol{A}^{n-2}=\boldsymbol{A}^{n-2}(\boldsymbol{A}^2-\boldsymbol{E})$，而 $\boldsymbol{A}^2=\begin{pmatrix}1&0&0\\1&1&0\\1&0&1\end{pmatrix}$，$\boldsymbol{A}^2-\boldsymbol{E}=\begin{pmatrix}0&0&0\\1&0&0\\1&0&0\end{pmatrix}$，则有

$$\boldsymbol{A}(\boldsymbol{A}^2-\boldsymbol{E})=\begin{pmatrix}1&0&0\\1&0&1\\0&1&0\end{pmatrix}\begin{pmatrix}0&0&0\\1&0&0\\1&0&0\end{pmatrix}=\begin{pmatrix}0&0&0\\1&0&0\\1&0&0\end{pmatrix}=\boldsymbol{A}^2-\boldsymbol{E}.$$

于是

$$\boldsymbol{A}^n-\boldsymbol{A}^{n-2}=\boldsymbol{A}^{n-2}(\boldsymbol{A}^2-\boldsymbol{E})=\boldsymbol{A}^{n-3}\cdot\boldsymbol{A}(\boldsymbol{A}^2-\boldsymbol{E})=\boldsymbol{A}^{n-3}(\boldsymbol{A}^2-\boldsymbol{E})$$

$$=\cdots=\boldsymbol{A}(\boldsymbol{A}^2-\boldsymbol{E})=\boldsymbol{A}^2-\boldsymbol{E}=\begin{pmatrix}0&0&0\\1&0&0\\1&0&0\end{pmatrix}.$$

【方法点击】 本题通过利用矩阵乘法的结合律，实际上只计算了 $\boldsymbol{A}(\boldsymbol{A}^2-\boldsymbol{E})$，从而简化了计算.

基本题型 Ⅶ：求方阵的行列式

例 10 设矩阵 $\boldsymbol{A}=\begin{pmatrix}2&1\\-1&2\end{pmatrix}$，$\boldsymbol{E}$ 为 2 阶单位矩阵，矩阵 $\boldsymbol{B}$ 满足 $\boldsymbol{BA}=\boldsymbol{B}+2\boldsymbol{E}$，则 $|\boldsymbol{B}|=$ ________.（考研题）

【解析】 由 $\boldsymbol{BA}=\boldsymbol{B}+2\boldsymbol{E}$，得 $\boldsymbol{B}(\boldsymbol{A}-\boldsymbol{E})=2\boldsymbol{E}$，等式两端同时取行列式得

$$|\boldsymbol{B}|\cdot|\boldsymbol{A}-\boldsymbol{E}|=2^2.$$

又因 $\boldsymbol{A}-\boldsymbol{E}=\begin{pmatrix}1&1\\-1&1\end{pmatrix}$，则 $|\boldsymbol{A}-\boldsymbol{E}|=2$，所以 $|\boldsymbol{B}|=2$.

故应填 2.

【方法点击】 利用 $|\boldsymbol{AB}|=|\boldsymbol{A}||\boldsymbol{B}|$ 快捷方便，且避免计算矩阵 $\boldsymbol{AB}$ 乘积的烦琐而出现错误.

例 11 设 $\boldsymbol{A}$ 是 n 阶方阵，满足 $\boldsymbol{AA}^{\mathrm{T}}=\boldsymbol{E}$，且 $|\boldsymbol{A}|<0$，求 $|\boldsymbol{A}+\boldsymbol{E}|$.

【解析】 因为 $|\boldsymbol{A}+\boldsymbol{E}|=|\boldsymbol{A}+\boldsymbol{AA}^{\mathrm{T}}|=|\boldsymbol{A}(\boldsymbol{E}+\boldsymbol{A}^{\mathrm{T}})|=|\boldsymbol{A}|\cdot|\boldsymbol{E}+\boldsymbol{A}^{\mathrm{T}}|$

$$=|\boldsymbol{A}|\cdot|(\boldsymbol{E}+\boldsymbol{A})^{\mathrm{T}}|=|\boldsymbol{A}|\cdot|\boldsymbol{E}+\boldsymbol{A}|,$$

所以$(1-|\boldsymbol{A}|)|\boldsymbol{A}+\boldsymbol{E}|=0$. 因为$|\boldsymbol{A}|<0$,从而$1-|\boldsymbol{A}|>0$,故$|\boldsymbol{A}+\boldsymbol{E}|=0$.

【方法点击】 由矩阵等式$\boldsymbol{AA}^{\mathrm{T}}=\boldsymbol{E}$,求抽象矩阵$(\boldsymbol{A}+\boldsymbol{E})$的行列式,有两种方法:

① 直接把$\boldsymbol{E}=\boldsymbol{AA}^{\mathrm{T}}$代入要计算的行列式$|\boldsymbol{A}+\boldsymbol{E}|$中;

②"凑"出可利用已知矩阵等式中左端的形式$\boldsymbol{AA}^{\mathrm{T}}$,再将$\boldsymbol{AA}^{\mathrm{T}}=\boldsymbol{E}$代入计算.

解题过程中还应注意:$|\boldsymbol{A}+\boldsymbol{B}|\neq|\boldsymbol{A}|+|\boldsymbol{B}|$,但$|\boldsymbol{AB}|=|\boldsymbol{A}|\cdot|\boldsymbol{B}|$,做题时思路往往是通过恒等变形把相加运算化为相乘运算.

基本题型Ⅶ:代数余子式与$\boldsymbol{A}^*$相关的问题

例12　设$\boldsymbol{A}=(a_{ij})$是3阶非零矩阵,$|\boldsymbol{A}|$为$\boldsymbol{A}$的行列式,A_{ij}为a_{ij}的代数余子式. 若$a_{ij}+A_{ij}=0,(i,j=1,2,3)$,则$|\boldsymbol{A}|=$ ________. (考研题)

【解析】 因为$a_{ij}+A_{ij}=0$,则$A_{ij}=-a_{ij}$,从而

$$\boldsymbol{A}^*=-\boldsymbol{A}^{\mathrm{T}}\Rightarrow-\boldsymbol{AA}^{\mathrm{T}}=|\boldsymbol{A}|\boldsymbol{E}.$$

取行列式得$-|\boldsymbol{A}|^2=|\boldsymbol{A}|\Rightarrow|\boldsymbol{A}|=0$或$|\boldsymbol{A}|=-1$.

若$|\boldsymbol{A}|=0\Rightarrow-\boldsymbol{AA}^{\mathrm{T}}=\boldsymbol{O},\boldsymbol{A}=\boldsymbol{O}$(矛盾). 故$|\boldsymbol{A}|=-1$.

【方法点击】 利用公式$\boldsymbol{AA}^*=|\boldsymbol{A}|\boldsymbol{E}$及方阵的行列式的性质. 同时注意$|k\boldsymbol{E}_n|=k^n$,而不是$|k\boldsymbol{E}_n|=k$.

第三节　逆矩阵

知识全解

【知识结构】

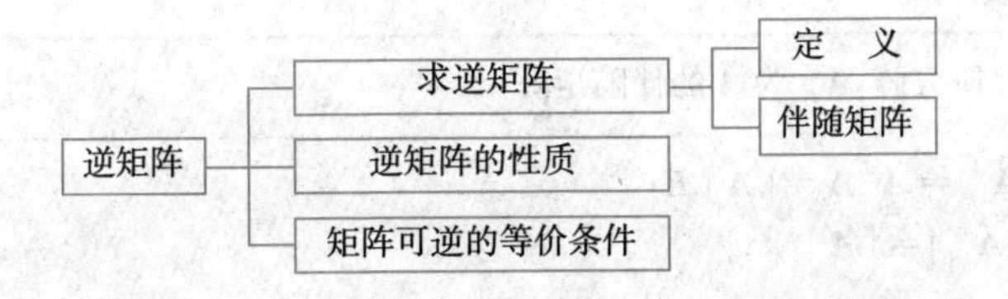

【考点精析】

1. 逆矩阵.

定义	对n阶矩阵$\boldsymbol{A}$,若有n阶矩阵$\boldsymbol{B}$,使$\boldsymbol{AB}=\boldsymbol{BA}=\boldsymbol{E}$,则称$\boldsymbol{A}$可逆,且$\boldsymbol{A}^{-1}=\boldsymbol{B}$
求法	(1) 若$\boldsymbol{AB}=\boldsymbol{E}$(或$\boldsymbol{BA}=\boldsymbol{E}$),则$\boldsymbol{B}=\boldsymbol{A}^{-1}$; (2) 若$\lvert\boldsymbol{A}\rvert\neq0$,则$\boldsymbol{A}$可逆,且$\boldsymbol{A}^{-1}=\frac{1}{\lvert\boldsymbol{A}\rvert}\boldsymbol{A}^*$; (3) 初等变换法:将$(\boldsymbol{A}\vdots\boldsymbol{E})\xrightarrow{\text{初等行变换}}(\boldsymbol{E}\vdots\boldsymbol{A}^{-1})$,此方法将在第三章第一节中详细说明

可逆判定	$\boldsymbol{A}$ 是可逆矩阵 $\Leftrightarrow |\boldsymbol{A}| \neq 0$
性质	(1) 若 $\boldsymbol{A}$ 可逆,则 $\boldsymbol{A}^{-1}$ 也可逆,且$(\boldsymbol{A}^{-1})^{-1}=\boldsymbol{A}$; (2) 若 $\boldsymbol{A}$ 可逆,数 $\lambda \neq 0$,则 $\lambda\boldsymbol{A}$ 也可逆,且$(\lambda\boldsymbol{A})^{-1}=\frac{1}{\lambda}\boldsymbol{A}^{-1}$; (3) 若 $\boldsymbol{A},\boldsymbol{B}$ 为同阶矩阵且可逆,则 $\boldsymbol{AB}$ 也可逆,且$(\boldsymbol{AB})^{-1}=\boldsymbol{B}^{-1}\boldsymbol{A}^{-1}$; (4) 若 $\boldsymbol{A}$ 可逆,则 $\boldsymbol{A}^{\mathrm{T}}$ 也可逆,且$(\boldsymbol{A}^{\mathrm{T}})^{-1}=(\boldsymbol{A}^{-1})^{\mathrm{T}}$; (5) 若 $\boldsymbol{A}$ 可逆,则 $\boldsymbol{A}^{-1}$ 惟一; (6) 若 $\boldsymbol{A}$ 可逆,则 $|\boldsymbol{A}^{-1}|=\frac{1}{|\boldsymbol{A}|}$

2. 矩阵的多项式.

定义	应用	备注
设 $\varphi(x)=a_0+a_1x+\cdots+a_mx^m$ 为 x 的 m 次多项式,$\boldsymbol{A}$ 为 n 阶矩阵,记 $\varphi(\boldsymbol{A})=a_0\boldsymbol{E}+a_1\boldsymbol{A}+\cdots+a_m\boldsymbol{A}^m$,$\varphi(\boldsymbol{A})$ 称为**矩阵 $\boldsymbol{A}$ 的 m 次多项式**	(1) 如果 $\boldsymbol{A}=\boldsymbol{P\Lambda P}^{-1}$,则 $\boldsymbol{A}^k=\boldsymbol{P\Lambda}^k\boldsymbol{P}^{-1}$,从而 $\varphi(\boldsymbol{A})=\boldsymbol{P}\varphi(\boldsymbol{\Lambda})\boldsymbol{P}^{-1}$ (2) 如果 $\boldsymbol{\Lambda}=\mathrm{diag}(\lambda_1,\lambda_2,\cdots,\lambda_n)$ 为对角阵,则 $\boldsymbol{\Lambda}^n=\mathrm{diag}(\lambda_1^n,\lambda_2^n,\cdots,\lambda_n^n)$,从而 $\varphi(\boldsymbol{\Lambda})=\begin{pmatrix}\varphi(\lambda_1)&&&\\&\varphi(\lambda_2)&&\\&&\ddots&\\&&&\varphi(\lambda_n)\end{pmatrix}$	(1)$\varphi(\boldsymbol{A})$ 也是 n 阶矩阵; (2)$\boldsymbol{A}$ 的两个多项式 $\varphi(\boldsymbol{A})$ 与 $f(\boldsymbol{A})$ 总是可交换的,即 $\varphi(\boldsymbol{A})f(\boldsymbol{A})=f(\boldsymbol{A})\varphi(\boldsymbol{A})$,从而 $\boldsymbol{A}$ 的多项式可以与数 x 的多项式一样相乘和因式分解

3. 伴随矩阵的性质.

定义	$\boldsymbol{A}$ 为 n 阶方阵,$\boldsymbol{A}^*$ 为 $\boldsymbol{A}$ 的伴随矩阵
性质	(1)$\boldsymbol{AA}^*=\boldsymbol{A}^*\boldsymbol{A}=|\boldsymbol{A}|\boldsymbol{E}$; (2) $|\boldsymbol{A}^*|=|\boldsymbol{A}|^{n-1}$; (3) 若 $\boldsymbol{A}$ 可逆,则 $\boldsymbol{A}^{-1}=\frac{1}{|\boldsymbol{A}|}\boldsymbol{A}^*$,$\boldsymbol{A}^*=|\boldsymbol{A}|\boldsymbol{A}^{-1}$; (4) 若 $\boldsymbol{A}$ 可逆,则 $\boldsymbol{A}^*$ 可逆,且$(\boldsymbol{A}^*)^{-1}=\frac{1}{|\boldsymbol{A}|}\boldsymbol{A}$,$(\boldsymbol{A}^*)^{-1}=(\boldsymbol{A}^{-1})^*$; (5)$(\boldsymbol{A}^*)^{\mathrm{T}}=(\boldsymbol{A}^{\mathrm{T}})^*$,$(k\boldsymbol{A})^*=k^{n-1}\boldsymbol{A}^*$; (6) 若 $\boldsymbol{A},\boldsymbol{B}$ 为 n 阶方阵,则$(\boldsymbol{AB})^*=\boldsymbol{B}^*\boldsymbol{A}^*$; (7)$(\boldsymbol{A}^*)^*=|\boldsymbol{A}|^{n-2}\boldsymbol{A}$

4. 对应习题.

习题二第 9 ～ 24 题(教材 $\mathrm{P}_{53\sim55}$).

例题精解

基本题型Ⅰ:逆矩阵的定义与性质

例1 设n维向量$\boldsymbol{\alpha}=(a,0,\cdots,0,a)^{\mathrm{T}}$,$a<0$,$\boldsymbol{E}$为$n$阶单位矩阵,矩阵$\boldsymbol{A}=\boldsymbol{E}-\boldsymbol{\alpha}\boldsymbol{\alpha}^{\mathrm{T}}$,$\boldsymbol{B}=\boldsymbol{E}+\frac{1}{a}\boldsymbol{\alpha}\boldsymbol{\alpha}^{\mathrm{T}}$,其中$\boldsymbol{A}$的逆矩阵为$\boldsymbol{B}$,则$a=$________.(考研题)

【解析】 由题设及逆矩阵的定义知

$$\begin{aligned}\boldsymbol{AB}&=(\boldsymbol{E}-\boldsymbol{\alpha\alpha}^{\mathrm{T}})\left(\boldsymbol{E}+\frac{1}{a}\boldsymbol{\alpha\alpha}^{\mathrm{T}}\right)=\boldsymbol{E}-\boldsymbol{\alpha\alpha}^{\mathrm{T}}+\frac{1}{a}\boldsymbol{\alpha\alpha}^{\mathrm{T}}-\frac{1}{a}\boldsymbol{\alpha\alpha}^{\mathrm{T}}\boldsymbol{\alpha\alpha}^{\mathrm{T}}\\&=\boldsymbol{E}+\left(\frac{1}{a}-1\right)\boldsymbol{\alpha\alpha}^{\mathrm{T}}-\frac{1}{a}\boldsymbol{\alpha}(\boldsymbol{\alpha}^{\mathrm{T}}\boldsymbol{\alpha})\boldsymbol{\alpha}^{\mathrm{T}}=\boldsymbol{E}+\left(\frac{1}{a}-1\right)\boldsymbol{\alpha\alpha}^{\mathrm{T}}-2a\boldsymbol{\alpha\alpha}^{\mathrm{T}}\\&=\boldsymbol{E}+\left(\frac{1}{a}-2a-1\right)\boldsymbol{\alpha\alpha}^{\mathrm{T}}=\boldsymbol{E},\end{aligned}$$

则$\left(\frac{1}{a}-2a-1\right)\boldsymbol{\alpha\alpha}^{\mathrm{T}}=\boldsymbol{O}$,又因为$\boldsymbol{\alpha\alpha}^{\mathrm{T}}\neq\boldsymbol{O}$,于是有$\frac{1}{a}-2a-1=0$,解得$a=\frac{1}{2}$或$a=-1$.由于$a<0$,故$a=-1$.故应填$-1$.

【方法点击】 本题考查逆矩阵的定义及矩阵的运算规律.另外,还注意到,当$\boldsymbol{\alpha\alpha}^{\mathrm{T}}$为一个矩阵时,$\boldsymbol{\alpha}^{\mathrm{T}}\boldsymbol{\alpha}$应为一个数.

例2 设$\boldsymbol{A}$为n阶对称矩阵,且$\boldsymbol{A}$可逆,并满足$(\boldsymbol{A}-\boldsymbol{B})^2=\boldsymbol{E}$,化简

$$(\boldsymbol{E}+\boldsymbol{A}^{-1}\boldsymbol{B}^{\mathrm{T}})^{\mathrm{T}}(\boldsymbol{E}-\boldsymbol{B}\boldsymbol{A}^{-1})^{-1}.$$

【解析】 由$\boldsymbol{A}$为对称矩阵知$\boldsymbol{A}^{\mathrm{T}}=\boldsymbol{A}$,并注意到$(\boldsymbol{A}-\boldsymbol{B})^{-1}=\boldsymbol{A}-\boldsymbol{B}$,则有

$$\begin{aligned}(\boldsymbol{E}+\boldsymbol{A}^{-1}\boldsymbol{B}^{\mathrm{T}})^{\mathrm{T}}(\boldsymbol{E}-\boldsymbol{B}\boldsymbol{A}^{-1})^{-1}&=[\boldsymbol{E}^{\mathrm{T}}+(\boldsymbol{A}^{-1}\boldsymbol{B}^{\mathrm{T}})^{\mathrm{T}}](\boldsymbol{A}\boldsymbol{A}^{-1}-\boldsymbol{B}\boldsymbol{A}^{-1})^{-1}\\&=[\boldsymbol{E}+\boldsymbol{B}(\boldsymbol{A}^{-1})^{\mathrm{T}}][(\boldsymbol{A}-\boldsymbol{B})\boldsymbol{A}^{-1}]^{-1}=[\boldsymbol{E}+\boldsymbol{B}(\boldsymbol{A}^{\mathrm{T}})^{-1}][\boldsymbol{A}(\boldsymbol{A}-\boldsymbol{B})^{-1}]\\&=(\boldsymbol{E}+\boldsymbol{B}\boldsymbol{A}^{-1})\boldsymbol{A}(\boldsymbol{A}-\boldsymbol{B})^{-1}=(\boldsymbol{A}\boldsymbol{A}^{-1}+\boldsymbol{B}\boldsymbol{A}^{-1})\boldsymbol{A}(\boldsymbol{A}-\boldsymbol{B})^{-1}\\&=(\boldsymbol{A}+\boldsymbol{B})\boldsymbol{A}^{-1}\boldsymbol{A}(\boldsymbol{A}-\boldsymbol{B})^{-1}=(\boldsymbol{A}+\boldsymbol{B})(\boldsymbol{A}-\boldsymbol{B})^{-1}=(\boldsymbol{A}+\boldsymbol{B})(\boldsymbol{A}-\boldsymbol{B}).\end{aligned}$$

【方法点击】 本题的计算中用到以下公式:

(1)$(\boldsymbol{A}+\boldsymbol{B})^{\mathrm{T}}=\boldsymbol{A}^{\mathrm{T}}+\boldsymbol{B}^{\mathrm{T}}$; (2)$(\boldsymbol{AB})^{\mathrm{T}}=\boldsymbol{B}^{\mathrm{T}}\boldsymbol{A}^{\mathrm{T}}$; (3)$\boldsymbol{A}^{-1}\boldsymbol{A}=\boldsymbol{A}\boldsymbol{A}^{-1}=\boldsymbol{E}$;

(4)$(\boldsymbol{AB})^{-1}=\boldsymbol{B}^{-1}\boldsymbol{A}^{-1}$; (5)$(\boldsymbol{A}^{-1})^{\mathrm{T}}=(\boldsymbol{A}^{\mathrm{T}})^{-1}$; (6)$(\boldsymbol{A}^{-1})^{-1}=\boldsymbol{A}$.

基本题型Ⅱ:求具体方阵的逆矩阵

例3 设矩阵$\boldsymbol{A}=\begin{pmatrix}1&-1\\2&3\end{pmatrix}$,$\boldsymbol{B}=\boldsymbol{A}^2-3\boldsymbol{A}+2\boldsymbol{E}$,则$\boldsymbol{B}^{-1}=$________.(考研题)

【解析】 $\boldsymbol{B}=(\boldsymbol{A}-2\boldsymbol{E})(\boldsymbol{A}-\boldsymbol{E})=\begin{pmatrix}-1&-1\\2&1\end{pmatrix}\begin{pmatrix}0&-1\\2&2\end{pmatrix}=\begin{pmatrix}-2&-1\\2&0\end{pmatrix}$,则$\boldsymbol{B}^*=\begin{pmatrix}0&1\\-2&-2\end{pmatrix}$,$|\boldsymbol{B}|=2$,利用伴随矩阵法得

$$B^{-1}=\frac{1}{|B|}B^{*}=\frac{1}{2}\begin{pmatrix}0&1\\-2&-2\end{pmatrix}=\begin{pmatrix}0&\frac{1}{2}\\-1&-1\end{pmatrix}.$$

故应填$\begin{pmatrix}0&\frac{1}{2}\\-1&-1\end{pmatrix}$.

【方法点击】 对于二阶方阵$A=\begin{pmatrix}a&b\\c&d\end{pmatrix}$,用伴随矩阵法求逆较简单,$A^{*}=\begin{pmatrix}d&-b\\-c&a\end{pmatrix}$,当$|A|=ad-bc\neq 0$时,有

$$A^{-1}=\frac{1}{|A|}A^{*}=\frac{1}{ad-bc}\begin{pmatrix}d&-b\\-c&a\end{pmatrix}.$$

记住此结果对于后面分块矩阵的求逆运算很有帮助.

例 4 设$A=\begin{pmatrix}1&0&0\\2&2&0\\3&4&5\end{pmatrix}$,$A^{*}$是$A$的伴随矩阵,求$(A^{*})^{-1}$.

【解析】 $|A|=\begin{vmatrix}1&0&0\\2&2&0\\3&4&5\end{vmatrix}=1\times 2\times 5=10\neq 0$,所以$A$可逆,于是

$$AA^{*}=|A|E=10E,$$

则$\frac{1}{|A|}AA^{*}=E$,所以$(A^{*})^{-1}=\frac{1}{|A|}A=\frac{1}{10}A=\begin{pmatrix}\frac{1}{10}&0&0\\\frac{1}{5}&\frac{1}{5}&0\\\frac{3}{10}&\frac{2}{5}&\frac{1}{2}\end{pmatrix}$.

【方法点击】 本题没有计算A^{*},而是利用公式$AA^{*}=|A|E$来直接计算$(A^{*})^{-1}$,这大大简化了计算过程.此外,若$|A|\neq 0$,则可得

$$(A^{*})^{-1}=(|A|A^{-1})^{-1}=\frac{1}{|A|}A,$$

读者可记住此结论.

基本题型 Ⅲ:求抽象方阵的逆矩阵

例 5 已知n阶矩阵A满足$2A(A-E)=A^{3}$,求$(E-A)^{-1}$.

【解析】 先分解出因子$E-A$.由$2A(A-E)=A^{3}$,得$A^{3}-2A^{2}+2A=O$,上式改写为

$$-(A^{3}-2A^{2}+2A-E)=E,$$

即有$(E-A)(A^{2}-A+E)=E$,所以$E-A$可逆,且$(E-A)^{-1}=A^{2}-A+E$.

【方法点击】 上题是通过矩阵的运算找到一个形如$AB=E$的等式，然后利用矩阵的定义得出$A^{-1}=B$或$B^{-1}=A$. 此法的关键是等式$AB=E$的寻找，应结合已知和所求矩阵的特点仔细观察.

例 6　设n阶矩阵$A,B,A+B$均可逆，证明：$A^{-1}+B^{-1}$也可逆，并求其逆阵.

【证明】 因为
$$A^{-1}+B^{-1}=A^{-1}BB^{-1}+B^{-1}=(A^{-1}B+E)B^{-1}=(A^{-1}B+A^{-1}A)B^{-1}=A^{-1}(B+A)B^{-1}=A^{-1}(A+B)B^{-1},$$
而$A^{-1},A+B,B^{-1}$均是可逆矩阵，所以$A^{-1}+B^{-1}$可逆，并且
$$(A^{-1}+B^{-1})^{-1}=[A^{-1}(A+B)B^{-1}]^{-1}=B(A+B)^{-1}A.$$

【方法点击】 若方阵A可分解成多个可逆阵乘积的形式，则A可逆，可通过两边取行列式或直接求用乘积形式表示的逆矩阵来证明.

第二章

基本题型 Ⅳ：矩阵可逆的判定及证明

例 7　设A,B均为n阶方阵，则必有（　　）.

(A)A或B可逆，必有AB可逆　　(B)A或B不可逆，必有AB不可逆

(C)A且B可逆，必有$A+B$可逆　　(D)A且B不可逆，必有$A+B$不可逆

【解析】 因为$|AB|=|A|\cdot|B|\neq 0$，必有$|A|\neq 0$，$|B|\neq 0$.

也就是说，若AB可逆，必须要求A,B同时可逆；或者，若A,B中有一不可逆，则AB必定不可逆，故选项(B)正确.(C)、(D)易举反例说明其不成立.故应选(B).

例 8　设A为n阶非零矩阵，E为n阶单位矩阵.若$A^3=O$，则（　　）.

(A)$E-A$不可逆，$E+A$不可逆　　(B)$E-A$不可逆，$E+A$可逆

(C)$E-A$可逆，$E+A$可逆　　(D)$E-A$可逆，$E+A$不可逆

【解析】 因为
$$(E-A)(E+A+A^2)=E-A^3=E,(E+A)(E-A+A^2)=E+A^3=E,$$
所以$E-A,E+A$均可逆.故应选(C).

例 9　设A为n阶非零矩阵，且$A^*=A^T$，证明：A可逆.

【证明】 **方法一**：反证法.假设A不可逆，则$|A|=0$，于是$AA^*=|A|E=O$，即$AA^T=O$，从而$A=O$，与已知矛盾.所以A可逆.

方法二：设$A=(a_{ij})_{n\times n}$，A_{ij}为a_{ij}的代数余子式，由于$A^*=A^T$，则$A_{ij}=a_{ij}$，$i,j=1,2,\cdots,n$. 由于A为非零矩阵，不妨设$a_{11}\neq 0$，将$|A|$按第一行展开得
$$|A|=a_{11}A_{11}+a_{12}A_{12}+\cdots+a_{1n}A_{1n}=a_{11}^2+a_{12}^2+\cdots+a_{1n}^2>0,$$
所以A可逆.

【方法点击】 证明方阵A可逆的方法很多，常用的有：

(1) 证明存在同阶方阵B，使得$AB=E$或$BA=E$；

(2) 证明$|A|\neq 0$；

(3) 反证法.

基本题型 V:解矩阵方程

例10 已知矩阵 $\boldsymbol{A}=\begin{pmatrix}1&0&0\\1&1&0\\1&1&1\end{pmatrix}$, $\boldsymbol{B}=\begin{pmatrix}0&1&1\\1&0&1\\1&1&0\end{pmatrix}$,且矩阵 $\boldsymbol{X}$ 满足

$$\boldsymbol{AXA}+\boldsymbol{BXB}=\boldsymbol{AXB}+\boldsymbol{BXA}+\boldsymbol{E},$$

其中 $\boldsymbol{E}$ 是 3 阶单位矩阵,求 $\boldsymbol{X}$.(考研题)

【思路探索】 解矩阵方程,可先利用矩阵的运算规律化简求得 $\boldsymbol{X}$ 的最简表达式,把 $\boldsymbol{X}$ 表示为某些矩阵的逆矩阵及其他运算形式,然后通过求逆等运算即可求得 $\boldsymbol{X}$.

【解析】 由题设关系式得 $\boldsymbol{AX}(\boldsymbol{A}-\boldsymbol{B})-\boldsymbol{BX}(\boldsymbol{A}-\boldsymbol{B})=\boldsymbol{E}$,即

$$(\boldsymbol{A}-\boldsymbol{B})\boldsymbol{X}(\boldsymbol{A}-\boldsymbol{B})=\boldsymbol{E},$$

而 $\boldsymbol{A}-\boldsymbol{B}=\begin{pmatrix}1&-1&-1\\0&1&-1\\0&0&1\end{pmatrix}$,由于 $|\boldsymbol{A}-\boldsymbol{B}|=1\neq 0$,则 $\boldsymbol{A}-\boldsymbol{B}$ 可逆,且

$$(\boldsymbol{A}-\boldsymbol{B})^{-1}=\frac{1}{|\boldsymbol{A}-\boldsymbol{B}|}(\boldsymbol{A}-\boldsymbol{B})^{*}=\begin{pmatrix}1&1&2\\0&1&1\\0&0&1\end{pmatrix},$$

于是有

$$\boldsymbol{X}=(\boldsymbol{A}-\boldsymbol{B})^{-1}(\boldsymbol{A}-\boldsymbol{B})^{-1}=\begin{pmatrix}1&1&2\\0&1&1\\0&0&1\end{pmatrix}\begin{pmatrix}1&1&2\\0&1&1\\0&0&1\end{pmatrix}=\begin{pmatrix}1&2&5\\0&1&2\\0&0&1\end{pmatrix}.$$

【方法点击】 要先判定 $\boldsymbol{A}-\boldsymbol{B}$ 可逆,求出 $(\boldsymbol{A}-\boldsymbol{B})^{-1}$,然后代入 $\boldsymbol{X}=(\boldsymbol{A}-\boldsymbol{B})^{-1}(\boldsymbol{A}-\boldsymbol{B})^{-1}$.

例11 设矩阵 $\boldsymbol{A}$ 的伴随阵 $\boldsymbol{A}^{*}=\begin{pmatrix}1&0&0&0\\0&1&0&0\\1&0&1&0\\0&-3&0&8\end{pmatrix}$,且 $\boldsymbol{ABA}^{-1}=\boldsymbol{BA}^{-1}+3\boldsymbol{E}$,其中 $\boldsymbol{E}$ 为 4 阶单位矩阵,求矩阵 $\boldsymbol{B}$.(考研题)

【解析】 由 $\boldsymbol{ABA}^{-1}=\boldsymbol{BA}^{-1}+3\boldsymbol{E}$,可得 $(\boldsymbol{A}-\boldsymbol{E})\boldsymbol{BA}^{-1}=3\boldsymbol{E}$. 所以 $\boldsymbol{A}-\boldsymbol{E}$ 可逆.

从而两端左乘 $(\boldsymbol{A}-\boldsymbol{E})^{-1}$,右乘 $\boldsymbol{A}$ 可得

$$\boldsymbol{B}=3(\boldsymbol{A}-\boldsymbol{E})^{-1}\boldsymbol{A}=3[\boldsymbol{A}^{-1}(\boldsymbol{A}-\boldsymbol{E})]^{-1}=3(\boldsymbol{E}-\boldsymbol{A}^{-1})^{-1}.$$

因 $|\boldsymbol{A}^{*}|\cdot|\boldsymbol{A}|=|\boldsymbol{A}^{*}\cdot\boldsymbol{A}|=||\boldsymbol{A}|\cdot\boldsymbol{E}|=|\boldsymbol{A}|^{n}$,所以 $|\boldsymbol{A}^{*}|=|\boldsymbol{A}|^{n-1}$.

又 $|\boldsymbol{A}^{*}|=8$, $n=4$,所以 $|\boldsymbol{A}|=2$,因此 $\boldsymbol{A}^{-1}=\frac{1}{|\boldsymbol{A}|}\boldsymbol{A}^{*}=\frac{1}{2}\boldsymbol{A}^{*}$,则

$$\boldsymbol{B}=3\left(\boldsymbol{E}-\frac{1}{2}\boldsymbol{A}^{*}\right)^{-1}=6(2\boldsymbol{E}-\boldsymbol{A}^{*})^{-1}=6\begin{pmatrix}1&0&0&0\\0&1&0&0\\-1&0&1&0\\0&3&0&-6\end{pmatrix}^{-1}$$

$$=6\begin{pmatrix}1&0&0&0\\0&1&0&0\\1&0&1&0\\0&\frac{1}{2}&0&-\frac{1}{6}\end{pmatrix}=\begin{pmatrix}6&0&0&0\\0&6&0&0\\6&0&6&0\\0&3&0&-1\end{pmatrix}.$$

【方法点击】 整理关系式，将 $\boldsymbol{B}$ 用 $\boldsymbol{A}^{-1}$ 和 $\boldsymbol{E}$ 表示，然后利用已知条件 $\boldsymbol{A}^*$ 将 $\boldsymbol{A}^{-1}$ 表示出来，再求矩阵 $\boldsymbol{B}$.

基本题型 Ⅵ：矩阵多项式的应用

例12 设 $\boldsymbol{A}=\begin{pmatrix}0&-1&0\\1&0&0\\0&0&-1\end{pmatrix}$，$\boldsymbol{B}=\boldsymbol{P}^{-1}\boldsymbol{AP}$，其中 $\boldsymbol{P}$ 为 3 阶可逆矩阵，则 $\boldsymbol{B}^{2004}-2\boldsymbol{A}^2=$ ________.（考研题）

【解析】 $\boldsymbol{B}^2=(\boldsymbol{P}^{-1}\boldsymbol{AP})(\boldsymbol{P}^{-1}\boldsymbol{AP})=\boldsymbol{P}^{-1}\boldsymbol{A}(\boldsymbol{PP}^{-1})\boldsymbol{AP}=\boldsymbol{P}^{-1}\boldsymbol{A}^2\boldsymbol{P}$，

$\vdots$

$\boldsymbol{B}^{2004}=\boldsymbol{P}^{-1}\boldsymbol{A}^{2004}\boldsymbol{P}$，

且 $\boldsymbol{A}^2=\begin{pmatrix}-1&0&0\\0&-1&0\\0&0&1\end{pmatrix}$，$\boldsymbol{A}^4=(\boldsymbol{A}^2)^2=\boldsymbol{E}$，所以

$$\boldsymbol{A}^{2004}=(\boldsymbol{A}^2)^{1002}=[(\boldsymbol{A}^2)^2]^{501}=\boldsymbol{E},$$

所以

$$\boldsymbol{B}^{2004}-2\boldsymbol{A}^2=\boldsymbol{P}^{-1}\boldsymbol{A}^{2004}\boldsymbol{P}-2\boldsymbol{A}^2=\boldsymbol{P}^{-1}\boldsymbol{EP}-2\boldsymbol{A}^2=\begin{pmatrix}3&0&0\\0&3&0\\0&0&-1\end{pmatrix}.$$

故应填 $\begin{pmatrix}3&0&0\\0&3&0\\0&0&-1\end{pmatrix}$.

【方法点击】 本题主要考查了矩阵的运算，且利用矩阵乘法的结合律，并注意到单位矩阵与同阶方阵可交换. 解此题的关键是将 $\boldsymbol{B}^m$ 转化为 $\boldsymbol{A}^m$. 事实上，若 $\boldsymbol{B}=\boldsymbol{P}^{-1}\boldsymbol{AP}$，则 $\boldsymbol{B}^m=\boldsymbol{P}^{-1}\boldsymbol{A}^m\boldsymbol{P}$.

例13 设 n 阶矩阵 $\boldsymbol{A}$ 和 $\boldsymbol{B}$ 满足条件 $\boldsymbol{A}+\boldsymbol{B}=\boldsymbol{AB}$.

(1) 证明：$\boldsymbol{A}-\boldsymbol{E}$ 为可逆矩阵，其中 $\boldsymbol{E}$ 是 n 阶单位矩阵；

(2) 证明：$\boldsymbol{AB}=\boldsymbol{BA}$；

(3) 已知 $\boldsymbol{B}=\begin{pmatrix}1&-3&0\\2&1&0\\0&0&2\end{pmatrix}$，求矩阵 $\boldsymbol{A}$.

【思路探索】 要证 $A-E$ 为可逆矩阵，可以找一个矩阵使其与 $A-E$ 的乘积为单位矩阵 E 即可.

【证明】 (1) 由 $A+B=AB$，可得 $AB-A-B=O$，所以

$$AB-A-B+E=E.$$

从而 $(A-E)(B-E)=E$，所以 $A-E$ 可逆.

(2) 由(1) 知 $(A-E)^{-1}=B-E$，则

$$(A-E)(B-E)=(B-E)(A-E)=E,$$

即 $AB-A-B+E=BA-A-B+E$，从而 $AB=BA$.

【解析】 (3) 由(1) 知 $A-E=(B-E)^{-1}$，所以 $A=(B-E)^{-1}+E$，而 $B-E=\begin{pmatrix}0&-3&0\\2&0&0\\0&0&1\end{pmatrix}$，

所以 $(B-E)^{-1}=\begin{pmatrix}0&\frac{1}{2}&0\\-\frac{1}{3}&0&0\\0&0&1\end{pmatrix}$，因此

$$A=(B-E)^{-1}+E=\begin{pmatrix}0&\frac{1}{2}&0\\-\frac{1}{3}&0&0\\0&0&1\end{pmatrix}+\begin{pmatrix}1&0&0\\0&1&0\\0&0&1\end{pmatrix}=\begin{pmatrix}1&\frac{1}{2}&0\\-\frac{1}{3}&1&0\\0&0&2\end{pmatrix}.$$

【方法点击】 (3) 的求解利用了(1) 的证明结果，将 A 用 $(B-E)^{-1}$ 和 E 表示.

基本题型 Ⅶ：利用逆矩阵求伴随矩阵

例14 已知 $ABC=D$，其中 $A=\begin{pmatrix}1&0&0\\0&1&-1\\0&0&1\end{pmatrix}$，$C=\begin{pmatrix}0&0&1\\0&1&0\\1&0&0\end{pmatrix}$，$D=\begin{pmatrix}1&1&1\\0&2&2\\0&0&3\end{pmatrix}$，求 B^*.

【思路探索】 由题设可知 $B=A^{-1}DC^{-1}$，我们可以先求出 B，然后按定义求 B^*，这样计算量较大. 若注意到 D 可逆，则 B 亦可逆，而由 $B^{-1}=\frac{1}{|B|}B^*$ 知，$B^*=|B|B^{-1}$，因此，亦可通过 B^{-1} 来求 B^*.

【解析】 由 $|A|=1$，$|C|=-1$ 可知，A，C 都可逆，从而 $B=A^{-1}DC^{-1}$，而 $|D|=6$ 知 D 可逆，所以 B 可逆，由于 $|B|=|A^{-1}|\cdot|D|\cdot|C^{-1}|=-6$，则

$$B^{-1}=(A^{-1}DC^{-1})^{-1}=CD^{-1}A,$$

而 $D^{-1}=\frac{1}{|D|}D^*=\begin{pmatrix}1&-\frac{1}{2}&0\\0&\frac{1}{2}&-\frac{1}{3}\\0&0&\frac{1}{3}\end{pmatrix}$，所以

$$B^{-1}=\begin{pmatrix}0&0&1\\0&1&0\\1&0&0\end{pmatrix}\begin{pmatrix}1&-\frac{1}{2}&0\\0&\frac{1}{2}&-\frac{1}{3}\\0&0&\frac{1}{3}\end{pmatrix}\begin{pmatrix}1&0&0\\0&1&-1\\0&0&1\end{pmatrix}=\begin{pmatrix}0&0&\frac{1}{3}\\0&\frac{1}{2}&-\frac{5}{6}\\1&-\frac{1}{2}&\frac{1}{2}\end{pmatrix},$$

从而可得 $B^*=|B|B^{-1}=-6B^{-1}=\begin{pmatrix}0&0&-2\\0&-3&5\\-6&3&-3\end{pmatrix}$.

例15　设A为3阶方阵,A^*为A的伴随矩阵,已知$|A|=\frac{1}{2}$,则$|(3A)^{-1}-2A^*|=$________.

【解析】　因为$(3A)^{-1}=\frac{1}{3}A^{-1}$,$A^*=|A|A^{-1}=\frac{1}{2}A^{-1}$,故

$$\begin{aligned}|(3A)^{-1}-2A^*|&=\left|\frac{1}{3}A^{-1}-2\cdot\frac{1}{2}A^{-1}\right|=\left|-\frac{2}{3}A^{-1}\right|\\&=\left(-\frac{2}{3}\right)^3|A^{-1}|=-\frac{8}{27}\times 2=-\frac{16}{27}.\end{aligned}$$

故应填$-\frac{16}{27}$.

【方法点击】　若A可逆,则$A^*=|A|A^{-1}$,可通过求A的逆矩阵来求A的伴随矩阵.

第四节　克拉默法则

知识全解

【知识结构】

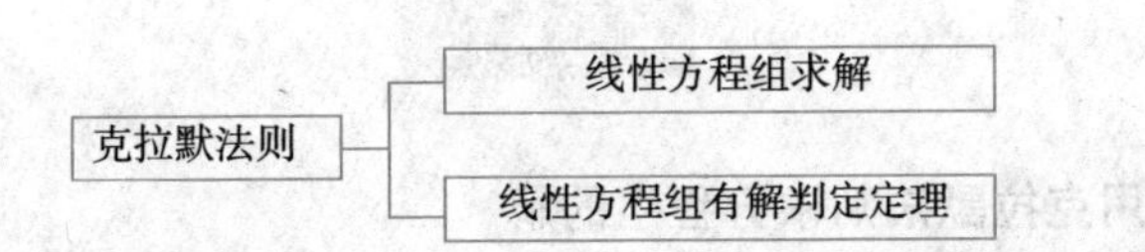

【考点精析】

1. 克拉默法则.

内容	备注
如果线性方程组$\begin{cases}a_{11}x_1+a_{12}x_2+\cdots+a_{1n}x_n=b_1,\\a_{21}x_1+a_{22}x_2+\cdots+a_{2n}x_n=b_2,\\\vdots\\a_{n1}x_1+a_{n2}x_2+\cdots+a_{nn}x_n=b_n\end{cases}$ 的系数行列式不等于零,即	

续表

<table>
<tr><th>内容</th><th>备注</th></tr>
<tr><td>$$D=\begin{vmatrix} a_{11} & \cdots & a_{1n} \\ \vdots & & \vdots \\ a_{n1} & \cdots & a_{nn} \end{vmatrix}\neq 0,$$
则方程组有惟一解 $x_1=\frac{D_1}{D},x_2=\frac{D_2}{D},\cdots,x_n=\frac{D_n}{D}$,
其中 $D_j(j=1,2,\cdots,n)$ 是把系数行列式 D 中第 j 列的元素用方程组右端的常数项代替后所得到的 n 阶行列式,即
$$D_j=\begin{vmatrix} a_{11} & \cdots & a_{1,j-1} & b_1 & a_{1,j+1} & \cdots & a_{1n} \\ a_{21} & \cdots & a_{2,j-1} & b_2 & a_{2,j+1} & \cdots & a_{2n} \\ \vdots & & \vdots & \vdots & \vdots & & \vdots \\ a_{n1} & \cdots & a_{n,j-1} & b_n & a_{n,j+1} & \cdots & a_{nn} \end{vmatrix}$$</td><td>求线性方程组的惟一解常用克拉默法则</td></tr>
</table>

2. 克拉默法则的应用.

方程组	有解判定定理	逆否定理
线性方程组	若系数行列式 $D\neq 0$,则有惟一解	若无解或有两个不同的解,则 $D=0$
齐次线性方程组	若系数行列式 $D\neq 0$,则只有零解	若有非零解,则 $D=0$

3. 对应习题.

习题二第 15 题(教材 P_{54}).

例题精解

基本题型Ⅰ:应用克拉默法则求方程组的解

例 1　解线性方程组
$$\begin{cases} x_1+a_1x_2+a_1^2x_3+\cdots+a_1^{n-1}x_n=1, \\ x_1+a_2x_2+a_2^2x_3+\cdots+a_2^{n-1}x_n=1, \\ \vdots \\ x_1+a_nx_2+a_n^2x_3+\cdots+a_n^{n-1}x_n=1, \end{cases}$$
其中 $a_i\neq a_j(i\neq j,i,j=1,2,\cdots,n)$.

【思路探索】　求解线性方程组,根据克拉默法则,先求方程组的系数行列式,判断方程组是否有解.

【解析】　该方程组的系数行列式是范德蒙德行列式的转置行列式,所以有

$$D=\begin{vmatrix}1 & a_1 & a_1^2 & \cdots & a_1^{n-1}\\ 1 & a_2 & a_2^2 & \cdots & a_2^{n-1}\\ \vdots & \vdots & \vdots & & \vdots\\ 1 & a_n & a_n^2 & \cdots & a_n^{n-1}\end{vmatrix}=\prod_{1\leqslant j<i\leqslant n}(a_i-a_j)\neq 0.$$

于是由克拉默法则知方程组有惟一解，D_i 为用常数项 $1,1,\cdots,1$ 取代 D 的第 i 列所构成的行列式，由行列式的性质易知 $D_1=D, D_2=\cdots=D_n=0$，所以，原方程组的解为

$$x_1=\frac{D_1}{D}=1, x_2=\frac{D_2}{D}=0,\cdots,x_n=\frac{D_n}{D}=0.$$

【方法点击】 也可利用克拉默法则得到解的惟一性后通过观察得到原方程的解.

基本题型 Ⅱ：讨论行列式与方程组解的关系

例 2 设 n 元线性方程组 $\boldsymbol{AX}=\boldsymbol{b}$，其中矩阵

$$\boldsymbol{A}=\begin{pmatrix}2a & 1 & \cdots & 0 & 0\\ a^2 & 2a & \cdots & 0 & 0\\ \vdots & \vdots & & \vdots & \vdots\\ 0 & 0 & \cdots & 2a & 1\\ 0 & 0 & \cdots & a^2 & 2a\end{pmatrix}_{n\times n},\boldsymbol{X}=\begin{pmatrix}x_1\\ x_2\\ \vdots\\ x_n\end{pmatrix},\boldsymbol{b}=\begin{pmatrix}1\\ 0\\ \vdots\\ 0\end{pmatrix}.$$

(1) 证明行列式 $|\boldsymbol{A}|=(n+1)a^n$；

(2) 当 a 为何值时，该方程组有惟一解，并求 x_1.（考研题）

【思路探索】 矩阵对应的行列式呈"三对角"形式，可分别采用归纳、递推和化三角行列式等三种方法证明行列式 $|\boldsymbol{A}|=(n+1)a^n$；方程组的解和讨论依据克拉默法则进行.

【证明】 (1) **方法一**：用数学归纳法证明 $|\boldsymbol{A}|=(n+1)a^n$，见第一章第五节例 8.

方法二：用递推的方法，把行列式用低阶的表示，逐步推出结果.

把行列式按第一列展开，即有 $D_n=2aD_{n-1}-a^2D_{n-2}$，整理该式有

$$D_n-aD_{n-1}=a(D_{n-1}-aD_{n-2}),$$

重复应用此式，可得

$$\begin{aligned}D_n-aD_{n-1}&=a(D_{n-1}-aD_{n-2})=a^2(D_{n-2}-aD_{n-3})\\&=\cdots=a^{n-2}(D_2-aD_1)=a^n,\end{aligned}$$

于是得递推公式 $D_n=a^n+aD_{n-1}$，逐次应用该公式，便得

$$\begin{aligned}D_n&=a^n+aD_{n-1}=a^n+a(a^{n-1}+aD_{n-2})=2a^n+a^2D_{n-2}\\&=\cdots=(n-1)a^n+a^{n-1}D_1=(n+1)a^n.\end{aligned}$$

方法三：化为三角形行列式求 $D_n=|\boldsymbol{A}|$.

依次执行下列步骤：第二行减去第一行的 $\frac{a}{2}$ 倍；第三行减去第二行的 $\frac{2a}{3}$ 倍；…；最后一行减去其前一行的 $\frac{(n-1)a}{n}$ 倍，则依次有下面的结果，把行列式化成上三角行列式：

$$D_n=\begin{vmatrix} 2a & 1 & & & & \\ a^2 & 2a & 1 & & & \\ & a^2 & 2a & 1 & & \\ & & \ddots & \ddots & \ddots & \\ & & & a^2 & 2a & 1 \\ & & & & a^2 & 2a \end{vmatrix}=\begin{vmatrix} 2a & 1 & & & & \\ 0 & \frac{3a}{2} & 1 & & & \\ & a^2 & 2a & 1 & & \\ & & \ddots & \ddots & \ddots & \\ & & & a^2 & 2a & 1 \\ & & & & a^2 & 2a \end{vmatrix}$$

$$=\cdots=\begin{vmatrix} 2a & 1 & & & \\ 0 & \frac{3a}{2} & 1 & & \\ & 0 & \frac{4a}{3} & 1 & \\ & & \ddots & \ddots & \ddots \\ & & & 0 & \frac{(n+1)a}{n} \end{vmatrix}=2a\cdot\frac{3a}{2}\cdot\frac{4a}{3}\cdot\cdots\cdot\frac{(n+1)a}{n}=(n+1)a^n.$$

(2) 根据克拉默法则，当系数行列式 $|\boldsymbol{A}|=(n+1)a^n\neq 0$，即 $a\neq 0$ 时，方程组有惟一解.

把第一列换为常数列后，所得行列式按照第一列展开，得

$$|\boldsymbol{A}_1|=\begin{vmatrix} 1 & 1 & \cdots & 0 & 0 \\ 0 & 2a & \cdots & 0 & 0 \\ \vdots & \vdots & & \vdots & \vdots \\ 0 & 0 & \cdots & 2a & 10 \\ 0 & 0 & \cdots & a^2 & 2a \end{vmatrix}_{n\times n}=D_{n-1}=na^{n-1},$$

于是 $x_1=\dfrac{|\boldsymbol{A}_1|}{\boldsymbol{A}}=\dfrac{D_{n-1}}{D_n}=\dfrac{na^{n-1}}{(n+1)a^n}=\dfrac{n}{(n+1)a}.$

第五节　矩阵分块法

知识全解

【知识结构】

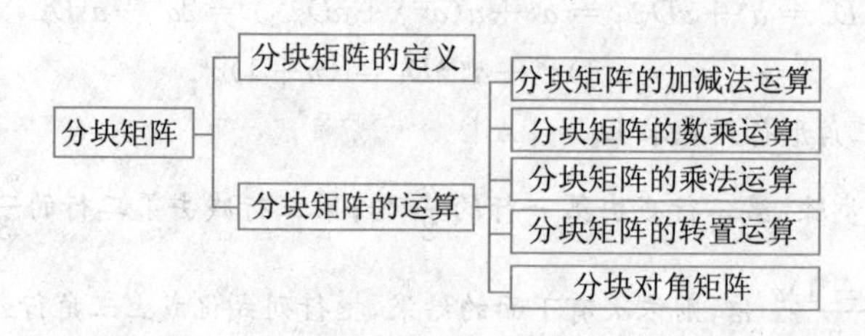

1. 分块矩阵.

名称	定义	备注
分块矩阵	将矩阵 $\boldsymbol{A}$ 用若干条纵线和横线分成许多个小矩阵,每个小矩阵称为 $\boldsymbol{A}$ 的子块,以子块为元素的形式上的矩阵称为分块矩阵	将矩阵分块是一种简化计算的思想,具体如何分块,要根据具体情况进行判定

2. 常用分块矩阵.

方法	形式	备注
按行分块	记 $\boldsymbol{\alpha}_i^{\mathrm{T}}=(a_{i1},a_{i2},\cdots,a_{in})$,$\boldsymbol{A}=\begin{pmatrix}\boldsymbol{\alpha}_1^{\mathrm{T}}\\ \boldsymbol{\alpha}_2^{\mathrm{T}}\\ \vdots\\ \boldsymbol{\alpha}_m^{\mathrm{T}}\end{pmatrix}$	$\boldsymbol{\alpha}_i,\boldsymbol{\alpha}_j$ 就是向量(第四章中会介绍),这两种分块方法主要是利用向量的知识解决矩阵的问题
按列分块	记 $\boldsymbol{\alpha}_j=(a_{1j},a_{2j},\cdots,a_{mj})^{\mathrm{T}}$,$\boldsymbol{A}=(\boldsymbol{\alpha}_1,\boldsymbol{\alpha}_2,\cdots,\boldsymbol{\alpha}_n)$	
对角块矩阵	$\boldsymbol{B}=\begin{pmatrix}\boldsymbol{B}_1 & & \\ & \boldsymbol{B}_2 & & \\ & & \ddots & \\ & & & \boldsymbol{B}_s\end{pmatrix}$,$\boldsymbol{C}=\begin{pmatrix} & & & \boldsymbol{C}_1\\ & & \boldsymbol{C}_2 & \\ & \iddots & & \\ \boldsymbol{C}_t & & & \end{pmatrix}$	便于利用对角矩阵的良好性质
2×2矩阵	$\boldsymbol{A}=\begin{pmatrix}\boldsymbol{A}_1 & \boldsymbol{A}_2\\ \boldsymbol{A}_3 & \boldsymbol{A}_4\end{pmatrix}$	

3. 分块矩阵的运算规则.

运算	内容
分块矩阵的加法	若矩阵 $\boldsymbol{A}$ 与矩阵 $\boldsymbol{B}$ 有相同的行和列数,且有 $\boldsymbol{A}=\begin{pmatrix}\boldsymbol{A}_{11} & \cdots & \boldsymbol{A}_{1r}\\ \vdots & & \vdots\\ \boldsymbol{A}_{s1} & \cdots & \boldsymbol{A}_{sr}\end{pmatrix}$,$\boldsymbol{B}=\begin{pmatrix}\boldsymbol{B}_{11} & \cdots & \boldsymbol{B}_{1r}\\ \vdots & & \vdots\\ \boldsymbol{B}_{s1} & \cdots & \boldsymbol{B}_{sr}\end{pmatrix}$, 其中 $\boldsymbol{A}_{ij}$ 与 $\boldsymbol{B}_{ij}$ 有相同的行数和列数,则 $\boldsymbol{A}+\boldsymbol{B}=\begin{pmatrix}\boldsymbol{A}_{11}+\boldsymbol{B}_{11} & \cdots & \boldsymbol{A}_{1r}+\boldsymbol{B}_{1r}\\ \vdots & & \vdots\\ \boldsymbol{A}_{s1}+\boldsymbol{B}_{s1} & \cdots & \boldsymbol{A}_{sr}+\boldsymbol{B}_{sr}\end{pmatrix}$

续表

运算	内容
分块矩阵的数乘	设矩阵 $\boldsymbol{A}=\begin{pmatrix}\boldsymbol{A}_{11} & \cdots & \boldsymbol{A}_{1r}\\ \vdots & & \vdots\\ \boldsymbol{A}_{s1} & \cdots & \boldsymbol{A}_{sr}\end{pmatrix}$,$\lambda$ 为数,则 $\lambda\boldsymbol{A}=\begin{pmatrix}\lambda\boldsymbol{A}_{11} & \cdots & \lambda\boldsymbol{A}_{1r}\\ \vdots & & \vdots\\ \lambda\boldsymbol{A}_{s1} & \cdots & \lambda\boldsymbol{A}_{sr}\end{pmatrix}$
分块矩阵的乘法	若 $\boldsymbol{A}$ 为 $m\times l$ 矩阵,$\boldsymbol{B}$ 为 $l\times n$,分块成 $$\boldsymbol{A}=\begin{pmatrix}\boldsymbol{A}_{11} & \cdots & \boldsymbol{A}_{1t}\\ \vdots & & \vdots\\ \boldsymbol{A}_{s1} & \cdots & \boldsymbol{A}_{st}\end{pmatrix},\boldsymbol{B}=\begin{pmatrix}\boldsymbol{B}_{11} & \cdots & \boldsymbol{B}_{1r}\\ \vdots & & \vdots\\ \boldsymbol{B}_{t1} & \cdots & \boldsymbol{B}_{tr}\end{pmatrix},$$ 其中 $\boldsymbol{A}_{i1},\boldsymbol{A}_{i2},\cdots,\boldsymbol{A}_{it}$ 的列数分别与 $\boldsymbol{B}_{1j},\boldsymbol{B}_{2j},\cdots,\boldsymbol{B}_{tj}$ 的行数相等,则 $$\boldsymbol{AB}=\begin{pmatrix}\boldsymbol{C}_{11} & \cdots & \boldsymbol{C}_{1r}\\ \vdots & & \vdots\\ \boldsymbol{C}_{s1} & \cdots & \boldsymbol{C}_{sr}\end{pmatrix},$$ 其中 $\boldsymbol{C}_{ij}=\sum\limits_{k=1}^{t}\boldsymbol{A}_{ik}\boldsymbol{B}_{kj}\,(i=1,\cdots s;j=1,\cdots,r)$
分块矩阵的转置	设矩阵 $\boldsymbol{A}=\begin{pmatrix}\boldsymbol{A}_{11} & \cdots & \boldsymbol{A}_{1r}\\ \vdots & & \vdots\\ \boldsymbol{A}_{s1} & \cdots & \boldsymbol{A}_{sr}\end{pmatrix}$,则 $\boldsymbol{A}^{\mathrm{T}}=\begin{pmatrix}\boldsymbol{A}_{11}^{\mathrm{T}} & \cdots & \boldsymbol{A}_{s1}^{\mathrm{T}}\\ \vdots & & \vdots\\ \boldsymbol{A}_{1r}^{\mathrm{T}} & \cdots & \boldsymbol{A}_{sr}^{\mathrm{T}}\end{pmatrix}$
分块对角矩阵	若 $\boldsymbol{A}$ 为 n 阶矩阵,$\boldsymbol{A}$ 的分块矩阵只有在对角线上有非零子块,而其余的子块都为**零矩阵**,并且在对角线上的子块都是方阵,则称 $\boldsymbol{A}$ 为**分块对角矩阵**,形如 $$\boldsymbol{A}=\begin{pmatrix}\boldsymbol{A}_1 & & & \boldsymbol{O}\\ & \boldsymbol{A}_2 & & \\ & & \ddots & \\ \boldsymbol{O} & & & \boldsymbol{A}_m\end{pmatrix},$$ 其中 $\boldsymbol{A}_i(i=1,2,\cdots,m)$ 都是方阵, 分块对角矩阵的行列式有性质: $$\|\boldsymbol{A}\|=\|\boldsymbol{A}_1\|\|\boldsymbol{A}_2\|\cdots\|\boldsymbol{A}_m\|,$$ 所以 $\|\boldsymbol{A}_i\|\neq 0(i=1,2,\cdots,m)$ 等价于 $\|\boldsymbol{A}\|\neq 0$
分块矩阵的逆矩阵	$$\begin{pmatrix}\boldsymbol{A}_1 & & & \\ & \boldsymbol{A}_2 & & \\ & & \ddots & \\ & & & \boldsymbol{A}_m\end{pmatrix}^{-1}=\begin{pmatrix}\boldsymbol{A}_1^{-1} & & & \\ & \boldsymbol{A}_2^{-1} & & \\ & & \ddots & \\ & & & \boldsymbol{A}_m^{-1}\end{pmatrix},\begin{pmatrix} & & & \boldsymbol{A}_1\\ & & \boldsymbol{A}_2 & \\ & \iddots & & \\ \boldsymbol{A}_m & & & \end{pmatrix}^{-1}=\begin{pmatrix} & & & \boldsymbol{A}_m^{-1}\\ & & \iddots & \\ & \boldsymbol{A}_2^{-1} & & \\ \boldsymbol{A}_1^{-1} & & & \end{pmatrix},$$ 其中 $\boldsymbol{A}_1,\boldsymbol{A}_2,\cdots,\boldsymbol{A}_m$ 均为可逆矩阵

4. 分块方阵的行列式.

行列式	备注
$\begin{vmatrix} \boldsymbol{A} & \boldsymbol{C} \\ \boldsymbol{O} & \boldsymbol{B} \end{vmatrix} = \lvert \boldsymbol{A} \rvert \cdot \lvert \boldsymbol{B} \rvert$, $\begin{vmatrix} \boldsymbol{A} & \boldsymbol{O} \\ \boldsymbol{C} & \boldsymbol{B} \end{vmatrix} = \lvert \boldsymbol{A} \rvert \cdot \lvert \boldsymbol{B} \rvert$	其中 $\boldsymbol{A}$ 为 m 阶方阵,$\boldsymbol{B}$ 为 n 阶方阵
$\begin{vmatrix} \boldsymbol{O} & \boldsymbol{A} \\ \boldsymbol{B} & \boldsymbol{C} \end{vmatrix} = (-1)^{mn} \lvert \boldsymbol{A} \rvert \cdot \lvert \boldsymbol{B} \rvert$, $\begin{vmatrix} \boldsymbol{C} & \boldsymbol{A} \\ \boldsymbol{B} & \boldsymbol{O} \end{vmatrix} = (-1)^{mn} \lvert \boldsymbol{A} \rvert \cdot \lvert \boldsymbol{B} \rvert$	
$\begin{vmatrix} \boldsymbol{A}_1 & & & \\ & \boldsymbol{A}_2 & & \\ & & \ddots & \\ & & & \boldsymbol{A}_s \end{vmatrix} = \lvert \boldsymbol{A}_1 \rvert \cdot \lvert \boldsymbol{A}_2 \rvert \cdot \cdots \cdot \lvert \boldsymbol{A}_s \rvert$	其中 $\boldsymbol{A}_1,\boldsymbol{A}_2,\cdots,\boldsymbol{A}_s$ 都为方阵

5. 分块方阵的逆矩阵.

逆矩阵	备注
$\begin{pmatrix} \boldsymbol{A} & \boldsymbol{C} \\ \boldsymbol{O} & \boldsymbol{B} \end{pmatrix}^{-1} = \begin{pmatrix} \boldsymbol{A}^{-1} & -\boldsymbol{A}^{-1}\boldsymbol{C}\boldsymbol{B}^{-1} \\ \boldsymbol{O} & \boldsymbol{B}^{-1} \end{pmatrix}$	$\boldsymbol{A},\boldsymbol{B}$ 均为可逆方阵
$\begin{pmatrix} \boldsymbol{A} & \boldsymbol{O} \\ \boldsymbol{C} & \boldsymbol{B} \end{pmatrix}^{-1} = \begin{pmatrix} \boldsymbol{A}^{-1} & \boldsymbol{O} \\ -\boldsymbol{B}^{-1}\boldsymbol{C}\boldsymbol{A}^{-1} & \boldsymbol{B}^{-1} \end{pmatrix}$	
$\begin{pmatrix} \boldsymbol{A}_1 & & & \\ & \boldsymbol{A}_2 & & \\ & & \ddots & \\ & & & \boldsymbol{A}_s \end{pmatrix}^{-1} = \begin{pmatrix} \boldsymbol{A}_1^{-1} & & & \\ & \boldsymbol{A}_2^{-1} & & \\ & & \ddots & \\ & & & \boldsymbol{A}_s^{-1} \end{pmatrix}$	$\boldsymbol{A}_s,\cdots,\boldsymbol{A}_2,\boldsymbol{A}_1$ 均为可逆方阵
$\begin{pmatrix} & & & \boldsymbol{A}_1 \\ & & \boldsymbol{A}_2 & \\ & \iddots & & \\ \boldsymbol{A}_s & & & \end{pmatrix}^{-1} = \begin{pmatrix} & & & \boldsymbol{A}_s^{-1} \\ & & \iddots & \\ & \boldsymbol{A}_2^{-1} & & \\ \boldsymbol{A}_1^{-1} & & & \end{pmatrix}$	

6. 对应习题.

习题二第 25 ～ 28 题(教材 P_{55}).

例题精解

基本题型 Ⅰ:分块矩阵的运算

例 1　设矩阵 $\boldsymbol{A} = \begin{pmatrix} 1 & 0 & 2 & 3 \\ 0 & 1 & 1 & 4 \\ 0 & 0 & 1 & 0 \\ 0 & 0 & 0 & -1 \end{pmatrix}$,$\boldsymbol{B} = \begin{pmatrix} 1 & 0 & 0 & 0 \\ 0 & 1 & 0 & 0 \\ 6 & 3 & 1 & 2 \\ 0 & -2 & 2 & 0 \end{pmatrix}$,求 $\boldsymbol{AB}$.

【解析】 将 $\boldsymbol{A},\boldsymbol{B}$ 分块

$$\boldsymbol{A}=\left(\begin{array}{cc:cc}1&0&2&3\\0&1&1&4\\ \hdashline 0&0&1&0\\0&0&0&-1\end{array}\right)=\begin{pmatrix}\boldsymbol{E}_2&\boldsymbol{A}_1\\\boldsymbol{O}&\boldsymbol{A}_2\end{pmatrix},\boldsymbol{B}=\left(\begin{array}{cc:cc}1&0&0&0\\0&1&0&0\\ \hdashline 6&3&1&2\\0&-2&2&0\end{array}\right)=\begin{pmatrix}\boldsymbol{E}_2&\boldsymbol{O}\\\boldsymbol{B}_1&\boldsymbol{B}_2\end{pmatrix},$$

由分块矩阵的运算可得

$$\boldsymbol{AB}=\begin{pmatrix}\boldsymbol{E}_2&\boldsymbol{A}_1\\\boldsymbol{O}&\boldsymbol{A}_2\end{pmatrix}\begin{pmatrix}\boldsymbol{E}_2&\boldsymbol{O}\\\boldsymbol{B}_1&\boldsymbol{B}_2\end{pmatrix}=\begin{pmatrix}\boldsymbol{E}_2+\boldsymbol{A}_1\boldsymbol{B}_1&\boldsymbol{A}_1\boldsymbol{B}_2\\\boldsymbol{A}_2\boldsymbol{B}_1&\boldsymbol{A}_2\boldsymbol{B}_2\end{pmatrix},$$

而 $\boldsymbol{E}_2+\boldsymbol{A}_1\boldsymbol{B}_1=\begin{pmatrix}1&0\\0&1\end{pmatrix}+\begin{pmatrix}2&3\\1&4\end{pmatrix}\begin{pmatrix}6&3\\0&-2\end{pmatrix}=\begin{pmatrix}1&0\\0&1\end{pmatrix}+\begin{pmatrix}12&0\\6&-5\end{pmatrix}=\begin{pmatrix}13&0\\6&-4\end{pmatrix},$

$$\boldsymbol{A}_1\boldsymbol{B}_2=\begin{pmatrix}2&3\\1&4\end{pmatrix}\begin{pmatrix}1&2\\2&0\end{pmatrix}=\begin{pmatrix}8&4\\9&2\end{pmatrix},$$

$$\boldsymbol{A}_2\boldsymbol{B}_1=\begin{pmatrix}1&0\\0&-1\end{pmatrix}\begin{pmatrix}6&3\\0&-2\end{pmatrix}=\begin{pmatrix}6&3\\0&2\end{pmatrix},$$

$$\boldsymbol{A}_2\boldsymbol{B}_2=\begin{pmatrix}1&0\\0&-1\end{pmatrix}\begin{pmatrix}1&2\\2&0\end{pmatrix}=\begin{pmatrix}1&2\\-2&0\end{pmatrix},$$

所以 $\boldsymbol{AB}=\begin{pmatrix}13&0&8&4\\6&-4&9&2\\6&3&1&2\\0&2&-2&0\end{pmatrix}.$

【方法点击】 将矩阵 $\boldsymbol{A},\boldsymbol{B}$ 分块后，再做乘积运算. 将大矩阵的运算转化成多个小矩阵的运算，从而简化了计算，在分块时，应尽量使矩阵的子块是特殊矩阵，如单位矩阵、对角矩阵、零矩阵等.

例 2 设矩阵 $\boldsymbol{A}=\begin{pmatrix}1&2&0&0&0\\0&1&0&0&0\\0&0&3&-2&0\\0&0&7&0&0\\0&0&0&0&8\end{pmatrix}$，求 $\boldsymbol{A}^{-1},\boldsymbol{A}^2,|\boldsymbol{A}|$.

【解析】 将 $\boldsymbol{A}$ 分块

$$\boldsymbol{A}=\left(\begin{array}{cc:cc:c}1&2&0&0&0\\0&1&0&0&0\\ \hdashline 0&0&3&-2&0\\0&0&7&0&0\\ \hdashline 0&0&0&0&8\end{array}\right)=\begin{pmatrix}\boldsymbol{A}_1&&\\&\boldsymbol{A}_2&\\&&\boldsymbol{A}_3\end{pmatrix},$$

其中 $\boldsymbol{A}_1=\begin{pmatrix}1&2\\0&1\end{pmatrix},\boldsymbol{A}_2=\begin{pmatrix}3&-2\\7&0\end{pmatrix},\boldsymbol{A}_3=(8)$. 由于

$$A_1^{-1}=\begin{pmatrix}1&-2\\0&1\end{pmatrix},A_1^2=\begin{pmatrix}1&4\\0&1\end{pmatrix},|A_1|=1;$$

$$A_2^{-1}=\begin{pmatrix}0&\frac{1}{7}\\-\frac{1}{2}&\frac{3}{14}\end{pmatrix},A_2^2=\begin{pmatrix}-5&-6\\21&-14\end{pmatrix},|A_2|=14;$$

$$A_3^{-1}=\frac{1}{8},A_3^2=64,|A_3|=8.$$

则

$$A^{-1}=\begin{pmatrix}A_1^{-1}&&\\&A_2^{-1}&\\&&A_3^{-1}\end{pmatrix}=\begin{pmatrix}1&-2&0&0&0\\0&1&0&0&0\\0&0&0&\frac{1}{7}&0\\0&0&-\frac{1}{2}&\frac{3}{14}&0\\0&0&0&0&\frac{1}{8}\end{pmatrix},$$

$$A^2=\begin{pmatrix}A_1^2&&\\&A_2^2&\\&&A_3^2\end{pmatrix}=\begin{pmatrix}1&4&0&0&0\\0&1&0&0&0\\0&0&-5&-6&0\\0&0&21&-14&0\\0&0&0&0&64\end{pmatrix},$$

$$|A|=|A_1|\cdot|A_2|\cdot|A_3|=1\times14\times8=112.$$

【方法点击】 若矩阵分块后为分块对角矩阵，则矩阵的运算就转化为主对角线上的小方阵的运算，从而简化计算.

例 3　设 A 为 n 阶非奇异矩阵，α 为 n 维列向量，b 为常数，记分块矩阵

$$P=\begin{pmatrix}E&O\\-\alpha^TA^*&|A|\end{pmatrix},Q=\begin{pmatrix}A&\alpha\\\alpha^T&b\end{pmatrix},$$

其中 A^* 是矩阵 A 的伴随矩阵，E 为 n 阶单位矩阵.

(1) 计算并化简 PQ.

(2) 证明矩阵 Q 可逆的充分必要条件是 $\alpha^TA^{-1}\alpha\neq b$.

【解析】 (1) 由 $AA^*=A^*A=|A|E$ 及 $A^*=|A|A^{-1}$，可得

$$\begin{aligned}PQ&=\begin{pmatrix}E&O\\-\alpha^TA^*&|A|\end{pmatrix}\begin{pmatrix}A&\alpha\\\alpha^T&b\end{pmatrix}\\&=\begin{pmatrix}A&\alpha\\-\alpha^TA^*A+|A|\alpha^T&-\alpha^TA^*\alpha+b|A|\end{pmatrix}\\&=\begin{pmatrix}A&\alpha\\O&|A|(b-\alpha^TA^{-1}\alpha)\end{pmatrix}.\end{aligned}$$

【证明】 (2) $|P|=\begin{vmatrix}E&O\\-\alpha^TA^*&|A|\end{vmatrix}=|A|$，而

$$|P||Q|=|PQ|=\begin{vmatrix} A & \alpha \\ O & |A|(b-\alpha^{T}A^{-1}\alpha) \end{vmatrix}=|A|^{2}(b-\alpha^{T}A^{-1}\alpha).$$

由于A为n阶非奇异矩阵，所以$|A|\neq 0$，可得$|Q|=|A|(b-\alpha^{T}A^{-1}\alpha)$.

从而Q可逆等价于$|Q|\neq 0$，而$|A|\neq 0$，所以Q可逆的充分必要条件是$b-\alpha^{T}A^{-1}\alpha\neq 0$，即$\alpha^{T}A^{-1}\alpha\neq b$.

【方法点击】 本题利用分块矩阵的乘法及公式$AA^{*}=|A|E$.

基本题型 Ⅱ:利用分块矩阵求逆矩阵

例4 设A,B均为2阶矩阵，A^{*},B^{*}分别为A,B的伴随矩阵，若$|A|=2$，$|B|=3$，则分块矩阵$\begin{pmatrix} O & A \\ B & O \end{pmatrix}$的伴随矩阵为(　　).(考研题)

(A)$\begin{pmatrix} O & 3B^{*} \\ 2A^{*} & O \end{pmatrix}$　　(B)$\begin{pmatrix} O & 2B^{*} \\ 3A^{*} & O \end{pmatrix}$

(C)$\begin{pmatrix} O & 3A^{*} \\ 2B^{*} & O \end{pmatrix}$　　(D)$\begin{pmatrix} O & 2A^{*} \\ 3B & O \end{pmatrix}$

【解析】 由$|A|=2$，$|B|=3$，得A,B均可逆.从而

$$A^{*}=|A|\cdot A^{-1}=2A^{-1},B^{*}=|B|\cdot B^{-1}=3B^{-1}.\text{故}$$

$$\begin{pmatrix} O & A \\ B & O \end{pmatrix}^{*}=\begin{vmatrix} O & A \\ B & O \end{vmatrix}\cdot\begin{pmatrix} O & A \\ B & O \end{pmatrix}^{-1}=(-1)^{2\times 2}|A|\cdot|B|\cdot\begin{pmatrix} O & B^{-1} \\ A^{-1} & O \end{pmatrix}$$

$$=6\begin{pmatrix} O & B^{-1} \\ A^{-1} & O \end{pmatrix}=\begin{pmatrix} O & 6B^{-1} \\ 6A^{-1} & O \end{pmatrix}=\begin{pmatrix} O & 2B^{*} \\ 3A^{*} & O \end{pmatrix}.$$

故应选(B).

【方法点击】 利用分块对角矩阵求逆公式.

$$\text{若}A=\begin{pmatrix} & & & A_1 \\ & & A_2 & \\ & \iddots & & \\ A_m & & & \end{pmatrix},A_1,A_2,\cdots,A_m\text{均可逆，则}A^{-1}=\begin{pmatrix} & & & A_m^{-1} \\ & & \iddots & \\ & A_2^{-1} & & \\ A_1^{-1} & & & \end{pmatrix}.$$

例5 利用分块矩阵求矩阵$A=\begin{pmatrix} 1 & 2 & 3 & 4 \\ 0 & 1 & 2 & 3 \\ 0 & 0 & 1 & 2 \\ 0 & 0 & 0 & 1 \end{pmatrix}$的逆矩阵.

【解析】 将A分块，$A=\left(\begin{array}{cc|cc} 1 & 2 & 3 & 4 \\ 0 & 1 & 2 & 3 \\ \hline 0 & 0 & 1 & 2 \\ 0 & 0 & 0 & 1 \end{array}\right)=\begin{pmatrix} A_1 & A_2 \\ O & A_1 \end{pmatrix}$，其中$A_1=\begin{pmatrix} 1 & 2 \\ 0 & 1 \end{pmatrix}$，$A_2=\begin{pmatrix} 3 & 4 \\ 2 & 3 \end{pmatrix}$，而

$$A_1^{-1}=\begin{pmatrix}1&-2\\0&1\end{pmatrix},-A_1^{-1}A_2A_1^{-1}=-\begin{pmatrix}1&-2\\0&1\end{pmatrix}\begin{pmatrix}3&4\\2&3\end{pmatrix}\begin{pmatrix}1&-2\\0&1\end{pmatrix}=\begin{pmatrix}1&0\\-2&1\end{pmatrix},$$

则 $A^{-1}=\begin{pmatrix}A_1^{-1}&-A_1^{-1}A_2A_1^{-1}\\O&A_1^{-1}\end{pmatrix}=\begin{pmatrix}1&-2&1&0\\0&1&-2&1\\0&0&1&-2\\0&0&0&1\end{pmatrix}$.

【方法点击】 对矩阵进行分块时，一定要注意观察，分块后子块的逆矩阵要好求.

基本题型 Ⅲ：求分块矩阵的行列式

例 6 设 $\alpha_1,\alpha_2,\alpha_3$ 均为 3×1 矩阵，记矩阵 $A=(\alpha_1,\alpha_2,\alpha_3)$，$B=(\alpha_1+\alpha_2+\alpha_3,\alpha_1+2\alpha_2+4\alpha_3,\alpha_1+3\alpha_2+9\alpha_3)$，如果 $|A|=1$，那么 $|B|=$ ________.（考研题）

【解析】 $B=(\alpha_1+\alpha_2+\alpha_3,\alpha_1+2\alpha_2+4\alpha_3,\alpha_1+3\alpha_2+9\alpha_3)$

$$=(\alpha_1,\alpha_2,\alpha_3)\begin{pmatrix}1&1&1\\1&2&3\\1&4&9\end{pmatrix}=A\begin{pmatrix}1&1&1\\1&2&3\\1&4&9\end{pmatrix},$$

则 $|B|=|A|\cdot\begin{vmatrix}1&1&1\\1&2&3\\1&4&9\end{vmatrix}=1\times2=2$. 故应填 2.

【方法点击】 本题利用分块矩阵的乘法和行列式乘法的性质. 读者要习惯矩阵的分块表达形式.

例 7 设 A 为 3 阶方阵，A^* 为 A 的伴随矩阵，且 $|A|=\frac{1}{2}$，求

$$\begin{vmatrix}(3A)^{-1}-2A^*&O\\A&-A\end{vmatrix}.$$

【解析】 由于 $A^*=|A|A^{-1}=\frac{1}{2}A^{-1}$，则

$$\begin{vmatrix}(3A)^{-1}-2A^*&O\\A&-A\end{vmatrix}=|(3A)^{-1}-2A^*|\cdot|-A|=\left|\frac{1}{3}A^{-1}-A^{-1}\right|\cdot(-1)^3|A|$$

$$=\left|-\frac{2}{3}A^{-1}\right|\cdot(-1)^3|A|=\left(-\frac{2}{3}\right)^3\cdot|A^{-1}|\cdot(-1)^3|A|$$

$$=\left(-\frac{8}{27}\right)\times(-1)=\frac{8}{27}.$$

基本题型 Ⅳ：涉及分块矩阵的证明

例 8 设 A 是 $m\times n$ 矩阵，B 是 $n\times m$ 矩阵，证明：

$$|E_m-AB|=|E_n-BA|,$$

其中 E_m,E_n 分别是 m 阶，n 阶单位矩阵.

【证明】 由分块矩阵的乘法，有

$$\begin{pmatrix}E_m&A\\B&E_n\end{pmatrix}\begin{pmatrix}E_m&O\\-B&E_n\end{pmatrix}=\begin{pmatrix}E_m-AB&A\\O&E_n\end{pmatrix},$$

$$\begin{pmatrix} E_m & O \\ -B & E_n \end{pmatrix}\begin{pmatrix} E_m & A \\ B & E_n \end{pmatrix}=\begin{pmatrix} E_m & A \\ O & E_n-BA \end{pmatrix},$$

上式两边取行列式得

$$\begin{vmatrix} E_m & A \\ B & E_n \end{vmatrix}\cdot\begin{vmatrix} E_m & O \\ -B & E_n \end{vmatrix}=\begin{vmatrix} E_m-AB & A \\ O & E_n \end{vmatrix}=|E_m-AB|\cdot|E_n|=|E_m-AB|,$$

$$\begin{vmatrix} E_m & O \\ -B & E_n \end{vmatrix}\cdot\begin{vmatrix} E_m & A \\ B & E_n \end{vmatrix}=\begin{vmatrix} E_m & A \\ O & E_n-BA \end{vmatrix}=|E_m|\cdot|E_n-BA|=|E_n-BA|,$$

而 $\begin{vmatrix} E_m & O \\ -B & E_n \end{vmatrix}=|E_m|\cdot|E_n|=1$，所以 $|E_m-AB|=|E_n-BA|$.

【方法点击】 利用分块矩阵乘法，使抽象矩阵化为一个三角形矩阵，然后两边取行列式是解决抽象矩阵行列式问题的一种重要方法.

本章整合

一 本章知识图解

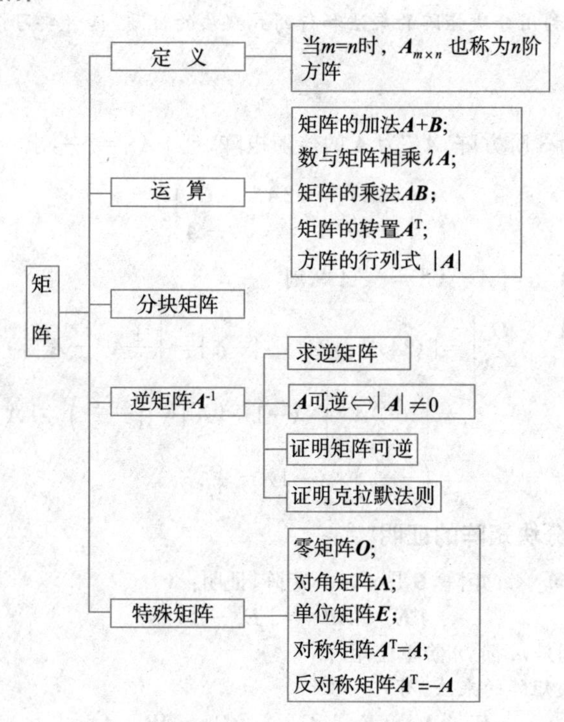

二 本章知识总结

1. 关于矩阵运算的小结.

矩阵相加时，两矩阵必须是同型矩阵才可以相加. 而矩阵的乘法运算更特殊，要求第一个矩阵的列数等于第二个矩阵的行数，并且矩阵的乘法通常不满足交换律，并且若 $\boldsymbol{A}\neq\boldsymbol{O},\boldsymbol{B}\neq\boldsymbol{O}$，可以有 $\boldsymbol{AB}=\boldsymbol{O}$.

2. 关于分块矩阵的小结.

高阶矩阵运算时，往往不太方便. 而将高阶矩阵分块，分成一些低阶子块后再做运算，会大大简化计算. 矩阵在分块时，应尽量使子块成为对角矩阵、零矩阵等特殊矩阵. 另外，两高阶矩阵运算时，要使两矩阵分块后的子块符合矩阵的运算规则.

3. 关于求逆矩阵的小结.

本章学习的求逆矩阵的方法主要有伴随矩阵法、定义法、分块矩阵法. 伴随矩阵法求逆矩阵利用公式 $\boldsymbol{A}^{-1}=\dfrac{1}{|\boldsymbol{A}|}\boldsymbol{A}^*$；定义法是先设出矩阵 $\boldsymbol{A}$ 的逆矩阵 $\boldsymbol{B}$，利用等式 $\boldsymbol{AB}=\boldsymbol{BA}=\boldsymbol{E}$ 求出 $\boldsymbol{B}$；分块矩阵法主要用于求高阶矩阵的逆矩阵.

4. 关于求矩阵方程的小结.

常见的矩阵方程主要是下列形式：$\boldsymbol{AX}=\boldsymbol{C},\boldsymbol{XB}=\boldsymbol{C},\ \boldsymbol{AXB}=\boldsymbol{C}$.

若 $\boldsymbol{A},\boldsymbol{B}$ 均可逆，方程的解分别为 $\boldsymbol{X}=\boldsymbol{A}^{-1}\boldsymbol{C},\ \boldsymbol{X}=\boldsymbol{CB}^{-1},\boldsymbol{X}=\boldsymbol{A}^{-1}\boldsymbol{CB}^{-1}$，若给定的关系式不是上述形式，可化成上述形式之后再求解.

5. 关于克拉默法则的小结.

克拉默法则是线性方程组求解的基础，它提供了线性方程组是否有解的判定标准，并给出了求解的方法. 用克拉默法则求解方程组归根到底是进行行列式的计算，但克拉默法则能解决的有关方程组问题非常有限，且有一定的局限性. 因此，在以后章节中，我们要继续探讨解方程组的方法.

6. 本章考研要求.

(1) 理解矩阵的概念，了解单位矩阵、数量矩阵、对角矩阵、三角矩阵、对称矩阵和反对称矩阵，以及它们的性质.

(2) 掌握矩阵的线性运算、乘法以及它们的运算规律，掌握矩阵转置的性质，了解方阵的幂，了解方阵乘积的行列式.

(3) 理解逆矩阵的概念，掌握逆矩阵的性质，以及矩阵可逆的充分必要条件，理解伴随矩阵的概念，会用伴随矩阵求逆矩阵.

(4) 了解分块矩阵的概念，掌握分块矩阵的运算法则.

三 本章同步自测

同步自测题

一、选择题

1. 设 n 阶方阵 $\boldsymbol{A},\boldsymbol{B},\boldsymbol{C}$ 满足关系式 $\boldsymbol{ABC}=\boldsymbol{E}$，其中 $\boldsymbol{E}$ 是 n 阶单位阵，则必有(　　).

(A) $\boldsymbol{ACB}=\boldsymbol{E}$　　(B) $\boldsymbol{CBA}=\boldsymbol{E}$　　(C) $\boldsymbol{BAC}=\boldsymbol{E}$　　(D) $\boldsymbol{BCA}=\boldsymbol{E}$

2. 设$\boldsymbol{A}$为n阶方阵,则下列矩阵为对称矩阵的是(　　).

(A)$\boldsymbol{A}-\boldsymbol{A}^{\mathrm{T}}$　　(B)$\boldsymbol{A}\boldsymbol{A}^{\mathrm{T}}$

(C)$(\boldsymbol{A}\boldsymbol{B}^{\mathrm{T}})\boldsymbol{C}$　　(D)$\boldsymbol{C}\boldsymbol{A}\boldsymbol{C}^{\mathrm{T}}$,$\boldsymbol{C}$为$n$阶方阵

3. 设$\boldsymbol{A},\boldsymbol{B},\boldsymbol{C}$均为$n$阶矩阵,$\boldsymbol{E}$为$n$阶单位矩阵.若$\boldsymbol{B}=\boldsymbol{E}+\boldsymbol{A}\boldsymbol{B}$,$\boldsymbol{C}=\boldsymbol{A}+\boldsymbol{C}\boldsymbol{A}$,则$\boldsymbol{B}-\boldsymbol{C}=$(　　).(考研题)

(A)$\boldsymbol{E}$　　(B)$-\boldsymbol{E}$　　(C)$\boldsymbol{A}$　　(D)$-\boldsymbol{A}$

4. 设$\boldsymbol{A},\boldsymbol{B}$为$n$阶矩阵,$\boldsymbol{A}^*,\boldsymbol{B}^*$分别为$\boldsymbol{A},\boldsymbol{B}$对应的伴随矩阵,分块矩阵$\boldsymbol{C}=\begin{pmatrix}\boldsymbol{A}&\boldsymbol{O}\\\boldsymbol{O}&\boldsymbol{B}\end{pmatrix}$,则$\boldsymbol{C}$的伴随矩阵$\boldsymbol{C}^*=$(　　).(考研题)

(A)$\begin{pmatrix}|\boldsymbol{A}|\boldsymbol{A}^*&\boldsymbol{O}\\\boldsymbol{O}&|\boldsymbol{B}|\boldsymbol{B}^*\end{pmatrix}$　　(B)$\begin{pmatrix}|\boldsymbol{B}|\boldsymbol{B}^*&\boldsymbol{O}\\\boldsymbol{O}&|\boldsymbol{A}|\boldsymbol{A}^*\end{pmatrix}$

(C)$\begin{pmatrix}|\boldsymbol{A}|\boldsymbol{B}^*&\boldsymbol{O}\\\boldsymbol{O}&|\boldsymbol{B}|\boldsymbol{A}^*\end{pmatrix}$　　(D)$\begin{pmatrix}|\boldsymbol{B}|\boldsymbol{A}^*&\boldsymbol{O}\\\boldsymbol{O}&|\boldsymbol{A}|\boldsymbol{B}^*\end{pmatrix}$

5. 设$\boldsymbol{A}=(a_{ij})_{3\times3}$满足$\boldsymbol{A}^*=\boldsymbol{A}^{\mathrm{T}}$,其中$\boldsymbol{A}^*$为$\boldsymbol{A}$的伴随矩阵,$\boldsymbol{A}^{\mathrm{T}}$为$\boldsymbol{A}$的转置矩阵.若$a_{11},a_{12},a_{13}$为三个相等的正数,则$a_{11}$为(　　).(考研题)

(A)$\frac{\sqrt{3}}{3}$　　(B)3　　(C)$\frac{1}{3}$　　(D)$\sqrt{3}$

二、填空题

6. 设$\boldsymbol{\alpha}=(1,2,0)^{\mathrm{T}}$,$\boldsymbol{B}=\boldsymbol{\alpha}\boldsymbol{\alpha}^{\mathrm{T}}$,若$\boldsymbol{A}=2\boldsymbol{E}-\boldsymbol{B}$,则$\boldsymbol{A}^3=$______.

7. 设$\boldsymbol{A}$为3阶方阵,$|\boldsymbol{A}|=3$,$\boldsymbol{A}^*$为$\boldsymbol{A}$的伴随矩阵,若交换$\boldsymbol{A}$的第一行与第二行得到矩阵$\boldsymbol{B}$,则$|\boldsymbol{B}\boldsymbol{A}^*|=$______.(考研题)

8. 设$\boldsymbol{A},\boldsymbol{B}$均为3阶方阵,$\boldsymbol{E}$是三阶单位矩阵,已知$\boldsymbol{A}\boldsymbol{B}=2\boldsymbol{A}+\boldsymbol{B}$,$\boldsymbol{B}=\begin{pmatrix}2&0&2\\0&4&0\\2&0&2\end{pmatrix}$,则$(\boldsymbol{A}-\boldsymbol{E})^{-1}=$______.(考研题)

9. 已知4阶方阵$\boldsymbol{A}$的逆矩阵为$\boldsymbol{A}^{-1}=\begin{pmatrix}1&2&2&2\\2&1&2&2\\2&2&1&2\\2&2&2&1\end{pmatrix}$,则$|\boldsymbol{A}|$中所有元素的代数余子式之和为______.

10. 设$\boldsymbol{A},\boldsymbol{B}$为3阶方阵,且$|\boldsymbol{A}|=3$,$|\boldsymbol{B}|=2$,$|\boldsymbol{A}^{-1}+\boldsymbol{B}|=2$,则$|\boldsymbol{A}+\boldsymbol{B}^{-1}|=$______.(考研题)

三、解答题

11. 设$\boldsymbol{A}=\begin{pmatrix}0&a_1&0&\cdots&0\\0&0&a_2&\cdots&0\\\vdots&\vdots&\vdots&&\vdots\\0&0&0&\cdots&a_{n-1}\\a_n&0&0&\cdots&0\end{pmatrix}$,其中$a_i\neq0$,$i=1,2,\cdots,n$,求$\boldsymbol{A}^{-1}$.

12. 已知 $2CA-2AB=C-B$,其中 $A=\begin{pmatrix}\frac{1}{2}&\frac{1}{2}&0\\-\frac{1}{2}&\frac{1}{2}&0\\0&0&1\end{pmatrix}$,$B=\begin{pmatrix}3&2&1\\0&0&0\\0&0&0\end{pmatrix}$,求 C^3.

13. 已知 A,B 为 3 阶方阵,且满足 $2A^{-1}B=B-4E$,其中 E 为 3 阶单位矩阵.

(1) 证明:矩阵 $A-2E$ 可逆;

(2) 若 $B=\begin{pmatrix}1&-2&0\\1&2&0\\0&0&2\end{pmatrix}$,求矩阵 A.

14. 设 A,B 分别为 m 阶与 n 阶方阵,证明:

(1) 当 A 可逆时,有 $\begin{vmatrix}A&D\\C&B\end{vmatrix}=|A|\cdot|B-CA^{-1}D|$;

(2) 当 B 可逆时,有 $\begin{vmatrix}A&D\\C&B\end{vmatrix}=|A-DB^{-1}C|\cdot|B|$.

15. 证明:若 n 次多项式 $f(x)=a_0+a_1x+\cdots+a_nx^n$ 有 $n+1$ 个不同的零点,则 $f(x)$ 恒等于零.

自测题答案

一、选择题

1. (D) **2.** (B) **3.** (A) **4.** (D) **5.** (A)

1. 解:由 $ABC=E$ 知 A,B,C 均为可逆矩阵,且 A 与 BC(或 AB 与 C) 互为逆矩阵,因而有 $BCA=E$(或 $CAB=E$) 成立. 故应选(D).

2. 解:利用对称矩阵的定义进行验证可得:

$$(A-A^{\mathrm{T}})^{\mathrm{T}}=A^{\mathrm{T}}-A\neq A-A^{\mathrm{T}};$$

$$(AA^{\mathrm{T}})^{\mathrm{T}}=(A^{\mathrm{T}})^{\mathrm{T}}A^{\mathrm{T}}=AA^{\mathrm{T}};$$

$$[(AB^{\mathrm{T}})C]^{\mathrm{T}}=C^{\mathrm{T}}(AB^{\mathrm{T}})^{\mathrm{T}}=C^{\mathrm{T}}[(B^{\mathrm{T}})^{\mathrm{T}}A^{\mathrm{T}}]=C^{\mathrm{T}}BA^{\mathrm{T}}\neq(AB^{\mathrm{T}}C);$$

$$(CAC^{\mathrm{T}})^{\mathrm{T}}=CA^{\mathrm{T}}C^{\mathrm{T}}\neq CAC^{\mathrm{T}}.$$

故应选(B).

3. 解:由 $B=E+AB$,得 $(E-A)B=E$,从而 $B=(E-A)^{-1}$.

由 $C=A+CA$,得 $C(E-A)=A$,从而 $C=A(E-A)^{-1}$. 所以

$$B-C=(E-A)^{-1}-A(E-A)^{-1}=(E-A)(E-A)^{-1}=E.$$

故应选(A).

4. 解:$C^*=|C|C^{-1}=|A|\cdot|B|\cdot\begin{pmatrix}A^{-1}&O\\O&B^{-1}\end{pmatrix}$

$$=|A|\cdot|B|\cdot\begin{pmatrix}\frac{1}{|A|}A^*&O\\O&\frac{1}{|B|}B^*\end{pmatrix}=\begin{pmatrix}|B|A^*&O\\O&|A|B^*\end{pmatrix},$$

故应选(D).

5. 解:由 $A^* = A^T$ 知 $A_{ij} = a_{ij}$,其中 A_{ij} 为 a_{ij} 的代数余子式,从而将 $|A|$ 按第一行展开得

$$|A| = a_{11}A_{11} + a_{12}A_{12} + a_{13}A_{13} = a_{11}^2 + a_{12}^2 + a_{13}^2 = 3a_{11}^2 > 0,$$

又因 $A^* = A^T$,则 $|A^*| = |A^T|$,即 $|A|^2 = |A|$,从而 $|A| = 1$ 或 $|A| = 0$(舍),所以 $|A| = 1 = 3a_{11}^2$,解得 $a_{11} = \frac{\sqrt{3}}{3}$. 故应选(A).

二、填空题

6. $\begin{pmatrix} 1 & -14 & 0 \\ -14 & -20 & 0 \\ 0 & 0 & 8 \end{pmatrix}$　7. -27　8. $\begin{pmatrix} 0 & 0 & 1 \\ 0 & 1 & 0 \\ 1 & 0 & 0 \end{pmatrix}$　9. -4　10. 3

6. 解:因为 $B = \alpha\alpha^T$,则有

$$B^2 = (\alpha\alpha^T)(\alpha\alpha^T) = \alpha(\alpha^T\alpha)\alpha^T = 5\alpha\alpha^T = 5B,$$

$$B^3 = B \cdot B^2 = B \cdot 5B = 5B^2 = 25B,$$

所以

$$A^3 = (2E - B)^3 = (2E)^3 - 3(2E)^2B + 3(2E)B^2 - B^3 = 8E - 12B + 6B^2 - B^3 = 8E - 7B.$$

又因 $B = \alpha\alpha^T = \begin{pmatrix} 1 \\ 2 \\ 0 \end{pmatrix}(1,2,0) = \begin{pmatrix} 1 & 2 & 0 \\ 2 & 4 & 0 \\ 0 & 0 & 0 \end{pmatrix}$,所以 $A^3 = 8E - 7B = \begin{pmatrix} 1 & -14 & 0 \\ -14 & -20 & 0 \\ 0 & 0 & 8 \end{pmatrix}$.

7. 解:$|BA^*| = |B| \cdot |A^*| = -|A| \cdot |A|^2 = -|A|^3 = -27$.

8. 解:由 $AB = 2A + B$ 知,$AB - B = 2A - 2E + 2E$,从而

$$(A - E)B - 2(A - E) = 2E,$$

即 $(A - E)(B - 2E) = 2E$,从而 $(A - E) \cdot \frac{1}{2}(B - 2E) = E$,可得

$$(A - E)^{-1} = \frac{1}{2}(B - 2E) = \begin{pmatrix} 0 & 0 & 1 \\ 0 & 1 & 0 \\ 1 & 0 & 0 \end{pmatrix}.$$

9. 解:由 $|A^{-1}| = -7$,得 $|A| = -\frac{1}{7}$. 而 $A^* = |A|A^{-1} = -\frac{1}{7}\begin{pmatrix} 1 & 2 & 2 & 2 \\ 2 & 1 & 2 & 2 \\ 2 & 2 & 1 & 2 \\ 2 & 2 & 2 & 1 \end{pmatrix}$,则 $|A|$ 中所有元素的代数余子式之和应为 A^* 中所有元素之和,即

$$A_{11} + A_{12} + \cdots + A_{44} = -\frac{1}{7} \times (12 \times 2 + 4 \times 1) = -4.$$

故应填 -4.

10. 解:由于 $A + B^{-1} = ABB^{-1} + AA^{-1}B^{-1} = A(B + A^{-1})B^{-1} = A(A^{-1} + B)B^{-1}$,所以

$$|A + B^{-1}| = |A| \cdot |A^{-1} + B| \cdot |B^{-1}|,$$

又因 $|A| = 3$,$|B^{-1}| = \frac{1}{2}$,$|A^{-1} + B| = 2$,故 $|A + B^{-1}| = 3 \times 2 \times \frac{1}{2} = 3$.

三、解答题

11. 解:将矩阵 $\boldsymbol{A}$ 进行分块 $\boldsymbol{A}=\left(\begin{array}{c|cccc} 0 & a_1 & 0 & \cdots & 0 \\ 0 & 0 & a_2 & \cdots & 0 \\ \vdots & \vdots & \vdots & & \vdots \\ 0 & 0 & 0 & \cdots & a_{n-1} \\ \hline a_n & 0 & 0 & \cdots & 0 \end{array}\right)=\begin{pmatrix} \boldsymbol{O} & \boldsymbol{B} \\ \boldsymbol{C} & \boldsymbol{O} \end{pmatrix}$,

其中 $\boldsymbol{B}=\begin{pmatrix} a_1 & 0 & \cdots & 0 \\ 0 & a_2 & \cdots & 0 \\ \vdots & \vdots & & \vdots \\ 0 & 0 & \cdots & a_{n-1} \end{pmatrix}$,$\boldsymbol{C}=(a_n)=a_n$,从而 $\boldsymbol{B}^{-1}=\begin{pmatrix} \frac{1}{a_1} & 0 & \cdots & 0 \\ 0 & \frac{1}{a_2} & \cdots & 0 \\ \vdots & \vdots & & \vdots \\ 0 & 0 & \cdots & \frac{1}{a_{n-1}} \end{pmatrix}$,$\boldsymbol{C}^{-1}=\frac{1}{a_n}$,

所以

$$\boldsymbol{A}^{-1}=\begin{pmatrix} \boldsymbol{O} & \boldsymbol{C}^{-1} \\ \boldsymbol{B}^{-1} & \boldsymbol{O} \end{pmatrix}=\begin{pmatrix} 0 & 0 & 0 & \cdots & 0 & \frac{1}{a_n} \\ \frac{1}{a_1} & 0 & 0 & \cdots & 0 & 0 \\ 0 & \frac{1}{a_2} & 0 & \cdots & 0 & 0 \\ \vdots & \vdots & \vdots & & \vdots & \vdots \\ 0 & 0 & 0 & \cdots & \frac{1}{a_{n-1}} & 0 \end{pmatrix}.$$

12. 解:由 $2\boldsymbol{CA}-2\boldsymbol{AB}=\boldsymbol{C}-\boldsymbol{B}$,得 $2\boldsymbol{CA}-\boldsymbol{C}=2\boldsymbol{AB}-\boldsymbol{B}$,故有 $\boldsymbol{C}(2\boldsymbol{A}-\boldsymbol{E})=(2\boldsymbol{A}-\boldsymbol{E})\boldsymbol{B}$,

因为 $2\boldsymbol{A}-\boldsymbol{E}=\begin{pmatrix} 0 & 1 & 0 \\ -1 & 0 & 0 \\ 0 & 0 & 1 \end{pmatrix}$ 可逆,所以 $\boldsymbol{C}=(2\boldsymbol{A}-\boldsymbol{E})\boldsymbol{B}(2\boldsymbol{A}-\boldsymbol{E})^{-1}$,那么

$$\boldsymbol{C}^3=(2\boldsymbol{A}-\boldsymbol{E})\boldsymbol{B}^3(2\boldsymbol{A}-\boldsymbol{E})^{-1}=\begin{pmatrix} 0 & 1 & 0 \\ -1 & 0 & 0 \\ 0 & 0 & 1 \end{pmatrix}\begin{pmatrix} 3 & 2 & 1 \\ 0 & 0 & 0 \\ 0 & 0 & 0 \end{pmatrix}^3\begin{pmatrix} 0 & 1 & 0 \\ -1 & 0 & 0 \\ 0 & 0 & 1 \end{pmatrix}^{-1}$$

$$=\begin{pmatrix} 0 & 1 & 0 \\ -1 & 0 & 0 \\ 0 & 0 & 1 \end{pmatrix}\begin{pmatrix} 27 & 18 & 9 \\ 0 & 0 & 0 \\ 0 & 0 & 0 \end{pmatrix}\begin{pmatrix} 0 & -1 & 0 \\ 1 & 0 & 0 \\ 0 & 0 & 1 \end{pmatrix}=\begin{pmatrix} 0 & 0 & 0 \\ -18 & 27 & -9 \\ 0 & 0 & 0 \end{pmatrix}.$$

13. 证明:(1) 由 $2\boldsymbol{A}^{-1}\boldsymbol{B}=\boldsymbol{B}-4\boldsymbol{E}$ 知,$\boldsymbol{AB}-2\boldsymbol{B}-4\boldsymbol{A}=\boldsymbol{O}$,从而

$$(\boldsymbol{A}-2\boldsymbol{E})(\boldsymbol{B}-4\boldsymbol{E})=8\boldsymbol{E},$$

即 $(\boldsymbol{A}-2\boldsymbol{E})\cdot\frac{1}{8}(\boldsymbol{B}-4\boldsymbol{E})=\boldsymbol{E}$,故 $\boldsymbol{A}-2\boldsymbol{E}$ 可逆,且 $(\boldsymbol{A}-2\boldsymbol{E})^{-1}=\frac{1}{8}(\boldsymbol{B}-4\boldsymbol{E})$.

解:(2) 由(1) 知 $\boldsymbol{A}-2\boldsymbol{E}=\left[\frac{1}{8}(\boldsymbol{B}-4\boldsymbol{E})\right]^{-1}=8(\boldsymbol{B}-4\boldsymbol{E})^{-1}$,得 $\boldsymbol{A}=2\boldsymbol{E}+8(\boldsymbol{B}-4\boldsymbol{E})^{-1}$,则

$$(\boldsymbol{B}-4\boldsymbol{E})^{-1}=\begin{pmatrix}-3 & -2 & 0\\ 1 & -2 & 0\\ 0 & 0 & -2\end{pmatrix}^{-1}=\begin{pmatrix}-\frac{1}{4} & \frac{1}{4} & 0\\ -\frac{1}{8} & -\frac{3}{8} & 0\\ 0 & 0 & -\frac{1}{2}\end{pmatrix},$$

所以$\boldsymbol{A}=2\begin{pmatrix}1 & 0 & 0\\ 0 & 1 & 0\\ 0 & 0 & 1\end{pmatrix}+8\begin{pmatrix}-\frac{1}{4} & \frac{1}{4} & 0\\ -\frac{1}{8} & -\frac{3}{8} & 0\\ 0 & 0 & -\frac{1}{2}\end{pmatrix}=\begin{pmatrix}0 & 2 & 0\\ -1 & -1 & 0\\ 0 & 0 & -2\end{pmatrix}$.

14. 证明:(1) 由分块矩阵的乘法得$\begin{pmatrix}\boldsymbol{A} & \boldsymbol{D}\\ \boldsymbol{C} & \boldsymbol{B}\end{pmatrix}\begin{pmatrix}\boldsymbol{E} & -\boldsymbol{A}^{-1}\boldsymbol{D}\\ \boldsymbol{O} & \boldsymbol{E}\end{pmatrix}=\begin{pmatrix}\boldsymbol{A} & \boldsymbol{O}\\ \boldsymbol{C} & \boldsymbol{B}-\boldsymbol{C}\boldsymbol{A}^{-1}\boldsymbol{D}\end{pmatrix}$,两边取行列式得

$$\begin{vmatrix}\boldsymbol{A} & \boldsymbol{D}\\ \boldsymbol{C} & \boldsymbol{B}\end{vmatrix}\cdot\begin{vmatrix}\boldsymbol{E} & -\boldsymbol{A}^{-1}\boldsymbol{D}\\ \boldsymbol{O} & \boldsymbol{E}\end{vmatrix}=\begin{vmatrix}\boldsymbol{A} & \boldsymbol{O}\\ \boldsymbol{C} & \boldsymbol{B}-\boldsymbol{C}\boldsymbol{A}^{-1}\boldsymbol{D}\end{vmatrix}=|\boldsymbol{A}|\cdot|\boldsymbol{B}-\boldsymbol{C}\boldsymbol{A}^{-1}\boldsymbol{D}|,$$

而$\begin{vmatrix}\boldsymbol{E} & -\boldsymbol{A}^{-1}\boldsymbol{D}\\ \boldsymbol{O} & \boldsymbol{E}\end{vmatrix}=|\boldsymbol{E}|\cdot|\boldsymbol{E}|=1$,所以$\begin{vmatrix}\boldsymbol{A} & \boldsymbol{D}\\ \boldsymbol{C} & \boldsymbol{B}\end{vmatrix}=|\boldsymbol{A}|\cdot|\boldsymbol{B}-\boldsymbol{C}\boldsymbol{A}^{-1}\boldsymbol{D}|$.

(2) 同样,由于$\begin{pmatrix}\boldsymbol{A} & \boldsymbol{D}\\ \boldsymbol{C} & \boldsymbol{B}\end{pmatrix}\begin{pmatrix}\boldsymbol{E} & \boldsymbol{O}\\ -\boldsymbol{B}^{-1}\boldsymbol{C} & \boldsymbol{E}\end{pmatrix}=\begin{pmatrix}\boldsymbol{A}-\boldsymbol{D}\boldsymbol{B}^{-1}\boldsymbol{C} & \boldsymbol{D}\\ \boldsymbol{O} & \boldsymbol{B}\end{pmatrix}$,两边取行列式得

$$\begin{vmatrix}\boldsymbol{A} & \boldsymbol{D}\\ \boldsymbol{C} & \boldsymbol{B}\end{vmatrix}\cdot\begin{vmatrix}\boldsymbol{E} & \boldsymbol{O}\\ -\boldsymbol{B}^{-1}\boldsymbol{C} & \boldsymbol{E}\end{vmatrix}=\begin{vmatrix}\boldsymbol{A}-\boldsymbol{D}\boldsymbol{B}^{-1}\boldsymbol{C} & \boldsymbol{D}\\ \boldsymbol{O} & \boldsymbol{B}\end{vmatrix}=|\boldsymbol{A}-\boldsymbol{D}\boldsymbol{B}^{-1}\boldsymbol{C}|\cdot|\boldsymbol{B}|,$$

而$\begin{vmatrix}\boldsymbol{E} & \boldsymbol{O}\\ -\boldsymbol{B}^{-1}\boldsymbol{C} & \boldsymbol{E}\end{vmatrix}=|\boldsymbol{E}|\cdot|\boldsymbol{E}|=1$,于是有$\begin{vmatrix}\boldsymbol{A} & \boldsymbol{D}\\ \boldsymbol{C} & \boldsymbol{B}\end{vmatrix}=|\boldsymbol{A}-\boldsymbol{D}\boldsymbol{B}^{-1}\boldsymbol{C}|\cdot|\boldsymbol{B}|$.

15. 证明:设 $f(x)$ 的 $n+1$ 个不同的零点为 $x_1,x_2,\cdots,x_n,x_{n+1}$,则 $f(x_1)=0,f(x_2)=0,\cdots,f(x_n)=0$,$f(x_{n+1})=0$,即

$$\begin{cases}a_0+a_1x_1+\cdots+a_nx_1^n=0,\\ a_0+a_1x_2+\cdots+a_nx_2^n=0,\\ \vdots\\ a_0+a_1x_n+\cdots+a_nx_n^n=0,\\ a_0+a_1x_{n+1}+\cdots+a_nx_{n+1}^n=0,\end{cases}\qquad ①$$

这可看作是关于 $a_0,a_1,\cdots,a_n$ 为未知数的齐次线性方程组,其系数行列式为

$$D=\begin{vmatrix}1 & x_1 & \cdots & x_1^n\\ 1 & x_2 & \cdots & x_2^n\\ \vdots & \vdots & & \vdots\\ 1 & x_n & \cdots & x_n^n\\ 1 & x_{n+1} & \cdots & x_{n+1}^n\end{vmatrix},$$

可见 D 为范德蒙德行列式的转置,所以 $D=\prod\limits_{1\leqslant i<j\leqslant n+1}(x_j-x_i)$,又因为 $x_1,x_2,\cdots,x_{n+1}$ 两两不等,所以 $D\neq0$,由克拉默法则知方程组①只有零解,即$a_0=a_1=\cdots=a_n=0$,所以多项式 $f(x)$ 恒等于零.

第三章 矩阵的初等变换与线性方程组

线性方程组理论是整个线性代数的中心所在，本章题目可把行列式、矩阵、向量包含在内，且大型综合题常在本章出现，所以，对线性方程组的学习是整个线性代数学习的重点所在.

第一节 矩阵的初等变换

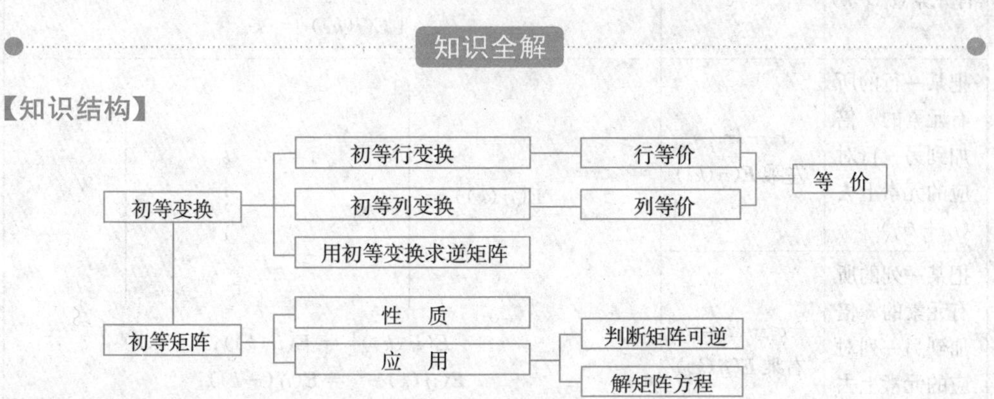

第三章

【考点精析】

1. 初等变换和初等矩阵及其联系.

初等变换	联系	初等矩阵
对调两行 $(r_i\leftrightarrow r_j)$	$r_i\leftrightarrow r_j\Leftrightarrow$ 左乘 $\boldsymbol{E}(i,j)$	$\boldsymbol{E}(i,j)=\begin{pmatrix}1&&&&&&&&\\&\ddots&&&&&&&\\&&1&&&&&&\\&&&0&\cdots&1&&&\\&&&\vdots&&\vdots&&&\\&&&1&\cdots&0&&&\\&&&&&&1&&\\&&&&&&&\ddots&\\&&&&&&&&1\end{pmatrix}$ $\boldsymbol{E}(i,j)^{\mathrm{T}}=\boldsymbol{E}(i,j);\boldsymbol{E}(i,j)^{-1}=\boldsymbol{E}(i,j);\ \lvert\boldsymbol{E}(i,j)\rvert=-1$
对调两列 $(c_i\leftrightarrow c_j)$	$c_i\leftrightarrow c_j\Leftrightarrow$ 右乘 $\boldsymbol{E}(i,j)$	

续表

初等变换	联系	初等矩阵
以数 $k\neq 0$ 乘某一行中的所有元素($r_i\times k$)	$r_i\times k\Leftrightarrow$ 左乘 $\boldsymbol{E}(i(k))$	$\boldsymbol{E}(i(k))=\begin{pmatrix}1&&&&&&\\&\ddots&&&&&\\&&1&&&&\\&&&k&&&\\&&&&1&&\\&&&&&\ddots&\\&&&&&&1\end{pmatrix}$
以数 $k\neq 0$ 乘某一列中的所有元素($c_i\times k$)	$c_i\times k\Leftrightarrow$ 右乘 $\boldsymbol{E}(i(k))$	$\boldsymbol{E}(i(k))^{\mathrm{T}}=\boldsymbol{E}(i(k))$;$\boldsymbol{E}(i(k))^{-1}=\boldsymbol{E}\left(i\left(\frac{1}{k}\right)\right)$; $\lvert\boldsymbol{E}(i(k))\rvert=k$
把某一行的所有元素的 k 倍加到另一行对应的元素上去(r_i+kr_j)	$r_i+kr_j\Leftrightarrow$ 左乘 $\boldsymbol{E}(ij(k))$	$\boldsymbol{E}(ij(k))=\begin{pmatrix}1&&&&&\\&\ddots&&&&\\&&1&\cdots&k&\\&&&\ddots&\vdots&\\&&&&1&\\&&&&&\ddots&\\&&&&&&1\end{pmatrix}$
把某一列的所有元素的 k 倍加到另一列对应的元素上去(c_j+kc_i)	$c_j+kc_i\Leftrightarrow$ 右乘 $\boldsymbol{E}(ij(k))$	$\boldsymbol{E}(ij(k))^{\mathrm{T}}=\boldsymbol{E}(ij(k))$; $\boldsymbol{E}(ij(k))^{-1}=\boldsymbol{E}(ij(-k))$; $\lvert\boldsymbol{E}(ij(k))\rvert=1$

2. 初等变换的应用.

应用	方法
求逆矩阵	$(\boldsymbol{A}\vdots\boldsymbol{E})\xrightarrow{\text{初等行变换}}(\boldsymbol{E}\vdots\boldsymbol{A}^{-1})$ $\begin{pmatrix}\boldsymbol{A}\\\cdots\\\boldsymbol{E}\end{pmatrix}\xrightarrow{\text{初等列变换}}\begin{pmatrix}\boldsymbol{E}\\\cdots\\\boldsymbol{A}^{-1}\end{pmatrix}$ $\begin{pmatrix}\boldsymbol{A}&\boldsymbol{E}\\\boldsymbol{E}&\boldsymbol{O}\end{pmatrix}\rightarrow\begin{pmatrix}\boldsymbol{E}&\boldsymbol{C}\\\boldsymbol{B}&\boldsymbol{O}\end{pmatrix}$,$\boldsymbol{A}^{-1}=\boldsymbol{BC}$
解矩阵方程 $\boldsymbol{AX}=\boldsymbol{B}$	把$(\boldsymbol{A},\boldsymbol{B})\xrightarrow{\text{初等行变换}}(\boldsymbol{E},\boldsymbol{X})$,$\boldsymbol{X}$ 即为方程的解
解矩阵方程 $\boldsymbol{AX}=\boldsymbol{B}$	把$\begin{pmatrix}\boldsymbol{A}\\\boldsymbol{B}\end{pmatrix}\xrightarrow{\text{初等列变换}}\begin{pmatrix}\boldsymbol{E}\\\boldsymbol{X}\end{pmatrix}$,$\boldsymbol{X}$ 即为方程的解

3. 等价.

名称	内容
定义	如果矩阵 $\boldsymbol{A}$ 经过有限次初等变换变成矩阵 $\boldsymbol{B}$,则 $\boldsymbol{A}$ 与 $\boldsymbol{B}$ 等价 ($\boldsymbol{A}\sim\boldsymbol{B}$)
充要条件	$\boldsymbol{A}\sim\boldsymbol{B}\Leftrightarrow$ 存在可逆矩阵 $\boldsymbol{P},\boldsymbol{Q}$,使 $\boldsymbol{PAQ}=\boldsymbol{B}$
性质	(1) 反身性:$\boldsymbol{A}\sim\boldsymbol{A}$; (2) 对称性:$\boldsymbol{A}\sim\boldsymbol{B}$,则 $\boldsymbol{B}\sim\boldsymbol{A}$; (3) 传递性:$\boldsymbol{A}\sim\boldsymbol{B},\boldsymbol{B}\sim\boldsymbol{C}$,则 $\boldsymbol{A}\sim\boldsymbol{C}$
应用	(1) 方阵 $\boldsymbol{A}$ 可逆的充分必要条件是存在有限个初等矩阵 $\boldsymbol{P}_1,\boldsymbol{P}_2,\cdots,\boldsymbol{P}_t$,使 $\boldsymbol{A}=\boldsymbol{P}_1\boldsymbol{P}_2\cdots\boldsymbol{P}_t$; (2) 方阵 $\boldsymbol{A}$ 可逆的充分必要条件是 $\boldsymbol{A}\overset{r}{\sim}\boldsymbol{E}$(表示 $\boldsymbol{A}$ 与 $\boldsymbol{E}$ 行等价)

4. 几个关于初等变换和初等矩阵的推广.

已知条件	变换	说明
$\boldsymbol{A}=(a_{ij})_{n\times n}$, $\boldsymbol{E}_{ij}=\begin{pmatrix} 0 & & & \\ & \ddots & & \\ & & 1 & \\ & & & \ddots \\ & & & & 0\end{pmatrix}$ (1 位于第 i 行、第 j 列)	$\boldsymbol{E}_{ij}\boldsymbol{A}=\begin{pmatrix} 0 & 0 & \cdots & 0 \\ \vdots & \vdots & & \vdots \\ 0 & 0 & \cdots & 0 \\ a_{j1} & a_{j2} & \cdots & a_{jn} \\ 0 & 0 & \cdots & 0 \\ \vdots & \vdots & & \vdots \\ 0 & 0 & \cdots & 0\end{pmatrix}$ i 行	用 $\boldsymbol{E}_{ij}$ 左乘 $\boldsymbol{A}$ 相当于把 $\boldsymbol{A}$ 中第 i 行换成第 j 行元素,其他元素都为 0
	$\boldsymbol{AE}_{ij}=\begin{pmatrix} 0 & \cdots & 0 & a_{1i} & 0 & \cdots & 0 \\ 0 & \cdots & 0 & a_{2i} & 0 & \cdots & 0 \\ \vdots & & \vdots & \vdots & \vdots & & \vdots \\ 0 & \cdots & 0 & a_{ni} & 0 & \cdots & 0\end{pmatrix}$ ($a_{1i},\cdots,a_{ni}$ 位于第 j 列)	用 $\boldsymbol{E}_{ij}$ 右乘 $\boldsymbol{A}$ 相当于把 $\boldsymbol{A}$ 中第 j 列换成第 i 列元素,其他元素都为 0
$\boldsymbol{A}=\begin{pmatrix}\boldsymbol{\alpha}_1 \\ \boldsymbol{\alpha}_2 \\ \vdots \\ \boldsymbol{\alpha}_n\end{pmatrix}=(\boldsymbol{\beta}_1,\boldsymbol{\beta}_2,\cdots,\boldsymbol{\beta}_n)$, $\boldsymbol{P}=\begin{pmatrix} & & & 1 \\ & & 1 & \\ & \iddots & & \\ 1 & & & \end{pmatrix}$	$\boldsymbol{PA}=\begin{pmatrix}\boldsymbol{\alpha}_n \\ \boldsymbol{\alpha}_{n-1} \\ \vdots \\ \boldsymbol{\alpha}_1\end{pmatrix}$	用 $\boldsymbol{P}$ 左乘矩阵 $\boldsymbol{A}$ 相当于把矩阵 $\boldsymbol{A}$ 的行向量颠倒了一下
	$\boldsymbol{AP}=(\boldsymbol{\beta}_n,\boldsymbol{\beta}_{n-1},\cdots,\boldsymbol{\beta}_1)$	用 $\boldsymbol{P}$ 右乘矩阵 $\boldsymbol{A}$ 相当于把矩阵 $\boldsymbol{A}$ 的列向量颠倒了一下

续表

<table>
<tr><th>已知条件</th><th>变换</th><th>说明</th></tr>
<tr><td rowspan="2">$\boldsymbol{A}=\begin{pmatrix}\boldsymbol{\alpha}_1\\ \boldsymbol{\alpha}_2\\ \vdots\\ \boldsymbol{\alpha}_n\end{pmatrix}=(\boldsymbol{\beta}_1,\boldsymbol{\beta}_2,\cdots,\boldsymbol{\beta}_n)$,
$\boldsymbol{Q}=\begin{pmatrix}0&1&&\\ &0&\ddots&\\ &&\ddots&1\\ &&&0\end{pmatrix}$</td><td>(1)$\boldsymbol{QA}=(\boldsymbol{\alpha}_2,\boldsymbol{\alpha}_3,\cdots,\boldsymbol{\alpha}_n,\boldsymbol{0})^{\mathrm{T}}$;
(2)$\boldsymbol{Q}^{\mathrm{T}}\boldsymbol{A}=(\boldsymbol{0},\boldsymbol{\alpha}_1,\cdots,\boldsymbol{\alpha}_{n-1})^{\mathrm{T}}$</td><td>(1)$\boldsymbol{A}$左乘$\boldsymbol{Q}$相当于把$\boldsymbol{A}$的各行向上递推一次;
(2)$\boldsymbol{A}$左乘$\boldsymbol{Q}^{\mathrm{T}}$相当于把$\boldsymbol{A}$的各行向下递推一次</td></tr>
<tr><td>(1)$\boldsymbol{AQ}=(\boldsymbol{0},\boldsymbol{\beta}_1,\cdots,\boldsymbol{\beta}_{n-1})$;
(2)$\boldsymbol{AQ}^{\mathrm{T}}=(\boldsymbol{\beta}_2,\cdots,\boldsymbol{\beta}_n,\boldsymbol{0})$</td><td>(1)$\boldsymbol{A}$右乘$\boldsymbol{Q}$相当于把$\boldsymbol{A}$的各列向右递推一次;
(2)$\boldsymbol{A}$右乘$\boldsymbol{Q}^{\mathrm{T}}$相当于把$\boldsymbol{A}$的各列向左递推一次</td></tr>
</table>

5. 对应习题.

习题三第 1 ~ 6 题(教材 $P_{77\sim78}$).

例题精解

基本题型 Ⅰ:有关基本概念

例1 设 $\boldsymbol{A}$ 为 n 阶可逆矩阵,则有( ).

(A) 若 $\boldsymbol{AB}=\boldsymbol{CB}$,则 $\boldsymbol{A}=\boldsymbol{C}$

(B) $\boldsymbol{A}$ 总可以经过初等行变换,化为 $\boldsymbol{E}$

(C) 对矩阵$(\boldsymbol{A}\vdots\boldsymbol{E})$施行若干次初等变换,将 $\boldsymbol{A}$ 变成 $\boldsymbol{E}$ 时,相应的 $\boldsymbol{E}$ 变为 $\boldsymbol{A}^{-1}$

(D) 以上都不对

【解析】 由于矩阵乘法不满足消去律,当 $\boldsymbol{B}$ 不可逆时,$\boldsymbol{A}=\boldsymbol{C}$ 不一定成立,即(A) 项错误.(C) 项必须限于初等行变换结论才成立,则(C) 项错误.

因为 $\boldsymbol{A}$ 可逆,所以 $\boldsymbol{A}^{-1}$ 可逆,所以存在有限个初等矩阵 $\boldsymbol{P}_1,\boldsymbol{P}_2,\cdots,\boldsymbol{P}_t$,使

$$\boldsymbol{A}^{-1}=\boldsymbol{P}_1\boldsymbol{P}_2\cdots\boldsymbol{P}_t,$$

所以 $\boldsymbol{E}=\boldsymbol{A}^{-1}\cdot\boldsymbol{A}=\boldsymbol{P}_1\boldsymbol{P}_2\cdots\boldsymbol{P}_t\cdot\boldsymbol{A}$. 又因为对矩阵 $\boldsymbol{A}$ 左乘一次初等矩阵相当于对 $\boldsymbol{A}$ 施行一次初等行变换,所以 $\boldsymbol{A}$ 可经过初等行变换化为 $\boldsymbol{E}$. 故应选(B).

例2 设 n 阶矩阵 $\boldsymbol{A}$ 与 $\boldsymbol{B}$ 等价,则必有( ).(考研题)

(A) 当 $|\boldsymbol{A}|=a(a\neq 0)$ 时,$|\boldsymbol{B}|=a$ (B) 当 $|\boldsymbol{A}|=a(a\neq 0)$ 时,$|\boldsymbol{B}|=-a$

(C) 当 $|\boldsymbol{A}|\neq 0$ 时,$|\boldsymbol{B}|=0$ (D) 当 $|\boldsymbol{A}|=0$ 时,$|\boldsymbol{B}|=0$

【解析】 由 $\boldsymbol{A}$ 与 $\boldsymbol{B}$ 等价,知存在可逆矩阵 $\boldsymbol{P},\boldsymbol{Q}$,使得 $\boldsymbol{B}=\boldsymbol{PAQ}$,从而

$$|\boldsymbol{B}|=|\boldsymbol{P}|\cdot|\boldsymbol{A}|\cdot|\boldsymbol{Q}|,$$

由于 $|\boldsymbol{P}|\neq 0$,$|\boldsymbol{Q}|\neq 0$,则 $|\boldsymbol{A}|$ 与 $|\boldsymbol{B}|$ 同时为零或同时不为零. 故应选(D).

【方法点击】 矩阵等价的相关结论:

(1)$A \overset{r}{\sim} B$ 的充分必要条件是存在 m 阶可逆矩阵 P,使 $PA = B$;

(2)$A \overset{c}{\sim} B$ 的充分必要条件是存在 n 阶可逆矩阵 Q,使 $AQ = B$;

(3) 设 A,B 均为 $m \times n$ 矩阵,A 与 B 等价的充要条件是存在 m 阶可逆矩阵 P 及 n 阶可逆矩阵 Q,使 $PAQ = B$.

基本题型 Ⅱ:关于初等矩阵与初等变换的对应关系

例 3　设 A 为 3 阶方阵,P 为 3 阶可逆方阵,$P^{-1}AP = \begin{pmatrix} 1 & 0 & 0 \\ 0 & 1 & 0 \\ 0 & 0 & 2 \end{pmatrix}$,若 $P = (\alpha_1, \alpha_2, \alpha_3)$,$Q = (\alpha_1 + \alpha_2, \alpha_2, \alpha_3)$ 则 $Q^{-1}AQ = ($　　$)$.(考研题)

(A) $\begin{pmatrix} 1 & 0 & 0 \\ 0 & 2 & 0 \\ 0 & 0 & 1 \end{pmatrix}$　　(B) $\begin{pmatrix} 1 & 0 & 0 \\ 0 & 1 & 0 \\ 0 & 0 & 2 \end{pmatrix}$

(C) $\begin{pmatrix} 2 & 0 & 0 \\ 0 & 1 & 0 \\ 0 & 0 & 2 \end{pmatrix}$　　(D) $\begin{pmatrix} 2 & 0 & 0 \\ 0 & 2 & 0 \\ 0 & 0 & 1 \end{pmatrix}$

【解析】 将 P 的第 2 列加到第 1 列得到矩阵 Q,对应的初等矩阵为 $\begin{pmatrix} 1 & 0 & 0 \\ 1 & 1 & 0 \\ 0 & 0 & 1 \end{pmatrix}$,则 $Q = P\begin{pmatrix} 1 & 0 & 0 \\ 1 & 1 & 0 \\ 0 & 0 & 1 \end{pmatrix}$,于是

$$Q^{-1}AQ = \begin{pmatrix} 1 & 0 & 0 \\ 1 & 1 & 0 \\ 0 & 0 & 1 \end{pmatrix}^{-1} P^{-1}AP \begin{pmatrix} 1 & 0 & 0 \\ 1 & 1 & 0 \\ 0 & 0 & 1 \end{pmatrix} = \begin{pmatrix} 1 & 0 & 0 \\ -1 & 1 & 0 \\ 0 & 0 & 1 \end{pmatrix}\begin{pmatrix} 1 & 0 & 0 \\ 0 & 1 & 0 \\ 0 & 0 & 2 \end{pmatrix}\begin{pmatrix} 1 & 0 & 0 \\ 1 & 1 & 0 \\ 0 & 0 & 1 \end{pmatrix} = \begin{pmatrix} 1 & 0 & 0 \\ 0 & 1 & 0 \\ 0 & 0 & 2 \end{pmatrix}.$$

故应选(B).

【方法点击】 将矩阵 P 进行一次列变换,相当于在 P 的右边乘以相应的初等矩阵,得到矩阵 Q 与 P 之间的关系.另外,上述三个矩阵乘积需反复运用初等矩阵左乘、右乘一个矩阵,实质上是对该矩阵做相应的初等行、列变换.

另外,初等矩阵的逆矩阵结果要牢记,从而省去了复杂的求逆计算.

例 4　设 A 为 $n(n \geqslant 2)$ 阶可逆矩阵,交换 A 的第 1 行与第 2 行得矩阵 B,A^*,B^* 分别为 A,B 的伴随矩阵,则(　　).(考研题)

(A) 交换 A^* 的第 1 列与第 2 列得 B^*

(B) 交换 A^* 的第 1 行与第 2 行得 B^*

(C) 交换 A^* 的第 1 列与第 2 列得 $-B^*$

(D) 交换 $\boldsymbol{A}^*$ 的第 1 行与第 2 行得 $-\boldsymbol{B}^*$

【解析】 **方法一:**我们假设 $\boldsymbol{A}$ 是 3 阶矩阵进行讨论,由题知:

$$\begin{pmatrix}0&1&0\\1&0&0\\0&0&1\end{pmatrix}\boldsymbol{A}=\boldsymbol{B},$$

此题选3阶矩阵为特例较简单

则有 $\boldsymbol{B}^{-1}=\boldsymbol{A}^{-1}\begin{pmatrix}0&1&0\\1&0&0\\0&0&1\end{pmatrix}^{-1}=\boldsymbol{A}^{-1}\begin{pmatrix}0&1&0\\1&0&0\\0&0&1\end{pmatrix}$,因此 $\dfrac{\boldsymbol{B}^*}{|\boldsymbol{B}|}=\dfrac{\boldsymbol{A}^*}{|\boldsymbol{A}|}\begin{pmatrix}0&1&0\\1&0&0\\0&0&1\end{pmatrix}$.

又因为 $|\boldsymbol{A}|=-|\boldsymbol{B}|$,所以 $\boldsymbol{A}^*\begin{pmatrix}0&1&0\\1&0&0\\0&0&1\end{pmatrix}=-\boldsymbol{B}^*$,即 $\boldsymbol{A}^*$ 的第 1 列和第 2 列交换得到 $-\boldsymbol{B}^*$.

故应选(C).

方法二:设交换 $\boldsymbol{A}$ 的第 1 行和第 2 行的初等矩阵为 $\boldsymbol{P}$,则 $\boldsymbol{B}=\boldsymbol{PA}$. 所以

$$\boldsymbol{B}^*=|\boldsymbol{B}|\boldsymbol{B}^{-1}=|\boldsymbol{PA}|(\boldsymbol{PA})^{-1}=-|\boldsymbol{A}|\boldsymbol{A}^{-1}\boldsymbol{P}^{-1}=-\boldsymbol{A}^*\boldsymbol{P},$$

从而 $\boldsymbol{A}^*\boldsymbol{P}=-\boldsymbol{B}^*$,即交换 $\boldsymbol{A}^*$ 的第 1 列与第 2 列得 $-\boldsymbol{B}^*$. 故应选(C).

【方法点击】 方法一利用特殊值法;方法二利用初等变换与初等矩阵的对应关系,将问题转化为矩阵运算的问题.

基本题型 Ⅲ:利用初等变换化矩阵为标准形或阶梯形矩阵

例 5 求矩阵 $\boldsymbol{A}=\begin{pmatrix}2&1&2&3\\4&1&3&5\\2&0&1&2\end{pmatrix}$ 的标准形.

【解析】 $\boldsymbol{A}=\begin{pmatrix}2&1&2&3\\4&1&3&5\\2&0&1&2\end{pmatrix}\xrightarrow[r_3-r_1]{r_2-2r_1}\begin{pmatrix}2&1&2&3\\0&-1&-1&-1\\0&-1&-1&-1\end{pmatrix}$

$$\xrightarrow{r_3-r_2}\begin{pmatrix}2&1&2&3\\0&-1&-1&-1\\0&0&0&0\end{pmatrix}\xrightarrow{\frac{1}{2}c_1}\begin{pmatrix}1&1&2&3\\0&-1&-1&-1\\0&0&0&0\end{pmatrix}$$

$$\xrightarrow[c_4-3c_1]{\substack{c_2-c_1\\c_3-2c_1}}\begin{pmatrix}1&0&0&0\\0&-1&-1&-1\\0&0&0&0\end{pmatrix}\xrightarrow[c_4-c_2]{c_3-c_2}\begin{pmatrix}1&0&0&0\\0&-1&0&0\\0&0&0&0\end{pmatrix}\xrightarrow{-c_2}\begin{pmatrix}1&0&0&0\\0&1&0&0\\0&0&0&0\end{pmatrix}.$$

【方法点击】 化标准形往往是采用行变换和列变换相结合的方法.

例 6 求 $\boldsymbol{A}=\begin{pmatrix}2&-1&3&1\\4&2&5&4\\2&0&2&6\end{pmatrix}$ 的行最简形矩阵 $\boldsymbol{B}$.

【解析】 $\boldsymbol{A}=\begin{pmatrix}2&-1&3&1\\4&2&5&4\\2&0&2&6\end{pmatrix}\xrightarrow[r_3-r_1]{r_2-2r_1}\begin{pmatrix}2&-1&3&1\\0&4&-1&2\\0&1&-1&5\end{pmatrix}\xrightarrow[r_1+r_3]{r_2-4r_3}\begin{pmatrix}2&0&2&6\\0&0&3&-18\\0&1&-1&5\end{pmatrix}$

$$\xrightarrow[\substack{\frac{1}{3}r_2\\ r_2\leftrightarrow r_3}]{\frac{1}{2}r_1}\begin{pmatrix}1&0&1&3\\0&1&-1&5\\0&0&1&-6\end{pmatrix}\xrightarrow[r_1-r_3]{r_2+r_3}\begin{pmatrix}1&0&0&9\\0&1&0&-1\\0&0&1&-6\end{pmatrix}\triangleq\boldsymbol{B}.$$

【方法点击】 求矩阵的行(列)最简形矩阵时,只能对矩阵进行初等行(列)变换,不能进行初等列(行)变换.

例7　用初等变换把矩阵 $\boldsymbol{A}=\begin{pmatrix}0&1&7&8\\1&3&3&8\\-2&-5&1&-8\end{pmatrix}$ 化成阶梯形矩阵 $\boldsymbol{M}$,并求初等矩阵 $\boldsymbol{P}_1,\boldsymbol{P}_2,\boldsymbol{P}_3$,使 $\boldsymbol{A}$ 可以写成 $\boldsymbol{A}=\boldsymbol{P}_1\boldsymbol{P}_2\boldsymbol{P}_3\boldsymbol{M}$.

【解析】 $\boldsymbol{A}\xrightarrow{r_1\leftrightarrow r_2}\begin{pmatrix}1&3&3&8\\0&1&7&8\\-2&-5&1&-8\end{pmatrix}\xrightarrow{r_3+2r_1}\begin{pmatrix}1&3&3&8\\0&1&7&8\\0&1&7&8\end{pmatrix}$

$$\xrightarrow{r_3+(-r_2)}\begin{pmatrix}1&3&3&8\\0&1&7&8\\0&0&0&0\end{pmatrix}\triangleq\boldsymbol{M}.$$

由初等变换与初等矩阵对应关系得到三个初等矩阵

$$\boldsymbol{Q}_1=\begin{pmatrix}0&1&0\\1&0&0\\0&0&1\end{pmatrix},\boldsymbol{Q}_2=\begin{pmatrix}1&0&0\\0&1&0\\2&0&1\end{pmatrix},\boldsymbol{Q}_3=\begin{pmatrix}1&0&0\\0&1&0\\0&-1&1\end{pmatrix},$$

满足 $\boldsymbol{Q}_3\boldsymbol{Q}_2\boldsymbol{Q}_1\boldsymbol{A}=\boldsymbol{M}$,所以 $\boldsymbol{A}=(\boldsymbol{Q}_3\boldsymbol{Q}_2\boldsymbol{Q}_1)^{-1}\boldsymbol{M}=\boldsymbol{Q}_1^{-1}\boldsymbol{Q}_2^{-1}\boldsymbol{Q}_3^{-1}\boldsymbol{M}$,

令 $\boldsymbol{P}_1=\boldsymbol{Q}_1^{-1},\boldsymbol{P}_2=\boldsymbol{Q}_2^{-1},\boldsymbol{P}_3=\boldsymbol{Q}_3^{-1}$,则初等矩阵 $\boldsymbol{P}_1,\boldsymbol{P}_2,\boldsymbol{P}_3$ 分别为

$$\begin{pmatrix}0&1&0\\1&0&0\\0&0&1\end{pmatrix},\begin{pmatrix}1&0&0\\0&1&0\\-2&0&1\end{pmatrix},\begin{pmatrix}1&0&0\\0&1&0\\0&1&1\end{pmatrix},$$

且满足 $\boldsymbol{A}=\boldsymbol{P}_1\boldsymbol{P}_2\boldsymbol{P}_3\boldsymbol{M}$.

【方法点击】 熟练掌握初等矩阵的逆矩阵以及初等矩阵与初等变换的对应关系.

基本题型Ⅳ:利用初等变换求逆矩阵

例8　已知 3 阶矩阵 $\boldsymbol{A}$ 的逆矩阵为 $\boldsymbol{A}^{-1}=\begin{pmatrix}1&1&1\\1&2&1\\1&1&3\end{pmatrix}$,试求伴随矩阵 $\boldsymbol{A}^*$ 的逆矩阵.

【解析】 因为 $A^{-1}=\frac{1}{|A|}A^*$，所以 $A^*=|A|A^{-1}$，则

$$(A^*)^{-1}=\frac{1}{|A|}(A^{-1})^{-1}=|A^{-1}|(A^{-1})^{-1}=|A^{-1}|\cdot A.$$

由于

$$(A^{-1}\vdots E)=\begin{pmatrix}1&1&1&1&0&0\\1&2&1&0&1&0\\1&1&3&0&0&1\end{pmatrix}\xrightarrow[r_3-r_1]{r_2-r_1}\begin{pmatrix}1&1&1&1&0&0\\0&1&0&-1&1&0\\0&0&2&-1&0&1\end{pmatrix}$$

$$\xrightarrow[\frac{1}{2}r_3]{r_1-r_2}\begin{pmatrix}1&0&1&2&-1&0\\0&1&0&-1&1&0\\0&0&1&-\frac{1}{2}&0&\frac{1}{2}\end{pmatrix}\xrightarrow{r_1-r_3}\begin{pmatrix}1&0&0&\frac{5}{2}&-1&-\frac{1}{2}\\0&1&0&-1&1&0\\0&0&1&-\frac{1}{2}&0&\frac{1}{2}\end{pmatrix},$$

得到 $A=\begin{pmatrix}\frac{5}{2}&-1&-\frac{1}{2}\\-1&1&0\\-\frac{1}{2}&0&\frac{1}{2}\end{pmatrix}$，又因 $|A^{-1}|=2$，故 $(A^*)^{-1}=|A^{-1}|A=\begin{pmatrix}5&-2&-1\\-2&2&0\\-1&0&1\end{pmatrix}$.

【方法点击】 对于数字型矩阵，一般用初等变换求逆矩阵. 常用公式为：

$$(A\vdots E)\xrightarrow[\text{行变换}]{\text{初等}}(E\vdots A^{-1}),\ \begin{pmatrix}A\\\cdots\\E\end{pmatrix}\xrightarrow[\text{列变换}]{\text{初等}}\begin{pmatrix}E\\\cdots\\A^{-1}\end{pmatrix}.$$

基本题型Ⅴ：利用初等变换解矩阵方程

在上一章中，我们已经介绍了一部分求矩阵方程 $AX=B$ 解的方法，主要是通过设未知数和求逆矩阵得到，我们在这里继续讨论，主要是通过初等变换来解矩阵方程.

当 A 可逆时：

对于方程 $AX=B$，有 $(A\vdots B)\xrightarrow{\text{初等行变换}}(E\vdots A^{-1}B)$，则 $X=A^{-1}B$；

对于方程 $XA=B$，有 $\begin{pmatrix}A\\\cdots\\B\end{pmatrix}\xrightarrow{\text{初等列变换}}\begin{pmatrix}E\\\cdots\\BA^{-1}\end{pmatrix}$，则 $X=BA^{-1}$.

例 9 解下列矩阵方程：

(1) $\begin{pmatrix}1&0&1\\-1&1&1\\2&-1&1\end{pmatrix}X=\begin{pmatrix}0&1\\1&1\\-1&0\end{pmatrix}$；　(2) $X\begin{pmatrix}1&0&5\\1&1&2\\1&2&5\end{pmatrix}=\begin{pmatrix}1&1&-2\\0&0&-6\end{pmatrix}$.

【解析】 (1) $\begin{pmatrix}1&0&1&0&1\\-1&1&1&1&1\\2&-1&1&-1&0\end{pmatrix}\xrightarrow[r_3-2r_1]{r_2+r_1}\begin{pmatrix}1&0&1&0&1\\0&1&2&1&2\\0&-1&-1&-1&-2\end{pmatrix}$

$$\xrightarrow{r_3+r_2}\begin{pmatrix}1&0&1&0&1\\0&1&2&1&2\\0&0&1&0&0\end{pmatrix}\xrightarrow[r_2-2r_3]{r_1-r_3}\begin{pmatrix}1&0&0&0&1\\0&1&0&1&2\\0&0&1&0&0\end{pmatrix},$$

所以 $X=\begin{pmatrix}0&1\\1&2\\0&0\end{pmatrix}$.

(2) $$\begin{pmatrix}1&0&5\\1&1&2\\1&2&5\\ \hdashline 1&1&-2\\0&0&-6\end{pmatrix}\xrightarrow{c_3-5c_1}\begin{pmatrix}1&0&0\\1&1&-3\\1&2&0\\ \hdashline 1&1&-7\\0&0&-6\end{pmatrix}\xrightarrow{c_3+3c_2}\begin{pmatrix}1&0&0\\1&1&0\\1&2&6\\ \hdashline 1&1&-4\\0&0&-6\end{pmatrix}\xrightarrow{\frac{1}{6}c_3}\begin{pmatrix}1&0&0\\1&1&0\\1&2&1\\ \hdashline 1&1&-\frac{2}{3}\\0&0&-1\end{pmatrix}$$

$$\xrightarrow[c_2-2c_3]{c_1-c_3}\begin{pmatrix}1&0&0\\1&1&0\\0&0&1\\ \hdashline \frac{5}{3}&\frac{7}{3}&-\frac{2}{3}\\1&2&-1\end{pmatrix}\xrightarrow{c_1-c_2}\begin{pmatrix}1&0&0\\0&1&0\\0&0&1\\ \hdashline -\frac{2}{3}&\frac{7}{3}&-\frac{2}{3}\\-1&2&-1\end{pmatrix},$$

所以 $X=\begin{pmatrix}-\frac{2}{3}&\frac{7}{3}&-\frac{2}{3}\\-1&2&-1\end{pmatrix}$.

基本题型 Ⅵ:分块矩阵的初等变换及初等矩阵问题

例10　设 $T=\begin{pmatrix}A&B\\C&D\end{pmatrix}$,其中 A,D 分别是 m 阶和 n 阶可逆矩阵,B 是 $m\times n$ 矩阵,C 是 $n\times m$ 矩阵.

(1) 证明 T 可逆的充要条件是 $D-CA^{-1}B$ 可逆;

(2) 当 T 可逆时,求其逆矩阵.

【证明】 (1) 由 $\begin{pmatrix}E_m&O\\-CA^{-1}&E_n\end{pmatrix}\begin{pmatrix}A&B\\C&D\end{pmatrix}\begin{pmatrix}E_m&-A^{-1}B\\O&E_n\end{pmatrix}=\begin{pmatrix}A&O\\O&D-CA^{-1}B\end{pmatrix}$,可得

$$\begin{vmatrix}E_m&O\\-CA^{-1}&E_n\end{vmatrix}\cdot\begin{vmatrix}A&B\\C&D\end{vmatrix}\cdot\begin{vmatrix}E_m&-A^{-1}B\\O&E_n\end{vmatrix}=\begin{vmatrix}A&O\\O&D-CA^{-1}B\end{vmatrix},$$

而 $\begin{vmatrix}E_m&O\\-CA^{-1}&E_n\end{vmatrix}=\begin{vmatrix}E_m&-A^{-1}B\\O&E_n\end{vmatrix}=|E_m|\cdot|E_n|=1$,所以

$$|T|=\begin{vmatrix}A&B\\C&D\end{vmatrix}=\begin{vmatrix}A&O\\O&D-CA^{-1}B\end{vmatrix}=|A|\cdot|D-CA^{-1}B|.$$

又因为 $|A|\neq 0$,所以 T 可逆,即 $|T|\neq 0$ 的充要条件是 $|D-CA^{-1}B|\neq 0$,即 T 可逆的充要条件是 $D-CA^{-1}B$ 可逆.

【解析】 (2) 若 T 可逆,则由(1) 中第一个关系等式可得

$$\begin{pmatrix}E_m&-A^{-1}B\\O&E_n\end{pmatrix}^{-1}\begin{pmatrix}A&B\\C&D\end{pmatrix}^{-1}\begin{pmatrix}E_m&O\\-CA^{-1}&E_n\end{pmatrix}^{-1}=\begin{pmatrix}A&O\\O&D-CA^{-1}B\end{pmatrix}^{-1},$$

所以 $$\boldsymbol{T}^{-1}=\begin{pmatrix}\boldsymbol{A}&\boldsymbol{B}\\\boldsymbol{C}&\boldsymbol{D}\end{pmatrix}=\begin{pmatrix}\boldsymbol{E}_m&-\boldsymbol{A}^{-1}\boldsymbol{B}\\\boldsymbol{O}&\boldsymbol{E}_n\end{pmatrix}\begin{pmatrix}\boldsymbol{A}&\boldsymbol{O}\\\boldsymbol{O}&\boldsymbol{D}-\boldsymbol{C}\boldsymbol{A}^{-1}\boldsymbol{B}\end{pmatrix}^{-1}\begin{pmatrix}\boldsymbol{E}_m&\boldsymbol{O}\\-\boldsymbol{C}\boldsymbol{A}^{-1}&\boldsymbol{E}_n\end{pmatrix}$$

$$=\begin{pmatrix}\boldsymbol{E}_m&-\boldsymbol{A}^{-1}\boldsymbol{B}\\\boldsymbol{O}&\boldsymbol{E}_n\end{pmatrix}\begin{pmatrix}\boldsymbol{A}^{-1}&\boldsymbol{O}\\\boldsymbol{O}&(\boldsymbol{D}-\boldsymbol{C}\boldsymbol{A}^{-1}\boldsymbol{B})^{-1}\end{pmatrix}\begin{pmatrix}\boldsymbol{E}_m&\boldsymbol{O}\\-\boldsymbol{C}\boldsymbol{A}^{-1}&\boldsymbol{E}_n\end{pmatrix}$$

$$=\begin{pmatrix}\boldsymbol{A}^{-1}+\boldsymbol{A}^{-1}\boldsymbol{B}(\boldsymbol{D}-\boldsymbol{C}\boldsymbol{A}^{-1}\boldsymbol{B})^{-1}\boldsymbol{C}\boldsymbol{A}^{-1}&-\boldsymbol{A}^{-1}\boldsymbol{B}(\boldsymbol{D}-\boldsymbol{C}\boldsymbol{A}^{-1}\boldsymbol{B})^{-1}\\-(\boldsymbol{D}-\boldsymbol{C}\boldsymbol{A}^{-1}\boldsymbol{B})^{-1}\boldsymbol{C}\boldsymbol{A}^{-1}&(\boldsymbol{D}-\boldsymbol{C}\boldsymbol{A}^{-1}\boldsymbol{B})^{-1}\end{pmatrix}.$$

【方法点击】 初等变换与初等矩阵的对应关系对分块矩阵仍成立.本题(1)从结论出发找到两个矩阵 $\boldsymbol{M},\boldsymbol{N}$,使 $\boldsymbol{MTN}$ 成为分块对角阵,然后再取行列式证明结论;(2)利用(1)中式子来求矩阵 $\boldsymbol{T}$ 的逆矩阵.

第二节　矩阵的秩

知识全解

【知识结构】

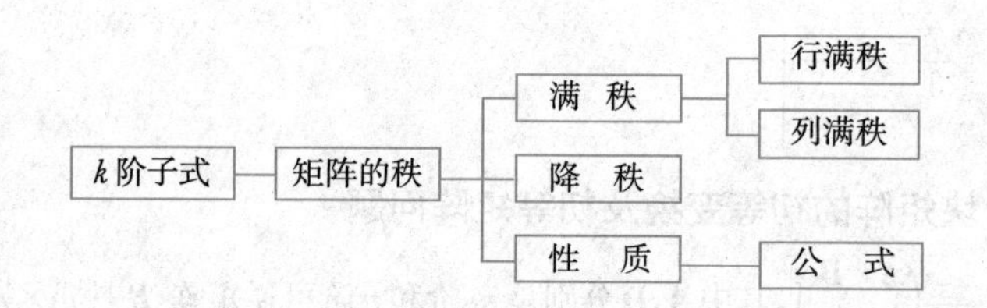

【考点精析】

1. 矩阵秩的相关概念.

名称	定义	备注
k 阶子式	$m\times n$ 阶矩阵中,任取 k 行 k 列,则其交叉处的 k^2 个元素按原顺序组成一个 $k\times k$ 阶矩阵,其行列式称为 **k 阶子式**	$m\times n$ 矩阵 $\boldsymbol{A}$ 的 k 阶子式共有 $C_m^k\cdot C_n^k$ 个
矩阵的秩	在矩阵 $\boldsymbol{A}$ 中有一个不等于0的 r 阶子式 D,且所有 $r+1$ 阶子式全等于0,那么 D 称为**矩阵 $\boldsymbol{A}$ 的最高阶非零子式**,数 r 称为**矩阵 $\boldsymbol{A}$ 的秩**,记为 $R(\boldsymbol{A})$	(1) 零矩阵的秩为0; (2) 若矩阵 $\boldsymbol{A}$ 的 k 阶子式均为零,则 $R(\boldsymbol{A})<k$;若存在 $\boldsymbol{A}$ 的某一 k 阶子式不等于零,则 $R(\boldsymbol{A})\geqslant k$

2. 矩阵秩的性质.

(1)$0 \leqslant R(\boldsymbol{A}_{m\times n}) \leqslant \min\{m,n\}$;$R(\boldsymbol{A}_{m\times n}) = 0 \Leftrightarrow \boldsymbol{A}_{m\times n} = \boldsymbol{O}$;

(2)$R(\boldsymbol{A}^{\mathrm{T}}) = R(\boldsymbol{A}) = R(-\boldsymbol{A})$;

(3) 若 $\boldsymbol{A} \sim \boldsymbol{B}$,则 $R(\boldsymbol{A}) = R(\boldsymbol{B})$;

(4) 若 $\boldsymbol{P},\boldsymbol{Q}$ 可逆,则 $R(\boldsymbol{PAQ}) = R(\boldsymbol{A})$;$R(\boldsymbol{PA}) = R(\boldsymbol{AQ}) = R(\boldsymbol{A})$;

(5)$\max\{R(\boldsymbol{A}),R(\boldsymbol{B})\} \leqslant R(\boldsymbol{A},\boldsymbol{B}) \leqslant R(\boldsymbol{A}) + R(\boldsymbol{B})$;

特别地,当 $\boldsymbol{B} = \boldsymbol{b}$ 为非零列向量时,有 $R(\boldsymbol{A}) \leqslant R(\boldsymbol{A},\boldsymbol{b}) \leqslant R(\boldsymbol{A}) + 1$;

(6)$R(\boldsymbol{A}) - R(\boldsymbol{B}) \leqslant R(\boldsymbol{A} \pm \boldsymbol{B}) \leqslant R(\boldsymbol{A}) + R(\boldsymbol{B})$;

(7)$R(\boldsymbol{AB}) \leqslant \min\{R(\boldsymbol{A}),R(\boldsymbol{B})\}$;

(8) 若 $\boldsymbol{A}_{m\times n}\boldsymbol{B}_{n\times l} = \boldsymbol{O}$,则 $R(\boldsymbol{A}) + R(\boldsymbol{B}) \leqslant n$;

(9)$m \times n$ 阵 $\boldsymbol{A}$ 行满秩 $\Leftrightarrow R(\boldsymbol{A}) = m \Leftrightarrow \boldsymbol{A}$ 的标准形为$(\boldsymbol{E}_m,\boldsymbol{O})$;

(10)$m \times n$ 阵 $\boldsymbol{A}$ 列满秩 $\Leftrightarrow R(\boldsymbol{A}) = n \Leftrightarrow \boldsymbol{A}$ 的标准形为$\begin{pmatrix} \boldsymbol{E}_n \\ \boldsymbol{O} \end{pmatrix}$;

(11)$R\begin{pmatrix} \boldsymbol{A} & \boldsymbol{O} \\ \boldsymbol{O} & \boldsymbol{B} \end{pmatrix} = R(\boldsymbol{A}) + R(\boldsymbol{B}) \leqslant R\begin{pmatrix} \boldsymbol{A} & \boldsymbol{O} \\ \boldsymbol{C} & \boldsymbol{B} \end{pmatrix}$(或 $R\begin{pmatrix} \boldsymbol{A} & \boldsymbol{D} \\ \boldsymbol{O} & \boldsymbol{B} \end{pmatrix}$);

(12)$R(\boldsymbol{AB}) \geqslant R(\boldsymbol{A}) + R(\boldsymbol{B}) - (\boldsymbol{B}$ 的行数);

(13)$R(\boldsymbol{ABC}) \geqslant R(\boldsymbol{AB}) + R(\boldsymbol{BC}) - R(\boldsymbol{B})$;

(14) 若 $\boldsymbol{G}$ 为列满秩矩阵,$\boldsymbol{H}$ 为行满秩矩阵,则 $R(\boldsymbol{GA}) = R(\boldsymbol{AH}) = R(\boldsymbol{A})$;

(15) 对 n 阶方阵 $\boldsymbol{A}$,$R(\boldsymbol{A})\begin{cases} = n \Leftrightarrow |\boldsymbol{A}| \neq \boldsymbol{O}, \\ < n \Leftrightarrow |\boldsymbol{A}| = \boldsymbol{O}; \end{cases}$

(16)$R(\boldsymbol{A}^*) = \begin{cases} n \Leftrightarrow R(\boldsymbol{A}) = n, \\ 1 \Leftrightarrow R(\boldsymbol{A}) = n-1, \text{其中 } \boldsymbol{A}^* \text{ 为 } \boldsymbol{A} \text{ 的伴随矩阵}; \\ 0 \Leftrightarrow R(\boldsymbol{A}) < n-1, \end{cases}$

(17)$R(\boldsymbol{A}) = \boldsymbol{A}$ 的标准形中 1 的个数

3. 对应习题.

习题三第 7 ～ 12 题(教材 P_{78}).

例题精解

基本题型 Ⅰ 有关矩阵秩的概念和结论

例 1　设 $\boldsymbol{A}$ 为 $m \times n$ 矩阵,且 $R(\boldsymbol{A}) = r < \min(m,n)$,则下列选项中不正确的是(　　).

(A)$\boldsymbol{A}$ 中 r 阶子式不全为零

(B)$\boldsymbol{A}$ 中每个阶数大于 r 的子式全为零

(C)$\boldsymbol{A}$ 经过初等行变换可化为$\begin{pmatrix} \boldsymbol{E}_r & \boldsymbol{O} \\ \boldsymbol{O} & \boldsymbol{O} \end{pmatrix}$

(D)$\boldsymbol{A}$ 为降秩矩阵

【解析】　由矩阵秩的定义知(A)、(B) 正确. 又 $R(\boldsymbol{A}) = r < \min(m,n)$,知 $\boldsymbol{A}$ 为降秩矩阵,

则(D) 正确. $\boldsymbol{A}$ 经过初等变换可化为标准形 $\boldsymbol{D}=\begin{pmatrix}\boldsymbol{E}_r & \boldsymbol{O}\\ \boldsymbol{O} & \boldsymbol{O}\end{pmatrix}$,但只作初等行变换化不出标准形,则(C) 不正确. 故应选(C).

例2　设 $\boldsymbol{A}$ 为 $m\times n$ 矩阵,$R(\boldsymbol{A})=m<n$,$\boldsymbol{B}$ 为 n 阶方阵,则(　　).

(A)$\boldsymbol{A}$ 的任意一个 m 阶子式均不为零

(B) 当 $R(\boldsymbol{B})=n$ 时,$R(\boldsymbol{AB})=m$

(C)$R(\boldsymbol{A}^{\mathrm{T}})=n$

(D) 当 $\boldsymbol{AB}=\boldsymbol{O}$ 时 ,$\boldsymbol{B}=\boldsymbol{O}$

【解析】　由矩阵秩的定义知(A) 不正确.

若 $R(\boldsymbol{B})=n$, 则 $\boldsymbol{B}$ 是可逆矩阵,$\boldsymbol{B}$ 可表示若干个初等矩阵之积,所以,$\boldsymbol{AB}$ 是指对矩阵 $\boldsymbol{A}$ 施以若干次初等列变换,故 $R(\boldsymbol{AB})=R(\boldsymbol{A})=m$,所以(B) 正确.

因为 $R(\boldsymbol{A}^{\mathrm{T}})=R(\boldsymbol{A})=m$,所以(C) 不正确.

选项(D) 显然不正确,例如 $\boldsymbol{A}=\begin{pmatrix}1&0&0\\0&1&0\end{pmatrix}$,$\boldsymbol{B}=\begin{pmatrix}0&0&0\\0&0&0\\1&1&1\end{pmatrix}$,满足 $\boldsymbol{AB}=\boldsymbol{O}$,但 $\boldsymbol{B}\neq\boldsymbol{O}$.

故应选(B).

【方法点击】　矩阵的秩有如下性质:若 $\boldsymbol{A}=(a_{ij})_{m\times n}$,$\boldsymbol{B}=(b_{ij})_{n\times n}$,且 $R(\boldsymbol{B})=n$,则 $R(\boldsymbol{AB})=R(\boldsymbol{A})$.

基本题型 Ⅱ:求矩阵的秩

例3　求下列矩阵的秩:

(1)$\boldsymbol{A}=\begin{pmatrix}x&1&1\\1&x&1\\1&1&x\end{pmatrix}$;

(2)$\boldsymbol{A}=\begin{pmatrix}1&1&1&1&1\\a_1&a_2&a_3&a_4&a_5\\a_1^2&a_2^2&a_3^2&a_4^2&a_5^2\\a_1^3&a_2^3&a_3^3&a_4^3&a_5^3\\(a_1+1)^2&(a_2+1)^2&(a_3+1)^2&(a_4+1)^2&(a_5+1)^2\end{pmatrix}$,

其中 $a_i\neq a_j,i\neq j$.

【解析】　(1) **方法一:利用初等变换求秩.**

$$\boldsymbol{A}=\begin{pmatrix}x&1&1\\1&x&1\\1&1&x\end{pmatrix}\xrightarrow{r_1\leftrightarrow r_3}\begin{pmatrix}1&1&x\\1&x&1\\x&1&1\end{pmatrix}\xrightarrow[r_3-xr_1]{r_2-r_1}\begin{pmatrix}1&1&x\\0&x-1&1-x\\0&1-x&1-x^2\end{pmatrix}$$

$$\xrightarrow{r_3+r_2}\begin{pmatrix}1&1&x\\0&x-1&1-x\\0&0&2-x-x^2\end{pmatrix}=\boldsymbol{B},$$

由初等变换不改变矩阵的秩,得 $R(\boldsymbol{A})=R(\boldsymbol{B})$.

当 $2-x-x^2\neq 0$,即 $x\neq 1$ 且 $x\neq -2$ 时,$R(\boldsymbol{B})=3$,所以 $R(\boldsymbol{A})=3$;

当 $x=1$ 时,$R(\boldsymbol{B})=1$,即 $R(\boldsymbol{A})=1$;

当 $x=-2$ 时,$R(\boldsymbol{B})=2$,即 $R(\boldsymbol{A})=2$.

方法二:由矩阵秩的定义出发讨论.

由于 $|\boldsymbol{A}|=\begin{vmatrix}x&1&1\\1&x&1\\1&1&x\end{vmatrix}=(x+2)(x-1)^2$,故

当 $x\neq 1$ 且 $x\neq -2$ 时,$|\boldsymbol{A}|\neq 0$,则 $R(\boldsymbol{A})=3$;

当 $x=1$ 时,$|\boldsymbol{A}|=0$,此时 $\boldsymbol{A}=\begin{pmatrix}1&1&1\\1&1&1\\1&1&1\end{pmatrix}$,由秩的定义知 $R(\boldsymbol{A})=1$;

当 $x=-2$ 时,$|\boldsymbol{A}|=0$,且 $\boldsymbol{A}=\begin{pmatrix}-2&1&1\\1&-2&1\\1&1&-2\end{pmatrix}$,此时有二阶子式 $\begin{vmatrix}-2&1\\1&-2\end{vmatrix}\neq 0$,所以 $R(\boldsymbol{A})=2$.

(2) 利用矩阵秩的定义求秩.

将 $|\boldsymbol{A}|$ 中的第一行乘以(-1) 加到第五行,第二行乘以(-2) 加到第五行,第三行乘以(-1) 加到第五行,得

$$|\boldsymbol{A}|=\begin{vmatrix}1&1&1&1&1\\a_1&a_2&a_3&a_4&a_5\\a_1^2&a_2^2&a_3^2&a_4^2&a_5^2\\a_1^3&a_2^3&a_3^3&a_4^3&a_5^3\\0&0&0&0&0\end{vmatrix}=0,$$

而 $\boldsymbol{A}$ 中有一个 4 阶子式为范德蒙德行列式

$$D_4=\begin{vmatrix}1&1&1&1\\a_1&a_2&a_3&a_4\\a_1^2&a_2^2&a_3^2&a_4^2\\a_1^3&a_2^3&a_3^3&a_4^3\end{vmatrix}=\prod_{1\leqslant i<j\leqslant 4}(a_j-a_i),$$

因为 $a_i\neq a_j(i\neq j$ 时$)$,所以 $D_4\neq 0$,由矩阵秩的定义知 $R(\boldsymbol{A})=4$.

【方法点击】　矩阵的秩的求法:

(1) 利用定义:若矩阵 $\boldsymbol{A}$ 中存在不为零的 r 阶子式,而所有的 $r+1$ 阶子式(若存在)全为零,则 $R(\boldsymbol{A})=r$.

(2) 利用初等变换求秩:对矩阵 $\boldsymbol{A}$ 进行初等变换化为阶梯形矩阵,则阶梯形矩阵的非零行的行数即为矩阵 $\boldsymbol{A}$ 的秩.

对于具体矩阵求秩,常用上述两种方法.

例 4　已知 $\boldsymbol{A}=\begin{pmatrix}1&2&-2\\2&-1&t\\3&1&-1\end{pmatrix}$,$\boldsymbol{B}$ 是 3 阶非零矩阵,且 $\boldsymbol{AB}=\boldsymbol{O}$,则 $t=$______,

$R(\boldsymbol{B}) =$ ________.

【解析】 由 $\boldsymbol{AB}=\boldsymbol{O},\boldsymbol{B}\neq\boldsymbol{O}$ 知，矩阵 $\boldsymbol{A}$ 不可逆（否则，若 $\boldsymbol{A}$ 可逆，则等式 $\boldsymbol{AB}=\boldsymbol{O}$ 两端左乘 $\boldsymbol{A}^{-1}$ 得 $\boldsymbol{B}=\boldsymbol{O}$，矛盾），从而 $|\boldsymbol{A}|=0$，而 $|\boldsymbol{A}|=5(t-1)$，所以 $t=1$.

当 $t=1$ 时，$R(\boldsymbol{A})=2$，由 $\boldsymbol{AB}=\boldsymbol{O}$ 得 $R(\boldsymbol{A})+R(\boldsymbol{B})\leqslant 3$，所以 $R(\boldsymbol{B})\leqslant 1$，又因为 $\boldsymbol{B}\neq\boldsymbol{O}$，即 $R(\boldsymbol{B})\geqslant 1$，因此，$R(\boldsymbol{B})=1$. 故应填 1,1.

【方法点击】 对于抽象矩阵求秩，常常利用矩阵秩的有关结论，常用的结论有

(1) 当 $\boldsymbol{P},\boldsymbol{Q}$ 均为可逆矩阵时，$R(\boldsymbol{PAQ})=R(\boldsymbol{PA})=R(\boldsymbol{AQ})=R(\boldsymbol{A})$；

(2) $\boldsymbol{A}=\boldsymbol{O}\Leftrightarrow R(\boldsymbol{A})=0$；当 $\boldsymbol{A}_{m\times n}\neq\boldsymbol{O}$ 时，$1\leqslant R(\boldsymbol{A})\leqslant\min(m,n)$；

(3) $R(\boldsymbol{A}\pm\boldsymbol{B})\leqslant R(\boldsymbol{A})+R(\boldsymbol{B})$；

(4) $R(\boldsymbol{A})+R(\boldsymbol{B})-n\leqslant R(\boldsymbol{AB})\leqslant\min\{R(\boldsymbol{A}),R(\boldsymbol{B})\}$，其中 n 为 $\boldsymbol{B}$ 的行数，即 $\boldsymbol{A}$ 的列数.

特别地，若 $\boldsymbol{AB}=\boldsymbol{O}$，则 $R(\boldsymbol{A})+R(\boldsymbol{B})\leqslant n$.

基本题型 Ⅲ：已知矩阵的秩求矩阵中的参数

例 5 设 $n(n\geqslant 3)$ 阶矩阵 $\boldsymbol{A}=\begin{pmatrix}1&a&a&\cdots&a\\a&1&a&\cdots&a\\a&a&1&\cdots&a\\\vdots&\vdots&\vdots&&\vdots\\a&a&a&\cdots&1\end{pmatrix}$，若矩阵 $\boldsymbol{A}$ 的秩为 $n-1$，则 a 必为（　　）.（考研题）

(A) 1　　(B) $\dfrac{1}{1-n}$　　(C) -1　　(D) $\dfrac{1}{n-1}$

【解析】 $|\boldsymbol{A}|=[(n-1)a+1]\begin{vmatrix}1&1&1&\cdots&1\\a&1&a&\cdots&a\\a&a&1&\cdots&a\\\vdots&\vdots&\vdots&&\vdots\\a&a&a&\cdots&1\end{vmatrix}$

$$=[(n-1)a+1]\begin{vmatrix}1&1&1&\cdots&1\\&1-a&&&\\&&1-a&&\\&&&\ddots&\\&&&&1-a\end{vmatrix}=[(n-1)a+1](1-a)^{n-1}.$$

由 $R(\boldsymbol{A})=n-1$ 知 $|\boldsymbol{A}|=0$，故 $a=\dfrac{1}{1-n}$ 或 1.

显然，当 $a=1$ 时，$\boldsymbol{A}=\begin{pmatrix}1&1&1&\cdots&1\\1&1&1&\cdots&1\\\vdots&\vdots&\vdots&&\vdots\\1&1&1&\cdots&1\end{pmatrix}$，此时 $R(\boldsymbol{A})=1\neq n-1$，矛盾. 故应选(B).

【方法点击】 从 $R(\boldsymbol{A})<n\Rightarrow|\boldsymbol{A}|=0$ 解出 a，然后对 a 的各种不同取值进行讨论.

例 6　若 $\boldsymbol{A}=\begin{pmatrix} a & b & b \\ b & a & b \\ b & b & a \end{pmatrix}$，$\boldsymbol{A}$ 的伴随矩阵的秩为 1，则必有(　　)．(考研题)

(A)$a=b$ 或 $a+2b=0$　　(B)$a=b$ 或 $a+2b\neq 0$

(C)$a\neq b$ 且 $a+2b=0$　　(D)$a\neq b$ 且 $a+2b\neq 0$

【解析】　因为 $\boldsymbol{A}$ 的伴随矩阵的秩为 1，所以 $R(\boldsymbol{A})=2$，从而 $|\boldsymbol{A}|=0$，又因为

$$|\boldsymbol{A}|=\begin{vmatrix} a & b & b \\ b & a & b \\ b & b & a \end{vmatrix}=(a+2b)(a-b)^2,$$

所以 $a=b$ 或 $a+2b=0$. 若 $a=b$，则 $\boldsymbol{A}=\begin{pmatrix} a & a & a \\ a & a & a \\ a & a & a \end{pmatrix}$，于是 $R(\boldsymbol{A})\leqslant 1$，矛盾，所以 $a\neq b$ 且 $a+2b=0$. 故应选(C).

【方法点击】　设 $\boldsymbol{A}$ 为 n 阶方阵，则 $R(\boldsymbol{A}^*)=\begin{cases} n \Leftrightarrow R(\boldsymbol{A})=n, \\ 1 \Leftrightarrow R(\boldsymbol{A})=n-1, \\ 0 \Leftrightarrow R(\boldsymbol{A})<n^{-1}, \end{cases}$ 其中 $\boldsymbol{A}^*$ 为 $\boldsymbol{A}$ 的伴随矩阵.

第三章

基本题型Ⅳ：有关矩阵的秩的结论的证明

矩阵的秩的性质要求读者能够熟练掌握并灵活应用，以下我们补充几个教材中没有的重要结论的证明，读者需要理解证明过程、灵活运用结论.

例 7　证明：若 $\boldsymbol{A}$ 是 n 阶方阵 $(n\geqslant 2)$，则 $R(\boldsymbol{A}^*)=\begin{cases} n, & R(\boldsymbol{A})=n, \\ 1, & R(\boldsymbol{A})=n-1, \\ 0, & R(\boldsymbol{A})<n-1. \end{cases}$

【证明】　由于 $\boldsymbol{AA}^*=|\boldsymbol{A}|\boldsymbol{E}_n$，则

当 $R(\boldsymbol{A})=n$ 时，$|\boldsymbol{A}|\neq 0$，于是 $|\boldsymbol{AA}^*|=||\boldsymbol{A}|\boldsymbol{E}_n|=|\boldsymbol{A}|^n\neq 0$，从而 $|\boldsymbol{A}^*|\neq 0$，所以 $R(\boldsymbol{A}^*)=n$；

当 $R(\boldsymbol{A})=n-1$ 时，$|\boldsymbol{A}|=0$，从而有 $\boldsymbol{AA}^*=\boldsymbol{O}$，则 $R(\boldsymbol{A})+R(\boldsymbol{A}^*)\leqslant n$，即 $R(\boldsymbol{A})^*\leqslant 1$，又由 $R(\boldsymbol{A})=n-1$ 知 $\boldsymbol{A}$ 的某个 $n-1$ 阶子式不为零，此 $n-1$ 阶子式乘以 1 或 (-1) 恰为 $\boldsymbol{A}^*$ 的某个元素，所以 $\boldsymbol{A}^*\neq\boldsymbol{O}$，即 $R(\boldsymbol{A}^*)\geqslant 1$，因此，有 $R(\boldsymbol{A}^*)=1$；

当 $R(\boldsymbol{A})<n-1$ 时，$\boldsymbol{A}$ 的所有 $n-1$ 阶子式全为零，即 $\boldsymbol{A}$ 的每一元素的余子式都为零，从而 $\boldsymbol{A}$ 的每一个元素的代数余子式都为零，则 $\boldsymbol{A}^*=\boldsymbol{O}$，所以 $R(\boldsymbol{A}^*)=0$.

例 8　设 $\boldsymbol{A}$ 为 $m\times n$ 矩阵，$\boldsymbol{B}$ 为 $k\times a$ 矩阵，证明：

$$R\begin{pmatrix} \boldsymbol{A} & \boldsymbol{O} \\ \boldsymbol{O} & \boldsymbol{B} \end{pmatrix}=R(\boldsymbol{A})+R(\boldsymbol{B}).$$

【证明】　在矩阵 $\begin{pmatrix} \boldsymbol{A} & \boldsymbol{O} \\ \boldsymbol{O} & \boldsymbol{B} \end{pmatrix}$ 中用初等变换分别把 $\boldsymbol{A}$，$\boldsymbol{B}$ 化为标准形，在对 $\boldsymbol{A}$ 作变换时，对 $\boldsymbol{B}$ 没有影响，在对 $\boldsymbol{B}$ 作变换时，对 $\boldsymbol{A}$ 没有影响. $\boldsymbol{A}$ 的标准形含有 $R(\boldsymbol{A})$ 个 1，$\boldsymbol{B}$ 的标准形含有 $R(\boldsymbol{B})$ 个 1. 再

调换一下位置即可得$\begin{pmatrix} A & O \\ O & B \end{pmatrix}$的标准形，则$\begin{pmatrix} A & O \\ O & B \end{pmatrix}$的秩即为其标准形中1的个数，等于$R(A)+R(B)$，所以有

$$R\begin{pmatrix} A & O \\ O & B \end{pmatrix} = R(A)+R(B).$$

【方法点击】 矩阵标准形中1的个数等于矩阵的秩.

例9 设A为n阶矩阵，且$A^2-A=2E$，E为n阶单位矩阵，证明：

$$R(2E-A)+R(E+A)=n.$$

【证明】 因为$(2E-A)(E+A)=2E+A-A^2=O$，则

$$R(2E-A)+R(E+A)\leqslant n.$$

又因$(2E-A)+(E+A)=3E$，则

$$R(2E-A)+R(E+A)\geqslant R(3E)=n.$$

所以$R(2E-A)+R(E+A)=n$.

【方法点击】 要证等式成立，有时可先证"$\leqslant$""$\geqslant$"同时成立. 常用秩的不等式结论：

(1)$R(A\pm B)\leqslant R(A)+R(B)$；

(2) 若$AB=O$，则$R(A)+R(B)\leqslant n$，其中n为B的行数.

第三节 线性方程组的解

知识全解

【知识结构】

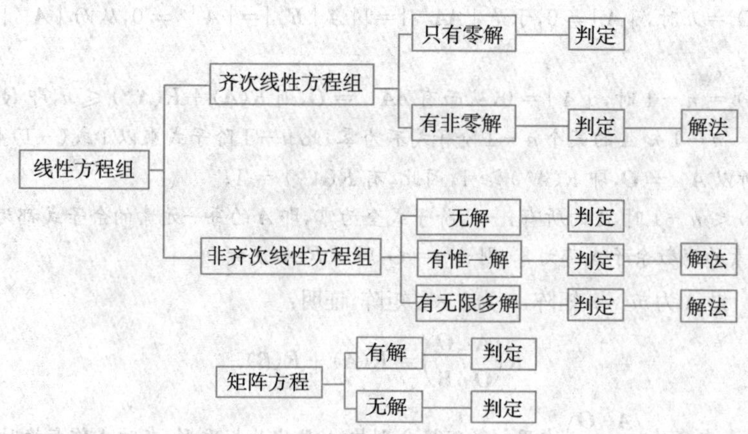

【考点精析】

1. n 元线性方程组 $Ax = b$ 解的判定.

解的情况	充要条件	备注
无解	$R(A) < R(A,b)$	$Ax = b$ 无解 $\Leftrightarrow R(A)+1 = R(A,b)$
有惟一解	$R(A) = R(A,b) = n$	$Ax = b$ 有解 $\Leftrightarrow R(A) = R(A,b)$
有无限多解	$R(A) = R(A,b) < n$	

2. n 元齐次线性方程组 $Ax = 0$ 解的判定.

解的情况	充要条件	备注
只有零解	$R(A) = n$	因为 $R(A) = R(A,0)$，所以 $Ax = 0$ 一定有解.
有非零解	$R(A) < n$	

3. n 元线性方程组 $Ax = b$ 的解法.

解法步骤	具体形式	备注
(1) 将增广矩阵 (A,b) 化为行阶梯形，从 (A,b) 的行阶梯形可同时看出 $R(A)$ 和 $R(A,b)$. 若 $R(A)<R(A,b)$，则方程组无解	$\begin{pmatrix} a_{11} & a_{12} & \cdots & a_{1n} & b_1 \\ a_{21} & a_{22} & \cdots & b_{2n} & b_n \\ \vdots & \vdots & & \vdots & \vdots \\ a_{n1} & a_{n2} & \cdots & a_{nn} & b_n \end{pmatrix} \longrightarrow$ $\begin{pmatrix} c_{11} & c_{12} & \cdots & c_{1r} & \cdots & c_{1n} & q_1 \\ 0 & c_{22} & \cdots & c_{2r} & \cdots & c_{2n} & q_2 \\ \vdots & \vdots & & \vdots & & \vdots & \vdots \\ 0 & 0 & \cdots & c_{rr} & \cdots & c_{rn} & q_r \\ 0 & 0 & \cdots & 0 & \cdots & 0 & q_{r+1} \\ \vdots & \vdots & & \vdots & & \vdots & \vdots \\ 0 & 0 & \cdots & 0 & \cdots & 0 & 0 \end{pmatrix}$ 若 $q_{r+1} \neq 0$，则方程组无解；若 $q_{r+1} = 0$，则继续	$r = R(A)$
(2) 若 $R(A) = R(A,b)$，则进一步把 (A,b) 化成行最简形，而对于齐次线性方程组，则把系数矩阵 A 化成行最简形	设 $B = (A,b)$ 的行最简形为 $\begin{pmatrix} 1 & 0 & \cdots & 0 & b_{11} & \cdots & b_{1,n-r} & d_1 \\ 0 & 1 & \cdots & 0 & b_{21} & \cdots & b_{2,n-r} & d_2 \\ \vdots & \vdots & & \vdots & \vdots & & \vdots & \vdots \\ 0 & 0 & \cdots & 1 & b_{r1} & \cdots & b_{r,n-r} & d_r \\ \vdots & \vdots & & \vdots & \vdots & & \vdots & \vdots \\ 0 & 0 & \cdots & 0 & 0 & \cdots & 0 & 0 \end{pmatrix}$	

续表

解法步骤	具体形式	备注
(3) 设 $R(\boldsymbol{A})=R(\boldsymbol{A},\boldsymbol{b})=r$，把行最简形中 r 个非零行的非零首元所对应的未知数取作非自由未知数，其余 $n-r$ 个未知数取作自由未知数，并令自由未知数分别等于 $c_1,c_2,\cdots,c_{n-r}$，即可写出含 $n-r$ 个参数的通解	令自由未知数 $x_{r+1}=c_1,\cdots,x_n=c_{n-r}$，则得 $\begin{pmatrix}x_1\\ \vdots\\ x_r\\ x_{r+1}\\ \vdots\\ x_n\end{pmatrix}=\begin{pmatrix}-b_{11}c_1-\cdots-b_{1,n-r}+d_1\\ \vdots\\ -b_{r1}c_1\cdots-b_{r,n-r}c_{n-r}+d_r\\ c_1\\ \vdots\\ c_{n-r}\end{pmatrix}$ $=c_1\begin{pmatrix}-b_{11}\\ \vdots\\ -b_{r1}\\ 1\\ \vdots\\ 0\end{pmatrix}+\cdots+c_{n-r}\begin{pmatrix}-b_{1,n-r}\\ \vdots\\ -b_{r,n-r}\\ 0\\ \vdots\\ 1\end{pmatrix}+\begin{pmatrix}d_1\\ \vdots\\ d_r\\ 0\\ \vdots\\ 0\end{pmatrix}$	$\begin{pmatrix}-b_{11}\\ \vdots\\ -b_{r1}\\ 1\\ \vdots\\ 0\end{pmatrix},\cdots,\begin{pmatrix}-b_{1,n-r}\\ \vdots\\ -b_{r,n-r}\\ 0\\ \vdots\\ 1\end{pmatrix}$ 是 $\boldsymbol{Ax}=\boldsymbol{0}$ 的基础解系（第四章第四节）

4. 矩阵方程 $\boldsymbol{AX}=\boldsymbol{B}$ 解的判定.

解的情况	充要条件
有解	(1)$R(\boldsymbol{A})=R(\boldsymbol{A},\boldsymbol{B})$； (2)$\boldsymbol{Ax}_i=\boldsymbol{b}_i$ 有解($i=1,2,\cdots,n$)，其中 $\boldsymbol{b}_i$ 是 $\boldsymbol{B}$ 的列向量
无解	$R(\boldsymbol{A})<R(\boldsymbol{A},\boldsymbol{B})$

5. 对应习题.

习题三第 13 ～ 22 题(教材 $\mathrm{P}_{78\sim80}$).

例题精解

基本题型 Ⅰ：有关线性方程组解的判定

例 1　设 $\boldsymbol{A}$ 为 $m\times n$ 矩阵，$\boldsymbol{Ax}=\boldsymbol{0}$ 是非齐次线性方程组 $\boldsymbol{Ax}=\boldsymbol{b}$ 所对应的齐次线性方程组，则下列结论正确的是(　　).

(A) 若 $\boldsymbol{Ax}=\boldsymbol{0}$ 仅有零解，则 $\boldsymbol{Ax}=\boldsymbol{b}$ 有惟一解

(B) 若 $\boldsymbol{Ax}=\boldsymbol{0}$ 有非零解，则 $\boldsymbol{Ax}=\boldsymbol{b}$ 有无限多个解

(C) 若 $\boldsymbol{Ax}=\boldsymbol{b}$ 有无限多个解，则 $\boldsymbol{Ax}=\boldsymbol{0}$ 仅有零解

(D) 若 $\boldsymbol{Ax}=\boldsymbol{b}$ 有无限多个解，则 $\boldsymbol{Ax}=\boldsymbol{0}$ 有非零解

【解析】　首先看(A). 若 $\boldsymbol{Ax}=\boldsymbol{0}$ 仅有零解，则 $\boldsymbol{A}$ 列满秩，但不能保证 $R(\boldsymbol{A})=R(\boldsymbol{A},\boldsymbol{b})$，所以(A) 排除. 同理(B) 也不对.

若 $\boldsymbol{Ax}=\boldsymbol{b}$ 有无穷多个解，则 $R(\boldsymbol{A})=R(\boldsymbol{A},\boldsymbol{b})<n$，则 $R(\boldsymbol{A})<n$，所以 $\boldsymbol{Ax}=\boldsymbol{0}$ 有非零解，所以(D)正确，(C) 也不对. 故应选(D).

【方法点击】 掌握 $\boldsymbol{Ax}=\boldsymbol{b}$，$\boldsymbol{Ax}=\boldsymbol{0}$ 解的判定结论，同时，注意 $\boldsymbol{Ax}=\boldsymbol{0}$ 与 $\boldsymbol{Ax}=\boldsymbol{b}$ 解之间的关系：

(1) 若 $\boldsymbol{Ax}=\boldsymbol{b}$ 有惟一解，则 $\boldsymbol{Ax}=\boldsymbol{0}$ 只有零解；若 $\boldsymbol{Ax}=\boldsymbol{b}$ 有无限多解，则 $\boldsymbol{Ax}=\boldsymbol{0}$ 有非零解.

(2) 若 $\boldsymbol{Ax}=\boldsymbol{0}$ 有非零解，不能保证 $\boldsymbol{Ax}=\boldsymbol{b}$ 有无限多解；若 $\boldsymbol{Ax}=\boldsymbol{0}$ 只有零解，同样不能保证 $\boldsymbol{Ax}=\boldsymbol{b}$ 有惟一解，因为 $R(\boldsymbol{A})<n$(或 $=n$)，不一定能得出 $R(\boldsymbol{A})=R(\boldsymbol{A},\boldsymbol{b})$.

例 2 设 $\boldsymbol{A}$ 为 n 阶方阵，$\boldsymbol{\alpha}$ 是 n 维列向量，若 $R\begin{pmatrix}\boldsymbol{A} & \boldsymbol{\alpha}\\ \boldsymbol{\alpha}^{\mathrm{T}} & \boldsymbol{O}\end{pmatrix}=\mathrm{R}(\boldsymbol{A})$，则线性方程组(　　). (考研题)

(A) $\boldsymbol{Ax}=\boldsymbol{\alpha}$ 有无限多解　　(B) $\boldsymbol{Ax}=\boldsymbol{\alpha}$ 有惟一解

(C) $\begin{pmatrix}\boldsymbol{A} & \boldsymbol{\alpha}\\ \boldsymbol{\alpha}^{\mathrm{T}} & \boldsymbol{O}\end{pmatrix}\begin{pmatrix}\boldsymbol{x}\\ \boldsymbol{y}\end{pmatrix}=\boldsymbol{0}$ 有零解　　(D) $\begin{pmatrix}\boldsymbol{A} & \boldsymbol{\alpha}\\ \boldsymbol{\alpha}^{\mathrm{T}} & \boldsymbol{O}\end{pmatrix}\begin{pmatrix}\boldsymbol{x}\\ \boldsymbol{y}\end{pmatrix}=\boldsymbol{0}$ 有非零解

【解析】 由条件无法判定 $R(\boldsymbol{A})$ 与 $R(\boldsymbol{A},\boldsymbol{\alpha})$ 是否相等，所以排除(A)、(B) 选项. 由于 $\begin{pmatrix}\boldsymbol{A} & \boldsymbol{\alpha}\\ \boldsymbol{\alpha}^{\mathrm{T}} & \boldsymbol{O}\end{pmatrix}$ 是 $(n+1)$ 阶方阵，$\begin{pmatrix}\boldsymbol{A} & \boldsymbol{\alpha}\\ \boldsymbol{\alpha}^{\mathrm{T}} & \boldsymbol{O}\end{pmatrix}\begin{pmatrix}\boldsymbol{x}\\ \boldsymbol{y}\end{pmatrix}=\boldsymbol{O}$ 的未知数的个数为 $n+1$，由于 $R\begin{pmatrix}\boldsymbol{A} & \boldsymbol{\alpha}\\ \boldsymbol{\alpha}^{\mathrm{T}} & \boldsymbol{O}\end{pmatrix}=R(\boldsymbol{A})\leqslant n<n+1$，所以 $\begin{pmatrix}\boldsymbol{A} & \boldsymbol{\alpha}\\ \boldsymbol{\alpha}^{\mathrm{T}} & \boldsymbol{O}\end{pmatrix}\begin{pmatrix}\boldsymbol{x}\\ \boldsymbol{y}\end{pmatrix}=\boldsymbol{0}$ 有非零解，故应选(D).

基本题型 Ⅱ：解线性方程组

例 3 设齐次线性方程组 $\boldsymbol{Ax}=\boldsymbol{0}$ 有非零解，$\boldsymbol{A}=\begin{pmatrix}1 & 2 & 3\\ 2 & t & 1\\ -1 & 3 & 2\\ -2 & 1 & -1\end{pmatrix}$，求参数 t 及通解.

【解析】 根据解的判定法则，有 $R(\boldsymbol{A})<3$.

$$\boldsymbol{A}\xrightarrow[r_4+2r_1]{\substack{r_2-2r_1\\ r_3+r_1}}\begin{pmatrix}1 & 2 & 3\\ 0 & t-4 & -5\\ 0 & 5 & 5\\ 0 & 5 & 5\end{pmatrix}\xrightarrow[r_2\leftrightarrow r_3]{\substack{r_4-r_3\\ \frac{1}{5}r_3}}\begin{pmatrix}1 & 2 & 3\\ 0 & 1 & 1\\ 0 & t-4 & -5\\ 0 & 0 & 0\end{pmatrix}\xrightarrow{r_3-(t-4)r_2}\begin{pmatrix}1 & 2 & 3\\ 0 & 1 & 1\\ 0 & 0 & -t-1\\ 0 & 0 & 0\end{pmatrix},$$

当 $-t-1=0$，即 $t=-1$ 时，$R(\boldsymbol{A})=2<3$，$\boldsymbol{Ax}=\boldsymbol{0}$ 有非零解. 进一步对 $\boldsymbol{A}$ 进行初等行变换，化为行最简形，得 $\boldsymbol{A}\rightarrow\begin{pmatrix}1 & 0 & 1\\ 0 & 1 & 1\\ 0 & 0 & 0\\ 0 & 0 & 0\end{pmatrix}$，则与 $\boldsymbol{Ax}=\boldsymbol{0}$ 同解的方程组为 $\begin{cases}x_1+x_3=0,\\ x_2+x_3=0,\end{cases}$ 即 $\begin{cases}x_1=-x_3,\\ x_2=-x_3.\end{cases}$ 令 $x_3=k$，则原方程组的解为 $\boldsymbol{x}=k\begin{pmatrix}-1\\ -1\\ 1\end{pmatrix}$，$k$ 为任意常数.

【方法点击】 求解齐次方程组 $\boldsymbol{Ax}=\boldsymbol{0}$，只对系数矩阵 $\boldsymbol{A}$ 进行初等行变换即可.

例 4 λ 为何值时，线性方程组 $\begin{cases} x_1+\lambda x_2+x_3=1, \\ \lambda x_1+x_2+x_3=\lambda, \\ x_1+x_2+\lambda x_3=\lambda^2, \end{cases}$

(1) 无解； (2) 有惟一解； (3) 有无限多解； (4) 当有解时，求其解.

【解析】 对增广矩阵进行初等行变换化简：

$$\overline{\boldsymbol{A}}=\begin{pmatrix} 1 & \lambda & 1 & 1 \\ \lambda & 1 & 1 & \lambda \\ 1 & 1 & \lambda & \lambda^2 \end{pmatrix} \xrightarrow[r_3-r_1]{r_2-\lambda r_1} \begin{pmatrix} 1 & \lambda & 1 & 1 \\ 0 & 1-\lambda^2 & 1-\lambda & 0 \\ 0 & 1-\lambda & \lambda-1 & \lambda^2-1 \end{pmatrix}$$

$$\xrightarrow[r_3-(1+\lambda)r_2]{r_2\leftrightarrow r_3} \begin{pmatrix} 1 & \lambda & 1 & 1 \\ 0 & 1-\lambda & \lambda-1 & \lambda^2-1 \\ 0 & 0 & (1-\lambda)(2+\lambda) & (1+\lambda)(1-\lambda^2) \end{pmatrix}.$$

当 $\lambda=-2$ 时，$R(\boldsymbol{A})=2$，$R(\overline{\boldsymbol{A}})=3$，方程组无解；

当 $\lambda\neq-2$ 且 $\lambda\neq1$ 时，$R(\boldsymbol{A})=R(\overline{\boldsymbol{A}})=3$，方程组有惟一解. 此时对 $\overline{\boldsymbol{A}}$ 进行初等行变换得

$$\overline{\boldsymbol{A}}\longrightarrow\begin{pmatrix} 1 & \lambda & 1 & 1 \\ 0 & 1 & -1 & -\lambda-1 \\ 0 & 0 & 1 & \dfrac{(1+\lambda)^2}{2+\lambda} \end{pmatrix}\longrightarrow\begin{pmatrix} 1 & 0 & 0 & \dfrac{1}{\lambda+2} \\ 0 & 1 & 0 & \dfrac{\lambda+1}{\lambda+2} \\ 0 & 0 & 1 & \dfrac{(1+\lambda)^2}{2+\lambda} \end{pmatrix},$$

则方程组的惟一解为 $x_1=\dfrac{1}{\lambda+2}$，$x_2=\dfrac{\lambda+1}{\lambda+2}$，$x_3=\dfrac{(1+\lambda)^2}{2+\lambda}$；

当 $\lambda=1$ 时，$R(\boldsymbol{A})=R(\overline{\boldsymbol{A}})=1<3$，方程组有无限多解. 此时方程组的同解方程组为 $x_1=1-x_2-x_3$. 令 $x_2=k_1$，$x_3=k_2$，则方程组的解为

$$\boldsymbol{x}=\begin{pmatrix} 1 \\ 0 \\ 0 \end{pmatrix}+k_1\begin{pmatrix} -1 \\ 1 \\ 0 \end{pmatrix}+k_2\begin{pmatrix} -1 \\ 0 \\ 1 \end{pmatrix}, k_1, k_2 \text{ 为任意常数.}$$

【方法点击】 解非齐次线性方程组 $\boldsymbol{Ax}=\boldsymbol{b}$，要对增广矩阵 $(\boldsymbol{A},\boldsymbol{b})$ 进行初等行变换；此题因系数矩阵 $\boldsymbol{A}$ 是方阵，也可先用克拉默法则讨论求惟一解. 对于含参变量的方程组，要注意讨论各种情况.

例 5 设 $\boldsymbol{A}=\begin{vmatrix} \lambda & 1 & 1 \\ 0 & \lambda-1 & 0 \\ 1 & 1 & \lambda \end{vmatrix}$，$\boldsymbol{b}=\begin{pmatrix} a \\ 1 \\ 1 \end{pmatrix}$. 已知线性方程组 $\boldsymbol{Ax}=\boldsymbol{b}$ 存在 2 个不同的解.

(1) 求 λ，a； (2) 求方程组 $\boldsymbol{Ax}=\boldsymbol{b}$ 的通解. (考研题)

【解析】 (1) 设 $\boldsymbol{\eta}_1$，$\boldsymbol{\eta}_2$ 是 $\boldsymbol{Ax}=\boldsymbol{b}$ 的 2 个不同的解，则 $\boldsymbol{\eta}_1-\boldsymbol{\eta}_2$ 是 $\boldsymbol{Ax}=\boldsymbol{0}$ 的一个非零解，故 $|\boldsymbol{A}|=(\lambda-1)^2(\lambda+1)=0$，解得 $\lambda=1$ 或 $\lambda=-1$.

当 $\lambda=1$ 时，$R(\boldsymbol{A})=1\neq R(\overline{\boldsymbol{A}})$，所以 $\boldsymbol{Ax}=\boldsymbol{b}$ 无解，与题设矛盾，舍去.

当 $\lambda=-1$ 时,对方程组的增广矩阵施以初等行变换:

$$\overline{\boldsymbol{A}}=\begin{pmatrix}-1 & 1 & 1 & a\\ 0 & -2 & 0 & 1\\ 1 & 1 & -1 & 1\end{pmatrix}\to\begin{pmatrix}1 & 0 & -1 & \frac{3}{2}\\ 0 & 1 & 0 & -\frac{1}{2}\\ 0 & 0 & 0 & a+2\end{pmatrix}=\boldsymbol{B}.$$

因为 $\boldsymbol{Ax}=\boldsymbol{b}$ 有解,所以 $a=-2$.

(2) 由(1)知,当 $\lambda=-1,a=-2$ 时,$\boldsymbol{B}=\begin{pmatrix}1 & 0 & -1 & \frac{3}{2}\\ 0 & 1 & 0 & -\frac{1}{2}\\ 0 & 0 & 0 & 0\end{pmatrix}$. 解得 $\boldsymbol{Ax}=\boldsymbol{b}$ 的通解为

$$\left(\frac{3}{2},-\frac{1}{2},0\right)^{\mathrm{T}}+k(1,0,1)^{\mathrm{T}},\text{其中 } k \text{ 为任意常数}.$$

基本题型 Ⅲ:有关线性方程组的证明

例 6　证明:实系数齐次线性方程组 $\boldsymbol{Ax}=\boldsymbol{0}$ 与 $\boldsymbol{A}^{\mathrm{T}}\boldsymbol{Ax}=\boldsymbol{0}$ 同解.

【证明】 $\boldsymbol{Ax}=\boldsymbol{0}$ 的解显然是 $\boldsymbol{A}^{\mathrm{T}}\boldsymbol{Ax}=\boldsymbol{0}$ 的解.

设 $\boldsymbol{x}_0$ 是 $\boldsymbol{A}^{\mathrm{T}}\boldsymbol{Ax}=\boldsymbol{0}$ 的解,即 $\boldsymbol{A}^{\mathrm{T}}\boldsymbol{Ax}_0=\boldsymbol{0}$,则 $\boldsymbol{x}_0^{\mathrm{T}}\boldsymbol{A}^{\mathrm{T}}\boldsymbol{Ax}_0=\boldsymbol{0}$,即 $(\boldsymbol{Ax}_0)^{\mathrm{T}}\boldsymbol{Ax}_0=\boldsymbol{0}$.

设 $(\boldsymbol{Ax}_0)^{\mathrm{T}}=(b_1,b_2,\cdots,b_n)$,上式即为 $(\boldsymbol{Ax}_0)^{\mathrm{T}}\boldsymbol{Ax}_0=b_1^2+\cdots+b_n^2=0$,所以 $b_i=0(i=1,\cdots,n)$,即 $\boldsymbol{Ax}_0=\boldsymbol{0}$,则 $\boldsymbol{x}_0$ 也是 $\boldsymbol{Ax}=\boldsymbol{0}$ 的解. 故 $\boldsymbol{Ax}=\boldsymbol{0}$ 与 $\boldsymbol{A}^{\mathrm{T}}\boldsymbol{Ax}_0=\boldsymbol{0}$ 同解.

【方法点击】 此类求同解的问题,往往是先任取其中一个的解,看是否适合另一个方程组,反之亦然.

例 7　证明:如果方程组

$$\begin{cases}a_{11}x_1+a_{12}x_2+a_{12}x_3+\cdots+a_{1n}x_n=b_1,\\ a_{21}x_1+a_{22}x_2+a_{23}x_3+\cdots+a_{2n}x_n=b_2,\\ \vdots\\ a_{n1}x_1+a_{n2}x_2+a_{n3}x_3+\cdots+a_{nn}x_n=b_n.\end{cases}$$

的系数矩阵 $\boldsymbol{A}$ 与矩阵

$$\boldsymbol{C}=\begin{pmatrix}a_{11} & a_{12} & \cdots & a_{1n} & b_1\\ \vdots & \vdots & & \vdots & \vdots\\ a_{n1} & a_{n2} & \cdots & a_{nn} & b_n\\ b_1 & b_2 & \cdots & b_n & k\end{pmatrix}$$

的秩相等,则这个方程组有解,其中 k 为任意常数.

【证明】 由于方程组的增广矩阵 $\overline{\boldsymbol{A}}$ 比 $\boldsymbol{A}$ 多一列,$\overline{\boldsymbol{A}}$ 比 $\boldsymbol{C}$ 少一行,则有不等式 $R(\boldsymbol{A})\leqslant R(\overline{\boldsymbol{A}})\leqslant R(\boldsymbol{C})$. 又 $R(\boldsymbol{A})=R(\boldsymbol{C})$,所以 $R(\overline{\boldsymbol{A}})=R(\boldsymbol{A})$,因此方程组有解.

基本题型 Ⅳ:有关矩阵方程

例 8　设 $\boldsymbol{A}=\begin{pmatrix}1 & 2 & -2\\ 4 & t & 3\\ 3 & -1 & 1\end{pmatrix}$,$\boldsymbol{B}$ 为 3 阶非零矩阵,且 $\boldsymbol{AB}=\boldsymbol{O}$,则 $t=$________.

【解析】 将矩阵 $\boldsymbol{B}$ 按列分块,得 $\boldsymbol{B}=(\boldsymbol{\beta}_1,\boldsymbol{\beta}_2,\boldsymbol{\beta}_3)$,由 $\boldsymbol{AB}=\boldsymbol{O}$,得

$$\boldsymbol{A}(\boldsymbol{\beta}_1,\boldsymbol{\beta}_2,\boldsymbol{\beta}_3)=(\boldsymbol{A\beta}_1,\boldsymbol{A\beta}_2,\boldsymbol{A\beta}_3)=(\boldsymbol{0},\boldsymbol{0},\boldsymbol{0}),$$

即 $\boldsymbol{A\beta}_j=\boldsymbol{0}(j=1,2,3)$,故 $\boldsymbol{\beta}_1,\boldsymbol{\beta}_2,\boldsymbol{\beta}_3$ 都是齐次线性方程组 $\boldsymbol{Ax}=\boldsymbol{0}$ 的解.

因 $\boldsymbol{B}\neq\boldsymbol{O}$,则 $\boldsymbol{\beta}_1,\boldsymbol{\beta}_2,\boldsymbol{\beta}_3$ 中至少有一个不为零向量,所以 $\boldsymbol{Ax}=\boldsymbol{0}$ 有非零解,从而 $R(\boldsymbol{A})<3$,即 $|\boldsymbol{A}|=0$,又 $|\boldsymbol{A}|=7(t+3)$,所以 $t+3=0$,即 $t=-3$. 故应填 -3.

本章整合

一 本章知识图解

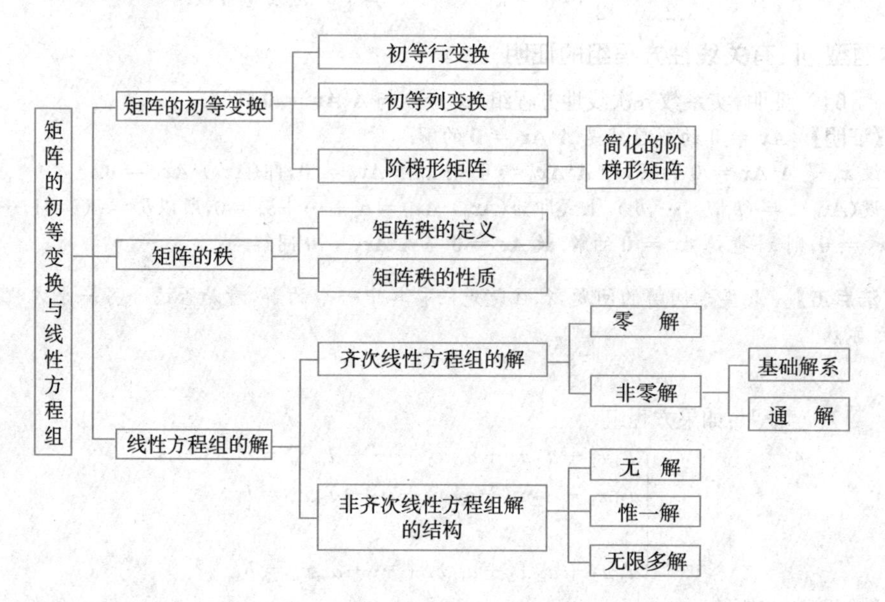

二 本章知识总结

1. 关于初等变换.

初等变换共分三种,可以说是一切矩阵化简的基础,包括求矩阵的逆及后来的线性方程组解的判定和求法,读者一定要好好掌握. 在本章的例题中也给出了许多初等变换的应用,其中的难点和重点是用初等变换的方法求矩阵的逆,包括初等行变换法、初等列变换法、行列共变法,我们习惯上用初等行变换.

2. 关于初等矩阵.

初等矩阵和初等变换是一一对应的,每一种变换相当于左(右) 乘一个初等矩阵. 本章的例题中涉及很多这样的对应关系,除三种基本初等矩阵外,我们还给出了几个特殊矩阵左(右) 乘与初等变换的关系,请读者牢记并能灵活运用. 本章还介绍了用初等变换的方法解矩阵方程.

3. 关于矩阵的秩.

矩阵的秩是一个重要的概念,要会求一个矩阵的秩.求矩阵的秩通常有以下几种方法:定义法、初等变换法、利用性质转化法、利用秩的不等式求解法及转化为向量的秩的方法,一般初等变换法用得较多.另外,本章还给出了许多关于矩阵秩的性质,请读者牢记并灵活运用,往往能事半功倍.

4. 关于线性方程组.

对于线性方程组,本章给出了解的判定的三种情况及如何用自由未知量来解一个线性方程组.在下一章我们会继续讨论线性方程组解的结构.

5. 本章考研要求.

(1) 理解矩阵初等变换的概念,了解初等矩阵的性质和矩阵等价的概念.

(2) 理解矩阵秩的概念,掌握用初等变换求矩阵的秩和逆矩阵的方法.

(3) 理解齐次线性方程组有非零解的充分必要条件及非齐次线性方程组有解的充分必要条件.

(4) 掌握用初等行变换求解线性方程组的方法.

三 本章同步自测

同步自测题

一、选择题

1. 设 $\boldsymbol{A}$ 为3阶方阵,将 $\boldsymbol{A}$ 的第2列加到第1列得矩阵 $\boldsymbol{B}$,再交换 $\boldsymbol{B}$ 的第2行与第3行得单位矩阵,记 $\boldsymbol{P}_1=\begin{pmatrix}1&0&0\\1&1&0\\0&0&1\end{pmatrix}$,$\boldsymbol{P}_2=\begin{pmatrix}1&0&0\\0&0&1\\0&1&0\end{pmatrix}$,则 $\boldsymbol{A}=($ $)$.(考研题)

(A)$\boldsymbol{P}_1\boldsymbol{P}_2$ (B)$\boldsymbol{P}_1^{-1}\boldsymbol{P}_2$ (C)$\boldsymbol{P}_2\boldsymbol{P}_1$ (D)$\boldsymbol{P}_2\boldsymbol{P}_1^{-1}$

2. 设 $\boldsymbol{A}$ 为 $m\times n$ 矩阵,$\boldsymbol{B}$ 为 $n\times m$ 矩阵,$\boldsymbol{E}$ 为 n 阶单位矩阵,若 $\boldsymbol{AB}=\boldsymbol{E}$,则( ).(考研题)

(A)$R(\boldsymbol{A})=m,R(\boldsymbol{B})=m$ (B)$R(\boldsymbol{A})=m,R(\boldsymbol{B})=n$

(C)$R(\boldsymbol{A})=n,R(\boldsymbol{B})=m$ (D)$R(\boldsymbol{A})=n,R(\boldsymbol{B})=n$

3. 设 $\boldsymbol{A}$ 是 $m\times n$ 矩阵,$R(\boldsymbol{A})=m<n$,则下列命题不正确的是( ).

(A)$\boldsymbol{A}$ 经初等行列变换必可化为$(\boldsymbol{E}_m,\boldsymbol{O})$

(B) 任给 n 维列向量 $\boldsymbol{b}$,方程组 $\boldsymbol{Ax}=\boldsymbol{b}$ 必有无限多解

(C) 若 m 阶矩阵 $\boldsymbol{B}$ 满足 $\boldsymbol{BA}=\boldsymbol{O}$,则 $\boldsymbol{B}=\boldsymbol{O}$

(D) 行列式 $|\boldsymbol{A}^{\mathrm{T}}\boldsymbol{A}|=0$

4. 设有三张不同平面的方程 $a_{i1}x+a_{i2}y+a_{i3}z=b_i,i=1,2,3$,它们所组成的线性方程组的系数矩阵与增广矩阵的秩都为2,则这三张平面可能的位置关系为( ).(考研题)

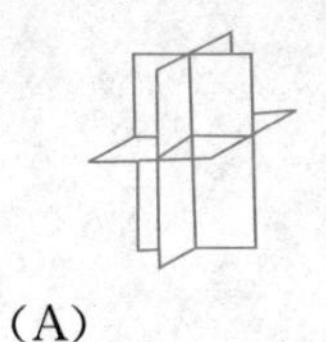

(A)

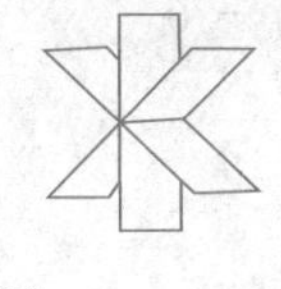

(B)

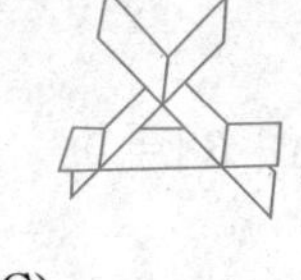

(C)

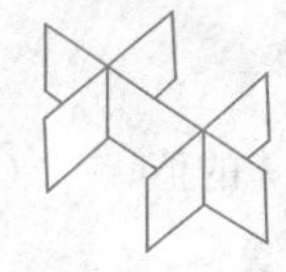

(D)

5. 设 $\boldsymbol{A}$ 是 $m\times n$ 矩阵,$\boldsymbol{B}$ 是 $n\times m$ 矩阵,则线性方程组 $\boldsymbol{ABx}=\boldsymbol{0}$,(　　).(考研题)

(A) 当 $n>m$ 时,仅有零解　　(B) 当 $n>m$ 时,必有非零解

(C) 当 $m>n$ 时,仅有零解　　(D) 当 $m>n$ 时,必有非零解

二、填空题

6. 设矩阵 $\boldsymbol{A}=\begin{pmatrix}1&2&3\\4&5&6\\7&8&9\end{pmatrix}$,$\boldsymbol{P}=\begin{pmatrix}0&1&0\\1&0&0\\0&0&1\end{pmatrix}$,$\boldsymbol{Q}=\begin{pmatrix}0&0&1\\0&1&0\\1&0&0\end{pmatrix}$,则 $\boldsymbol{P}^{2013}\boldsymbol{A}\boldsymbol{Q}^{2014}=$______.

7. 设矩阵 $\boldsymbol{A}=\begin{pmatrix}k&1&1&1\\1&k&1&1\\1&1&k&1\\1&1&1&k\end{pmatrix}$,$R(\boldsymbol{A})=3$,则 $k=$______.(考研题)

8. 若线性方程组 $\begin{cases}x_1+x_2=-a_1,\\x_2+x_3=a_2,\\x_3+x_4=-a_3,\\x_4+x_1=a_4\end{cases}$ 有解,则常数 a_1,a_2,a_3,a_4 应满足的条件为______.

9. 设 $\boldsymbol{A},\boldsymbol{B}$ 为 3 阶方阵,$\boldsymbol{A}=\begin{pmatrix}1&0&1\\2&k&0\\1&1&-1\end{pmatrix}$,$R(\boldsymbol{B})=2$,$R(\boldsymbol{AB})=1$,则$k=$______.

10. 已知线性方程组 $\begin{pmatrix}1&2&1\\2&3&a+2\\1&a&-2\end{pmatrix}\begin{pmatrix}x_1\\x_2\\x_3\end{pmatrix}=\begin{pmatrix}1\\3\\0\end{pmatrix}$ 无解,则 $a=$______.(考研题)

三、解答题

11. 设 $\boldsymbol{A}=\begin{pmatrix}1&1&1\\2&1&0\\1&-1&0\end{pmatrix}$,用初等变换法求 $\boldsymbol{A}^{-1}$.

12. 已知 $n(n>1)$ 阶方阵 $\boldsymbol{A}=\begin{pmatrix}a&b&\cdots&b&b\\b&a&\cdots&b&b\\\vdots&\vdots&&\vdots&\vdots\\b&b&\cdots&a&b\\b&b&\cdots&b&a\end{pmatrix}$,求 $\boldsymbol{A}$ 的秩.

13. 已知 3 阶矩阵 $\boldsymbol{B}\neq\boldsymbol{O}$,且 $\boldsymbol{B}$ 的每一个列向量都是方程组

$$\begin{cases}x_1+2x_2-2x_3=0,\\2x_1-x_2+\lambda x_3=0,\\3x_1+x_2-x_3=0\end{cases}$$

的解.

(1) 求 λ 的值;　　(2) 证明:$|\boldsymbol{B}|=0$.

14. 设 $\boldsymbol{A}=\begin{pmatrix}1&a&0&0\\0&1&a&0\\0&0&1&a\\a&0&0&1\end{pmatrix}$，$\boldsymbol{\beta}=\begin{pmatrix}1\\-1\\0\\0\end{pmatrix}$.

(1) 计算行列式 $|\boldsymbol{A}|$；

(2) 当 a 为何值时，方程组 $\boldsymbol{Ax}=\boldsymbol{\beta}$ 有无限多解，并求解.（考研题）

自测题答案

一、选择题

1. (D)　**2.** (A)　**3.** (A)　**4.** (B)　**5.** (D)

1. 解：根据初等变换与初等矩阵的对应关系得

$$\boldsymbol{B}=\boldsymbol{A}\begin{pmatrix}1&0&0\\1&1&0\\0&0&1\end{pmatrix},\boldsymbol{E}=\begin{pmatrix}1&0&0\\0&0&1\\0&1&0\end{pmatrix}\boldsymbol{B},\text{则 }\boldsymbol{E}=\begin{pmatrix}1&0&0\\0&0&1\\0&1&0\end{pmatrix}\boldsymbol{A}\begin{pmatrix}1&0&0\\1&1&0\\0&0&1\end{pmatrix},\text{所以}$$

$$\boldsymbol{A}=\begin{pmatrix}1&0&0\\0&0&1\\0&1&0\end{pmatrix}^{-1}\begin{pmatrix}1&0&0\\1&1&0\\0&0&1\end{pmatrix}^{-1}=\begin{pmatrix}1&0&0\\0&0&1\\0&1&0\end{pmatrix}\begin{pmatrix}1&0&0\\1&1&0\\0&0&1\end{pmatrix}^{-1}=\boldsymbol{P}_2\boldsymbol{P}_1^{-1}.$$

故应选(D).

2. 解：由于 $\boldsymbol{A}$ 为 $m\times n$ 矩阵，$\boldsymbol{B}$ 为 $n\times m$ 矩阵，故 $R(\boldsymbol{A})\leqslant m$，$R(\boldsymbol{B})\leqslant m$. 又 $\boldsymbol{AB}=\boldsymbol{E}$，于是

$$m=R(\boldsymbol{AB})\leqslant R(\boldsymbol{A})\leqslant m,m=R(\boldsymbol{AB})\leqslant R(\boldsymbol{B})\leqslant m,$$

所以 $R(\boldsymbol{A})=m$，$R(\boldsymbol{B})=m$. 故应选(A).

3. 解：矩阵 $\boldsymbol{A}$ 只进行行变换不一定能化为标准形，必须行、列同时变换才可化为标准形 $(\boldsymbol{E}_m,\boldsymbol{O})$，故选项(A)不正确. 故应选(A).

由于 $m=R(\boldsymbol{A})\leqslant R(\boldsymbol{A},\boldsymbol{b})\leqslant m$，则 $R(\boldsymbol{A},\boldsymbol{b})=m$，从而有 $R(\boldsymbol{A},\boldsymbol{b})=R(\boldsymbol{A})=m<n$，所以方程组 $\boldsymbol{Ax}=\boldsymbol{b}$ 有无限多解，即(B)正确.

若 $\boldsymbol{BA}=\boldsymbol{O}$，则

$$R(\boldsymbol{B})+R(\boldsymbol{A})\leqslant m,$$

于是 $R(\boldsymbol{B})\leqslant 0$，即 $R(\boldsymbol{B})=0$，则 $\boldsymbol{B}=\boldsymbol{O}$，故(C)正确.

又 $\boldsymbol{A}^{\mathrm{T}}\boldsymbol{A}$ 为 n 阶方阵，$R(\boldsymbol{A}^{\mathrm{T}}\boldsymbol{A})\leqslant R(\boldsymbol{A})=m<n$，则 $|\boldsymbol{A}^{\mathrm{T}}\boldsymbol{A}|=0$，所以(D)正确. 故应选(A).

4. 解：对于非齐次线性方程组

$$\begin{cases}a_{11}x+a_{12}y+a_{13}z=b_1,\\a_{21}x+a_{22}y+a_{23}z=b_2,\\a_{31}x+a_{32}y+a_{33}z=b_3.\end{cases}$$

由 $R(\boldsymbol{A})=R(\overline{\boldsymbol{A}})=2<3=$ 未知量个数知，方程组有无限多解，即三平面共线. 故应选(B).

5. 解：当 $m>n$ 时，

$$R(\boldsymbol{A})\leqslant n<m,R(\boldsymbol{B})\leqslant n<m,$$
$$R(\boldsymbol{AB})\leqslant\min(R(\boldsymbol{A}),R(\boldsymbol{B}))\leqslant n<m,$$

而 $\boldsymbol{ABx}=\boldsymbol{0}$ 未知量个数为 m 个，所以 $\boldsymbol{ABx}=\boldsymbol{0}$ 必有非零解. 故应选(D).

二、填空题

6. $\begin{pmatrix}4&5&6\\1&2&3\\7&8&9\end{pmatrix}$ **7.** -3 **8.** $a_1+a_2+a_3+a_4=0$ **9.** 1 **10.** -1

6. 解:因 $\boldsymbol{P}$ 是初等矩阵,$\boldsymbol{PA}$ 即为对矩阵 $\boldsymbol{A}$ 交换第1、2两行所得,则 $\boldsymbol{P}^{2013}\boldsymbol{A}$ 表示 $\boldsymbol{A}$ 作了2013次(奇数次)的1、2两行对换,相当于矩阵 $\boldsymbol{A}$ 作了一次第1、2两行对换,故有 $\boldsymbol{P}^{2013}\boldsymbol{A}=\begin{pmatrix}4&5&6\\1&2&3\\7&8&9\end{pmatrix}$,

而 $\boldsymbol{Q}$ 也是初等矩阵,$\boldsymbol{P}^{2013}\boldsymbol{AQ}^{2014}$ 表示对矩阵 $\begin{pmatrix}4&5&6\\1&2&3\\7&8&9\end{pmatrix}$ 作了2014次(偶数次)1、3两列对换,因而结果不变,即

$$\boldsymbol{P}^{2013}\boldsymbol{AQ}^{2014}=\begin{pmatrix}4&5&6\\1&2&3\\7&8&9\end{pmatrix}.$$

7. 解:由 $R(\boldsymbol{A})=3<4$,知 $|\boldsymbol{A}|=(k+3)(k-1)^3$,从而 $k=-3$ 或 $k=1$;当 $k=1$,$R(\boldsymbol{A})=1$,舍去. 故 $k=-3$.

8. 解:方程组有解 $\Leftrightarrow R(\boldsymbol{A})=R(\boldsymbol{A},\boldsymbol{b})$,对 $(\boldsymbol{A},\boldsymbol{b})$ 进行初等行变换化为阶梯形得

$$(\boldsymbol{A},\boldsymbol{b})=\begin{pmatrix}1&1&0&0&-a_1\\0&1&1&0&a_2\\0&0&1&1&-a_3\\1&0&0&1&a_4\end{pmatrix}\xrightarrow[r_4-r_3]{\substack{r_4-r_1\\r_4+r_2}}\begin{pmatrix}1&1&0&0&-a_1\\0&1&1&0&a_2\\0&0&1&1&-a_3\\0&0&0&0&a_1+a_2+a_3+a_4\end{pmatrix},$$

于是 $R(\boldsymbol{A})=3$. 所以,若方程组有解,则 $R(\boldsymbol{A},\boldsymbol{b})=3$,所以 $a_1+a_2+a_3+a_4=0$. 故应填 $a_1+a_2+a_3+a_4=0$.

9. 解:因 $R(\boldsymbol{AB})\neq R(\boldsymbol{B})$,则 $\boldsymbol{A}$ 不可逆,即 $|\boldsymbol{A}|=0$,而 $|\boldsymbol{A}|=2(1-k)=0$,所以 $k=1$.

10. 解:因方程组无解,则 $R(\boldsymbol{A})\neq R(\boldsymbol{A},\boldsymbol{b})$,对 $(\boldsymbol{A},\boldsymbol{b})$ 进行初等行变换得

$$(\boldsymbol{A},\boldsymbol{b})=\begin{pmatrix}1&2&1&1\\2&3&a+2&3\\1&a&-2&0\end{pmatrix}\longrightarrow\begin{pmatrix}1&2&1&1\\0&-1&a&1\\0&0&(a+1)(a-3)&a-3\end{pmatrix},$$

则 $2\leqslant R(\boldsymbol{A})\leqslant 3$,要使 $R(\boldsymbol{A})\neq R(\boldsymbol{A},\boldsymbol{b})$,则 $a=-1$.

三、解答题

11. 解:$(\boldsymbol{A}\vdots\boldsymbol{E})=\left(\begin{array}{ccc:ccc}1&1&1&1&0&0\\2&1&0&0&1&0\\1&-1&0&0&0&1\end{array}\right)\xrightarrow[r_3-r_1]{r_2-2r_1}\left(\begin{array}{ccc:ccc}1&1&1&1&0&0\\0&-1&-2&-2&1&0\\0&-2&-1&-1&0&1\end{array}\right)$

$$\xrightarrow{r_3-2r_2}\left(\begin{array}{ccc:ccc}1&1&1&1&0&0\\0&-1&-2&-2&1&0\\0&0&3&3&-2&1\end{array}\right)\xrightarrow[r_1-r_3]{\substack{\frac{1}{3}r_3\\r_2+2r_3}}\left(\begin{array}{ccc:ccc}1&1&0&0&\frac{2}{3}&-\frac{1}{3}\\0&-1&0&0&-\frac{1}{3}&\frac{2}{3}\\0&0&1&1&-\frac{2}{3}&\frac{1}{3}\end{array}\right)$$

$$\xrightarrow[r_1-r_2]{-r_2}\left(\begin{array}{ccc:ccc}1&0&0&0&\frac{1}{3}&\frac{1}{3}\\0&1&0&0&\frac{1}{3}&-\frac{2}{3}\\0&0&1&1&-\frac{2}{3}&\frac{1}{3}\end{array}\right).$$

所以，$\boldsymbol{A}^{-1}=\begin{pmatrix}0&\frac{1}{3}&\frac{1}{3}\\0&\frac{1}{3}&-\frac{2}{3}\\1&-\frac{2}{3}&\frac{1}{3}\end{pmatrix}$.

12. 解：$\boldsymbol{A}\xrightarrow[\text{第}n\text{行}]{\text{各行加至}}\begin{pmatrix}a&b&\cdots&b&b\\b&a&\cdots&b&b\\\vdots&\vdots&&\vdots&\vdots\\b&b&\cdots&a&b\\a+(n-1)b&a+(n-1)b&\cdots&a+(n-1)b&a+(n-1)b\end{pmatrix}$

$$\xrightarrow[\text{加至其他列}]{\text{第}n\text{列}\times(-1)}\begin{pmatrix}a-b&0&\cdots&0&b\\0&a-b&\cdots&0&b\\\vdots&\vdots&&\vdots&\vdots\\0&0&\cdots&a-b&b\\0&0&\cdots&0&a+(n-1)b\end{pmatrix},$$

(1) 当$a-b\neq0$且$a+(n-1)b\neq0$，即$a\neq b$且$a\neq(1-n)b\neq0$时，$R(\boldsymbol{A})=n$.

(2) 当$a-b\neq0$且$a+(n-1)b=0$，即$a=(1-n)b$时，$R(\boldsymbol{A})=n-1$.

(3) 当$a-b=0$且$a+(n-1)b\neq0$，即$a=b\neq0$时，$R(\boldsymbol{A})=1$.

(4) 当$a-b=0$且$a+(n-1)b=0$，即$a=b=0$时，$R(\boldsymbol{A})=0$.

13. 解：(1) 因为$\boldsymbol{B}\neq\boldsymbol{O}$，故$\boldsymbol{B}$中至少有一列是非零向量，依题意，所给齐次线性方程组有非零解，故必有系数行列式

$$|\boldsymbol{A}|=\begin{vmatrix}1&2&-2\\2&-1&\lambda\\3&1&-1\end{vmatrix}=5(\lambda-1)=0,$$

由此可得$\lambda=1$.

(2) 设$\boldsymbol{B}$的列向量为$\boldsymbol{\beta}_1,\boldsymbol{\beta}_2,\boldsymbol{\beta}_3$，由题意知$\boldsymbol{A\beta}_i=\boldsymbol{0}$，$i=1,2,3$. 则$\boldsymbol{AB}=\boldsymbol{A}(\boldsymbol{\beta}_1,\boldsymbol{\beta}_2,\boldsymbol{\beta}_3)=\boldsymbol{0}$，因此$R(\boldsymbol{A})+R(\boldsymbol{B})\leqslant3$，又$R(\boldsymbol{A})=2$，则$R(\boldsymbol{B})\leqslant1$，所以$|\boldsymbol{B}|=0$.

14. 解：(1) $|\boldsymbol{A}|=\begin{vmatrix}1&a&0&0\\0&1&a&0\\0&0&1&a\\a&0&0&1\end{vmatrix}=1\times\begin{vmatrix}1&a&0\\0&1&a\\0&0&1\end{vmatrix}-a\begin{vmatrix}a&0&0\\1&a&0\\0&1&a\end{vmatrix}=1-a^4$.

(2) 若该方程组有无限多解，则$|\boldsymbol{A}|=0$，即$a=1$或$a=-1$.

当$a=1$时，$R(\boldsymbol{A},\boldsymbol{\beta})=4$，$R(\boldsymbol{A})=3$，方程组无解. 故舍去$a=1$.

当$a=-1$时，

$$(\boldsymbol{A},\boldsymbol{\beta})=\begin{pmatrix}1&-1&0&0&1\\0&1&-1&0&-1\\0&0&1&-1&0\\-1&0&0&1&0\end{pmatrix}\xrightarrow[r_4+r_3]{\substack{r_4+r_1\\r_4+r_2}}\begin{pmatrix}1&-1&0&0&1\\0&1&-1&0&-1\\0&0&1&-1&0\\0&0&0&0&0\end{pmatrix}$$

$$\xrightarrow[r_1+r_2]{r_2+r_3}\begin{pmatrix}1&0&0&-1&0\\0&1&0&-1&-1\\0&0&1&-1&0\\0&0&0&0&0\end{pmatrix},$$

则 $R(\boldsymbol{A},\boldsymbol{\beta})=R(\boldsymbol{A})=3<4$. 故该方程组有无限多解，同解方程组为$\begin{cases}x_1=x_4,\\x_2=x_4-1,\\x_3=x_4,\end{cases}$

所以，方程组的解为 $\boldsymbol{x}=\begin{pmatrix}0\\-1\\0\\0\end{pmatrix}+k\begin{pmatrix}1\\1\\1\\1\end{pmatrix}$，其中 k 为任意常数.

第四章　向量组的线性相关性

向量组可以等同于矩阵,因此,向量组的相关概念和结论与矩阵的概念和结论有很大的关联.而方程组理论又是在矩阵运算和矩阵的秩的基础上建立起来的,因此,向量组、线性方程组、矩阵三者的关系可以说是从三个角度来解决问题,学习本章要特别注意三者之间的转换关系.

第一节　向量组及其线性组合

知识全解

【知识结构】

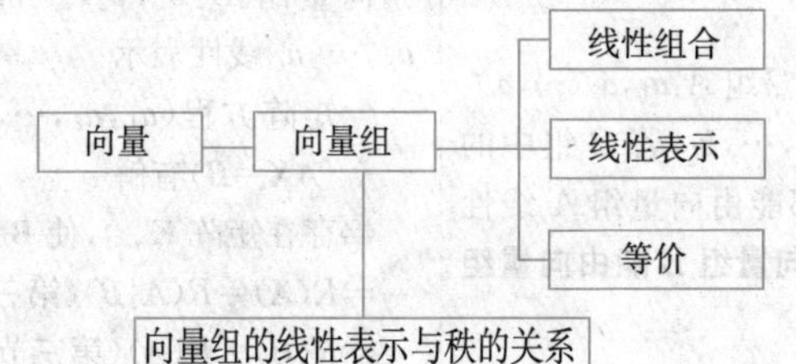

【考点精析】

1. 向量、向量组.

名称	定义	备注
向量	n个有次序的数$a_1,a_2,\cdots,a_n$构成的有序数组称为n维向量,这n个数称为**该向量的n个分量**,第i个数a_i称为**第i个分量**	
向量组	若干个同维数的列向量(或同维数的行向量)所组成的集合叫作**向量组**	含有限个向量的向量组可以构成一个矩阵

2. 向量的线性表示.

<table>
<tr><th>名称</th><th>定义</th><th>充要条件</th></tr>
<tr><td>线性组合</td><td>给定向量组 $A:\boldsymbol{a}_1,\boldsymbol{a}_2,\cdots,\boldsymbol{a}_m$，对于任何一组实数 $k_1,k_2,\cdots,k_m$，表达式 $k_1\boldsymbol{a}_1+k_2\boldsymbol{a}_2+\cdots+k_m\boldsymbol{a}_m$ 称为向量组 A 的一个线性组合，$k_1,k_2,\cdots,k_m$ 称为这个线性组合的系数</td><td></td></tr>
<tr><td rowspan="2">线性表示</td><td>给定向量组 $A:\boldsymbol{a}_1,\boldsymbol{a}_2,\cdots,\boldsymbol{a}_m$ 和向量 $\boldsymbol{b}$，若有一组数 $\lambda_1,\lambda_2,\cdots,\lambda_m$，使 $\boldsymbol{b}=\lambda_1\boldsymbol{a}_1+\lambda_2\boldsymbol{a}_2+\cdots+\lambda_m\boldsymbol{a}_m$，则向量 $\boldsymbol{b}$ 是向量组 A 的线性组合，称向量 $\boldsymbol{b}$ 能由向量组 A 线性表示</td><td>向量 $\boldsymbol{b}$ 能由向量组 $A:\boldsymbol{a}_1,\boldsymbol{a}_2,\cdots,\boldsymbol{a}_m$ 线性表示
$\Leftrightarrow$方程组 $\boldsymbol{a}_1x_1+\boldsymbol{a}_2x_2+\cdots+\boldsymbol{a}_mx_m=\boldsymbol{b}$ 有解
$\Leftrightarrow R(\boldsymbol{a}_1,\boldsymbol{a}_2,\cdots,\boldsymbol{a}_m)=R(\boldsymbol{a}_1,\boldsymbol{a}_2,\cdots,\boldsymbol{a}_m,\boldsymbol{b})$</td></tr>
<tr><td>若有两个向量组 $A:\boldsymbol{a}_1,\boldsymbol{a}_2,\cdots,\boldsymbol{a}_m$ 及 $B:\boldsymbol{b}_1,\boldsymbol{b}_2,\cdots,\boldsymbol{b}_l$，若 B 组中的每个向量都能由向量组 A 线性表示，则称向量组 B 能由向量组 A 线性表示</td><td>向量组 $B:\boldsymbol{b}_1,\boldsymbol{b}_2,\cdots,\boldsymbol{b}_l$ 能由向量组 $A:\boldsymbol{a}_1,\boldsymbol{a}_2,\cdots,\boldsymbol{a}_l$ 线性表示
$\Leftrightarrow$矩阵方程 $(\boldsymbol{a}_1,\boldsymbol{a}_2,\cdots,\boldsymbol{a}_m)\boldsymbol{X}=(\boldsymbol{b}_1,\boldsymbol{b}_2,\cdots,\boldsymbol{b}_l)$ $(\boldsymbol{AX}=\boldsymbol{B})$有解
$\Leftrightarrow$存在矩阵 $\boldsymbol{K}_{m\times l}$，使 $\boldsymbol{B}=\boldsymbol{AK}$
$\Leftrightarrow R(\boldsymbol{A})=R(\boldsymbol{A},\boldsymbol{B})$（第三节定理 2′）
$\Leftrightarrow R(\boldsymbol{B})\leqslant R(\boldsymbol{A})$（第三节定理 3′）</td></tr>
<tr><td>向量组等价</td><td>若向量组 A 与向量组 B 能相互线性表示，则称这两个向量组等价</td><td>向量组 A 与向量组 B 等价
$\Leftrightarrow R(\boldsymbol{A})=R(\boldsymbol{B})=R(\boldsymbol{A},\boldsymbol{B})$</td></tr>
</table>

3. 对应习题.

习题四第 1～2 题（教材 $P_{109\sim110}$）.

例题精解

基本题型Ⅰ：向量的运算

例 1 设 $\boldsymbol{\alpha}=(1,1,0,-1)$，$\boldsymbol{\beta}=(-2,1,0,0)$，$\boldsymbol{\gamma}=(-1,-2,0,1)$，求 $3\boldsymbol{\alpha}-2\boldsymbol{\beta}+\boldsymbol{\gamma}$.

【解析】 $3\boldsymbol{\alpha}-2\boldsymbol{\beta}+\boldsymbol{\gamma}=(3,3,0,-3)-(-4,2,0,0)+(-1,-2,0,1)=(6,-1,0,-2)$.

例 2 设 $\boldsymbol{\alpha}=(1,0,1)$，$\boldsymbol{\beta}=(3,2,-1)$，求向量 $\boldsymbol{\gamma}$，使得 $2\boldsymbol{\gamma}+3\boldsymbol{\alpha}=\boldsymbol{\beta}+4\boldsymbol{\gamma}$.

【解析】 由 $2\boldsymbol{\gamma}+3\boldsymbol{\alpha}=\boldsymbol{\beta}+4\boldsymbol{\gamma}$，整理得 $2\boldsymbol{\gamma}=3\boldsymbol{\alpha}-\boldsymbol{\beta}$，即

$$\boldsymbol{\gamma}=\frac{3}{2}\boldsymbol{\alpha}-\frac{1}{2}\boldsymbol{\beta}=\left(\frac{3}{2},0,\frac{3}{2}\right)-\left(\frac{3}{2},1,-\frac{1}{2}\right)=(0,-1,2).$$

基本题型Ⅱ:向量的线性表示

例 3　设向量 $\boldsymbol{\beta}$ 可由向量组 $\boldsymbol{\alpha}_1,\boldsymbol{\alpha}_2,\cdots,\boldsymbol{\alpha}_m$ 线性表示,但不能由向量组(Ⅰ):$\boldsymbol{\alpha}_1,\boldsymbol{\alpha}_2,\cdots,\boldsymbol{\alpha}_{m-1}$ 线性表示,记向量组(Ⅱ):$\boldsymbol{\alpha}_1,\boldsymbol{\alpha}_2,\cdots,\boldsymbol{\alpha}_{m-1},\boldsymbol{\beta}$,则(　　).(考研题)

(A)$\boldsymbol{\alpha}_m$ 不能由(Ⅰ)线性表示,也不能由(Ⅱ)线性表示

(B)$\boldsymbol{\alpha}_m$ 不能由(Ⅰ)线性表示,但可由(Ⅱ)线性表示

(C)$\boldsymbol{\alpha}_m$ 可由(Ⅰ)线性表示,也可由(Ⅱ)线性表示

(D)$\boldsymbol{\alpha}_m$ 可由(Ⅰ)线性表示,不可由(Ⅱ)线性表示

【解析】　因为 $\boldsymbol{\beta}$ 可由向量组 $\boldsymbol{\alpha}_1,\boldsymbol{\alpha}_2,\cdots,\boldsymbol{\alpha}_m$ 线性表示,从而存在 $k_1,k_2,\cdots,k_m$,使得 $\boldsymbol{\beta}=\sum\limits_{i=1}^{m}k_i\boldsymbol{\alpha}_i$,有 $k_m\neq 0$.否则,$\boldsymbol{\beta}=\sum\limits_{i=1}^{m-1}k_i\boldsymbol{\alpha}_i$,从而 $\boldsymbol{\beta}$ 可由 $\boldsymbol{\alpha}_1,\boldsymbol{\alpha}_2,\cdots,\boldsymbol{\alpha}_{m-1}$ 线性表示,矛盾.由于 $k_m\neq 0$,所以 $\boldsymbol{\alpha}_m=\frac{1}{k_m}\boldsymbol{\beta}-\frac{k_1}{k_m}\boldsymbol{\alpha}_1-\cdots-\frac{k_{m-1}}{k_m}\boldsymbol{\alpha}_{m-1}$,从而 $\boldsymbol{\alpha}_m$ 可由 $\boldsymbol{\alpha}_1,\boldsymbol{\alpha}_2,\cdots,\boldsymbol{\alpha}_{m-1},\boldsymbol{\beta}$ 线性表示,所以(A)、(D)不对.

下面证 $\boldsymbol{\alpha}_m$ 不能由(Ⅰ)线性表示.

若 $\boldsymbol{x}_m$ 可由(Ⅰ)线性表示,则

$$\boldsymbol{\alpha}_m=\sum_{i=1}^{m-1}c_i\boldsymbol{\alpha}_i,\boldsymbol{\beta}=\sum_{i=1}^{m}k_i\boldsymbol{\alpha}_i=\sum_{i=1}^{m-1}k_i\boldsymbol{\alpha}_i+k_m(\sum_{i=1}^{m-1}c_i\boldsymbol{\alpha}_i)=\sum_{i=1}^{m-1}(k_i+k_mc_i)\boldsymbol{\alpha}_i,$$

从而 $\boldsymbol{\beta}$ 可由 $\boldsymbol{\alpha}_1,\boldsymbol{\alpha}_2,\cdots,\boldsymbol{\alpha}_{m-1}$ 线性表示,矛盾.所以 $\boldsymbol{\alpha}_m$ 不能由(Ⅰ)线性表示.故应选(B).

【方法点击】　对于向量组的线性表示问题,从定义出发并结合反证法,是一种行之有效的方法.

例 4　已知 $\boldsymbol{\alpha}_1=(1,4,0,2)^{\mathrm{T}},\boldsymbol{\alpha}_2=(2,7,1,3)^{\mathrm{T}},\boldsymbol{\alpha}_3=(0,1,-1,a)^{\mathrm{T}},\boldsymbol{\beta}=(3,10,b,4)^{\mathrm{T}}$.

(1)a,b 取何值时,$\boldsymbol{\beta}$ 不能由 $\boldsymbol{\alpha}_1,\boldsymbol{\alpha}_2,\boldsymbol{\alpha}_3$ 线性表示?

(2)a,b 取何值时,$\boldsymbol{\beta}$ 可由 $\boldsymbol{\alpha}_1,\boldsymbol{\alpha}_2,\boldsymbol{\alpha}_3$ 线性表示?并写出此表示式.(考研题)

【解析】　设 $x_1\boldsymbol{\alpha}_1+x_2\boldsymbol{\alpha}_2+x_3\boldsymbol{\alpha}_3=\boldsymbol{\beta}$,则有方程组

向量相等,则分量对应相等

$$\begin{cases}x_1+2x_2=3,\\4x_1+7x_2+x_3=10,\\x_2-x_3=b,\\2x_1+3x_2+ax_3=4,\end{cases}$$

对方程组的增广矩阵施以初等行变换,

$$\boldsymbol{B}=\begin{pmatrix}1&2&0&3\\4&7&1&10\\0&1&-1&b\\2&3&a&4\end{pmatrix}\to\begin{pmatrix}1&2&0&3\\0&-1&1&-2\\0&1&-1&b\\0&-1&a&-2\end{pmatrix}\to\begin{pmatrix}1&2&0&3\\0&1&-1&2\\0&0&a-1&0\\0&0&0&b-2\end{pmatrix}=\boldsymbol{A}.$$

所以,(1)当 $b\neq 2$ 时,$R(\boldsymbol{A})\neq R(\boldsymbol{B})$,方程组无解,从而 $\boldsymbol{\beta}$ 不能由 $\boldsymbol{\alpha}_1,\boldsymbol{\alpha}_2,\boldsymbol{\alpha}_3$ 线性表示.

(2)当 $b=2$ 时,$R(\boldsymbol{A})=R(\boldsymbol{B})$,方程组有解,从而 $\boldsymbol{\beta}$ 可由 $\boldsymbol{\alpha}_1,\boldsymbol{\alpha}_2,\boldsymbol{\alpha}_3$ 线性表示.

$$①a=1\text{ 时},\boldsymbol{B}\to\begin{pmatrix}1&2&0&3\\0&1&-1&2\\0&0&0&0\\0&0&0&0\end{pmatrix}\to\begin{pmatrix}1&0&2&-1\\0&1&-1&2\\0&0&0&0\\0&0&0&0\end{pmatrix},$$

原方程组的同解方程组为$\begin{cases}x_1=-2x_3-1,\\x_2=x_3+2.\end{cases}$所以,原方程组的通解为

$$\begin{pmatrix}x_1\\x_2\\x_3\end{pmatrix}=k\begin{pmatrix}-2\\1\\1\end{pmatrix}+\begin{pmatrix}-1\\2\\0\end{pmatrix},k\text{ 为任意常数}.$$

从而$\boldsymbol{\beta}=(-2k-1)\boldsymbol{\alpha}_1+(k+2)\boldsymbol{\alpha}_2+k\boldsymbol{\alpha}_3,k\in\mathbf{R}$.

$$②a\neq1\text{ 时},\boldsymbol{B}\to\begin{pmatrix}1&2&0&3\\0&1&-1&2\\0&0&a-1&0\\0&0&0&0\end{pmatrix}\to\begin{pmatrix}1&2&0&3\\0&1&-1&2\\0&0&1&0\\0&0&0&0\end{pmatrix}\to\begin{pmatrix}1&0&0&-1\\0&1&0&2\\0&0&1&0\\0&0&0&0\end{pmatrix},$$

所以方程组的解为$\begin{pmatrix}x_1\\x_2\\x_3\end{pmatrix}=\begin{pmatrix}-1\\2\\0\end{pmatrix}$,所以$\boldsymbol{\beta}=-\boldsymbol{\alpha}_1+2\boldsymbol{\alpha}_2$.

【方法点击】 本题利用定义来判断$\boldsymbol{\beta}$能否由$\boldsymbol{\alpha}_1,\boldsymbol{\alpha}_2,\boldsymbol{\alpha}_3$线性表示,列出方程,转化成方程组求解的问题.

基本题型Ⅲ:向量组的线性表示

例5 设$\boldsymbol{A},\boldsymbol{B},\boldsymbol{C}$为$n$阶矩阵,若$\boldsymbol{AB}=\boldsymbol{C}$,且$\boldsymbol{B}$可逆,则(　　).(考研题)

(A)矩阵$\boldsymbol{C}$的行向量组与矩阵$\boldsymbol{A}$的行向量组等价

(B)矩阵$\boldsymbol{C}$的列向量组与矩阵$\boldsymbol{A}$的列向量组等价

(C)矩阵$\boldsymbol{C}$的行向量组与矩阵$\boldsymbol{B}$的行向量组等价

(D)矩阵$\boldsymbol{C}$的列向量组与矩阵$\boldsymbol{B}$的列向量组等价

【解析】 因$\boldsymbol{AB}=\boldsymbol{C}$,则$\boldsymbol{C}$的列向量组可由$\boldsymbol{A}$的列向量组线性表示,$\boldsymbol{C}$的行向量组可由$\boldsymbol{B}$的行向量组线性表示.又因$\boldsymbol{B}$可逆,有$\boldsymbol{A}=\boldsymbol{CB}^{-1}$,则$\boldsymbol{A}$的列向量组可由$\boldsymbol{C}$的列向量组线性表示,所以$\boldsymbol{A}$的列向量组与$\boldsymbol{C}$的列向量组等价.故应选(B).

【方法点击】 若$\boldsymbol{AB}=\boldsymbol{C}$,则$\boldsymbol{C}$的列向量组可由$\boldsymbol{A}$的列向量组线性表示,$\boldsymbol{C}$的行向量组可由$\boldsymbol{B}$的行向量组线性表示.

例6 设$\boldsymbol{B}$是由矩阵$\boldsymbol{A}$经初等变换得到的矩阵.证明:$\boldsymbol{A}$与$\boldsymbol{B}$的列向量有完全相同的线性关系,即$k_1\boldsymbol{\alpha}_1+k_2\boldsymbol{\alpha}_2+\cdots+k_m\boldsymbol{\alpha}_m=\mathbf{0}$当且仅当$k_1\boldsymbol{\beta}_1+k_2\boldsymbol{\beta}_2+\cdots+k_m\boldsymbol{\beta}_m=\mathbf{0}$,其中$\boldsymbol{\alpha}_1,\boldsymbol{\alpha}_2,\cdots,\boldsymbol{\alpha}_m$与$\boldsymbol{\beta}_1,\boldsymbol{\beta}_2,\cdots,\boldsymbol{\beta}_m$分别为$\boldsymbol{A}$和$\boldsymbol{B}$的列向量.

【证明】 考虑线性方程组$\boldsymbol{Ax}=\mathbf{0}$与$\boldsymbol{Bx}=\mathbf{0}$.因为$\boldsymbol{B}$是由$\boldsymbol{A}$经初等行变换得到的,所以,由线性方程组的知识得$\boldsymbol{Ax}=\mathbf{0}$与$\boldsymbol{Bx}=\mathbf{0}$同解.所以当

$$k_1\boldsymbol{\alpha}_1+k_2\boldsymbol{\alpha}_2+\cdots+k_m\boldsymbol{\alpha}_m=\mathbf{0},$$

即$(\boldsymbol{\alpha}_1,\boldsymbol{\alpha}_2,\cdots,\boldsymbol{\alpha}_m)\begin{pmatrix}k_1\\k_2\\\vdots\\k_m\end{pmatrix}=\mathbf{0}$，也即$\boldsymbol{A}\begin{pmatrix}k_1\\k_2\\\vdots\\k_m\end{pmatrix}=\mathbf{0}$时，有$\boldsymbol{B}\begin{pmatrix}k_1\\k_2\\\vdots\\k_m\end{pmatrix}=\mathbf{0}$，展开即得

$$(\boldsymbol{\beta}_1,\boldsymbol{\beta}_2,\cdots,\boldsymbol{\beta}_m)\begin{pmatrix}k_1\\k_2\\\vdots\\k_m\end{pmatrix}=\mathbf{0},$$

也即$k_1\boldsymbol{\beta}_1+k_2\boldsymbol{\beta}_2+\cdots+k_m\boldsymbol{\beta}_m=\mathbf{0}$，反之也成立.故原命题得证.

【方法点击】 矩阵的初等行变换，不改变矩阵列向量组的线性关系；而初等列变换，不改变矩阵行向量组的线性关系.请读者记住此结论.

例7　设有向量组（Ⅰ）：$\boldsymbol{\alpha}_1=(1,0,2)^{\mathrm{T}},\boldsymbol{\alpha}_2=(1,1,3)^{\mathrm{T}},\boldsymbol{\alpha}_3=(1,-1,a+2)^{\mathrm{T}}$和向量组（Ⅱ）：$\boldsymbol{\beta}_1=(1,2,a+3)^{\mathrm{T}},\boldsymbol{\beta}_2=(2,1,a+6)^{\mathrm{T}},\boldsymbol{\beta}_3=(2,1,a+4)^{\mathrm{T}}$.

试问：当a为何值时，向量组（Ⅰ）与（Ⅱ）等价？当a为何值时，向量组（Ⅰ）与（Ⅱ）不等价？（考研题）

【解析】 对$\boldsymbol{\alpha}_1,\boldsymbol{\alpha}_2,\boldsymbol{\alpha}_3,\boldsymbol{\beta}_1,\boldsymbol{\beta}_2,\boldsymbol{\beta}_3$构成的矩阵施以初等行变换得

$$(\boldsymbol{\alpha}_1,\boldsymbol{\alpha}_2,\boldsymbol{\alpha}_3,\boldsymbol{\beta}_1,\boldsymbol{\beta}_2,\boldsymbol{\beta}_3)=\begin{pmatrix}1&1&1&1&2&2\\0&1&-1&2&1&1\\2&3&a+2&a+3&a+6&a+4\end{pmatrix}$$
$$\to\begin{pmatrix}1&1&1&1&2&2\\0&1&-1&2&1&1\\0&1&a&a+1&a+2&a\end{pmatrix}$$
$$\to\begin{pmatrix}1&1&1&1&2&2\\0&1&-1&2&1&1\\0&0&a+1&a-1&a+1&a-1\end{pmatrix}.$$

(1)当$a\neq-1$时，$R(\boldsymbol{\alpha}_1,\boldsymbol{\alpha}_2,\boldsymbol{\alpha}_3)=3$.另外，

$$|\boldsymbol{\beta}_1,\boldsymbol{\beta}_2,\boldsymbol{\beta}_3|=\begin{vmatrix}1&2&2\\2&1&1\\a+3&a+6&a+4\end{vmatrix}=\begin{vmatrix}-3&0&0\\2&1&1\\a+3&a+6&a+4\end{vmatrix}=6\neq0,$$

则$R(\boldsymbol{\beta}_1,\boldsymbol{\beta}_2,\boldsymbol{\beta}_3)=3$，从而$R(\boldsymbol{\alpha}_1,\boldsymbol{\alpha}_2,\boldsymbol{\alpha}_3,\boldsymbol{\beta}_1,\boldsymbol{\beta}_2,\boldsymbol{\beta}_3)=3=R(\boldsymbol{\alpha}_1,\boldsymbol{\alpha}_2,\boldsymbol{\alpha}_3)=R(\boldsymbol{\beta}_1,\boldsymbol{\beta}_2,\boldsymbol{\beta}_3)$，所以，向量组（Ⅰ）与（Ⅱ）等价.

(2)当$a=-1$时，$(\boldsymbol{\alpha}_1,\boldsymbol{\alpha}_2,\boldsymbol{\alpha}_3,\boldsymbol{\beta}_1)\to\begin{pmatrix}1&1&1&1\\0&1&-1&2\\0&0&0&-2\end{pmatrix}$.

所以，$R(\boldsymbol{\alpha}_1,\boldsymbol{\alpha}_2,\boldsymbol{\alpha}_3)\neq R(\boldsymbol{\alpha}_1,\boldsymbol{\alpha}_2,\boldsymbol{\alpha}_3,\boldsymbol{\beta}_1)$，从而方程组$x_1\boldsymbol{\alpha}_1+x_2\boldsymbol{\alpha}_2+x_3\boldsymbol{\alpha}_3=\boldsymbol{\beta}_1$无解，即$\boldsymbol{\beta}_1$不能由$\boldsymbol{\alpha}_1,\boldsymbol{\alpha}_2,\boldsymbol{\alpha}_3$线性表示，从而向量组（Ⅰ）与（Ⅱ）不等价.

【方法点击】 利用向量组的线性表示与秩的关系来解（向量组的秩将在第三节学习，读者可以将向量组看作矩阵，通过矩阵的秩理解）.

第二节　向量组的线性相关性

知识全解

【知识结构】

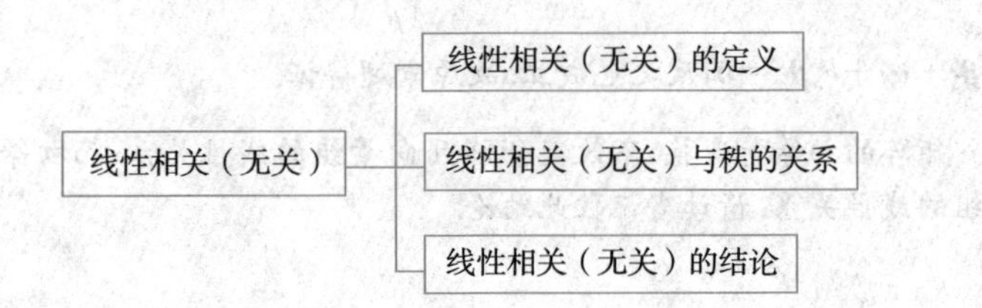

【考点精析】

1. 线性相关、线性无关.

类别		线性相关	线性无关
定义		给定向量组 $A:\boldsymbol{a}_1,\boldsymbol{a}_2,\cdots,\boldsymbol{a}_m$，如果存在不全为零的数 $k_1,k_2,\cdots,k_m$，使 $k_1\boldsymbol{a}_1+k_2\boldsymbol{a}_2+\cdots+k_m\boldsymbol{a}_m=\mathbf{0}$，则称**向量组 A 是线性相关的**	当且仅当 $k_1=k_2=\cdots=k_m=0$ 时，等式 $k_1\boldsymbol{\alpha}_1+k_2\boldsymbol{\alpha}_2+\cdots+k_m\boldsymbol{\alpha}_m=\mathbf{0}$才成立，则称**向量组 A 是线性无关的**
充要条件		齐次线性方程 $x_1\boldsymbol{a}_1+x_2\boldsymbol{a}_2+\cdots+x_m\boldsymbol{a}_m=\mathbf{0}$ 有非零解	齐次线性方程 $x_1\boldsymbol{a}_1+x_2\boldsymbol{a}_2+\cdots+x_m\boldsymbol{a}_m=\mathbf{0}$ 只有零解
		矩阵 $\mathbf{A}=(\boldsymbol{a}_1,\boldsymbol{a}_2,\cdots,\boldsymbol{a}_m)$ 的秩 $R(\mathbf{A})<m$	$R(\mathbf{A})=m$
		$\lvert\mathbf{A}\rvert=0$（向量个数等于维数）	$\lvert\mathbf{A}\rvert\neq 0$

2. 线性相关、无关的重要结论.

(1)向量组 $A:\boldsymbol{a}_1,\boldsymbol{a}_2,\cdots,\boldsymbol{a}_m(m\geqslant 2)$线性相关，也就是在向量组 A 中至少有一个向量能由其余 $m-1$ 个向量线性表示；

(2)含有零向量的向量组必是线性相关组；

(3)如果向量组中有两个向量成比例，则该向量组必为线性相关组；

(4)n 维单位坐标向量必线性无关；

(5)若向量组 $A:\boldsymbol{a}_1,\boldsymbol{a}_2,\cdots,\boldsymbol{a}_m$ 线性相关，则向量组 $B:\boldsymbol{a}_1,\boldsymbol{a}_2,\cdots,\boldsymbol{a}_m,\boldsymbol{a}_{m+1}$也线性相关；反之，若向量组 B 线性无关，则向量组 A 也线性无关；

(6)m 个 n 维向量组成的向量组，当维数 n 小于向量个数 m 时，一定线性相关. 特别地，$n+1$ 个 n 维向量一定线性相关；

(7)设向量组 $A:\boldsymbol{a}_1,\boldsymbol{a}_2,\cdots,\boldsymbol{a}_m$ 线性无关，而向量组 $B:\boldsymbol{a}_1,\cdots,\boldsymbol{a}_m,\boldsymbol{b}$ 线性相关，则向量 $\boldsymbol{b}$ 必能由向量组 A 线性表示，且表示式是唯一的

3. 对应习题.

习题四第 3～12 题和第 17～20 题(教材 $P_{110\sim112}$).

例题精解

基本题型Ⅰ:有关向量组线性相关、线性无关的基本概念

例 1　设 $\boldsymbol{\alpha}_1,\boldsymbol{\alpha}_2,\cdots,\boldsymbol{\alpha}_s$ 均为 n 维向量,下列结论不正确的是(　　).(考研题)

(A)若对于任意一组不全为零的数 $k_1,k_2,\cdots,k_s$,都有 $k_1\boldsymbol{\alpha}_1+k_2\boldsymbol{\alpha}_2+\cdots+k_s\boldsymbol{\alpha}_s\neq\boldsymbol{0}$,则 $\boldsymbol{\alpha}_1,\boldsymbol{\alpha}_2,\cdots,\boldsymbol{\alpha}_s$ 线性无关

(B)若 $\boldsymbol{\alpha}_1,\boldsymbol{\alpha}_2,\cdots,\boldsymbol{\alpha}_s$ 线性相关,则对于任意一组不全为零的数 $k_1,k_2,\cdots,k_s$,有 $k_1\boldsymbol{\alpha}_1+k_2\boldsymbol{\alpha}_2+\cdots+k_s\boldsymbol{\alpha}_s=\boldsymbol{0}$

(C)$\boldsymbol{\alpha}_1,\boldsymbol{\alpha}_2,\cdots,\boldsymbol{\alpha}_s$ 线性无关的充分必要条件是此向量组的秩为 s

(D)$\boldsymbol{\alpha}_1,\boldsymbol{\alpha}_2,\cdots,\boldsymbol{\alpha}_s$ 线性无关的必要条件是其中任意两个向量线性无关

【解析】　由选项(A)可知,当且仅当 $k_1=k_2=\cdots=k_s=0$ 时,$k_1\boldsymbol{\alpha}_1+k_2\boldsymbol{\alpha}_2+\cdots+k_s\boldsymbol{\alpha}_s=\boldsymbol{0}$ 才成立,符合线性无关的定义,选项(A)正确.

若 $\boldsymbol{\alpha}_1,\boldsymbol{\alpha}_2,\cdots,\boldsymbol{\alpha}_s$ 线性相关,则存在一组(而不是对任意一组)不全为零的数 $k_1,k_2,\cdots,k_s$,使得 $k_1\boldsymbol{\alpha}_1+k_2\boldsymbol{\alpha}_2+\cdots+k_s\boldsymbol{\alpha}_s=\boldsymbol{0}$,选项(B)不成立.选项(C)、(D)都正确.故应选(B).

【方法点击】　正确解答本题必须清楚向量组线性相关和线性无关的概念及结论.

例 2　设向量组 $\boldsymbol{\alpha}_1,\boldsymbol{\alpha}_2,\boldsymbol{\alpha}_3$ 线性无关,向量 $\boldsymbol{\beta}_1$ 可由 $\boldsymbol{\alpha}_1,\boldsymbol{\alpha}_2,\boldsymbol{\alpha}_3$ 线性表示,而向量 $\boldsymbol{\beta}_2$ 不能由 $\boldsymbol{\alpha}_1,\boldsymbol{\alpha}_2,\boldsymbol{\alpha}_3$ 线性表示,则对于任意常数 k,必有(　　).(考研题)

(A)$\boldsymbol{\alpha}_1,\boldsymbol{\alpha}_2,\boldsymbol{\alpha}_3,k\boldsymbol{\beta}_1+\boldsymbol{\beta}_2$ 线性无关

(B)$\boldsymbol{\alpha}_1,\boldsymbol{\alpha}_2,\boldsymbol{\alpha}_3,k\boldsymbol{\beta}_1+\boldsymbol{\beta}_2$ 线性相关

(C)$\boldsymbol{\alpha}_1,\boldsymbol{\alpha}_2,\boldsymbol{\alpha}_3,\boldsymbol{\beta}_1+k\boldsymbol{\beta}_2$ 线性无关

(D)$\boldsymbol{\alpha}_1,\boldsymbol{\alpha}_2,\boldsymbol{\alpha}_3,\boldsymbol{\beta}_1+k\boldsymbol{\beta}_2$ 线性相关

【解析】　令

$$k_1\boldsymbol{\alpha}_1+k_2\boldsymbol{\alpha}_2+k_3\boldsymbol{\alpha}_3+k_4(k\boldsymbol{\beta}_1+\boldsymbol{\beta}_2)=\boldsymbol{0},\qquad ①$$

则 $k_4=0$.否则,即 $k_4\neq0$ 时,$\boldsymbol{\beta}_2$ 可由 $\boldsymbol{\alpha}_1,\boldsymbol{\alpha}_2,\boldsymbol{\alpha}_3,\boldsymbol{\beta}_1$ 线性表示,又因 $\boldsymbol{\beta}_1$ 可由 $\boldsymbol{\alpha}_1,\boldsymbol{\alpha}_2,\boldsymbol{\alpha}_3$ 线性表示,从而 $\boldsymbol{\beta}_2$ 可由 $\boldsymbol{\alpha}_1,\boldsymbol{\alpha}_2,\boldsymbol{\alpha}_3$ 线性表示,与题设矛盾,故 $k_4=0$.

从而①式为 $k_1\boldsymbol{\alpha}_1+k_2\boldsymbol{\alpha}_2+k_3\boldsymbol{\alpha}_3=\boldsymbol{0}$,又因为 $\boldsymbol{\alpha}_1,\boldsymbol{\alpha}_2,\boldsymbol{\alpha}_3$ 线性无关,则 $k_1=k_2=k_3=0$,所以只有 $k_1=k_2=k_3=k_4=0$ 时,①式成立.故 $\boldsymbol{\alpha}_1,\boldsymbol{\alpha}_2,\boldsymbol{\alpha}_3,k\boldsymbol{\beta}_1+\boldsymbol{\beta}_2$ 线性无关.(A)正确,(B)不正确.

由于 k 为任意常数,若 $k=0$,则 $\boldsymbol{\alpha}_1,\boldsymbol{\alpha}_2,\boldsymbol{\alpha}_3,\boldsymbol{\beta}_1$ 线性相关,所以(C)不正确.若 $k=1$,则(D)不正确.故应选(A).

基本题型Ⅱ:向量组线性相关、线性无关的判定

例 3　设 $\boldsymbol{\alpha}_1=(1,1,1)$,$\boldsymbol{\alpha}_2=(1,2,3)$,$\boldsymbol{\alpha}_3=(1,3,t)$.

(1)问当 t 为何值时,向量组 $\boldsymbol{\alpha}_1,\boldsymbol{\alpha}_2,\boldsymbol{\alpha}_3$ 线性无关?

(2)问当 t 为何值时,向量组 $\boldsymbol{\alpha}_1,\boldsymbol{\alpha}_2,\boldsymbol{\alpha}_3$ 线性相关?

(3)当 $\boldsymbol{\alpha}_1,\boldsymbol{\alpha}_2,\boldsymbol{\alpha}_3$ 线性相关时,将 $\boldsymbol{\alpha}_3$ 表示为 $\boldsymbol{\alpha}_1$ 和 $\boldsymbol{\alpha}_2$ 的线性组合.

【解析】 方法一:设$A=(\boldsymbol{\alpha}_1^{\mathrm{T}},\boldsymbol{\alpha}_2^{\mathrm{T}},\boldsymbol{\alpha}_3^{\mathrm{T}})=\begin{pmatrix}1&1&1\\1&2&3\\1&3&t\end{pmatrix}$,对$A$进行初等变换得

$$A\rightarrow\begin{pmatrix}1&1&1\\0&1&2\\0&2&t-1\end{pmatrix}\rightarrow\begin{pmatrix}1&1&1\\0&1&2\\0&0&t-5\end{pmatrix}.$$

则(1)$t\neq5$时,$R(A)=3$,向量组$\boldsymbol{\alpha}_1,\boldsymbol{\alpha}_2,\boldsymbol{\alpha}_3$线性无关.

(2)$t=5$时,$R(A)=2<3$,向量组$\boldsymbol{\alpha}_1,\boldsymbol{\alpha}_2,\boldsymbol{\alpha}_3$线性相关.

(3)当$t=5$时,设$\boldsymbol{\alpha}_3=x_1\boldsymbol{\alpha}_1+x_2\boldsymbol{\alpha}_2$,从而有线性方程组

$$\begin{cases}x_1+x_2=1,\\x_1+2x_2=3,\\x_1+3x_2=5,\end{cases}$$

解得$x_1=-1,x_2=2$,所以$\boldsymbol{\alpha}_3=-\boldsymbol{\alpha}_1+2\boldsymbol{\alpha}_2$.

方法二:设$A=(\boldsymbol{\alpha}_1,\boldsymbol{\alpha}_2,\boldsymbol{\alpha}_3)$,则$A$是3阶方阵.

$$|A|=\begin{vmatrix}1&1&1\\1&2&3\\1&3&t\end{vmatrix}=t-5.$$

则(1)当$t\neq5$时,$|A|\neq0$,$\boldsymbol{\alpha}_1,\boldsymbol{\alpha}_2,\boldsymbol{\alpha}_3$线性无关.

(2)当$t=5$时,$|A|=0$,$\boldsymbol{\alpha}_1,\boldsymbol{\alpha}_2,\boldsymbol{\alpha}_3$线性相关.

(3)同方法一.

【方法点击】 具体向量组线性相关、线性无关的判定,常用下列两种方法:

(1)若向量组中所含向量个数等于向量的维数,则用行列式法.若行列式等于零,则向量组线性相关;若行列式不为零,则向量组线性无关.

(2)若向量组中所含向量个数不等于向量的维数,则用矩阵秩法.由向量组中向量为列写出矩阵,求出矩阵的秩,若秩小于向量个数,则向量组线性相关;若秩等于向量个数,则向量组线性无关.

例4 已知向量组$\boldsymbol{\alpha}_1,\boldsymbol{\alpha}_2,\cdots,\boldsymbol{\alpha}_s(s\geqslant2)$线性无关,设$\boldsymbol{\beta}_1=\boldsymbol{\alpha}_1+\boldsymbol{\alpha}_2,\boldsymbol{\beta}_2=\boldsymbol{\alpha}_2+\boldsymbol{\alpha}_3,\cdots,\boldsymbol{\beta}_{s-1}=\boldsymbol{\alpha}_{s-1}+\boldsymbol{\alpha}_s,\boldsymbol{\beta}_s=\boldsymbol{\alpha}_s+\boldsymbol{\alpha}_1$,讨论向量组$\boldsymbol{\beta}_1,\boldsymbol{\beta}_2,\cdots,\boldsymbol{\beta}_s$的线性相关性.

【解析】 设有关系式$k_1\boldsymbol{\beta}_1+k_2\boldsymbol{\beta}_2+\cdots+k_s\boldsymbol{\beta}_s=\boldsymbol{0}$,即

$$k_1(\boldsymbol{\alpha}_1+\boldsymbol{\alpha}_2)+k_2(\boldsymbol{\alpha}_2+\boldsymbol{\alpha}_3)+\cdots+k_s(\boldsymbol{\alpha}_s+\boldsymbol{\alpha}_1)=\boldsymbol{0},$$

则有$(k_1+k_s)\boldsymbol{\alpha}_1+(k_1+k_2)\boldsymbol{\alpha}_2+\cdots+(k_{s-1}+k_s)\boldsymbol{\alpha}_s=\boldsymbol{0}$.

因为$\boldsymbol{\alpha}_1,\boldsymbol{\alpha}_2,\cdots,\boldsymbol{\alpha}_s$线性无关,所以

$$\begin{cases}k_1+k_s=0,\\k_1+k_2=0,\\\vdots\\k_{s-1}+k_s=0,\end{cases}$$

由于向量组$\alpha_1,\alpha_2,\cdots,\alpha_3$线性无关,则其系数均为0

又因为齐次线性方程组的系数行列式为

$$\begin{vmatrix} 1 & 0 & 0 & \cdots & 0 & 1 \\ 1 & 1 & 0 & \cdots & 0 & 0 \\ 0 & 1 & 1 & \cdots & 0 & 0 \\ \vdots & \vdots & \vdots & & \vdots & \vdots \\ 0 & 0 & 0 & \cdots & 1 & 1 \end{vmatrix} = 1+(-1)^{s+1} = \begin{cases} 2, & s \text{为奇数}, \\ 0, & s \text{为偶数}. \end{cases}$$

所以，当 s 为奇数时，齐次线性方程组只有零解，从而 $k_1=k_2=\cdots=k_s=0$，即向量组 $\boldsymbol{\beta}_1,\boldsymbol{\beta}_2,\cdots,\boldsymbol{\beta}_s$ 线性无关；

当 s 为偶数时，齐次线性方程组有非零解，从而存在不全为零的数 $k_1,k_2,\cdots,k_s$，使 $k_1\boldsymbol{\beta}_1+k_2\boldsymbol{\beta}_2+\cdots+k_s\boldsymbol{\beta}_s=\boldsymbol{0}$，即向量组 $\boldsymbol{\beta}_1,\boldsymbol{\beta}_2,\cdots,\boldsymbol{\beta}_s$ 线性相关.

【方法点击】 判断抽象向量组 $\boldsymbol{\alpha}_1,\boldsymbol{\alpha}_2,\cdots,\boldsymbol{\alpha}_s$ 的线性相关性，通常有三种思路：

(1)定义法，即设 $k_1\boldsymbol{\alpha}_1+k_2\boldsymbol{\alpha}_2+\cdots+k_s\boldsymbol{\alpha}_s=\boldsymbol{0}$，考查 $k_1,k_2,\cdots,k_s$ 是否全为零；

(2)表示矩阵法，即若 $\boldsymbol{\beta}_1,\boldsymbol{\beta}_2,\cdots,\boldsymbol{\beta}_s$ 线性无关，$(\boldsymbol{\alpha}_1,\boldsymbol{\alpha}_2,\cdots,\boldsymbol{\alpha}_s)=(\boldsymbol{\beta}_1,\boldsymbol{\beta}_2,\cdots,\boldsymbol{\beta}_s)\boldsymbol{C}$，则 $\boldsymbol{\alpha}_1,\boldsymbol{\alpha}_2,\cdots,\boldsymbol{\alpha}_s$ 线性无关$\Leftrightarrow R(\boldsymbol{C})=s$；$\boldsymbol{\alpha}_1,\boldsymbol{\alpha}_2,\cdots,\boldsymbol{\alpha}_s$ 线性相关$\Leftrightarrow R(\boldsymbol{C})<s$.

(3)利用相关结论.

例5 设 $\boldsymbol{\alpha}_1,\boldsymbol{\alpha}_2,\boldsymbol{\alpha}_3,\boldsymbol{\alpha}_4$ 线性无关，判别下列向量组是否线性无关：

(1)$\boldsymbol{\alpha}_1+\boldsymbol{\alpha}_2+\boldsymbol{\alpha}_3,\boldsymbol{\alpha}_2+\boldsymbol{\alpha}_3+\boldsymbol{\alpha}_4,\boldsymbol{\alpha}_3+\boldsymbol{\alpha}_4+\boldsymbol{\alpha}_1,\boldsymbol{\alpha}_4+\boldsymbol{\alpha}_1+\boldsymbol{\alpha}_2$；

(2)$\boldsymbol{\alpha}_1-\boldsymbol{\alpha}_2,\boldsymbol{\alpha}_2-\boldsymbol{\alpha}_3,\boldsymbol{\alpha}_3-\boldsymbol{\alpha}_1$；

(3)$\boldsymbol{\alpha}_1+\boldsymbol{\alpha}_2,\boldsymbol{\alpha}_1+\boldsymbol{\alpha}_3,\boldsymbol{\alpha}_1+\boldsymbol{\alpha}_4,\boldsymbol{\alpha}_2+\boldsymbol{\alpha}_3,\boldsymbol{\alpha}_2+\boldsymbol{\alpha}_4$.

【思路探索】 判别一个无关向量组的线性组合是否线性无关可以用定义，但很麻烦.常用的是下面的表示矩阵法：如果向量组 $\boldsymbol{\alpha}_1,\boldsymbol{\alpha}_2,\cdots,\boldsymbol{\alpha}_s$ 线性无关，$\boldsymbol{\beta}_1,\boldsymbol{\beta}_2,\cdots,\boldsymbol{\beta}_t$ 可由 $\boldsymbol{\alpha}_1,\boldsymbol{\alpha}_2,\cdots,\boldsymbol{\alpha}_s$ 线性表示，$\boldsymbol{C}$ 是表示矩阵，则

$$R(\boldsymbol{\beta}_1,\boldsymbol{\beta}_2,\cdots,\boldsymbol{\beta}_t)=R(\boldsymbol{C}).$$

当 $R(\boldsymbol{C})<t$ 时，$\boldsymbol{\beta}_1,\boldsymbol{\beta}_2,\cdots,\boldsymbol{\beta}_t$ 线性相关；当 $R(\boldsymbol{C})=t$ 时，$\boldsymbol{\beta}_1,\boldsymbol{\beta}_2,\cdots,\boldsymbol{\beta}_t$ 线性无关.

【解析】 (1)向量组 $\boldsymbol{\alpha}_1+\boldsymbol{\alpha}_2+\boldsymbol{\alpha}_3,\boldsymbol{\alpha}_2+\boldsymbol{\alpha}_3+\boldsymbol{\alpha}_4,\boldsymbol{\alpha}_3+\boldsymbol{\alpha}_4+\boldsymbol{\alpha}_1,\boldsymbol{\alpha}_4+\boldsymbol{\alpha}_1+\boldsymbol{\alpha}_2$ 对于 $\boldsymbol{\alpha}_1,\boldsymbol{\alpha}_2,\boldsymbol{\alpha}_3,\boldsymbol{\alpha}_4$ 的表示矩阵为 $\boldsymbol{C}=\begin{pmatrix} 1 & 0 & 1 & 1 \\ 1 & 1 & 0 & 1 \\ 1 & 1 & 1 & 0 \\ 0 & 1 & 1 & 1 \end{pmatrix}$，因为 $|\boldsymbol{C}|\neq 0$，所以 $R(\boldsymbol{C})=4$，则向量组 $\boldsymbol{\alpha}_1+\boldsymbol{\alpha}_2+\boldsymbol{\alpha}_3,\boldsymbol{\alpha}_2+\boldsymbol{\alpha}_3+\boldsymbol{\alpha}_4,\boldsymbol{\alpha}_3+\boldsymbol{\alpha}_4+\boldsymbol{\alpha}_1,\boldsymbol{\alpha}_4+\boldsymbol{\alpha}_1+\boldsymbol{\alpha}_2$ 的秩为 4，是线性无关的.

(2)向量组 $\boldsymbol{\alpha}_1-\boldsymbol{\alpha}_2,\boldsymbol{\alpha}_2-\boldsymbol{\alpha}_3,\boldsymbol{\alpha}_3-\boldsymbol{\alpha}_1$ 对于 $\boldsymbol{\alpha}_1,\boldsymbol{\alpha}_2,\boldsymbol{\alpha}_3,\boldsymbol{\alpha}_4$ 的表示矩阵为 $\begin{pmatrix} 1 & 0 & -1 \\ -1 & 1 & 0 \\ 0 & -1 & 1 \\ 0 & 0 & 0 \end{pmatrix}$，其秩为 2，于是，此向量组的秩为 2，则向量组线性相关.

(3)本题向量组中含 5 个向量，它们可用 $\boldsymbol{\alpha}_1,\boldsymbol{\alpha}_2,\boldsymbol{\alpha}_3,\boldsymbol{\alpha}_4$ 这 4 个向量表示，表示矩阵 $\boldsymbol{C}$ 是 4×5 矩阵，则 $R(\boldsymbol{C})\leqslant 4<5$，所以该向量组一定线性相关.

基本题型Ⅲ：向量组线性相关、线性无关的证明

例6 设 $\boldsymbol{A}$ 是 n 阶矩阵，若存在正整数 k，使线性方程组 $\boldsymbol{A}^k\boldsymbol{x}=\boldsymbol{0}$ 有解向量 $\boldsymbol{\alpha}$，且 $\boldsymbol{A}^{k-1}\boldsymbol{\alpha}\neq\boldsymbol{0}$. 证

明:向量组$\boldsymbol{\alpha},\boldsymbol{A\alpha},\cdots,\boldsymbol{A}^{k-1}\boldsymbol{\alpha}$线性无关.(考研题)

【证明】 设有关系式$l_1\boldsymbol{\alpha}+l_2\boldsymbol{A\alpha}+\cdots+l_k\boldsymbol{A}^{k-1}\boldsymbol{\alpha}=\boldsymbol{0}$,用$\boldsymbol{A}^{k-1}$左乘上式两边得

$$l_1\boldsymbol{A}^{k-1}\boldsymbol{\alpha}+l_2\boldsymbol{A}^k\boldsymbol{\alpha}+\cdots+l_k\boldsymbol{A}^{2k-2}\boldsymbol{\alpha}=\boldsymbol{0},$$

由$\boldsymbol{A}^k\boldsymbol{\alpha}=\boldsymbol{0}$知,$\boldsymbol{A}^{k+1}\boldsymbol{\alpha}=\boldsymbol{A}^{k+2}\boldsymbol{\alpha}=\cdots=\boldsymbol{A}^{2k-2}\boldsymbol{\alpha}=\boldsymbol{0}$.

从而上式变为$l_1\boldsymbol{A}^{k-1}\boldsymbol{\alpha}=\boldsymbol{0}$,而$\boldsymbol{A}^{k-1}\boldsymbol{\alpha}\neq\boldsymbol{0}$,所以$l_1=0$.则关系式变为

$$l_2\boldsymbol{A\alpha}+l_3\boldsymbol{A}^2\boldsymbol{\alpha}+\cdots+l_k\boldsymbol{A}^{k-1}\boldsymbol{\alpha}=\boldsymbol{0}.$$

类似地,对上式两边左乘$\boldsymbol{A}^{k-2}$,则可推得$l_2=0$;依此类推,可得$l_3=l_4=\cdots=l_k=0$,所以$\boldsymbol{\alpha},\boldsymbol{A\alpha},\cdots,\boldsymbol{A}^{k-1}\boldsymbol{\alpha}$线性无关.

【方法点击】 本题利用线性无关的定义来证明,并利用条件$\boldsymbol{A}^k\boldsymbol{x}=\boldsymbol{0}$,则$\boldsymbol{A}^l\boldsymbol{x}=\boldsymbol{0}(l\geqslant k)$.

例7 设$\boldsymbol{\alpha}_1,\boldsymbol{\alpha}_2,\boldsymbol{\alpha}_3$为$n$维向量,且向量组$\boldsymbol{\alpha}_1+\boldsymbol{\alpha}_2,\boldsymbol{\alpha}_2+\boldsymbol{\alpha}_3,\boldsymbol{\alpha}_3+\boldsymbol{\alpha}_1$线性无关,证明向量组$\boldsymbol{\alpha}_1,\boldsymbol{\alpha}_2,\boldsymbol{\alpha}_3$线性无关.

【证明】 用定义证明.设有常数k_1,k_2,k_3,使$k_1\boldsymbol{\alpha}_1+k_2\boldsymbol{\alpha}_2+k_3\boldsymbol{\alpha}_3=\boldsymbol{0}$,令

$$\boldsymbol{\beta}_1=\boldsymbol{\alpha}_1+\boldsymbol{\alpha}_2,\boldsymbol{\beta}_2=\boldsymbol{\alpha}_2+\boldsymbol{\alpha}_3,\boldsymbol{\beta}_3=\boldsymbol{\alpha}_3+\boldsymbol{\alpha}_1,$$

解得$\boldsymbol{\alpha}_1=\frac{1}{2}(\boldsymbol{\beta}_1-\boldsymbol{\beta}_2+\boldsymbol{\beta}_3),\boldsymbol{\alpha}_2=\frac{1}{2}(\boldsymbol{\beta}_1+\boldsymbol{\beta}_2-\boldsymbol{\beta}_3),\boldsymbol{\alpha}_3=\frac{1}{2}(-\boldsymbol{\beta}_1+\boldsymbol{\beta}_2+\boldsymbol{\beta}_3)$.

代入$k_1\boldsymbol{\alpha}_1+k_2\boldsymbol{\alpha}_2+k_3\boldsymbol{\alpha}_3=\boldsymbol{0}$,得

$$(k_1+k_2-k_3)\boldsymbol{\beta}_1+(-k_1+k_2+k_3)\boldsymbol{\beta}_2+(k_1-k_2+k_3)\boldsymbol{\beta}_3=\boldsymbol{0}.$$

又已知$\boldsymbol{\beta}_1,\boldsymbol{\beta}_2,\boldsymbol{\beta}_3$线性无关,所以有

$$k_1+k_2-k_3=0,-k_1+k_2+k_3=0,k_1-k_2+k_3=0,$$

解得$k_1=k_2=k_3=0$,则向量组$\boldsymbol{\alpha}_1,\boldsymbol{\alpha}_2,\boldsymbol{\alpha}_3$线性无关.

基本题型Ⅳ:已知线性相关性求参数的问题

例8 设3阶矩阵$\boldsymbol{A}=\begin{pmatrix}1&2&-2\\2&1&2\\3&0&4\end{pmatrix}$,三维列向量$\boldsymbol{\alpha}=(a,1,1)^{\mathrm{T}}$,已知$\boldsymbol{A\alpha}$与$\boldsymbol{\alpha}$线性相关,则$a=$________.(考研题)

【解析】 $\boldsymbol{A\alpha}=\begin{pmatrix}a\\2a+3\\3a+4\end{pmatrix}$.由$\boldsymbol{A\alpha}$与$\boldsymbol{\alpha}$线性相关,得$\frac{a}{a}=\frac{2a+3}{1}=\frac{3a+4}{1}$,解得$a=-1$.故应填$-1$.

【方法点击】 两个向量线性相关时,它们的对应分量成比例.

例9 设向量组$\boldsymbol{\alpha}_1=(2,1,1,1),\boldsymbol{\alpha}_2=(2,1,a,a),\boldsymbol{\alpha}_3=(3,2,1,a),\boldsymbol{\alpha}_4=(4,3,2,1)$线性相关,且$a\neq1$,则$a=$________.(考研题)

【解析】 因$\boldsymbol{\alpha}_1,\boldsymbol{\alpha}_2,\boldsymbol{\alpha}_3,\boldsymbol{\alpha}_4$线性相关,则$|\boldsymbol{\alpha}_1^{\mathrm{T}},\boldsymbol{\alpha}_2^{\mathrm{T}},\boldsymbol{\alpha}_3^{\mathrm{T}},\boldsymbol{\alpha}_4^{\mathrm{T}}|=0$,即

$$\begin{vmatrix}2&2&3&4\\1&1&2&3\\1&a&1&2\\1&a&a&1\end{vmatrix}=(a-1)(2a-1)=0,$$

解得 $a=1$ 或 $a=\frac{1}{2}$. 由题设 $a\neq1$，所以 $a=\frac{1}{2}$. 故应填 $\frac{1}{2}$.

基本题型Ⅴ：线性相关性与线性表示相关问题

例10　若向量组 $\boldsymbol{\alpha},\boldsymbol{\beta},\boldsymbol{\gamma}$ 线性无关，$\boldsymbol{\alpha},\boldsymbol{\beta},\boldsymbol{\delta}$ 线性相关，则(　　).

(A) $\boldsymbol{\alpha}$ 必可由 $\boldsymbol{\beta},\boldsymbol{\gamma},\boldsymbol{\delta}$ 线性表示

(B) $\boldsymbol{\beta}$ 必不可由 $\boldsymbol{\alpha},\boldsymbol{\gamma},\boldsymbol{\delta}$ 线性表示

(C) $\boldsymbol{\delta}$ 必可由 $\boldsymbol{\alpha},\boldsymbol{\beta},\boldsymbol{\gamma}$ 线性表示

(D) $\boldsymbol{\delta}$ 必不可由 $\boldsymbol{\alpha},\boldsymbol{\beta},\boldsymbol{\gamma}$ 线性表示

【解析】　若 $\boldsymbol{\alpha},\boldsymbol{\beta},\boldsymbol{\gamma}$ 线性无关，则其部分向量组 $\boldsymbol{\alpha},\boldsymbol{\beta}$ 线性无关，而由 $\boldsymbol{\alpha},\boldsymbol{\beta},\boldsymbol{\delta}$ 线性相关知存在不全为零的 k_1,k_2,k_3，使得 $k_1\boldsymbol{\alpha}+k_2\boldsymbol{\beta}+k_3\boldsymbol{\delta}=\boldsymbol{0}$，且 $k_3\neq0$，等式两边同时除以 k_3，并整理得 $\boldsymbol{\delta}=-\frac{k_1}{k_3}\boldsymbol{\alpha}-\frac{k_2}{k_3}\boldsymbol{\beta}$，则 $\boldsymbol{\delta}$ 可由 $\boldsymbol{\alpha},\boldsymbol{\beta}$ 线性表示，把上式写为 $\boldsymbol{\delta}=-\frac{k_1}{k_3}\boldsymbol{\alpha}-\frac{k_2}{k_3}\boldsymbol{\beta}+0\boldsymbol{\gamma}$，则 $\boldsymbol{\delta}$ 可由 $\boldsymbol{\alpha},\boldsymbol{\beta},\boldsymbol{\gamma}$ 线性表示. 故应选(C).

【方法点击】　线性相关的向量组中必存在某向量可由其余向量线性表示. 但应注意线性相关向量组中未必每一个向量都可由其余向量线性表示.

例11　设向量组 $\boldsymbol{\alpha}_1,\boldsymbol{\alpha}_2,\boldsymbol{\alpha}_3$ 线性相关，向量组 $\boldsymbol{\alpha}_2,\boldsymbol{\alpha}_3,\boldsymbol{\alpha}_4$ 线性无关，问：

(1) $\boldsymbol{\alpha}_1$ 能否由 $\boldsymbol{\alpha}_2,\boldsymbol{\alpha}_3$ 线性表示？证明你的结论；

(2) $\boldsymbol{\alpha}_4$ 能否由 $\boldsymbol{\alpha}_1,\boldsymbol{\alpha}_2,\boldsymbol{\alpha}_3$ 线性表示？证明你的结论.

【证明】　(1) $\boldsymbol{\alpha}_1$ 能由 $\boldsymbol{\alpha}_2,\boldsymbol{\alpha}_3$ 线性表示.

因为 $\boldsymbol{\alpha}_1,\boldsymbol{\alpha}_2,\boldsymbol{\alpha}_3$ 线性相关，所以有不全为零的数 k_1,k_2,k_3，使

$$k_1\boldsymbol{\alpha}_1+k_2\boldsymbol{\alpha}_2+k_3\boldsymbol{\alpha}_3=\boldsymbol{0}.$$

下证 $k_1\neq0$. 若 $k_1=0$，则 k_2,k_3 不全为零，并且 $k_2\boldsymbol{\alpha}_2+k_3\boldsymbol{\alpha}_3=\boldsymbol{0}$，所以 $\boldsymbol{\alpha}_2,\boldsymbol{\alpha}_3$ 线性相关，从而 $\boldsymbol{\alpha}_2,\boldsymbol{\alpha}_3,\boldsymbol{\alpha}_4$ 也线性相关，矛盾，所以 $k_1\neq0$. 从而有 $\boldsymbol{\alpha}_1=\left(-\frac{k_2}{k_1}\right)\boldsymbol{\alpha}_2+\left(-\frac{k_3}{k_1}\right)\boldsymbol{\alpha}_3$，所以 $\boldsymbol{\alpha}_1$ 可由 $\boldsymbol{\alpha}_2,\boldsymbol{\alpha}_3$ 线性表示.

(2) $\boldsymbol{\alpha}_4$ 不能由 $\boldsymbol{\alpha}_1,\boldsymbol{\alpha}_2,\boldsymbol{\alpha}_3$ 线性表示.

若 $\boldsymbol{\alpha}_4$ 可由 $\boldsymbol{\alpha}_1,\boldsymbol{\alpha}_2,\boldsymbol{\alpha}_3$ 线性表示，则有一组数 k_1,k_2,k_3，使得

$$\boldsymbol{\alpha}_4=k_1\boldsymbol{\alpha}_1+k_2\boldsymbol{\alpha}_2+k_3\boldsymbol{\alpha}_3,$$

而由(1)知 $\boldsymbol{\alpha}_1$ 可由 $\boldsymbol{\alpha}_2,\boldsymbol{\alpha}_3$ 线性表示，从而有一组数 l_2,l_3，使 $\boldsymbol{\alpha}_1=l_2\boldsymbol{\alpha}_2+l_3\boldsymbol{\alpha}_3$，从而有

$$\boldsymbol{\alpha}_4=k_1(l_2\boldsymbol{\alpha}_2+l_3\boldsymbol{\alpha}_3)+k_2\boldsymbol{\alpha}_2+k_3\boldsymbol{\alpha}_3=(k_1l_2+k_2)\boldsymbol{\alpha}_2+(k_1l_3+k_3)\boldsymbol{\alpha}_3,$$

所以 $(k_1l_2+k_2)\boldsymbol{\alpha}_2+(k_1l_3+k_3)\boldsymbol{\alpha}_3+(-1)\boldsymbol{\alpha}_4=\boldsymbol{0}$，而 $k_1l_2+k_2,k_1l_3+k_3,-1$ 为不全为零的数，因此 $\boldsymbol{\alpha}_2,\boldsymbol{\alpha}_3,\boldsymbol{\alpha}_4$ 线性相关，矛盾. 所以 $\boldsymbol{\alpha}_4$ 不能由 $\boldsymbol{\alpha}_1,\boldsymbol{\alpha}_2,\boldsymbol{\alpha}_3$ 线性表示.

【方法点击】　在证明线性相关性时，常用反证法.

基本题型Ⅵ：与矩阵相关的向量组线性关系问题

例12　设 $\boldsymbol{A}=\begin{pmatrix}-2&1&3\\1&1&0\\-4&1&t\end{pmatrix}$，且三维向量 $\boldsymbol{\alpha}_1,\boldsymbol{\alpha}_2$ 线性无关，而 $\boldsymbol{A}\boldsymbol{\alpha}_1,\boldsymbol{A}\boldsymbol{\alpha}_2$ 线性相关，则 $t=$

______.

【解析】 记矩阵 $\boldsymbol{B}=(\boldsymbol{\alpha}_1,\boldsymbol{\alpha}_2)$，因为 $\boldsymbol{\alpha}_1,\boldsymbol{\alpha}_2$ 线性无关，则 $R(\boldsymbol{B})=2$，又因为 $\boldsymbol{AB}=(\boldsymbol{A\alpha}_1,\boldsymbol{A\alpha}_2)$，且 $\boldsymbol{A\alpha}_1,\boldsymbol{A\alpha}_2$ 线性相关，则 $R(\boldsymbol{AB})<2$，于是 $R(\boldsymbol{AB})\neq R(\boldsymbol{B})$，所以 $\boldsymbol{A}$ 不可逆，故 $|\boldsymbol{A}|=\begin{vmatrix}-2&1&3\\1&1&0\\-4&1&t\end{vmatrix}=3(5-t)=0$，即 $t=5$. 故应填 5.

【方法点击】 若 $\boldsymbol{A}$ 是 $m\times n$ 矩阵，则 $\boldsymbol{A}$ 的列向量组线性相关 $\Leftrightarrow R(\boldsymbol{A})<n$；$\boldsymbol{A}$ 的列向量组线性无关 $\Leftrightarrow R(\boldsymbol{A})=n$. $\boldsymbol{A}$ 的行向量组线性相关 $\Leftrightarrow R(\boldsymbol{A})<m$；$\boldsymbol{A}$ 的行向量组线性无关 $\Leftrightarrow R(\boldsymbol{A})=m$.

例13 设 $\boldsymbol{A}$ 是 $n\times m$ 矩阵，$\boldsymbol{B}$ 是 $m\times n$ 矩阵，其中 $n<m$，$\boldsymbol{E}$ 是 n 阶单位矩阵，若 $\boldsymbol{AB}=\boldsymbol{E}$，证明 $\boldsymbol{B}$ 的列向量线性无关.

【证明】 **方法一**：将 $\boldsymbol{B}$ 按列分块 $\boldsymbol{B}=(\boldsymbol{\beta}_1,\boldsymbol{\beta}_2,\cdots,\boldsymbol{\beta}_n)$，若 $k_1\boldsymbol{\beta}_1+k_2\boldsymbol{\beta}_2+\cdots+k_n\boldsymbol{\beta}_n=\boldsymbol{0}$，则有

$$(\boldsymbol{\beta}_1,\boldsymbol{\beta}_2,\cdots,\boldsymbol{\beta}_n)\begin{pmatrix}k_1\\k_2\\\vdots\\k_n\end{pmatrix}=\boldsymbol{0}\text{，即 }\boldsymbol{B}\begin{pmatrix}k_1\\k_2\\\vdots\\k_n\end{pmatrix}=\boldsymbol{0},$$

$\boldsymbol{A}$ 左乘等式两边，有 $\boldsymbol{AB}\begin{pmatrix}k_1\\k_2\\\vdots\\k_n\end{pmatrix}=\boldsymbol{0}$，即 $\boldsymbol{E}\begin{pmatrix}k_1\\k_2\\\vdots\\k_n\end{pmatrix}=\boldsymbol{0}$，从而 $\begin{pmatrix}k_1\\k_2\\\vdots\\k_n\end{pmatrix}=0$，即 $k_1=k_2=\cdots=k_n=0$，所以 $\boldsymbol{\beta}_1,\boldsymbol{\beta}_2,\cdots,\boldsymbol{\beta}_n$ 线性无关，即 $\boldsymbol{B}$ 的列向量线性无关.

方法二：因为 $R(\boldsymbol{AB})\leqslant R(\boldsymbol{B})\leqslant n$，且 $R(\boldsymbol{AB})=R(\boldsymbol{E})=n$，则 $R(\boldsymbol{B})=n$，所以 $\boldsymbol{B}$ 的列向量线性无关.

【方法点击】 用线性无关的定义及分块矩阵的知识将问题转化为熟悉的矩阵方程问题. 同理可证 $\boldsymbol{A}$ 的行向量线性无关.

第三节 向量组的秩

知识全解

【知识结构】

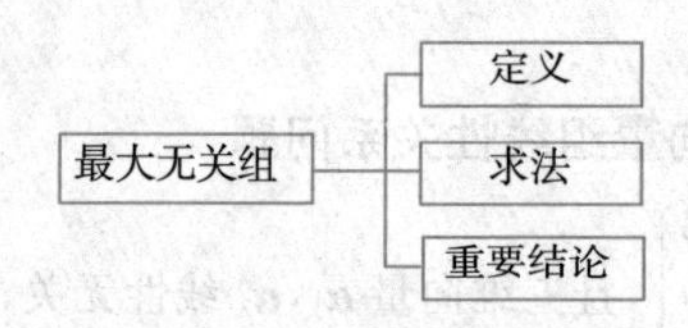

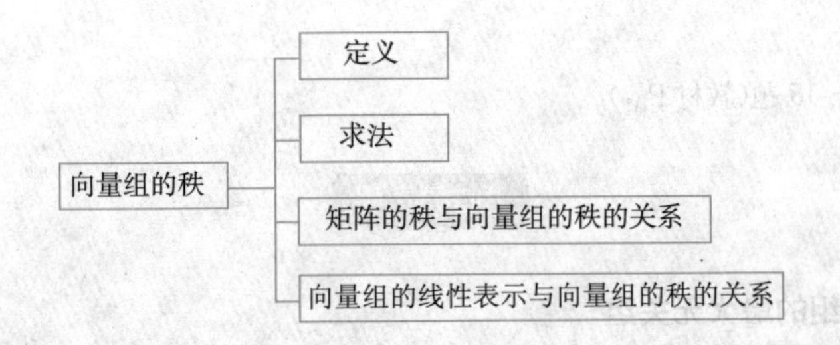

【考点精析】

1. 最大无关组.

定义	若向量组 A 中能选出 r 个向量 $\boldsymbol{\alpha}_1,\boldsymbol{\alpha}_2,\cdots,\boldsymbol{\alpha}_r$ 线性无关，而向量组 A 中任意 $r+1$ 个向量（如果 A 中有 $r+1$ 个向量的话）都线性相关，则 $\boldsymbol{\alpha}_1,\boldsymbol{\alpha}_2,\cdots,\boldsymbol{\alpha}_r$ 称为向量组 A 的一个**最大线性无关向量组（简称最大无关组）**
	若 $\boldsymbol{\alpha}_1,\boldsymbol{\alpha}_2,\cdots,\boldsymbol{\alpha}_r$ 是向量组 A 的一个部分组，且向量组 $\boldsymbol{\alpha}_1,\boldsymbol{\alpha}_2,\cdots,\boldsymbol{\alpha}_r$ 线性无关，向量组 A 的任一向量都能由 $\boldsymbol{\alpha}_1,\boldsymbol{\alpha}_2,\cdots,\boldsymbol{\alpha}_r$ 线性表示，则 $\boldsymbol{\alpha}_1,\boldsymbol{\alpha}_2,\cdots,\boldsymbol{\alpha}_r$ 是向量组 A 的一个最大无关组
重要结论	(1)任一向量组都和它的最大无关组等价； (2)同一向量组的任意两个最大无关组等价； (3)两个等价的线性无关的向量组所含向量个数相同； (4)一向量组的任意两个最大无关组所含向量个数相同； (5)线性无关向量组的最大无关组是它本身
备注	向量组的最大无关组一般不是唯一的

2. 向量组的秩、矩阵的秩.

名称	定义	结论	联系
向量组的秩	向量组 A 的最大无关组所含向量的个数 r 称为**向量组 A 的秩**	(1)若向量组 A 的秩为 r，则 A 中任意 r 个线性无关的向量均构成 A 的一最大无关组； (2)等价的向量组有相同的秩	若 D_r 是矩阵 $\boldsymbol{A}$ 的一个最高阶非零子式，则 D_r 所在的 r 列即是 $\boldsymbol{A}$ 的列向量组的一个最大无关组，D_r 所在的 r 行即是 $\boldsymbol{A}$ 的行向量组的一个最大无关组
矩阵的秩	矩阵的秩＝它的列秩（列向量组的秩）＝它的行秩（行向量组的秩）	任一矩阵的行秩与列秩相等	

3. 向量组的线性表出与向量组的秩的关系.

(1)向量组 $\boldsymbol{b}_1,\boldsymbol{b}_2,\cdots,\boldsymbol{b}_l$ 能由向量组 $\boldsymbol{a}_1,\boldsymbol{a}_2,\cdots,\boldsymbol{a}_m$ 线性表示的充分必要条件是 $R(\boldsymbol{a}_1,\boldsymbol{a}_2,\cdots,\boldsymbol{a}_m)=R(\boldsymbol{a}_1,\cdots,\boldsymbol{a}_m,\boldsymbol{b}_1,\cdots,\boldsymbol{b}_l)$；

(2)若向量组 B 能由向量组 A 线性表示，向量组 B 和 A 的秩分别为 R_B,R_A，则 $R_B\leqslant R_A$

4. 对应习题.

习题四第 13～15 题(教材 P_{111}).

例题精解

基本题型Ⅰ:向量组的最大无关组

例 1 设 n 维向量组 $\boldsymbol{\alpha}_1,\boldsymbol{\alpha}_2,\cdots,\boldsymbol{\alpha}_s$ 的秩为 3,(Ⅰ)是一个部分组,则下列各项中不正确的是(　　).

(A)若(Ⅰ)中向量个数大于 3,则(Ⅰ)一定线性相关

(B)若(Ⅰ)与 $\boldsymbol{\alpha}_1,\boldsymbol{\alpha}_2,\cdots,\boldsymbol{\alpha}_s$ 等价,则(Ⅰ)是最大无关组

(C)若(Ⅰ)有 3 个向量,且(Ⅰ)线性无关,则(Ⅰ)是最大无关组

(D)若(Ⅰ)线性无关,且(Ⅰ)$\subseteq\{\boldsymbol{\alpha}_1,\boldsymbol{\alpha}_2,\cdots,\boldsymbol{\alpha}_s\}$,则(Ⅰ)是最大无关组

【解析】 这 4 个选项中(B)不正确,因为(Ⅰ)$\subseteq\{\boldsymbol{\alpha}_1,\boldsymbol{\alpha}_2,\cdots,\boldsymbol{\alpha}_s\}$不能判定(Ⅰ)线性无关,例如,(Ⅰ)就是 $\boldsymbol{\alpha}_1,\boldsymbol{\alpha}_2,\cdots,\boldsymbol{\alpha}_s$,且 $s>3$ 时,(Ⅰ)就线性相关. 选项(A)、(C)是关于向量组秩的性质结论,正确. 选项(D)是关于向量组秩的定义结论,正确. 故应选(B).

例 2 矩阵 $\boldsymbol{A}=(\boldsymbol{\alpha}_1,\boldsymbol{\alpha}_2,\boldsymbol{\alpha}_3,\boldsymbol{\alpha}_4)$,经过初等行变换得到矩阵 $\boldsymbol{B}$,$\boldsymbol{B}=\begin{pmatrix}1&0&0&-2\\0&\frac{1}{2}&0&3\\0&0&-1&5\\0&0&0&0\end{pmatrix}$,则向量组 $\boldsymbol{\alpha}_1,\boldsymbol{\alpha}_2,\boldsymbol{\alpha}_3,\boldsymbol{\alpha}_4$ 的一个最大无关组是________,并且其余向量由此最大无关组线性表示的关系式为________.

【思路探索】 求向量组的最大无关组的一个重要方法是矩阵的初等行变换法,即把向量组中的各向量作为矩阵的列,对上述矩阵作初等行变换化为阶梯形矩阵后,每一阶梯取一列,则对应的向量所构成的向量组即为最大无关组.

【解析】 本题中矩阵 $\boldsymbol{A}$ 就是向量组 $\boldsymbol{\alpha}_1,\boldsymbol{\alpha}_2,\boldsymbol{\alpha}_3,\boldsymbol{\alpha}_4$ 列排后得到的矩阵,故经过初等行变换后得到的矩阵 $\boldsymbol{B}$ 即为阶梯形矩阵,所以,其最大无关组为 $\boldsymbol{\alpha}_1,\boldsymbol{\alpha}_2,\boldsymbol{\alpha}_3$(或 $\boldsymbol{\alpha}_1,\boldsymbol{\alpha}_2,\boldsymbol{\alpha}_4$). 通过观察矩阵 $\boldsymbol{B}$ 的列向量组,得 $\boldsymbol{\beta}_4=-2\boldsymbol{\beta}_1+6\boldsymbol{\beta}_2-5\boldsymbol{\beta}_3$,所以有 $\boldsymbol{\alpha}_4=-2\boldsymbol{\alpha}_1+6\boldsymbol{\alpha}_2-5\boldsymbol{\alpha}_3$.

故应填 $\boldsymbol{\alpha}_1,\boldsymbol{\alpha}_2,\boldsymbol{\alpha}_3$;$\boldsymbol{\alpha}_4=-2\boldsymbol{\alpha}_1+6\boldsymbol{\alpha}_2-5\boldsymbol{\alpha}_3$.

【方法点击】 初等行变换不改变矩阵列之间的线性关系. 若

$$\boldsymbol{A}=(\boldsymbol{\alpha}_1,\boldsymbol{\alpha}_2,\cdots,\boldsymbol{\alpha}_s)\xrightarrow{\text{行}}\boldsymbol{B}=(\boldsymbol{\beta}_1,\boldsymbol{\beta}_2,\cdots,\boldsymbol{\beta}_s),$$

则向量组 $\boldsymbol{\beta}_1,\boldsymbol{\beta}_2,\cdots,\boldsymbol{\beta}_s$ 的线性关系和向量组 $\boldsymbol{\alpha}_1,\boldsymbol{\alpha}_2,\cdots,\boldsymbol{\alpha}_s$ 的线性关系相同.

例 3 设四维向量组 $\boldsymbol{\alpha}_1=(1+a,1,1,1)^{\mathrm{T}}$,$\boldsymbol{\alpha}_2=(2,2+a,2,2)^{\mathrm{T}}$,$\boldsymbol{\alpha}_3=(3,3,3+a,3)^{\mathrm{T}}$,$\boldsymbol{\alpha}_4=(4,4,4,4+a)^{\mathrm{T}}$,问 a 为何值时,$\boldsymbol{\alpha}_1,\boldsymbol{\alpha}_2,\boldsymbol{\alpha}_3,\boldsymbol{\alpha}_4$ 线性相关? 当 $\boldsymbol{\alpha}_1,\boldsymbol{\alpha}_2,\boldsymbol{\alpha}_3,\boldsymbol{\alpha}_4$ 线性相关时,求其一个最大无关组,并将其余向量用该最大无关组线性表出.(考研题)

【解析】 方法一:记 $\boldsymbol{A}=(\boldsymbol{\alpha}_1,\boldsymbol{\alpha}_2,\boldsymbol{\alpha}_3,\boldsymbol{\alpha}_4)$,则

$$|\boldsymbol{A}|=\begin{vmatrix}1+a&2&3&4\\1&2+a&3&4\\1&2&3+a&4\\1&2&3&4+a\end{vmatrix}=(a+10)a^3.$$

于是当 $a=0$ 或 $a=-10$ 时,$\boldsymbol{\alpha}_1,\boldsymbol{\alpha}_2,\boldsymbol{\alpha}_3,\boldsymbol{\alpha}_4$ 线性相关.

当 $a=0$ 时,$\boldsymbol{\alpha}_1$ 为 $\boldsymbol{\alpha}_1,\boldsymbol{\alpha}_2,\boldsymbol{\alpha}_3,\boldsymbol{\alpha}_4$ 的一个最大无关组,且 $\boldsymbol{\alpha}_2=2\boldsymbol{\alpha}_1,\boldsymbol{\alpha}_3=3\boldsymbol{\alpha}_1,\boldsymbol{\alpha}_4=4\boldsymbol{\alpha}_1$.

当 $a=-10$ 时,对矩阵 $\boldsymbol{A}$ 施以初等行变换,有

$$\boldsymbol{A}=\begin{pmatrix}-9&2&3&4\\1&-8&3&4\\1&2&-7&4\\1&2&3&-6\end{pmatrix}\to\begin{pmatrix}-9&2&3&4\\10&-10&0&0\\10&0&-10&0\\10&0&0&-10\end{pmatrix}$$

$$\to\begin{pmatrix}-9&2&3&4\\1&-1&0&0\\1&0&-1&0\\1&0&0&-1\end{pmatrix}\to\begin{pmatrix}0&0&0&0\\1&-1&0&0\\1&0&-1&0\\1&0&0&-1\end{pmatrix}=(\boldsymbol{\beta}_1,\boldsymbol{\beta}_2,\boldsymbol{\beta}_3,\boldsymbol{\beta}_4).$$

由于 $\boldsymbol{\beta}_2,\boldsymbol{\beta}_3,\boldsymbol{\beta}_4$ 为 $\boldsymbol{\beta}_1,\boldsymbol{\beta}_2,\boldsymbol{\beta}_3,\boldsymbol{\beta}_4$ 的一个最大无关组,且 $\boldsymbol{\beta}_1=-\boldsymbol{\beta}_2-\boldsymbol{\beta}_3-\boldsymbol{\beta}_4$,故 $\boldsymbol{\alpha}_2,\boldsymbol{\alpha}_3,\boldsymbol{\alpha}_4$ 为 $\boldsymbol{\alpha}_1,\boldsymbol{\alpha}_2,\boldsymbol{\alpha}_3,\boldsymbol{\alpha}_4$ 的一个最大无关组,且 $\boldsymbol{\alpha}_1=-\boldsymbol{\alpha}_2-\boldsymbol{\alpha}_3-\boldsymbol{\alpha}_4$.

方法二:记 $\boldsymbol{A}=(\boldsymbol{\alpha}_1,\boldsymbol{\alpha}_2,\boldsymbol{\alpha}_3,\boldsymbol{\alpha}_4)$,对 $\boldsymbol{A}$ 施以初等行变换,有

$$\boldsymbol{A}=\begin{pmatrix}1+a&2&3&4\\1&2+a&3&4\\1&2&3+a&4\\1&2&3&4+a\end{pmatrix}\to\begin{pmatrix}1+a&2&3&4\\-a&a&0&0\\-a&0&a&0\\-a&0&0&a\end{pmatrix}=\boldsymbol{B}.$$

当 $a=0$ 时,$\boldsymbol{A}$ 的秩为 1,因而 $\boldsymbol{\alpha}_1,\boldsymbol{\alpha}_2,\boldsymbol{\alpha}_3,\boldsymbol{\alpha}_4$ 线性相关.此时 $\boldsymbol{\alpha}_1$ 为 $\boldsymbol{\alpha}_1,\boldsymbol{\alpha}_2,\boldsymbol{\alpha}_3,\boldsymbol{\alpha}_4$ 的一个最大无关组,且 $\boldsymbol{\alpha}_2=2\boldsymbol{\alpha}_1,\boldsymbol{\alpha}_3=3\boldsymbol{\alpha}_1,\boldsymbol{\alpha}_4=4\boldsymbol{\alpha}_1$.

当 $a\neq0$ 时,再对 $\boldsymbol{B}$ 施以初等行变换,有

$$\boldsymbol{B}\to\begin{pmatrix}1+a&2&3&4\\-1&1&0&0\\-1&0&1&0\\-1&0&0&1\end{pmatrix}\to\begin{pmatrix}a+10&0&0&0\\-1&1&0&0\\-1&0&1&0\\-1&0&0&1\end{pmatrix}=\boldsymbol{C}=(\boldsymbol{\gamma}_1,\boldsymbol{\gamma}_2,\boldsymbol{\gamma}_3,\boldsymbol{\gamma}_4).$$

如果 $a\neq-10$,$\boldsymbol{C}$ 的秩为 4,从而 $\boldsymbol{A}$ 的秩为 4,故 $\boldsymbol{\alpha}_1,\boldsymbol{\alpha}_2,\boldsymbol{\alpha}_3,\boldsymbol{\alpha}_4$ 线性无关.

如果 $a=-10$,$\boldsymbol{C}$ 的秩为 3,从而 $\boldsymbol{A}$ 的秩为 3,故 $\boldsymbol{\alpha}_1,\boldsymbol{\alpha}_2,\boldsymbol{\alpha}_3,\boldsymbol{\alpha}_4$ 线性相关.于是 $\boldsymbol{\alpha}_2,\boldsymbol{\alpha}_3,\boldsymbol{\alpha}_4$ 为 $\boldsymbol{\alpha}_1,\boldsymbol{\alpha}_2,\boldsymbol{\alpha}_3,\boldsymbol{\alpha}_4$ 的一个最大无关组,且 $\boldsymbol{\alpha}_1=-\boldsymbol{\alpha}_2-\boldsymbol{\alpha}_3-\boldsymbol{\alpha}_4$.

基本题型Ⅱ:向量组的秩

例 4　求下列向量组的秩:

$\boldsymbol{\alpha}_1=(6,4,1,-1,2),\boldsymbol{\alpha}_2=(1,0,2,3,-4),\boldsymbol{\alpha}_3=(1,4,-9,-16,22),\boldsymbol{\alpha}_4=(7,1,0,-1,3)$.

【解析】　将向量 $\boldsymbol{\alpha}_1,\boldsymbol{\alpha}_2,\boldsymbol{\alpha}_3,\boldsymbol{\alpha}_4$ 作为行向量构成矩阵,作初等变换化为阶梯形矩阵.

$$\boldsymbol{A}=\begin{pmatrix}6&4&1&-1&2\\1&0&2&3&-4\\1&4&-9&-16&22\\7&1&0&-1&3\end{pmatrix}\to\begin{pmatrix}1&0&2&3&-4\\0&4&-11&-19&26\\0&4&-11&-19&26\\0&1&-14&-22&31\end{pmatrix}$$

$$\rightarrow\begin{pmatrix}1&0&2&3&-4\\0&1&-14&-22&31\\0&0&45&69&-98\\0&0&0&0&0\end{pmatrix},$$

所以向量组的秩为 3.

【方法点击】 向量组求秩时，可用向量组中的向量构成矩阵(作为行向量或作为列向量构成矩阵均可)，对矩阵作初等变换化为阶梯形矩阵，则阶梯形矩阵的秩即为所求向量组的秩. 作初等变换时，可根据题目特点作初等行变换或初等列变换.

例 5 设三维向量组 $\boldsymbol{\alpha}_1,\boldsymbol{\alpha}_2,\boldsymbol{\alpha}_3$ 线性无关，$\boldsymbol{\gamma}_1=\boldsymbol{\alpha}_1+\boldsymbol{\alpha}_2-\boldsymbol{\alpha}_3$，$\boldsymbol{\gamma}_2=3\boldsymbol{\alpha}_1-\boldsymbol{\alpha}_2$，$\boldsymbol{\gamma}_3=4\boldsymbol{\alpha}_1-\boldsymbol{\alpha}_3$，$\boldsymbol{\gamma}_4=2\boldsymbol{\alpha}_1-2\boldsymbol{\alpha}_2+\boldsymbol{\alpha}_3$，求向量组 $\boldsymbol{\gamma}_1,\boldsymbol{\gamma}_2,\boldsymbol{\gamma}_3,\boldsymbol{\gamma}_4$ 的秩.

【解析】 记 $\boldsymbol{A}=(\boldsymbol{\alpha}_1,\boldsymbol{\alpha}_2,\boldsymbol{\alpha}_3)$，则由 $\boldsymbol{\alpha}_1,\boldsymbol{\alpha}_2,\boldsymbol{\alpha}_3$ 线性无关知 $R(\boldsymbol{A})=3$，又因为 $\boldsymbol{A}$ 为 3 阶方阵，故 $\boldsymbol{A}$ 可逆. 记 $\boldsymbol{B}=(\boldsymbol{\gamma}_1,\boldsymbol{\gamma}_2,\boldsymbol{\gamma}_3,\boldsymbol{\gamma}_4)$，则 $\boldsymbol{B}=\boldsymbol{AC}$，其中

$$\boldsymbol{C}=\begin{pmatrix}1&3&4&2\\1&-1&0&-2\\-1&0&-1&1\end{pmatrix},$$

根据 $\boldsymbol{A}$ 的可逆性及矩阵秩的结论可得 $R(\boldsymbol{B})=R(\boldsymbol{C})$，对矩阵 $\boldsymbol{C}$ 作初等行变换化为阶梯形矩阵，

$$\boldsymbol{C}=\begin{pmatrix}1&3&4&2\\1&-1&0&-2\\-1&0&-1&1\end{pmatrix}\rightarrow\begin{pmatrix}1&-1&0&-2\\0&4&4&4\\0&-1&-1&-1\end{pmatrix}\rightarrow\begin{pmatrix}1&-1&0&-2\\0&1&1&1\\0&0&0&0\end{pmatrix},$$

则 $R(\boldsymbol{C})=2$，故 $R(\boldsymbol{B})=2$，也即向量组 $\boldsymbol{\gamma}_1,\boldsymbol{\gamma}_2,\boldsymbol{\gamma}_3,\boldsymbol{\gamma}_4$ 的秩为 2.

【方法点击】 利用向量组的秩与矩阵的秩之间的关系，把求抽象向量组的秩转化为求具体矩阵的秩.

例 6 已知向量组(Ⅰ)$\boldsymbol{\alpha}_1,\boldsymbol{\alpha}_2,\boldsymbol{\alpha}_3$；(Ⅱ)$\boldsymbol{\alpha}_1,\boldsymbol{\alpha}_2,\boldsymbol{\alpha}_3,\boldsymbol{\alpha}_4$；(Ⅲ)$\boldsymbol{\alpha}_1,\boldsymbol{\alpha}_2,\boldsymbol{\alpha}_3,\boldsymbol{\alpha}_5$，如果向量组的秩分别为 R(Ⅰ)$=R$(Ⅱ)$=3$，R(Ⅲ)$=4$，求证向量组 $\boldsymbol{\alpha}_1,\boldsymbol{\alpha}_2,\boldsymbol{\alpha}_3,\boldsymbol{\alpha}_5-\boldsymbol{\alpha}_4$ 的秩为 4.

【思路探索】 要证 $R(\boldsymbol{\alpha}_1,\boldsymbol{\alpha}_2,\boldsymbol{\alpha}_3,\boldsymbol{\alpha}_5-\boldsymbol{\alpha}_4)=4$，等价于证明 $\boldsymbol{\alpha}_1,\boldsymbol{\alpha}_2,\boldsymbol{\alpha}_3,\boldsymbol{\alpha}_5-\boldsymbol{\alpha}_4$ 线性无关.

【证明】 **方法一**：由 R(Ⅰ)$=R$(Ⅱ)$=3$ 可知，$\boldsymbol{\alpha}_1,\boldsymbol{\alpha}_2,\boldsymbol{\alpha}_3$ 线性无关，从而 $\boldsymbol{\alpha}_4$ 可由 $\boldsymbol{\alpha}_1,\boldsymbol{\alpha}_2,\boldsymbol{\alpha}_3$ 唯一线性表示，从而有一组数 l_1,l_2,l_3，使 $\boldsymbol{\alpha}_4=l_1\boldsymbol{\alpha}_1+l_2a_2+l_3\boldsymbol{\alpha}_3$. 若有关系式 $x_1\boldsymbol{\alpha}_1+x_2\boldsymbol{\alpha}_2+x_3\boldsymbol{\alpha}_3+x_4(\boldsymbol{\alpha}_5-\boldsymbol{\alpha}_4)=\boldsymbol{0}$，将 $\boldsymbol{\alpha}_4=l_1\boldsymbol{\alpha}_1+l_2\boldsymbol{\alpha}_2+l_3\boldsymbol{\alpha}_3$ 代入，可得

$$x_1\boldsymbol{\alpha}_1+x_2\boldsymbol{\alpha}_2+x_3\boldsymbol{\alpha}_3+x_4(\boldsymbol{\alpha}_5-l_1\boldsymbol{\alpha}_1-l_2\boldsymbol{\alpha}_2-l_3\boldsymbol{\alpha}_3)=\boldsymbol{0},$$

整理可得

$$(x_1-l_1x_4)\boldsymbol{\alpha}_1+(x_2-l_2x_4)\boldsymbol{\alpha}_2+(x_3-l_3x_4)\boldsymbol{\alpha}_3+x_4\boldsymbol{\alpha}_5=\boldsymbol{0}.$$

又由于 R(Ⅲ)$=4$，则 $\boldsymbol{\alpha}_1,\boldsymbol{\alpha}_2,\boldsymbol{\alpha}_3,\boldsymbol{\alpha}_5$ 线性无关，所以有齐次线性方程组

$$\begin{cases}x_1-l_1x_4=0,\\x_2-l_2x_4=0,\\x_3-l_3x_4=0,\\x_4=0.\end{cases}$$

根据线性无关的定义

解得 $x_1=x_2=x_3=x_4=0$,从而向量组 $\boldsymbol{\alpha}_1,\boldsymbol{\alpha}_2,\boldsymbol{\alpha}_3,\boldsymbol{\alpha}_5-\boldsymbol{\alpha}_4$ 线性无关.所以 $R(\boldsymbol{\alpha}_1,\boldsymbol{\alpha}_2,\boldsymbol{\alpha}_3,\boldsymbol{\alpha}_5-\boldsymbol{\alpha}_4)=4$.

方法二: 由于 $R(\text{Ⅰ})=R(\text{Ⅱ})=3$,从而 $\boldsymbol{\alpha}_1,\boldsymbol{\alpha}_2,\boldsymbol{\alpha}_3$ 线性无关,$\boldsymbol{\alpha}_1,\boldsymbol{\alpha}_2,\boldsymbol{\alpha}_3,\boldsymbol{\alpha}_4$ 线性相关,所以 $\boldsymbol{\alpha}_4$ 可由 $\boldsymbol{\alpha}_1,\boldsymbol{\alpha}_2,\boldsymbol{\alpha}_3$ 唯一地线性表示,设

$$\boldsymbol{\alpha}_4=k_1\boldsymbol{\alpha}_1+k_2\boldsymbol{\alpha}_2+k_3\boldsymbol{\alpha}_3.$$

假设 $R(\boldsymbol{\alpha}_1,\boldsymbol{\alpha}_2,\boldsymbol{\alpha}_3,\boldsymbol{\alpha}_5-\boldsymbol{\alpha}_4)<4$,则由 $\boldsymbol{\alpha}_1,\boldsymbol{\alpha}_2,\boldsymbol{\alpha}_3$ 线性无关知向量组 $\boldsymbol{\alpha}_1,\boldsymbol{\alpha}_2,\boldsymbol{\alpha}_3$ 必为向量组 $\boldsymbol{\alpha}_1,\boldsymbol{\alpha}_2,\boldsymbol{\alpha}_3,\boldsymbol{\alpha}_5-\boldsymbol{\alpha}_4$ 的一个最大无关组,所以 $\boldsymbol{\alpha}_5-\boldsymbol{\alpha}_4$ 也可由 $\boldsymbol{\alpha}_1,\boldsymbol{\alpha}_2,\boldsymbol{\alpha}_3$ 线性表示.设 $\boldsymbol{\alpha}_5-\boldsymbol{\alpha}_4=l_1\boldsymbol{\alpha}_1+l_2\boldsymbol{\alpha}_2+l_3\boldsymbol{\alpha}_3$,则

$$\begin{aligned}\boldsymbol{\alpha}_5&=\boldsymbol{\alpha}_4+l_1\boldsymbol{\alpha}_1+l_2\boldsymbol{\alpha}_2+l_3\boldsymbol{\alpha}_3=k_1\boldsymbol{\alpha}_1+k_2\boldsymbol{\alpha}_2+k_3\boldsymbol{\alpha}_3+l_1\boldsymbol{\alpha}_1+l_2\boldsymbol{\alpha}_2+l_3\boldsymbol{\alpha}_3\\&=(k_1+l_1)\boldsymbol{\alpha}_1+(k_2+l_2)\boldsymbol{\alpha}_2+(k_3+l_3)\boldsymbol{\alpha}_3,\end{aligned}$$

从而 $\boldsymbol{\alpha}_5$ 可由 $\boldsymbol{\alpha}_1,\boldsymbol{\alpha}_2,\boldsymbol{\alpha}_3$ 线性表示,则 $\boldsymbol{\alpha}_1,\boldsymbol{\alpha}_2,\boldsymbol{\alpha}_3,\boldsymbol{\alpha}_5$ 线性相关,与 $R(\text{Ⅲ})=4$ 矛盾,所以 $R(\boldsymbol{\alpha}_1,\boldsymbol{\alpha}_2,\boldsymbol{\alpha}_3,\boldsymbol{\alpha}_5-\boldsymbol{\alpha}_4)\geqslant 4$.显然 $R(\boldsymbol{\alpha}_1,\boldsymbol{\alpha}_2,\boldsymbol{\alpha}_3,\boldsymbol{\alpha}_5-\boldsymbol{\alpha}_4)$ 小于等于其所含向量的个数即4,所以 $R(\boldsymbol{\alpha}_1,\boldsymbol{\alpha}_2,\boldsymbol{\alpha}_3,\boldsymbol{\alpha}_5-\boldsymbol{\alpha}_4)=4$.

【方法点击】 方法一是利用向量组线性无关的定义,方法二是利用反证法,先假设 $R(\boldsymbol{\alpha}_1,\boldsymbol{\alpha}_2,\boldsymbol{\alpha}_3,\boldsymbol{\alpha}_5-\boldsymbol{\alpha}_4)<4$,再推出矛盾.

例7 已知向量组 $\boldsymbol{\beta}_1=\begin{pmatrix}0\\1\\-1\end{pmatrix},\boldsymbol{\beta}_2=\begin{pmatrix}a\\2\\1\end{pmatrix},\boldsymbol{\beta}_3=\begin{pmatrix}b\\1\\0\end{pmatrix}$ 与向量组 $\boldsymbol{\alpha}_1=\begin{pmatrix}1\\2\\-3\end{pmatrix},\boldsymbol{\alpha}_2=\begin{pmatrix}3\\0\\1\end{pmatrix},\boldsymbol{\alpha}_3=\begin{pmatrix}9\\6\\-7\end{pmatrix}$ 具有相同的秩,且 $\boldsymbol{\beta}_3$ 可由向量组 $\boldsymbol{\alpha}_1,\boldsymbol{\alpha}_2,\boldsymbol{\alpha}_3$ 线性表示,求 a,b 的值.

【解析】 **方法一:** 因为 $\boldsymbol{\beta}_3$ 可由向量组 $\boldsymbol{\alpha}_1,\boldsymbol{\alpha}_2,\boldsymbol{\alpha}_3$ 线性表示,设

$$\boldsymbol{\beta}_3=l_1\boldsymbol{\alpha}_1+l_2\boldsymbol{\alpha}_2+l_3\boldsymbol{\alpha}_3=(\boldsymbol{\alpha}_1,\boldsymbol{\alpha}_2,\boldsymbol{\alpha}_3)\begin{pmatrix}l_1\\l_2\\l_3\end{pmatrix},$$

所以线性方程组 $\begin{pmatrix}1&3&9\\2&0&6\\-3&1&-7\end{pmatrix}\begin{pmatrix}x_1\\x_2\\x_3\end{pmatrix}=\begin{pmatrix}b\\1\\0\end{pmatrix}$ 有解.

对方程组的增广矩阵施以初等行变换,有

$$\begin{pmatrix}1&3&9&b\\2&0&6&1\\-3&1&-7&0\end{pmatrix}\to\begin{pmatrix}1&3&9&b\\0&-6&-12&1-2b\\0&0&0&5-b\end{pmatrix},$$

因为方程组有解,则系数矩阵的秩与增广矩阵的秩相同,从而 $b=5$,而方程组的系数矩阵的秩为2,所以向量组 $\boldsymbol{\alpha}_1,\boldsymbol{\alpha}_2,\boldsymbol{\alpha}_3$ 的秩也为2,从而 $R(\boldsymbol{\beta}_1,\boldsymbol{\beta}_2,\boldsymbol{\beta}_3)=2$,所以行列式 $\begin{vmatrix}0&a&5\\1&2&1\\-1&1&0\end{vmatrix}=0$,

即 $\begin{vmatrix}0&a&5\\1&2&1\\-1&1&0\end{vmatrix}=\begin{vmatrix}0&a&5\\0&3&1\\-1&1&0\end{vmatrix}=15-a=0$,所以 $a=15$.

方法二:对矩阵$(\boldsymbol{\alpha}_1,\boldsymbol{\alpha}_2,\boldsymbol{\alpha}_3)$施以初等行变换,有

$$(\boldsymbol{\alpha}_1,\boldsymbol{\alpha}_2,\boldsymbol{\alpha}_3)=\begin{pmatrix}1&3&9\\2&0&6\\-3&1&-7\end{pmatrix}\to\begin{pmatrix}1&3&9\\0&-6&-12\\0&10&20\end{pmatrix}\to\begin{pmatrix}1&3&9\\0&1&2\\0&0&0\end{pmatrix},$$

所以$R(\boldsymbol{\alpha}_1,\boldsymbol{\alpha}_2,\boldsymbol{\alpha}_3)=2$,并且$\boldsymbol{\alpha}_1,\boldsymbol{\alpha}_2$为$\boldsymbol{\alpha}_1,\boldsymbol{\alpha}_2,\boldsymbol{\alpha}_3$的一个最大无关组.

又因为$R(\boldsymbol{\beta}_1,\boldsymbol{\beta}_2,\boldsymbol{\beta}_3)=R(\boldsymbol{\alpha}_1,\boldsymbol{\alpha}_2,\boldsymbol{\alpha}_3)$,所以$R(\boldsymbol{\beta}_1,\boldsymbol{\beta}_2,\boldsymbol{\beta}_3)=2$,

所以$\begin{vmatrix}0&a&b\\1&2&1\\-1&1&0\end{vmatrix}=-a+3b=0$,从而$a=3b$.

另外,由于$\boldsymbol{\beta}_3$可由$\boldsymbol{\alpha}_1,\boldsymbol{\alpha}_2,\boldsymbol{\alpha}_3$线性表示,而$\boldsymbol{\alpha}_1,\boldsymbol{\alpha}_2$为$\boldsymbol{\alpha}_1,\boldsymbol{\alpha}_2,\boldsymbol{\alpha}_3$,的一个最大无关组,则$\boldsymbol{\alpha}_1,\boldsymbol{\alpha}_2$与$\boldsymbol{\alpha}_1,\boldsymbol{\alpha}_2,\boldsymbol{\alpha}_3$等价,故$\boldsymbol{\beta}_3$可由$\boldsymbol{\alpha}_1,\boldsymbol{\alpha}_2$线性表示,从而$\boldsymbol{\alpha}_1,\boldsymbol{\alpha}_2,\boldsymbol{\beta}_3$线性相关,所以$\begin{vmatrix}1&3&b\\2&0&1\\-3&1&0\end{vmatrix}=\begin{vmatrix}10&3&b\\2&0&1\\0&1&0\end{vmatrix}=0$,解得$b=5$,而$a=15$.

【方法点击】 方法一利用非齐次线性方程组有解则其系数矩阵与增广矩阵的秩相等.方法二利用最大无关组与原向量组等价的性质,将$\boldsymbol{\beta}_3$可由$\boldsymbol{\alpha}_1,\boldsymbol{\alpha}_2,\boldsymbol{\alpha}_3$线性表示这一条件,通过线性表示的传递性转化为$\boldsymbol{\beta}_3$可由$\boldsymbol{\alpha}_1,\boldsymbol{\alpha}_2$线性表示.

基本题型Ⅲ:向量组的秩与向量组的线性表示的关系

例8 设n维列向量组$\boldsymbol{\alpha}_1,\boldsymbol{\alpha}_2,\cdots,\boldsymbol{\alpha}_m(m<n)$线性无关,则$n$维列向量组$\boldsymbol{\beta}_1,\boldsymbol{\beta}_2,\cdots,\boldsymbol{\beta}_m$线性无关的充分必要条件为(　　).(考研题)

(A)向量组$\boldsymbol{\alpha}_1,\boldsymbol{\alpha}_2,\cdots,\boldsymbol{\alpha}_m$可由向量组$\boldsymbol{\beta}_1,\boldsymbol{\beta}_2,\cdots,\boldsymbol{\beta}_m$线性表示

(B)向量组$\boldsymbol{\beta}_1,\boldsymbol{\beta}_2,\cdots,\boldsymbol{\beta}_m$可由向量组$\boldsymbol{\alpha}_1,\boldsymbol{\alpha}_2,\cdots,\boldsymbol{\alpha}_m$线性表示

(C)向量组$\boldsymbol{\alpha}_1,\boldsymbol{\alpha}_2,\cdots,\boldsymbol{\alpha}_m$与向量组$\boldsymbol{\beta}_1,\boldsymbol{\beta}_2,\cdots,\boldsymbol{\beta}_m$等价

(D)矩阵$\boldsymbol{A}=(\boldsymbol{\alpha}_1,\boldsymbol{\alpha}_2,\cdots,\boldsymbol{\alpha}_m)$与矩阵$\boldsymbol{B}=(\boldsymbol{\beta}_1,\boldsymbol{\beta}_2,\cdots,\boldsymbol{\beta}_m)$等价

【解析】 (A)若向量组$\boldsymbol{\alpha}_1,\boldsymbol{\alpha}_2,\cdots,\boldsymbol{\alpha}_m$可由向量组$\boldsymbol{\beta}_1,\boldsymbol{\beta}_2,\cdots,\boldsymbol{\beta}_m$线性表示,则$m=R(\boldsymbol{\alpha}_1,\boldsymbol{\alpha}_2,\cdots,\boldsymbol{\alpha}_m)\leqslant R(\boldsymbol{\beta}_1,\boldsymbol{\beta}_2,\cdots,\boldsymbol{\beta}_m)\leqslant m$,从而$R(\boldsymbol{\beta}_1,\boldsymbol{\beta}_2,\cdots,\boldsymbol{\beta}_m)=m$,即$\boldsymbol{\beta}_1,\boldsymbol{\beta}_2,\cdots,\boldsymbol{\beta}_m$线性无关,但反之不一定成立,因为两个向量组秩相等不一定等价.

(B)$\boldsymbol{\beta}_1,\boldsymbol{\beta}_2,\cdots,\boldsymbol{\beta}_m$线性无关并不能推出$\boldsymbol{\beta}_1,\boldsymbol{\beta}_2,\cdots,\boldsymbol{\beta}_m$可由$\boldsymbol{\alpha}_1,\boldsymbol{\alpha}_2,\cdots,\boldsymbol{\alpha}_m$线性表示这一结果.

(C)两向量组向量个数相同且都线性无关并不能推出两向量组等价.

(D)若向量组$\boldsymbol{\beta}_1,\boldsymbol{\beta}_2,\cdots,\boldsymbol{\beta}_m$线性无关,则$R(\boldsymbol{B})=m$,从而$R(\boldsymbol{A})=R(\boldsymbol{B})$,而$\boldsymbol{A},\boldsymbol{B}$为同型矩阵,所以$\boldsymbol{A}$与$\boldsymbol{B}$等价.反之,若$\boldsymbol{A}$与$\boldsymbol{B}$等价,则$R(\boldsymbol{A})=R(\boldsymbol{B})$,又由于$\boldsymbol{\alpha}_1,\boldsymbol{\alpha}_2,\cdots,\boldsymbol{\alpha}_m$线性无关,从而$R(\boldsymbol{A})=m$,所以$R(\boldsymbol{B})=m$,所以$\boldsymbol{\beta}_1,\boldsymbol{\beta}_2,\cdots,\boldsymbol{\beta}_m$线性无关.故应选(D).

例9 设$\boldsymbol{\alpha}_1,\boldsymbol{\alpha}_2,\cdots,\boldsymbol{\alpha}_s$均为$n$维列向量,$\boldsymbol{A}$是$m\times n$矩阵,下列选项正确的是(　　).

(A)若$\boldsymbol{\alpha}_1,\boldsymbol{\alpha}_2,\cdots,\boldsymbol{\alpha}_s$线性相关,则$\boldsymbol{A}\boldsymbol{\alpha}_1,\boldsymbol{A}\boldsymbol{\alpha}_2,\cdots,\boldsymbol{A}\boldsymbol{\alpha}_s$线性相关

(B)若$\boldsymbol{\alpha}_1,\boldsymbol{\alpha}_2,\cdots,\boldsymbol{\alpha}_s$线性相关,则$\boldsymbol{A}\boldsymbol{\alpha}_1,\boldsymbol{A}\boldsymbol{\alpha}_2,\cdots,\boldsymbol{A}\boldsymbol{\alpha}_s$线性无关

(C)若 $\boldsymbol{\alpha}_1,\boldsymbol{\alpha}_2,\cdots,\boldsymbol{\alpha}_s$ 线性无关,则 $\boldsymbol{A\alpha}_1,\boldsymbol{A\alpha}_2,\cdots,\boldsymbol{A\alpha}_s$ 线性相关

(D)若 $\boldsymbol{\alpha}_1,\boldsymbol{\alpha}_2,\cdots,\boldsymbol{\alpha}_s$ 线性无关,则 $\boldsymbol{A\alpha}_1,\boldsymbol{A\alpha}_2,\cdots,\boldsymbol{A\alpha}_s$ 线性无关

【解析】 **方法一**:记 $\boldsymbol{B}=(\boldsymbol{A\alpha}_1,\boldsymbol{A\alpha}_2,\cdots,\boldsymbol{A\alpha}_s)$,$\boldsymbol{C}=(\boldsymbol{\alpha}_1,\boldsymbol{\alpha}_2,\cdots,\boldsymbol{\alpha}_s)$,则

$$\boldsymbol{B}=(\boldsymbol{A\alpha}_1,\boldsymbol{A\alpha}_2,\cdots,\boldsymbol{A\alpha}_s)=\boldsymbol{A}(\boldsymbol{\alpha}_1,\boldsymbol{\alpha}_2,\cdots,\boldsymbol{\alpha}_s)=\boldsymbol{AC},$$

则 $R(\boldsymbol{B})\leqslant R(\boldsymbol{C})$.

若 $\boldsymbol{\alpha}_1,\boldsymbol{\alpha}_2,\cdots,\boldsymbol{\alpha}_s$ 线性相关,则 $R(\boldsymbol{C})<s$,从而 $R(\boldsymbol{B})<s$,即向量组 $\boldsymbol{A\alpha}_1,\boldsymbol{A\alpha}_2,\cdots,\boldsymbol{A\alpha}_s$ 线性相关,选项(A)正确,(B)不正确.

若 $\boldsymbol{\alpha}_1,\boldsymbol{\alpha}_2,\cdots,\boldsymbol{\alpha}_s$ 线性无关,则 $R(\boldsymbol{C})=s$,从而 $R(\boldsymbol{B})\leqslant s$,向量组 $\boldsymbol{A\alpha}_1,\boldsymbol{A\alpha}_2,\cdots,\boldsymbol{A\alpha}_s$ 可能线性相关,也可能线性无关,无法判定.故应选(A).

方法二:若 $\boldsymbol{\alpha}_1,\boldsymbol{\alpha}_2,\cdots,\boldsymbol{\alpha}_s$ 线性相关,则有不全为 0 的数 $k_1,k_2,\cdots,k_s$,使得

$$k_1\boldsymbol{\alpha}_1+k_2\boldsymbol{\alpha}_2+\cdots+k_s\boldsymbol{\alpha}_s=\boldsymbol{0},$$

即 $\boldsymbol{A}(k_1\boldsymbol{\alpha}_1+k_2\boldsymbol{\alpha}_2+\cdots+k_s\boldsymbol{\alpha}_s)=\boldsymbol{0}$,从而 $k_1(\boldsymbol{A\alpha}_1)+k_2(\boldsymbol{A\alpha}_2)+\cdots+k_s(\boldsymbol{A\alpha}_s)=\boldsymbol{0}$,故 $\boldsymbol{A\alpha}_1,\boldsymbol{A\alpha}_2,\cdots,\boldsymbol{A\alpha}_s$ 线性相关.故应选(A).

基本题型Ⅳ:向量组的秩与矩阵的秩的关系

例10　设 $\boldsymbol{A},\boldsymbol{B}$ 均为 $m\times n$ 矩阵,证明 $R(\boldsymbol{A}+\boldsymbol{B})\leqslant R(\boldsymbol{A})+R(\boldsymbol{B})$.

【证明】 若 $\boldsymbol{A},\boldsymbol{B}$ 至少有一个为零矩阵,结论显然成立.不妨设 $\boldsymbol{A},\boldsymbol{B}$ 均为非零矩阵,将 $\boldsymbol{A},\boldsymbol{B}$ 按列分块为 $\boldsymbol{A}=(\boldsymbol{\alpha}_1,\boldsymbol{\alpha}_2,\cdots,\boldsymbol{\alpha}_n)$,$\boldsymbol{B}=(\boldsymbol{\beta}_1,\boldsymbol{\beta}_2,\cdots,\boldsymbol{\beta}_n)$,则 $\boldsymbol{A}+\boldsymbol{B}=(\boldsymbol{\alpha}_1+\boldsymbol{\beta}_1,\boldsymbol{\alpha}_2+\boldsymbol{\beta}_2,\cdots,\boldsymbol{\alpha}_n+\boldsymbol{\beta}_n)$,于是有

$$R(\boldsymbol{A})=R(\boldsymbol{\alpha}_1,\boldsymbol{\alpha}_2,\cdots,\boldsymbol{\alpha}_n),R(\boldsymbol{B})=R(\boldsymbol{\beta}_1,\boldsymbol{\beta}_2,\cdots,\boldsymbol{\beta}_n),$$

$$R(\boldsymbol{A}+\boldsymbol{B})=R(\boldsymbol{\alpha}_1+\boldsymbol{\beta}_1,\boldsymbol{\alpha}_2+\boldsymbol{\beta}_2,\cdots,\boldsymbol{\alpha}_n+\boldsymbol{\beta}_n).$$

要证 $R(\boldsymbol{A}+\boldsymbol{B})\leqslant R(\boldsymbol{A})+R(\boldsymbol{B})$,只需证 $R(\boldsymbol{\alpha}_1+\boldsymbol{\beta}_1,\boldsymbol{\alpha}_2+\boldsymbol{\beta}_2,\cdots,\boldsymbol{\alpha}_n+\boldsymbol{\beta}_n)\leqslant R(\boldsymbol{\alpha}_1,\boldsymbol{\alpha}_2,\cdots,\boldsymbol{\alpha}_n)+R(\boldsymbol{\beta}_1,\boldsymbol{\beta}_2,\cdots,\boldsymbol{\beta}_n)$.

设向量组 $\boldsymbol{\alpha}_1,\boldsymbol{\alpha}_2,\cdots,\boldsymbol{\alpha}_n$ 的一个最大无关组为 $\boldsymbol{\alpha}_{i_1},\boldsymbol{\alpha}_{i_2},\cdots,\boldsymbol{\alpha}_{i_{r_1}}$,向量组 $\boldsymbol{\beta}_1,\boldsymbol{\beta}_2,\cdots,\boldsymbol{\beta}_n$ 的一个最大无关组为 $\boldsymbol{\beta}_{j_1},\boldsymbol{\beta}_{j_2},\cdots,\boldsymbol{\beta}_{j_{r_2}}$,则 $\boldsymbol{\alpha}_1,\boldsymbol{\alpha}_2,\cdots,\boldsymbol{\alpha}_n$ 可由 $\boldsymbol{\alpha}_{i_1},\boldsymbol{\alpha}_{i_2},\cdots,\boldsymbol{\alpha}_{i_{r_1}}$ 线性表示,$\boldsymbol{\beta}_1,\boldsymbol{\beta}_2,\cdots,\boldsymbol{\beta}_n$ 可由 $\boldsymbol{\beta}_{j_1},\boldsymbol{\beta}_{j_2},\cdots,\boldsymbol{\beta}_{j_{r_2}}$ 线性表示,所以 $\boldsymbol{\alpha}_1+\boldsymbol{\beta}_1,\boldsymbol{\alpha}_2+\boldsymbol{\beta}_2,\cdots,\boldsymbol{\alpha}_n+\boldsymbol{\beta}_n$ 可由 $\boldsymbol{\alpha}_{i_1},\boldsymbol{\alpha}_{i_2},\cdots,\boldsymbol{\alpha}_{i_{r_1}},\boldsymbol{\beta}_{j_1},\boldsymbol{\beta}_{j_2},\cdots,\boldsymbol{\beta}_{j_{r_2}}$ 线性表示,故

$$R(\boldsymbol{\alpha}_1+\boldsymbol{\beta}_1,\boldsymbol{\alpha}_2+\boldsymbol{\beta}_2,\cdots,\boldsymbol{\alpha}_n+\boldsymbol{\beta}_n)\leqslant R(\boldsymbol{\alpha}_{i_1},\boldsymbol{\alpha}_{i_2},\cdots,\boldsymbol{\alpha}_{i_{r_1}},\boldsymbol{\beta}_{j_1},\boldsymbol{\beta}_{j_2},\cdots,\boldsymbol{\beta}_{j_{r_2}})\leqslant r_1+r_2,$$

即 $R(\boldsymbol{A}+\boldsymbol{B})\leqslant R(\boldsymbol{A})+R(\boldsymbol{B})$.

第四节　线性方程组的解的结构

知识全解

【知识结构】

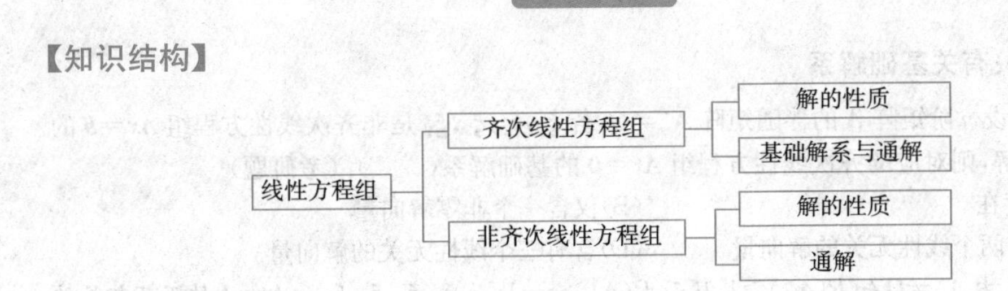

【考点精析】

1. 齐次线性方程组解的性质与结构.

性质	(1)若 ζ_1,ζ_2 为方程组 $\boldsymbol{Ax}=\boldsymbol{0}$ 的解,则 $\zeta_1+\zeta_2$ 也是 $\boldsymbol{Ax}=\boldsymbol{0}$ 的解; (2)若 ζ_1 为方程组 $\boldsymbol{Ax}=\boldsymbol{0}$ 的解,k 为任意实数,则 $k\zeta_1$ 也是 $\boldsymbol{Ax}=\boldsymbol{0}$ 的解
基础解系	**定义**:齐次线性方程组的解集的最大无关组称为**该齐次方程组的基础解系.** **性质**:设 $m\times n$ 的矩阵 $\boldsymbol{A}$ 的 $R(\boldsymbol{A})=r$,则 n 元齐次线性方程组 $\boldsymbol{Ax}=\boldsymbol{0}$ 的解集 S 的 $R_S=n-r$. n 元齐次线性方程组 $\boldsymbol{Ax}=\boldsymbol{0}$ 的任意 $n-R(\boldsymbol{A})$ 个线性无关的解都可构成它的基础解系
通解	若 $\zeta_1,\zeta_2,\cdots,\zeta_{n-r}$ 是 $\boldsymbol{Ax}=\boldsymbol{0}$ 的基础解系,则方程组 $\boldsymbol{Ax}=\boldsymbol{0}$ 的任一解向量都可由 $\zeta_1,\zeta_2,\cdots,\zeta_{n-r}$ 线性表示,且 $\boldsymbol{Ax}=\boldsymbol{0}$ 的通解为 $k_1\zeta_1+k_2\zeta_2+\cdots+k_{n-r}\zeta_{n-r}$,其中 $k_1,k_2,\cdots,k_{n-r}$ 是任意常数

2. 非齐次线性方程组解的性质与结构.

性质	若 $\boldsymbol{\eta}_1,\boldsymbol{\eta}_2$ 是非齐次线性方程组 $\boldsymbol{Ax}=\boldsymbol{b}$ 的解,则 $\boldsymbol{\eta}_1-\boldsymbol{\eta}_2$ 是对应的齐次线性方程组 $\boldsymbol{Ax}=\boldsymbol{0}$ 的解; 若 $\boldsymbol{\eta}$ 是方程组 $\boldsymbol{Ax}=\boldsymbol{b}$ 的解,$\boldsymbol{\zeta}$ 是方程组 $\boldsymbol{Ax}=\boldsymbol{0}$ 的解,则 $\boldsymbol{\zeta}+\boldsymbol{\eta}$ 是方程组 $\boldsymbol{Ax}=\boldsymbol{b}$ 的解
通解	若 $\boldsymbol{\eta}^*$ 是方程组 $\boldsymbol{Ax}=\boldsymbol{b}$ 的特解,$\zeta_1,\zeta_2,\cdots,\zeta_{n-r}$ 是对应的齐次线性方程组 $\boldsymbol{Ax}=\boldsymbol{0}$ 的基础解系,则方程组 $\boldsymbol{Ax}=\boldsymbol{b}$ 的任一解均可表示为 $\boldsymbol{\eta}^*$ 和 $\zeta_1,\zeta_2,\cdots,\zeta_{n-r}$ 的线性组合,且方程组 $\boldsymbol{Ax}=\boldsymbol{b}$ 的通解为 $\boldsymbol{\eta}^*+k_1\zeta_1+k_2\zeta_2+\cdots+k_{n-r}\zeta_{n-r}$

3. 对应习题.

习题四第 21～34 题(教材 $P_{112\sim113}$).

例题精解

基本题型Ⅰ:有关基础解系

例 1　设 n 阶矩阵 $\boldsymbol{A}$ 的伴随矩阵 $\boldsymbol{A}^*\neq\boldsymbol{O}$,若 ξ_1,ξ_2,ξ_3,ξ_4 是非齐次线性方程组 $\boldsymbol{Ax}=\boldsymbol{b}$ 的互不相等的解,则对应的齐次线性方程组 $\boldsymbol{Ax}=\boldsymbol{0}$ 的基础解系(　　).(考研题)

(A)不存在　　(B)仅含一个非零解向量

(C)含有两个线性无关的解向量　　(D)含有三个线性无关的解向量

【解析】 由 $\boldsymbol{A}^*\neq\boldsymbol{O}$ 知 $R(\boldsymbol{A}^*)\geqslant1$,从而 $R(\boldsymbol{A})\geqslant n-1$,而 ξ_1,ξ_2,ξ_3,ξ_4 为 $\boldsymbol{Ax}=\boldsymbol{b}$ 的互不相等的解,说明 $\boldsymbol{Ax}=\boldsymbol{b}$ 有无穷多解,从而 $R(\boldsymbol{A})<n$. 故 $R(\boldsymbol{A})=n-1$,则 $\boldsymbol{Ax}=\boldsymbol{0}$ 的基础解系中解向量的个

数为 $k=n-R(\mathbf{A})=n-(n-1)=1$. 故应选(B).

【方法点击】 本题考查了两个知识点：

①n 元齐次线性方程组 $\mathbf{A}\boldsymbol{x}=\mathbf{0}$ 的基础解系中解向量的个数为 $n-R(\mathbf{A})$.

②矩阵 $\mathbf{A}$ 与伴随矩阵 $\mathbf{A}^*$ 的秩之间的关系

$$R(\mathbf{A}^*)=\begin{cases}n, & R(\mathbf{A})=n,\\ 1, & R(\mathbf{A})=n-1,\\ 0, & R(\mathbf{A})<n-1.\end{cases}$$

例 2　已知 $\boldsymbol{\alpha}_1,\boldsymbol{\alpha}_2,\boldsymbol{\alpha}_3,\boldsymbol{\alpha}_4$ 是齐次线性方程组 $\mathbf{A}\boldsymbol{x}=\mathbf{0}$ 的一个基础解系，若 $\boldsymbol{\beta}_1=\boldsymbol{\alpha}_1+t\boldsymbol{\alpha}_2,\boldsymbol{\beta}_2=\boldsymbol{\alpha}_2+t\boldsymbol{\alpha}_3,\boldsymbol{\beta}_3=\boldsymbol{\alpha}_3+t\boldsymbol{\alpha}_4,\boldsymbol{\beta}_4=\boldsymbol{\alpha}_4+t\boldsymbol{\alpha}_1$，讨论实数 t 满足什么关系时，$\boldsymbol{\beta}_1,\boldsymbol{\beta}_2,\boldsymbol{\beta}_3,\boldsymbol{\beta}_4$ 也是 $\mathbf{A}\boldsymbol{x}=\mathbf{0}$ 的一个基础解系.

【思路探索】 本题中，因为 $\boldsymbol{\beta}_1,\boldsymbol{\beta}_2,\boldsymbol{\beta}_3,\boldsymbol{\beta}_4$ 都是解，且正好是 4 个解，所以 $\boldsymbol{\beta}_1,\boldsymbol{\beta}_2,\boldsymbol{\beta}_3,\boldsymbol{\beta}_4$ 是基础解系的充要条件是 $\boldsymbol{\beta}_1,\boldsymbol{\beta}_2,\boldsymbol{\beta}_3,\boldsymbol{\beta}_4$ 线性无关，故本题转化为讨论 t 为何值时，$\boldsymbol{\beta}_1,\boldsymbol{\beta}_2,\boldsymbol{\beta}_3,\boldsymbol{\beta}_4$ 线性无关.

【解析】 由于齐次线性方程组解的线性组合仍是该方程组的解，故 $\boldsymbol{\beta}_1,\boldsymbol{\beta}_2,\boldsymbol{\beta}_3,\boldsymbol{\beta}_4$ 是 $\mathbf{A}\boldsymbol{x}=\mathbf{0}$ 的解，且向量的个数为 4(等于基础解系中所含向量的个数). 因此，当且仅当 $\boldsymbol{\beta}_1,\boldsymbol{\beta}_2,\boldsymbol{\beta}_3,\boldsymbol{\beta}_4$ 线性无关时，$\boldsymbol{\beta}_1,\boldsymbol{\beta}_2,\boldsymbol{\beta}_3,\boldsymbol{\beta}_4$ 是基础解系. 又因为 $\boldsymbol{\alpha}_1,\boldsymbol{\alpha}_2,\boldsymbol{\alpha}_3,\boldsymbol{\alpha}_4$ 线性无关，且

$$(\boldsymbol{\beta}_1,\boldsymbol{\beta}_2,\boldsymbol{\beta}_3,\boldsymbol{\beta}_4)=(\boldsymbol{\alpha}_1,\boldsymbol{\alpha}_2,\boldsymbol{\alpha}_3,\boldsymbol{\alpha}_4)\begin{pmatrix}1&0&0&t\\t&1&0&0\\0&t&1&0\\0&0&t&1\end{pmatrix},$$

故当且仅当 $\begin{vmatrix}1&0&0&t\\t&1&0&0\\0&t&1&0\\0&0&t&1\end{vmatrix}\neq0$，即 $t^4-1\neq0$，亦即 $t\neq\pm1$ 时，$\boldsymbol{\beta}_1,\boldsymbol{\beta}_2,\boldsymbol{\beta}_3,\boldsymbol{\beta}_4$ 线性无关.

所以，当 $t\neq\pm1$ 时，$\boldsymbol{\beta}_1,\boldsymbol{\beta}_2,\boldsymbol{\beta}_3,\boldsymbol{\beta}_4$ 是 $\mathbf{A}\boldsymbol{x}=\mathbf{0}$ 的一个基础解系.

【方法点击】 向量组 $\boldsymbol{\alpha}_1,\boldsymbol{\alpha}_2,\cdots,\boldsymbol{\alpha}_s$ 为 n 元齐次线性方程组 $\mathbf{A}\boldsymbol{x}=\mathbf{0}$ 的基础解系的充分必要条件是：

(1)$\boldsymbol{\alpha}_1,\boldsymbol{\alpha}_2,\cdots,\boldsymbol{\alpha}_s$ 都是 $\mathbf{A}\boldsymbol{x}=\mathbf{0}$ 的解；

(2)$\boldsymbol{\alpha}_1,\boldsymbol{\alpha}_2,\cdots,\boldsymbol{\alpha}_s$ 线性无关；

(3)向量的个数 $s=n-R(\mathbf{A})$.

基本题型Ⅱ：具体齐次线性方程组的求解

例 3　设 $\mathbf{A}=\begin{pmatrix}1&2&1&2\\0&1&t&t\\1&t&0&1\end{pmatrix}$，且方程组 $\mathbf{A}\boldsymbol{x}=\mathbf{0}$ 的基础解系中含有两个解向量，求 $\mathbf{A}\boldsymbol{x}=\mathbf{0}$ 的通解.

【解析】 因为基础解系中所含向量的个数为 $4-R(\mathbf{A})=2$，所以 $R(\mathbf{A})=2$，则由矩阵秩的定义知 $\mathbf{A}$ 的一个三阶子式 $\begin{vmatrix}1&2&1\\0&1&t\\1&t&0\end{vmatrix}=-(t-1)^2=0$，则 $t=1$. 对系数矩阵 $\mathbf{A}$ 施以初等行变换

化为行最简形,有

$$A=\begin{pmatrix}1&2&1&2\\0&1&1&1\\1&1&0&1\end{pmatrix}\to\begin{pmatrix}1&1&0&1\\0&1&1&1\\0&1&1&1\end{pmatrix}\to\begin{pmatrix}1&0&-1&0\\0&1&1&1\\0&0&0&0\end{pmatrix}.$$

则同解方程组为$\begin{cases}x_1=x_3,\\x_2=-x_3-x_4,\end{cases}$ x_3,x_4 为自由未知量. $\begin{pmatrix}x_3\\x_4\end{pmatrix}$取$\begin{pmatrix}1\\0\end{pmatrix},\begin{pmatrix}0\\1\end{pmatrix}$,得基础解系 $\boldsymbol{\xi}_1=\begin{pmatrix}1\\-1\\1\\0\end{pmatrix},\boldsymbol{\xi}_2=\begin{pmatrix}0\\-1\\0\\1\end{pmatrix}$,所以方程组的通解为 $k_1\boldsymbol{\xi}_1+k_2\boldsymbol{\xi}_2$,其中 k_1,k_2 为任意常数.

【方法点击】 本题中首先根据基础解系和矩阵的秩的有关结论确定参数 t,然后求解齐次线性方程组.求解齐次线性方程组的一般步骤:

将系数矩阵施以初等行变换,化为行最简形矩阵,写出同解方程组,确定自由未知量,求出基础解系,写出通解.

基本题型Ⅲ:非齐次线性方程组的求解

例4 设 $\boldsymbol{\alpha}=\begin{pmatrix}1\\2\\1\end{pmatrix},\boldsymbol{\beta}=\begin{pmatrix}1\\\frac{1}{2}\\0\end{pmatrix},\boldsymbol{\gamma}=\begin{pmatrix}0\\0\\8\end{pmatrix},\boldsymbol{A}=\boldsymbol{\alpha}\boldsymbol{\beta}^{\mathrm{T}},\boldsymbol{B}=\boldsymbol{\beta}^{\mathrm{T}}\boldsymbol{\alpha}$,其中 $\boldsymbol{\beta}^{\mathrm{T}}$ 是 $\boldsymbol{\beta}$ 的转置,求解方程组 $2\boldsymbol{B}^2\boldsymbol{A}^2\boldsymbol{x}=\boldsymbol{A}^4\boldsymbol{x}+\boldsymbol{B}^4\boldsymbol{x}+\boldsymbol{\gamma}$.(考研题)

【解析】 由于

$$\boldsymbol{A}=\boldsymbol{\alpha}\boldsymbol{\beta}^{\mathrm{T}}=\begin{pmatrix}1\\2\\1\end{pmatrix}\left(1,\frac{1}{2},0\right)=\begin{pmatrix}1&\frac{1}{2}&0\\2&1&0\\1&\frac{1}{2}&0\end{pmatrix},$$

$$\boldsymbol{B}=\boldsymbol{\beta}^{\mathrm{T}}\boldsymbol{\alpha}=\left(1,\frac{1}{2},0\right)\begin{pmatrix}1\\2\\1\end{pmatrix}=2.$$

又由于 $\boldsymbol{A}^2=\boldsymbol{\alpha}\boldsymbol{\beta}^{\mathrm{T}}\boldsymbol{\alpha}\boldsymbol{\beta}^{\mathrm{T}}=\boldsymbol{\alpha}(\boldsymbol{\beta}^{\mathrm{T}}\boldsymbol{\alpha})\boldsymbol{\beta}^{\mathrm{T}}=2\boldsymbol{A}$,所以 $\boldsymbol{A}^4=4\boldsymbol{A}^2=2^3\boldsymbol{A}$.代入方程组 $2\boldsymbol{B}^2\boldsymbol{A}^2\boldsymbol{x}=\boldsymbol{A}^4\boldsymbol{x}+\boldsymbol{B}^4\boldsymbol{x}+\boldsymbol{\gamma}$ 可得

$$16\boldsymbol{A}\boldsymbol{x}=8\boldsymbol{A}\boldsymbol{x}+16\boldsymbol{x}+\boldsymbol{\gamma},$$

即 $8(\boldsymbol{A}-2\boldsymbol{E})\boldsymbol{x}=\boldsymbol{\gamma}$,从而有线性方程组

$$\begin{cases}-x_1+\frac{1}{2}x_2=0,\\2x_1-x_2=0,\\x_1+\frac{1}{2}x_2-2x_3=1,\end{cases}\qquad ①$$

其对应的齐次线性方程组为

$$\begin{cases}-x_1+\frac{1}{2}x_2=0,\\2x_1-x_2=0,\\x_1+\frac{1}{2}x_2-2x_3=0.\end{cases}\quad ②$$

方程组②的基础解系为 $\begin{pmatrix}1\\2\\1\end{pmatrix}$，而 $\begin{pmatrix}\frac{1}{2}\\1\\0\end{pmatrix}$ 为方程组①的一个特解. 所以，所求方程组的解为

$\boldsymbol{x}=\begin{pmatrix}\frac{1}{2}\\1\\0\end{pmatrix}+k\begin{pmatrix}1\\2\\1\end{pmatrix}$，其中 k 为任意常数.

【方法点击】 先将方程化简，再求解. 化简过程中用到矩阵乘法结合律，简化了运算.

例 5 设 $\boldsymbol{A}=\begin{pmatrix}1&a\\1&0\end{pmatrix}$，$\boldsymbol{B}=\begin{pmatrix}0&1\\1&b\end{pmatrix}$，当 a,b 为何值时，存在矩阵 $\boldsymbol{C}$，使得 $\boldsymbol{AC}-\boldsymbol{CA}=\boldsymbol{B}$？并求所有矩阵 $\boldsymbol{C}$.（考研题）

【解析】 设 $\boldsymbol{C}=\begin{pmatrix}x_1&x_2\\x_3&x_4\end{pmatrix}$，则

$$\boldsymbol{AC}=\begin{pmatrix}1&a\\1&0\end{pmatrix}\begin{pmatrix}x_1&x_2\\x_3&x_4\end{pmatrix}=\begin{pmatrix}x_1+ax_3&x_2+ax_4\\x_1&x_2\end{pmatrix},$$

$$\boldsymbol{CA}=\begin{pmatrix}x_1&x_2\\x_3&x_4\end{pmatrix}\begin{pmatrix}1&a\\1&0\end{pmatrix}=\begin{pmatrix}x_1+x_2&ax_1\\x_3+x_4&ax_3\end{pmatrix},$$

$$\boldsymbol{AC}-\boldsymbol{CA}=\begin{pmatrix}-x_2+ax_3&-ax_1+x_2+ax_4\\x_1-x_3-x_4&x_2-ax_3\end{pmatrix}.$$

由 $\boldsymbol{AC}-\boldsymbol{CA}=\boldsymbol{B}$，得

$$\begin{cases}-x_2+ax_3=0,\\-ax_1+x_2+ax_4=1,\\x_1-x_3-x_4=1,\\x_2-ax_3=b,\end{cases}$$

此为四元非齐次线性方程组，欲使 $\boldsymbol{C}$ 存在，此线性方程组必须有解，于是

$$\overline{\boldsymbol{A}}=\begin{pmatrix}0&-1&a&0&0\\-a&1&0&a&1\\1&0&-1&-1&1\\0&1&-a&0&b\end{pmatrix}\to\begin{pmatrix}0&-1&a&0&0\\0&1&-a&0&1+a\\1&0&-1&-1&1\\0&1&-a&0&b\end{pmatrix}$$

$$\to\begin{pmatrix}1&0&-1&-1&1\\0&1&-a&0&0\\0&1&-a&0&1+a\\0&1&-a&0&b\end{pmatrix}\to\begin{pmatrix}1&0&-1&-1&1\\0&1&-a&0&0\\0&0&0&0&1+a\\0&0&0&0&b\end{pmatrix},$$

所以，当 $a=-1,b=0$ 时，线性方程组有解，即存在 $\boldsymbol{C}$，使 $\boldsymbol{AC}-\boldsymbol{CA}=\boldsymbol{B}$.

因为 $\overline{\boldsymbol{A}}\to\begin{pmatrix}1&0&-1&-1&1\\0&1&1&0&0\\0&0&0&0&0\\0&0&0&0&0\end{pmatrix}$，所以

$$\boldsymbol{x}=c_1\begin{pmatrix}1\\-1\\1\\0\end{pmatrix}+c_2\begin{pmatrix}1\\0\\0\\1\end{pmatrix}+\begin{pmatrix}1\\0\\0\\0\end{pmatrix}=\begin{pmatrix}c_1+c_2+1\\-c_1\\c_1\\c_2\end{pmatrix},$$

所以 $\boldsymbol{C}=\begin{pmatrix}c_1+c_2+1&-c_1\\c_1&c_2\end{pmatrix}$，其中 c_1,c_2 为任意常数.

【方法点击】 本题先根据矩阵的运算将矩阵方程化为非齐次线性方程组，然后求解非齐次线性方程组. 求解非齐次线性方程组的一般步骤：

将增广矩阵进行初等行变换化为行最简形矩阵，写出同解方程组，求出一个特解，同时写出导出组的基础解系，最后写出非齐次方程组的通解.

基本题型Ⅳ：抽象线性方程组的求解

例6 设 n 阶矩阵 $\boldsymbol{A}$ 的各行元素之和均为零，且 $\boldsymbol{A}$ 的秩为 $n-1$，则齐次线性方程组 $\boldsymbol{Ax}=\boldsymbol{0}$ 的通解为________.

【解析】 由于 $\boldsymbol{A}$ 的秩为 $n-1$，则 $\boldsymbol{Ax}=\boldsymbol{0}$ 的基础解系中解向量的个数为 1. 由 $\boldsymbol{A}$ 的各行元素之和均为零，设 $\boldsymbol{A}=(a_{ij})_{n\times n}$，则 $\sum_{j=1}^{n}a_{ij}=0(i=1,2,\cdots,n)$，因此，$\boldsymbol{x}=(1,1,\cdots,1)^{\mathrm{T}}$ 为 $\boldsymbol{Ax}=\boldsymbol{0}$ 的解，从而是 $\boldsymbol{Ax}=\boldsymbol{0}$ 的一个基础解系，于是 $\boldsymbol{Ax}=\boldsymbol{0}$ 的通解为 $k(1,1,\cdots,1)^{\mathrm{T}}$，其中 k 为任意常数. 故应填 $k(1,1,\cdots,1)^{\mathrm{T}}$.

例7 设 $\boldsymbol{\alpha}_1,\boldsymbol{\alpha}_2,\boldsymbol{\alpha}_3$ 是四元非齐次线性方程组 $\boldsymbol{Ax}=\boldsymbol{b}$ 的三个解向量，且 $R(\boldsymbol{A})=3$，$\boldsymbol{\alpha}_1=(1,2,3,4)^{\mathrm{T}}$，$\boldsymbol{\alpha}_2+\boldsymbol{\alpha}_3=(0,1,2,3)^{\mathrm{T}}$，$C$ 表示任意常数，则线性方程组 $\boldsymbol{Ax}=\boldsymbol{b}$ 的通解为（　　）.

(A) $(1,2,3,4)^{\mathrm{T}}+C(1,1,1,1)^{\mathrm{T}}$　　(B) $(1,2,3,4)^{\mathrm{T}}+C(0,1,2,3)^{\mathrm{T}}$

(C) $(1,2,3,4)^{\mathrm{T}}+C(2,3,4,5)^{\mathrm{T}}$　　(D) $(1,2,3,4)^{\mathrm{T}}+C(3,4,5,6)^{\mathrm{T}}$

【解析】 由 $R(\boldsymbol{A})=3$，知导出组 $\boldsymbol{Ax}=\boldsymbol{0}$ 的基础解系中向量个数为 $4-R(\boldsymbol{A})=1$. 又因为 $\boldsymbol{A\alpha}_1=\boldsymbol{b}$，$\boldsymbol{A}(\boldsymbol{\alpha}_2+\boldsymbol{\alpha}_3)=\boldsymbol{A\alpha}_2+\boldsymbol{A\alpha}_3=2\boldsymbol{b}$，则

$$\boldsymbol{A}[2\boldsymbol{\alpha}_1-(\boldsymbol{\alpha}_2+\boldsymbol{\alpha}_3)]=2\boldsymbol{b}-2\boldsymbol{b}=\boldsymbol{0},$$

即 $2\boldsymbol{\alpha}_1-(\boldsymbol{\alpha}_2+\boldsymbol{\alpha}_3)=(2,3,4,5)^{\mathrm{T}}$ 是 $\boldsymbol{Ax}=\boldsymbol{0}$ 的解，从而是 $\boldsymbol{Ax}=\boldsymbol{0}$ 的一个基础解系. 而 $\boldsymbol{\alpha}_1$ 是 $\boldsymbol{Ax}=\boldsymbol{b}$ 的一个特解，则非齐次线性方程组 $\boldsymbol{Ax}=\boldsymbol{b}$ 的通解为 $(1,2,3,4)^{\mathrm{T}}+C(2,3,4,5)^{\mathrm{T}}$，其中 C 为任意常数. 故应选(C).

【方法点击】 本题的关键在于求出对应齐次线性方程组（导出组）的基础解系，从而根据解的结构写出非齐次线性方程组的通解.

例 8　已知四阶方阵 $\boldsymbol{A}=(\boldsymbol{\alpha}_1,\boldsymbol{\alpha}_2,\boldsymbol{\alpha}_3,\boldsymbol{\alpha}_4)$，$\boldsymbol{\alpha}_1,\boldsymbol{\alpha}_2,\boldsymbol{\alpha}_3,\boldsymbol{\alpha}_4$ 均为四维列向量，其中 $\boldsymbol{\alpha}_2,\boldsymbol{\alpha}_3,\boldsymbol{\alpha}_4$ 线性无关且 $\boldsymbol{\alpha}_1=2\boldsymbol{\alpha}_2-\boldsymbol{\alpha}_3$. 如果 $\boldsymbol{\beta}=\boldsymbol{\alpha}_1+\boldsymbol{\alpha}_2+\boldsymbol{\alpha}_3+\boldsymbol{\alpha}_4$，求线性方程组 $\boldsymbol{Ax}=\boldsymbol{\beta}$ 的通解.

【解析】　**方法一**：令 $\boldsymbol{x}=\begin{pmatrix}x_1\\x_2\\x_3\\x_4\end{pmatrix}$，则由 $\boldsymbol{Ax}=(\boldsymbol{\alpha}_1,\boldsymbol{\alpha}_2,\boldsymbol{\alpha}_3,\boldsymbol{\alpha}_4)\begin{pmatrix}x_1\\x_2\\x_3\\x_4\end{pmatrix}=\boldsymbol{\beta}$，得

$$x_1\boldsymbol{\alpha}_1+x_2\boldsymbol{\alpha}_2+x_3\boldsymbol{\alpha}_3+x_4\boldsymbol{\alpha}_4=\boldsymbol{\alpha}_1+\boldsymbol{\alpha}_2+\boldsymbol{\alpha}_3+\boldsymbol{\alpha}_4.$$

将 $\boldsymbol{\alpha}_1=2\boldsymbol{\alpha}_2-\boldsymbol{\alpha}_3$ 代入上式，整理得

$$(2x_1+x_2-3)\boldsymbol{\alpha}_2+(-x_1+x_3)\boldsymbol{\alpha}_3+(x_4-1)\boldsymbol{\alpha}_4=\boldsymbol{0},$$

由 $\boldsymbol{\alpha}_2,\boldsymbol{\alpha}_3,\boldsymbol{\alpha}_4$ 线性无关，知 $\begin{cases}2x_1+x_2-3=0,\\-x_1+x_3=0,\\x_4-1=0,\end{cases}$ 解此方程组得 $\boldsymbol{x}=\begin{pmatrix}0\\3\\0\\1\end{pmatrix}+k\begin{pmatrix}1\\-2\\1\\0\end{pmatrix}$，其中 k 为任意常数.

方法二：由 $\boldsymbol{\alpha}_2,\boldsymbol{\alpha}_3,\boldsymbol{\alpha}_4$ 线性无关和 $\boldsymbol{\alpha}_1=2\boldsymbol{\alpha}_2-\boldsymbol{\alpha}_3+0\cdot\boldsymbol{\alpha}_4$ 知，向量组 $\boldsymbol{\alpha}_1,\boldsymbol{\alpha}_2,\boldsymbol{\alpha}_3,\boldsymbol{\alpha}_4$ 的一个最大无关组为 $\boldsymbol{\alpha}_2,\boldsymbol{\alpha}_3,\boldsymbol{\alpha}_4$，从而 $R(\boldsymbol{\alpha}_1,\boldsymbol{\alpha}_2,\boldsymbol{\alpha}_3,\boldsymbol{\alpha}_4)=3$，即 $R(\boldsymbol{A})=3$，所以，齐次线性方程组 $\boldsymbol{Ax}=\boldsymbol{0}$ 的基础解系中向量个数为 $4-R(\boldsymbol{A})=1$.

由 $\boldsymbol{\alpha}_1-2\boldsymbol{\alpha}_2+\boldsymbol{\alpha}_3+0\cdot\boldsymbol{\alpha}_4=\boldsymbol{0}$ 知，$\boldsymbol{A}\begin{pmatrix}1\\-2\\1\\0\end{pmatrix}=\boldsymbol{0}$，即 $\begin{pmatrix}1\\-2\\1\\0\end{pmatrix}$ 是 $\boldsymbol{Ax}=\boldsymbol{0}$ 的一个解，即为 $\boldsymbol{Ax}=\boldsymbol{0}$ 的一个基础解系.

又由 $\boldsymbol{\beta}=\boldsymbol{\alpha}_1+\boldsymbol{\alpha}_2+\boldsymbol{\alpha}_3+\boldsymbol{\alpha}_4=(\boldsymbol{\alpha}_1,\boldsymbol{\alpha}_2,\boldsymbol{\alpha}_3,\boldsymbol{\alpha}_4)\begin{pmatrix}1\\1\\1\\1\end{pmatrix}=\boldsymbol{A}\begin{pmatrix}1\\1\\1\\1\end{pmatrix}$ 知，$\begin{pmatrix}1\\1\\1\\1\end{pmatrix}$ 为 $\boldsymbol{Ax}=\boldsymbol{\beta}$ 的一个特解. 于是 $\boldsymbol{Ax}=\boldsymbol{\beta}$ 的通解为 $\boldsymbol{x}=\begin{pmatrix}1\\1\\1\\1\end{pmatrix}+k\begin{pmatrix}1\\-2\\1\\0\end{pmatrix}$，其中 k 为任意常数.

【方法点击】　向量之间的关系与方程组的解是同一个问题的两个不同方面. 本题计算中要注意把已知条件中有关向量之间的关系转化为所求非齐次线性方程组的条件求解.

基本题型Ⅴ：已知方程组的解，反求方程组

例 9　要使 $\boldsymbol{\alpha}_1=\begin{pmatrix}1\\0\\2\end{pmatrix}$，$\boldsymbol{\alpha}_2=\begin{pmatrix}0\\1\\-1\end{pmatrix}$ 都是线性方程组 $\boldsymbol{Ax}=\boldsymbol{0}$ 的解，只要系数矩阵 $\boldsymbol{A}$ 为(　　).

(A)$(-2,1,1)$　　　(B)$\begin{pmatrix}2&0&-1\\0&1&1\end{pmatrix}$

(C)$\begin{pmatrix}-1&0&2\\0&1&-1\end{pmatrix}$　　　(D)$\begin{pmatrix}0&1&-1\\4&-2&-2\\0&1&1\end{pmatrix}$

【解析】 由题意知$\mathbf{A}$的列数为3,即未知数个数$n=3$.又因为$\boldsymbol{\alpha}_1,\boldsymbol{\alpha}_2$线性无关且是$\mathbf{A}\boldsymbol{x}=\mathbf{0}$的解,所以$\mathbf{A}\boldsymbol{x}=\mathbf{0}$的基础解系中至少含两个向量,即$n-R(\mathbf{A})=3-R(\mathbf{A})\geqslant 2$,则$R(\mathbf{A})\leqslant 1$.而显然$R(\mathbf{A})\geqslant 1$,故$R(\mathbf{A})=1$,则$\mathbf{A}$为$1\times 3$矩阵.不妨设$\mathbf{A}=(x_1,x_2,x_3)$,则

$$\mathbf{A}\boldsymbol{\alpha}_1=(x_1,x_2,x_3)\begin{pmatrix}1\\0\\2\end{pmatrix}=\mathbf{0},$$

$$\mathbf{A}\boldsymbol{\alpha}_2=(x_1,x_2,x_3)\begin{pmatrix}0\\1\\-1\end{pmatrix}=\mathbf{0},$$

即$\begin{cases}x_1+2x_3=0,\\x_2-x_3=0,\end{cases}$得基础解系为$\begin{pmatrix}-2\\1\\1\end{pmatrix}$,取$\mathbf{A}=(-2,1,1)$.故应选(A).

【方法点击】 对于已知方程组的解反求方程组的问题,首先应搞明白方程组有多少个未知数,多少个方程.对本题来讲,$\boldsymbol{\alpha}_1,\boldsymbol{\alpha}_2$为三维列向量,故方程组有3个未知数,另外,有两个线性无关的解,故$R(\mathbf{A})=3-2=1$,因此,可判断选(A).

基本题型Ⅵ:线性方程组的公共解

例10　设线性方程组

$$\begin{cases}x_1+x_2+x_3=0,\\x_1+2x_2+ax=0,\\x_1+4x_2+a^2x_3=0,\end{cases}\qquad ①$$

与方程

$$x_1+2x_2+x_3=a-1\qquad ②$$

有公共解,求a的值及所有公共解.(考研题)

【解析】 **方法一:**因为方程组①与②的公共解即为方程组

$$\begin{cases}x_1+x_2+x_3=0,\\x_1+2x_2+ax_3=0,\\x_1+4x_2+a^2x_3=0,\\x_1+2x_2+x_3=a-1\end{cases}\qquad ③$$

的解.对方程组③的增广矩阵施以初等行变换,有

$$\overline{\mathbf{A}}=\left(\begin{array}{ccc:c}1&1&1&0\\1&2&a&0\\1&4&a^2&0\\1&2&1&a-1\end{array}\right)\rightarrow\left(\begin{array}{ccc:c}1&0&1&1-a\\0&1&0&a-1\\0&0&a-1&1-a\\0&0&0&(a-1)(a-2)\end{array}\right)=\boldsymbol{B}.$$

由于方程组③有解，所以$(a-1)(a-2)=0$，即$a=1$或$a=2$.

当$a=1$时，$\boldsymbol{B}=\left(\begin{array}{ccc:c}1&0&1&0\\0&1&0&0\\0&0&0&0\\0&0&0&0\end{array}\right)$，因此①与②的公共解为$\boldsymbol{x}=k\begin{pmatrix}-1\\0\\1\end{pmatrix}$，其中$k$为任意常数.

当$a=2$时，$\boldsymbol{B}=\left(\begin{array}{ccc:c}1&0&1&-1\\0&1&0&1\\0&0&1&-1\\0&0&0&0\end{array}\right)\rightarrow\left(\begin{array}{ccc:c}1&0&0&0\\0&1&0&1\\0&0&1&-1\\0&0&0&0\end{array}\right)$，因此①与②的公共解为$\begin{pmatrix}0\\1\\-1\end{pmatrix}$.

方法二：方程组①的系数行列式为

$$\begin{vmatrix}1&1&1\\1&2&a\\1&4&a^2\end{vmatrix}=(a-1)(a-2).$$

当$a\neq1$且$a\neq2$时，方程组①只有零解，但此时$\boldsymbol{x}=(0,0,0)^{\mathrm{T}}$不是方程组②的解.

当$a=1$时，对方程组①的系数矩阵施以初等变换

$$\begin{pmatrix}1&1&1\\1&2&1\\1&4&1\end{pmatrix}\rightarrow\begin{pmatrix}1&0&1\\0&1&0\\0&0&0\end{pmatrix},$$

得方程组①的通解为$k\begin{pmatrix}-1\\0\\1\end{pmatrix}$，其中$k$为任意常数.

将此解代入方程②知，$k\begin{pmatrix}-1\\0\\1\end{pmatrix}$也为②的解. 所以方程组①与②的公共解为$k\begin{pmatrix}-1\\0\\1\end{pmatrix}$，$k$为任意常数.

当$a=2$时，对方程组①的系数矩阵施以初等行变换

$$\begin{pmatrix}1&1&1\\1&2&2\\1&4&4\end{pmatrix}\rightarrow\begin{pmatrix}1&0&0\\0&1&1\\0&0&0\end{pmatrix},$$

得方程组①的通解为$C\begin{pmatrix}0\\-1\\1\end{pmatrix}$，其中$C$为任意常数. 将此解代入方程②，得$C=-1$，所以方程组①与②的公共解为$\begin{pmatrix}0\\1\\-1\end{pmatrix}$.

第五节　向量空间

知识全解

【知识结构】

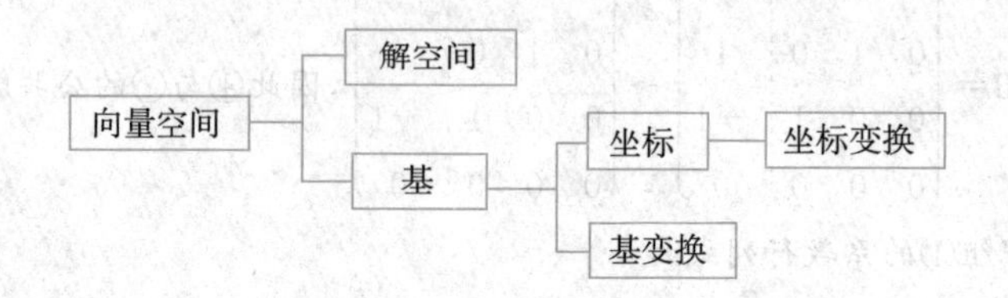

【考点精析】

1. 向量空间的相关概念.

名称	定义	备注
向量空间	若 V 是 n 维向量的非空集合,并且 V 对于向量的加法和数乘两种运算封闭,则称 V **是向量空间**	**封闭:**若 $\boldsymbol{a}\in V,\boldsymbol{b}\in V$,则 $\boldsymbol{a}+\boldsymbol{b}\in V$;若 $\boldsymbol{a}\in V,\lambda\in\mathbf{R}$,则 $\lambda\boldsymbol{a}\in V$
解空间	齐次线性方程组的解集 $S=\{\boldsymbol{x}\mid\boldsymbol{A}\boldsymbol{x}=\boldsymbol{0}\}$是一个向量空间,称为**齐次线性方程组的解空间**	
向量生成空间	由向量组 $\boldsymbol{a}_1,\boldsymbol{a}_2,\cdots,\boldsymbol{a}_m$ 生成的向量空间为 $L=\{\boldsymbol{x}=\lambda_1\boldsymbol{a}_1+\lambda_2\boldsymbol{a}_2+\cdots+\lambda_m\boldsymbol{a}_m\mid\lambda_1,\lambda_2,\cdots,\lambda_m\in\mathbf{R}\}$	设 V_1 是由向量组 $\boldsymbol{a}_1,\boldsymbol{a}_2,\cdots,\boldsymbol{a}_m$ 生成的向量空间,V_2 是由向量组 $\boldsymbol{b}_1,\boldsymbol{b}_2,\cdots,\boldsymbol{b}_n$ 生成的向量空间,则 $V_1=V_2\Leftrightarrow$向量组 $\boldsymbol{a}_1,\boldsymbol{a}_2,\cdots,\boldsymbol{a}_m$ 与向量组 $\boldsymbol{b}_1,\boldsymbol{b}_2,\cdots,\boldsymbol{b}_n$ 等价
子空间	设有向量空间 V_1 及 V_2,若 $V_1\subset V_2$,则称 V_1 **是 V_2 的子空间**	任一由 n 维向量所组成的向量空间 V 都是 $\mathbf{R}^n$ 的子空间
向量空间的基	若向量空间 V 的 r 个向量 $\boldsymbol{a}_1,\boldsymbol{a}_2,\cdots,\boldsymbol{a}_r$ 满足: (1)$\boldsymbol{a}_1,\boldsymbol{a}_2,\cdots,\boldsymbol{a}_r$ 线性无关; (2)V 中任一向量都可由 $\boldsymbol{a}_1,\boldsymbol{a}_2,\cdots,\boldsymbol{a}_r$ 线性表示. 则向量组 $\boldsymbol{a}_1,\boldsymbol{a}_2,\cdots,\boldsymbol{a}_r$ 称为**向量空间 V 的一个基**,r 称为**向量空间 V 的维数**,并称 V 为 **r 维向量空间**	如果 V 是由向量组 $\boldsymbol{a}_1,\boldsymbol{a}_2,\cdots,\boldsymbol{a}_s$ 生成的向量空间,则 V 的维数等于向量组 $\boldsymbol{a}_1,\boldsymbol{a}_2,\cdots,\boldsymbol{a}_s$ 的秩,向量组 $\boldsymbol{a}_1,\boldsymbol{a}_2,\cdots,\boldsymbol{a}_s$ 的一个最大无关组是 V 的一个基
坐标	若 $\boldsymbol{a}_1,\boldsymbol{a}_2,\cdots,\boldsymbol{a}_r$ 是 r 维向量空间 V 的一个基,则 V 中任一向量 $\boldsymbol{x}$ 可唯一地表示为 $\boldsymbol{x}=\lambda_1\boldsymbol{a}_1+\lambda_2\boldsymbol{a}_2+\cdots+\lambda_r\boldsymbol{a}_r$,则数组 $\lambda_1,\lambda_2,\cdots,\lambda_r$ 称为**向量 $\boldsymbol{x}$ 在基 $\boldsymbol{a}_1,\boldsymbol{a}_2,\cdots\boldsymbol{a}_r$ 下的坐标**	一般在 $\mathbf{R}^n$ 中取单位坐标向量 $\boldsymbol{e}_1,\boldsymbol{e}_2,\cdots,\boldsymbol{e}_n$ 为基,则任一向量 $\boldsymbol{x}=(x_1,x_2,\cdots,x_n)=x_1\boldsymbol{e}_1+x_2\boldsymbol{e}_2+\cdots+x_n\boldsymbol{e}_n$

2. 过渡矩阵(这里只介绍 $\mathbf{R}^3$ 中的,n 维的情况在第六章中讲).

(1)$\mathbf{R}^3$ 中的基 $\boldsymbol{a}_1,\boldsymbol{a}_2,\boldsymbol{a}_3$ 到基 $\boldsymbol{b}_1,\boldsymbol{b}_2,\boldsymbol{b}_3$ 的基变换公式为 $(\boldsymbol{b}_1,\boldsymbol{b}_2,\boldsymbol{b}_3)=(\boldsymbol{a}_1,\boldsymbol{a}_2,\boldsymbol{a}_3)\boldsymbol{P}$,若记 $\boldsymbol{A}=(\boldsymbol{a}_1,\boldsymbol{a}_2,\boldsymbol{a}_3)$,$\boldsymbol{B}=(\boldsymbol{b}_1,\boldsymbol{b}_2,\boldsymbol{b}_3)$,则 $\boldsymbol{P}=\boldsymbol{A}^{-1}\boldsymbol{B}$ 为从基 $\boldsymbol{a}_1,\boldsymbol{a}_2,\boldsymbol{a}_3$ 到基 $\boldsymbol{b}_1,\boldsymbol{b}_2,\boldsymbol{b}_3$ 的过渡矩阵;

(2)$\boldsymbol{P}^{-1}=\boldsymbol{B}^{-1}\boldsymbol{A}$ 为从基 $\boldsymbol{a}_1,\boldsymbol{a}_2,\boldsymbol{a}_3$ 到基 $\boldsymbol{b}_1,\boldsymbol{b}_2,\boldsymbol{b}_3$ 的过渡矩阵.

注:过渡矩阵一定是可逆的

3. 对应习题.

习题四第 35～38 题(教材 P_{113}).

例题精解

基本题型Ⅰ:判断向量集合是否构成向量空间

例 1　判断下列各向量是否构成向量空间:

(1)$V_1=\{\boldsymbol{x}=(x_1,x_2,\cdots,x_n)\mid x_1+2x_2+\cdots+nx_n=0,x_i\in\mathbf{R}\}$;

(2)$V_2=\{\boldsymbol{x}=(x_1,x_2,\cdots,x_n)\mid x_1\cdot x_2\cdot\cdots\cdot x_n=0,x_i\in\mathbf{R}\}$.

【解析】　(1)$(0,0,\cdots,0)\in V_1$,所以 V_1 非空.

设 $\boldsymbol{\alpha}=(a_1,a_2,\cdots,a_n)\in V_1$,$\boldsymbol{\beta}=(b_1,b_2,\cdots,b_n)\in V_1$,则 $\boldsymbol{\alpha}+\boldsymbol{\beta}=(a_1+b_1,a_2+b_2,\cdots,a_n+b_n)$,而

$$(a_1+b_1)+2(a_2+b_2)+\cdots+n(a_n+b_n)=(a_1+2a_2+\cdots+na_n)+(b_1+2b_2+\cdots+nb_n)=0+0=0,$$

$$k\boldsymbol{\alpha}=(ka_1,ka_2,\cdots,ka_n),k\in\mathbf{R}.$$

而 $ka_1+2ka_2+\cdots+nka_n=k(a_1+2a_2+\cdots+na_n)=k\cdot 0=0$,所以 $\boldsymbol{\alpha}+\boldsymbol{\beta}\in V_1$,$k\boldsymbol{\alpha}\in V_1$,于是 V_1 是向量空间.

(2)令 $\boldsymbol{\alpha}=(1,0,\cdots,0)$,$\boldsymbol{\beta}=(0,1,\cdots,1)$,则 $\boldsymbol{\alpha},\boldsymbol{\beta}\in V_2$,而 $\boldsymbol{\alpha}+\boldsymbol{\beta}=(1,1,\cdots,1)$,但 $1\times1\times\cdots\times1=1\neq0$,所以 $\boldsymbol{\alpha}+\boldsymbol{\beta}\notin V_2$.所以 V_2 不是向量空间.

【方法点击】　验证向量集合是向量空间需首先验证集合非空,再验证加法和数乘封闭即可.

基本题型Ⅱ:涉及基与坐标的问题

例 2　已知三维向量空间的一个基为 $\boldsymbol{\alpha}_1=(1,1,0)^{\mathrm{T}}$,$\boldsymbol{\alpha}_2=(1,0,1)^{\mathrm{T}}$,$\boldsymbol{\alpha}_3=(0,1,1)^{\mathrm{T}}$,则向量 $\boldsymbol{\beta}=(2,0,0)^{\mathrm{T}}$ 在上述基下的坐标是________.

【解析】　设 $\boldsymbol{\beta}$ 在基 $\boldsymbol{\alpha}_1,\boldsymbol{\alpha}_2,\boldsymbol{\alpha}_3$ 下的坐标为 x_1,x_2,x_3,则 $\boldsymbol{\beta}=x_1\boldsymbol{\alpha}_1+x_2\boldsymbol{\alpha}_2+x_3\boldsymbol{\alpha}_3$,即

$$\begin{pmatrix}2\\0\\0\end{pmatrix}=x_1\begin{pmatrix}1\\1\\0\end{pmatrix}+x_2\begin{pmatrix}1\\0\\1\end{pmatrix}+x_3\begin{pmatrix}0\\1\\1\end{pmatrix}=\begin{pmatrix}1&1&0\\1&0&1\\0&1&1\end{pmatrix}\begin{pmatrix}x_1\\x_2\\x_3\end{pmatrix},$$

所以 $$\begin{pmatrix}x_1\\x_2\\x_3\end{pmatrix}=\begin{pmatrix}1&1&0\\1&0&1\\0&1&1\end{pmatrix}^{-1}\begin{pmatrix}2\\0\\0\end{pmatrix}=\begin{pmatrix}\frac{1}{2}&\frac{1}{2}&-\frac{1}{2}\\\frac{1}{2}&-\frac{1}{2}&\frac{1}{2}\\-\frac{1}{2}&\frac{1}{2}&\frac{1}{2}\end{pmatrix}\begin{pmatrix}2\\0\\0\end{pmatrix}=\begin{pmatrix}1\\1\\-1\end{pmatrix}.$$ 故应填 $(1,1,-1)$.

【方法点击】 本题利用矩阵求逆来求坐标,也可将 $\boldsymbol{\beta}=x_1\boldsymbol{\alpha}_1+x_2\boldsymbol{\alpha}_2+x_3\boldsymbol{\alpha}_3$ 化为线性方程组,再解出 x_1,x_2,x_3 的值.

例3 由向量组 $\boldsymbol{\alpha}_1=(1,3,1,-1)^{\mathrm{T}},\boldsymbol{\alpha}_2=(2,-1,-1,4)^{\mathrm{T}},\boldsymbol{\alpha}_3=(5,1,-1,7)^{\mathrm{T}},\boldsymbol{\alpha}_4=(2,6,2,-3)^{\mathrm{T}}$ 生成的向量空间的基是________,维数是________.

【解析】 向量空间的基即为向量组 $\boldsymbol{\alpha}_1,\boldsymbol{\alpha}_2,\boldsymbol{\alpha}_3,\boldsymbol{\alpha}_4$ 的一个最大无关组,向量空间的维数即为 $\boldsymbol{\alpha}_1,\boldsymbol{\alpha}_2,\boldsymbol{\alpha}_3,\boldsymbol{\alpha}_4$ 的秩.

$$\boldsymbol{A}=(\boldsymbol{\alpha}_1,\boldsymbol{\alpha}_2,\boldsymbol{\alpha}_3,\boldsymbol{\alpha}_4)=\begin{pmatrix}1&2&5&2\\3&-1&1&6\\1&-1&-1&2\\-1&4&7&-3\end{pmatrix}\to\begin{pmatrix}1&2&5&2\\0&-7&-14&0\\0&-3&-6&0\\0&6&12&-1\end{pmatrix}$$

$$\to\begin{pmatrix}1&2&5&2\\0&1&2&0\\0&1&2&0\\0&0&0&-1\end{pmatrix}\to\begin{pmatrix}1&2&5&2\\0&1&2&0\\0&0&0&1\\0&0&0&0\end{pmatrix},$$

所以向量组 $\boldsymbol{\alpha}_1,\boldsymbol{\alpha}_2,\boldsymbol{\alpha}_3,\boldsymbol{\alpha}_4$ 的最大无关组为 $\boldsymbol{\alpha}_1,\boldsymbol{\alpha}_2,\boldsymbol{\alpha}_4$,秩为3. 故由 $\boldsymbol{\alpha}_1,\boldsymbol{\alpha}_2,\boldsymbol{\alpha}_3,\boldsymbol{\alpha}_4$ 生成的向量空间的基为 $\boldsymbol{\alpha}_1,\boldsymbol{\alpha}_2,\boldsymbol{\alpha}_4$,维数为3. 故应填 $\boldsymbol{\alpha}_1,\boldsymbol{\alpha}_2,\boldsymbol{\alpha}_4$;3.

【方法点击】 由向量组生成的向量空间的基和维数,分别即为该向量组的最大无关组和秩.

基本题型Ⅲ:求过渡矩阵

例4 设 $\boldsymbol{\alpha}_1,\boldsymbol{\alpha}_2,\boldsymbol{\alpha}_3$ 是三维向量空间 $\mathbf{R}^3$ 的一组基,则由基 $\boldsymbol{\alpha}_1,\frac{1}{2}\boldsymbol{\alpha}_2,\frac{1}{3}\boldsymbol{\alpha}_3$ 到基 $\boldsymbol{\alpha}_1+\boldsymbol{\alpha}_2,\boldsymbol{\alpha}_2+\boldsymbol{\alpha}_3,\boldsymbol{\alpha}_3+\boldsymbol{\alpha}_1$ 的过渡矩阵为( ).(考研题)

(A) $\begin{pmatrix}1&0&1\\2&2&0\\0&3&3\end{pmatrix}$ (B) $\begin{pmatrix}1&2&0\\0&2&3\\1&0&3\end{pmatrix}$

(C) $\begin{pmatrix}\frac{1}{2}&\frac{1}{4}&-\frac{1}{6}\\-\frac{1}{2}&\frac{1}{4}&\frac{1}{6}\\\frac{1}{2}&-\frac{1}{4}&\frac{1}{6}\end{pmatrix}$ (D) $\begin{pmatrix}\frac{1}{2}&-\frac{1}{2}&\frac{1}{2}\\\frac{1}{4}&\frac{1}{4}&-\frac{1}{4}\\-\frac{1}{6}&\frac{1}{6}&\frac{1}{6}\end{pmatrix}$

【解析】 由 $\left(\boldsymbol{\alpha}_1,\frac{1}{2}\boldsymbol{\alpha}_2,\frac{1}{3}\boldsymbol{\alpha}_3\right)=(\boldsymbol{\alpha}_1,\boldsymbol{\alpha}_2,\boldsymbol{\alpha}_3)\begin{pmatrix}1&0&0\\0&\frac{1}{2}&0\\0&0&\frac{1}{3}\end{pmatrix}$,得

$$(\boldsymbol{\alpha}_1,\boldsymbol{\alpha}_2,\boldsymbol{\alpha}_3)=\left(\boldsymbol{\alpha}_1,\frac{1}{2}\boldsymbol{\alpha}_2,\frac{1}{3}\boldsymbol{\alpha}_3\right)\begin{pmatrix}1&0&0\\0&2&0\\0&0&3\end{pmatrix}.$$

故$(\boldsymbol{\alpha}_1+\boldsymbol{\alpha}_2,\boldsymbol{\alpha}_2+\boldsymbol{\alpha}_3,\boldsymbol{\alpha}_3+\boldsymbol{\alpha}_1)=(\boldsymbol{\alpha}_1,\boldsymbol{\alpha}_2,\boldsymbol{\alpha}_3)\begin{pmatrix}1&0&1\\1&1&0\\0&1&1\end{pmatrix}=\left(\boldsymbol{\alpha}_1,\frac{1}{2}\boldsymbol{\alpha}_2,\frac{1}{3}\boldsymbol{\alpha}_3\right)\begin{pmatrix}1&0&0\\0&2&0\\0&0&3\end{pmatrix}\begin{pmatrix}1&0&1\\1&1&0\\0&1&1\end{pmatrix}$

$$=\left(\boldsymbol{\alpha}_1,\frac{1}{2}\boldsymbol{\alpha}_2,\frac{1}{3}\boldsymbol{\alpha}_3\right)\begin{pmatrix}1&0&1\\2&2&0\\0&3&3\end{pmatrix}.$$

则$\boldsymbol{\alpha}_1,\frac{1}{2}\boldsymbol{\alpha}_2,\frac{1}{3}\boldsymbol{\alpha}_3$到$\boldsymbol{\alpha}_1+\boldsymbol{\alpha}_2,\boldsymbol{\alpha}_2+\boldsymbol{\alpha}_3,\boldsymbol{\alpha}_3+\boldsymbol{\alpha}_1$的过渡矩阵为$\begin{pmatrix}1&0&1\\2&2&0\\0&3&3\end{pmatrix}$. 故应选(A).

例5　从$\mathbf{R}^3$的基$\boldsymbol{\alpha}_1=\begin{pmatrix}1\\0\end{pmatrix},\boldsymbol{\alpha}_2=\begin{pmatrix}1\\-1\end{pmatrix}$到基$\boldsymbol{\beta}_1=\begin{pmatrix}1\\1\end{pmatrix},\boldsymbol{\beta}_2=\begin{pmatrix}1\\2\end{pmatrix}$的过渡矩阵为________.
(考研题)

【解析】　设由基$\boldsymbol{\alpha}_1,\boldsymbol{\alpha}_2$到基$\boldsymbol{\beta}_1,\boldsymbol{\beta}_2$的过渡矩阵为$\boldsymbol{P}$,则$(\boldsymbol{\beta}_1,\boldsymbol{\beta}_2)=(\boldsymbol{\alpha}_1,\boldsymbol{\alpha}_2)\boldsymbol{P}$,
即$\boldsymbol{P}=(\boldsymbol{\alpha}_1,\boldsymbol{\alpha}_2)^{-1}(\boldsymbol{\beta}_1,\boldsymbol{\beta}_2)$. 对矩阵$(\boldsymbol{\alpha}_1,\boldsymbol{\alpha}_2,\boldsymbol{\beta}_1,\boldsymbol{\beta}_2)$作初等行变换

$$(\boldsymbol{\alpha}_1,\boldsymbol{\alpha}_2,\boldsymbol{\beta}_1,\boldsymbol{\beta}_2)=\begin{pmatrix}1&1&1&1\\0&-1&1&2\end{pmatrix}\to\begin{pmatrix}1&1&1&1\\0&1&-1&-2\end{pmatrix}\to\begin{pmatrix}1&0&2&3\\0&1&-1&-2\end{pmatrix},$$

所以$\boldsymbol{P}=\begin{pmatrix}2&3\\-1&-2\end{pmatrix}$. 故应填$\begin{pmatrix}2&3\\-1&-2\end{pmatrix}$.

【方法点击】　本题利用初等行变换求过渡矩阵.

本章整合

一　本章知识图解

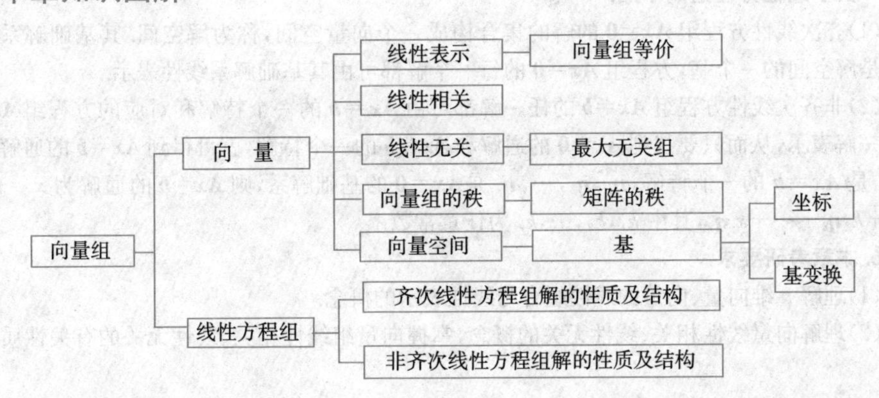

二 本章知识总结

1. 关于判断向量组线性相关性的小结.

给出向量组 $\boldsymbol{\alpha}_1,\boldsymbol{\alpha}_2,\cdots,\boldsymbol{\alpha}_n$，判断其是否线性相关，主要利用定义、矩阵的秩、行列式、向量组的等价性等方法.

(1)**定义法**:假设有一组数 $k_1,k_2,\cdots,k_n$，使 $k_1\boldsymbol{\alpha}_1+k_2\boldsymbol{\alpha}_2+\cdots+k_n\boldsymbol{\alpha}_n=\mathbf{0}$ 成立. 若 $k_1,\cdots,k_n$ 全为零，则 $\boldsymbol{\alpha}_1,\boldsymbol{\alpha}_2,\cdots,\boldsymbol{\alpha}_n$ 线性无关，否则，$\boldsymbol{\alpha}_1,\boldsymbol{\alpha}_2,\cdots,\boldsymbol{\alpha}_n$ 线性相关.

(2)**矩阵秩法**:求矩阵 $\boldsymbol{A}=(\boldsymbol{\alpha}_1,\boldsymbol{\alpha}_2,\cdots,\boldsymbol{\alpha}_n)$ 的秩，当 $R(\boldsymbol{A})=n$ 时，$\boldsymbol{\alpha}_1,\boldsymbol{\alpha}_2,\cdots,\boldsymbol{\alpha}_n$ 线性无关；当 $R(\boldsymbol{A})<n$ 时，$\boldsymbol{\alpha}_1,\boldsymbol{\alpha}_2,\cdots,\boldsymbol{\alpha}_n$ 线性相关.

(3)**行列式法**:向量组的个数与向量组的维数相同时可利用行列式来判断其线性相关性. 当 $|\boldsymbol{A}|=|\boldsymbol{\alpha}_1,\boldsymbol{\alpha}_2,\cdots,\boldsymbol{\alpha}_n|=0$ 时，向量组 $\boldsymbol{\alpha}_1,\boldsymbol{\alpha}_2,\cdots,\boldsymbol{\alpha}_n$ 线性相关；当 $|\boldsymbol{A}|=|\boldsymbol{\alpha}_1,\boldsymbol{\alpha}_2,\cdots,\boldsymbol{\alpha}_n|\neq 0$ 时，向量组 $\boldsymbol{\alpha}_1,\boldsymbol{\alpha}_2,\cdots,\boldsymbol{\alpha}_n$ 线性无关.

(4)**等价性**:找一个与向量组 $\boldsymbol{\alpha}_1,\boldsymbol{\alpha}_2,\cdots,\boldsymbol{\alpha}_n$ 等价的并且较易判定线性相关性的新向量组，讨论新向量组的线性相关性，从而判断向量组 $\boldsymbol{\alpha}_1,\boldsymbol{\alpha}_2,\cdots,\boldsymbol{\alpha}_n$ 的线性相关性.

2. 关于求向量组的秩的小结.

求向量组的秩通常利用初等变换、向量组的等价性、向量组秩的定义等方法.

(1)**初等变换法**:给出向量组 $\boldsymbol{\alpha}_1,\boldsymbol{\alpha}_2,\cdots,\boldsymbol{\alpha}_n$，可将它们作成矩阵作初等变换化成行阶梯形矩阵后判断其秩；

(2)**等价性**:找出一个与向量组等价的新向量组，因为等价的向量组有相同的秩，新向量组的秩即等于原向量组的秩；

(3)**定义法**:找出向量组的一个最大线性无关组，其向量个数就是向量组的秩.

3. 关于求向量组的最大无关组的小结.

(1)利用初等变换求向量组的最大无关组.

(2)逐一选择求向量组的最大无关组.

4. 关于向量空间的基和维数的小结.

向量空间是对于向量的加法和数乘都封闭的特殊的向量组，将向量空间视为向量组，则向量空间的基和维数分别对应向量组的最大无关组和秩，向量空间的基并不是唯一的，即在一个向量空间中可能找出多组基.

5. 关于线性方程组的小结.

(1)齐次线性方程组 $\boldsymbol{Ax}=\mathbf{0}$ 的解的集合构成一个向量空间，称为**解空间**. 其基础解系实际上就是解空间的一个基，方程组 $\boldsymbol{Ax}=\mathbf{0}$ 的每一个解都可由其基础解系线性表示.

(2)非齐次线性方程组 $\boldsymbol{Ax}=\boldsymbol{b}$ 的任一解都可由 $\boldsymbol{Ax}=\boldsymbol{b}$ 的一个特解和对应的方程组 $\boldsymbol{Ax}=\mathbf{0}$ 的某一解表示，从而只要找到 $\boldsymbol{Ax}=\mathbf{0}$ 的通解和 $\boldsymbol{Ax}=\boldsymbol{b}$ 的一个特解，就可得到 $\boldsymbol{Ax}=\boldsymbol{b}$ 的通解. 即：若 $\boldsymbol{\eta}^*$ 是 $\boldsymbol{Ax}=\boldsymbol{b}$ 的一个特解，$\boldsymbol{\eta}_1,\boldsymbol{\eta}_2,\cdots,\boldsymbol{\eta}_r$ 是 $\boldsymbol{Ax}=\mathbf{0}$ 的基础解系，则 $\boldsymbol{Ax}=\boldsymbol{b}$ 的通解为 $\boldsymbol{x}=\boldsymbol{\eta}^*+k_1\boldsymbol{\eta}_1+k_2\boldsymbol{\eta}_2+\cdots+k_r\boldsymbol{\eta}_r$，其中 $k_1,k_2,\cdots,k_r$ 为任意常数.

6. 本章考研要求.

(1)理解 n 维向量、向量的线性组合与线性表示的概念.

(2)理解向量线性相关、线性无关的概念，掌握向量组线性相关、线性无关的有关性质及判别法.

(3)理解向量组的最大线性无关组和向量组的秩的概念，会求向量组的最大线性无关组及秩.

(4)理解向量组等价的概念，理解矩阵的秩与其行(列)向量组的秩的关系.

(5)了解 n 维向量空间、子空间、基底、维数、坐标等概念.

(6)了解基变换和坐标变换公式，会求过渡矩阵.

(7)理解齐次线性方程组的基础解系、通解及解空间的概念，掌握齐次线性方程组的基础解系和通解的求法.

(8)理解非齐次线性方程组解的结构及通解的概念.

三 本章同步自测

同步自测题

一、选择题

1. 设 $\boldsymbol{\alpha}_1,\boldsymbol{\alpha}_2,\cdots,\boldsymbol{\alpha}_s$ 和 $\boldsymbol{\beta}_1,\boldsymbol{\beta}_2,\cdots,\boldsymbol{\beta}_t$ 为两个 n 维向量组，且 $R(\boldsymbol{\alpha}_1,\boldsymbol{\alpha}_2,\cdots,\boldsymbol{\alpha}_s)=R(\boldsymbol{\beta}_1,\boldsymbol{\beta}_2,\cdots,\boldsymbol{\beta}_t)=r$，则(　　).

(A)两个向量组等价

(B)当 $s=t$ 时，两个向量组等价

(C)$R(\boldsymbol{\alpha}_1,\boldsymbol{\alpha}_2,\cdots,\boldsymbol{\alpha}_s,\boldsymbol{\beta}_1,\boldsymbol{\beta}_2,\cdots,\boldsymbol{\beta}_t)=r$

(D)当 $\boldsymbol{\alpha}_1,\boldsymbol{\alpha}_2,\cdots,\boldsymbol{\alpha}_s$ 可由 $\boldsymbol{\beta}_1,\boldsymbol{\beta}_2,\cdots,\boldsymbol{\beta}_t$ 线性表示时，$\boldsymbol{\beta}_1,\boldsymbol{\beta}_2,\cdots,\boldsymbol{\beta}_t$ 也可由 $\boldsymbol{\alpha}_1,\boldsymbol{\alpha}_2,\cdots,\boldsymbol{\alpha}_s$ 线性表示

2. 设 $\boldsymbol{A}=\begin{bmatrix}1 & 2 & -1\\ 2 & 4 & t\\ 3 & 6 & -3\end{bmatrix}$，$\boldsymbol{B}\neq\boldsymbol{O}$ 为 3×2 矩阵，且 $\boldsymbol{AB}=\boldsymbol{O}$，则(　　).

(A)当 $t=-2$ 时，$\boldsymbol{B}$ 的列向量组线性相关

(B)当 $t=-2$ 时，$\boldsymbol{B}$ 的列向量组线性无关

(C)当 $t\neq-2$ 时，$\boldsymbol{B}$ 的列向量组线性相关

(D)当 $t\neq-2$ 时，$\boldsymbol{B}$ 的列向量组线性无关

3. 设向量组Ⅰ:$\boldsymbol{\alpha}_1,\boldsymbol{\alpha}_2,\cdots,\boldsymbol{\alpha}_r$ 可由向量组Ⅱ:$\boldsymbol{\beta}_1,\boldsymbol{\beta}_2,\cdots,\boldsymbol{\beta}_s$ 线性表示，下列命题正确的是(　　).(考研题)

(A)若向量组Ⅰ线性无关，则 $r\leqslant s$　　(B)若向量组Ⅰ线性相关，则 $r>s$

(C)若向量组Ⅱ线性无关，则 $r\leqslant s$　　(D)若向量组Ⅱ线性相关，则 $r>s$

4. 设有向量组 $\boldsymbol{\alpha}_1=(1,-1,2,4)$，$\boldsymbol{\alpha}_2=(0,3,1,2)$，$\boldsymbol{\alpha}_3=(3,0,7,14)$，$\boldsymbol{\alpha}_4=(1,-2,2,0)$，$\boldsymbol{\alpha}_5=(2,1,5,10)$，则该向量组的最大线性无关组是(　　).

(A)$\boldsymbol{\alpha}_1,\boldsymbol{\alpha}_2,\boldsymbol{\alpha}_3$　　(B)$\boldsymbol{\alpha}_1,\boldsymbol{\alpha}_2,\boldsymbol{\alpha}_4$　　(C)$\boldsymbol{\alpha}_1,\boldsymbol{\alpha}_2,\boldsymbol{\alpha}_5$　　(D)$\boldsymbol{\alpha}_1,\boldsymbol{\alpha}_2,\boldsymbol{\alpha}_4,\boldsymbol{\alpha}_5$

5. 设齐次线性方程组 $\boldsymbol{Ax}=\boldsymbol{0}$，其中 $\boldsymbol{A}$ 为 $m\times n$ 矩阵，且 $R(\boldsymbol{A})=n-3$，$\boldsymbol{\gamma}_1,\boldsymbol{\gamma}_2,\boldsymbol{\gamma}_3$ 是方程组 $\boldsymbol{Ax}=\boldsymbol{0}$ 的三个线性无关的解向量，则(　　)不是 $\boldsymbol{Ax}=\boldsymbol{0}$ 的基础解系.

(A)$\boldsymbol{\gamma}_1,\boldsymbol{\gamma}_2,\boldsymbol{\gamma}_3$　　(B)$\boldsymbol{\gamma}_1+\boldsymbol{\gamma}_2,2\boldsymbol{\gamma}_2+3\boldsymbol{\gamma}_3,3\boldsymbol{\gamma}_3+\boldsymbol{\gamma}_1$

(C)$\boldsymbol{\gamma}_1,\boldsymbol{\gamma}_1+\boldsymbol{\gamma}_2,\boldsymbol{\gamma}_1+\boldsymbol{\gamma}_2+\boldsymbol{\gamma}_3$　　(D)$\boldsymbol{\gamma}_3-\boldsymbol{\gamma}_2-\boldsymbol{\gamma}_1,\boldsymbol{\gamma}_3+\boldsymbol{\gamma}_2+\boldsymbol{\gamma}_1,-2\boldsymbol{\gamma}_3$

二、填空题

6. 若 $\boldsymbol{\beta}=(0,k,k^2)$ 能由 $\boldsymbol{\alpha}_1=(1+k,1,1)$，$\boldsymbol{\alpha}_2=(1,1+k,1)$，$\boldsymbol{\alpha}_3=(1,1,1+k)$ 唯一线性表示，则 k

________.

7. 已知 $\boldsymbol{\alpha}_1,\boldsymbol{\alpha}_2,\boldsymbol{\alpha}_3$ 线性无关,若 $\boldsymbol{\alpha}_1+2\boldsymbol{\alpha}_2,2\boldsymbol{\alpha}_2+a\boldsymbol{\alpha}_3,3\boldsymbol{\alpha}_3+2\boldsymbol{\alpha}_1$ 线性相关,则 $a=$________.

8. 设向量组 $\boldsymbol{\alpha}_1=(1,2,3,4),\boldsymbol{\alpha}_2=(2,3,4,5),\boldsymbol{\alpha}_3=(3,4,5,6),\boldsymbol{\alpha}_4=(4,5,6,t)$,且 $R(\boldsymbol{\alpha}_1,\boldsymbol{\alpha}_2,\boldsymbol{\alpha}_3,\boldsymbol{\alpha}_4)=2$,则 $t=$________.

9. 设 $\boldsymbol{A}$ 是 4 阶方阵,且 $R(\boldsymbol{A})=3$,则齐次线性方程组 $\boldsymbol{A}^*\boldsymbol{x}=\boldsymbol{0}$($\boldsymbol{A}^*$ 是 $\boldsymbol{A}$ 的伴随矩阵)的基础解系中所含解向量个数为________.

10. 设 $\boldsymbol{\alpha}_1=(1,2,-1,0)^{\mathrm{T}},\boldsymbol{\alpha}_2=(1,1,0,2)^{\mathrm{T}},\boldsymbol{\alpha}_3=(2,1,1,a)^{\mathrm{T}}$,若由 $\boldsymbol{\alpha}_1,\boldsymbol{\alpha}_2,\boldsymbol{\alpha}_3$ 生成的向量空间的维数为 2,则 $a=$________.(考研题)

三、解答题

11. 设 $\boldsymbol{A}=\begin{pmatrix}1&-1&-1\\-1&1&1\\0&-4&-2\end{pmatrix},\boldsymbol{\xi}_1=\begin{pmatrix}-1\\1\\-2\end{pmatrix}$.

(1)求满足 $\boldsymbol{A}\boldsymbol{\xi}_2=\boldsymbol{\xi}_1,\boldsymbol{A}^2\boldsymbol{\xi}_3=\boldsymbol{\xi}_1$ 的所有向量 $\boldsymbol{\xi}_2,\boldsymbol{\xi}_3$;

(2)对(1)中的任意向量 $\boldsymbol{\xi}_2,\boldsymbol{\xi}_3$,证明:$\boldsymbol{\xi}_1,\boldsymbol{\xi}_2,\boldsymbol{\xi}_3$ 线性无关.(考研题)

12. 设向量组 $\boldsymbol{\alpha}_1=(1,1,1,3)^{\mathrm{T}},\boldsymbol{\alpha}_2=(-1,-3,5,1)^{\mathrm{T}},\boldsymbol{\alpha}_3=(3,2,-1,p+2)^{\mathrm{T}},\boldsymbol{\alpha}_4=(-2,-6,10,p)^{\mathrm{T}}$.

(1)p 为何值时,该向量组线性无关?并在此时将向量 $\boldsymbol{\alpha}=(4,1,6,10)^{\mathrm{T}}$ 用 $\boldsymbol{\alpha}_1,\boldsymbol{\alpha}_2,\boldsymbol{\alpha}_3,\boldsymbol{\alpha}_4$ 线性表示;

(2)p 为何值时,该向量组线性相关?并在此时求出它的秩和一个最大无关组.

13. 已知非齐次线方程组

$$\begin{cases}x_1+x_2+x_3+x_4=-1,\\4x_1+3x_2+5x_3-x_4=-1,\\ax_1+x_2+3x_3+bx_4=1\end{cases}$$

有 3 个线性无关的解.

(1)证明方程组系数矩阵 $\boldsymbol{A}$ 的秩 $R(\boldsymbol{A})=2$;

(2)求 a,b 值及方程组的通解.(考研题)

14. 已知齐次线性方程组

$$\begin{cases}x_1+2x_2+3x_3=0,\\2x_1+3x_2+5x_3=0,\\x_1+x_2+ax_3=0\end{cases}\qquad ①$$

和

$$\begin{cases}x_1+bx_2+cx_3=0,\\2x_1+b^2x_2+(c+1)x_3=0\end{cases}\qquad ②$$

同解,求 a,b,c 的值.(考研题)

自测题答案

一、选择题

1. (D) **2.** (C) **3.** (A) **4.** (B) **5.** (D)

1. 解:记 $\boldsymbol{A}=(\boldsymbol{\alpha}_1,\boldsymbol{\alpha}_2,\cdots,\boldsymbol{\alpha}_s),\boldsymbol{B}=(\boldsymbol{\beta}_1,\boldsymbol{\beta}_2,\cdots,\boldsymbol{\beta}_t)$,若 $\boldsymbol{\alpha}_1,\boldsymbol{\alpha}_2,\cdots,\boldsymbol{\alpha}_s$ 能由 $\boldsymbol{\beta}_1,\boldsymbol{\beta}_2,\cdots,\boldsymbol{\beta}_t$ 线性表示,则 $R(\boldsymbol{B})=R(\boldsymbol{B},\boldsymbol{A})$.

又因为 $R(\boldsymbol{A})=R(\boldsymbol{B})=r$,则 $R(\boldsymbol{A})=R(\boldsymbol{B})=R(\boldsymbol{B},\boldsymbol{A})$,所以 $\boldsymbol{\alpha}_1,\boldsymbol{\alpha}_2,\cdots,\boldsymbol{\alpha}_s$ 与 $\boldsymbol{\beta}_1,\boldsymbol{\beta}_2,\cdots,\boldsymbol{\beta}_t$ 等价,

则 $\boldsymbol{\beta}_1,\boldsymbol{\beta}_2,\cdots,\boldsymbol{\beta}_t$ 也可由 $\boldsymbol{\alpha}_1,\boldsymbol{\alpha}_2,\cdots,\boldsymbol{\alpha}_s$ 线性表示.故应选(D).

2. 解:因为 $\boldsymbol{AB}=\boldsymbol{O}$,则 $R(\boldsymbol{A})+R(\boldsymbol{B})\leqslant 3$,当 $t\neq -2$ 时,$R(\boldsymbol{A})=2$,则 $R(\boldsymbol{B})\leqslant 3-R(\boldsymbol{A})=1$,即 $R(\boldsymbol{B})\leqslant 1<2$,则$\boldsymbol{B}$ 的列向量组线性相关.故应选(C).

3. 解:**方法一:**因向量组Ⅰ可由向量组Ⅱ线性表示,则 $R(\text{Ⅰ})\leqslant R(\text{Ⅱ})$,即

$$R(\boldsymbol{\alpha}_1,\boldsymbol{\alpha}_2,\cdots,\boldsymbol{\alpha}_r)\leqslant R(\boldsymbol{\beta}_1,\boldsymbol{\beta}_2,\cdots,\boldsymbol{\beta}_s)\leqslant s,$$

若 $\boldsymbol{\alpha}_1,\boldsymbol{\alpha}_2,\cdots,\boldsymbol{\alpha}_r$ 线性无关,则 $r=R(\boldsymbol{\alpha}_1,\boldsymbol{\alpha}_2,\cdots,\boldsymbol{\alpha}_r)$,

所以 $r=R(\boldsymbol{\alpha}_1,\boldsymbol{\alpha}_2,\cdots,\boldsymbol{\alpha}_r)\leqslant R(\boldsymbol{\beta}_1,\boldsymbol{\beta}_2,\cdots,\boldsymbol{\beta}_s)\leqslant s$,故应选(A).

方法二:由向量组的线性表示与向量组的线性相关性定理,若向量组Ⅰ:$\boldsymbol{\alpha}_1,\boldsymbol{\alpha}_2,\cdots,\boldsymbol{\alpha}_r$ 可由向量组Ⅱ:$\boldsymbol{\beta}_1,\boldsymbol{\beta}_2,\cdots,\boldsymbol{\beta}_s$ 线性表示,则当 $r>s$ 时,向量组Ⅰ线性相关;或者说,若向量组Ⅰ线性无关,则 $r\leqslant s$,可直接判别(A)正确.

4. 解:将矩阵 $\boldsymbol{A}=(\boldsymbol{\alpha}_1^{\mathrm{T}},\boldsymbol{\alpha}_2^{\mathrm{T}},\boldsymbol{\alpha}_3^{\mathrm{T}},\boldsymbol{\alpha}_4^{\mathrm{T}},\boldsymbol{\alpha}_5^{\mathrm{T}})$施以初等行变换,化为行阶梯形矩阵

$$\boldsymbol{A}=\begin{pmatrix}1&0&3&1&2\\-1&3&0&-2&1\\2&1&7&2&5\\4&2&14&0&10\end{pmatrix}\to\begin{pmatrix}1&0&3&1&2\\0&3&3&-1&3\\0&1&1&0&1\\0&2&2&-4&2\end{pmatrix}\to\begin{pmatrix}1&0&3&1&2\\0&1&1&0&1\\0&0&0&-1&0\\0&0&0&0&0\end{pmatrix},$$

则 $\boldsymbol{\alpha}_1,\boldsymbol{\alpha}_2,\boldsymbol{\alpha}_3,\boldsymbol{\alpha}_4,\boldsymbol{\alpha}_5$ 的最大无关组为 $\boldsymbol{\alpha}_1,\boldsymbol{\alpha}_2,\boldsymbol{\alpha}_4$.故应选(B).

5. 解:$R(\boldsymbol{A})=n-3$,故基础解系中解向量个数为3,且线性无关.

选项(D)中,由$(\boldsymbol{\gamma}_3-\boldsymbol{\gamma}_2-\boldsymbol{\gamma}_1)+(\boldsymbol{\gamma}_3+\boldsymbol{\gamma}_2+\boldsymbol{\gamma}_1)+(-2\boldsymbol{\gamma}_3)=\boldsymbol{0}$,知 $\boldsymbol{\gamma}_3-\boldsymbol{\gamma}_2-\boldsymbol{\gamma}_1,\boldsymbol{\gamma}_3+\boldsymbol{\gamma}_2+\boldsymbol{\gamma}_1,-2\boldsymbol{\gamma}_3$ 线性相关,不是基础解系.

选项(A)、(B)、(C)中的向量组线性无关,且为三个解向量,故为基础解系.故应选(D).

二、填空题

6. $k\neq 0$ 且 $k\neq -3$　**7.** $-\dfrac{3}{2}$　**8.** 7　**9.** 3　**10.** 6

6. 解:$\boldsymbol{\beta}$ 可由 $\boldsymbol{\alpha}_1,\boldsymbol{\alpha}_2,\boldsymbol{\alpha}_3$ 唯一线性表示,即方程组 $x_1\boldsymbol{\alpha}_1+x_2\boldsymbol{\alpha}_2+x_3\boldsymbol{\alpha}_3=\boldsymbol{\beta}$ 有唯一解,故系数行列式

$|\boldsymbol{\alpha}_1^{\mathrm{T}},\boldsymbol{\alpha}_2^{\mathrm{T}},\boldsymbol{\alpha}_3^{\mathrm{T}}|\neq 0$,即 $\begin{vmatrix}1+k&1&1\\1&1+k&1\\1&1&1+k\end{vmatrix}=k^2(3+k)\neq 0$,所以 $k\neq 0$ 且 $k\neq -3$.故应填 $k\neq 0$ 且 $k\neq -3$.

7. 解:由于 $\boldsymbol{\alpha}_1+2\boldsymbol{\alpha}_2,2\boldsymbol{\alpha}_2+a\boldsymbol{\alpha}_3,3\boldsymbol{\alpha}_3+2\boldsymbol{\alpha}_1$ 线性相关,所以,有不全为零的 x_1,x_2,x_3,使

$$x_1(\boldsymbol{\alpha}_1+2\boldsymbol{\alpha}_2)+x_2(2\boldsymbol{\alpha}_2+a\boldsymbol{\alpha}_3)+x_3(3\boldsymbol{\alpha}_3+2\boldsymbol{\alpha}_1)=\boldsymbol{0},$$

整理得$(x_1+2x_3)\boldsymbol{\alpha}_1+(2x_1+2x_2)\boldsymbol{\alpha}_2+(ax_2+3x_3)\boldsymbol{\alpha}_3=\boldsymbol{0}$.因为 $\boldsymbol{\alpha}_1,\boldsymbol{\alpha}_2,\boldsymbol{\alpha}_3$ 线性无关,从而有齐次线性方程组

$$\begin{cases}x_1+2x_3=0,\\2x_1+2x_3=0,\\ax_2+3x_3=0.\end{cases}$$

由 x_1,x_2,x_3 不全为零,知齐次线性方程组有非零解,则系数行列或必为零,即

$$\begin{vmatrix}1&0&2\\2&2&0\\0&a&3\end{vmatrix}=6+4a=0,$$

所以 $a=-\frac{3}{2}$. 故应填 $-\frac{3}{2}$.

8. 解:记 $\boldsymbol{A}=(\boldsymbol{\alpha}_1^{\mathrm{T}},\boldsymbol{\alpha}_2^{\mathrm{T}},\boldsymbol{\alpha}_3^{\mathrm{T}},\boldsymbol{\alpha}_4^{\mathrm{T}})$,则 $R(\boldsymbol{A})=R(\boldsymbol{\alpha}_1^{\mathrm{T}},\boldsymbol{\alpha}_2^{\mathrm{T}},\boldsymbol{\alpha}_3^{\mathrm{T}},\boldsymbol{\alpha}_4^{\mathrm{T}})=2$,对矩阵 $\boldsymbol{A}$ 施以初等行变换,化为阶梯形矩阵

$$\boldsymbol{A}=\begin{pmatrix}1&2&3&4\\2&3&4&5\\3&4&5&6\\4&5&6&t\end{pmatrix}\to\begin{pmatrix}1&2&3&4\\0&-1&-2&-3\\0&0&0&t-7\\0&0&0&0\end{pmatrix},$$

当 $t=7$ 时,$R(\boldsymbol{A})=2$,即 $R(\boldsymbol{\alpha}_1,\boldsymbol{\alpha}_2,\boldsymbol{\alpha}_3,\boldsymbol{\alpha}_4)=2$. 故应填 7.

9. 解:由 $n=4$,$R(\boldsymbol{A})=3$,得 $R(\boldsymbol{A}^*)=1$,从而 $\boldsymbol{A}^*\boldsymbol{x}=\boldsymbol{0}$ 的基础解系中所含解向量个数为 $k=n-R(\boldsymbol{A}^*)=4-1=3$. 故应填 3.

10. 解:由于 $\boldsymbol{\alpha}_1,\boldsymbol{\alpha}_2,\boldsymbol{\alpha}_3$ 生成的向量空间的维数为 2,所以 $R(\boldsymbol{\alpha}_1,\boldsymbol{\alpha}_2,\boldsymbol{\alpha}_3)=2$. 对矩阵$(\boldsymbol{\alpha}_1,\boldsymbol{\alpha}_2,\boldsymbol{\alpha}_3)$进行初等行变换:

$$(\boldsymbol{\alpha}_1,\boldsymbol{\alpha}_2,\boldsymbol{\alpha}_3)=\begin{pmatrix}1&1&2\\2&1&1\\-1&0&1\\0&2&a\end{pmatrix}\to\begin{pmatrix}1&1&2\\0&-1&-3\\0&1&3\\0&2&a\end{pmatrix}\to\begin{pmatrix}1&1&2\\0&1&3\\0&0&a-6\\0&0&0\end{pmatrix},$$

所以 $a=6$. 故应填 6.

三、解答题

11. 解:(1)对矩阵$(\boldsymbol{A}\vdots\boldsymbol{\xi}_1)$施以初等行变换:

$$(\boldsymbol{A}\vdots\boldsymbol{\xi}_1)=\left(\begin{array}{ccc:c}1&-1&-1&-1\\-1&1&1&1\\0&-4&-2&-2\end{array}\right)\to\left(\begin{array}{ccc:c}1&0&-\frac{1}{2}&-\frac{1}{2}\\0&1&\frac{1}{2}&\frac{1}{2}\\0&0&0&0\end{array}\right),$$

可求得 $\boldsymbol{\xi}_2=\begin{pmatrix}-\frac{1}{2}+\frac{k}{2}\\\frac{1}{2}-\frac{k}{2}\\k\end{pmatrix}$,其中 k 为任意常数. 又因 $\boldsymbol{A}^2=\begin{pmatrix}2&2&0\\-2&-2&0\\4&4&0\end{pmatrix}$,对矩阵$(\boldsymbol{A}^2\vdots\boldsymbol{\xi}_1)$施以初等行变换

$$(\boldsymbol{A}^2\vdots\boldsymbol{\xi}_1)=\left(\begin{array}{ccc:c}2&2&0&-1\\-2&-2&0&1\\4&4&0&-2\end{array}\right)\to\left(\begin{array}{ccc:c}1&1&0&-\frac{1}{2}\\0&0&0&0\\0&0&0&0\end{array}\right),$$

得 $\boldsymbol{\xi}_3=\begin{pmatrix}-\frac{1}{2}-a\\ a\\ b\end{pmatrix}$,其中 a,b 为任意常数.

(2)**方法一:**由(1)知

$$|\boldsymbol{\xi}_1,\boldsymbol{\xi}_2,\boldsymbol{\xi}_3|=\begin{vmatrix}-1 & -\frac{1}{2}+\frac{k}{2} & -\frac{1}{2}-a\\ 1 & \frac{1}{2}-\frac{k}{2} & a\\ -2 & k & b\end{vmatrix}=-\frac{1}{2}\neq 0,$$

所以 $\boldsymbol{\xi}_1,\boldsymbol{\xi}_2,\boldsymbol{\xi}_3$ 线性无关.

方法二:由题设可知 $\boldsymbol{A\xi}_1=\boldsymbol{0}$,设存在数 k_1,k_2,k_3,使得

$$k_1\boldsymbol{\xi}_1+k_2\boldsymbol{\xi}_2+k_3\boldsymbol{\xi}_3=\boldsymbol{0},$$

等式两边左乘 $\boldsymbol{A}$ 得 $k_2\boldsymbol{A\xi}_2+k_3\boldsymbol{A\xi}_3=\boldsymbol{0}$.

又由 $\boldsymbol{A\xi}_2=\boldsymbol{\xi}_1$,则 $k_2\boldsymbol{\xi}_1+k_3\boldsymbol{A\xi}_3=\boldsymbol{0}$,等式两边再左乘 $\boldsymbol{A}$ 得 $k_3\boldsymbol{A}^2\boldsymbol{\xi}_3=\boldsymbol{0}$,即 $k_3\boldsymbol{\xi}_1=\boldsymbol{0}$,又因 $\boldsymbol{\xi}_1\neq\boldsymbol{0}$,则 $k_3=0$,代入 $k_2\boldsymbol{\xi}_1+k_3\boldsymbol{A\xi}_3=\boldsymbol{0}$ 中得 $k_2\boldsymbol{\xi}_1=\boldsymbol{0}$,于是有 $k_2=0$,把 $k_3=0,k_2=0$ 代入 $k_1\boldsymbol{\xi}_1+k_2\boldsymbol{\xi}_2+k_3\boldsymbol{\xi}_3=\boldsymbol{0}$ 中得 $k_1\boldsymbol{\xi}_1=\boldsymbol{0}$,即 $k_1=0$,从而 $\boldsymbol{\xi}_1,\boldsymbol{\xi}_2,\boldsymbol{\xi}_3$ 线性无关.

12. 解:以 $\boldsymbol{\alpha}_1,\boldsymbol{\alpha}_2,\boldsymbol{\alpha}_3,\boldsymbol{\alpha}_4,\boldsymbol{\alpha}$ 为列向量作成矩阵,对其施以初等行变换

$$(\boldsymbol{\alpha}_1,\boldsymbol{\alpha}_2,\boldsymbol{\alpha}_3,\boldsymbol{\alpha}_4,\boldsymbol{\alpha})=\begin{pmatrix}1 & -1 & 3 & -2 & 4\\ 1 & -3 & 2 & -6 & 1\\ 1 & 5 & -1 & 10 & 6\\ 3 & 1 & p+2 & p & 10\end{pmatrix}\to\begin{pmatrix}1 & -1 & 3 & -2 & 4\\ 0 & -2 & -1 & -4 & -3\\ 0 & 6 & -4 & 12 & 2\\ 0 & 4 & p-7 & p+6 & -2\end{pmatrix}$$

$$\to\begin{pmatrix}1 & -1 & 3 & -2 & 4\\ 0 & -2 & -1 & -4 & -3\\ 0 & 0 & -7 & 0 & -7\\ 0 & 0 & p-9 & p-2 & -8\end{pmatrix}\to\begin{pmatrix}1 & -1 & 3 & -2 & 4\\ 0 & -2 & -1 & -4 & -3\\ 0 & 0 & 1 & 0 & 1\\ 0 & 0 & 0 & p-2 & 1-p\end{pmatrix},$$

(1)$p\neq 2$ 时,向量组 $\boldsymbol{\alpha}_1,\boldsymbol{\alpha}_2,\boldsymbol{\alpha}_3,\boldsymbol{\alpha}_4$ 线性无关. 设 $\boldsymbol{\alpha}=x_1\boldsymbol{\alpha}_1+x_2\boldsymbol{\alpha}_2+x_3\boldsymbol{\alpha}_3+x_4\boldsymbol{\alpha}_4$,从而有线性方程组

$$\begin{cases}x_1-x_2+3x_3-2x_4=4,\\ x_1-3x_2+2x_3-6x_4=1,\\ x_1+5x_2-x_3+10x_4=6,\\ 3x_1+x_2+(p+2)x_3+px_4=10,\end{cases}$$

解得 $x_1=2,x_2=\frac{3p-4}{p-2},x_3=1,x_4=\frac{1-p}{p-2}$.

(2)当 $p=2$ 时,向量组 $\boldsymbol{\alpha}_1,\boldsymbol{\alpha}_2,\boldsymbol{\alpha}_3,\boldsymbol{\alpha}_4$ 线性相关,并且秩为 3,$\boldsymbol{\alpha}_1,\boldsymbol{\alpha}_2,\boldsymbol{\alpha}_3$ 是一个最大无关组.

13. 解:(1)设 $\boldsymbol{\xi}_1,\boldsymbol{\xi}_2,\boldsymbol{\xi}_3$ 是该线性方程组的 3 个线性无关的解,则 $\boldsymbol{\xi}_1-\boldsymbol{\xi}_2,\boldsymbol{\xi}_1-\boldsymbol{\xi}_3$ 是对应的齐次线性方程组 $\boldsymbol{Ax}=\boldsymbol{0}$ 的两个线性无关的解,因而 $4-R(\boldsymbol{A})\geqslant 2$,即 $R(\boldsymbol{A})\leqslant 2$. 又 $\boldsymbol{A}$ 有一个 2 阶子式 $\begin{vmatrix}1 & 1\\ 4 & 3\end{vmatrix}\neq 0$,于是 $R(\boldsymbol{A})\geqslant 2$. 因此,$R(\boldsymbol{A})=2$.

(2)对增广矩阵 $\overline{\boldsymbol{A}}$ 施以初等行变换,有

$$\overline{\boldsymbol{A}}=\left(\begin{array}{cccc:c}1&1&1&1&-1\\4&3&5&-1&-1\\a&1&3&b&1\end{array}\right)\rightarrow\left(\begin{array}{cccc:c}1&1&1&1&-1\\0&-1&1&-5&3\\0&1-a&3-a&b-a&1+a\end{array}\right)$$

$$\rightarrow\left(\begin{array}{cccc:c}1&0&2&-4&2\\0&1&-1&5&-3\\0&0&4-2a&4a+b-5&4-2a\end{array}\right)=\boldsymbol{B}.$$

因为$R(\boldsymbol{A})=2$,故$4-2a=0,4a+b-5=0$,即$a=2,b=-3$.此时

$$\boldsymbol{B}=\left(\begin{array}{cccc:c}1&0&2&-4&2\\0&1&-1&5&-3\\0&0&0&0&0\end{array}\right),$$

可得方程组的通解为$\boldsymbol{x}=\begin{pmatrix}2\\-3\\0\\0\end{pmatrix}+k_1\begin{pmatrix}-2\\1\\1\\0\end{pmatrix}+k_2\begin{pmatrix}4\\-5\\0\\1\end{pmatrix}$,其中$k_1,k_2$为任意常数.

14. 解:方程组②的未知量个数大于方程的个数,故方程组②有非零解,因为方程组①与②同解,所以,方程组①有非零解,其系数矩阵的秩小于3.对方程组①的系数矩阵施以初等行变换

$$\begin{pmatrix}1&2&3\\2&3&5\\1&1&a\end{pmatrix}\rightarrow\begin{pmatrix}1&0&1\\0&1&1\\0&0&a-2\end{pmatrix},$$

从而$a=2$.此时,方程组①的系数矩阵可化为

$$\begin{pmatrix}1&2&3\\2&3&5\\1&1&2\end{pmatrix}\rightarrow\begin{pmatrix}1&0&1\\0&1&1\\0&0&0\end{pmatrix},$$

故$\begin{pmatrix}-1\\-1\\1\end{pmatrix}$是方程组①的一个基础解系.将此解代入方程组②可得$b=1,c=2$或$b=0,c=1$.

当$b=1,c=2$时,对方程组②的系数矩阵施以初等行变换,有

$$\begin{pmatrix}1&1&2\\2&1&3\end{pmatrix}\rightarrow\begin{pmatrix}1&0&1\\0&1&1\end{pmatrix},$$

故方程组①与②同解.

当$b=0,c=1$时,方程组②的系数矩阵可化为

$$\begin{pmatrix}1&0&1\\2&0&2\end{pmatrix}\rightarrow\begin{pmatrix}1&0&1\\0&0&0\end{pmatrix},$$

故方程组①与②的解不相同.

综上所述,当$a=2,b=1,c=2$时,方程组①与②同解.

第五章 相似矩阵及二次型

本章的中心议题是对称矩阵的对角化问题，求特征值、特征向量都是为相似对角化做准备. 二次型化标准形是对称矩阵合同对角化的直接应用. 本章也是考研的重点与难点所在，常出综合题.

第一节 向量的内积、长度及正交性

【知识结构】

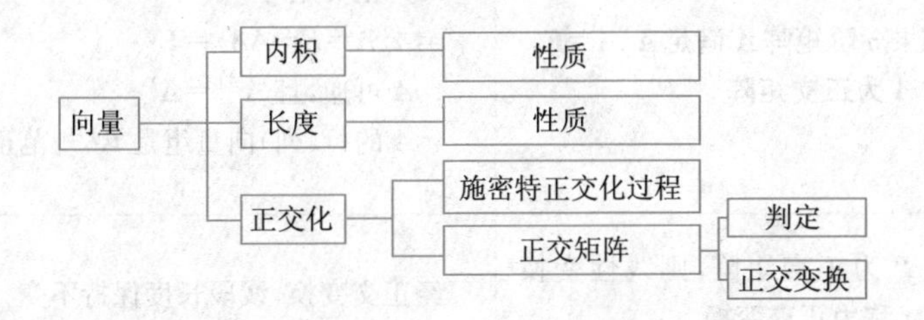

【考点精析】

1. 内积、长度的概念与性质.

名称	定义	性质
内积	设有 n 维向量 $\boldsymbol{x}=\begin{pmatrix}x_1\\x_2\\\vdots\\x_n\end{pmatrix}$，$\boldsymbol{y}=\begin{pmatrix}y_1\\y_2\\\vdots\\y_n\end{pmatrix}$，令 $[\boldsymbol{x},\boldsymbol{y}]=x_1y_1+x_2y_2+\cdots+x_ny_n=\boldsymbol{x}^{\mathrm{T}}\boldsymbol{y}$，则 $[\boldsymbol{x},\boldsymbol{y}]$ 称为向量 $\boldsymbol{x}$ 与 $\boldsymbol{y}$ 的内积	(1) $[\boldsymbol{x},\boldsymbol{y}]=[\boldsymbol{y},\boldsymbol{x}]$； (2) $[\lambda\boldsymbol{x},\boldsymbol{y}]=\lambda[\boldsymbol{x},\boldsymbol{y}]$； (3) $[\boldsymbol{x}+\boldsymbol{y},\boldsymbol{z}]=[\boldsymbol{x},\boldsymbol{z}]+[\boldsymbol{y},\boldsymbol{z}]$； (4) $[\boldsymbol{x},\boldsymbol{x}]\geqslant0$，而且等号成立 $\Leftrightarrow\boldsymbol{x}=\boldsymbol{0}$； (5)施瓦茨不等式： $[\boldsymbol{x},\boldsymbol{y}]^2\leqslant[\boldsymbol{x},\boldsymbol{x}][\boldsymbol{y},\boldsymbol{y}]$
长度	令 $\\|\boldsymbol{x}\\|=\sqrt{[\boldsymbol{x},\boldsymbol{x}]}=\sqrt{x_1^2+x_2^2+\cdots+x_n^2}$，则 $\\|\boldsymbol{x}\\|$ 称为 n 维向量 $\boldsymbol{x}$ 的长度(或范数)	(1)非负性：$\\|\boldsymbol{x}\\|\geqslant0$，等号成立 $\Leftrightarrow\boldsymbol{x}=\boldsymbol{0}$； (2)齐次性： $\\|\lambda\boldsymbol{x}\\|=\|\lambda\|\cdot\\|\boldsymbol{x}\\|$； (3)三角不等式： $\\|\boldsymbol{x}+\boldsymbol{y}\\|\leqslant\\|\boldsymbol{x}\\|+\\|\boldsymbol{y}\\|$

2. 正交性相关概念.

名称	定义	备注
正交	若$[x,y]=0$,则称**向量 x 与 y 正交**	零向量与任何向量都正交
正交向量组	一组两两正交的非零向量	正交向量组一定线性无关
规范正交基	设 n 维向量 $e_1,e_2,\cdots,e_n$ 是向量空间 V 的一个基,如果 $e_1,e_2,\cdots,e_n$ 两两正交,且都是单位向量,则称 **$e_1,e_2,\cdots,e_n$ 是 V 的一个规范正交基**	(1)V 中任一向量 a 可设为$a=\lambda_1 e_1+\lambda_2 e_2+\cdots+\lambda_n e_n$,其系数 $\lambda_i=e_i^{T}a=[e_i,a]$; (2)施密特正交化是将普通基化为规范正交基
正交矩阵	如果 n 阶矩阵 A 满足 $A^{T}A=E$,则称 **A 为正交矩阵**	A 为正交矩阵 $\Leftrightarrow A^{T}A=E\Leftrightarrow AA^{T}=E$ $\Leftrightarrow A$ 可逆,且 $A^{-1}=A^{T}$ $\Leftrightarrow A$ 的行(列)向量组是 $\mathbf{R}^n$ 规范正交基
正交变换	若 P 为正交矩阵,则线性变换 **$y=Px$ 称为正交变换**	经正交变换,线段长度保持不变

3. 施密特正交化.

步骤	具体内容
原始基	$a_1,a_2,\cdots,a_n$ 是 V 的一组基
正交化	$b_1=a_1$; $b_2=a_2-\frac{[b_1,a_2]}{[b_1,b_1]}b_1$; $\vdots$ $b_n=a_n-\frac{[b_1,a_n]}{[b_1,b_1]}b_1-\frac{[b_2,a_n]}{[b_2,b_2]}b_2-\cdots-\frac{[b_{n-1},a_n]}{[b_{n-1},b_{n-1}]}b_{n-1}$
单位化	$e_1=\frac{b_1}{\Vert b_1\Vert},e_2=\frac{b_2}{\Vert b_2\Vert},\cdots,e_n=\frac{b_n}{\Vert b_n\Vert}$
规范正交基	$e_1,e_2,\cdots,e_n$ 即为 V 的一个规范正交基

4. 对应习题.

习题五第 1~5 题(教材 P_{138}).

例题精解

基本题型Ⅰ:有关向量内积的运算

例 1　已知 $\boldsymbol{\alpha}=(2,1,3,2)$,$\boldsymbol{\beta}=(1,2,-2,1)$,求 $[\boldsymbol{\alpha},\boldsymbol{\beta}]$,$\|\boldsymbol{\alpha}\|$,$\|\boldsymbol{\beta}\|$,$\|\boldsymbol{\alpha}+\boldsymbol{\beta}\|$.

【解析】 $[\boldsymbol{\alpha},\boldsymbol{\beta}]=2\times1+1\times2+3\times(-2)+2\times1=0$,

$\|\boldsymbol{\alpha}\|=\sqrt{[\boldsymbol{\alpha},\boldsymbol{\alpha}]}=\sqrt{2^2+1^2+3^2+2^2}=\sqrt{18}=3\sqrt{2}$,

$\|\boldsymbol{\beta}\|=\sqrt{[\boldsymbol{\beta},\boldsymbol{\beta}]}=\sqrt{1^2+2^2+(-2)^2+1^2}=\sqrt{10}$,

$\|\boldsymbol{\alpha}+\boldsymbol{\beta}\|=\sqrt{[\boldsymbol{\alpha}+\boldsymbol{\beta},\boldsymbol{\alpha}+\boldsymbol{\beta}]}=\sqrt{3^2+3^2+1^2+3^2}=\sqrt{28}=2\sqrt{7}$.

例 2　证明:任给向量 $\boldsymbol{\alpha},\boldsymbol{\beta}$,$[\boldsymbol{\alpha},\boldsymbol{\beta}]=0\Leftrightarrow$ 对任意的 λ,都有 $\|\boldsymbol{\alpha}+\lambda\boldsymbol{\beta}\|\geqslant\|\boldsymbol{\alpha}\|$.

【证明】 充分性 $\Rightarrow$:若 $[\boldsymbol{\alpha},\boldsymbol{\beta}]=0$,则

$$\|\boldsymbol{\alpha}+\lambda\boldsymbol{\beta}\|^2=[\boldsymbol{\alpha}+\lambda\boldsymbol{\beta},\boldsymbol{\alpha}+\lambda\boldsymbol{\beta}]=[\boldsymbol{\alpha},\boldsymbol{\alpha}]+2\lambda[\boldsymbol{\alpha},\boldsymbol{\beta}]+\lambda^2[\boldsymbol{\beta},\boldsymbol{\beta}],$$
$$\|\boldsymbol{\alpha}\|^2=[\boldsymbol{\alpha},\boldsymbol{\alpha}].$$

因此 $\|\boldsymbol{\alpha}+\lambda\boldsymbol{\beta}\|^2-\|\boldsymbol{\alpha}\|^2=\lambda^2[\boldsymbol{\beta},\boldsymbol{\beta}]\geqslant0$,即 $\|\boldsymbol{\alpha}+\lambda\boldsymbol{\beta}\|\geqslant\|\boldsymbol{\alpha}\|$.

必要性 $\Leftarrow$:如果对 $\forall\lambda$,都有 $\|\boldsymbol{\alpha}+\lambda\boldsymbol{\beta}\|\geqslant\|\boldsymbol{\alpha}\|$,即对任意 λ,都有

$$2\lambda\|\boldsymbol{\alpha}+\boldsymbol{\beta}\|+\lambda^2[\boldsymbol{\beta},\boldsymbol{\beta}]\geqslant0,$$

若 $\boldsymbol{\beta}=\boldsymbol{0}$,则 $[\boldsymbol{\alpha},\boldsymbol{\beta}]=0$ 显然成立.

若 $\boldsymbol{\beta}\neq\boldsymbol{0}$,我们取 $\lambda=-\dfrac{[\boldsymbol{\alpha},\boldsymbol{\beta}]}{[\boldsymbol{\beta},\boldsymbol{\beta}]}$,代入得 $-\dfrac{[\boldsymbol{\alpha},\boldsymbol{\beta}]^2}{[\boldsymbol{\beta},\boldsymbol{\beta}]}\geqslant0$,

又因为 $[\boldsymbol{\alpha},\boldsymbol{\beta}]^2\geqslant0$,$[\boldsymbol{\beta},\boldsymbol{\beta}]>0$,所以有 $-\dfrac{[\boldsymbol{\alpha},\boldsymbol{\beta}]^2}{[\boldsymbol{\beta},\boldsymbol{\beta}]}\leqslant0$,即得到 $-\dfrac{[\boldsymbol{\alpha},\boldsymbol{\beta}]^2}{[\boldsymbol{\beta},\boldsymbol{\beta}]}=0$,因此,$[\boldsymbol{\alpha},\boldsymbol{\beta}]=0$.

【方法点击】 本题充分运用了内积的性质和向量长度的概念.

基本题型Ⅱ:有关向量正交性的问题

例 3　求一个单位向量与 $\boldsymbol{\alpha}_1=(2,4,-2,1)$,$\boldsymbol{\alpha}_2=(0,0,0,1)$,$\boldsymbol{\alpha}_3=(2,3,4,3)$ 都正交.

【解析】 设向量 $\boldsymbol{\beta}=(x_1,x_2,x_3,x_4)$ 与 $\boldsymbol{\alpha}_1,\boldsymbol{\alpha}_2,\boldsymbol{\alpha}_3$ 都正交,则

$$\begin{cases}[\boldsymbol{\beta},\boldsymbol{\alpha}_1]=2x_1+4x_2-2x_3+x_4=0,\\ [\boldsymbol{\beta},\boldsymbol{\alpha}_2]=x_4=0,\\ [\boldsymbol{\beta},\boldsymbol{\alpha}_3]=2x_1+3x_2+4x_3+3x_4=0.\end{cases}$$

解此方程得基础解系 $\boldsymbol{\beta}=(11,-6,-1,0)$,再将 $\boldsymbol{\beta}$ 单位化得

$$\boldsymbol{\beta}_0=\frac{\boldsymbol{\beta}}{\|\boldsymbol{\beta}\|}=\pm\frac{1}{\sqrt{158}}(11,-6,-1,0).$$

【方法点击】 求与已知向量正交的向量,通常采用设未知数,解线性方程组的方法解决.

例 4　设 $\boldsymbol{A}$ 为 n 阶反对称矩阵,$\boldsymbol{\alpha}=(x_1,x_2,\cdots,x_n)$ 是 n 维向量,令 $\boldsymbol{\beta}=\boldsymbol{\alpha}\boldsymbol{A}$,证明 $\boldsymbol{\alpha}$ 与 $\boldsymbol{\beta}$ 正交.

【证明】 $[\boldsymbol{\alpha},\boldsymbol{\beta}]=\boldsymbol{\alpha}\boldsymbol{\beta}^{\mathrm{T}}=\boldsymbol{\alpha}(\boldsymbol{\alpha}\boldsymbol{A})^{\mathrm{T}}=\boldsymbol{\alpha}(\boldsymbol{A}^{\mathrm{T}}\boldsymbol{\alpha}^{\mathrm{T}})=\boldsymbol{\alpha}(-\boldsymbol{A}\boldsymbol{\alpha}^{\mathrm{T}})=-\boldsymbol{\alpha}\boldsymbol{A}\boldsymbol{\alpha}^{\mathrm{T}}$,而 $[\boldsymbol{\beta},\boldsymbol{\alpha}]=\boldsymbol{\beta}\boldsymbol{\alpha}^{\mathrm{T}}=\boldsymbol{\alpha}\boldsymbol{A}\boldsymbol{\alpha}^{\mathrm{T}}$,

因此,有$[\boldsymbol{\alpha},\boldsymbol{\beta}]+[\boldsymbol{\beta},\boldsymbol{\alpha}]=0$,又由内积性质知$[\boldsymbol{\alpha},\boldsymbol{\beta}]=[\boldsymbol{\beta},\boldsymbol{\alpha}]$,所以$[\boldsymbol{\alpha},\boldsymbol{\beta}]=0$,即$\boldsymbol{\alpha}$与$\boldsymbol{\beta}$正交.

【方法点击】 反对称矩阵为$\boldsymbol{A}^{\mathrm{T}}=-\boldsymbol{A}$.

基本题型Ⅲ:施密特正交化

例5 把向量$\boldsymbol{\alpha}_1=(1,1,0),\boldsymbol{\alpha}_2=(1,-2,0),\boldsymbol{\alpha}_3=(1,0,1)$单位正交化.

【解析】 先正交化得:$\boldsymbol{\beta}_1=\boldsymbol{\alpha}_1=(1,1,0)$,

$$\boldsymbol{\beta}_2=\boldsymbol{\alpha}_2-\frac{[\boldsymbol{\alpha}_2,\boldsymbol{\beta}_1]}{[\boldsymbol{\beta}_1,\boldsymbol{\beta}_1]}\boldsymbol{\beta}_1=(1,-2,0)-\left(-\frac{1}{2}\right)(1,1,0)=\left(\frac{3}{2},-\frac{3}{2},0\right),$$

$$\boldsymbol{\beta}_3=\boldsymbol{\alpha}_3-\frac{[\boldsymbol{\alpha}_3,\boldsymbol{\beta}_1]}{[\boldsymbol{\beta}_1,\boldsymbol{\beta}_1]}\boldsymbol{\beta}_1-\frac{[\boldsymbol{\alpha}_3,\boldsymbol{\beta}_2]}{[\boldsymbol{\beta}_2,\boldsymbol{\beta}_2]}\boldsymbol{\beta}_2=(1,0,1)-\frac{1}{2}(1,1,0)-\frac{1}{3}\left(\frac{3}{2},-\frac{3}{2},0\right)=(0,0,1).$$

再单位化得

$$\boldsymbol{\eta}_1=\frac{1}{\|\boldsymbol{\beta}_1\|}\boldsymbol{\beta}_1=\left(\frac{1}{\sqrt{2}},\frac{1}{\sqrt{2}},0\right),\boldsymbol{\eta}_2=\frac{1}{\|\boldsymbol{\beta}_2\|}\boldsymbol{\beta}_2=\left(\frac{1}{\sqrt{2}},\frac{1}{\sqrt{2}},0\right),\boldsymbol{\eta}_3=\frac{1}{\|\boldsymbol{\beta}_3\|}\boldsymbol{\beta}_3=(0,0,1).$$

例6 利用施密特正交化方法,由向量组$\boldsymbol{\alpha}_1=\begin{pmatrix}0\\1\\1\end{pmatrix},\boldsymbol{\alpha}_2=\begin{pmatrix}1\\1\\0\end{pmatrix},\boldsymbol{\alpha}_3=\begin{pmatrix}1\\0\\1\end{pmatrix}$构造出一组标准正交基.

【解析】 本题可先正交化,再单位化,也可边正交化,边单位化.我们采用后者,令$\boldsymbol{\eta}_1=\frac{1}{\|\boldsymbol{\alpha}_1\|}\boldsymbol{\alpha}_1=\begin{pmatrix}0\\\frac{1}{\sqrt{2}}\\\frac{1}{\sqrt{2}}\end{pmatrix}$,则

$$\boldsymbol{\beta}_2=\boldsymbol{\alpha}_2-[\boldsymbol{\alpha}_2,\boldsymbol{\eta}_1]\boldsymbol{\eta}_1=\begin{pmatrix}1\\1\\0\end{pmatrix}-\frac{1}{2}\begin{pmatrix}0\\1\\1\end{pmatrix}=\frac{1}{2}\begin{pmatrix}2\\1\\-1\end{pmatrix},\boldsymbol{\eta}_2=\frac{1}{\|\boldsymbol{\beta}_2\|}\boldsymbol{\beta}_2\begin{pmatrix}\frac{2}{\sqrt{6}}\\\frac{1}{\sqrt{6}}\\-\frac{1}{\sqrt{6}}\end{pmatrix},$$

$$\boldsymbol{\beta}_3=\boldsymbol{\alpha}_3-[\boldsymbol{\alpha}_3,\boldsymbol{\eta}_1]\boldsymbol{\eta}_1-[\boldsymbol{\alpha}_3,\boldsymbol{\eta}_2]\boldsymbol{\eta}_2=\begin{pmatrix}1\\0\\1\end{pmatrix}-\frac{1}{2}\begin{pmatrix}0\\1\\1\end{pmatrix}-\frac{1}{6}\begin{pmatrix}2\\1\\-1\end{pmatrix}=\frac{2}{3}\begin{pmatrix}1\\-1\\1\end{pmatrix},\boldsymbol{\eta}_3=\frac{1}{\|\boldsymbol{\beta}_3\|}\boldsymbol{\beta}_3\begin{pmatrix}\frac{1}{\sqrt{3}}\\-\frac{1}{\sqrt{3}}\\\frac{1}{\sqrt{3}}\end{pmatrix},$$

因此,所求标准正交基为$\boldsymbol{\eta}_1,\boldsymbol{\eta}_2,\boldsymbol{\eta}_3$.

【方法点击】 要熟练掌握施密特正交化的公式,做题时可以先正交化,再单位化,也可以边正交化,边单位化.

基本题型Ⅳ:有关正交矩阵

例7　已知正交矩阵 $\boldsymbol{A}$ 的前三行为 $\boldsymbol{\alpha}_1=\left(\frac{1}{2},-\frac{1}{2},-\frac{1}{2},-\frac{1}{2}\right)$,$\boldsymbol{\alpha}_2=\left(-\frac{1}{2},\frac{1}{2},-\frac{1}{2},-\frac{1}{2}\right)$,$\boldsymbol{\alpha}_3=\left(-\frac{1}{2},-\frac{1}{2},\frac{1}{2},-\frac{1}{2}\right)$,求矩阵 $\boldsymbol{A}$.

【解析】 设 $\boldsymbol{A}$ 的第 4 行为 $\boldsymbol{\alpha}_4=(x_1,x_2,x_3,x_4)$,因为正交矩阵的各行是一组标准正交基,因此,$[\boldsymbol{\alpha}_1,\boldsymbol{\alpha}_4]=0$,$[\boldsymbol{\alpha}_2,\boldsymbol{\alpha}_4]=0$,$[\boldsymbol{\alpha}_3,\boldsymbol{\alpha}_4]=0$,$[\boldsymbol{\alpha}_4,\boldsymbol{\alpha}_4]=1$. 由内积定义计算得

$$\begin{cases}\frac{1}{2}x_1-\frac{1}{2}x_2-\frac{1}{2}x_3-\frac{1}{2}x_4=0,\\ -\frac{1}{2}x_1+\frac{1}{2}x_2-\frac{1}{2}x_3-\frac{1}{2}x_4=0,\\ -\frac{1}{2}x_1-\frac{1}{2}x_2+\frac{1}{2}x_3-\frac{1}{2}x_4=0,\\ x_1^2+x_2^2+x_3^2+x_4^2=1,\end{cases}$$

解上述方程组得到基础解系为 $(-1,-1,-1,1)^{\mathrm{T}}$,再将其单位化得 $\pm\frac{1}{2}(-1,-1,-1,1)^{\mathrm{T}}$,故所求的正交矩阵 $\boldsymbol{A}$ 为

$$\begin{pmatrix}\frac{1}{2}&-\frac{1}{2}&-\frac{1}{2}&-\frac{1}{2}\\ -\frac{1}{2}&\frac{1}{2}&-\frac{1}{2}&-\frac{1}{2}\\ -\frac{1}{2}&-\frac{1}{2}&\frac{1}{2}&-\frac{1}{2}\\ -\frac{1}{2}&-\frac{1}{2}&-\frac{1}{2}&\frac{1}{2}\end{pmatrix}\text{或}\begin{pmatrix}\frac{1}{2}&-\frac{1}{2}&-\frac{1}{2}&-\frac{1}{2}\\ -\frac{1}{2}&\frac{1}{2}&-\frac{1}{2}&-\frac{1}{2}\\ -\frac{1}{2}&-\frac{1}{2}&\frac{1}{2}&-\frac{1}{2}\\ \frac{1}{2}&\frac{1}{2}&\frac{1}{2}&-\frac{1}{2}\end{pmatrix}.$$

【方法点击】 已知部分正交向量组,求另一与之正交的向量,往往利用定义解线性方程组即可.

例8　证明下列命题成立:

(1)若 $\boldsymbol{A}$ 是正交阵,则 $\boldsymbol{A}^{\mathrm{T}},\boldsymbol{A}^{-1},\boldsymbol{A}^*$ 均是正交阵;

(2)矩阵 $\boldsymbol{A}$ 是正交阵的充要条件是 $|\boldsymbol{A}|=\pm1$,且 $|\boldsymbol{A}|=1$ 时,$a_{ij}=A_{ij}$;$|\boldsymbol{A}|=-1$ 时,$a_{ij}=-A_{ij}$.

【证明】 (1)因为 $\boldsymbol{A}$ 正交,所以 $\boldsymbol{A}^{\mathrm{T}}=\boldsymbol{A}^{-1}$,且 $\boldsymbol{A}^{\mathrm{T}}(\boldsymbol{A}^{\mathrm{T}})^{\mathrm{T}}=(\boldsymbol{A}^{\mathrm{T}}\boldsymbol{A})^{\mathrm{T}}=\boldsymbol{E}$,故 $\boldsymbol{A}^{\mathrm{T}},\boldsymbol{A}^{-1}$ 都是正交阵. 因为 $\boldsymbol{A}$ 正交,所以 $|\boldsymbol{A}|=\pm1$,$\boldsymbol{A}^*=|\boldsymbol{A}|\boldsymbol{A}^{-1}$,$(\boldsymbol{A}^*)^{\mathrm{T}}=|\boldsymbol{A}|(\boldsymbol{A}^{-1})^{\mathrm{T}}$,所以

$$\boldsymbol{A}^*(\boldsymbol{A}^*)^{\mathrm{T}}=|\boldsymbol{A}|^2\boldsymbol{A}^{-1}(\boldsymbol{A}^{-1})^{\mathrm{T}}=\boldsymbol{E},$$

则 $\boldsymbol{A}^*$ 是正交矩阵.

(2)**充分性⇒:**$\boldsymbol{A}$ 正交,$\boldsymbol{A}\boldsymbol{A}^{\mathrm{T}}=\boldsymbol{E}$,因此 $|\boldsymbol{A}|^2=1$,即 $|\boldsymbol{A}|=\pm1$.

当 $|\boldsymbol{A}|=1$ 时,$\boldsymbol{A}\boldsymbol{A}^*=\boldsymbol{E}$,即 $\boldsymbol{A}^*=\boldsymbol{A}^{-1}=\boldsymbol{A}^{\mathrm{T}}$. 所以有 $A_{ij}=a_{ij}$.

当 $|\boldsymbol{A}|=-1$ 时,$\boldsymbol{A}\boldsymbol{A}^*=-\boldsymbol{E}$,即 $\boldsymbol{A}^*=-\boldsymbol{A}^{-1}=-\boldsymbol{A}^{\mathrm{T}}$,所以有 $-A_{ij}=a_{ij}$.

必要性⇐:$|\boldsymbol{A}|=\pm1$,$\boldsymbol{A}\boldsymbol{A}^*=|\boldsymbol{A}|\boldsymbol{E}$.

当$|\boldsymbol{A}|=1$时，$a_{ij}=A_{ij}$，有$\boldsymbol{A}^*=\boldsymbol{A}^{\mathrm{T}}$，故$\boldsymbol{A}^{\mathrm{T}}\boldsymbol{A}=\boldsymbol{A}^*\boldsymbol{A}=|\boldsymbol{A}|\boldsymbol{E}=\boldsymbol{E}$.

当$|\boldsymbol{A}|=-1$时，$a_{ij}=-A_{ij}$，有$\boldsymbol{A}^*=-\boldsymbol{A}^{\mathrm{T}}$，$\boldsymbol{A}\boldsymbol{A}^*=-\boldsymbol{E}$，即$-\boldsymbol{A}\boldsymbol{A}^{\mathrm{T}}=-\boldsymbol{E}$，故$\boldsymbol{A}\boldsymbol{A}^{\mathrm{T}}=\boldsymbol{E}$，因此$\boldsymbol{A}$是正交阵.

【方法点击】 本题熟练运用了$\boldsymbol{A}\boldsymbol{A}^*=|\boldsymbol{A}|\boldsymbol{E}$及其变形，其结果很重要，给出了正交矩阵的判定.

第二节　方阵的特征值与特征向量

知识全解

【知识结构】

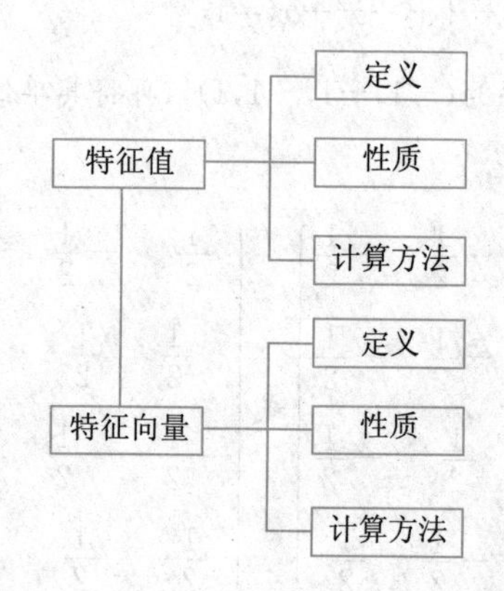

【考点精析】

1. 特征值、特征向量相关概念.

名称	定义	备注
特征值	设$\boldsymbol{A}$为n阶矩阵，λ是一个数，若存在一个n维非零向量$\boldsymbol{x}$，使$\boldsymbol{A}\boldsymbol{x}=\lambda\boldsymbol{x}$成立，则称$\lambda$是$\boldsymbol{A}$的一个特征值	特征值λ是特征方程$\|\lambda\boldsymbol{E}-\boldsymbol{A}\|=0$的根
特征向量	相应的非零列向量$\boldsymbol{x}$称为$\boldsymbol{A}$的属于λ的特征向量	特征向量$\boldsymbol{x}$是方程组$(\lambda\boldsymbol{E}-\boldsymbol{A})\boldsymbol{x}=\boldsymbol{0}$的非零解
特征方程	$\|\lambda\boldsymbol{E}-\boldsymbol{A}\|=0$称为$\boldsymbol{A}$的特征方程	
特征多项式	$f(\lambda)=\|\lambda\boldsymbol{E}-\boldsymbol{A}\|$称为$\boldsymbol{A}$的特征多项式	$f(\lambda)$在复数范围内恒有解，因此，$\boldsymbol{A}$在复数范围内有n个特征值.

2. 基本性质与运算.

名称	性质或运算
特征值的性质	设 $\boldsymbol{A}$ 的 n 个特征值为 $\lambda_1,\lambda_2,\cdots,\lambda_n$,则 (1)$\lambda_1+\lambda_2+\cdots+\lambda_n=a_{11}+a_{22}+\cdots+a_{nn}=\mathrm{tr}(\boldsymbol{A})$; (2)$\lambda_1\lambda_2\cdots\lambda_n=\|\boldsymbol{A}\|$
特征值的运算结论	若 λ 是 $\boldsymbol{A}$ 的特征值,则 (1)$k\boldsymbol{A}$ 的特征值为 $k\lambda$；　(2)$\boldsymbol{A}^m$ 的特征值为 λ^m； (3)$f(\boldsymbol{A})=\sum\limits_{i=0}^{m}a_i\boldsymbol{A}^i$ 的特征值为 $f(\lambda)=\sum\limits_{i=0}^{m}a_i\lambda^i$； (4)$\boldsymbol{A}^{-1}$的特征值为$\dfrac{1}{\lambda}(\lambda\neq 0)$；　(5)$\boldsymbol{A}^*$ 特征值为$\dfrac{\|\boldsymbol{A}\|}{\lambda}$； (6)$\boldsymbol{A}$ 与 $\boldsymbol{A}^{\mathrm{T}}$ 有相同的特征值；　(7)$\boldsymbol{AB}$ 与 $\boldsymbol{BA}$ 有相同的特征值； (8)0 是 $\boldsymbol{A}$ 的特征值$\Leftrightarrow\|\boldsymbol{A}\|=0$；(9)零矩阵有 n 重特征值 0； (10)单位矩阵有 n 重特征值 1；(11)数量矩阵 $k\boldsymbol{E}$ 有 n 重特征值 k； (12)幂等矩阵($\boldsymbol{A}^2=\boldsymbol{A}$)的特征值只可能是 0 或 1； (13)对合矩阵($\boldsymbol{A}^2=\boldsymbol{E}$)的特征值只可能是 1 或$-1$； (14)$k$-幂矩阵($\boldsymbol{A}^k=\boldsymbol{E}$)的特征值只可能是 1 的 k 次方根
特征向量的性质	(1)若 $\boldsymbol{x}$ 是 $\boldsymbol{A}$ 的属于 λ 的特征向量,则 $\boldsymbol{x}$ 一定是非零向量,且对任意非零常数 $k\neq 0$,$k\boldsymbol{x}$ 也是 $\boldsymbol{A}$ 的属于 λ 的特征向量； (2)设 λ_1,λ_2 是 $\boldsymbol{A}$ 的两个不同特征值,$\boldsymbol{x}_1,\boldsymbol{x}_2$ 是 $\boldsymbol{A}$ 的分别属于 λ_1,λ_2 的特征向量,则 $\boldsymbol{x}_1+\boldsymbol{x}_2$ 不是 $\boldsymbol{A}$ 的特征向量； (3)若 $\boldsymbol{x}_1,\boldsymbol{x}_2,\cdots,\boldsymbol{x}_m$ 都是 $\boldsymbol{A}$ 的属于同一特征值 λ_0 的特征向量,且 $k_1\boldsymbol{x}_1+k_2\boldsymbol{x}_2+\cdots+k_m\boldsymbol{x}_m\neq\boldsymbol{0}$,则 $k_1\boldsymbol{x}_1+k_2\boldsymbol{x}_2+\cdots+k_m\boldsymbol{x}_m$ 也是 $\boldsymbol{A}$ 的属于特征值 λ_0 的特征向量； (4)设 $\lambda_1,\lambda_2,\cdots,\lambda_m$ 是 $\boldsymbol{A}$ 的 m 个特征值,$\boldsymbol{x}_1,\boldsymbol{x}_2,\cdots,\boldsymbol{x}_m$ 依次是与之对应的特征向量,如果 $\lambda_1,\lambda_2,\cdots,\lambda_m$ 各不相等,则 $\boldsymbol{x}_1,\boldsymbol{x}_2,\cdots,\boldsymbol{x}_m$ 线性无关； (5)实对称矩阵 $\boldsymbol{A}$ 的特征值都是实数,属于不同特征值的特征向量正交； (6)若 λ 为 $\boldsymbol{A}$ 的 s 重特征值,则与 λ 对应的线性无关的特征向量最多有 s 个； (7)若 λ 是实对称矩阵 $\boldsymbol{A}$ 的 s 重特征值,则 $R(\boldsymbol{A}-\lambda\boldsymbol{E})=n-s$,因此,$\boldsymbol{A}$ 对应的特征值 λ 的线性无关的特征向量正好有 s 个

3. 特征值与特征向量的求法.

求矩阵 $\boldsymbol{A}$ 的特征值 λ 及其对应的特征向量,步骤如下：

(1)计算 $|\lambda\boldsymbol{E}-\boldsymbol{A}|$；

(2)求 $|\lambda\boldsymbol{E}-\boldsymbol{A}|=0$ 的所有根 $\lambda_1,\cdots,\lambda_n$,即为 $\boldsymbol{A}$ 的全部特征值；

(3)固定一个特征值 λ_0,解线性方程组 $(\lambda_0\boldsymbol{E}-\boldsymbol{A})\boldsymbol{x}=\boldsymbol{0}$,求出基础解系 $\boldsymbol{\eta}_1,\boldsymbol{\eta}_2,\cdots,\boldsymbol{\eta}_{n-s}$,则 $\boldsymbol{A}$ 的属于 λ_0 的所有特征向量为 $k_1\boldsymbol{\eta}_1+k_2\boldsymbol{\eta}_2+\cdots+k_{n-s}\boldsymbol{\eta}_s$,其中 $s=R(\lambda_0\boldsymbol{E}-\boldsymbol{A})$,$k_i\in\mathbf{R}$,$i=1,2,\cdots,n-s$. k_i 不全为 0

4. 对应习题.

习题五第 6～13 题(教材 P_{139}).

例题精解

基本题型Ⅰ:计算数字型矩阵的特征值、特征向量

例 1 求矩阵 $A=\begin{pmatrix}1&1&1&1\\1&1&-1&-1\\1&-1&1&-1\\1&-1&-1&1\end{pmatrix}$ 的特征值和特征向量.

【解析】 A 的特征多项式为

$$|\lambda E-A|=\begin{vmatrix}\lambda-1&-1&-1&-1\\-1&\lambda-1&1&1\\-1&1&\lambda-1&1\\-1&1&1&\lambda-1\end{vmatrix}=(\lambda-2)^3(\lambda+2),$$

所以 A 的特征值为 $\lambda_1=\lambda_2=\lambda_3=2,\lambda_4=-2$. 解方程组 $(2E-A)x=0$,得 $x_1=x_2+x_3+x_4$. 所以,基础解系为

牢记步骤

$$\xi_1=(1,1,0,0)^T,\xi_2=(1,0,1,0)^T,\xi_3=(1,0,0,1)^T,$$

因此,A 的属于特征值 2 的一切特征向量为 $k_1\xi_1+k_2\xi_2+k_3\xi_3$,其中 k_1,k_2,k_3 为不全为 0 的数.

解方程组 $(-2E-A)x=0$,得 $x_1=-x_4,x_2=x_3=x_4$,所以,基础解系为 $\xi=(-1,1,1,1)^T$,从而属于特征值 -2 的一切特征向量为 $k\xi(k\neq0)$.

【方法点击】 解特征值和特征向量一般就是按这个步骤解,需注意的是,特征向量不为 $\mathbf{0}$,所以取 k 时不能为 0.

例 2 设矩阵 $A=\begin{pmatrix}3&2&2\\2&3&2\\2&2&3\end{pmatrix}$,$P=\begin{pmatrix}0&1&0\\1&0&1\\0&0&1\end{pmatrix}$,$B=P^{-1}A^*P$,求 $B+2E$ 的特征值和特征向量,其中 A^* 为 A 的伴随矩阵,E 为 3 阶单位矩阵.(考研题)

【解析】 首先求 A 的特征值和特征向量:

$$|\lambda E-A|=\begin{vmatrix}\lambda-3&-2&-2\\-2&\lambda-3&-2\\-2&-2&\lambda-3\end{vmatrix}=\begin{vmatrix}\lambda-7&\lambda-7&\lambda-7\\-2&\lambda-3&-2\\0&1-\lambda&\lambda-1\end{vmatrix}=(\lambda-1)^2(\lambda-7),$$

所以 A 的特征值 $\lambda_1=\lambda_2=1,\lambda_3=7$. 又因 $|A|=\prod\limits_{1\leqslant i\leqslant3}\lambda_i=7$. 由性质可知 A^* 的特征值为 $\dfrac{|A|}{\lambda}$,分别为 7,7,1.

A^*与A特征值关系

当 $\lambda=1$ 时,由 $(E-A)x=0$ 得 $x_1+x_2+x_3=0$,则其基础解系为

$$\xi_1=(-1,1,0)^T,\xi_2=(-1,0,1)^T.$$

当 $\lambda=7$ 时,由 $(7E-A)x=0$ 得 $x_1-2x_2+x_3=0,x_2-x_3=0$,则其基础解系为

$$\xi_3=(1,1,1)^T.$$

因为 $B=P^{-1}A^*P$,故 $|\lambda E-B|=|P^{-1}|\,|\lambda E-A^*|\,|P|=|\lambda E-A^*|$,所以 B 的特征值为 7,7,

1,再由性质得 $\boldsymbol{B}+2\boldsymbol{E}$ 的特征值为 9,9,3.

若 $\boldsymbol{x}$ 是 $\boldsymbol{A}$ 的属于 λ 的特征向量,则 $\boldsymbol{x}$ 是 $\boldsymbol{A}^*$ 的属于 $\frac{|\boldsymbol{A}|}{\lambda}$ 的特征向量,所以

$$\boldsymbol{B}(\boldsymbol{P}^{-1}\boldsymbol{x})=(\boldsymbol{P}^{-1}\boldsymbol{A}^*\boldsymbol{P})(\boldsymbol{P}^{-1}\boldsymbol{x})=\boldsymbol{P}^{-1}\boldsymbol{A}^*\boldsymbol{x}=\frac{|\boldsymbol{A}|}{\lambda}(\boldsymbol{P}^{-1}\boldsymbol{x}).$$

故 $\boldsymbol{P}^{-1}\boldsymbol{x}$ 为 $\boldsymbol{B}$ 的属于 $\frac{|\boldsymbol{A}|}{\lambda}$ 的特征向量. 因此,$\boldsymbol{B}+2\boldsymbol{E}$ 属于特征值 $\frac{|\boldsymbol{A}|}{\lambda}+2$ 的特征向量为 $\boldsymbol{P}^{-1}\boldsymbol{x}$.

又由 $\boldsymbol{P}^{-1}=\begin{pmatrix}0&1&-1\\1&0&0\\0&0&1\end{pmatrix}$,所以 $\boldsymbol{P}^{-1}\boldsymbol{\xi}_1=\begin{pmatrix}1\\-1\\0\end{pmatrix}$,$\boldsymbol{P}^{-1}\boldsymbol{\xi}_2=\begin{pmatrix}-1\\-1\\1\end{pmatrix}$,$\boldsymbol{P}^{-1}\boldsymbol{\xi}_3=\begin{pmatrix}0\\1\\1\end{pmatrix}$.

所以 $\boldsymbol{B}+2\boldsymbol{E}$ 属于特征值 9 的特征向量为 $k_1\begin{pmatrix}1\\-1\\0\end{pmatrix}+k_2\begin{pmatrix}-1\\-1\\1\end{pmatrix}$,$k_1,k_2$ 不全为 0,$\boldsymbol{B}+2\boldsymbol{E}$ 属于特征值 3 的特征向量为 $k_3\begin{pmatrix}0\\1\\1\end{pmatrix}$,其中 $k_3\neq0$.

【方法点击】 本题综合运用了 $\boldsymbol{A},\boldsymbol{A}^*$ 的特征值和特征向量关系,请熟练掌握并灵活运用,当然,本题也可直接求 $\boldsymbol{B}+2\boldsymbol{E}$ 的特征值和特征向量,但此法计算量很大.

基本题型Ⅱ:计算抽象矩阵的特征值、特征向量

例 3 设 $\boldsymbol{A}$ 为 n 阶矩阵,$|\boldsymbol{A}|\neq0$,$\boldsymbol{A}^*$ 为 $\boldsymbol{A}$ 的伴随矩阵,$\boldsymbol{E}$ 为 n 阶单位矩阵,若 $\boldsymbol{A}$ 有特征值 λ,则 $(\boldsymbol{A}^*)^2+\boldsymbol{E}$ 必有特征值________.(考研题)

【解析】 λ 是 $\boldsymbol{A}$ 的特征值,则 $\frac{|\boldsymbol{A}|}{\lambda}$ 是 $\boldsymbol{A}^*$ 的特征值,$\frac{|\boldsymbol{A}|^2}{\lambda^2}$ 是 $(\boldsymbol{A}^*)^2$ 的特征值,所以 $\frac{|\boldsymbol{A}|^2}{\lambda^2}+1$ 是 $(\boldsymbol{A}^*)^2+\boldsymbol{E}$ 的特征值.

【方法点击】 熟练运用本节给出的特征值的性质和运算法则,往往会起到事半功倍的效果.

例 4 设 $\boldsymbol{A}$ 是 3 阶矩阵,$\boldsymbol{A}=\boldsymbol{\alpha\beta}^{\mathrm{T}}+\boldsymbol{E}$,$\boldsymbol{\alpha}$ 与 $\boldsymbol{\beta}$ 都是 3×1 阶矩阵,且 $\boldsymbol{\alpha}^{\mathrm{T}}\boldsymbol{\beta}=2$,求 $\boldsymbol{A}$ 的特征值与特征向量.

【思路探索】 令 $\boldsymbol{B}=\boldsymbol{\alpha\beta}^{\mathrm{T}}$,则 $\boldsymbol{A}=\boldsymbol{B}+\boldsymbol{E}$,若 λ 是 $\boldsymbol{B}$ 的特征值,$\boldsymbol{\xi}$ 是对应的特征向量,则 $\boldsymbol{A\xi}=(\boldsymbol{B}+\boldsymbol{E})\boldsymbol{\xi}=(\lambda+1)\boldsymbol{\xi}$,可见 $\lambda+1$ 就是 $\boldsymbol{A}$ 的特征值,$\boldsymbol{\xi}$ 是 $\boldsymbol{A}$ 关于 $\lambda+1$ 的特征向量. 反之,若 λ 是 $\boldsymbol{A}$ 的特征值,$\boldsymbol{\xi}$ 是对应的特征向量,则有 $\boldsymbol{B}=(\lambda-1)\boldsymbol{\xi}$. 为此,将求 $\boldsymbol{A}$ 的特征值、特征向量问题,转化为求 $\boldsymbol{B}$ 的特征值、特征向量问题.

【解析】 令 $\boldsymbol{B}=\boldsymbol{\alpha\beta}^{\mathrm{T}}=\begin{pmatrix}a_1\\a_2\\a_3\end{pmatrix}(b_1,b_2,b_3)=\begin{pmatrix}a_1b_1&a_1b_2&a_1b_3\\a_2b_1&a_2b_2&a_2b_3\\a_3b_1&a_3b_2&a_3b_3\end{pmatrix}$,则

$$\boldsymbol{B}^2=(\boldsymbol{\alpha\beta}^{\mathrm{T}})\cdot(\boldsymbol{\alpha\beta}^{\mathrm{T}})=\boldsymbol{\alpha}(\boldsymbol{\beta}^{\mathrm{T}}\boldsymbol{\alpha})\boldsymbol{\beta}^{\mathrm{T}}=2\boldsymbol{\alpha\beta}^{\mathrm{T}}=2\boldsymbol{B},$$

第五章

从而 $\boldsymbol{B}$ 的特征值只能是 0 和 2,易知 $R(\boldsymbol{B})=1$,故齐次线性方程组 $(0\cdot\boldsymbol{E}-\boldsymbol{B})\boldsymbol{x}=\boldsymbol{0}$ 即 $\boldsymbol{B}\boldsymbol{x}=\boldsymbol{0}$ 的基础解系中含有 $3-1=2$ 个向量.

不妨令 $a_1b_1\neq0$,则

$$\boldsymbol{B}=\begin{pmatrix}a_1b_1&a_1b_2&a_1b_3\\a_2b_1&a_2b_2&a_2b_3\\a_3b_1&a_3b_2&a_3b_3\end{pmatrix}\rightarrow\begin{pmatrix}b_1&b_2&b_3\\0&0&0\\0&0&0\end{pmatrix}\rightarrow\begin{pmatrix}1&\frac{b_2}{b_1}&\frac{b_3}{b_1}\\0&0&0\\0&0&0\end{pmatrix},$$

有 $x_1=-\frac{b_2}{b_1}x_2-\frac{b_3}{b_1}x_3$,则 $\boldsymbol{B}\boldsymbol{x}=\boldsymbol{0}$ 的基础解系为

$$\boldsymbol{\xi}_1=\begin{pmatrix}-b_2\\b_1\\0\end{pmatrix},\boldsymbol{\xi}_2=\begin{pmatrix}-b_3\\0\\b_1\end{pmatrix}.$$

这正是 $\boldsymbol{B}$ 的关于 $\lambda=0$,也就是 $\boldsymbol{A}$ 的关于 $\lambda=1$ 时的两个线性无关的特征向量,故 $\boldsymbol{A}$ 关于 $\lambda=1$ 的特征向量为

$$k_1\boldsymbol{\xi}_1+k_2\boldsymbol{\xi}_2=k_1\begin{pmatrix}-b_2\\b_1\\0\end{pmatrix}+k_2\begin{pmatrix}-b_3\\0\\b_1\end{pmatrix},\text{其中 }k_1,k_2\text{ 不全为零.}$$

由于 $\boldsymbol{B}^2=2\boldsymbol{B}$,记 $\boldsymbol{B}$ 的三个列向量为 $\boldsymbol{\beta}_1,\boldsymbol{\beta}_2,\boldsymbol{\beta}_3$,即 $\boldsymbol{B}=(\boldsymbol{\beta}_1,\boldsymbol{\beta}_2,\boldsymbol{\beta}_3)$,则有

$$\boldsymbol{B}(\boldsymbol{\beta}_1,\boldsymbol{\beta}_2,\boldsymbol{\beta}_3)=2(\boldsymbol{\beta}_1,\boldsymbol{\beta}_2,\boldsymbol{\beta}_3),$$

即 $\boldsymbol{B}\boldsymbol{\beta}_i=2\boldsymbol{\beta}_i(i=1,2,3)$,由于 $a_1b_1\neq0$,可见 $k_3\begin{pmatrix}a_1\\a_2\\a_3\end{pmatrix}$ 是 $\boldsymbol{B}$ 关于 $\lambda=2$ 的特征向量,也就是 $\boldsymbol{A}$ 关于 $\lambda=3$ 的特征向量.

所以,$\boldsymbol{A}$ 的特征值为 1(二重)和 3,其对应的特征向量分别为

$$k_1\begin{pmatrix}-b_2\\b_1\\0\end{pmatrix}+k_2\begin{pmatrix}-b_3\\0\\b_1\end{pmatrix},\text{其中 }k_1,k_2\text{ 不全为零};k_3\begin{pmatrix}a_1\\a_2\\a_3\end{pmatrix},\text{其中 }k_3\text{ 不为零.}$$

【方法点击】 本题利用特征值和特征向量的运算结论和性质,将求矩阵 $\boldsymbol{A}$ 的特征值和特征向量,转化为求矩阵 $\boldsymbol{B}$ 的特征值和特征向量问题. 本题计算过程中用到了 $\boldsymbol{B}=\boldsymbol{\alpha}\boldsymbol{\beta}^{\mathrm{T}}$ 的性质,如下:

设 $\boldsymbol{B}=\boldsymbol{\alpha}\boldsymbol{\beta}^{\mathrm{T}}$,其中 $\boldsymbol{\alpha}=(a_1,a_2,\cdots,a_n)^{\mathrm{T}}$,$\boldsymbol{\beta}=(b_1,b_1,\cdots,b_n)^{\mathrm{T}}$ 为非零向量,则

(1)$\boldsymbol{B}^m=l^{m-1}\boldsymbol{B}$,其中 $l=a_1b_1+a_2b_2+\cdots+a_nb_n$;

(2)$R(\boldsymbol{B})=1$;

(3)$\boldsymbol{B}$ 的特征值满足方程 $\lambda^2=l\lambda$.

基本题型Ⅲ:有关特征值、特征向量的结论

例 5　设 n 阶矩阵 $\boldsymbol{A}$ 的各行元素之和均为 a,证明:$\lambda=a$ 是矩阵 $\boldsymbol{A}$ 的一个特征值,且向量 $(1,1,\cdots,1)^{\mathrm{T}}$ 是 $\boldsymbol{A}$ 的与 $\lambda=a$ 对应的特征向量.

【证明】 设矩阵 $\boldsymbol{A}=(a_{ij})_{n\times n}$,

$$|\lambda\boldsymbol{E}-\boldsymbol{A}|=\begin{vmatrix}\lambda-a_{11} & -a_{12} & \cdots & -a_{1n}\\ -a_{21} & \lambda-a_{22} & \cdots & -a_{2n}\\ \vdots & \vdots & & \vdots\\ -a_{n1} & -a_{n2} & \cdots & \lambda-a_{nn}\end{vmatrix}\xrightarrow[\text{注意到各行元素之和为 }a]{\text{各列加到第 1 列}}$$

$$\begin{vmatrix}\lambda-a & -a_{12} & \cdots & -a_{1n}\\ \lambda-a & \lambda-a_{22} & \cdots & -a_{2n}\\ \vdots & \vdots & & \vdots\\ \lambda-a & -a_{n2} & \cdots & \lambda-a_{nn}\end{vmatrix}=(\lambda-a)\begin{vmatrix}1 & -a_{12} & \cdots & -a_{1n}\\ 1 & \lambda-a_{22} & \cdots & -a_{2n}\\ \vdots & \vdots & & \vdots\\ 1 & -a_{n2} & \cdots & \lambda-a_{nn}\end{vmatrix},$$

所以$\lambda=a$是$\boldsymbol{A}$的一个特征值，又因为$a_{i1}+a_{i2}+\cdots+a_{in}=a,i=1,2,\cdots,n$，写成矩阵形式为

$$\begin{pmatrix}a_{11} & a_{12} & \cdots & a_{1n}\\ a_{21} & a_{22} & \cdots & a_{2n}\\ \vdots & \vdots & & \vdots\\ a_{n1} & a_{n2} & \cdots & a_{nn}\end{pmatrix}\begin{pmatrix}1\\1\\ \vdots\\1\end{pmatrix}=\begin{pmatrix}a\\a\\ \vdots\\a\end{pmatrix},$$

方程组和特征值联系

因此，$(1,1,\cdots,1)^{\mathrm{T}}$是对应于特征值$\lambda=a$的特征向量.

【方法点击】 本题巧妙地把元素行之和与特征向量联系起来.

例 6　设λ_1与λ_2是矩阵$\boldsymbol{A}$的两个不同的特征值，$\boldsymbol{\xi},\boldsymbol{\eta}$是$\boldsymbol{A}$的分别属于$\lambda_1,\lambda_2$的特征向量，则下列结论成立的是(　　).

(A)对任意$k_1\neq0,k_2\neq0,k_1\boldsymbol{\xi}+k_2\boldsymbol{\eta}$都是$\boldsymbol{A}$的特征向量

(B)存在常数$k_1\neq0,k_2\neq0$，使$k_1\boldsymbol{\xi}+k_2\boldsymbol{\eta}$是$\boldsymbol{A}$的特征向量

(C)当$k_1\neq0,k_2\neq0$时，$k_1\boldsymbol{\xi}+k_2\boldsymbol{\eta}$不可能是$\boldsymbol{A}$的特征向量

(D)存在唯一的一组常数$k_1\neq0,k_2\neq0$，使$k_1\boldsymbol{\xi}+k_2\boldsymbol{\eta}$是$\boldsymbol{A}$的特征向量

【解析】 由于$\lambda_1\neq\lambda_2$，故$\boldsymbol{\xi}$与$\boldsymbol{\eta}$线性无关. 假设$k_1\neq0,k_2\neq0$，而$k_1\boldsymbol{\xi}+k_2\boldsymbol{\eta}$是$\boldsymbol{A}$的属于特征值$\lambda$的特征向量，则

$$\boldsymbol{A}(k_1\boldsymbol{\xi}+k_2\boldsymbol{\eta})=\lambda k_1\boldsymbol{\xi}+\lambda k_2\boldsymbol{\eta}.$$

又$\boldsymbol{\xi},\boldsymbol{\eta}$是$\boldsymbol{A}$的分别属于$\lambda_1,\lambda_2$的特征向量，则

$$\boldsymbol{A}(k_1\boldsymbol{\xi}+k_2\boldsymbol{\eta})=k_1\lambda_1\boldsymbol{\xi}+k_2\lambda_2\boldsymbol{\eta}.$$

从而有$k_1(\lambda-\lambda_1)\boldsymbol{\xi}+k_2(\lambda-\lambda_2)\boldsymbol{\eta}=\boldsymbol{0}$. 由于$\boldsymbol{\xi},\boldsymbol{\eta}$线性无关，所以有$\lambda=\lambda_1$且$\lambda=\lambda_2$，即$\lambda_1=\lambda_2$，与$\lambda_1\neq\lambda_2$矛盾. 即任意$k_1\neq0,k_2\neq0$，向量$k_1\boldsymbol{\xi}+k_2\boldsymbol{\eta}$不是$\boldsymbol{A}$的特征向量. 故应选(C).

基本题型Ⅳ：有关特征值、特征向量的反问题

例 7　设矩阵$\boldsymbol{A}=\begin{pmatrix}1 & -3 & 3\\ 3 & a & 3\\ 6 & -6 & b\end{pmatrix}$有特征值$\lambda_1=-2,\lambda_2=4,\lambda_3$，求参数$a,b$与$\lambda_3$的值.

【解析】 因为$\lambda_1=-2,\lambda_2=4$是$\boldsymbol{A}$的特征值，则

$$|-2\boldsymbol{E}-\boldsymbol{A}|=\begin{vmatrix}-3 & 3 & -3\\ -3 & -2-a & -3\\ -6 & 6 & -2-b\end{vmatrix}=3(5+a)(4-b)=0,\qquad ①$$

第五章

$$|4E-A|=\begin{vmatrix}3&3&-3\\-3&4-a&-3\\-6&6&4-b\end{vmatrix}=3[(a-7)(2+b)+72]=0,\quad ②$$

联立①②求解得 $a=-5,b=4$. 又因为 $\operatorname{tr}(A)=1+a+b=0$ 且 $\operatorname{tr}(A)=\lambda_1+\lambda_2+\lambda_3$，所以

$$\lambda_1+\lambda_2+\lambda_3=0,\lambda_3=-\lambda_1-\lambda_2=-2.$$

【方法点击】 λ 是 A 的特征值$\Leftrightarrow|\lambda E-A|=0$.

例 8　设矩阵 $A=\begin{pmatrix}2&1&1\\1&2&1\\1&1&a\end{pmatrix}$ 可逆，向量 $\alpha=\begin{pmatrix}1\\b\\1\end{pmatrix}$ 是矩阵 A^* 的一个特征向量，λ 是 α 对应的特征值，其中 A^* 是矩阵 A 的伴随矩阵. 试求 a,b 和 λ 的值.（考研题）

【解析】 $A^*\alpha=\lambda\alpha$，所以 $AA^*\alpha=\lambda A\alpha$，所以 $A\alpha=\frac{|A|}{\lambda}\alpha$，即 $\begin{pmatrix}2&1&1\\1&2&1\\1&1&a\end{pmatrix}\begin{pmatrix}1\\b\\1\end{pmatrix}=\frac{|A|}{\lambda}\begin{pmatrix}1\\b\\1\end{pmatrix}$. 写成方程组形式有

$$\begin{cases}3+b=\frac{|A|}{\lambda},\\2+2b=\frac{|A|}{\lambda}b,\\a+b+1=\frac{|A|}{\lambda}.\end{cases}$$

$\frac{|A|}{\lambda}$ 为 A^* 的特征值

解之得 $a=2,b=1$ 或 $b=-2$. 又因为 $|A|=\begin{vmatrix}2&1&1\\1&2&1\\1&1&a\end{vmatrix}=\begin{vmatrix}2&1&1\\1&2&1\\1&1&2\end{vmatrix}=4$，代入方程组得

$$\lambda=\frac{|A|}{3+b}=\frac{4}{3+b}.$$

所以，当 $b=1$ 时，$\lambda=1$；当 $b=-2$ 时，$\lambda=4$.

【方法点击】 要注意 A 与 A^* 之间特征值与特征向量的对应，列出含有参数的方程组，然后解之即可.

基本题型Ⅴ：特征值的应用

例 9　已知 3 阶矩阵 A 的特征值分别是 $1,-1,2$，矩阵 $B=A^5-3A^3$，求

(1) $|B|$；　(2) $|A-2E|$.

【解析】 (1) 由特征值的性质可知 B 的特征值为

$$\lambda_1=1^5-3\times1^3=-2,\lambda_2=(-1)^5-3\times(-1)^3=2,\lambda_3=2^5-3\times2^3=8,$$

因此，$|B|=-2\times2\times8=-32$.

行列式等于特征值的积

(2) 由特征值的性质可得 $A-2E$ 的特征值为 $-1,-3,0$，因此

$$|A-2E|=-1\times(-3)\times0=0.$$

【方法点击】 若已知某矩阵所有的特征值，则其行列式就等于所有特征值的乘积，当然，n 重特征值就要乘上 n 次.

例10　设矩阵 A 满足 $A^2=E$，证明：$5E-A$ 可逆.

【证明】　由 $A^2=E$，设 A 的特征值为 λ，则 $\lambda^2=1$，故 A 的特征值只能是1和-1，而5不是 A 的特征值，所以 $|5E-A|\neq 0$，即 $5E-A$ 可逆.

【方法点击】　证明一个矩阵是否可逆，只需看其特征值中是否有0. 此题利用如下结论：

(1)λ 是 A 的特征值$\Leftrightarrow|\lambda E-A|=0$；

(2)λ 不是 A 的特征值$\Leftrightarrow|\lambda E-A|\neq 0$.

基本题型Ⅵ：有关特征值、特征向量的证明

例11　设 A,B 均是 n 阶矩阵，证明：AB 与 BA 有相同的特征值.

【证明】　设 λ 是 AB 的非零特征值，$\boldsymbol{\alpha}$ 是 AB 对应于 λ 的特征向量，即

$$AB\boldsymbol{\alpha}=\lambda\boldsymbol{\alpha},$$

用 B 左乘上式得 $(BA)B\boldsymbol{\alpha}=\lambda(B\boldsymbol{\alpha})$，下面需证 $B\boldsymbol{\alpha}\neq\mathbf{0}$(这样就可以证明 λ 也是 BA 的特征值，$B\boldsymbol{\alpha}$ 就是 BA 对应于 λ 的特征向量).

反证法：若 $B\boldsymbol{\alpha}=\mathbf{0}$，则 $(AB)\boldsymbol{\alpha}=A(B\boldsymbol{\alpha})=\mathbf{0}$，但这与 $(AB)\boldsymbol{\alpha}=\lambda\boldsymbol{\alpha}\neq\mathbf{0}$ 相矛盾. 故 $B\boldsymbol{\alpha}\neq\mathbf{0}$，所以 λ 也是 BA 的特征值.

若 $\lambda=0$ 是 AB 的特征值，则 $|0E-AB|=0$，又因

$$|0E-AB|=|-AB|=(-1)^n|A\|B|=(-1)^n|BA|=|-BA|=|0E-BA|,$$

所以 $|0E-AB|=0$，因此，$\lambda=0$ 也是 BA 的特征值.

同样可证 BA 的特征值必是 AB 的特征值，所以，AB 与 BA 的特征值相同.

例12　证明：如果 λ_1,λ_2 是矩阵 A 的不同的特征值，而 $\boldsymbol{\alpha}_1,\boldsymbol{\alpha}_2,\cdots,\boldsymbol{\alpha}_{r_1}$ 和 $\boldsymbol{\beta}_1,\boldsymbol{\beta}_2,\cdots,\boldsymbol{\beta}_{r_2}$ 分别是属于特征值 λ_1 和 λ_2 的线性无关的特征向量，那么向量组 $\boldsymbol{\alpha}_1,\boldsymbol{\alpha}_2,\cdots,\boldsymbol{\alpha}_{r_1},\boldsymbol{\beta}_1,\boldsymbol{\beta}_2,\cdots,\boldsymbol{\beta}_{r_2}$ 线性无关.

【证明】　设有如下关系式：

$$a_1\boldsymbol{\alpha}_1+a_2\boldsymbol{\alpha}_2+\cdots+a_{r_1}\boldsymbol{\alpha}_{r_1}+b_1\boldsymbol{\beta}_1+b_2\boldsymbol{\beta}_2+\cdots+b_{r_2}\boldsymbol{\beta}_{r_2}=\mathbf{0},\qquad ①$$

则①式两边同时乘以 λ_2 得

$$a_1\lambda_2\boldsymbol{\alpha}_1+a_2\lambda_2\boldsymbol{\alpha}_2+\cdots+a_{r_1}\lambda_2\boldsymbol{\alpha}_{r_1}+b_1\lambda_2\boldsymbol{\beta}_1+b_2\lambda_2\boldsymbol{\beta}_2+\cdots+b_{r_2}\lambda_2\boldsymbol{\beta}_{r_2}=\mathbf{0},\qquad ②$$

①式两边同时左乘 A 得

$$a_1A\boldsymbol{\alpha}_1+a_2A\boldsymbol{\alpha}_2+\cdots+a_{r_1}A\boldsymbol{\alpha}_{r_1}+b_1A\boldsymbol{\beta}_1+b_2A\boldsymbol{\beta}_2+\cdots+b_{r_2}A\boldsymbol{\beta}_{r_2}=\mathbf{0},\qquad ③$$

即 $a_1\lambda_1\boldsymbol{\alpha}_1+a_2\lambda_1\boldsymbol{\alpha}_2+\cdots+a_{r_1}\lambda_1\boldsymbol{\alpha}_{r_1}+b_1\lambda_2\boldsymbol{\beta}_1+b_2\lambda_2\boldsymbol{\beta}_2+\cdots+b_{r_2}\lambda_2\boldsymbol{\beta}_{r_2}=\mathbf{0}$，　④

②$-$④得：$(\lambda_2-\lambda_1)a_1\boldsymbol{\alpha}_1+(\lambda_2-\lambda_1)a_2\boldsymbol{\alpha}_2+\cdots+(\lambda_2-\lambda_1)a_{r_1}\boldsymbol{\alpha}_{r_1}=\mathbf{0}$，

由 $\boldsymbol{\alpha}_1,\boldsymbol{\alpha}_2,\cdots,\boldsymbol{\alpha}_{r_1}$ 的线性无关性知：

$$(\lambda_2-\lambda_1)a_1=0,(\lambda_2-\lambda_1)a_2=0,\cdots,(\lambda_2-\lambda_1)a_{r_1}=0,$$

又 $\lambda_1\neq\lambda_2$，所以 $a_1=a_2=\cdots=a_n=0$，代入①式可得 $b_1\boldsymbol{\beta}_1+b_2\boldsymbol{\beta}_2+\cdots+b_{r2}\boldsymbol{\beta}_{r_2}=\mathbf{0}$，由 $\boldsymbol{\beta}_1,\boldsymbol{\beta}_2,\cdots,\boldsymbol{\beta}_{r_2}$ 的线性无关性，有 $b_1=b_2=\cdots=b_{r_2}=0$. 故 $\boldsymbol{\alpha}_1,\boldsymbol{\alpha}_2,\cdots,\boldsymbol{\alpha}_{r_1},\boldsymbol{\beta}_1,\boldsymbol{\beta}_2,\cdots,\boldsymbol{\beta}_{r_2}$ 线性无关.

【方法点击】　此结论可推广到多个特征值的情形：

如果 $\lambda_1,\cdots,\lambda_k$ 是矩阵 A 的不同特征值，而 $\boldsymbol{\alpha}_{i1},\cdots,\boldsymbol{\alpha}_{ir_i}$ 是属于特征值 λ_i 的线性无关的特征向量，$i=1,2,\cdots,k$，那么向量组 $\boldsymbol{\alpha}_{11},\cdots,\boldsymbol{\alpha}_{1r_1},\cdots,\boldsymbol{\alpha}_{k1},\cdots,\boldsymbol{\alpha}_{kr_k}$ 也线性无关.

第三节　相似矩阵

知识全解

【知识结构】

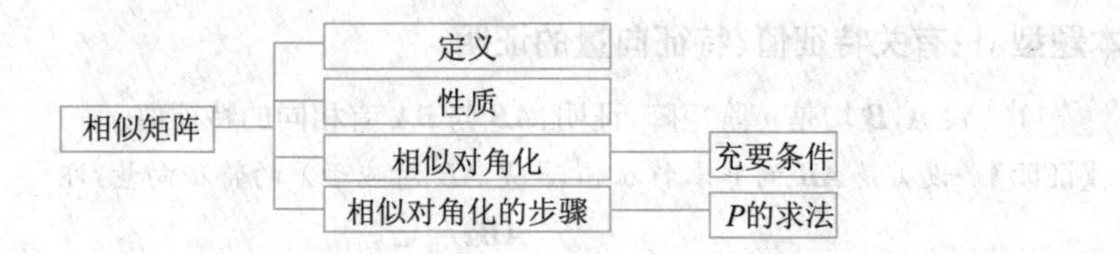

【考点精析】

1. 相似矩阵.

名称	内容
相似的定义	设 $\boldsymbol{A},\boldsymbol{B}$ 是 n 阶矩阵,若存在可逆阵 $\boldsymbol{P}$,使 $\boldsymbol{P}^{-1}\boldsymbol{AP}=\boldsymbol{B}$,则称 $\boldsymbol{B}$ 是 $\boldsymbol{A}$ 的相似矩阵,或称 $\boldsymbol{A}$ 与 $\boldsymbol{B}$ 相似,记为 $\boldsymbol{A}\sim\boldsymbol{B}$
相似的性质	(1)若 $\boldsymbol{A}\sim\boldsymbol{B}$,则 $\boldsymbol{A}^{\mathrm{T}}\sim\boldsymbol{B}^{\mathrm{T}},\boldsymbol{A}^{-1}\sim\boldsymbol{B}^{-1},\boldsymbol{A}^{k}\sim\boldsymbol{B}^{k},\lvert\boldsymbol{A}\rvert=\lvert\boldsymbol{B}\rvert$; (2)若 $\boldsymbol{A}\sim\boldsymbol{B}$,则 $f(\boldsymbol{A})\sim f(\boldsymbol{B})$,且 $R(\boldsymbol{A})=R(\boldsymbol{B})$; (3)若 $\boldsymbol{A}\sim\boldsymbol{B}$,则 $\lvert\lambda\boldsymbol{E}-\boldsymbol{A}\rvert=\lvert\lambda\boldsymbol{E}-\boldsymbol{B}\rvert$,即 $\boldsymbol{A}$ 与 $\boldsymbol{B}$ 有相同的特征多项式,故 $\boldsymbol{A}$ 与 $\boldsymbol{B}$ 有相同的特征值; (4)若 $\boldsymbol{A}\sim\begin{pmatrix}\lambda_1 & & & \\ & \lambda_2 & & \\ & & \ddots & \\ & & & \lambda_n\end{pmatrix}$,则 $\boldsymbol{A}$ 的特征值为 $\lambda_1,\lambda_2,\cdots,\lambda_n$; (5)若 $\boldsymbol{A}\sim\boldsymbol{B}$,则 $a_{11}+a_{22}+\cdots+a_{nn}=b_{11}+b_{22}+\cdots+b_{nn}=\mathrm{tr}(\boldsymbol{A})=\mathrm{tr}(\boldsymbol{B})$; (6)零矩阵、单位矩阵、数量矩阵只与自己相似

2. 相似对角化.

名称	内容
定义	对 n 阶矩阵 $\boldsymbol{A}$,若存在可逆阵 $\boldsymbol{P}$,使 $\boldsymbol{P}^{-1}\boldsymbol{AP}=\boldsymbol{\Lambda}$ 为对角阵,则称方阵 $\boldsymbol{A}$ 可对角化
说明	对角阵 $\boldsymbol{\Lambda}=\mathrm{diag}(\lambda_1,\lambda_2,\cdots,\lambda_n)$,$\lambda_1,\lambda_2,\cdots,\lambda_n$ 是 $\boldsymbol{A}$ 的特征值,$\boldsymbol{P}$ 的列向量 $\boldsymbol{P}_i$ 是 $\boldsymbol{A}$ 的对应于 λ_i 的特征向量,即 $\boldsymbol{AP}_i=\lambda_i\boldsymbol{P}_i(i=1,2,\cdots,n)$
可对角化	(1)$\boldsymbol{A}$ 可对角化$\Leftrightarrow\boldsymbol{A}$ 有 n 个线性无关的特征向量; (2)$\boldsymbol{A}$ 的 n 个特征值互不相等$\Rightarrow\boldsymbol{A}$ 与对角阵相似
作用	主要表现在 $\boldsymbol{A}$ 的多项式 $\varphi(\boldsymbol{A})$ 的计算上,若存在可逆阵 $\boldsymbol{P}$,使 $\boldsymbol{P}^{-1}\boldsymbol{AP}=\boldsymbol{\Lambda}=\mathrm{diag}(\lambda_1,\lambda_2,\cdots,\lambda_n)$, 则 $\varphi(\boldsymbol{A})=\boldsymbol{P}\varphi(\boldsymbol{\Lambda})\boldsymbol{P}^{-1}=\boldsymbol{P}\mathrm{diag}(\varphi(\lambda_1),\varphi(\lambda_2),\cdots,\varphi(\lambda_n))\boldsymbol{P}^{-1}$

续表

名称	内容
对角化的步骤	(1)解特征方程$\|\lambda E-A\|=0$,并求出所有特征值; (2)对于不同的特征值λ_i,解方程组$(\lambda_i E-A)x=0$,求出所有的基础解系,如果每一个λ_i的重数等于基础解系中向量的个数,则A可对角化,否则,A不可对角化; (3)若A可对角化,设所有特征向量为$\xi_1,\xi_2,\cdots,\xi_n$,则所求的可逆阵$P=(\xi_1,\xi_2,\cdots,\xi_n)$,并且有$P^{-1}AP=\Lambda$,其中$\Lambda=\begin{pmatrix}\lambda_1&&&\\&\lambda_2&&\\&&\ddots&\\&&&\lambda_n\end{pmatrix}$,$\Lambda$的主对角线元素为全部的特征值,其排列顺序与$P$中列向量的排列顺序对应

3. 对应习题.

习题五第14～18题(教材P_{139}).

例题精解

基本题型Ⅰ:矩阵相似的定义和性质

例1　设α,β为3维列向量,β^T为β的转置向量,若矩阵$\alpha\beta^T$相似于$\begin{pmatrix}2&0&0\\0&0&0\\0&0&0\end{pmatrix}$,则$\beta^T\alpha=$________.(考研题)

【解析】　由于$\alpha\beta^T$相似于$\begin{pmatrix}2&0&0\\0&0&0\\0&0&0\end{pmatrix}$,所以$\alpha\beta^T$有特征值2,0,0,从而$\alpha\beta^T$主对角线元素之和为$2+0+0=2$.又$\beta^T\alpha$为$\alpha\beta^T$主对角线元素之和,所以$\beta^T\alpha=2$.

【方法点击】　本题主要运用了相似矩阵的两条性质:

若$A\sim B$,则A与B有相同的特征值,且$\mathrm{tr}(A)=\mathrm{tr}(B)$.

例2　设A,B为n阶矩阵,且A与B相似,E为n阶单位矩阵,则(　　).

(A)$\lambda E-A=\lambda E-B$

(B)A与B有相同的特征值和特征向量

(C)A与B都相似于一个对角矩阵

(D)对任意常数t,$tE-A$与$tE-B$相似

【解析】　由定义A与B相似,即存在可逆矩阵P,使得$P^{-1}AP=B$,则

$$tE-B=tE-P^{-1}AP=P^{-1}(tE-A)P,$$

故$tE-A$与$tE-B$相似.故应选(D).

第五章

例3 已知矩阵 $\boldsymbol{A}=\begin{pmatrix}2&0&0\\0&0&1\\0&1&a\end{pmatrix}$ 和矩阵 $\boldsymbol{B}=\begin{pmatrix}2&0&0\\0&3&4\\0&-2&b\end{pmatrix}$ 相似,试确定参数 a,b.

【解析】 **方法一:**因为 $\boldsymbol{A}\sim\boldsymbol{B}$ 相似,所以 $|\lambda\boldsymbol{E}-\boldsymbol{A}|=|\lambda\boldsymbol{E}-\boldsymbol{B}|$,即

$$\begin{vmatrix}\lambda-2&0&0\\0&\lambda&-1\\0&-1&\lambda-a\end{vmatrix}=\begin{vmatrix}\lambda-2&0&0\\0&\lambda-3&-4\\0&2&\lambda-b\end{vmatrix},$$

即 $(\lambda^2-a\lambda-1)(\lambda-2)=[\lambda^2-(3+b)\lambda+3b+8](\lambda-2)$,两边比较 λ 系数可得

$$\begin{cases}a=3+b,\\-1=3b+8.\end{cases}$$

解得 $a=0,b=-3$.

方法二: $\boldsymbol{A}\sim\boldsymbol{B}$,则 $|\boldsymbol{A}|=|\boldsymbol{B}|$.

因为 $|\boldsymbol{A}|=-2$,$|\boldsymbol{B}|=2(8+3b)$,可得 $b=-3$.

将 $b=-3$ 代入 $|\lambda\boldsymbol{E}-\boldsymbol{B}|=0$ 得到 $\boldsymbol{B}$ 的全部特征值 $2,1,-1$.

因为 $\boldsymbol{A}\sim\boldsymbol{B}$,故 $\boldsymbol{A}$ 与 $\boldsymbol{B}$ 有相同的特征值,所以 1 也是 $\boldsymbol{A}$ 的特征值.

所以有 $|\boldsymbol{E}-\boldsymbol{A}|=-a=0$,可得 $a=0,b=-3$.

【方法点击】 本题主要运用了 $\boldsymbol{A}\sim\boldsymbol{B}$ 的两个性质:(1) $|\boldsymbol{A}|=|\boldsymbol{B}|$; (2) $|\lambda\boldsymbol{E}-\boldsymbol{A}|=|\lambda\boldsymbol{E}-\boldsymbol{B}|$.

基本题型Ⅱ:矩阵可对角化的判定

例4 设矩阵 $\boldsymbol{A}=\begin{pmatrix}1&2&-3\\-1&4&-3\\1&a&5\end{pmatrix}$ 的特征方程有一个二重根,求 a 的值,并讨论 $\boldsymbol{A}$ 是否可对角化.(考研题)

【思路探索】 判断是否可对角化,首先要求出所有的特征值及相应的特征向量,判断特征值的重数是否等于其对应的线性无关的特征向量的个数.

【解析】 $|\lambda\boldsymbol{E}-\boldsymbol{A}|=\begin{vmatrix}\lambda-1&-2&3\\1&\lambda-4&3\\-1&-a&\lambda-5\end{vmatrix}=(\lambda-2)(\lambda^2-8\lambda+3a+18)$,

(1)若 $\lambda=2$ 是二重根,则有 $2^2-16+3a+18=0$,解得 $a=-2$.由此可解得另一个特征值为 6,此时 $R(2\boldsymbol{E}-\boldsymbol{A})=1$,因此,特征值 2 对应的线性无关的特征向量有 2 个,故可对角化.

(2)若 $\lambda=2$ 不是二重根,则 $\lambda^2-8\lambda+3a+18=0$ 一定是完全平方式,因此 $3a+18=16$,则 $a=-\frac{2}{3}$.由此可得 $\boldsymbol{A}$ 的特征值为 $2,4,4$.

经过简单的化简可得 $R(4\boldsymbol{E}-\boldsymbol{A})=2$,因此,特征值 4 对应的线性无关的特征向量有 1 个,故 $\boldsymbol{A}$ 不可对角化.

【方法点击】 本题综合运用了特征值求法及参数各种情况讨论,最后都归结到矩阵可对角化的充要条件.

例5 如果 n 阶矩阵满足 $(\boldsymbol{A}-a\boldsymbol{E})(\boldsymbol{A}-b\boldsymbol{E})=\boldsymbol{0}$(其中 $a\neq b$),则 $\boldsymbol{A}$ 可对角化.

【证明】 由$(\boldsymbol{A}-a\boldsymbol{E})(\boldsymbol{A}-b\boldsymbol{E})=\boldsymbol{0}$，有$|\boldsymbol{A}-a\boldsymbol{E}|=0$或$|\boldsymbol{A}-b\boldsymbol{E}|=0$，故$\boldsymbol{A}$的特征值为$a$或$b$.

若a是$\boldsymbol{A}$的特征值，b不是$\boldsymbol{A}$的特征值，则$|\boldsymbol{A}-b\boldsymbol{E}|\neq 0$，即$\boldsymbol{A}-b\boldsymbol{E}$是可逆阵，于是$\boldsymbol{A}-a\boldsymbol{E}=\boldsymbol{0}$，即$\boldsymbol{A}=a\boldsymbol{E}$，所以$\boldsymbol{A}$可对角化.

若b是$\boldsymbol{A}$的特征值，a不是$\boldsymbol{A}$的特征值，同理知$\boldsymbol{A}$可对角化.

若a,b都是$\boldsymbol{A}$的特征值，则由矩阵秩的不等式有：

$$R(\boldsymbol{A}-a\boldsymbol{E})+R(\boldsymbol{A}-b\boldsymbol{E})\leqslant n,$$

$$\begin{aligned}R(\boldsymbol{A}-a\boldsymbol{E})+R(\boldsymbol{A}-b\boldsymbol{E})&=R(\boldsymbol{A}-a\boldsymbol{E})+R(b\boldsymbol{E}-\boldsymbol{A})\geqslant R(\boldsymbol{A}-a\boldsymbol{E}+b\boldsymbol{E}-\boldsymbol{A})\\&=R[(b-a)\boldsymbol{E}]=n(a\neq b),\end{aligned}$$

所以$R(\boldsymbol{A}-a\boldsymbol{E})+R(\boldsymbol{A}-b\boldsymbol{E})=n$，即$[n-R(\boldsymbol{A}-a\boldsymbol{E})]+[n-R(\boldsymbol{A}-b\boldsymbol{E})]=n$，

所以方程$(\boldsymbol{A}-a\boldsymbol{E})\boldsymbol{x}=\boldsymbol{0}$与$(\boldsymbol{A}-b\boldsymbol{E})\boldsymbol{x}=\boldsymbol{0}$的基础解系个数之和为$n$，则$\boldsymbol{A}$有$n$个线性无关的特征向量，故$\boldsymbol{A}$可对角化.

综上可知，$\boldsymbol{A}$可对角化.

例6 设$\boldsymbol{A}$为3阶矩阵，且$\boldsymbol{A}-\boldsymbol{E},\boldsymbol{A}+2\boldsymbol{E},5\boldsymbol{A}-3\boldsymbol{E}$不可逆，试证$\boldsymbol{A}$可相似于对角阵.

【证明】 因为$\boldsymbol{A}-\boldsymbol{E}$不可逆，即$|\boldsymbol{E}-\boldsymbol{A}|=0$，所以1是$\boldsymbol{A}$的特征值.

同理由$\boldsymbol{A}+2\boldsymbol{E},5\boldsymbol{A}-3\boldsymbol{E}$不可逆，分别得出$-2$和$\frac{3}{5}$也是$\boldsymbol{A}$的特征值.

因此，$\boldsymbol{A}$有三个不同的特征值$1,-2,\frac{3}{5}$. 故$\boldsymbol{A}$相似于对角阵$\begin{pmatrix}1&&\\&-2&\\&&\frac{3}{5}\end{pmatrix}$.

【方法点击】 本题关键是由矩阵不可逆得到$\boldsymbol{A}$的三个不同的特征值.

基本题型Ⅲ：求可逆矩阵$\boldsymbol{P}$，使$\boldsymbol{P}^{-1}\boldsymbol{A}\boldsymbol{P}=\boldsymbol{\Lambda}$

例7 设矩阵$\boldsymbol{A}=\begin{pmatrix}1&-1&1\\x&4&y\\-3&-3&5\end{pmatrix}$，已知$\boldsymbol{A}$有三个线性无关的特征向量，$\lambda=2$是$\boldsymbol{A}$的二重特征值，试求可逆矩阵$\boldsymbol{P}$，使得$\boldsymbol{P}^{-1}\boldsymbol{A}\boldsymbol{P}$为对角矩阵.(考研题)

【解析】 因为$\boldsymbol{A}$有三个线性无关的特征向量，$\lambda=2$是$\boldsymbol{A}$的二重特征值，所以$\boldsymbol{A}$可对角化，$\boldsymbol{A}$的对应于$\lambda=2$的线性无关的特征向量有两个，故$R(2\boldsymbol{E}-\boldsymbol{A})=1$. 经过初等行变换：

$$2\boldsymbol{E}-\boldsymbol{A}=\begin{pmatrix}1&1&-1\\-x&-2&-y\\3&3&-3\end{pmatrix}\to\begin{pmatrix}1&1&-1\\0&x-2&-x-y\\0&0&0\end{pmatrix},$$

于是解得$x-2=0,-x-y=0$，即$x=2,y=-2$. 则

$$\boldsymbol{A}=\begin{pmatrix}1&-1&1\\2&4&-2\\-3&-3&5\end{pmatrix},$$

其特征多项式

$$|\lambda\boldsymbol{E}-\boldsymbol{A}|=\begin{vmatrix}\lambda-1&1&-1\\-2&\lambda-4&2\\3&3&\lambda-5\end{vmatrix}=(\lambda-2)^2(\lambda-6),$$

由此得 $\boldsymbol{A}$ 的特征值为 $\lambda_1=\lambda_2=2,\lambda_3=6$.

对应于特征值 $\lambda_1=\lambda_2=2$,解齐次线性方程组 $(2\boldsymbol{E}-\boldsymbol{A})\boldsymbol{x}=\boldsymbol{0}$,

$$2\boldsymbol{E}-\boldsymbol{A}=\begin{pmatrix}1&1&-1\\-2&-2&2\\3&3&-3\end{pmatrix}\to\begin{pmatrix}1&1&-1\\0&0&0\\0&0&0\end{pmatrix}.$$

对应于 $\lambda_1=\lambda_2=2$ 的特征向量为 $\boldsymbol{\alpha}_1=\begin{pmatrix}1\\-1\\0\end{pmatrix},\boldsymbol{\alpha}_2=\begin{pmatrix}1\\0\\1\end{pmatrix}$.

对于特征值 $\lambda_3=6$,解齐次线性方程组 $(6\boldsymbol{E}-\boldsymbol{A})\boldsymbol{x}=\boldsymbol{0}$,

$$6\boldsymbol{E}-\boldsymbol{A}=\begin{pmatrix}5&1&-1\\-2&2&2\\3&3&1\end{pmatrix}\to\begin{pmatrix}1&0&-\frac{1}{3}\\0&1&\frac{2}{3}\\0&0&0\end{pmatrix}.$$

对应于 $\lambda_3=6$ 的特征向量为 $\boldsymbol{\alpha}_3=\begin{pmatrix}1\\-2\\3\end{pmatrix}$.

令 $\boldsymbol{P}=(\boldsymbol{\alpha}_1,\boldsymbol{\alpha}_2,\boldsymbol{\alpha}_3)=\begin{pmatrix}1&1&1\\-1&0&-2\\0&1&3\end{pmatrix}$,则 $\boldsymbol{P}^{-1}\boldsymbol{A}\boldsymbol{P}=\begin{pmatrix}2&&\\&2&\\&&6\end{pmatrix}$.

【方法点击】 判断是否可对角化及如何求 $\boldsymbol{P}$,就按本节“考点精析”中提供的步骤求解.

例 8　设 $\boldsymbol{A}$ 为 3 阶矩阵,$\boldsymbol{\alpha}_1,\boldsymbol{\alpha}_2,\boldsymbol{\alpha}_3$ 是线性无关的三维列向量,且满足

$$\boldsymbol{A}\boldsymbol{\alpha}_1=\boldsymbol{\alpha}_1+\boldsymbol{\alpha}_2+\boldsymbol{\alpha}_3,\boldsymbol{A}\boldsymbol{\alpha}_2=2\boldsymbol{\alpha}_2+\boldsymbol{\alpha}_3,\boldsymbol{A}\boldsymbol{\alpha}_3=2\boldsymbol{\alpha}_2+3\boldsymbol{\alpha}_3.$$

(1)求矩阵 $\boldsymbol{B}$,使得 $\boldsymbol{A}(\boldsymbol{\alpha}_1,\boldsymbol{\alpha}_2,\boldsymbol{\alpha}_3)=(\boldsymbol{\alpha}_1,\boldsymbol{\alpha}_2,\boldsymbol{\alpha}_3)\boldsymbol{B}$;

(2)求矩阵 $\boldsymbol{A}$ 的特征值;

(3)求可逆阵 $\boldsymbol{P}$,使得 $\boldsymbol{P}^{-1}\boldsymbol{A}\boldsymbol{P}$ 为对角阵.(考研题)

【解析】 (1)由题意知,

$$\boldsymbol{A}(\boldsymbol{\alpha}_1,\boldsymbol{\alpha}_2,\boldsymbol{\alpha}_3)=(\boldsymbol{\alpha}_1+\boldsymbol{\alpha}_2+\boldsymbol{\alpha}_3,2\boldsymbol{\alpha}_2+\boldsymbol{\alpha}_3,2\boldsymbol{\alpha}_2+3\boldsymbol{\alpha}_3)=(\boldsymbol{\alpha}_1,\boldsymbol{\alpha}_2,\boldsymbol{\alpha}_3)\begin{pmatrix}1&0&0\\1&2&2\\1&1&3\end{pmatrix}.$$

因此 $\boldsymbol{B}=\begin{pmatrix}1&0&0\\1&2&2\\1&1&3\end{pmatrix}$.

(2)因为 $\boldsymbol{\alpha}_1,\boldsymbol{\alpha}_2,\boldsymbol{\alpha}_3$ 线性无关,由(1)得 $\boldsymbol{A}\sim\boldsymbol{B}$,因此,只需求 $\boldsymbol{B}$ 的特征值.

$$|\lambda\boldsymbol{E}-\boldsymbol{B}|=\begin{vmatrix}\lambda-1&0&0\\-1&\lambda-2&-2\\-1&-1&\lambda-3\end{vmatrix}=(\lambda-1)^2(\lambda-4).$$

因此,$\boldsymbol{B}$ 的特征值为 1,1,4,所以 $\boldsymbol{A}$ 的特征值也为 1,1,4.

(3)我们首先求 B 的特征向量,

当 $\lambda=1$ 时,解 $(E-B)x=0$,得同解方程为 $x_1+x_2+2x_3=0$,因此,对应的特征向量为

$$\eta_1=(-2,0,1)^{\mathrm{T}},\eta_2=(-1,1,0)^{\mathrm{T}}.$$

当 $\lambda=4$ 时,解 $(4E-B)x=0$,得同解方程组为 $\begin{cases}x_1=0,\\x_2-x_3=0.\end{cases}$ 因此,对应的特征向量为 $\eta_3=(0,1,1)^{\mathrm{T}}$.

令 $P_1=(\eta_1,\eta_2,\eta_3)=\begin{pmatrix}-2&-1&0\\0&1&1\\1&0&1\end{pmatrix}$,因此,有 $P_1^{-1}BP_1=\begin{pmatrix}1&&\\&1&\\&&4\end{pmatrix}$.

我们再令 $Q=(\alpha_1,\alpha_2,\alpha_3)$,由(1)得 $B=Q^{-1}AQ$.

因此,有 $P_1^{-1}Q^{-1}AQP_1=\begin{pmatrix}1&&\\&1&\\&&4\end{pmatrix}$,即 $(QP_1)^{-1}A(QP_1)=\begin{pmatrix}1&&\\&1&\\&&4\end{pmatrix}$.

我们令 $P=QP_1$,即为所求.

【方法点击】 本题用反推法,直接求 P 不好求,我们求 B 的特征值代替 A 的.

基本题型Ⅳ:利用相似反求矩阵 A

例9 设3阶方阵 A 的特征值为 $\lambda_1=1,\lambda_2=0,\lambda_3=-1$,对应的特征向量依次为 $\alpha_1=\begin{pmatrix}1\\2\\2\end{pmatrix},\alpha_2=\begin{pmatrix}2\\-2\\1\end{pmatrix},\alpha_3=\begin{pmatrix}-2\\-1\\2\end{pmatrix}$,则 $A=$________.

【解析】 由 A 具有3个不相同的特征值,知 A 与 Λ 相似,即存在可逆矩阵 P,使得 $P^{-1}AP=\Lambda$,从而 $A=P\Lambda P^{-1}$,其中

$$P=(\alpha_1,\alpha_2,\alpha_3)=\begin{pmatrix}1&2&-2\\2&-2&-1\\2&1&2\end{pmatrix},\Lambda=\begin{pmatrix}1&0&0\\0&0&0\\0&0&-1\end{pmatrix},$$

则 $A=P\Lambda P^{-1}=\frac{1}{3}\begin{pmatrix}-1&0&2\\0&1&2\\2&2&0\end{pmatrix}$. 故应填 $\frac{1}{3}\begin{pmatrix}-1&0&2\\0&1&2\\2&2&0\end{pmatrix}$.

基本题型Ⅴ:矩阵相似的应用

例10 设 A 是 n 阶方阵,$2,4,\cdots,2n$ 是 A 的 n 个特征值,E 是 n 阶单位矩阵,计算行列式 $|A-3E|$.

【解析】 因为 $2,4,\cdots,2n$ 是 A 的 n 个不同特征值,故存在可逆矩阵 P,使得

$$P^{-1}AP=\begin{pmatrix}2&&&\\&4&&\\&&\ddots&\\&&&2n\end{pmatrix},即\ A=P\begin{pmatrix}2&&&\\&4&&\\&&\ddots&\\&&&2n\end{pmatrix}P^{-1}=P\Lambda P^{-1},$$

因此

$$
\begin{aligned}
|\boldsymbol{A}-3\boldsymbol{E}| &= |\boldsymbol{P\Lambda P}^{-1}-3\boldsymbol{E}| = |\boldsymbol{P\Lambda P}^{-1}-3\boldsymbol{PP}^{-1}| = |\boldsymbol{P}(\boldsymbol{\Lambda}-3\boldsymbol{E})\boldsymbol{P}^{-1}| \\
&= |\boldsymbol{P}|\cdot|\boldsymbol{\Lambda}-3\boldsymbol{E}|\cdot|\boldsymbol{P}^{-1}| = |\boldsymbol{\Lambda}-3\boldsymbol{E}| \\
&= \begin{vmatrix} -1 & & & & \\ & 1 & & & \\ & & 3 & & \\ & & & \ddots & \\ & & & & 2n-3 \end{vmatrix} = -(2n-3)!!.
\end{aligned}
$$

【方法点击】 若已知 $\lambda_1,\lambda_2,\cdots,\lambda_n$ 为 n 阶方阵 $\boldsymbol{A}$ 的全部特征值,则 $|\boldsymbol{A}|=\lambda_1\lambda_2\cdots\lambda_n$.

应用特征值求行列式的题目,有时还会用到结论:若 $\boldsymbol{A}$ 与 $\boldsymbol{B}$ 相似,则 $|\boldsymbol{A}|=|\boldsymbol{B}|$.

例 11 已知 $\boldsymbol{A}=\begin{pmatrix} 5 & -3 & 2 \\ 6 & -4 & 4 \\ 4 & -4 & 5 \end{pmatrix}$,求 $\boldsymbol{A}^5$.

【解析】 首先看 $\boldsymbol{A}$ 是否可对角化.

$$|\lambda\boldsymbol{E}-\boldsymbol{A}| = \begin{vmatrix} \lambda-5 & 3 & -2 \\ -6 & \lambda+4 & -4 \\ -4 & 4 & \lambda-5 \end{vmatrix} = (\lambda-1)(\lambda-2)(\lambda-3),$$

$\boldsymbol{A}$ 的特征值为 $\lambda_1=1,\lambda_2=2,\lambda_3=3$.

当 $\lambda_1=1$ 时,$(\boldsymbol{E}-\boldsymbol{A})\boldsymbol{x}=\boldsymbol{0}$ 同解于 $\begin{cases} x_1-x_3=0, \\ x_2-2x_3=0, \end{cases}$ 得特征向量为 $\boldsymbol{x}_1=\begin{pmatrix} 1 \\ 2 \\ 1 \end{pmatrix}$;

当 $\lambda_2=2$ 时,$(2\boldsymbol{E}-\boldsymbol{A})\boldsymbol{x}=\boldsymbol{0}$ 同解于 $\begin{cases} x_1-x_2=0, \\ x_3=0, \end{cases}$ 得特征向量为 $\boldsymbol{x}_2=\begin{pmatrix} 1 \\ 1 \\ 0 \end{pmatrix}$;

当 $\lambda_3=3$ 时,$(3\boldsymbol{E}-\boldsymbol{A})\boldsymbol{x}=\boldsymbol{0}$ 同解于 $\begin{cases} 2x_1-x_3=0, \\ x_2-x_3=0, \end{cases}$ 得特征向量为 $\boldsymbol{x}_3=\begin{pmatrix} 1 \\ 2 \\ 2 \end{pmatrix}$.

令 $\boldsymbol{P}=(\boldsymbol{x}_1,\boldsymbol{x}_2,\boldsymbol{x}_3)=\begin{pmatrix} 1 & 1 & 1 \\ 2 & 1 & 2 \\ 1 & 0 & 2 \end{pmatrix}$,则 $\boldsymbol{P}^{-1}\boldsymbol{AP}=\begin{pmatrix} 1 & & \\ & 2 & \\ & & 3 \end{pmatrix}$,可得 $\boldsymbol{A}=\boldsymbol{P}\begin{pmatrix} 1 & & \\ & 2 & \\ & & 3 \end{pmatrix}\boldsymbol{P}^{-1}$,所以

$$\boldsymbol{A}^5=\boldsymbol{P}\begin{pmatrix} 1 & & \\ & 2 & \\ & & 3 \end{pmatrix}^5\boldsymbol{P}^{-1}=\begin{pmatrix} 1 & 1 & 1 \\ 2 & 1 & 2 \\ 1 & 0 & 2 \end{pmatrix}\begin{pmatrix} 1 & & \\ & 32 & \\ & & 243 \end{pmatrix}\begin{pmatrix} -2 & 2 & -1 \\ 2 & -1 & 0 \\ 1 & -1 & 1 \end{pmatrix}=\begin{pmatrix} 305 & -273 & 242 \\ 546 & -514 & 484 \\ 484 & -484 & 485 \end{pmatrix}.$$

【方法点击】 直接求 $\boldsymbol{A}^5$ 会很麻烦,但对角矩阵的幂易求,因此,先将 $\boldsymbol{A}$ 化成对角阵 $\boldsymbol{B}$,使 $\boldsymbol{A}=\boldsymbol{P}^{-1}\boldsymbol{BP}$,则 $\boldsymbol{A}^5=\boldsymbol{P}^{-1}\boldsymbol{B}^5\boldsymbol{P}$.

例12　已知 $\boldsymbol{A}\sim\boldsymbol{B}=\begin{pmatrix}1&0&0&0\\0&1&0&0\\0&0&-1&2\\0&0&2&2\end{pmatrix}$，则 $R(\boldsymbol{A}-\boldsymbol{E})+R(\boldsymbol{A}-3\boldsymbol{E})=$______.

【解析】　因为 $\boldsymbol{A}\sim\boldsymbol{B}$，则 $\boldsymbol{A}-\boldsymbol{E}\sim\boldsymbol{B}-\boldsymbol{E}$，$\boldsymbol{A}-3\boldsymbol{E}\sim\boldsymbol{B}-3\boldsymbol{E}$，因此

$$R(\boldsymbol{A}-\boldsymbol{E})=R(\boldsymbol{B}-\boldsymbol{E}),R(\boldsymbol{A}-3\boldsymbol{E})=R(\boldsymbol{B}-3\boldsymbol{E}).$$

又 $\boldsymbol{B}-\boldsymbol{E}=\begin{pmatrix}0&0&0&0\\0&0&0&0\\0&0&-2&2\\0&0&2&1\end{pmatrix}$，$\boldsymbol{B}-3\boldsymbol{E}=\begin{pmatrix}-2&0&0&0\\0&-2&0&0\\0&0&-4&2\\0&0&2&-1\end{pmatrix}$，则 $R(\boldsymbol{B}-\boldsymbol{E})=2$，$R(\boldsymbol{B}-3\boldsymbol{E})=3$，所以 $R(\boldsymbol{A}-\boldsymbol{E})+R(\boldsymbol{A}-3\boldsymbol{E})=5$. 故应填 5.

第四节　对称矩阵的对角化

知识全解

【知识结构】

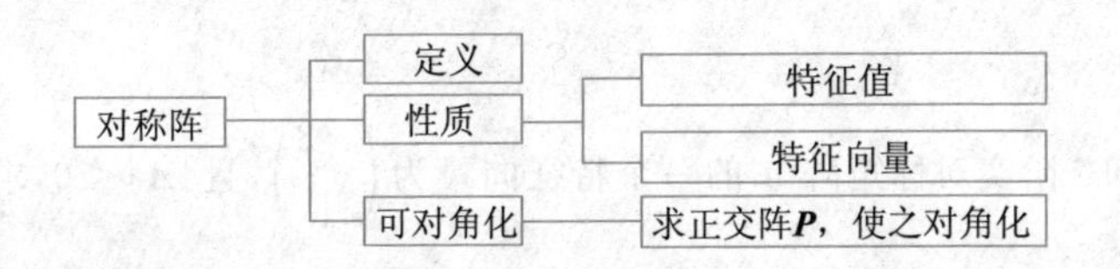

【考点精析】

1. 对称矩阵的定义和性质.

名称	内容
定义	若矩阵 $\boldsymbol{A}$ 满足 $\boldsymbol{A}^{\mathrm{T}}=\boldsymbol{A}$，则称 $\boldsymbol{A}$ 为对称矩阵
性质	(1)对称矩阵的特征值为实数； (2)对称矩阵的对应于不同特征值的特征向量是正交的； (3)n 阶对称矩阵 $\boldsymbol{A}$ 必有 n 个线性无关的特征向量； (4)对称矩阵的 k 重特征值所对应的线性无关的特征向量恰有 k 个； (5)设 $\boldsymbol{A}$ 为 n 阶对称阵，则必存在正交阵 $\boldsymbol{P}$，使 $\boldsymbol{P}^{-1}\boldsymbol{A}\boldsymbol{P}=\boldsymbol{P}^{\mathrm{T}}\boldsymbol{A}\boldsymbol{P}=\boldsymbol{\Lambda}$，其中 $\boldsymbol{\Lambda}$ 是以 $\boldsymbol{A}$ 的 n 个特征值为对角元的对角阵

2. 正交相似对角化.

(1)求出 $\boldsymbol{A}$ 的全部互不相等的特征值 $\lambda_1,\cdots,\lambda_s$，它们的重数依次为 $k_1,\cdots,k_s$ $(k_1+\cdots+k_s=n)$；

(2)对每个 k_i 重特征值 λ_i，求方程 $(\boldsymbol{A}-\lambda_i\boldsymbol{E})\boldsymbol{x}=\boldsymbol{0}$ 的基础解系，得 k_i 个线性无关的特征向量，再把它们正交化、单位化，得 k_i 个两两正交的单位特征向量. 因为 $k_1+\cdots+k_s=n$，故总共可得 n 个两两正交的单位特征向量；

(3)把这 n 个两两正交的单位特征向量构成正交阵 $\boldsymbol{P}$,便有 $\boldsymbol{P}^{-1}\boldsymbol{AP}=\boldsymbol{P}^{\mathrm{T}}\boldsymbol{AP}=\boldsymbol{\Lambda}$,注意 $\boldsymbol{\Lambda}$ 中对角元的排列次序应与 $\boldsymbol{P}$ 中列向量的排列次序相对应

3. 对应习题.

习题五第 19～25 题(教材 $\mathrm{P}_{139\sim140}$).

例题精解

基本题型Ⅰ:实对称矩阵的特征值与特征向量

例1 设 $\boldsymbol{A}$ 是 n 阶实对称矩阵,$\boldsymbol{P}$ 是 n 阶可逆矩阵,已知 n 维列向量 $\boldsymbol{\alpha}$ 是 $\boldsymbol{A}$ 的属于特征值 λ 的特征向量,则矩阵 $(\boldsymbol{P}^{-1}\boldsymbol{AP})^{\mathrm{T}}$ 属于特征值 λ 的特征向量是(　　).(考研题)

(A)$\boldsymbol{P}^{-1}\boldsymbol{\alpha}$　　(B)$\boldsymbol{P}^{\mathrm{T}}\boldsymbol{\alpha}$　　(C)$\boldsymbol{P\alpha}$　　(D)$(\boldsymbol{P}^{-1})^{\mathrm{T}}\boldsymbol{\alpha}$

【解析】 由已知得 $\boldsymbol{A\alpha}=\lambda\boldsymbol{\alpha}$,从而 $\boldsymbol{P}^{\mathrm{T}}\boldsymbol{A\alpha}=\lambda\boldsymbol{P}^{\mathrm{T}}\boldsymbol{\alpha}$,也即 $\boldsymbol{P}^{\mathrm{T}}\boldsymbol{A}(\boldsymbol{P}^{-1})^{\mathrm{T}}\boldsymbol{P}^{\mathrm{T}}\boldsymbol{\alpha}=\boldsymbol{P}^{\mathrm{T}}\boldsymbol{A\alpha}=\lambda\boldsymbol{P}^{\mathrm{T}}\boldsymbol{\alpha}$. 于是有

$$(\boldsymbol{P}^{-1}\boldsymbol{AP})^{\mathrm{T}}(\boldsymbol{P}^{\mathrm{T}}\boldsymbol{\alpha})=(\boldsymbol{P}^{\mathrm{T}}\boldsymbol{A}^{\mathrm{T}}(\boldsymbol{P}^{-1})^{\mathrm{T}})(\boldsymbol{P}^{\mathrm{T}}\boldsymbol{\alpha})=\boldsymbol{P}^{\mathrm{T}}\boldsymbol{A}(\boldsymbol{P}^{-1})^{\mathrm{T}}\boldsymbol{P}^{\mathrm{T}}\boldsymbol{\alpha}=\lambda(\boldsymbol{P}^{\mathrm{T}}\boldsymbol{\alpha}).$$

又由已知得 $\boldsymbol{\alpha}\neq\boldsymbol{0}$,$\boldsymbol{P}$ 可逆,则 $\boldsymbol{P}^{\mathrm{T}}\boldsymbol{\alpha}\neq\boldsymbol{0}$. 所以,矩阵 $(\boldsymbol{P}^{-1}\boldsymbol{AP})^{\mathrm{T}}$ 属于特征值 λ 的特征向量是 $\boldsymbol{P}^{\mathrm{T}}\boldsymbol{\alpha}$. 故应选(B).

例2 已知二阶实对称矩阵 $\boldsymbol{A}$ 的一个特征向量为 $\begin{pmatrix}-3\\1\end{pmatrix}$,且 $|\boldsymbol{A}|<0$,求 $\boldsymbol{A}$ 的全部特征向量.

【解析】 设 $\boldsymbol{A}$ 的特征值为 λ_1,λ_2,则 $|\boldsymbol{A}|=\lambda_1\lambda_2<0$. 所以 $\lambda_1\neq\lambda_2$,即 $\boldsymbol{A}$ 有两个不同的特征值. 不妨设 $\boldsymbol{\alpha}_1=\begin{pmatrix}-3\\1\end{pmatrix}$ 是 $\boldsymbol{A}$ 的属于特征值 λ_1 的特征向量. 若 $\boldsymbol{\alpha}_2=\begin{pmatrix}x_1\\x_2\end{pmatrix}$ 是 $\boldsymbol{A}$ 属于特征值 λ_2 的特征向量,则 $[\boldsymbol{\alpha}_1,\boldsymbol{\alpha}_2]=0$,即 $-3x_1+x_2=0$,解得 $\boldsymbol{\alpha}_2=k_2\begin{pmatrix}1\\3\end{pmatrix}$,$k_2\neq0$. 所以 $\boldsymbol{A}$ 的全部特征向量为 $k_1\begin{pmatrix}-3\\1\end{pmatrix}$,$k_2\begin{pmatrix}1\\3\end{pmatrix}$,其中 $k_1\neq0$,$k_2\neq0$.

【方法点击】 对称矩阵对应于不同特征值的特征向量是正交的. 读者应熟记这一结论.

例3 设 $\boldsymbol{A}=\begin{pmatrix}1&1&1&1\\1&1&1&1\\1&1&1&1\\1&1&1&1\end{pmatrix}$,$\boldsymbol{B}=\begin{pmatrix}4&0&0&0\\0&0&0&0\\0&0&0&0\\0&0&0&0\end{pmatrix}$,则 $\boldsymbol{A}$ 与 $\boldsymbol{B}$(　　).

(A)相似且正交相似　　(B)正交相似但不相似

(C)不正交相似但相似　　　　(D)不正交相似且不相似

【解析】 A 与 B 均为实对称矩阵，且 A 与 B 的特征值均为 4,0,0,0，则 A 与 B 有相同的特征值，A 与 B 相似，且正交相似. 故应选(A).

【方法点击】 A 与 B 正交相似⇔存在正交矩阵 P，使得 $P^{-1}AP=B$.

两个同阶实对称矩阵 A 与 B 相似⇔A 与 B 的特征值相同.

但要注意：若 A,B 不是实对称矩阵，则 A 与 B 相似⇒A 与 B 有相同的特征值. 但反之不成立.

基本题型Ⅱ：求正交矩阵 P，使 A 对角化

例 4　求正交矩阵 P，使 $P^{-1}AP$ 为对角矩阵，其中

$$A=\begin{pmatrix}1&2&2\\2&-2&-4\\2&-4&-2\end{pmatrix}.$$

【解析】 $|\lambda E-A|=\begin{vmatrix}\lambda-1&-2&-2\\-2&\lambda+2&4\\-2&4&\lambda+2\end{vmatrix}=(\lambda-2)^2(\lambda+7)$，解得特征值为

$$\lambda_1=\lambda_2=2,\lambda_3=-7.$$

当 $\lambda_1=\lambda_2=2$ 时，解方程组 $(2E-A)x=0$ 得同解方程 $x_1-2x_2-2x_3=0$，

得线性无关特征向量为 $\eta_1=(2,1,0)^T,\eta_2=(2,0,1)^T$，再将 η_1,η_2 正交化得

施密特正交化

$$\alpha_1=\begin{pmatrix}2\\1\\0\end{pmatrix},\alpha_2=\eta_2-\frac{(\eta_2,\alpha_1)}{(\alpha_1,\alpha_1)}\alpha_1=\begin{pmatrix}\frac{2}{5}\\-\frac{4}{5}\\1\end{pmatrix}.$$

当 $\lambda_3=-7$ 时，解方程组 $(-7E-A)x=0$ 得同解方程组为

$$\begin{cases}x_1+\frac{1}{2}x_3=0,\\x_2-x_3=0,\end{cases}$$

得特征向量为 $\eta_3=\left(-\frac{1}{2},1,1\right)^T$. 把 α_1,α_2,η_3 单位化得

$$\beta_1=\begin{pmatrix}\frac{2}{\sqrt{5}}\\\frac{1}{\sqrt{5}}\\0\end{pmatrix},\beta_2=\begin{pmatrix}\frac{2}{3\sqrt{5}}\\-\frac{4}{3\sqrt{5}}\\\frac{\sqrt{5}}{3}\end{pmatrix},\beta_3=\begin{pmatrix}-\frac{1}{3}\\\frac{2}{3}\\\frac{2}{3}\end{pmatrix},$$

令 $P=(\beta_1,\beta_2,\beta_3)=\begin{pmatrix}\frac{2}{\sqrt{5}} & \frac{2}{3\sqrt{5}} & -\frac{1}{3}\\ \frac{1}{\sqrt{5}} & -\frac{4}{3\sqrt{5}} & \frac{2}{3}\\ 0 & \frac{\sqrt{5}}{3} & \frac{2}{3}\end{pmatrix}$，则 P 为正交矩阵，且 $P^{-1}AP=\begin{pmatrix}2 & & \\ & 2 & \\ & & -7\end{pmatrix}$.

【方法点击】 求正交矩阵 P，首先要对多重特征值对应的特征向量正交化，再把所有特征向量单位化即可，最后把所有标准正交化的特征向量作为列组成正交矩阵 P.

例 5 设矩阵 $A=\begin{pmatrix}1 & 1 & a\\ 1 & a & 1\\ a & 1 & 1\end{pmatrix}$，$\beta=\begin{pmatrix}1\\ 1\\ -2\end{pmatrix}$，已知线性方程组 $Ax=\beta$ 有解但不唯一，试求：

(1) a 的值； (2) 正交矩阵 Q，使 Q^TAQ 为对角矩阵.（考研题）

【解析】 因为解不唯一，因此，$R(A,\beta)=R(A)<3$，所以先化简增广矩阵

$$(A,\beta)=\begin{pmatrix}1 & 1 & a & 1\\ 1 & a & 1 & 1\\ a & 1 & 1 & -2\end{pmatrix}\to\begin{pmatrix}1 & 1 & a & 1\\ 0 & a-1 & 1-a & 0\\ 0 & 0 & (a-1)(a+2) & (a+2)\end{pmatrix},$$

因此，我们得到 $\begin{cases}(a-1)(a+2)=0,\\ a+2=0,\end{cases}$ 解得 $a=-2$. 从而

$a\neq1$?

$$|\lambda E-A|=\begin{vmatrix}\lambda-1 & -1 & 2\\ -1 & \lambda+2 & -1\\ 2 & -1 & \lambda-1\end{vmatrix}=\lambda(\lambda-3)(\lambda+3),$$

故 A 的特征值为 $\lambda_1=0,\lambda_2=3,\lambda_3=-3$.

当 $\lambda_1=0$ 时，$-Ax=0$ 同解于 $\begin{cases}x_1+x_2-2x_3=0,\\ x_1-x_3=0,\end{cases}$

得特征向量 $\alpha_1=(1,1,1)^T$.

当 $\lambda_2=3$ 时，$(3E-A)x=0$ 同解于 $\begin{cases}x_1-5x_2+x_3=0,\\ x_2=0,\end{cases}$

得特征向量 $\alpha_2=(-1,0,1)^T$.

当 $\lambda_3=-3$ 时，$(-3E-A)x=0$ 同解于 $\begin{cases}x_1+x_2+x_3=0,\\ x_2+2x_3=0,\end{cases}$

得特征向量 $\alpha_3=(1,-2,1)^T$.

把 $\alpha_1,\alpha_2,\alpha_3$ 单位化，得到

$$\beta_1=\frac{1}{\sqrt{3}}\begin{pmatrix}1\\ 1\\ 1\end{pmatrix},\beta_2=\frac{1}{\sqrt{2}}\begin{pmatrix}1\\ 0\\ -1\end{pmatrix},\beta_3=\frac{1}{\sqrt{6}}\begin{pmatrix}1\\ -2\\ 1\end{pmatrix}.$$

令 $Q=(\boldsymbol{\beta}_1,\boldsymbol{\beta}_2,\boldsymbol{\beta}_3)=\begin{pmatrix}\frac{1}{\sqrt{3}} & \frac{1}{\sqrt{2}} & \frac{1}{\sqrt{6}}\\ \frac{1}{\sqrt{3}} & 0 & -\frac{2}{\sqrt{6}}\\ \frac{1}{\sqrt{3}} & -\frac{1}{\sqrt{2}} & \frac{1}{\sqrt{6}}\end{pmatrix}$，即得到 $Q^{T}AQ=Q^{-1}AQ=\boldsymbol{\Lambda}=\begin{pmatrix}0 & & \\ & 3 & \\ & & -3\end{pmatrix}$.

【方法点击】 若 n 阶对称矩阵具有 n 个互不相同的特征值，则只需对这 n 个不同特征值对应的特征向量单位化即可得到 $\boldsymbol{P}$.

例6 设3阶实对称矩阵 $\boldsymbol{A}$ 的各行元素之和均为3，向量 $\boldsymbol{\alpha}_1=(-1,2,-1)^{T}$，$\boldsymbol{\alpha}_2=(0,-1,1)^{T}$ 是线性方程组 $\boldsymbol{Ax}=\boldsymbol{0}$ 的两个解.

(1)求 $\boldsymbol{A}$ 的特征值与特征向量；

(2)求正交矩阵 $\boldsymbol{Q}$ 和对角矩阵 $\boldsymbol{\Lambda}$，使得 $\boldsymbol{Q}^{T}\boldsymbol{AQ}=\boldsymbol{\Lambda}$；

(3)求 $\boldsymbol{A}$ 及 $\left(\boldsymbol{A}-\frac{2}{3}\boldsymbol{E}\right)^{6}$，其中 $\boldsymbol{E}$ 为3阶单位矩阵.（考研题）

【解析】 因为 $\boldsymbol{A\alpha}_1=\boldsymbol{0},\boldsymbol{A\alpha}_2=\boldsymbol{0}$，即 $\boldsymbol{A\alpha}_1=0\boldsymbol{\alpha}_1,\boldsymbol{A\alpha}_2=0\boldsymbol{\alpha}_2$.

故 $\lambda_1=\lambda_2=0$ 是 $\boldsymbol{A}$ 的二重特征值，$\boldsymbol{\alpha}_1,\boldsymbol{\alpha}_2$ 为 $\boldsymbol{A}$ 的属于特征值0的两个线性无关特征向量；

由于矩阵 $\boldsymbol{A}$ 的各行元素之和均为3，所以 $\boldsymbol{A}\begin{pmatrix}1\\1\\1\end{pmatrix}=\begin{pmatrix}3\\3\\3\end{pmatrix}=3\begin{pmatrix}1\\1\\1\end{pmatrix}$，故 $\lambda_3=3$ 是 $\boldsymbol{A}$ 的一个特征值，$\boldsymbol{\alpha}_3=(1,1,1)^{T}$ 为 $\boldsymbol{A}$ 的属于特征值3的特征向量.

总之，$\boldsymbol{A}$ 的特征值为0,0,3.属于特征值0的全体特征向量为 $k_1\boldsymbol{\alpha}_1+k_2\boldsymbol{\alpha}_2$（$k_1,k_2$ 不全为零），属于特征值3的全体特征向量为 $k_3\boldsymbol{\alpha}_3(k_3\neq 0)$.

(2)因属于不同特征值的特征向量正交，故只需对 $\boldsymbol{\alpha}_1,\boldsymbol{\alpha}_2$ 正交化.

$$\boldsymbol{\xi}_1=\boldsymbol{\alpha}_1=(-1,2,-1)^{T},$$

$$\boldsymbol{\xi}_2=\boldsymbol{\alpha}_2-\frac{(\boldsymbol{\alpha}_2,\boldsymbol{\xi}_1)}{(\boldsymbol{\xi}_1,\boldsymbol{\xi}_1)}\boldsymbol{\xi}_1=\frac{3}{2}(-1,0,1)^{T}.$$

再分别将 $\boldsymbol{\xi}_1,\boldsymbol{\xi}_2,\boldsymbol{\alpha}_3$ 单位化，得

$$\boldsymbol{\beta}_1=\frac{\boldsymbol{\xi}_1}{\|\boldsymbol{\xi}_1\|}=\frac{1}{\sqrt{6}}(-1,2,-1)^{T},$$

$$\boldsymbol{\beta}_2=\frac{\boldsymbol{\xi}_2}{\|\boldsymbol{\xi}_2\|}=\frac{1}{\sqrt{2}}(-1,0,1)^{T},$$

$$\boldsymbol{\beta}_3=\frac{\boldsymbol{\alpha}_3}{\|\boldsymbol{\alpha}_3\|}=\frac{1}{\sqrt{3}}(1,1,1)^{T}.$$

令 $\boldsymbol{Q}=(\boldsymbol{\beta}_1,\boldsymbol{\beta}_2,\boldsymbol{\beta}_3)=\begin{pmatrix}-\frac{1}{\sqrt{6}} & -\frac{1}{\sqrt{2}} & \frac{1}{\sqrt{3}}\\ \frac{2}{\sqrt{6}} & 0 & \frac{1}{\sqrt{3}}\\ -\frac{1}{\sqrt{6}} & \frac{1}{\sqrt{2}} & \frac{1}{\sqrt{3}}\end{pmatrix}$，$\boldsymbol{\Lambda}=\begin{pmatrix}0 & & \\ & 0 & \\ & & 3\end{pmatrix}$，那么 $\boldsymbol{Q}$ 为正交矩阵，且 $\boldsymbol{Q}^{T}\boldsymbol{AQ}=\boldsymbol{\Lambda}$.

第五章

(3)由 $Q^TAQ=\Lambda$，且 $Q^{-1}=Q^T$，故 $A=Q\Lambda Q^{-1}=Q\Lambda Q^T$，则

$$A=\begin{pmatrix}-\frac{1}{\sqrt6} & -\frac{1}{\sqrt2} & \frac{1}{\sqrt3}\\ \frac{2}{\sqrt6} & 0 & \frac{1}{\sqrt3}\\ -\frac{1}{\sqrt6} & \frac{1}{\sqrt2} & \frac{1}{\sqrt3}\end{pmatrix}\begin{pmatrix}0 & & \\ & 0 & \\ & & 3\end{pmatrix}\begin{pmatrix}-\frac{1}{\sqrt6} & \frac{2}{\sqrt6} & -\frac{1}{\sqrt6}\\ -\frac{1}{\sqrt2} & 0 & \frac{1}{\sqrt2}\\ \frac{1}{\sqrt3} & \frac{1}{\sqrt3} & \frac{1}{\sqrt3}\end{pmatrix}=\begin{pmatrix}1&1&1\\1&1&1\\1&1&1\end{pmatrix},$$

由 $A=Q\Lambda Q^T$，得 $A-\frac{3}{2}E=Q\left(\Lambda-\frac{3}{2}E\right)Q^T$，所以 $\left(A-\frac{2}{3}E\right)^6=Q\left(\Lambda-\frac{3}{2}E\right)^6Q^T=\left(\frac{3}{2}\right)^6E$.

【方法点击】 巧妙找出隐含的特征值与特征向量，且注意实对称矩阵属于不同特征值的特征向量正交这一性质. 同时，要熟练掌握对称矩阵的相似对角化的方法.

例 7　设 $A=\begin{pmatrix}0 & -1 & 4\\ -1 & 3 & a\\ 4 & a & 0\end{pmatrix}$，正交矩阵 Q 使得 Q^TAQ 为对角矩阵. 若 Q 的第一列为 $\frac{1}{\sqrt6}(1,2,1)^T$，求 a,Q.（考研题）

【解析】 由 A 是实对称矩阵知，Q 的第一列 $\frac{1}{\sqrt6}(1,2,1)^T$ 为 A 的一个特征向量，于是

$$A\begin{pmatrix}1\\2\\1\end{pmatrix}=\begin{pmatrix}0 & -1 & 4\\ -1 & 3 & a\\ 4 & a & 0\end{pmatrix}\begin{pmatrix}1\\2\\1\end{pmatrix}=\lambda_1\begin{pmatrix}1\\2\\1\end{pmatrix},$$

解得 $a=-1,\lambda_1=2$. 则 A 的特征多项式为

$$|\lambda E-A|=\begin{vmatrix}\lambda & 1 & -4\\ 1 & \lambda-3 & 1\\ -4 & 1 & \lambda\end{vmatrix}=(\lambda-2)(\lambda-5)(\lambda+4),$$

所以，A 的特征值为 $\lambda_1=2,\lambda_2=5,\lambda_3=-4$.

属于 $\lambda_1=2$ 的单位特征向量为 $\frac{1}{\sqrt6}(1,2,1)^T$；

属于 $\lambda_2=5$ 的单位特征向量为 $\frac{1}{\sqrt3}(1,-1,1)^T$；

属于 $\lambda_3=-4$ 的单位特征向量为 $\frac{1}{\sqrt2}(-1,0,1)^T$.

取 $Q=\begin{pmatrix}\frac{1}{\sqrt6} & \frac{1}{\sqrt3} & -\frac{1}{\sqrt2}\\ \frac{2}{\sqrt6} & -\frac{1}{\sqrt3} & 0\\ \frac{1}{\sqrt6} & \frac{1}{\sqrt3} & \frac{1}{\sqrt2}\end{pmatrix}$，则 Q 是正交矩阵，且 $Q^TAQ=\begin{pmatrix}2&0&0\\0&5&0\\0&0&-4\end{pmatrix}$.

基本题型Ⅲ：利用对称矩阵的特征值、特征向量求对称矩阵

例8　设对称矩阵 $\boldsymbol{A}$ 满足 $\boldsymbol{A}^3+\boldsymbol{A}^2+\boldsymbol{A}=3\boldsymbol{E}$，则 $\boldsymbol{A}=$________.

【解析】　设 $\boldsymbol{A}$ 的特征值为 λ，则由 $\boldsymbol{A}^3+\boldsymbol{A}^2+\boldsymbol{A}=3\boldsymbol{E}$ 得 $\lambda^3+\lambda^2+\lambda=3$，即

$$\lambda^3+\lambda^2+\lambda-3=0,$$

因式分解得 $(\lambda-1)(\lambda^2+2\lambda+3)=0$.

因为 λ 应为实数，且 $\lambda^2+2\lambda+3=(\lambda+1)^2+2>0$，由此 $\boldsymbol{A}$ 只有一个特征值是 1. 因为对称矩阵都可对角化，所以存在可逆阵 $\boldsymbol{P}$，使 $\boldsymbol{P}^{-1}\boldsymbol{A}\boldsymbol{P}=\boldsymbol{E}$，于是 $\boldsymbol{A}=\boldsymbol{E}$. 故应填 $\boldsymbol{E}$.

例9　已知 1，1，-1 是 3 阶实对称矩阵 $\boldsymbol{A}$ 的 3 个特征向量，向量 $\boldsymbol{\alpha}_1=(1,1,1)^{\mathrm{T}}$，$\boldsymbol{\alpha}_2=(2,2,1)^{\mathrm{T}}$ 是 $\boldsymbol{A}$ 的对应于 $\lambda_1=\lambda_2=1$ 的特征向量.

(1)求出属于 $\lambda_3=-1$ 的特征向量；

(2)求实对称矩阵 $\boldsymbol{A}$.

【解析】　(1)因为 $\boldsymbol{A}$ 为实对称矩阵，$\lambda_3=-1$ 对应的特征向量 $\boldsymbol{\alpha}_3$ 一定与 $\boldsymbol{\alpha}_1$，$\boldsymbol{\alpha}_2$ 正交. 因此，设 $\boldsymbol{\alpha}_3=(x_1,x_2,x_3)^{\mathrm{T}}$，则有

$$\begin{cases}0=[\boldsymbol{\alpha}_1,\boldsymbol{\alpha}_3]=x_1+x_2+x_3,\\0=[\boldsymbol{\alpha}_2,\boldsymbol{\alpha}_3]=2x_1+2x_2+x_3,\end{cases}$$

解得 $\boldsymbol{\alpha}_3=k(-1,1,0)^{\mathrm{T}}$，$k\neq 0$.

(2)由题意可知，令 $\boldsymbol{P}=(\boldsymbol{\alpha}_1,\boldsymbol{\alpha}_2,\boldsymbol{\alpha}_3)=\begin{pmatrix}1&2&-1\\1&2&1\\1&1&0\end{pmatrix}$，则

$$\boldsymbol{P}^{-1}\boldsymbol{A}\boldsymbol{P}=\begin{pmatrix}\lambda_1&&\\&\lambda_2&\\&&\lambda_3\end{pmatrix}=\begin{pmatrix}1&&\\&1&\\&&-1\end{pmatrix}.$$

因此 $\boldsymbol{A}=\boldsymbol{P}\begin{pmatrix}\lambda_1&&\\&\lambda_2&\\&&\lambda_3\end{pmatrix}\boldsymbol{P}^{-1}=\begin{pmatrix}1&2&-1\\1&2&1\\1&1&0\end{pmatrix}\begin{pmatrix}1&&\\&1&\\&&-1\end{pmatrix}\begin{pmatrix}1&2&-1\\1&2&1\\1&1&0\end{pmatrix}^{-1}=\begin{pmatrix}0&1&0\\1&0&0\\0&0&1\end{pmatrix}$.

【方法点击】　运用对称矩阵属于不同特征值的特征向量相互正交这个性质，求未知特征向量.

基本题型Ⅳ：证明题

例10　设 $\boldsymbol{A}$ 为实对称矩阵，试证：对任意正奇数 k，必有实对称矩阵 $\boldsymbol{B}$，使 $\boldsymbol{B}^k=\boldsymbol{A}$.

【证明】　因 $\boldsymbol{A}$ 为实对称矩阵，则存在正交阵 $\boldsymbol{P}$，使

$$\boldsymbol{P}^{-1}\boldsymbol{A}\boldsymbol{P}=\begin{pmatrix}\lambda_1&&&\\&\lambda_2&&\\&&\ddots&\\&&&\lambda_n\end{pmatrix},$$

其中 $\lambda_i(i=1,2,\cdots,n)$ 为 $\boldsymbol{A}$ 的全部特征值，且 λ_i 为实数 $(i=1,2,\cdots,n)$. 故

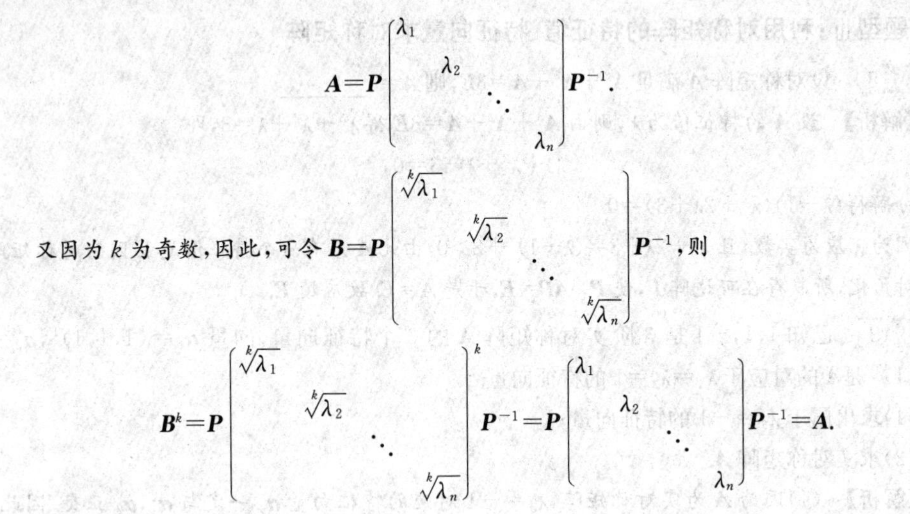

$$A=P\begin{pmatrix}\lambda_1 & & & \\ & \lambda_2 & & \\ & & \ddots & \\ & & & \lambda_n\end{pmatrix}P^{-1}.$$

又因为 k 为奇数,因此,可令 $B=P\begin{pmatrix}\sqrt[k]{\lambda_1} & & & \\ & \sqrt[k]{\lambda_2} & & \\ & & \ddots & \\ & & & \sqrt[k]{\lambda_n}\end{pmatrix}P^{-1}$,则

$$B^k=P\begin{pmatrix}\sqrt[k]{\lambda_1} & & & \\ & \sqrt[k]{\lambda_2} & & \\ & & \ddots & \\ & & & \sqrt[k]{\lambda_n}\end{pmatrix}^k P^{-1}=P\begin{pmatrix}\lambda_1 & & & \\ & \lambda_2 & & \\ & & \ddots & \\ & & & \lambda_n\end{pmatrix}P^{-1}=A.$$

再验证 B 为对称阵:

$$B^{\mathrm{T}}=(P^{-1})^{\mathrm{T}}\begin{pmatrix}\sqrt[k]{\lambda_1} & & & \\ & \sqrt[k]{\lambda_2} & & \\ & & \ddots & \\ & & & \sqrt[k]{\lambda_n}\end{pmatrix}^{\mathrm{T}} P^{\mathrm{T}}=P\begin{pmatrix}\sqrt[k]{\lambda_1} & & & \\ & \sqrt[k]{\lambda_2} & & \\ & & \ddots & \\ & & & \sqrt[k]{\lambda_n}\end{pmatrix}P^{-1}=B.$$

因此,B 为实对称矩阵.

【方法点击】 本题关键是把 A 写成 $P\Lambda P^{-1}$ 形式,则 λ_i 为 A 的特征值,故为实数(其中 $i=1,2,\cdots,n$),可以取开奇数幂次方.

第五节　二次型及其标准形

知识全解

【知识结构】

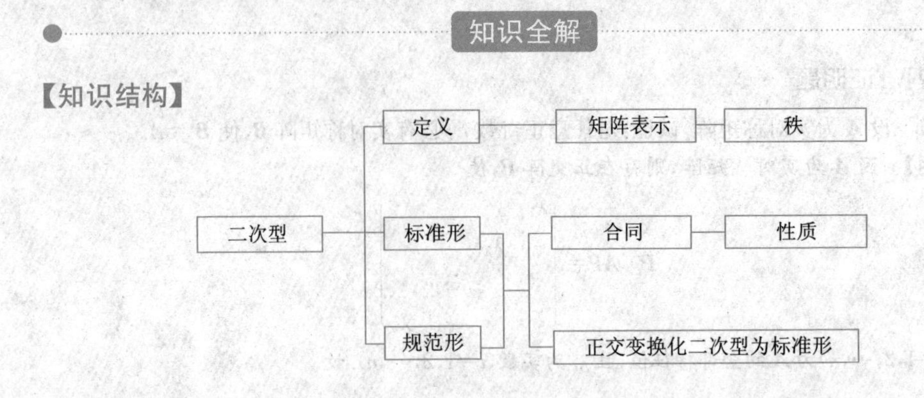

【考点精析】

1. 二次型的相关概念.

名称	内容	备注
二次型定义	含有 n 个变量 $x_1,x_2,\cdots,x_n$ 的二次齐次函数 $f(x_1,x_2,\cdots,x_n)=a_{11}x_1^2+a_{22}x_2^2+\cdots+a_{nn}x_n^2+2a_{12}x_1x_2+2a_{13}x_1x_3+\cdots+2a_{n-1,n}x_{n-1}x_n$ 称为**二次型**,也记为 $f(x_1,x_2,\cdots,x_n)=\sum\limits_{i,j=1}^{n}a_{ij}x_ix_j$,其中 $a_{ij}=a_{ji}$	
矩阵表示	$f(x_1,x_2,\cdots,x_n)=(x_1,x_2,\cdots,x_n)\begin{pmatrix}a_{11}&a_{12}&\cdots&a_{1n}\\a_{21}&a_{22}&\cdots&a_{2n}\\\vdots&\vdots&&\vdots\\a_{n1}&a_{n2}&\cdots&a_{nn}\end{pmatrix}\begin{pmatrix}x_1\\x_2\\\vdots\\x_n\end{pmatrix}$. 设 $\boldsymbol{A}=\begin{pmatrix}a_{11}&a_{12}&\cdots&a_{1n}\\a_{21}&a_{22}&\cdots&a_{2n}\\\vdots&\vdots&&\vdots\\a_{n1}&a_{n2}&\cdots&a_{nn}\end{pmatrix}$,$\boldsymbol{x}=\begin{pmatrix}x_1\\x_2\\\vdots\\x_n\end{pmatrix}$,则二次型可记作 $f=\boldsymbol{x}^{\mathrm{T}}\boldsymbol{A}\boldsymbol{x}$,其中 $\boldsymbol{A}$ 为对称矩阵	实二次型 $\overset{一一对应}{\Longleftrightarrow}$ 对称矩阵 且实对称矩阵的秩也称为**二次型的秩**
标准形	对二次型 $f(x_1,x_2,\cdots,x_n)$,若存在可逆变换 $\begin{cases}x_1=c_{11}y_1+c_{12}y_2+\cdots+c_{1n}y_n,\\x_2=c_{21}y_1+c_{22}y_2+\cdots+c_{2n}y_n,\\\vdots\\x_n=c_{n1}y_1+c_{n2}y_2+\cdots+c_{nn}y_n,\end{cases}$ 使二次型只含平方项,即 $f=k_1y_1^2+k_2y_2^2+\cdots+k_ny_n^2$,则这种只含平方的二次型,称为**二次型的标准形(或法式)**	二次型研究的主要问题是寻求可逆线性变换 $\boldsymbol{x}=\boldsymbol{C}\boldsymbol{y}$,使 $f(\boldsymbol{C}\boldsymbol{y})$ 为标准形或规范形
规范式	如果标准形的系数 $k_1,k_2,\cdots,k_n$ 只在 $1,-1,0$ 三个 数中取值,原二次型化为 $f=y_1^2+\cdots+y_p^2-y_{p+1}^2-\cdots-y_r^2$,则称上式为**二次型的规范形**	

2. 矩阵的合同.

名称	内容	备注
定义	设 $\boldsymbol{A},\boldsymbol{B}$ 为 n 阶矩阵,若有可逆阵 $\boldsymbol{C}$,使 $\boldsymbol{B}=\boldsymbol{C}^{\mathrm{T}}\boldsymbol{A}\boldsymbol{C}$,则称矩阵 $\boldsymbol{A}$ 与 $\boldsymbol{B}$ 合同,记为 $\boldsymbol{A}\simeq\boldsymbol{B}$	二次型研究的主要问题变为:寻找可逆矩阵 $\boldsymbol{C}$,使 $\boldsymbol{C}^{\mathrm{T}}\boldsymbol{A}\boldsymbol{C}$ 为对角阵,称为把对称阵 $\boldsymbol{A}$ 合同对角化
性质	(1)反身性:$\boldsymbol{A}\simeq\boldsymbol{A}$; (2)对称性:若 $\boldsymbol{A}\simeq\boldsymbol{B}$,则 $\boldsymbol{B}\simeq\boldsymbol{A}$; (3)传递性:若 $\boldsymbol{A}\simeq\boldsymbol{B},\boldsymbol{B}\simeq\boldsymbol{C}$,则 $\boldsymbol{A}\simeq\boldsymbol{C}$; (4)若 $\boldsymbol{A}$ 为对称阵,且 $\boldsymbol{A}\simeq\boldsymbol{B}$,则 $\boldsymbol{B}$ 也是对称阵且 $R(\boldsymbol{A})=R(\boldsymbol{B})$; (5)若对 $\boldsymbol{A}$ 的行、列施行完全相同的初等变换得到 $\boldsymbol{B}$,则 $\boldsymbol{A}\simeq\boldsymbol{B}$; (6)二次型 f 经可逆线性变换后的矩阵与变换前 f 的矩阵合同	

3. 正交变换化二次型为标准形成或规范形.

名称	内容
定理	任给二次型 $f=\sum\limits_{i,j=1}^{n}a_{ij}x_ix_j\ (a_{ij}=a_{ji})$,总有正交变换 $\boldsymbol{x}=\boldsymbol{P}\boldsymbol{y}$,使 f 化为标准形:$f=\lambda_1y_1^2+\lambda_2y_2^2+\cdots+\lambda_ny_n^2$,其中 $\lambda_1,\lambda_2,\cdots,\lambda_n$ 是 f 的矩阵 $\boldsymbol{A}=(a_{ij})$ 的特征值. **推论**:任给 n 元二次型 $f(\boldsymbol{x})=\boldsymbol{x}^{\mathrm{T}}\boldsymbol{A}\boldsymbol{x}(\boldsymbol{A}^{\mathrm{T}}=\boldsymbol{A})$,总有可逆变换 $\boldsymbol{x}=\boldsymbol{C}\boldsymbol{z}$,使 $f(\boldsymbol{C}\boldsymbol{z})$ 为规范形
步骤	(1)求二次型的对称阵的特征值 $\lambda_i(i=1,2,\cdots,n)$; (2)对每一个 λ_i,求出相应的特征向量 $\boldsymbol{\xi}_i(i=1,2,\cdots,n)$; (3)再把 $\boldsymbol{\xi}_i$ 标准正交化得 $\boldsymbol{\eta}_i(i=1,2,\cdots,n)$; (4)作正交矩阵 $\boldsymbol{P}=(\boldsymbol{\eta}_1,\boldsymbol{\eta}_2,\cdots,\boldsymbol{\eta}_n)$; (5)作正交变换 $\boldsymbol{x}=\boldsymbol{P}\boldsymbol{y}$,代入原二次型得 $f(\boldsymbol{P}\boldsymbol{y})$ 即为标准形.

4. 对应习题.

习题五第 26~30 题(教材 P_{140}).

例题精解

基本题型Ⅰ:二次型及其矩阵

例 1 写出下列二次型的矩阵:

(1) $f_1(x_1,x_2,x_3)=x_1^2+3x_2^2-x_3^2+x_1x_2-2x_1x_3+3x_2x_3$;

(2) $f_2(x_1,x_2,x_3,x_4)=x_1^2+3x_2^2-x_3^2+x_1x_2-2x_1x_3+3x_2x_3$;

(3) $f_3(x_1,x_2,x_3)=(x_1,x_2,x_3)\begin{pmatrix}1&2&5\\4&5&6\\7&4&3\end{pmatrix}\begin{pmatrix}x_1\\x_2\\x_3\end{pmatrix}$.

【解析】 (1)因为 $f_1(x_1,x_2,x_3)=x_1^2+\frac{1}{2}x_1x_2-x_1x_3+\frac{1}{2}x_2x_1+3x_2^2+\frac{3}{2}x_2x_3-x_3x_1+\frac{3}{2}x_3x_2-x_3^2$,

所以 $f_1(x_1,x_2,x_3)$的矩阵是 $\begin{pmatrix}1&\frac{1}{2}&-1\\\frac{1}{2}&3&\frac{3}{2}\\-1&\frac{3}{2}&-1\end{pmatrix}$.

(2) $f_2(x_1,x_2,x_3,x_4)$的矩阵是 $\begin{pmatrix}1&\frac{1}{2}&-1&0\\\frac{1}{2}&3&\frac{3}{2}&0\\-1&\frac{3}{2}&-1&0\\0&0&0&0\end{pmatrix}$.

f_1与f_2的矩阵为什么不同？

(3)因为 $f_3(x_1,x_2,x_3)=(x_1,x_2,x_3)\begin{pmatrix}1&2&5\\4&5&6\\7&4&3\end{pmatrix}\begin{pmatrix}x_1\\x_2\\x_3\end{pmatrix}$

$$=x_1^2+5x_2^2+3x_3^2+6x_1x_2+12x_1x_3+10x_2x_3,$$

所以 $f_3(x_1,x_2,x_3)$的矩阵是 $\begin{pmatrix}1&3&6\\3&5&5\\6&5&3\end{pmatrix}$.

二次型的矩阵是对称阵

【方法点击】 由二次型求对应矩阵$\boldsymbol{A}$,要求$\boldsymbol{A}$中元素按下列规则取值:a_{ii}取x_i^2项的系数,a_{ij} $(i<j)$取x_ix_j系数的一半,二次型中不出现的元素项对应的系数取成0.二次型的矩阵必须是实对称矩阵.

例 2　已知二次型的矩阵为 $\begin{pmatrix}1&3&5\\3&-2&-4\\5&-4&-1\end{pmatrix}$,求它的相应的二次型的表达式.

【解析】 设二次型由 x_1,x_2,x_3 表示,$\boldsymbol{x}=(x_1,x_2,x_3)^{\mathrm{T}}$,则

$$f=\boldsymbol{x}^{\mathrm{T}}\boldsymbol{A}\boldsymbol{x}=(x_1,x_2,x_3)\begin{pmatrix}1&3&5\\3&-2&-4\\5&-4&-1\end{pmatrix}\begin{pmatrix}x_1\\x_2\\x_3\end{pmatrix}=x_1^2-2x_2^2-x_3^2+6x_1x_2+10x_1x_3-8x_2x_3.$$

【方法点击】 已知二次型矩阵,依照定义便可求得二次型的表达式.

基本题型Ⅱ:求二次型的秩

例3 二次型 $f(x_1,x_2,x_3)=(x_1+x_2)^2+(x_2-x_3)^2+(x_3+x_1)^2$ 的秩为________.(考研题)

【解析】 二次型 $f(x_1,x_2,x_3)=2x_1^2+2x_2^2+2x_3^2+2x_1x_2-2x_2x_3+2x_1x_3$,所以二次型对应的实对称矩阵为 $\boldsymbol{A}=\begin{pmatrix}2&1&1\\1&2&-1\\1&-1&2\end{pmatrix}$,对 $\boldsymbol{A}$ 施以行变换得

$$\boldsymbol{A}\to\begin{pmatrix}1&-1&2\\0&3&-3\\0&3&-3\end{pmatrix}\to\begin{pmatrix}1&-1&2\\0&1&-1\\0&0&0\end{pmatrix},$$

所以 $R(\boldsymbol{A})=2$,即二次型的秩为2.故应填2.

【方法点击】 本题考查了二次型的秩,利用初等变换可得答案.读者应熟知二次型的秩即为二次型对应实对称矩阵的秩,也就是标准形中完全平方项的项数.

例4 二次型 $f(x_1,x_2,x_3)=x_1^2+6x_1x_2+4x_1x_3+x_2^2+2x_2x_3+tx_3^2$,若其秩为2,则 $t=$( ).

(A)0 (B)2 (C)$\frac{7}{8}$ (D)1

【解析】 二次型矩阵为 $\boldsymbol{A}=\begin{pmatrix}1&3&2\\3&1&1\\2&1&t\end{pmatrix}$,则 $R(\boldsymbol{A})=2$.对 $\boldsymbol{A}$ 进行初等行变换,得

$$\boldsymbol{A}\to\begin{pmatrix}1&3&2\\0&1&\frac{5}{8}\\0&0&t-\frac{7}{8}\end{pmatrix},$$

故当 $t=\frac{7}{8}$ 时,$R(\boldsymbol{A})=2$.故应选(C).

基本题型Ⅲ:判断矩阵合同

例5 证明:若 $i_1i_2\cdots i_n$ 是一个 n 级排列,则下面两个矩阵合同:

$$\begin{pmatrix}\lambda_1&&&\\&\lambda_2&&\\&&\ddots&\\&&&\lambda_n\end{pmatrix},\begin{pmatrix}\lambda_{i_1}&&&\\&\lambda_{i_2}&&\\&&\ddots&\\&&&\lambda_{i_n}\end{pmatrix}.$$

【证明】 记 $\boldsymbol{A}=\begin{pmatrix}\lambda_1&&&\\&\lambda_2&&\\&&\ddots&\\&&&\lambda_n\end{pmatrix}$,$\boldsymbol{B}=\begin{pmatrix}\lambda_{i_1}&&&\\&\lambda_{i_2}&&\\&&\ddots&\\&&&\lambda_{i_n}\end{pmatrix}$.

对于二次型 $f(x_1,x_2,\cdots,x_n)=\boldsymbol{x}^{\mathrm{T}}\boldsymbol{B}\boldsymbol{x}=\lambda_{i_1}x_1^2+\lambda_{i_2}x_2^2+\cdots+\lambda_{i_n}x_n^2$，作可逆线性变换 $x_1=y_{i_1}$，$x_2=y_{i_2},\cdots,x_n=y_{i_n}$，则

$$f=\lambda_{i_1}y_{i_1}^2+\lambda_{i_2}y_{i_2}^2+\cdots+\lambda_{i_n}y_{i_n}^2=\lambda_1y_1^2+\lambda_2y_2^2+\cdots+\lambda_ny_n^2=\boldsymbol{y}^{\mathrm{T}}\boldsymbol{A}\boldsymbol{y},$$

所以，两矩阵合同，其中 $\boldsymbol{x}=(x_1,x_2,\cdots,x_n)^{\mathrm{T}}$，$\boldsymbol{y}=(y_1,y_2,\cdots,y_n)^{\mathrm{T}}$.

【方法点击】 利用可逆线性变换前后对应矩阵之间的关系.

基本题型Ⅳ：正交变换化二次型为标准形或规范形

化二次型为标准形主要有两种方法：(1)正交变换法；(2)配方法. 本节我们只讨论正交变换法，另一种方法将在下一节讨论.

例 6 求一个正交变换，化二次型

$$f=x_1^2+4x_2^2+4x_3^2-4x_1x_2+4x_1x_3-8x_2x_3$$

为标准形.

【解析】 二次型的对称矩阵为 $\boldsymbol{A}=\begin{pmatrix}1&-2&2\\-2&4&-4\\2&-4&4\end{pmatrix}$，求其特征值

$$|\lambda\boldsymbol{E}-\boldsymbol{A}|=\begin{vmatrix}\lambda-1&2&-2\\2&\lambda-4&4\\-2&4&\lambda-4\end{vmatrix}=\lambda^2(\lambda-9),$$

故 $\boldsymbol{A}$ 的特征值为 $\lambda_1=\lambda_2=0,\lambda_3=9$.

当 $\lambda_1=\lambda_2=0$ 时，由 $(-\boldsymbol{A})\boldsymbol{x}=\boldsymbol{0}$ 得同解方程 $x_1-2x_2+2x_3=0$，解得线性无关的特征向量为 $\boldsymbol{\xi}_1=(2,1,0)^{\mathrm{T}},\boldsymbol{\xi}_2=(-2,0,1)^{\mathrm{T}}$.

将 $\boldsymbol{\xi}_1,\boldsymbol{\xi}_2$ 标准正交化得 $\boldsymbol{\eta}_1=\left(\frac{2}{\sqrt{5}},\frac{1}{\sqrt{5}},0\right)^{\mathrm{T}},\boldsymbol{\eta}_2=\left(-\frac{2}{3\sqrt{5}},\frac{4}{3\sqrt{5}},\frac{\sqrt{5}}{3}\right)^{\mathrm{T}}$.

当 $\lambda_3=9$ 时，由 $(9\boldsymbol{E}-\boldsymbol{A})\boldsymbol{x}=\boldsymbol{0}$ 得同解方程组为 $\begin{cases}2x_1+5x_2+4x_3=0,\\x_2+x_3=0,\end{cases}$ 解之得对应的特征向量为 $\boldsymbol{\xi}_3=(1,-2,2)^{\mathrm{T}}$，再把 $\boldsymbol{\xi}_3$ 单位化得 $\boldsymbol{\eta}_3=\left(\frac{1}{3},-\frac{2}{3},\frac{2}{3}\right)^{\mathrm{T}}$，则原二次型经正交变换

$$\begin{pmatrix}x_1\\x_2\\x_3\end{pmatrix}=\begin{pmatrix}\frac{2}{\sqrt{5}}&-\frac{2}{3\sqrt{5}}&\frac{1}{3}\\\frac{1}{\sqrt{5}}&\frac{4}{3\sqrt{5}}&-\frac{2}{3}\\0&\frac{\sqrt{5}}{3}&\frac{2}{3}\end{pmatrix}\begin{pmatrix}y_1\\y_2\\y_3\end{pmatrix},$$

$\boldsymbol{P}=(\boldsymbol{\eta}_1,\boldsymbol{\eta}_2,\boldsymbol{\eta}_3)$

化为标准形 $f=9y_3^2$.

【方法点击】 正交变换化为标准形只需按步骤进行.因为特征向量可能不唯一,所以正交变换也可能不唯一.

例7 已知二次型 $f(x_1,x_2,x_3)=5x_1^2+5x_2^2+cx_3^2-2x_1x_2+6x_1x_3-6x_2x_3$ 的秩为2.

(1)求参数 c 及此二次型对应矩阵的特征值;

(2)指出方程 $f(x_1,x_2,x_3)=1$ 表示何种二次曲面.

【解析】 (1)对二次型矩阵 $\boldsymbol{A}=\begin{pmatrix}5&-1&3\\-1&5&-3\\3&-3&c\end{pmatrix}$ 作初等变换

$$\boldsymbol{A}=\begin{pmatrix}5&-1&3\\-1&5&-3\\3&-3&c\end{pmatrix}\to\begin{pmatrix}-1&5&-3\\0&2&-1\\0&0&c-3\end{pmatrix},$$

因为 $R(\boldsymbol{A})=2$,所以 $c=3$.又因

$$|\lambda\boldsymbol{E}-\boldsymbol{A}|=\begin{vmatrix}\lambda-5&1&-3\\1&\lambda-5&3\\-3&3&\lambda-3\end{vmatrix}=\lambda(\lambda-4)(\lambda-9),$$

故所求特征值为 $\lambda_1=0,\lambda_2=4,\lambda_3=9$.

(2)由(1)可知 $f(x_1,x_2,x_3)=1$,经过正交变换后将化为 $4y_2^2+9y_3^2=1$.又经过非退化线性变换不改变空间曲面的类型,因此,$f(x_1,x_2,x_3)=1$ 为椭圆柱面.

【方法点击】 由原二次型我们很难看出曲线的类型,所以我们往往通过正交变换化为标准形后,就可以一目了然了.

例8 已知二次型 $f(x_1,x_2,x_3)=(1-a)x_1^2+(1-a)x_2^2+2x_3^2+2(1+a)x_1x_2$ 的秩为2.

(1)求 a 的值;

(2)求正交变换 $\boldsymbol{x}=\boldsymbol{Q}\boldsymbol{y}$,把 $f(x_1,x_2,x_3)$ 化为标准形;

(3)求方程 $f(x_1,x_2,x_3)=0$ 的解.(考研题)

【解析】 (1)二次型的矩阵 $\boldsymbol{A}=\begin{pmatrix}1-a&1+a&0\\1+a&1-a&0\\0&0&2\end{pmatrix}$,因为 $R(\boldsymbol{A})<3$,所以 $|\boldsymbol{A}|=0$,即 $-8a=0$,所以 $a=0$.

(2)由(1)得 $\boldsymbol{A}=\begin{pmatrix}1&1&0\\1&1&0\\0&0&2\end{pmatrix}$.令 $|\lambda\boldsymbol{E}-\boldsymbol{A}|=\begin{vmatrix}\lambda-1&-1&0\\-1&\lambda-1&0\\0&0&\lambda-2\end{vmatrix}=\lambda(\lambda-2)^2=0$,解得 $\boldsymbol{A}$ 的

特征值为$\lambda_1=0,\lambda_2=\lambda_3=2$.

$\lambda_1=0$时，解$(0\boldsymbol{E}-\boldsymbol{A})\boldsymbol{x}=\boldsymbol{0}$得特征向量$\boldsymbol{\xi}_1=(1,-1,0)^{\mathrm{T}}$；

$\lambda_2=\lambda_3=2$时，解$(2\boldsymbol{E}-\boldsymbol{A})\boldsymbol{x}=\boldsymbol{0}$得特征向量$\boldsymbol{\xi}_2=(1,1,0)^{\mathrm{T}},\boldsymbol{\xi}_3=(0,0,1)^{\mathrm{T}}$.

观察可知$\boldsymbol{\xi}_2,\boldsymbol{\xi}_3$正交，因此，只需将$\boldsymbol{\xi}_1,\boldsymbol{\xi}_2,\boldsymbol{\xi}_3$单位化即可，

$$\boldsymbol{\eta}_1=\begin{pmatrix}\frac{1}{\sqrt{2}}\\-\frac{1}{\sqrt{2}}\\0\end{pmatrix},\boldsymbol{\eta}_2=\begin{pmatrix}\frac{1}{\sqrt{2}}\\\frac{1}{\sqrt{2}}\\0\end{pmatrix},\boldsymbol{\eta}_3=\begin{pmatrix}0\\0\\1\end{pmatrix}.$$

对称矩阵属于不同特征值的特征向量是正交的

令$\boldsymbol{Q}=(\boldsymbol{\eta}_1,\boldsymbol{\eta}_2,\boldsymbol{\eta}_3)=\begin{pmatrix}\frac{1}{\sqrt{2}}&\frac{1}{\sqrt{2}}&0\\-\frac{1}{\sqrt{2}}&\frac{1}{\sqrt{2}}&0\\0&0&1\end{pmatrix}$，则经过正交变换$\boldsymbol{x}=\boldsymbol{Qy}$可得

$$f(x_1,x_2,x_3)=2y_2^2+2y_3^2.$$

(3)$f(x_1,x_2,x_3)=x_1^2+x_2^2+2x_3^2+2x_1x_2=(x_1+x_2)^2+2x_3^2=0$，即

$$\begin{cases}x_1+x_2=0,\\x_3=0,\end{cases}$$

得方程解为$k(1,-1,0)^{\mathrm{T}}$.

例9　设二次型$f(x_1,x_2,x_3)=ax_1^2+ax_2^2+(a-1)x_3^2+2x_1x_3-2x_2x_3$.

(1)求二次型f的矩阵的所有特征值；

(2)若二次型f的规范为$y_1^2+y_2^2$，求a的值.(考研题)

【解析】　(1)二次型的矩阵$\boldsymbol{A}=\begin{pmatrix}a&0&1\\0&a&-1\\1&-1&a-1\end{pmatrix}$，则

$$\begin{aligned}|\lambda\boldsymbol{E}-\boldsymbol{A}|&=\begin{vmatrix}\lambda-a&0&-1\\0&\lambda-a&1\\-1&1&\lambda-a+1\end{vmatrix}\\&=-\begin{vmatrix}-1&1&\lambda-a+1\\1&\lambda-a&1\\0&\lambda-a&(\lambda-a)(\lambda-a+1)-1\end{vmatrix}\\&=(\lambda-a)[(\lambda-a)(\lambda-a+1)-2]\\&=(\lambda-a)(\lambda-a-1)(\lambda-a+2),\end{aligned}$$

所以矩阵$\boldsymbol{A}$的特征值为$\lambda_1=a,\lambda_2=a-2,\lambda_3=a+1$.

(2)若规范形为$y_1^2+y_2^2$，说明有两个特征值为正，一个为0，又因为$a-2<a<a+1$，所以$a=2$.

第六节　用配方法化二次型成标准形

知识全解

【知识结构】

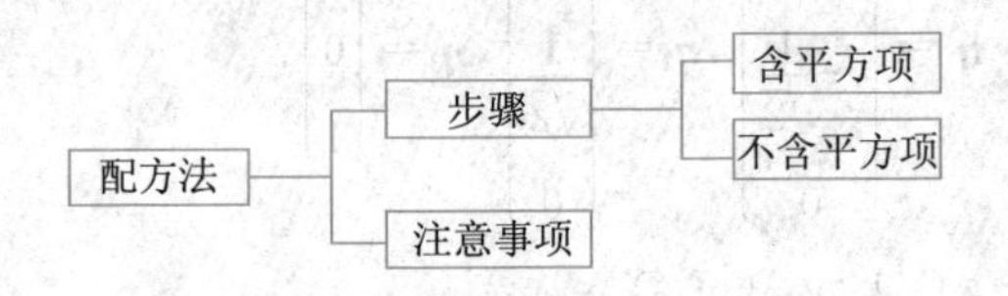

【考点精析】

1. 配方法化二次型为标准形.

类别	步骤	备注
二次型中含有 x_i 的平方项	先把含 x_i 的项集中,然后配方,再对剩下的变量进行类似处理,直到都配成平方项为止	二次型的标准形不是唯一的,只有标准形中所含项数是确定的
二次型中不含 x_i 的平方项	作可逆变换 $\begin{cases} x_i=y_i+y_j, \\ x_j=y_i-y_j, (k\neq i,j), \\ x_k=y_k \end{cases}$ 这样代换后二次型中出现平方项,再按含平方项的方法进行配方	
化为规范形	当化为标准形 $d_1x_1^2+d_2x_2^2+\cdots+d_sx_s^2-d_{s+1}x_{s+1}^2-\cdots-d_tx_t^2$ 后,其中 $d_i>0(i=1,\cdots,t)$,再作线性变换 $\begin{cases} x_i=\frac{1}{\sqrt{d_i}}y_i\ (i=1,2,\cdots,t), \\ x_j=y_j\ (j=t+1,\cdots,n), \end{cases}$ 就可以化为规范形 $y_1^2+y_2^2+\cdots+y_s^2-y_{s+1}^2-\cdots-y_t^2$	

2. 对应习题.

习题五第 31 题(教材 P_{141}).

例题精解

基本题型Ⅰ:用配方法化二次型为标准形

例 1　求二次型 $f(x_1,x_2,x_3)=2x_1x_2-6x_2x_3+2x_1x_3$ 的标准形.

【解析】 由题意知二次型中没有平方项,故作可逆线性变换

$$\begin{cases}x_1=y_1+y_2,\\x_2=y_1-y_2,\\x_3=y_3,\end{cases}$$

代入原二次型可得

$$\begin{aligned}f(x_1,x_2,x_3)&=2(y_1+y_2)(y_1-y_2)-6(y_1-y_2)y_3+2(y_1+y_2)y_3\\&=2y_1^2-2y_2^2-4y_1y_3+8y_2y_3\\&=2(y_1-y_3)^2-2y_2^2-2y_3^2+8y_2y_3,\end{aligned}$$

再作可逆变换$\begin{cases}z_1=y_1-y_3,\\z_2=y_2,\\z_3=y_3,\end{cases}$即$\begin{cases}y_1=z_1+z_3,\\y_2=z_2,\\y_3=z_3,\end{cases}$ 代入上式得

$$\begin{aligned}f(x_1,x_2,x_3)&=2z_1^2-2z_2^2-2z_3^2+8z_2z_3\\&=2z_1^2-2(z_2-2z_3)^2+6z_3^2,\end{aligned}$$

最后作可逆变换$\begin{cases}w_1=z_1,\\w_2=z_2-2z_3,\\w_3=z_3,\end{cases}$即$\begin{cases}z_1=w_1,\\z_2=w_2+2w_3,\\z_3=w_3.\end{cases}$

代入上式,得 $f(x_1,x_2,x_3)=2w_1^2-2w_2^2+6w_3^2$,即为标准形.

这三次变换相当于一次总的线性变换

$$\begin{pmatrix}x_1\\x_2\\x_3\end{pmatrix}=\begin{pmatrix}1&1&0\\1&-1&0\\0&0&1\end{pmatrix}\begin{pmatrix}1&0&1\\0&1&0\\0&0&1\end{pmatrix}\begin{pmatrix}1&0&0\\0&1&2\\0&0&1\end{pmatrix}\begin{pmatrix}w_1\\w_2\\w_3\end{pmatrix}$$

$$=\begin{pmatrix}1&1&3\\1&-1&-1\\0&0&1\end{pmatrix}\begin{pmatrix}w_1\\w_2\\w_3\end{pmatrix}.$$

【方法点击】 配方法较烦琐,先把第一个配成平方,然后依此类推,最后都配成平方,所做的总的变换是几次变换的合成.

例2 化二次型 $f(x_1,x_2,x_3)=2x_1x_2-4x_1x_3+x_2^2+6x_2x_3+8x_3^2$ 为标准形.

【解析】 因为 $f(x_1,x_2,x_3)=2x_1x_2-4x_1x_3+x_2^2+6x_2x_3+8x_3^2$

$$=(x_1+x_2+3x_3)^2-(x_1+5x_3)^2+24x_3^2,$$

因此作可逆线性变换

$$\begin{cases}y_1=x_1+x_2+3x_3,\\y_2=x_1+5x_3,\\y_3=x_3,\end{cases}\text{即}\begin{cases}x_1=y_2-5y_3,\\x_2=y_1+2y_3-y_2,\\x_3=y_3,\end{cases}$$

代入原二次型化 f 为标准形 $f(x_1,x_2,x_3)=y_1^2-y_2^2+24y_3^2$.

第五章

第七节　正定二次型

知识全解

【知识结构】

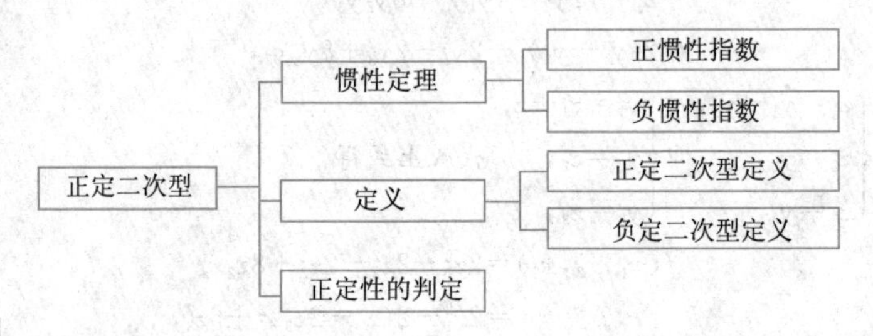

【考点精析】

1. 惯性定理和正定性概念.

名称	内容	备注
惯性定理	设二次型 $f=\boldsymbol{x}^{\mathrm{T}}\boldsymbol{A}\boldsymbol{x}$，其秩为 r，且有两个可逆变换 $\boldsymbol{x}=\boldsymbol{C}\boldsymbol{y}$ 及 $\boldsymbol{x}=\boldsymbol{P}\boldsymbol{z}$，使 $f=k_1y_1^2+k_2y_2^2+\cdots+k_ry_r^2(k_i\neq0)$，$f=\lambda_1z_1^2+\lambda_2z_2^2+\cdots+\lambda_rz_r^2(\lambda_i\neq0)$，则 $k_1,\cdots,k_r$ 中正数的个数与 $\lambda_1,\cdots,\lambda_r$ 中正数的个数相等. 正系数的个数称为**正惯性指数**，负系数的个数称为**负惯性指数**	若二次型 f 的秩为 r，正惯性指数为 p，则 f 的规范形为：$f=y_1^2+\cdots+y_p^2-y_{p+1}^2-\cdots-y_r^2$
正定性	设有二次型 $f(\boldsymbol{x})=\boldsymbol{x}^{\mathrm{T}}\boldsymbol{A}\boldsymbol{x}$，若对任意 $\boldsymbol{x}\neq\boldsymbol{0}$，都有 $f(\boldsymbol{x})>0$，则称 f **为正定二次型**，并称对称阵 $\boldsymbol{A}$ 是正定的	半正定性：$f(x)\geqslant0$，并且存在 $\boldsymbol{x}_0\neq\boldsymbol{0}$，使得 $f(\boldsymbol{x}_0)=0$
负定性	若对任意 $\boldsymbol{x}\neq\boldsymbol{0}$，都有 $f(\boldsymbol{x})<0$，则称 f **为负定二次型**，并称对称阵 $\boldsymbol{A}$ 是负定的	半负定性：$f(\boldsymbol{x})\leqslant0$，并且存在 $\boldsymbol{x}_0\neq\boldsymbol{0}$，使得 $f(\boldsymbol{x}_0)=0$

2. 对称阵 A 正定性、负定性的判定.

正定性等价条件	负定性等价条件
(1)$\boldsymbol{A}$ 的正惯性指数 $p=n$； (2)$\boldsymbol{A}$ 的各阶主子式均大于 0； (3)$\boldsymbol{A}$ 合同于单位矩阵 $\boldsymbol{E}$； (4)矩阵 $\boldsymbol{A}$ 的特征值全大于 0	(1)负惯性指数为 n； (2)奇数阶主子式全小于 0，偶数阶主子式全大于 0； (3)$\boldsymbol{A}$ 合同于矩阵 $-\boldsymbol{E}$； (4)$\boldsymbol{A}$ 的特征值全小于 0

3. 对应习题.

习题五第 32～34 题(教材 P_{141}).

例题精解

基本题型Ⅰ:有关正定性的基本概念

例 1　二次型 $\boldsymbol{x}^{\mathrm{T}}\boldsymbol{A}\boldsymbol{x}$ 正定的充要条件是(　　).

(A)存在可逆矩阵 $\boldsymbol{P}$,使得 $\boldsymbol{P}^{-1}\boldsymbol{A}\boldsymbol{P}=\boldsymbol{E}$

(B)存在 n 阶矩阵 $\boldsymbol{D}$,使得 $\boldsymbol{A}=\boldsymbol{D}^{\mathrm{T}}\boldsymbol{D}$

(C)存在正交矩阵 $\boldsymbol{Q}$,使得 $\boldsymbol{Q}^{-1}\boldsymbol{A}\boldsymbol{Q}=\boldsymbol{Q}^{\mathrm{T}}\boldsymbol{A}\boldsymbol{Q}=\begin{pmatrix}\lambda_1 & & & \\ & \lambda_1 & & \\ & & \ddots & \\ & & & \lambda_n\end{pmatrix}$,其中 $\lambda_i>0(i=1,2,\cdots,n)$

(D)对任何 $\boldsymbol{x}=(x_1,x_2,\cdots,x_n)^{\mathrm{T}}$,其中 $x_i\neq 0(i=1,2,\cdots,n)$,使得 $\boldsymbol{x}^{\mathrm{T}}\boldsymbol{A}\boldsymbol{x}>0$

【解析】　选项(C)正确. 因为 $\boldsymbol{x}^{\mathrm{T}}\boldsymbol{A}\boldsymbol{x}$ 正定$\Leftrightarrow\boldsymbol{A}$ 正定$\Leftrightarrow\lambda_i>0,i=1,2,\cdots,n$.

选项(A)说明 $\boldsymbol{A}$ 相似于单位矩阵,是二次型正定的充分条件,不是必要条件;

选项(B)中 $\boldsymbol{D}$ 可逆是正定的充要条件,一般地,只能推出 $\boldsymbol{A}$ 半正定;

选项(D)中 $x_i\neq 0,i=1,2,\cdots,n$ 与 $\boldsymbol{x}=(x_1,x_2,\cdots,x_n)\neq\boldsymbol{0}$ 是不同的概念,选项(D)是必要条件不是充分条件. 故应选(C).

例 2　设 $\boldsymbol{A}=(a_{ij})$ 为 n 阶实对称矩阵,二次型 $f(x_1,x_2,\cdots,x_n)=\sum\limits_{i=1}^{n}(\sum\limits_{j=1}^{n}a_{ij}x_j)^2$ 为正定二次型的充分必要条件是(　　).

(A) $|\boldsymbol{A}|=0$　　(B) $|\boldsymbol{A}|\neq 0$

(C) $|\boldsymbol{A}|>0$　　(D) $|\boldsymbol{A}_k|>0(k=1,2,\cdots,n)$

【解析】　注意到 $\boldsymbol{A}$ 不是二次型 f 的对应矩阵,而是化标准形(或规范形)时作线性变换的对应矩阵,即令

$$y_i=\sum_{j=1}^{n}a_{ij}x_j=a_{i1}x_1+a_{i2}x_2+\cdots+a_{in}x_n,i=1,2,\cdots,n,$$

则 $f=\sum\limits_{i=1}^{n}y_i^2=y_1^2+y_2^2+\cdots+y_n^2$. $\boldsymbol{y}=\boldsymbol{A}\boldsymbol{x}$ 是可逆线性变换,即 $|\boldsymbol{A}|\neq 0$ 时,f 是正定二次型. 故应选(B).

基本题型Ⅱ:正定二次型的判定

例 3　证明:实二次型 $f(x_1,x_2,x_3)=5x_1^2+x_2^2+5x_3^2+4x_1x_2-8x_1x_3-4x_2x_3$ 正定.

【证明】　二次型 f 的对称矩阵 $\boldsymbol{A}=\begin{pmatrix}5 & 2 & -4\\ 2 & 1 & -2\\ -4 & -2 & 5\end{pmatrix}$,主子式

$$|5|=5>0,\begin{vmatrix}5 & 2\\ 2 & 1\end{vmatrix}=1>0,\begin{vmatrix}5 & 2 & -4\\ 2 & 1 & -2\\ -4 & -2 & 5\end{vmatrix}=1>0,$$

因此，$f(x_1,x_2,x_3)$为正定二次型.

【方法点击】 当看到二次型对称矩阵中元素数字比较小时，可采用求所有主子式的方法来判定.

例 4 若二次型 $f(x_1,x_2,x_3)=x_1^2+4x_2^2+2x_3^2+2tx_1x_2+2x_1x_3$ 是正定的，那么 t 应满足不等式________.

【解析】 由题设，二次型矩阵为 $\begin{pmatrix}1&t&1\\t&4&0\\1&0&2\end{pmatrix}$，为使二次型正定，该矩阵的各阶顺序主子式应满足

$$|\boldsymbol{A}_1|=1>0,\ |\boldsymbol{A}_2|=\begin{vmatrix}1&t\\t&4\end{vmatrix}=4-t^2>0,\ |\boldsymbol{A}_3|=\begin{vmatrix}1&t&1\\t&4&0\\1&0&2\end{vmatrix}=4-2t^2>0,$$

所以，当$-\sqrt{2}<t<\sqrt{2}$时，二次型正定. 故应填$-\sqrt{2}<t<\sqrt{2}$.

例 5 设 n 元实二次型 $f(x_1,x_2,\cdots,x_n)=(x_1+a_1x_2)^2+(x_2+a_2x_3)^2+\cdots+(x_{n-1}+a_{n-1}x_n)^2+(x_n+a_nx_1)^2$，其中 $a_i(i=1,2,\cdots,n)$为实数.

试问 $a_1,a_2,\cdots,a_n$ 满足何条件时，二次型 $f(x_1,x_2,\cdots,x_n)$为正定二次型？

【解析】 若 $f(x_1,x_2,\cdots,x_n)$为正定二次型，则对任意 $x_1,x_2,\cdots,x_n$，有

$$f(x_1,x_2,\cdots,x_n)\geqslant 0,$$

其中当且仅当 $x_1=x_2=\cdots=x_n=0$ 时，等号成立.

由 $f(x_1,x_2,\cdots,x_n)$的表达式可知，对任意 $x_1,x_2,\cdots,x_n$，有 $f(x_1,x_2,\cdots,x_n)\geqslant 0$，其中当且仅当

$$x_1+a_1x_2=x_2+a_2x_3=\cdots=x_{n-1}+a_{n-1}x_n=x_n+a_nx_1=0,$$

等号成立. 所以 $f(x_1,x_2,\cdots,x_n)$为正定二次型的充要条件是

$$x_1+a_1x_2=x_2+a_2x_3=\cdots=x_{n-1}+a_{n-1}x_n=x_n+a_nx_1=0$$

的解为 $x_1=x_2=\cdots=x_n=0$.

即方程组$\begin{cases}x_1+a_1x_2=0,\\x_2+a_2x_3=0,\\\vdots\\x_{n-1}+a_{n-1}x_n=0,\\x_n+a_nx_1=0,\end{cases}$仅有零解. 由于方程组的系数行列式为

$$\begin{vmatrix}1&a_1&0&\cdots&0&0\\0&1&a_2&\cdots&0&0\\0&0&1&\cdots&0&0\\0&0&0&\cdots&1&a_{n-1}\\a_n&0&0&\cdots&0&1\end{vmatrix}=1+(-1)^{n+1}a_1a_2\cdots a_n,$$

所以，当 $1+(-1)^{n+1}a_1a_2\cdots a_n\neq 0$，即 $a_1a_2\cdots a_n\neq(-1)^n$ 时，方程组仅有零解，此时，$f(x_1,\cdots,x_n)$为正定二次型.

【方法点击】 题中 f 对应的矩阵比较简单，但是求其特征值、主子式均比较麻烦，故考虑用 f 正定的定义将问题转化为线性方程组解的问题.

例 6　当 λ 满足什么条件时，二次曲面 $x^2+(\lambda+2)y^2+\lambda z^2+2xy=5$ 是一个椭球面？

【解析】 设方程左边为 $f=\boldsymbol{x}^{\mathrm{T}}\boldsymbol{A}\boldsymbol{x}, \boldsymbol{x}=(x,y,z)^{\mathrm{T}}$，其中

$$\boldsymbol{A}=\begin{pmatrix}1 & 1 & 0\\1 & \lambda+2 & 0\\0 & 0 & \lambda\end{pmatrix}.$$

椭球面方程

$$\frac{x^2}{a^2}+\frac{y^2}{b^2}+\frac{z^2}{c^2}=1$$

因为原二次曲面是一个椭球面，因此，f 化为标准形时为正定二次型，因此，$\boldsymbol{A}$ 是正定的.
故有 $\boldsymbol{A}$ 的主子式满足

$$|1|=1>0,\begin{vmatrix}1 & 1\\1 & \lambda+2\end{vmatrix}=\lambda+1>0,\begin{vmatrix}1 & 1 & 0\\1 & \lambda+2 & 0\\0 & 0 & \lambda\end{vmatrix}=\lambda(\lambda+1)>0.$$

解得 $\lambda>0$.

基本题型Ⅲ：正定矩阵的判定

例 7　设 $\boldsymbol{A},\boldsymbol{B}$ 分别为 m 阶、n 阶正定矩阵，试判定分块矩阵 $\boldsymbol{C}=\begin{pmatrix}\boldsymbol{A} & \boldsymbol{O}\\\boldsymbol{O} & \boldsymbol{B}\end{pmatrix}$ 是否为正定矩阵.

【证明】 **方法一**：验证各阶主子式法.

由于 $\boldsymbol{A},\boldsymbol{B}$ 均为正定矩阵，故 $\boldsymbol{A},\boldsymbol{B}$ 的各阶主子式均为正. 由分块矩阵及行列式的知识得到 $\boldsymbol{C}=\begin{pmatrix}\boldsymbol{A} & \boldsymbol{O}\\\boldsymbol{O} & \boldsymbol{B}\end{pmatrix}$ 的各阶主子式或者是 $\boldsymbol{A}$ 的某一主子式，或者是 $\boldsymbol{B}$ 的某一主子式与 $|\boldsymbol{A}|$ 的乘积，故 $\boldsymbol{C}$ 的各阶主子式均为正. 故 $\boldsymbol{C}$ 为正定矩阵.

方法二：特征值法.

设 $\boldsymbol{A}$ 的特征值为 $\lambda_1,\lambda_2,\cdots,\lambda_m$，$\boldsymbol{B}$ 的特征值为 $u_1,u_2,\cdots,u_n$，而

$$|\lambda\boldsymbol{E}_{m+n}-\boldsymbol{C}|=\begin{vmatrix}\lambda\boldsymbol{E}_m-\boldsymbol{A} & \boldsymbol{O}\\\boldsymbol{O} & \lambda\boldsymbol{E}_n-\boldsymbol{B}\end{vmatrix}=|\lambda\boldsymbol{E}_m-\boldsymbol{A}|\cdot|\lambda\boldsymbol{E}_n-\boldsymbol{B}|$$
$$=(\lambda-\lambda_1)\cdots(\lambda-\lambda_m)(\lambda-u_1)\cdots(\lambda-u_n).$$

因此，$\boldsymbol{C}$ 的特征值为 $\lambda_1,\cdots,\lambda_m,u_1,\cdots,u_n$.

又因为 $\boldsymbol{A},\boldsymbol{B}$ 正定，所以 $\lambda_i>0,u_j>0(i=1,\cdots,m,j=1,\cdots,n)$，因此，$\boldsymbol{C}$ 为正定矩阵.

方法三：因 $\boldsymbol{A},\boldsymbol{B}$ 正定，所以，存在可逆阵 $\boldsymbol{P},\boldsymbol{Q}$ 使 $\boldsymbol{A}=\boldsymbol{P}^{\mathrm{T}}\boldsymbol{P},\boldsymbol{B}=\boldsymbol{Q}^{\mathrm{T}}\boldsymbol{Q}$.

令 $\boldsymbol{D}=\begin{pmatrix}\boldsymbol{P} & \boldsymbol{O}\\\boldsymbol{O} & \boldsymbol{Q}\end{pmatrix}$，则 $\boldsymbol{D}^{\mathrm{T}}\boldsymbol{D}=\begin{pmatrix}\boldsymbol{P}^{\mathrm{T}} & \boldsymbol{O}\\\boldsymbol{O} & \boldsymbol{Q}^{\mathrm{T}}\end{pmatrix}\begin{pmatrix}\boldsymbol{P} & \boldsymbol{O}\\\boldsymbol{O} & \boldsymbol{Q}\end{pmatrix}=\begin{pmatrix}\boldsymbol{P}^{\mathrm{T}} & \boldsymbol{O}\\\boldsymbol{O} & \boldsymbol{Q}^{\mathrm{T}}\boldsymbol{Q}\end{pmatrix}=\begin{pmatrix}\boldsymbol{A} & \boldsymbol{O}\\\boldsymbol{O} & \boldsymbol{B}\end{pmatrix}=\boldsymbol{C}$，又因为 $\boldsymbol{P},\boldsymbol{Q}$ 可逆，则 $\boldsymbol{D}$ 亦可逆. 因此，$\boldsymbol{C}$ 为正定矩阵.

方法四：合同于单位矩阵法.

因为 $\boldsymbol{A},\boldsymbol{B}$ 正定，则 $\boldsymbol{A}\backsimeq\boldsymbol{E}_m,\boldsymbol{B}\backsimeq\boldsymbol{E}_n$，则存在可逆阵 $\boldsymbol{P},\boldsymbol{Q}$，使 $\boldsymbol{P}^{\mathrm{T}}\boldsymbol{A}\boldsymbol{P}=\boldsymbol{E}_m,\boldsymbol{Q}^{\mathrm{T}}\boldsymbol{B}\boldsymbol{Q}=\boldsymbol{E}_n$.

令 $\boldsymbol{D}=\begin{pmatrix}\boldsymbol{P} & \boldsymbol{O}\\\boldsymbol{O} & \boldsymbol{Q}\end{pmatrix}$，则

$$\boldsymbol{D}^{\mathrm{T}}\boldsymbol{C}\boldsymbol{D}=\begin{pmatrix}\boldsymbol{P}^{\mathrm{T}} & \boldsymbol{O}\\\boldsymbol{O} & \boldsymbol{Q}^{\mathrm{T}}\end{pmatrix}\begin{pmatrix}\boldsymbol{A} & \boldsymbol{O}\\\boldsymbol{O} & \boldsymbol{B}\end{pmatrix}\begin{pmatrix}\boldsymbol{P} & \boldsymbol{O}\\\boldsymbol{O} & \boldsymbol{Q}\end{pmatrix}=\begin{pmatrix}\boldsymbol{P}^{\mathrm{T}}\boldsymbol{A}\boldsymbol{P} & \boldsymbol{O}\\\boldsymbol{O} & \boldsymbol{Q}^{\mathrm{T}}\boldsymbol{B}\boldsymbol{Q}\end{pmatrix}=\begin{pmatrix}\boldsymbol{E}_m & \boldsymbol{O}\\\boldsymbol{O} & \boldsymbol{E}_n\end{pmatrix}=\boldsymbol{E}_{m+n}.$$

显然$\begin{vmatrix} P & O \\ O & Q \end{vmatrix}=|P||Q|\neq0$，$D$可逆，则$C\simeq E_{m+n}$，因此，$C$为正定阵.

【方法点击】 证对称矩阵A为正定阵，我们通常就是用本节提供的几种判别方法，本题只给出其中四种，有兴趣的同学可以考虑其他方法.

例8　设A为3阶实对称阵，且满足条件$A^2+2A=O$，已知A的秩$R(A)=2$.

(1)求A的全部特征值；

(2)当k为何值时，矩阵$A+kE$为正定矩阵，其中E为3阶单位矩阵？（考研题）

【解析】 (1)设λ为A的一个特征值，对应的特征向量为α，则

$$A\alpha=\lambda\alpha,A^2\alpha=\lambda^2\alpha,$$

于是$(A^2+2A)\alpha=(\lambda^2+2\lambda)\alpha$. 由条件$A^2+2A=O$推知$(\lambda^2+2\lambda)\alpha=0$. 又由于$\alpha\neq0$，故有$\lambda^2+2\lambda=0$，解得$\lambda=-2,\lambda=0$. 因为实对称矩阵$A$必可对角化，且$R(A)=2$，所以

$$A\sim\begin{pmatrix}-2 & & \\ & -2 & \\ & & 0\end{pmatrix}=\Lambda.$$

因此，矩阵A的全部特征值为$\lambda_1=\lambda_2=-2,\lambda_3=0$.

(2)**方法一**：矩阵$A+kE$仍为实对称矩阵. 由(1)知，$A+kE$的全部特征值为$-2+k,-2+k,k$. 于是，当$k>2$时，矩阵$A+kE$的全部特征值大于零. 因此，矩阵$A+kE$为正定矩阵.

方法二：实对称矩阵必不可对角化，故存在可逆矩阵P，使得$P^{-1}AP=\Lambda$，即$A=P\Lambda P^{-1}$，于是

$$A+kE=P\Lambda P^{-1}+kPP^{-1}=P(\Lambda+kE)P^{-1},$$

所以$A+kE\sim\Lambda+kE$. 而

$$\Lambda+kE=\begin{pmatrix}k-2 & & \\ & k-2 & \\ & & k\end{pmatrix}.$$

$\Lambda+kE$为正定矩阵，只需其顺序主子式均大于0，即k需满足

$$k-2>0,(k-2)^2>0,(k-2)^2k>0.$$

因此，当$k>2$时，矩阵$A+kE$为正定矩阵.

【方法点击】 本题在求A的特征值时使用了结论“若矩阵满足矩阵方程，则特征值满足对应方程”，从而求得可能特征值为$\lambda=-2$及$\lambda=0$. 要进一步确定三个特征值，使用条件$R(A)=2$知非零特征值应是两个，即$\lambda_1=\lambda_2=-2$，零特征值为一个，即$\lambda_3=0$.

例9　求证：

(1)若A是正定矩阵，则A^{-1}也是正定矩阵；

(2)若A,B都是n阶正定矩阵，则$A+B$也是正定矩阵；

(3)若A正定，则存在可逆矩阵P，使$A=P^TP$；

(4)若A,B是n阶正定矩阵，则AB正定的充要条件是$AB=BA$.

【证明】 (1)**方法一**：由于A是正定矩阵，故二次型$f=x^TAx$为正定二次型.

又由于正定二次型进行可逆变换所得的二次型仍为正定的，故对f经变换$x=A^{-1}y$后，得

$$f=y^T(A^{-1})^TAA^{-1}y=y^TA^{-1}y$$

仍为正定二次型，故A^{-1}为正定矩阵.

方法二：根据实对称矩阵$\boldsymbol{A}$正定的充要条件是$\boldsymbol{A}$的特征值全大于零. 设λ是$\boldsymbol{A}^{-1}$的任意一个特征值，$\boldsymbol{x}$是$\boldsymbol{A}^{-1}$的属于特征值λ的一个特征向量，则$\boldsymbol{A}^{-1}\boldsymbol{x}=\lambda\boldsymbol{x}$，从而$\boldsymbol{A}\boldsymbol{x}=\frac{1}{\lambda}\boldsymbol{x}$.

因此，$\frac{1}{\lambda}$是$\boldsymbol{A}$的特征值，而$\boldsymbol{A}$是正定矩阵，所以$\lambda>0$.

因此，$\boldsymbol{A}^{-1}$的全部特征值均大于零，故$\boldsymbol{A}^{-1}$是正定矩阵.

(2)由于$\boldsymbol{A},\boldsymbol{B}$是正定矩阵，故$\boldsymbol{A},\boldsymbol{B}$为实对称矩阵，从而$\boldsymbol{A}+\boldsymbol{B}$为实对称矩阵，则二次型$\boldsymbol{x}^{\mathrm{T}}\boldsymbol{A}\boldsymbol{x},\boldsymbol{x}^{\mathrm{T}}\boldsymbol{B}\boldsymbol{x}$均为正定二次型.

于是任给n维向量$\boldsymbol{x}\neq\boldsymbol{0}$，有$\boldsymbol{x}^{\mathrm{T}}\boldsymbol{A}\boldsymbol{x}>0,\boldsymbol{x}^{\mathrm{T}}\boldsymbol{B}\boldsymbol{x}>0$，从而

$$\boldsymbol{x}^{\mathrm{T}}(\boldsymbol{A}+\boldsymbol{B})\boldsymbol{x}=\boldsymbol{x}^{\mathrm{T}}\boldsymbol{A}\boldsymbol{x}+\boldsymbol{x}^{\mathrm{T}}\boldsymbol{B}\boldsymbol{x}>0,$$

即二次型$\boldsymbol{x}^{\mathrm{T}}(\boldsymbol{A}+\boldsymbol{B})\boldsymbol{x}$正定，故$\boldsymbol{A}+\boldsymbol{B}$为正定矩阵.

(3)设$\boldsymbol{A}$的全部特征值为$\lambda_1,\lambda_2,\cdots,\lambda_n$，由于$\boldsymbol{A}$正定，则$\lambda_1,\lambda_2,\cdots,\lambda_n$全大于零. 由于$\boldsymbol{A}$是实对称矩阵，从而存在正交矩阵$\boldsymbol{Q}$，使得

$$\boldsymbol{A}=\boldsymbol{Q}^{\mathrm{T}}\begin{pmatrix}\lambda_1 & & & \\ & \lambda_2 & & \\ & & \ddots & \\ & & & \lambda_n\end{pmatrix}\boldsymbol{Q},$$

又令$\boldsymbol{P}_1=\begin{pmatrix}\sqrt{\lambda_1} & & & \\ & \sqrt{\lambda_2} & & \\ & & \ddots & \\ & & & \sqrt{\lambda_n}\end{pmatrix}$，则

$$\boldsymbol{P}_1=\boldsymbol{P}_1^{\mathrm{T}},\boldsymbol{P}_1^{\mathrm{T}}\boldsymbol{P}_1=\begin{pmatrix}\lambda_1 & & & \\ & \lambda_2 & & \\ & & \ddots & \\ & & & \lambda_n\end{pmatrix},$$

则$\boldsymbol{A}=\boldsymbol{Q}^{\mathrm{T}}\boldsymbol{P}_1^{\mathrm{T}}\boldsymbol{P}_1\boldsymbol{Q}=(\boldsymbol{P}_1\boldsymbol{Q})^{\mathrm{T}}(\boldsymbol{P}_1\boldsymbol{Q})$，令$\boldsymbol{P}=\boldsymbol{P}_1\boldsymbol{Q}$，则$\boldsymbol{P}$可逆，且$\boldsymbol{A}=\boldsymbol{P}^{\mathrm{T}}\boldsymbol{P}$.

(4)由于$\boldsymbol{A},\boldsymbol{B}$都是正定矩阵，从而$\boldsymbol{A},\boldsymbol{B}$是实对称矩阵.

若$\boldsymbol{AB}$正定，则$\boldsymbol{AB}$是实对称矩阵，从而有$(\boldsymbol{AB})^{\mathrm{T}}=\boldsymbol{AB}$，又因$(\boldsymbol{AB})^{\mathrm{T}}=\boldsymbol{B}^{\mathrm{T}}\boldsymbol{A}^{\mathrm{T}}=\boldsymbol{BA}$，所以$\boldsymbol{AB}=\boldsymbol{BA}$.

若$\boldsymbol{AB}=\boldsymbol{BA}$，即$(\boldsymbol{AB})^{\mathrm{T}}=\boldsymbol{AB}$，则$\boldsymbol{AB}$是实对称矩阵.

由(3)知，存在可逆矩阵$\boldsymbol{P}$及$\boldsymbol{Q}$，使

$$\boldsymbol{A}=\boldsymbol{P}^{\mathrm{T}}\boldsymbol{P},\boldsymbol{B}=\boldsymbol{Q}^{\mathrm{T}}\boldsymbol{Q},$$

于是$\boldsymbol{AB}=\boldsymbol{P}^{\mathrm{T}}\boldsymbol{P}\boldsymbol{Q}^{\mathrm{T}}\boldsymbol{Q}$，则有

$$(\boldsymbol{P}^{\mathrm{T}})^{-1}\boldsymbol{ABP}^{\mathrm{T}}=\boldsymbol{PQ}^{\mathrm{T}}\boldsymbol{QP}^{\mathrm{T}}=(\boldsymbol{QP}^{\mathrm{T}})^{\mathrm{T}}(\boldsymbol{QP}^{\mathrm{T}}),$$

由于$\boldsymbol{QP}^{\mathrm{T}}$可逆，故$(\boldsymbol{P}^{\mathrm{T}})^{-1}\boldsymbol{ABP}^{\mathrm{T}}$正定，因此，$(\boldsymbol{P}^{\mathrm{T}})^{-1}\boldsymbol{ABP}^{\mathrm{T}}$的特征值全大于零，又因$\boldsymbol{AB}$与$(\boldsymbol{P}^{\mathrm{T}})^{-1}\boldsymbol{ABP}^{\mathrm{T}}$相似，因而特征值相同. 从而$\boldsymbol{AB}$的特征值全为正数，所以$\boldsymbol{AB}$是正定矩阵.

【方法点击】 此例题中的四个结论读者应熟记，可以作为正定矩阵的结论，用以判断矩阵的正定.

本章整合

一 本章知识图解

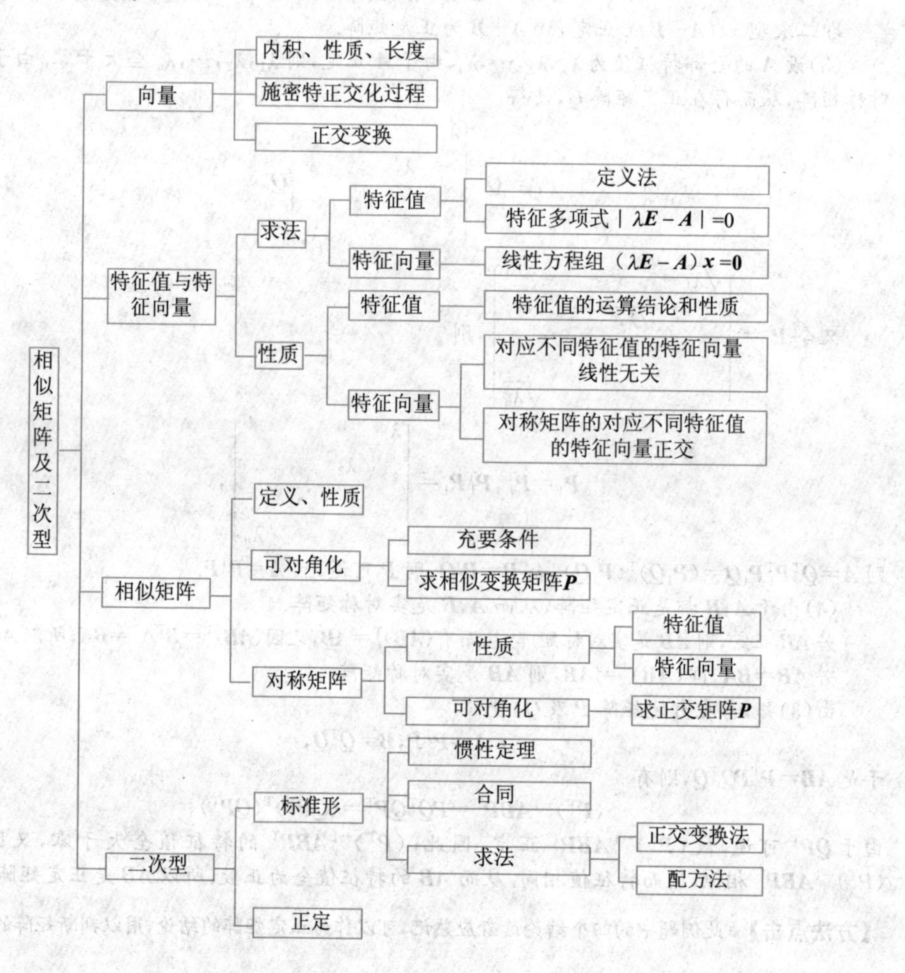

二 本章知识总结

1. 关于向量的小结.

本节给出了内积的定义及向量的长度(范数),可以说,将向量的计算引了出来,正交基是向量空间的一个最重要的概念,它具有良好的性质,如何把一组向量用施密特正交化方法化为标准正交基,在这部分中要重点掌握施密特正交化过程.

2. 关于特征值和特征向量的小结.

(1)首先应明确特征向量是非零列向量. 当列向量 $\boldsymbol{\xi}$ 取为零向量时,关系式 $\boldsymbol{A\xi}=\lambda\boldsymbol{\xi}$ 总成立,所以这样的零向量没有意义.

(2)应明白方阵 $\boldsymbol{A}$ 的特征值 λ 对应的特征向量不是唯一的. 对应不同特征值的特征向量是不同的.

(3)特征值的运算,如求 $\boldsymbol{A}^{-1}$,$\boldsymbol{A}+\boldsymbol{B}$,$\boldsymbol{A}^*$,$\boldsymbol{A}^k$,…的特征值,请读者记住相关结论.

3. 关于矩阵相似的小结.

一个是矩阵相似对角化,另一个是对称阵的正交相似对角化,注意掌握其区别与联系. 若 n 阶矩阵具有 n 个线性无关的特征向量,则矩阵 $\boldsymbol{A}$ 可以相似对角化. 若 $\boldsymbol{A}$ 是对称阵,则可正交相似对角化. 正交相似对角化过程中有一个正交、单位化的步骤.

4. 关于二次型的小结.

化二次型为标准形,可用配方法、正交变换法. 用正交变换化二次型为标准形与对称矩阵正交相似对角化是同一个问题,只是以两种形式出现. 需要注意的是,当有多重特征值时,它们对应的特征向量不一定正交,这时要正交化.

关于正定二次型,重点给出一个二次型为正定二次型的几种等价命题,请读者牢记,并在应用中根据实际情况选择恰当的方法. 类似地,还给出了一个二次型负定的判定定理.

5. 本章考研要求.

(1)了解内积的概念,掌握线性无关向量组正交规范化的施密特方法.

(2)了解规范正交基、正交矩阵的概念,以及它们的性质.

(3)理解矩阵的特征值和特征向量的概念及性质,会求矩阵的特征值和特征向量.

(4)理解相似矩阵的概念、性质及矩阵可相似对角化的充分必要条件,掌握将矩阵化为相似对角矩阵的方法.

(5)掌握实对称矩阵的特征值和特征向量的性质.

(6)掌握二次型及其矩阵表示,了解二次型秩的概念,了解合同变换和合同矩阵的概念,了解二次型的标准形、规范形的概念以及惯性定理.

(7)掌握用正交变换化二次型为标准形的方法,会用配方法化二次型为标准形.

(8)理解正定二次型、正定矩阵的概念,并掌握其判定方法.

三 本章同步自测

同步自测题

一、选择题

1. 设 λ_1,λ_2 是矩阵 $\boldsymbol{A}$ 的两个不同的特征值,对应的特征向量分别为 $\boldsymbol{\alpha}_1$,$\boldsymbol{\alpha}_2$,则 $\boldsymbol{\alpha}_1$,$\boldsymbol{A}(\boldsymbol{\alpha}_1+\boldsymbol{\alpha}_2)$线性无关的充分必要条件是(　　). (考研题)

(A)$\lambda_1\neq0$　　(B)$\lambda_2\neq0$

(C)$\lambda_1=0$　　(D)$\lambda_2=0$

2. 如果(　　),则矩阵 $\boldsymbol{A}$ 与 $\boldsymbol{B}$ 相似.

(A)$|\boldsymbol{A}|=|\boldsymbol{B}|$

(B)$R(\boldsymbol{A})=R(\boldsymbol{B})$

(C)$|\lambda\boldsymbol{E}-\boldsymbol{A}|=|\lambda\boldsymbol{E}-\boldsymbol{B}|$

(D)n 阶矩阵 $\boldsymbol{A}$ 与 $\boldsymbol{B}$ 有相同特征值且 n 个特征值各不相同

3. 实二次型 $f(x_1,x_2,x_3)=x_1^2+2x_1x_2+ax_2^2+3x_3^2$，当 $a=$(　　)时秩为 2.

(A)0　　(B)1　　(C)2　　(D)3

4. n 阶实对称矩阵 $\boldsymbol{A}$ 为正定阵的充分必要条件是(　　).

(A)所有 k 阶子式为正($k=1,2,\cdots,n$)

(B)$\boldsymbol{A}$ 的所有特征值非负

(C)$\boldsymbol{A}^{-1}$为正定阵

(D)$R(\boldsymbol{A})=n$

5. 设 $\boldsymbol{A}=\begin{pmatrix}1&1&1&1\\1&1&1&1\\1&1&1&1\\1&1&1&1\end{pmatrix}$，$\boldsymbol{B}=\begin{pmatrix}4&0&0&0\\0&0&0&0\\0&0&0&0\\0&0&0&0\end{pmatrix}$，则 $\boldsymbol{A}$ 与 $\boldsymbol{B}$(　　).

(A)合同且相似　　(B)合同但不相似

(C)不合同但相似　　(D)不合同且不相似

二、填空题

6. 设 $\boldsymbol{A}$ 为 2 阶矩阵，$\boldsymbol{\alpha}_1,\boldsymbol{\alpha}_2$ 为线性无关的二维列向量，$\boldsymbol{A\alpha}_1=\boldsymbol{0}$，$\boldsymbol{A\alpha}_2=2\boldsymbol{\alpha}_1+\boldsymbol{\alpha}_2$，则 $\boldsymbol{A}$ 的非零特征值为________.(考研题)

7. 若 3 阶矩阵 $\boldsymbol{A}$ 与 $\boldsymbol{B}$ 相似，且 $\boldsymbol{A}$ 的特征值$-1,1,2$，则$|\boldsymbol{B}^*+3\boldsymbol{E}|=$________.

8. 设 3 阶矩阵 $\boldsymbol{A}$ 的特征值互不相同，若$|\boldsymbol{A}|=0$，则 $\boldsymbol{A}$ 的秩为________.

9. 设二次型 $f(x_1,x_2,x_3)=x_1^2-x_2^2+2ax_1x_3+4x_2x_3$ 的负惯性指数为 1，则 a 的取值范围是________.(考研题)

10. 若二次型 $f(x_1,x_2,x_3)=x_1^2+4x_2^2+2x_3^2+2ax_1x_2+2x_1x_3$ 是正定的，则 a 应满足________.

三、解答题

11. 设 n 阶矩阵 $\boldsymbol{A}=\begin{pmatrix}1&b&\cdots&b\\b&1&\cdots&b\\\vdots&\vdots&&\vdots\\b&b&\cdots&1\end{pmatrix}$.

(1)求 $\boldsymbol{A}$ 的特征值和特征向量；

(2)求可逆矩阵 $\boldsymbol{P}$，使得 $\boldsymbol{P}^{-1}\boldsymbol{AP}$ 为对角矩阵.(考研题)

12. 设 3 阶实对称矩阵 $\boldsymbol{A}$ 的特征值 $\lambda_1=1,\lambda_2=2,\lambda_3=-2$，且 $\boldsymbol{\alpha}_1=(1,-1,1)^{\mathrm{T}}$ 是 $\boldsymbol{A}$ 的属于 λ_1 的一个特征向量. 记 $\boldsymbol{B}=\boldsymbol{A}^5-4\boldsymbol{A}^3+\boldsymbol{E}$，其中 $\boldsymbol{E}$ 为 3 阶单位矩阵.

(1)验证 $\boldsymbol{\alpha}_1$ 是矩阵 $\boldsymbol{B}$ 的特征向量，并求 $\boldsymbol{B}$ 的全部特征值与特征向量；

(2)求矩阵 $\boldsymbol{B}$.(考研题)

13. 设二次型 $f(x_1,x_2,x_3)=ax_1^2+2x_2^2-2x_3^2+2bx_1x_3(b>0)$，其中二次型的矩阵 $\boldsymbol{A}$ 的特征值之和为 1，特征值之积为-12.

(1)求 a,b 的值；

(2)利用正交变换将二次型 f 化为标准形,并写出所用的正交变换和对应的正交矩阵.(考研题)

14. 证明:n 阶矩阵 $\boldsymbol{A}=\begin{pmatrix}1 & 1 & \cdots & 1\\ 1 & 1 & \cdots & 1\\ \vdots & \vdots & & \vdots\\ 1 & 1 & \cdots & 1\end{pmatrix}$ 与 $\boldsymbol{B}=\begin{pmatrix}0 & \cdots & 0 & 1\\ 0 & \cdots & 0 & 2\\ \vdots & & \vdots & \vdots\\ 0 & \cdots & 0 & n\end{pmatrix}$ 相似.(考研题)

15. 已知二次型 $f(x_1,x_2,x_3)=\boldsymbol{x}^{\mathrm{T}}\boldsymbol{A}\boldsymbol{x}$ 在正交变换 $\boldsymbol{x}=\boldsymbol{Q}\boldsymbol{y}$ 下的标准形为 $y_1^2+y_2^2$,且 $\boldsymbol{Q}$ 的第 3 列为 $\left(\frac{\sqrt{2}}{2},0,\frac{\sqrt{2}}{2}\right)^{\mathrm{T}}$.

(1)求矩阵 $\boldsymbol{A}$;

(2)证明 $\boldsymbol{A}+\boldsymbol{E}$ 为正定矩阵,其中 $\boldsymbol{E}$ 为 3 阶单位矩阵.(考研题)

自测题答案

一、选择题

1. (B) **2.** (D) **3.** (B) **4.** (C) **5.** (A)

1. 解:令 $k_1\boldsymbol{\alpha}_1k_2\boldsymbol{A}(\boldsymbol{\alpha}_1+\boldsymbol{\alpha}_2)=\boldsymbol{0}$,则 $k_1\boldsymbol{\alpha}_1+k_2\lambda_1\boldsymbol{\alpha}_1+k_2\lambda_2\boldsymbol{\alpha}_2=\boldsymbol{0}$,即$(k_1+k_2\lambda_1)\boldsymbol{\alpha}_1+k_2\lambda_2\boldsymbol{\alpha}_2=\boldsymbol{0}$. 由于 $\boldsymbol{\alpha}_1,\boldsymbol{\alpha}_2$ 线性无关,于是有$\begin{cases}k_1+k_2\lambda_1=0,\\ k_2\lambda_2=0.\end{cases}$当$\lambda_2\neq 0$时,则 $k_1=0,k_2=0$. 此时 $\boldsymbol{\alpha}_1,\boldsymbol{A}(\boldsymbol{\alpha}_1+\boldsymbol{\alpha}_2)$线性无关,反过来,若 $\boldsymbol{\alpha}_1,\boldsymbol{A}(\boldsymbol{\alpha}_1+\boldsymbol{\alpha}_2)$线性无关,则必然有 $\lambda_2\neq 0$,否则,$\boldsymbol{\alpha}_1$ 与 $\boldsymbol{A}(\boldsymbol{\alpha}_1+\boldsymbol{\alpha}_2)=\lambda_1\boldsymbol{\alpha}_1$ 线性相关. 故应选(B).

2. 解:选项(D)中,由于 $\boldsymbol{A},\boldsymbol{B}$ 均有 n 个不同的特征值,则 $\boldsymbol{A},\boldsymbol{B}$ 均与对角阵相似,而 $\boldsymbol{A}$ 与 $\boldsymbol{B}$ 的特征值相同,可得 $\boldsymbol{A},\boldsymbol{B}$ 与同一对角阵相似,根据相似的传递性知 $\boldsymbol{A}$ 与 $\boldsymbol{B}$ 相似. 而选项(A)、(B)、(C)均为 $\boldsymbol{A}$ 与 $\boldsymbol{B}$ 相似的必要条件而非充分条件. 故应选(D).

3. 解:二次型的矩阵 $\boldsymbol{A}=\begin{pmatrix}1 & 1 & 0\\ 1 & a & 0\\ 0 & 0 & 3\end{pmatrix}$,则 $R(\boldsymbol{A})=2$,于是

$$|\boldsymbol{A}|=\begin{vmatrix}1 & 1 & 0\\ 1 & a & 0\\ 0 & 0 & 3\end{vmatrix}=3(a-1)=0,$$

所以 $a=1$. 故应选(B).

4. 解:(A)是充分但非必要条件,(B)、(D)是必要但非充分条件,只有(C)为正确选项. 事实上,设 $\boldsymbol{A}$ 的特征值为 $\lambda_1,\lambda_2,\cdots,\lambda_n$,则 $\boldsymbol{A}^{-1}$的特征值为$\frac{1}{\lambda_1},\frac{1}{\lambda_2},\cdots,\frac{1}{\lambda_n}$. 因为 $\boldsymbol{A}^{-1}$正定,故$\frac{1}{\lambda_i}>0(i=1,2,\cdots,n)$,即 $\boldsymbol{A}$ 为正定矩阵. 故应选(C).

5. 解:由 $|\lambda\boldsymbol{E}-\boldsymbol{A}|=\lambda^4-4\lambda^3=0$,得矩阵 $\boldsymbol{A}$ 的特征值是 $4,0,0,0$. 又因 $\boldsymbol{A}$ 是实对称矩阵,$\boldsymbol{A}$ 必能相似对角化,所以 $\boldsymbol{A}$ 与对角矩阵 $\boldsymbol{B}$ 相似.

作为实对称矩阵,当 $\boldsymbol{A}\sim\boldsymbol{B}$ 时,知 $\boldsymbol{A}$ 与 $\boldsymbol{B}$ 有相同的特征值,从而二次型 $\boldsymbol{x}^{\mathrm{T}}\boldsymbol{A}\boldsymbol{x}$ 与 $\boldsymbol{x}^{\mathrm{T}}\boldsymbol{B}\boldsymbol{x}$ 有相同的正负惯性指数. 因此,$\boldsymbol{A}$ 与 $\boldsymbol{B}$ 合同. 故应选(A).

二、填空题

6. 1　**7.** 10　**8.** 2　**9.** $[-2,2]$　**10.** $-\sqrt{2}<a<\sqrt{2}$

6. 解：由 $\boldsymbol{A}(2\boldsymbol{\alpha}_1+\boldsymbol{\alpha}_2)=\boldsymbol{A}\boldsymbol{\alpha}_2=2\boldsymbol{\alpha}_1+\boldsymbol{\alpha}_2$ 且 $2\boldsymbol{\alpha}_1+\boldsymbol{\alpha}_2\neq\boldsymbol{0}$(否则，若 $2\boldsymbol{\alpha}_1+\boldsymbol{\alpha}_2=\boldsymbol{0}$，则 $\boldsymbol{\alpha}_1,\boldsymbol{\alpha}_2$ 线性相关，与已知条件矛盾)，所以，$2\boldsymbol{\alpha}_1+\boldsymbol{\alpha}_2$ 是 $\boldsymbol{A}$ 的关于 1 的特征向量，故 1 是 $\boldsymbol{A}$ 的非零特征值. 故应填 1.

7. 解：因为 $\boldsymbol{A}$ 与 $\boldsymbol{B}$ 相似，则，$\boldsymbol{B}$ 的特征值为 $-1,1,2$. 又因 $\boldsymbol{B}^*$ 的特征值为 $\frac{|\boldsymbol{B}|}{\lambda}$，其中 λ 为 $\boldsymbol{B}$ 的特征值，$|\boldsymbol{B}|=-1\times1\times2=-2$，则 $\boldsymbol{B}^*$ 的特征值为 $2,-2,-1$. 因此，$\boldsymbol{B}^*+3\boldsymbol{E}$ 的特征值为 $5,1,2$. 所以，$|\boldsymbol{B}^*+3\boldsymbol{E}|=5\times1\times2=10$. 故应填 10.

8. 解：因为 $\boldsymbol{A}$ 的特征值互不相同，则 $\boldsymbol{A}$ 相似于对角阵，又因 $|\boldsymbol{A}|=0$，则 0 是 $\boldsymbol{A}$ 的特征值. 因此，$\boldsymbol{A}$ 的秩等于 $\boldsymbol{A}$ 的非零特征值的个数，又知 $\boldsymbol{A}$ 有两个非零特征值，则 $R(\boldsymbol{A})=2$. 故应填 2.

9. 解：用配方法化二次型为标准形.

$$\begin{aligned}f(x_1,x_2,x_3)&=x_1^2-x_2^2+2ax_1x_3+4x_2x_3=(x_1+ax_3)^2-x_2^2+4x_2x_3-a^2x_3^2\\&=(x_1+ax_3)^2-(x_2-2x_3)^2+(4-a^2)x_3^2=y_1^2-y_2^2+(4-a^2)x_3^2,\end{aligned}$$

因二次型的负惯性指数为 1，所以 $4-a^2\geqslant0$，即 $-2\leqslant a\leqslant2$. 故应填 $[-2,2]$.

10. 解：二次型的矩阵为 $\boldsymbol{A}=\begin{pmatrix}1&a&1\\a&4&0\\1&0&2\end{pmatrix}$，则 $\boldsymbol{A}$ 是正定的，于是

$$|\boldsymbol{A}_1|=1>0,|\boldsymbol{A}_2|=\begin{vmatrix}1&a\\a&4\end{vmatrix}=4-a^2>0,$$

即 $-2<a<2$，$|\boldsymbol{A}_3|=|\boldsymbol{A}|=\begin{vmatrix}1&a&1\\a&4&0\\1&0&2\end{vmatrix}=4-2a^2>0$，即 $-\sqrt{2}<a<\sqrt{2}$.

所以应有 $-\sqrt{2}<a<\sqrt{2}$. 故应填 $-\sqrt{2}<a<\sqrt{2}$.

三、解答题

11. 解：(1) $|\lambda\boldsymbol{E}-\boldsymbol{A}|=\begin{vmatrix}\lambda-1&-b&\cdots&-b\\-b&\lambda-1&\cdots&-b\\\vdots&\vdots&&\vdots\\-b&-b&\cdots&\lambda-1\end{vmatrix}=[\lambda-1-(n-1)b][\lambda-(1-b)]^{n-1}$，

故 $\boldsymbol{A}$ 的特征值为 $\lambda_1=1+(n-1)b$，$\lambda_2=\lambda_3=\cdots=\lambda_n=1-b$.

当 $b\neq0$ 时，对应于特征值 $\lambda_1=1+(n-1)b$，解齐次线性方程组

$$\{[1+(n-1)b]\boldsymbol{E}-\boldsymbol{A}\}\boldsymbol{x}=\boldsymbol{0},$$

得基础解系为 $\boldsymbol{\xi}_1=(1,1,\cdots,1)^{\mathrm{T}}$，故全部特征向量为 $k\boldsymbol{\xi}_1=k(1,1,\cdots,1)^{\mathrm{T}}$，$k$ 为任意非零常数.

对于 $\lambda_2=\lambda_3=\cdots=\lambda_n=1-b$，解齐次线性方程组 $[(1-b)\boldsymbol{E}-\boldsymbol{A}]\boldsymbol{x}=\boldsymbol{0}$，得基础解系为

$$\boldsymbol{\xi}_2=(1,-1,0,\cdots,0)^{\mathrm{T}},\boldsymbol{\xi}_3=(1,0,-1,\cdots,0)^{\mathrm{T}},\cdots,\boldsymbol{\xi}_n=(1,0,0,\cdots,-1)^{\mathrm{T}},$$

故全部特征向量为 $k_2\boldsymbol{\xi}_2+k_3\boldsymbol{\xi}_3+\cdots+k_n\boldsymbol{\xi}_n$，其中 $k_2,k_3,\cdots,k_n$ 是不全为零的常数.

当 $b=0$ 时，特征值 $\lambda_1=\lambda_2=\cdots=\lambda_n=1$，任意 n 维非零列向量均为特征向量.

(2)当 $b\neq 0$ 时,$\boldsymbol{A}$ 有 n 个线性无关的特征向量 $\boldsymbol{\xi}_1,\boldsymbol{\xi}_2,\cdots,\boldsymbol{\xi}_n$.

令 $\boldsymbol{P}=(\boldsymbol{\xi}_1,\boldsymbol{\xi}_2,\cdots,\boldsymbol{\xi}_n)=\begin{pmatrix}1&1&1&\cdots&1\\1&-1&0&\cdots&0\\1&0&-1&\cdots&0\\\vdots&\vdots&\vdots&&\vdots\\1&0&0&\cdots&-1\end{pmatrix}$,则

$$\boldsymbol{P}^{-1}\boldsymbol{AP}=\begin{pmatrix}1+(n-1)b&&&\\&1-b&&\\&&\ddots&\\&&&1-b\end{pmatrix},$$

当 $b=0$ 时,$\boldsymbol{A}=\boldsymbol{E}$,对任意 n 阶可逆矩阵 $\boldsymbol{P}$,均有 $\boldsymbol{P}^{-1}\boldsymbol{AP}=\boldsymbol{E}$.

12. 解:(1)由 $\boldsymbol{A\alpha}_1=\lambda_1\boldsymbol{\alpha}_1$,知

$$\boldsymbol{B\alpha}_1=(\boldsymbol{A}^5-4\boldsymbol{A}^3+\boldsymbol{E})\boldsymbol{\alpha}_1=(\lambda_1^5-4\lambda_1^3+1)\boldsymbol{\alpha}_1=-2\boldsymbol{\alpha}_1,$$

故 $\boldsymbol{\alpha}_1$ 是 $\boldsymbol{B}$ 的属于特征值 -2 的一个特征向量.

因为 $\boldsymbol{A}$ 的全部特征值为 $\lambda_1,\lambda_2,\lambda_3$,所以 $\boldsymbol{B}$ 的全部特征值为 $\lambda_i^5-4\lambda_i^3+1(i=1,2,3)$,即 $\boldsymbol{B}$ 的全部特征值为 $-2,1,1$.

由 $\boldsymbol{B\alpha}_1=-2\boldsymbol{\alpha}_1$,知 $\boldsymbol{B}$ 的属于特征值 -2 的全部特征向量为 $k_1\boldsymbol{\alpha}_1$,其中 k_1 是不为零的任意常数.

因为 $\boldsymbol{A}$ 是实对称矩阵,所以 $\boldsymbol{B}$ 也是实对称矩阵. 设 $(x_1,x_2,x_3)^{\mathrm{T}}$ 为 $\boldsymbol{B}$ 的属于特征值 1 的任一特征向量. 因为实对称矩阵属于不同特征值的特征向量正交,所以 $(x_1,x_2,x_3)\boldsymbol{\alpha}_1=0$,即 $x_1-x_2+x_3=0$. 解得该方程组的基础解系为

$$\boldsymbol{\alpha}_2=(1,1,0)^{\mathrm{T}},\boldsymbol{\alpha}_3=(-1,0,1)^{\mathrm{T}},$$

故 $\boldsymbol{B}$ 的属于特征值 1 的全部特征向量为 $k_2\boldsymbol{\alpha}_2+k_3\boldsymbol{\alpha}_3$,其中 k_2,k_3 为不全为零的任意常数.

(2)令 $\boldsymbol{P}=(\boldsymbol{\alpha}_1,\boldsymbol{\alpha}_2,\boldsymbol{\alpha}_3)=\begin{pmatrix}1&1&-1\\-1&1&0\\1&0&1\end{pmatrix}$,则 $\boldsymbol{P}^{-1}=\begin{pmatrix}\frac{1}{3}&-\frac{1}{3}&\frac{1}{3}\\\frac{1}{3}&\frac{2}{3}&\frac{1}{3}\\-\frac{1}{3}&\frac{1}{3}&\frac{2}{3}\end{pmatrix}$. 因为 $\boldsymbol{P}^{-1}\boldsymbol{BP}=\begin{pmatrix}-2&0&0\\0&1&0\\0&0&1\end{pmatrix}$,所以

$$\boldsymbol{B}=\boldsymbol{P}\begin{pmatrix}-2&0&0\\0&1&0\\0&0&1\end{pmatrix}\boldsymbol{P}^{-1}=\begin{pmatrix}0&1&-1\\1&0&1\\-1&1&0\end{pmatrix}.$$

13. 解:(1)二次型 f 的矩阵为 $\boldsymbol{A}=\begin{pmatrix}a&0&b\\0&2&0\\b&0&-2\end{pmatrix}$. 设 $\boldsymbol{A}$ 的特征值为 $\lambda_1,\lambda_2,\lambda_3$,由题设知

$$\mathrm{tr}(\boldsymbol{A})=\lambda_1+\lambda_2+\lambda_3=a+2+(-2)=1,$$

$$\lambda_1\lambda_2\lambda_3=|\boldsymbol{A}|=\begin{vmatrix}a&0&b\\0&2&0\\b&0&-2\end{vmatrix}=-4a-2b^2=-12,$$

解得 $a=1,b=2$.

(2)由矩阵 $\boldsymbol{A}$ 的特征多项式

$$|\lambda\boldsymbol{E}-\boldsymbol{A}|=\begin{vmatrix}\lambda-a&0&-b\\0&\lambda-2&0\\-b&0&\lambda+2\end{vmatrix}=(\lambda-2)^2(\lambda+3),$$

得 $\boldsymbol{A}$ 的特征值为 $\lambda_1=\lambda_2=2,\lambda_3=-3$.

对于 $\lambda_1=\lambda_2=2$,解齐次线性方程组 $(2\boldsymbol{E}-\boldsymbol{A})\boldsymbol{x}=\boldsymbol{0}$,得其基础解系为

$$\boldsymbol{\xi}_1=(2,0,1)^{\mathrm{T}},\boldsymbol{\xi}_2=(0,1,0)^{\mathrm{T}},$$

对于 $\lambda_3=-3$,解齐次线性方程组 $(-3\boldsymbol{E}-\boldsymbol{A})\boldsymbol{x}=\boldsymbol{0}$,得基础解系为 $\boldsymbol{\xi}_3=(1,0,-2)^{\mathrm{T}}$.

由于 $\boldsymbol{\xi}_1,\boldsymbol{\xi}_2,\boldsymbol{\xi}_3$ 已是正交向量组,为得到标准正交向量组,只需将 $\boldsymbol{\xi}_1,\boldsymbol{\xi}_2,\boldsymbol{\xi}_3$ 单位化,可得

$$\boldsymbol{\eta}_1=\left(\frac{2}{\sqrt{5}},0,\frac{1}{\sqrt{5}}\right)^{\mathrm{T}},\boldsymbol{\eta}_2=(0,1,0)^{\mathrm{T}},\boldsymbol{\eta}_3=\left(\frac{1}{\sqrt{5}},0,-\frac{2}{\sqrt{5}}\right)^{\mathrm{T}},$$

令矩阵 $\boldsymbol{Q}=(\boldsymbol{\eta}_1,\boldsymbol{\eta}_2,\boldsymbol{\eta}_3)=\begin{pmatrix}\frac{2}{\sqrt{5}}&0&\frac{1}{\sqrt{5}}\\0&1&0\\\frac{1}{\sqrt{5}}&0&-\frac{2}{\sqrt{5}}\end{pmatrix}$,则 $\boldsymbol{Q}$ 为正交矩阵,在正交变换 $\boldsymbol{y}=\boldsymbol{Q}\boldsymbol{x}$ 下,二次型的标准形为 $f=2y_1^2+y_2^2-3y_3^2$.

14. 证:因为

$$|\lambda\boldsymbol{E}-\boldsymbol{A}|=\begin{vmatrix}\lambda-1&-1&\cdots&-1\\-1&\lambda-1&\cdots&-1\\\vdots&\vdots&&\vdots\\-1&-1&\cdots&\lambda-1\end{vmatrix}=(\lambda-n)\lambda^{n-1},$$

$$|\lambda\boldsymbol{E}-\boldsymbol{B}|=\begin{vmatrix}\lambda&0&\cdots&-1\\0&\lambda&\cdots&-2\\\vdots&\vdots&&\vdots\\0&0&\cdots&\lambda-n\end{vmatrix}=(\lambda-n)\lambda^{n-1},$$

所以 $\boldsymbol{A}$ 与 $\boldsymbol{B}$ 有相同的特征值 $\lambda_1=n,\lambda_2=\lambda_3=\cdots=\lambda_n=0(n-1$ 重).

由于 $\boldsymbol{A}$ 为实对称矩阵,所以 $\boldsymbol{A}$ 相似于对角矩阵 $\boldsymbol{\Lambda}=\begin{pmatrix}n&&&\\&0&&\\&&\ddots&\\&&&0\end{pmatrix}$.

因为 $R(\lambda_2\boldsymbol{E}-\boldsymbol{B})=R(-\boldsymbol{B})=R(\boldsymbol{B})=1$,所以 $\boldsymbol{B}$ 对应于特征值 0 有 $n-1$ 个线性无关的特征向量,于是 $\boldsymbol{B}$ 也相似于 $\boldsymbol{\Lambda}$. 故 $\boldsymbol{A}$ 与 $\boldsymbol{B}$ 相似.

15. 解:(1)由于二次型在正交变换 $\boldsymbol{x}=\boldsymbol{Q}\boldsymbol{y}$ 下的标准形为 $y_1^2+y_2^2$,所以 $\boldsymbol{A}$ 的特征值为 $\lambda_1=\lambda_2=1$,$\lambda_3=0$. 由于 $\boldsymbol{Q}$ 的第 3 列为 $\left(\frac{\sqrt{2}}{2},0,\frac{\sqrt{2}}{2}\right)^{\mathrm{T}}$,所以 $\boldsymbol{A}$ 对应于 $\lambda_3=0$ 的特征向量为

$$\boldsymbol{\alpha}_3=\left(\frac{\sqrt{2}}{2},0,\frac{\sqrt{2}}{2}\right)^{\mathrm{T}}.$$

由于 $\boldsymbol{A}$ 是实对称矩阵，所以，对应于不同特征值的特征向量是相互正交的，设属于 $\lambda_1=\lambda_2=1$ 的特征向量为 $\boldsymbol{\alpha}=(x_1,x_2,x_3)^{\mathrm{T}}$，则 $\boldsymbol{\alpha}^{\mathrm{T}}\boldsymbol{\alpha}_3=0$，即 $\frac{\sqrt{2}}{2}x_1+\frac{\sqrt{2}}{2}x_3=0$，取

$$\boldsymbol{\alpha}_1=(0,1,0)^{\mathrm{T}},\boldsymbol{\alpha}_2=(-1,0,1)^{\mathrm{T}},$$

则 $\boldsymbol{\alpha}_1,\boldsymbol{\alpha}_2$ 与 $\boldsymbol{\alpha}_3$ 是正交的，即为对应于 $\lambda_1=\lambda_2=1$ 的特征向量. 由 $\boldsymbol{\alpha}_1,\boldsymbol{\alpha}_2$ 是相互正交的，所以只需单位化

$$\boldsymbol{\beta}_1=\frac{\boldsymbol{\alpha}_1}{\|\boldsymbol{\alpha}_1\|}=(0,1,0)^{\mathrm{T}},\boldsymbol{\beta}_2=\frac{\boldsymbol{\alpha}_2}{\|\boldsymbol{\alpha}_2\|}=\frac{\sqrt{2}}{2}(-1,0,1)^{\mathrm{T}}.$$

取 $\boldsymbol{Q}=(\boldsymbol{\beta}_1,\boldsymbol{\beta}_2,\boldsymbol{\alpha}_3)=\begin{pmatrix}0&-\frac{\sqrt{2}}{2}&\frac{\sqrt{2}}{2}\\1&0&0\\0&\frac{\sqrt{2}}{2}&\frac{\sqrt{2}}{2}\end{pmatrix}$，则 $\boldsymbol{Q}^{\mathrm{T}}\boldsymbol{A}\boldsymbol{Q}=\boldsymbol{\Lambda}=\begin{pmatrix}1&&\\&1&\\&&0\end{pmatrix}$，从而

$$\boldsymbol{A}=\boldsymbol{Q}\boldsymbol{\Lambda}\boldsymbol{Q}^{\mathrm{T}}=\begin{pmatrix}\frac{1}{2}&0&-\frac{1}{2}\\0&1&0\\-\frac{1}{2}&0&\frac{1}{2}\end{pmatrix}.$$

(2)由于 $\boldsymbol{A}$ 的特征值为 $1,1,0$，所以 $\boldsymbol{A}+\boldsymbol{E}$ 的特征值为 $2,2,1$，则 $\boldsymbol{A}+\boldsymbol{E}$ 的特征值全大于零，故 $\boldsymbol{A}+\boldsymbol{E}$ 是正定矩阵.

第六章　线性空间与线性变换

本章是线性代数中几何理论的基本知识,初步了解这些知识可以使我们用更高的观点去审视前几章的内容.本章内容较多地用到数学抽象思维,读者对此可能有些陌生,接触多了也就能领会了.

第一节　线性空间的定义与性质

知识全解

【知识结构】

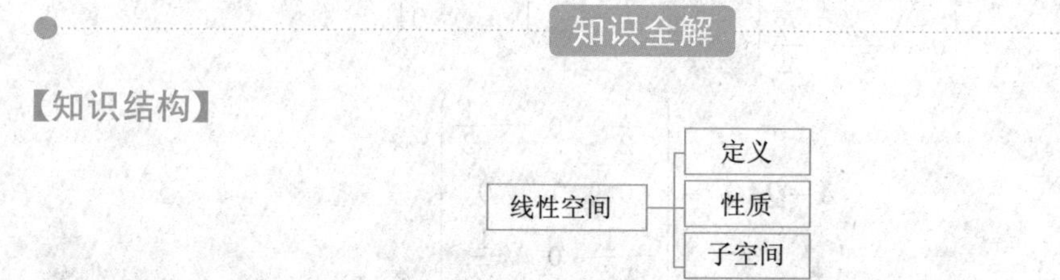

【考点精析】

1. 线性空间的定义和性质.

名称	定义	备注
定义	设 V 是非空集合,$\mathbf{R}$ 为实数域,如果对任意两个元素 $\boldsymbol{\alpha},\boldsymbol{\beta}\in V$,总有唯一的一个元素 $\boldsymbol{\gamma}\in V$ 与之对应,称为 $\boldsymbol{\alpha}$ 与 $\boldsymbol{\beta}$ 的和,记为 $\boldsymbol{\gamma}=\boldsymbol{\alpha}+\boldsymbol{\beta}$;对任一数 $\lambda\in\mathbf{R}$ 与任一元素 $\boldsymbol{\alpha}\in V$,总有唯一的一个元素 $\boldsymbol{\delta}\in V$ 与之对应,称为 λ 与 $\boldsymbol{\alpha}$ 的积,记作 $\boldsymbol{\delta}=\lambda\boldsymbol{\alpha}$.这两种运算满足以下八条运算规律: (1)交换律:$\boldsymbol{\alpha}+\boldsymbol{\beta}=\boldsymbol{\beta}+\boldsymbol{\alpha}$; (2)结合律:$(\boldsymbol{\alpha}+\boldsymbol{\beta})+\boldsymbol{\gamma}=\boldsymbol{\alpha}+(\boldsymbol{\beta}+\boldsymbol{\gamma})$; (3)有零元:$\mathbf{0}\in V$,对任意 $\boldsymbol{\alpha}\in V$ 有 $\mathbf{0}+\boldsymbol{\alpha}=\boldsymbol{\alpha}$; (4)有负元:任一 $\boldsymbol{\alpha}\in V$,有 $\boldsymbol{\beta}\in V$,使 $\boldsymbol{\alpha}+\boldsymbol{\beta}=\mathbf{0}$; (5)有单位元:$\mathbf{R}$ 中有数 1,使 $1\cdot\boldsymbol{\alpha}=\boldsymbol{\alpha}$; (6)乘法结合律:$\lambda(\mu\boldsymbol{\alpha})=(\lambda\mu)\boldsymbol{\alpha}$; (7)对数的分配律:$(\lambda+\mu)\boldsymbol{\alpha}=\lambda\boldsymbol{\alpha}+\mu\boldsymbol{\alpha}$; (8)对元素的分配律:$\lambda(\boldsymbol{\alpha}+\boldsymbol{\beta})=\lambda\boldsymbol{\alpha}+\lambda\boldsymbol{\beta}$; 则称 V 为线性空间(或向量空间)	①V 中的元素称为向量,向量不一定是有序数组,现在的定义是原来定义的推广; ②实际验证线性空间时,往往是验证十条(含验证加法、乘法封闭)
性质	(1)零元素是唯一的; (2)任一元素的负元素是唯一的; (3)$0\boldsymbol{\alpha}=\mathbf{0}$,$(-1)\boldsymbol{\alpha}=-\boldsymbol{\alpha}$,$\lambda\mathbf{0}=\mathbf{0}$; (4)若 $\lambda\boldsymbol{\alpha}=\mathbf{0}$,则 $\lambda=0$ 或 $\boldsymbol{\alpha}=\mathbf{0}$	

2. 线性子空间.

定义	若 L 是线性空间 V 的一个非空子集，如果 L 对于 V 中定义的加法和乘法两种运算也构成一个线性空间，则称 L 为 V **的子空间**
充要条件	线性空间 V 的非空子集 L 构成子空间的充分必要条件是 L 对于 V 中的线性运算封闭，即 L 是 V 的子空间要求满足三条： (1)L 是非空集； (2)若 $\boldsymbol{\alpha},\boldsymbol{\beta}\in L$，则有 $\boldsymbol{\alpha}+\boldsymbol{\beta}\in L$； (3)若 $k\in\mathbf{R},\boldsymbol{\alpha}\in L$，则有 $k\boldsymbol{\alpha}\in L$

3. 对应习题.

习题六第 2 题(教材 P_{157}).

例题精解

基本题型Ⅰ：验证集合是否构成线性空间

例 1　验证下列集合是否构成实数域上的线性空间：

(1)全体实数的二元数列，对于下面定义的运算，

$$(a_1,b_1)\oplus(a_2,b_2)=(a_1+a_2,b_1+b_2+a_1a_2),$$

$$k\circ(a_1,b_1)=\left(ka_1,kb_1+\frac{k(k-1)}{2}a_1^2\right);$$

(2)平面上全体向量，对于通常的加法和如下定义的数乘：$k\cdot\boldsymbol{\alpha}=\mathbf{0}$.

【解析】 (1)加法和数乘运算封闭显然，下面验证八条运算规律.

①$(a_1.,b_1)\oplus(a_2,b_2)=(a_1+a_2,b_1+b_2+a_1a_2)=(a_2+a_1,b_2+b_1+a_2a_1)$
$=(a_2,b_2)\oplus(a_1,b_1)$.

②$[(a_1,b_1)\oplus(a_2,b_2)]\oplus(a_3,b_3)=(a_1+a_2,b_1+b_2+a_1a_2)\oplus(a_3,b_3)$
$=(a_1+a_2+a_3,b_1+b_2+a_1a_2+b_3+a_1a_3+a_2a_3)$,

$(a_1,b_1)\oplus[(a_2,b_2)\oplus(a_3,b_3)]=(a_1,b_1)\oplus(a_2+a_3,b_2+b_3+a_2a_3)$
$=(a_1+a_2+a_3,b_1+b_2+b_3+a_2a_3+a_1a_2+a_1a_3)$,

所以$[(a_1,b_1)\oplus(a_2,b_2)]\oplus(a_3,b_3)=(a_1,b_1)\oplus[(a_2b_2)\oplus(a_3,b_3)]$.

③$(0,0)\oplus(a_1,b_1)=(0+a_1,0+b_1+0a_1)=(a_1,b_1)$，所以$(0,0)$是零元.

④$(a_1,b_1)\oplus(-a_1,a_1^2-b_1)=(a_1-a_1,b_1+a_1^2-b_1-a_1^2)=(0,0)$，所以$(-a_1,a_1^2-b_1)$是$(a_1,b_1)$的负元.

⑤$1\cdot(a_1,b_1)=\left(1\cdot a_1,1\cdot b_1+\frac{1\times(1-1)}{2}a_1^2\right)=(a_1,b_1)$.

⑥$k[l(a_1,b_1)]=k\left(la_1,lb_1+\frac{l(l-1)}{2}a_1^2\right)=\left(kla_1,klb_1+\frac{kl(l-1)}{2}a_1^2+\frac{k(k-1)}{2}l^2a_1^2\right)$

$$=\left(kla_1,klb_1+\frac{kl(kl-1)}{2}a_1^2\right)=(kl)(a_1,b_1).$$

$$
\begin{aligned}
⑦(k+l)(a_1,b_1)&=\left((k+l)a_1,(k+l)b_1+\frac{(k+l)(k+l-1)}{2}a_1^2\right)\\
&=\left(ka_1+la_1,kb_1+lb_1+\frac{k(k-1)}{2}a_1^2+\frac{l(l-1)}{2}a_1^2+kla_1^2\right)\\
&=\left(ka_1,kb_1+\frac{k(k-1)}{2}a_1^2\right)\oplus\left(la_1,lb_1+\frac{l(l-1)}{2}a_1^2\right)\\
&=k(a_1,b_1)\oplus l(a_1,b_1).
\end{aligned}
$$

$$
\begin{aligned}
⑧k[(a_1,b_1)\oplus(a_2,b_2)]&=k(a_1+a_2,b_1+b_2+a_1a_2)\\
&=\left(k(a_1+a_2),k(b_1+b_2+a_1a_2)+\frac{k(k-1)}{2}(a_1+a_2)^2\right);
\end{aligned}
$$

$$
\begin{aligned}
k(a_1,b_1)\oplus k(a_2,b_2)&=\left(ka_1,kb_1+\frac{k(k-1)}{2}a_1^2\right)\oplus\left(ka_2,kb_2+\frac{k(k-1)}{2}a_2^2\right)\\
&=\left(ka_1+ka_2,kb_1+kb_2+\frac{k(k-1)}{2}(a_1^2+a_2^2)+k^2a_1a_2\right)\\
&=\left(k(a_1+a_2),k(b_1+b_2+a_1a_2)+\frac{k(k-1)}{2}(a_1+a_2)^2\right).
\end{aligned}
$$

所以 $k[(a_1,b_1)\oplus(a_2,b_2)]=k(a_1,b_1)\oplus k(a_2,b_2)$.

所有全体实数的二元数列按上述定义的加法和数乘构成线性空间.

(2)不能构成线性空间,数乘运算不能满足运算规律(5),即不存在数1,使 $1\cdot\boldsymbol{\alpha}=\boldsymbol{\alpha}$.

基本题型Ⅱ:验证线性空间的子集是否为子空间

例2　设 $V=M_n(\mathbf{R})$ 为所有 n 阶实矩阵所组成的线性空间,则所有 n 阶实对称矩阵的集合 W 是否为其子空间.

【解析】 W 非空显然. 任意 $\boldsymbol{A},\boldsymbol{B}\in W$, $(\boldsymbol{A}+\boldsymbol{B})^{\mathrm{T}}=\boldsymbol{A}^{\mathrm{T}}+\boldsymbol{B}^{\mathrm{T}}=\boldsymbol{A}+\boldsymbol{B}$, 所以 $\boldsymbol{A}+\boldsymbol{B}\in W$. 任意 $k\in\mathbf{R}$, $(k\boldsymbol{A})^{\mathrm{T}}=k\boldsymbol{A}^{\mathrm{T}}=k\boldsymbol{A}$, 所以 $k\boldsymbol{A}\in W$. 所以 W 是 V 的子空间.

【方法点击】 验证线性空间的子集是子空间,只需验证子集非空、加法和数乘运算封闭即可.

第二节　维数、基与坐标

知识全解

【知识结构】

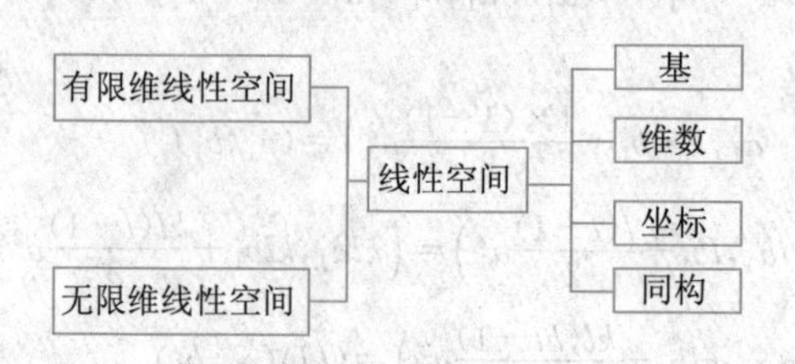

【考点精析】

1. 维数、基、坐标的概念.

名称	概念	备注
基	在线性空间 V 中,若有 n 个元素 $\boldsymbol{\alpha}_1,\boldsymbol{\alpha}_2,\cdots,\boldsymbol{\alpha}_n$ 满足: (1)$\boldsymbol{\alpha}_1,\boldsymbol{\alpha}_2,\cdots,\boldsymbol{\alpha}_n$ 线性无关; (2)V 中任一元素 $\boldsymbol{\alpha}$ 总可由 $\boldsymbol{\alpha}_1,\boldsymbol{\alpha}_2,\cdots,\boldsymbol{\alpha}_n$ 线性表示, 则 $\boldsymbol{\alpha}_1,\boldsymbol{\alpha}_2,\cdots,\boldsymbol{\alpha}_n$ 就称为**线性空间 V 的一个基**	(1)只含一个零元素的线性空间没有基,规定它的维数为 0; (2)第四章中讨论的 n 维数组向量的有关概念,都可以直接套用到线性空间中来
维数	基所含向量的个数称为**维数**	
坐标	若 $\boldsymbol{\alpha}_1,\boldsymbol{\alpha}_2,\cdots,\boldsymbol{\alpha}_n$ 是线性空间 V_n 的一个基,对任一元素 $\boldsymbol{\alpha}\in V_n$,有且仅有一组序数 $x_1,x_2,\cdots,x_n$,使 $\boldsymbol{\alpha}=x_1\boldsymbol{\alpha}_1+x_2\boldsymbol{\alpha}_2+\cdots+x_n\boldsymbol{\alpha}_n$,$x_1,x_2,\cdots,x_n$ 这组有序数就称为**元素 $\boldsymbol{\alpha}$ 在 $\boldsymbol{\alpha}_1,\boldsymbol{\alpha}_2,\cdots,\boldsymbol{\alpha}_n$ 下的坐标**	对任一 n 维线性空间 V_n,选定 V_n 的一个基 $\boldsymbol{\alpha}_1,\boldsymbol{\alpha}_2,\cdots,\boldsymbol{\alpha}_n$ 后,V_n 中任一元素 $\boldsymbol{\alpha}$ 与有序数组 $(x_1,x_2,\cdots,x_n)^{\mathrm{T}}$ 之间存在着一种一一对应关系

2. 同构.

定义	若两个线性空间 V 与 U 的元素之间有一一对应关系,且这个对应关系保持线性组合的对应,则称**线性空间 V 与 U 同构**
备注	任一 n 维线性空间都与 $\mathbf{R}^n$ 同构,因此,在维数有限的情况下,维数相同的线性空间都同构,从而线性空间的结构完全被它的维数所决定

3. 对应习题.

习题六第 1 题与第 3 题(教材 $\mathrm{P}_{157\sim158}$).

例题精解

基本题型Ⅰ:求线性空间的基与维数

例 1 实数域上二阶方阵所构成的线性空间 V 中,求它的一组基与维数.

【解析】 设

$$\boldsymbol{E}_{11}=\begin{pmatrix}1&0\\0&0\end{pmatrix},\boldsymbol{E}_{12}=\begin{pmatrix}0&1\\0&0\end{pmatrix},\boldsymbol{E}_{21}=\begin{pmatrix}0&0\\1&0\end{pmatrix},\boldsymbol{E}_{22}=\begin{pmatrix}0&0\\0&1\end{pmatrix},$$

则 V 中任一元素$\boldsymbol{A}=\begin{pmatrix}a&b\\c&d\end{pmatrix}$均可由$\boldsymbol{E}_{11},\boldsymbol{E}_{12},\boldsymbol{E}_{21},\boldsymbol{E}_{22}$线性表示,即

$$\begin{aligned}\boldsymbol{A}=\begin{pmatrix}a&b\\c&d\end{pmatrix}&=a\begin{pmatrix}1&0\\0&0\end{pmatrix}+b\begin{pmatrix}0&1\\0&0\end{pmatrix}+c\begin{pmatrix}0&0\\1&0\end{pmatrix}+d\begin{pmatrix}0&0\\0&1\end{pmatrix}\\&=a\boldsymbol{E}_{11}+b\boldsymbol{E}_{12}+c\boldsymbol{E}_{21}+d\boldsymbol{E}_{22}.\end{aligned}$$

第六章

下证 $\boldsymbol{E}_{11},\boldsymbol{E}_{12},\boldsymbol{E}_{21},\boldsymbol{E}_{22}$ 线性无关. 设 $k_1\boldsymbol{E}_{11}+k_2\boldsymbol{E}_{12}+k_3\boldsymbol{E}_{21}+k_4\boldsymbol{E}_{22}=\boldsymbol{O}$,则有

$$\begin{pmatrix}k_1&0\\0&0\end{pmatrix}+\begin{pmatrix}0&k_2\\0&0\end{pmatrix}+\begin{pmatrix}0&0\\k_3&0\end{pmatrix}+\begin{pmatrix}0&0\\0&k_4\end{pmatrix}=\begin{pmatrix}0&0\\0&0\end{pmatrix},$$

即 $\begin{pmatrix}k_1&k_2\\k_3&k_4\end{pmatrix}=\begin{pmatrix}0&0\\0&0\end{pmatrix}$.

从而 $k_1=k_2=k_3=k_4=0$,所以 $\boldsymbol{E}_{11},\boldsymbol{E}_{12},\boldsymbol{E}_{21},\boldsymbol{E}_{22}$ 线性无关,于是 $\boldsymbol{E}_{11},\boldsymbol{E}_{12},\boldsymbol{E}_{21},\boldsymbol{E}_{22}$ 构成二阶方阵所构成的线性空间 V 的一组基,并且 V 的维数为 4.

【方法点击】 本题先猜测出一组基,然后根据定义证明. 此方法是求线性空间基的一种方法.

例 2 求向量空间 $V=\{(x_1,x_2,\cdots,x_n)\mid x_1+x_2+\cdots+x_n=0,x_i\in\mathbf{R}\}$ 的一组基及其维数.

【解析】 向量空间 V 是由齐次线性方程组 $x_1+x_2+\cdots+x_n=0$ 的解生成的,解方程组可得其基础解系为

$$\boldsymbol{\xi}_1=(-1,1,0,\cdots,0)^{\mathrm{T}},\boldsymbol{\xi}_2=(-1,0,1,\cdots,0)^{\mathrm{T}},\cdots,\boldsymbol{\xi}_{n-1}=(-1,0,0,\cdots,1)^{\mathrm{T}},$$

从而 V 中任一元素为方程组的解,均可由 $\boldsymbol{\xi}_1,\boldsymbol{\xi}_2,\cdots,\boldsymbol{\xi}_{n-1}$ 线性表示,并且 $\boldsymbol{\xi}_1,\boldsymbol{\xi}_2,\cdots,\boldsymbol{\xi}_{n-1}$ 线性无关,于是 $\boldsymbol{\xi}_1,\boldsymbol{\xi}_2,\cdots,\boldsymbol{\xi}_{n-1}$ 是 V 的一组基,并且 V 的维数为 $n-1$.

【方法点击】 利用基的定义,即找出一组满足基的定义中要求的两个条件的向量即可.

例 3 设 $\boldsymbol{\alpha}_1=(2,1,3,1),\boldsymbol{\alpha}_2=(1,2,0,1),\boldsymbol{\alpha}_3=(-1,1,-3,0),\boldsymbol{\alpha}_4=(1,1,1,1)$,试求 $L(\boldsymbol{\alpha}_1,\boldsymbol{\alpha}_2,\boldsymbol{\alpha}_3,\boldsymbol{\alpha}_4)$ 的一组基与维数.

【解析】 以 $\boldsymbol{\alpha}_1,\boldsymbol{\alpha}_2,\boldsymbol{\alpha}_3,\boldsymbol{\alpha}_4$ 为列向量作矩阵 $\boldsymbol{A}$,对 $\boldsymbol{A}$ 施以初等行变换

$$\boldsymbol{A}=\begin{pmatrix}2&1&-1&1\\1&2&1&1\\3&0&-3&1\\1&1&0&1\end{pmatrix}\to\begin{pmatrix}1&1&0&1\\2&1&-1&1\\1&2&1&1\\3&0&-3&1\end{pmatrix}$$

$$\to\begin{pmatrix}1&1&0&1\\0&-1&-1&-1\\0&1&1&0\\0&-3&-3&-2\end{pmatrix}\to\begin{pmatrix}1&1&0&1\\0&1&1&1\\0&0&0&1\\0&0&0&1\end{pmatrix}$$

$$\to\begin{pmatrix}1&1&0&1\\0&1&1&1\\0&0&0&1\\0&0&0&0\end{pmatrix},$$

从而 $\boldsymbol{\alpha}_1,\boldsymbol{\alpha}_2,\boldsymbol{\alpha}_4$ 为一最大无关组,所以 $L(\boldsymbol{\alpha}_1,\boldsymbol{\alpha}_2,\boldsymbol{\alpha}_3,\boldsymbol{\alpha}_4)$ 的一组基为 $\boldsymbol{\alpha}_1,\boldsymbol{\alpha}_2,\boldsymbol{\alpha}_4$,维数是 3.

【方法点击】 求向量 $\boldsymbol{\alpha}_1,\boldsymbol{\alpha}_2,\boldsymbol{\alpha}_3,\boldsymbol{\alpha}_4$ 生成子空间的基和维数,实际上只需求 $\boldsymbol{\alpha}_1,\boldsymbol{\alpha}_2,\boldsymbol{\alpha}_3,\boldsymbol{\alpha}_4$ 的最大无关组和秩.

例4　3阶实对称矩阵作为 $\mathbf{R}$ 上的线性空间,求它的一组基和维数.

【解析】令

$$A_1=\begin{pmatrix}1&0&0\\0&0&0\\0&0&0\end{pmatrix},A_2=\begin{pmatrix}0&0&0\\0&1&0\\0&0&0\end{pmatrix},A_3=\begin{pmatrix}0&0&0\\0&0&0\\0&0&1\end{pmatrix},$$

$$A_4=\begin{pmatrix}0&1&0\\1&0&0\\0&0&0\end{pmatrix},A_5=\begin{pmatrix}0&0&1\\0&0&0\\1&0&0\end{pmatrix},A_6=\begin{pmatrix}0&0&0\\0&0&1\\0&1&0\end{pmatrix},$$

显然 A_1,A_2,A_3,A_4,A_5,A_6 线性无关.

设任一3阶实对称矩阵为

$$A=\begin{pmatrix}a_{11}&a_{12}&a_{13}\\a_{12}&a_{22}&a_{23}\\a_{13}&a_{23}&a_{33}\end{pmatrix}=a_{11}A_1+a_{22}A_2+a_{33}A_3+a_{12}A_4+a_{13}A_5+a_{23}A_6,$$

所以,任一3阶实对矩阵均可由 A_1,A_2,A_3,A_4,A_5,A_6 线性表示,从而 A_1,A_2,A_3,A_4,A_5,A_6 是一组基,并且维数为6.

基本题型Ⅱ:求向量的坐标

例5　在 $\mathbf{R}^3$ 求向量 $\boldsymbol{\alpha}=(3,7,1)^T$ 在基 $\boldsymbol{\alpha}_1=(1,3,5)^T,\boldsymbol{\alpha}_2=(6,3,2)^T,\boldsymbol{\alpha}_3=(3,1,0)^T$ 下的坐标.

【解析】设 $x_1\boldsymbol{\alpha}_1+x_2\boldsymbol{\alpha}_2+x_3\boldsymbol{\alpha}_3=\boldsymbol{\alpha}$,则有方程组

$$\begin{cases}x_1+6x_2+3x_3=3,\\3x_1+3x_2+x_3=7,\\5x_1+2x_2=1,\end{cases}$$

对方程组的增广矩阵施以初等行变换:

$$(\boldsymbol{\alpha}_1,\boldsymbol{\alpha}_2,\boldsymbol{\alpha}_3,\boldsymbol{\alpha})=\begin{pmatrix}1&6&3&3\\3&3&1&7\\5&2&0&1\end{pmatrix}\to\begin{pmatrix}1&6&3&3\\0&-15&-8&-2\\0&-28&-15&-14\end{pmatrix}$$

$$\to\begin{pmatrix}1&6&3&3\\0&15&8&2\\0&0&1&154\end{pmatrix}\to\begin{pmatrix}1&6&0&-459\\0&15&0&-1\,230\\0&0&1&154\end{pmatrix}$$

$$\to\begin{pmatrix}1&0&0&33\\0&1&0&-82\\0&0&1&154\end{pmatrix},$$

解得 $x_1=33,x_2=-82,x_3=154$. 所以 $\boldsymbol{\alpha}$ 在基 $\boldsymbol{\alpha}_1,\boldsymbol{\alpha}_2,\boldsymbol{\alpha}_3$ 下的坐标为 $(33,-82,154)^T$.

【方法点击】 本题先列出方程组,然后解方程组得出坐标.

例6 已知$P[x]_2=\{f(x)=a_0+a_1x+a_2x^2 \mid a_i\in \boldsymbol{P},i=1,2,3\}$对多项式的加法与数乘运算构成$\boldsymbol{P}$上的3维线性空间.

(1)证明$x^2+x,x^2-x,x+1$是$P[x]_2$的一个基;

(2)求$2x^2+7x+3$在此基下的坐标.

【证明】 (1)在$P[x]_2$中任取一个多项式$f(x)=a_0+a_1x+a_2x^2$,设

$$a_0+a_1x+a_2x^2=l_1(x^2+x)+l_2(x^2-x)+l_3(x+1),$$

整理可得

$$(l_1+l_2)x^2+(l_1-l_2+l_3)x+l_3=a_2x^2+a_1x+a_0,$$

从而有方程组

$$\begin{cases}l_1+l_2=a_2,\\ l_1-l_2+l_3=a_1,\\ l_3=a_0.\end{cases}$$

多项式相等，则其系数对应相等

其系数行列式$\begin{vmatrix}1&1&0\\1&-1&1\\0&0&1\end{vmatrix}=-2\neq 0$,从而方程组有唯一解,解得

$$l_1=\frac{1}{2}(a_2+a_1-a_0),l_2=\frac{1}{2}(a_2-a_1+a_0),l_3=a_0. \quad ①$$

则$f(x)$可由$x^2+x,x^2-x,x+1$唯一线性表示.

故方程$k_1(x^2+x)+k_2(x^2-x)+k_3(x+1)=0$仅有零解,从而$x^2+x,x^2-x,x+1$线性无关.故$x^2+x,x^2-x,x+1$是$P[x]_2$的一个基.

【解析】 (2)设$2x^2+7x+3=l_1(x^2+x)+l_2(x^2-x)+l_3(x+1)$.

令$a_0=3,a_1=7,a_2=2$,代入①中可得

$$l_1=3,l_2=-1,l_3=3.$$

所以$2x^2+7x+3=3(x^2+x)-(x^2-x)+3(x+1)$.

从而$2x^2+7x+3$在基$x^2+x,x^2-x,x+1$下的坐标为$(3,-1,3)^{\mathrm{T}}$.

【方法点击】 本题(1)的证明利用基的定义,(2)利用坐标的定义并利用了(1)中的结果.

例7 在全体2×2实矩阵组成的向量空间中,求$\boldsymbol{A}=\begin{pmatrix}2&0\\-1&3\end{pmatrix}$在基$\boldsymbol{A}_1=\begin{pmatrix}-1&1\\0&0\end{pmatrix}$,

$A_2=\begin{pmatrix}1 & 1\\0 & 0\end{pmatrix},A_3=\begin{pmatrix}0 & 0\\1 & 0\end{pmatrix},A_4=\begin{pmatrix}0 & 0\\0 & 1\end{pmatrix}$下的坐标．

【解析】 设$A=x_1A_1+x_2A_2+x_3A_3+x_4A_4$，则有

$$\begin{pmatrix}2 & 0\\-1 & 3\end{pmatrix}=x_1\begin{pmatrix}-1 & 1\\0 & 0\end{pmatrix}+x_2\begin{pmatrix}1 & 1\\0 & 0\end{pmatrix}+x_3\begin{pmatrix}0 & 0\\1 & 0\end{pmatrix}+x_4\begin{pmatrix}0 & 0\\0 & 1\end{pmatrix}$$

$$=\begin{pmatrix}-x_1+x_2 & x_1+x_2\\x_3 & x_4\end{pmatrix},$$

从而有方程组

$$\begin{cases}-x_1+x_2=2,\\x_1+x_2=0,\\x_3=-1,\\x_4=3.\end{cases}$$

矩阵相等则其对应元素相等

解得$x_1=-1,x_2=1,x_3=-1,x_4=3$，从而矩阵$A$在基$A_1,A_2,A_3,A_4$下的坐标为$(-1,1,-1,3)^T$.

例8　设$A\in P^{n\times n}$.

(1)证明与A可交换的矩阵集合$C(A)$构成$P^{n\times n}$的一个子空间；

(2)$A=\begin{pmatrix}1 & & & \\ & 2 & & \\ & & \ddots & \\ & & & n\end{pmatrix}$时，求$C(A)$的维数和一组基.

【证明】 (1)$E_n\in C(A)$，所以$C(A)$非空．设任意$B,C\in C(A)$，则$AB=BA,AC=CA$，从而

$$A(B+C)=AB+AC=BA+CA=(B+C)A,$$

所以$B+C\in C(A)$.

任取$k\in\mathbf{R}$，则

$$A(kB)=k(AB)=k(BA)=(kB)A,$$

所以$kB\in C(A)$. 从而$C(A)$对于加法和数乘均封闭，故$C(A)$是$P^{n\times n}$的一个子空间.

(2)任意$B\in C(A)$，则$AB=BA$，由矩阵运算可知B是对角矩阵；

反之，任一对角矩阵B都与A可换，从而$B\in C(A)$，所以$C(A)$是由对角矩阵组成的.

所以

$$E_{11}=\begin{pmatrix}1 & & & \\ & 0 & & \\ & & \ddots & \\ & & & 0\end{pmatrix},E_{22}=\begin{pmatrix}0 & & & \\ & 1 & & \\ & & \ddots & \\ & & & 0\end{pmatrix},\cdots,E_{nn}=\begin{pmatrix}0 & & & \\ & \ddots & & \\ & & 0 & \\ & & & 1\end{pmatrix}$$

是$C(A)$的一组基，并且维数为n.

【方法点击】 证明$C(A)$为子空间只需证$C(A)$非空，并且保持加法和数乘封闭，求(2)时利用矩阵的运算求出$C(A)$.

第三节　基变换与坐标变换

知识全解

【知识结构】

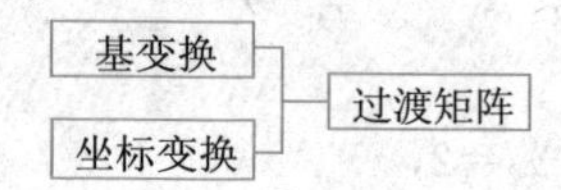

【考点精析】

1. 基本概念.

名称	内容	备注
基变换公式	设线性空间 V_n 的两组基 $\boldsymbol{\alpha}_1,\boldsymbol{\alpha}_2,\cdots,\boldsymbol{\alpha}_n$ 和 $\boldsymbol{\beta}_1,\boldsymbol{\beta}_2,\cdots,\boldsymbol{\beta}_n$ 满足 $\begin{cases}\boldsymbol{\beta}_1=p_{11}\boldsymbol{\alpha}_1+p_{21}\boldsymbol{\alpha}_2+\cdots+p_{n1}\boldsymbol{\alpha}_n,\\ \boldsymbol{\beta}_2=p_{12}\boldsymbol{\alpha}_1+p_{22}\boldsymbol{\alpha}_2+\cdots+p_{n2}\boldsymbol{\alpha}_n,\\ \vdots\\ \boldsymbol{\beta}_n=p_{1n}\boldsymbol{\alpha}_1+p_{2n}\boldsymbol{\alpha}_2+\cdots+p_{nn}\boldsymbol{\alpha}_n,\end{cases}$ 即 $\begin{pmatrix}\boldsymbol{\beta}_1\\ \boldsymbol{\beta}_2\\ \vdots\\ \boldsymbol{\beta}_n\end{pmatrix}=\begin{pmatrix}p_{11}&p_{21}&\cdots&p_{n1}\\ p_{12}&p_{22}&\cdots&p_{n2}\\ \vdots&\vdots&&\vdots\\ p_{1n}&p_{2n}&\cdots&p_{nn}\end{pmatrix}\begin{pmatrix}\boldsymbol{\alpha}_1\\ \boldsymbol{\alpha}_2\\ \vdots\\ \boldsymbol{\alpha}_n\end{pmatrix}=\boldsymbol{P}^{\mathrm{T}}\begin{pmatrix}\boldsymbol{\alpha}_1\\ \boldsymbol{\alpha}_2\\ \vdots\\ \boldsymbol{\alpha}_n\end{pmatrix}$, 或 $(\boldsymbol{\beta}_1,\boldsymbol{\beta}_2,\cdots,\boldsymbol{\beta}_n)=(\boldsymbol{\alpha}_1,\boldsymbol{\alpha}_2,\cdots,\boldsymbol{\alpha}_n)\boldsymbol{P}$, 称为**基变换公式**	(1)过渡矩阵是常考知识点,一定要记牢基的顺序,这也是易错点; (2)过渡矩阵 $\boldsymbol{P}$ 可逆; (3)过渡矩阵 $\boldsymbol{P}$ 的第 i 个列向量是 $\boldsymbol{\beta}_i$ 在 $\boldsymbol{\alpha}_1,\boldsymbol{\alpha}_2,\cdots,\boldsymbol{\alpha}_n$ 下的坐标
坐标变换公式	若 V_n 中元素 $\boldsymbol{\alpha}$ 在基 $\boldsymbol{\alpha}_1,\boldsymbol{\alpha}_2,\cdots,\boldsymbol{\alpha}_n$ 和基 $\boldsymbol{\beta}_1,\boldsymbol{\beta}_2,\cdots,\boldsymbol{\beta}_n$ 下的坐标分别为 $(x_1,x_2,\cdots,x_n)$ 和 $(x_1',x_2',\cdots,x_n')$,并且两组基满足基变换公式中的关系式,则有坐标变换公式 $\begin{pmatrix}x_1\\ x_2\\ \vdots\\ x_n\end{pmatrix}=\boldsymbol{P}\begin{pmatrix}x_1'\\ x_2'\\ \vdots\\ x_n'\end{pmatrix}$ 或 $\begin{pmatrix}x_1'\\ x_2'\\ \vdots\\ x_n'\end{pmatrix}=\boldsymbol{P}^{-1}\begin{pmatrix}x_1\\ x_2\\ \vdots\\ x_n\end{pmatrix}$	
过渡矩阵	若 $(\boldsymbol{\beta}_1,\boldsymbol{\beta}_2,\cdots,\boldsymbol{\beta}_n)=(\boldsymbol{\alpha}_1,\boldsymbol{\alpha}_2,\cdots,\boldsymbol{\alpha}_n)\boldsymbol{P}$,则称 $\boldsymbol{P}$ 为由基 $\boldsymbol{\alpha}_1,\boldsymbol{\alpha}_2,\cdots,\boldsymbol{\alpha}_n$ 到基 $\boldsymbol{\beta}_1,\boldsymbol{\beta}_2,\cdots,\boldsymbol{\beta}_n$ 的过渡矩阵	

2. 对应习题.

习题六第 4～7 题(教材 P_{158}).

例题精解

基本题型Ⅰ:关于过渡矩阵及坐标变换公式

例 1　在三维线性空间 V_3 中求基 $\boldsymbol{\xi}_1,\boldsymbol{\xi}_2,\boldsymbol{\xi}_3$ 到基 $\boldsymbol{\eta}_1,\boldsymbol{\eta}_2,\boldsymbol{\eta}_3$ 的过渡矩阵,其中 $\boldsymbol{\xi}_1=(1,0,1)^{\mathrm{T}}$,

$\boldsymbol{\xi}_2=(1,1,-1)^{\mathrm{T}},\boldsymbol{\xi}_3=(1,-1,1)^{\mathrm{T}},\boldsymbol{\eta}_1=(3,0,1)^{\mathrm{T}},\boldsymbol{\eta}_2=(2,0,0)^{\mathrm{T}},\boldsymbol{\eta}_3=(0,2,-2)^{\mathrm{T}}$.

【解析】 设$(\boldsymbol{\eta}_1,\boldsymbol{\eta}_2,\boldsymbol{\eta}_3)=(\boldsymbol{\xi}_1,\boldsymbol{\xi}_2,\boldsymbol{\xi}_3)\boldsymbol{P}$，则

$$\begin{pmatrix}3&2&0\\0&0&2\\1&0&-2\end{pmatrix}=\begin{pmatrix}1&1&1\\0&1&-1\\1&-1&1\end{pmatrix}\boldsymbol{P},$$

两边同时左乘 $(\xi_1,\xi_2,\xi_3)^{-1}$

从而$$\boldsymbol{P}=\begin{pmatrix}1&1&1\\0&1&-1\\1&-1&1\end{pmatrix}^{-1}\begin{pmatrix}3&2&0\\0&0&2\\1&0&-2\end{pmatrix}=\begin{pmatrix}0&1&1\\\frac{1}{2}&0&-\frac{1}{2}\\\frac{1}{2}&-1&-\frac{1}{2}\end{pmatrix}\begin{pmatrix}3&2&0\\0&0&2\\1&0&-2\end{pmatrix}=\begin{pmatrix}1&0&0\\1&1&1\\1&1&-1\end{pmatrix}.$$

【方法点击】 列出关系式，再利用矩阵运算求出过渡矩阵.

例2　在2阶实矩阵构成的线性空间中，

(1)求由基$\boldsymbol{E}_1=\begin{pmatrix}1&0\\0&0\end{pmatrix},\boldsymbol{E}_2=\begin{pmatrix}0&1\\0&0\end{pmatrix},\boldsymbol{E}_3=\begin{pmatrix}0&0\\1&0\end{pmatrix},\boldsymbol{E}_4=\begin{pmatrix}0&0\\0&1\end{pmatrix}$到基$\boldsymbol{D}_1=\begin{pmatrix}2&1\\-1&1\end{pmatrix}$，$\boldsymbol{D}_2=\begin{pmatrix}0&3\\1&0\end{pmatrix},\boldsymbol{D}_3=\begin{pmatrix}5&3\\2&1\end{pmatrix},\boldsymbol{D}_4=\begin{pmatrix}6&6\\1&3\end{pmatrix}$的过渡矩阵；

(2)求向量$\boldsymbol{A}=\begin{pmatrix}a_{11}&a_{12}\\a_{21}&a_{22}\end{pmatrix}$在基$\{\boldsymbol{E}_i\}$和基$\{\boldsymbol{D}_i\}$$(i=1,2,3,4)$下的坐标；

(3)求一非零向量$\boldsymbol{B}$，使$\boldsymbol{B}$在基$\{\boldsymbol{E}_i\}$和基$\{\boldsymbol{D}_i\}$$(i=1,2,3,4)$下的坐标相等.

【解析】 (1)显然有

$$\begin{cases}\boldsymbol{D}_1=2\boldsymbol{E}_1+\boldsymbol{E}_2-\boldsymbol{E}_3+\boldsymbol{E}_4,\\\boldsymbol{D}_2=3\boldsymbol{E}_2+\boldsymbol{E}_3,\\\boldsymbol{D}_3=5\boldsymbol{E}_1+3\boldsymbol{E}_2+2\boldsymbol{E}_3+\boldsymbol{E}_4,\\\boldsymbol{D}_4=6\boldsymbol{E}_1+6\boldsymbol{E}_2+\boldsymbol{E}_3+3\boldsymbol{E}_4,\end{cases}$$

从而有$(\boldsymbol{D}_1,\boldsymbol{D}_2,\boldsymbol{D}_3,\boldsymbol{D}_4)=(\boldsymbol{E}_1,\boldsymbol{E}_2,\boldsymbol{E}_3,\boldsymbol{E}_4)\begin{pmatrix}2&0&5&6\\1&3&3&6\\-1&1&2&1\\1&0&1&3\end{pmatrix}$，所以由基$\{\boldsymbol{E}_i\}$和基$\{\boldsymbol{D}_i\}$的过渡矩阵为$\begin{pmatrix}2&0&5&6\\1&3&3&6\\-1&1&2&1\\1&0&1&3\end{pmatrix}$.

(2)因为$\boldsymbol{A}=\begin{pmatrix}a_{11}&a_{12}\\a_{21}&a_{22}\end{pmatrix}=a_{11}\boldsymbol{E}_1+a_{12}\boldsymbol{E}_2+a_{21}\boldsymbol{E}_3+a_{22}\boldsymbol{E}_4$，从而$\boldsymbol{A}$在基$\boldsymbol{E}_1,\boldsymbol{E}_2,\boldsymbol{E}_3,\boldsymbol{E}_4$下的坐标为$(a_{11},a_{12},a_{21},a_{22})^{\mathrm{T}}$. 由于$(\boldsymbol{D}_1,\boldsymbol{D}_2,\boldsymbol{D}_3,\boldsymbol{D}_4)=(\boldsymbol{E}_1,\boldsymbol{E}_2,\boldsymbol{E}_3,\boldsymbol{E}_4)\begin{pmatrix}2&0&5&6\\1&3&3&6\\-1&1&2&1\\1&0&1&3\end{pmatrix}$，所以有

$$\begin{cases}\boldsymbol{E}_1=\frac{4}{9}\boldsymbol{D}_1+\frac{1}{27}\boldsymbol{D}_2+\frac{1}{3}\boldsymbol{D}_3-\frac{7}{27}\boldsymbol{D}_4,\\ \boldsymbol{E}_2=\frac{1}{3}\boldsymbol{D}_1+\frac{4}{9}\boldsymbol{D}_2-\frac{1}{9}\boldsymbol{D}_4,\\ \boldsymbol{E}_3=-\boldsymbol{D}_1-\frac{1}{3}\boldsymbol{D}_2+\frac{1}{3}\boldsymbol{D}_4,\\ \boldsymbol{E}_4=-\frac{11}{9}\boldsymbol{D}_1-\frac{23}{27}\boldsymbol{D}_2-\frac{2}{3}\boldsymbol{D}_3+\frac{26}{27}\boldsymbol{D}_4,\end{cases}$$

两边同时右乘过渡矩阵的逆矩阵

所以

$$\begin{aligned}\boldsymbol{A}&=a_{11}\boldsymbol{E}_1+a_{12}\boldsymbol{E}_2+a_{21}\boldsymbol{E}_3+a_{22}\boldsymbol{E}_4\\&=\left(\frac{4}{9}a_{11}+\frac{1}{3}a_{12}-a_{21}-\frac{11}{9}a_{22}\right)\boldsymbol{D}_1+\left(\frac{1}{27}a_{11}+\frac{4}{9}a_{12}-\frac{1}{3}a_{21}-\frac{23}{27}a_{22}\right)\boldsymbol{D}_2+\\&\quad\left(\frac{1}{3}a_{11}-\frac{2}{3}a_{22}\right)\boldsymbol{D}_3+\left(-\frac{7}{27}a_{11}-\frac{1}{9}a_{12}+\frac{1}{3}a_{21}+\frac{26}{27}a_{22}\right)\boldsymbol{D}_4,\end{aligned}$$

所以 $\boldsymbol{A}$ 在 $\boldsymbol{D}_1,\boldsymbol{D}_2,\boldsymbol{D}_3,\boldsymbol{D}_4$ 下的坐标为

$$\left(\frac{4}{9}a_{11}+\frac{1}{3}a_{12}-a_{21}-\frac{11}{9}a_{22},\frac{1}{27}a_{11}+\frac{4}{9}a_{12}-\frac{1}{3}a_{21}-\frac{23}{27}a_{22},\frac{1}{3}a_{11}-\frac{2}{3}a_{22},\right.$$
$$\left.-\frac{7}{27}a_{11}-\frac{1}{9}a_{12}+\frac{1}{3}a_{21}+\frac{26}{27}a_{22}\right).$$

(3)设向量 $\boldsymbol{B}=\begin{pmatrix}k_1&k_2\\k_3&k_4\end{pmatrix}$($k_1,k_2,k_3,k_4$ 不全为零)在基$\{\boldsymbol{E}_i\}$和基$\{\boldsymbol{D}_i\}$下的坐标相等,则有

$$\begin{cases}k_1=\frac{4}{9}k_3+\frac{1}{3}k_2-k_3-\frac{11}{9}k_4,\\ k_2=\frac{1}{27}k_1+\frac{4}{9}k_2-\frac{1}{3}k_3-\frac{23}{27}k_4,\\ k_3=\frac{1}{3}k_1-\frac{2}{3}k_4,\\ k_4=-\frac{7}{27}k_1-\frac{1}{9}k_2+\frac{1}{3}k_3+\frac{26}{27}k_4,\end{cases}$$

利用(2)中求得的结果

整理可得

$$\begin{cases}-\frac{5}{9}k_1+\frac{1}{3}k_2-k_3-\frac{11}{9}k_4=0,\\ \frac{1}{27}k_1-\frac{5}{9}k_2-\frac{1}{3}k_3-\frac{23}{27}k_4=0,\\ \frac{1}{3}k_1-k_3-\frac{2}{3}k_4=0,\\ -\frac{7}{27}k_1-\frac{1}{9}k_2+\frac{1}{3}k_3-\frac{1}{27}k_4=0,\end{cases}$$

解得$(k_1,k_2,k_3,k_4)^{\mathrm{T}}=k(1,1,1,-1)^{\mathrm{T}}$,$k$ 为不等于零的任意常数,所以

$$\boldsymbol{B}=\begin{pmatrix}k&k\\k&-k\end{pmatrix},其中 k 为不等于零的常数.$$

【方法点击】 本题(1)、(2)利用定义,(3)根据题意并利用(2)的结果列出方程组,然后再解方程组.

例3　已知$1,x,x^2,x^3$和$1,1+x,(1+x)^2,(1+x)^3$是$P[x]_3$的两组基.

(1)求由基$1,x,x^2,x^3$到基$1,1+x,(1+x)^2,(1+x)^3$的过渡矩阵;

(2)求由基$1,1+x,(1+x)^2,(1+x)^3$到基$1,x,x^2,x^3$的过渡矩阵;

(3)求$a_3x^3+a_2x^2+a_1x+a_0$在基$1,1+x,(1+x)^2,(1+x)^3$下的坐标.

【解析】 (1)因为

$$\begin{cases}1=1\cdot 1+0\cdot x+0\cdot x^2+0\cdot x^3,\\ 1+x=1\cdot 1+1\cdot x+0\cdot x+0\cdot x^3,\\ (1+x)^2=1\cdot 1+2\cdot x+1\cdot x^2+0\cdot x^3,\\ (1+x)^3=1\cdot 1+3\cdot x+3\cdot x^2+1\cdot x^3,\end{cases}$$

从而$(1,1+x,(1+x)^2,(1+x)^3)=(1,x,x^2,x^3)\begin{pmatrix}1&1&1&1\\0&1&2&3\\0&0&1&3\\0&0&0&1\end{pmatrix}$,则由基$1,x,x^2,x^3$到基$1,1+x,(1+x)^2,(1+x)^3$的过渡矩阵为$\boldsymbol{P}=\begin{pmatrix}1&1&1&1\\0&1&2&3\\0&0&1&3\\0&0&0&1\end{pmatrix}$.

(2)由(1)可得

$$\begin{aligned}(1,x,x^2,x^3)&=(1,1+x,(1+x)^2,(1+x)^3)\boldsymbol{P}^{-1}\\&=(1,1+x,(1+x)^2,(1+x)^3)\begin{pmatrix}1&1&1&1\\0&1&2&3\\0&0&1&3\\0&0&0&1\end{pmatrix}^{-1}\\&=(1,1+x,(1+x)^2,(1+x)^3)\begin{pmatrix}1&-1&1&-1\\0&1&-2&3\\0&0&1&-3\\0&0&0&1\end{pmatrix}.\end{aligned}$$

从而由基$1,1+x,(1+x)^2,(1+x)^3$到基$1,x,x^2,x^3$的过渡矩阵为$\begin{pmatrix}1&-1&1&-1\\0&1&-2&3\\0&0&1&-3\\0&0&0&1\end{pmatrix}$.

(3)由于$a_3x^3+a_2x^2+a_1x+a_0$在基$1,x,x^2,x^3$下的坐标为(a_0,a_1,a_2,a_3),从而在基$1,1+x,(1+x)^2,(1+x)^3$下的坐标为

$$\begin{pmatrix}y_1\\y_2\\y_3\\y_4\end{pmatrix}=\boldsymbol{P}^{-1}\begin{pmatrix}a_0\\a_1\\a_2\\a_3\end{pmatrix}=\begin{pmatrix}1&-1&1&-1\\0&1&-2&3\\0&0&1&-3\\0&0&0&1\end{pmatrix}\begin{pmatrix}a_0\\a_1\\a_2\\a_3\end{pmatrix}=\begin{pmatrix}a_0-a_1+a_2-a_3\\a_1-2a_2+3a_3\\a_2-3a_3\\a_3\end{pmatrix}.$$

【方法点击】 本题(1)、(2)利用过渡矩阵的定义,(3)利用坐标变换公式.

例4 若 $\boldsymbol{\alpha}_1,\boldsymbol{\alpha}_2,\boldsymbol{\alpha}_3$ 和 $\boldsymbol{\beta}_1,\boldsymbol{\beta}_2,\boldsymbol{\beta}_3$ 是 $\mathbf{R}^3$ 中的两组基,并且 $\boldsymbol{\alpha}_1,\boldsymbol{\alpha}_2,\boldsymbol{\alpha}_3$ 到基 $\boldsymbol{\beta}_1,\boldsymbol{\beta}_2,\boldsymbol{\beta}_3$ 的过渡矩阵为 $\mathbf{A}=\begin{pmatrix}1&1&-1\\-1&1&1\\1&-1&1\end{pmatrix}$.

(1)若基 $\boldsymbol{\alpha}_1=(1,0,0),\boldsymbol{\alpha}_2=(1,1,0),\boldsymbol{\alpha}_3=(1,1,1)$,试求基 $\boldsymbol{\beta}_1,\boldsymbol{\beta}_2,\boldsymbol{\beta}_3$;

(2)若基 $\boldsymbol{\beta}_1=(0,1,1),\boldsymbol{\beta}_2=(1,0,2),\boldsymbol{\beta}_3=(2,1,0)$,试求基 $\boldsymbol{\alpha}_1,\boldsymbol{\alpha}_2,\boldsymbol{\alpha}_3$.

【解析】 (1) $(\boldsymbol{\beta}_1^{\mathrm{T}},\boldsymbol{\beta}_2^{\mathrm{T}},\boldsymbol{\beta}_3^{\mathrm{T}})=(\boldsymbol{\alpha}_1^{\mathrm{T}},\boldsymbol{\alpha}_2^{\mathrm{T}},\boldsymbol{\alpha}_3^{\mathrm{T}})\mathbf{A}=\begin{pmatrix}1&1&1\\0&1&1\\0&0&1\end{pmatrix}\begin{pmatrix}1&1&-1\\-1&1&1\\1&-1&1\end{pmatrix}=\begin{pmatrix}1&1&1\\0&0&2\\1&-1&1\end{pmatrix}$,

所以 $\boldsymbol{\beta}_1=(1,0,1),\boldsymbol{\beta}_2=(1,0,-1),\boldsymbol{\beta}_3=(1,2,1)$.

(2)由 $(\boldsymbol{\beta}_1^{\mathrm{T}},\boldsymbol{\beta}_2^{\mathrm{T}},\boldsymbol{\beta}_3^{\mathrm{T}})=(\boldsymbol{\alpha}_1^{\mathrm{T}},\boldsymbol{\alpha}_2^{\mathrm{T}},\boldsymbol{\alpha}_3^{\mathrm{T}})\mathbf{A}$,则

$$(\boldsymbol{\alpha}_1^{\mathrm{T}},\boldsymbol{\alpha}_2^{\mathrm{T}},\boldsymbol{\alpha}_3^{\mathrm{T}})=(\boldsymbol{\beta}_1^{\mathrm{T}},\boldsymbol{\beta}_2^{\mathrm{T}},\boldsymbol{\beta}_3^{\mathrm{T}})\mathbf{A}^{-1}=\begin{pmatrix}0&1&2\\1&0&1\\1&2&0\end{pmatrix}\begin{pmatrix}1&1&-1\\-1&1&1\\1&-1&1\end{pmatrix}^{-1}$$

$$=\begin{pmatrix}0&1&2\\1&0&1\\1&2&0\end{pmatrix}\begin{pmatrix}\frac{1}{2}&0&\frac{1}{2}\\\frac{1}{2}&\frac{1}{2}&0\\0&\frac{1}{2}&\frac{1}{2}\end{pmatrix}=\begin{pmatrix}\frac{1}{2}&\frac{3}{2}&1\\\frac{1}{2}&\frac{1}{2}&1\\\frac{3}{2}&1&\frac{1}{2}\end{pmatrix},$$

所以 $\boldsymbol{\alpha}_1=\left(\frac{1}{2},\frac{1}{2},\frac{3}{2}\right),\boldsymbol{\alpha}_2=\left(\frac{3}{2},\frac{1}{2},1\right),\boldsymbol{\alpha}_3=\left(1,1,\frac{1}{2}\right)$.

【方法点击】 本题是利用过渡矩阵求基,实际上是利用基变换公式.

例5 已知 $\boldsymbol{\alpha}_1=(1,1,1)^{\mathrm{T}},\boldsymbol{\alpha}_2=(0,1,1)^{\mathrm{T}},\boldsymbol{\alpha}_3=(0,0,1)^{\mathrm{T}}$ 和 $\boldsymbol{\beta}_1=(1,0,-1)^{\mathrm{T}},\boldsymbol{\beta}_2=(1,1,0),\boldsymbol{\beta}_3=(0,-1,1)^{\mathrm{T}}$ 是 $\mathbf{R}^3$ 的两个基,求在两个基下的坐标变换公式.

【解析】 设基 $\boldsymbol{\alpha}_1,\boldsymbol{\alpha}_2,\boldsymbol{\alpha}_3$ 到基 $\boldsymbol{\beta}_1,\boldsymbol{\beta}_2,\boldsymbol{\beta}_3$ 的过渡矩阵为 $\boldsymbol{P}$,则 $(\boldsymbol{\beta}_1,\boldsymbol{\beta}_2,\boldsymbol{\beta}_3)=(\boldsymbol{\alpha}_1,\boldsymbol{\alpha}_2,\boldsymbol{\alpha}_3)\boldsymbol{P}$.

从而有 $\boldsymbol{P}=(\boldsymbol{\alpha}_1,\boldsymbol{\alpha}_2,\boldsymbol{\alpha}_3)^{-1}(\boldsymbol{\beta}_1,\boldsymbol{\beta}_2,\boldsymbol{\beta}_3)=\begin{pmatrix}1&0&0\\1&1&0\\1&1&1\end{pmatrix}^{-1}\begin{pmatrix}1&1&0\\0&1&-1\\-1&0&1\end{pmatrix}$

$$=\begin{pmatrix}1&0&0\\-1&1&0\\0&-1&1\end{pmatrix}\begin{pmatrix}1&1&0\\0&1&-1\\-1&0&1\end{pmatrix}=\begin{pmatrix}1&1&0\\-1&0&-1\\-1&-1&2\end{pmatrix}.$$

设 $\boldsymbol{\alpha}$ 为 $\mathbf{R}^3$ 中任一向量,若 $\boldsymbol{\alpha}$ 在基 $\boldsymbol{\alpha}_1,\boldsymbol{\alpha}_2,\boldsymbol{\alpha}_3$ 下的坐标为 $(x_1,x_2,x_3)^{\mathrm{T}}$,$\boldsymbol{\alpha}$ 在基 $\boldsymbol{\beta}_1,\boldsymbol{\beta}_2,\boldsymbol{\beta}_3$ 下的坐标为 $(y_1,y_2,y_3)^{\mathrm{T}}$,从而坐标变换公式为

$$\begin{pmatrix}x_1\\x_2\\x_3\end{pmatrix}=\begin{pmatrix}1&1&0\\-1&0&-1\\-1&-1&2\end{pmatrix}\begin{pmatrix}y_1\\y_2\\y_3\end{pmatrix}.$$

【方法点击】 本题先求出基 $\boldsymbol{\alpha}_1,\boldsymbol{\alpha}_2,\boldsymbol{\alpha}_3$ 到基 $\boldsymbol{\beta}_1,\boldsymbol{\beta}_2,\boldsymbol{\beta}_3$ 的过渡矩阵,再利用过渡矩阵写出坐标变换公式.

例6　ζ_1,ζ_2,ζ_3 是线性空间 V_3 的一个基，并且有

$$\begin{cases}\boldsymbol{\alpha}_1=\zeta_1+\zeta_3,\\ \boldsymbol{\alpha}_2=\zeta_2,\\ \boldsymbol{\alpha}_3=\zeta_1+2\zeta_2+2\zeta_3,\end{cases}\quad\begin{cases}\boldsymbol{\beta}_1=\zeta_1,\\ \boldsymbol{\beta}_2=\zeta_1+\zeta_2,\\ \boldsymbol{\beta}_3=\zeta_1+\zeta_2+\zeta_3.\end{cases}$$

(1)证明 $\boldsymbol{\alpha}_1,\boldsymbol{\alpha}_2,\boldsymbol{\alpha}_3$ 和 $\boldsymbol{\beta}_1,\boldsymbol{\beta}_2,\boldsymbol{\beta}_3$ 都是 V_3 的基；

(2)求由基 $\boldsymbol{\alpha}_1,\boldsymbol{\alpha}_2,\boldsymbol{\alpha}_3$ 到基 $\boldsymbol{\beta}_1,\boldsymbol{\beta}_2,\boldsymbol{\beta}_3$ 的过渡矩阵；

(3)求基 $\boldsymbol{\alpha}_1,\boldsymbol{\alpha}_2,\boldsymbol{\alpha}_3$ 到基 $\boldsymbol{\beta}_1,\boldsymbol{\beta}_2,\boldsymbol{\beta}_3$ 的坐标变换公式.

【解析】 (1)由已知条件可得

$$(\boldsymbol{\alpha}_1,\boldsymbol{\alpha}_2,\boldsymbol{\alpha}_3)=(\zeta_1,\zeta_2,\zeta_3)\begin{pmatrix}1&0&1\\0&1&2\\1&0&2\end{pmatrix}=(\zeta_1,\zeta_2,\zeta_3)\boldsymbol{P}_1,$$

$$|\boldsymbol{P}_1|=\begin{vmatrix}1&0&1\\0&1&2\\1&0&2\end{vmatrix}=1\neq0,$$

所以 $\boldsymbol{\alpha}_1,\boldsymbol{\alpha}_2,\boldsymbol{\alpha}_3$ 是 V_3 的一组基.

$$(\boldsymbol{\beta}_1,\boldsymbol{\beta}_2,\boldsymbol{\beta}_3)=(\zeta_1,\zeta_2,\zeta_3)\begin{pmatrix}1&1&1\\0&1&1\\0&0&1\end{pmatrix}=(\zeta_1,\zeta_2,\zeta_3)\boldsymbol{P}_2,$$

$$|\boldsymbol{P}_2|=\begin{vmatrix}1&1&1\\0&1&1\\0&0&1\end{vmatrix}=1\neq0,$$

所以 $\boldsymbol{\beta}_1,\boldsymbol{\beta}_2,\boldsymbol{\beta}_3$ 是 V_3 的一组基.

(2)由$(\boldsymbol{\alpha}_1,\boldsymbol{\alpha}_2,\boldsymbol{\alpha}_3)=(\zeta_1,\zeta_2,\zeta_3)\boldsymbol{P}_1$ 可得$(\zeta_1,\zeta_2,\zeta_3)=(\boldsymbol{\alpha}_1,\boldsymbol{\alpha}_2,\boldsymbol{\alpha}_3)\boldsymbol{P}_1^{-1}$.

又因为$(\boldsymbol{\beta}_1,\boldsymbol{\beta}_2,\boldsymbol{\beta}_3)=(\zeta_1,\zeta_2,\zeta_3)\boldsymbol{P}_2$，所以

$$(\boldsymbol{\beta}_1,\boldsymbol{\beta}_2,\boldsymbol{\beta}_3)=(\boldsymbol{\alpha}_1,\boldsymbol{\alpha}_2,\boldsymbol{\alpha}_3)\boldsymbol{P}_1^{-1}\boldsymbol{P}_2=(\boldsymbol{\alpha}_1,\boldsymbol{\alpha}_2,\boldsymbol{\alpha}_3)\boldsymbol{P}.$$

从而由基 $\boldsymbol{\alpha}_1,\boldsymbol{\alpha}_2,\boldsymbol{\alpha}_3$ 到基 $\boldsymbol{\beta}_1,\boldsymbol{\beta}_2,\boldsymbol{\beta}_3$ 的过渡矩阵为

$$\boldsymbol{P}=\boldsymbol{P}_1^{-1}\boldsymbol{P}_2=\begin{pmatrix}1&0&1\\0&1&2\\1&0&2\end{pmatrix}^{-1}\begin{pmatrix}1&1&1\\0&1&1\\0&0&1\end{pmatrix}=\begin{pmatrix}2&0&-1\\2&1&-2\\-1&0&1\end{pmatrix}\begin{pmatrix}1&1&1\\0&1&1\\0&0&1\end{pmatrix}=\begin{pmatrix}2&2&1\\2&3&1\\-1&-1&0\end{pmatrix}.$$

(3)设 $\boldsymbol{\eta}$ 是 V_3 中任一向量，若 $\boldsymbol{\eta}$ 在基 $\boldsymbol{\alpha}_1,\boldsymbol{\alpha}_2,\boldsymbol{\alpha}_3$ 下的坐标为 $(x_1,x_2,x_3)^{\mathrm{T}}$，$\boldsymbol{\eta}$ 在基 $\boldsymbol{\beta}_1,\boldsymbol{\beta}_2,\boldsymbol{\beta}_3$ 下的坐标为 $(y_1,y_2,y_3)^{\mathrm{T}}$，即 $\boldsymbol{\eta}=(\boldsymbol{\alpha}_1,\boldsymbol{\alpha}_2,\boldsymbol{\alpha}_3)\begin{pmatrix}x_1\\x_2\\x_3\end{pmatrix}=(\boldsymbol{\beta}_1,\boldsymbol{\beta}_2,\boldsymbol{\beta}_3)\begin{pmatrix}y_1\\y_2\\y_3\end{pmatrix}$.

由于已知由基 $\boldsymbol{\alpha}_1,\boldsymbol{\alpha}_2,\boldsymbol{\alpha}_3$ 到基 $\boldsymbol{\beta}_1,\boldsymbol{\beta}_2,\boldsymbol{\beta}_3$ 的过渡矩阵为 $\boldsymbol{P}$，所以，坐标变换公式为

$$\begin{pmatrix}x_1\\x_2\\x_3\end{pmatrix}=\boldsymbol{P}\begin{pmatrix}y_1\\y_2\\y_3\end{pmatrix}=\begin{pmatrix}2&2&1\\2&3&1\\-1&-1&0\end{pmatrix}\begin{pmatrix}y_1\\y_2\\y_3\end{pmatrix},$$

或 $$\begin{pmatrix}y_1\\y_2\\y_3\end{pmatrix}=\boldsymbol{P}^{-1}\begin{pmatrix}x_1\\x_2\\x_3\end{pmatrix}=\begin{pmatrix}2&2&1\\2&3&1\\-1&-1&0\end{pmatrix}^{-1}\begin{pmatrix}x_1\\x_2\\x_3\end{pmatrix}=\begin{pmatrix}1&-1&-1\\-1&1&0\\1&0&2\end{pmatrix}\begin{pmatrix}x_1\\x_2\\x_3\end{pmatrix}.$$

【方法点击】 本题(1)利用一组基被可逆矩阵作用后还是一组基这一性质.(2)根据过渡矩阵的定义.(3)利用过渡矩阵直接写出坐标变换公式.

例7 在空间 $\mathbf{R}^3$ 中,已知 $\boldsymbol{\alpha}_1=(1,1,0)^{\mathrm{T}},\boldsymbol{\alpha}_2=(0,0,2)^{\mathrm{T}},\boldsymbol{\alpha}_3=(0,3,2)^{\mathrm{T}}$ 为一组基.求向量 $\boldsymbol{\alpha}=(1,3,5)^{\mathrm{T}}$ 在基 $\boldsymbol{\alpha}_1,\boldsymbol{\alpha}_2,\boldsymbol{\alpha}_3$ 下的坐标.

【解析】 令 $\boldsymbol{\varepsilon}_1=(1,0,0)^{\mathrm{T}},\boldsymbol{\varepsilon}_2=(0,1,0)^{\mathrm{T}},\boldsymbol{\varepsilon}_3=(0,0,1)^{\mathrm{T}}$,显然 $\boldsymbol{\varepsilon}_1,\boldsymbol{\varepsilon}_2,\boldsymbol{\varepsilon}_3$ 也是向量空间 $\mathbf{R}^3$ 的一组基,而基 $\boldsymbol{\varepsilon}_1,\boldsymbol{\varepsilon}_2,\boldsymbol{\varepsilon}_3$ 到基 $\boldsymbol{\alpha}_1,\boldsymbol{\alpha}_2,\boldsymbol{\alpha}_3$ 的过渡矩阵为 $\begin{pmatrix}1&0&0\\1&0&3\\0&2&2\end{pmatrix}$,即

$$(\boldsymbol{\alpha}_1,\boldsymbol{\alpha}_2,\boldsymbol{\alpha}_3)=(\boldsymbol{\varepsilon}_1,\boldsymbol{\varepsilon}_2,\boldsymbol{\varepsilon}_3)\begin{pmatrix}1&0&0\\1&0&3\\0&2&2\end{pmatrix}.$$

设向量 $\boldsymbol{\alpha}$ 在基 $\boldsymbol{\alpha}_1,\boldsymbol{\alpha}_2,\boldsymbol{\alpha}_3$ 下的坐标为 $(y_1,y_2,y_3)^{\mathrm{T}}$,由坐标变换公式可得

$$\begin{pmatrix}y_1\\y_2\\y_3\end{pmatrix}=\begin{pmatrix}1&0&0\\1&0&3\\0&2&2\end{pmatrix}^{-1}\begin{pmatrix}1\\3\\5\end{pmatrix}=\begin{pmatrix}1&0&0\\\frac{1}{3}&-\frac{1}{3}&\frac{1}{2}\\-\frac{1}{3}&\frac{1}{3}&0\end{pmatrix}\begin{pmatrix}1\\3\\5\end{pmatrix}=\begin{pmatrix}1\\\frac{11}{6}\\\frac{2}{3}\end{pmatrix},$$

所以 $\boldsymbol{\alpha}$ 在基 $\boldsymbol{\alpha}_1,\boldsymbol{\alpha}_2,\boldsymbol{\alpha}_3$ 下的坐标为 $\left(1,\frac{11}{6},\frac{2}{3}\right)^{\mathrm{T}}$.

【方法点击】 先求出由基 $\boldsymbol{\varepsilon}_1,\boldsymbol{\varepsilon}_2,\boldsymbol{\varepsilon}_3$ 到基 $\boldsymbol{\alpha}_1,\boldsymbol{\alpha}_2,\boldsymbol{\alpha}_3$ 的过渡矩阵,再利用坐标变换公式.

第四节 线性变换

知识全解

【知识结构】

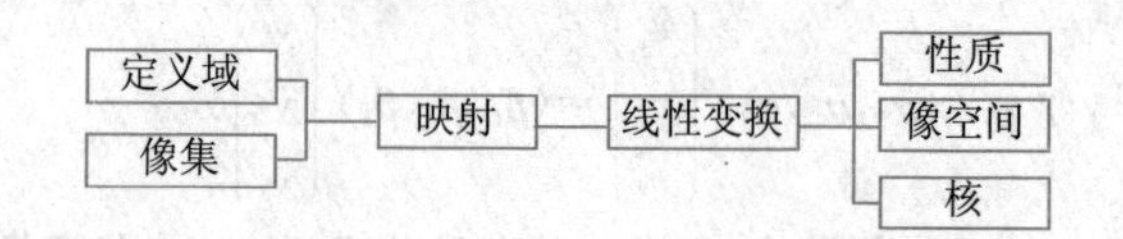

【考点精析】

1. 线性变换的基本概念.

名称	内容
映射	设 A,B 为两个非空集合,对 A 中任一元素 a,按照一定的规则,总有 B 中一个确定的元素 b 与之对应,这个对应规则称为**从集合 A 到集合 B 的映射**

续表

名称	内容
线性变换	V_n,U_m 分别是实数域上 n 维和 m 维线性空间，T 是从 V_n 到 U_m 的映射，若 T 满足： (1)任意 $\boldsymbol{\alpha}_1,\boldsymbol{\alpha}_2\in V_n$，有 $T(\boldsymbol{\alpha}_1+\boldsymbol{\alpha}_2)=T(\boldsymbol{\alpha}_1)+T(\boldsymbol{\alpha}_2)$； (2)任意 $\boldsymbol{\alpha}\in V_n,k\in\mathbf{R}$，有 $T(k\boldsymbol{\alpha})=kT(\boldsymbol{\alpha})$， 则 T 称为从 V_n 到 U_m 的**线性变换(线性映射)**
像空间	线性变换 T 的像集 $T(V)\subset U$ 是一线性空间，称为 T 的**像空间**，像空间的维数称为**线性变换 T 的秩**
核	集合 $S_T=\{\boldsymbol{\alpha}\mid T(\boldsymbol{\alpha})=0,\boldsymbol{\alpha}\in V\}$ 是一个线性空间，称为**线性变换 T 的核**

2. 线性变换的性质.

(1)$T(\mathbf{0})=\mathbf{0},T(-\boldsymbol{\alpha})=-T\boldsymbol{\alpha}$；
(2)若 $\boldsymbol{\beta}=k_1\boldsymbol{\alpha}_1+k_2\boldsymbol{\alpha}_2+\cdots+k_m\boldsymbol{\alpha}_m$，则 $T\boldsymbol{\beta}=k_1T\boldsymbol{\alpha}_1+k_2T\boldsymbol{\alpha}_2+\cdots+k_mT\boldsymbol{\alpha}_m$；
(3)若 $\boldsymbol{\alpha}_1,\boldsymbol{\alpha}_2,\cdots,\boldsymbol{\alpha}_m$ 线性相关，则 $T\boldsymbol{\alpha}_1,T\boldsymbol{\alpha}_2,\cdots,T\boldsymbol{\alpha}_m$ 线性相关

3. 对应习题.

习题六第 8～9 题(教材 P_{158}).

例题精解

基本题型：判断变换是否是线性变换

例 1　判断下面定义的变换是否是线性变换.

(1)在线性空间 V 中，$T\boldsymbol{\zeta}=\boldsymbol{\alpha}$，其中 $\boldsymbol{\alpha}\in V$ 是一固定的向量；

(2)在 P^3 中，$T(x_1,x_2,x_3)=(2x_1-x_2,x_2+x_3,x_1)$；

(3)在 $P(x)$中，$Tf(x)=f(x+1)$.

【解析】 (1)当 $\boldsymbol{\alpha}=\mathbf{0}$ 时，任取 $\boldsymbol{\zeta}_1,\boldsymbol{\zeta}_2\in V$，则$(T\boldsymbol{\zeta}_1+\boldsymbol{\zeta}_2)=\mathbf{0},T(\boldsymbol{\zeta}_1)+(\boldsymbol{\zeta}_2)=\mathbf{0}+\mathbf{0}=\mathbf{0}$，所以

$$T(\boldsymbol{\zeta}_1+\boldsymbol{\zeta}_2)=T\boldsymbol{\zeta}_1+T\boldsymbol{\zeta}_2,$$

任意 $k\in\mathbf{R}$，$T(k\boldsymbol{\zeta}_1)=\mathbf{0}$，$kT\boldsymbol{\zeta}_1=k\cdot\mathbf{0}=\mathbf{0}$，所以 $T(k\boldsymbol{\zeta}_1)+kT\boldsymbol{\zeta}_1$，从而当 $\boldsymbol{\alpha}=\mathbf{0}$ 时，$T\boldsymbol{\zeta}=\boldsymbol{\alpha}$ 是线性变换.

当 $\boldsymbol{\alpha}\neq\mathbf{0}$ 时，任取 $\boldsymbol{\zeta}_1,\boldsymbol{\zeta}_2\in V$，$T(\boldsymbol{\zeta}_1+\boldsymbol{\zeta}_2)=\boldsymbol{\alpha}$，$T\boldsymbol{\zeta}_1+T\boldsymbol{\zeta}_2=\boldsymbol{\alpha}+\boldsymbol{\alpha}=2\boldsymbol{\alpha}$，但 $\boldsymbol{\alpha}\neq2\boldsymbol{\alpha}$，则有 $T(\boldsymbol{\zeta}_1+\boldsymbol{\zeta}_2)\neq T\boldsymbol{\zeta}_1+T\boldsymbol{\zeta}_2$，所以当 $\boldsymbol{\alpha}\neq\mathbf{0}$，$T\boldsymbol{\zeta}=\boldsymbol{\alpha}$ 不是线性变换.

(2)任取$(x_1,x_2,x_3),(y_1,y_2,y_3)\in P^3$，则

$$\begin{aligned}T[(x_1,x_2,x_3)+(y_1,y_2,y_3)]&=T(x_1+y_1,x_2+y_2,x_3+y_3)\\&=(2(x_1+y_1)-(x_2+y_2),x_2+y_2+x_3+y_3,x_1+y_1)\\&=(2x_1-x_2+2y_1-y_2,x_2+x_3+y_2+y_3,x_1+y_1),\end{aligned}$$

$$\begin{aligned}T(x_1,x_2,x_3)+T(y_1,y_2,y_3)&=(2x_1-x_2,x_2+x_3,x_1)+(2y_1-y_2,y_2+y_3,y_1)\\&=(2x_1-x_2+2y_1-y_2,x_2+x_3+y_2+y_3,x_1+y_1),\end{aligned}$$

所以 $T[(x_1,x_2,x_3)+(y_1,y_2,y_3)]=T(x_1,x_2,x_3)+T(y_1,y_2,y_3)$.

任取 $k\in\mathbf{R}$，

$$T[k(x_1,x_2,x_3)]=T(kx_1,kx_2,kx_3)=(2kx_1-kx_2,kx_2+kx_3,kx_1)$$

第六章

$$=k(2x_1-x_2,x_2+x_3,x_1)=kT(x_1,x_2,x_3),$$

所以 $T(x_1,x_2,x_3)=(2x_1-x_2,x_2+x_3,x_1)$ 是线性变换.

(3)任取 $f(x),g(x)\in P(x)$,则

$$T[f(x)+g(x)]=f(x+1)+g(x+1)=Tf(x)+Tg(x),$$

任取 $k\in\mathbf{R}$,

$$T[kf(x)]=kf(x+1)=kTf(x).$$

所以 $Tf(x)=f(x+1)$ 是线性变换.

【方法点击】 根据线性变换的定义,验证是否满足线性变换的条件.

第五节　线性变换的矩阵表示式

知识全解

【知识结构】

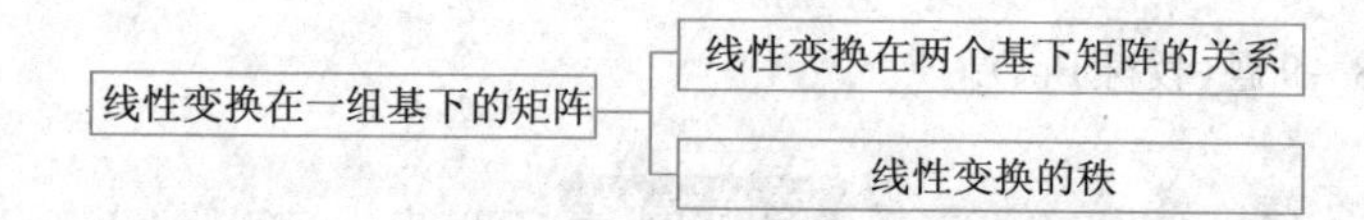

【考点精析】

1. 线性变换在基下的矩阵.

名称	定义	备注
线性变换在基下的矩阵	若 T 是线性空间 V_n 中的线性变换,$\boldsymbol{\alpha}_1,\boldsymbol{\alpha}_2,\cdots,\boldsymbol{\alpha}_n$ 为 V_n 中一组基,并且有 $\begin{cases}T\boldsymbol{\alpha}_1=a_{11}\boldsymbol{\alpha}_1+a_{21}\boldsymbol{\alpha}_2+\cdots+a_{n1}\boldsymbol{\alpha}_n,\\T\boldsymbol{\alpha}_2=a_{12}\boldsymbol{\alpha}_1+a_{22}\boldsymbol{\alpha}_2+\cdots+a_{n2}\boldsymbol{\alpha}_n,\\\vdots\\T\boldsymbol{\alpha}_n=a_{1n}\boldsymbol{\alpha}_1+a_{2n}\boldsymbol{\alpha}_1+\cdots+a_{nn}\boldsymbol{\alpha}_n.\end{cases}$ 记 $T(\boldsymbol{\alpha}_1,\boldsymbol{\alpha}_2,\cdots,\boldsymbol{\alpha}_n)=(T\boldsymbol{\alpha}_1,T\boldsymbol{\alpha}_2,\cdots,T\boldsymbol{\alpha}_n)$,则 $T(\boldsymbol{\alpha}_1,\boldsymbol{\alpha}_2,\cdots,\boldsymbol{\alpha}_n)=$ $(\boldsymbol{\alpha}_1,\boldsymbol{\alpha}_2,\cdots,\boldsymbol{\alpha}_n)\begin{pmatrix}a_{11}&a_{12}&\cdots&a_{1n}\\a_{21}&a_{22}&\cdots&a_{2n}\\\vdots&\vdots&&\vdots\\a_{n1}&a_{n2}&\cdots&a_{nn}\end{pmatrix}$	(1)在线性空间 V_n 的一组固定基下,线性变换 T 与一个 n 阶方阵一一对应; (2)若 $\boldsymbol{\alpha}_1,\boldsymbol{\alpha}_2,\cdots,\boldsymbol{\alpha}_n$ 和 $\boldsymbol{\beta}_1,\boldsymbol{\beta}_2,\cdots,\boldsymbol{\beta}_n$ 是线性空间 V_n 的两个基,由基 $\boldsymbol{\alpha}_1,\boldsymbol{\alpha}_2,\cdots,\boldsymbol{\alpha}_n$ 到基 $\boldsymbol{\beta}_1,\boldsymbol{\beta}_2,\cdots,\boldsymbol{\beta}_n$ 的过渡矩阵为 $\boldsymbol{P}$,V_n 中线性变换 T 在这两个基下的矩阵分别为 $\boldsymbol{A}$ 和 $\boldsymbol{B}$,则 $\boldsymbol{B}=\boldsymbol{P}^{-1}\boldsymbol{AP}$
线性变换在基下的矩阵	令 $\boldsymbol{A}=\begin{pmatrix}a_{11}&a_{12}&\cdots&a_{1n}\\a_{21}&a_{22}&\cdots&a_{2n}\\\vdots&\vdots&&\vdots\\a_{n1}&a_{n2}&\cdots&a_{nn}\end{pmatrix}$,则 $\boldsymbol{A}$ 就称为**线性变换 T 在基 $\boldsymbol{\alpha}_1,\boldsymbol{\alpha}_2,\cdots,\boldsymbol{\alpha}_n$ 下的矩阵**	(3)线性变换 T 的像空间 $T(V_n)$ 的维数称为 T 的**秩**.若 $\boldsymbol{A}$ 是 T 的矩阵,则 T 的秩就是 $R(\boldsymbol{A})$,若 T 的秩为 r,则 T 的核 S_T 的维数为$n-r$

2. 对应习题.

习题六第 10～11 题(教材 $P_{158\sim159}$).

例题精解

基本题型:求线性变换在一组基下的矩阵或相关证明

例 1　在 2 阶实矩阵组成的线性空间上定义线性变换 T:

$$T(X)=\begin{pmatrix}a & b\\ c & d\end{pmatrix}X.$$

求 T 在基 $\boldsymbol{E}_{11},\boldsymbol{E}_{12},\boldsymbol{E}_{21},\boldsymbol{E}_{22}$ 下的矩阵.

【解析】　$T(\boldsymbol{E}_{11})=\begin{pmatrix}a & b\\ c & d\end{pmatrix}\begin{pmatrix}1 & 0\\ 0 & 0\end{pmatrix}=\begin{pmatrix}a & 0\\ c & 0\end{pmatrix}=a\boldsymbol{E}_{11}+c\boldsymbol{E}_{21}$,

$T(\boldsymbol{E}_{12})=\begin{pmatrix}a & b\\ c & d\end{pmatrix}\begin{pmatrix}0 & 1\\ 0 & 0\end{pmatrix}=\begin{pmatrix}0 & a\\ 0 & c\end{pmatrix}=a\boldsymbol{E}_{12}+c\boldsymbol{E}_{22}$,

$T(\boldsymbol{E}_{21})=\begin{pmatrix}a & b\\ c & d\end{pmatrix}\begin{pmatrix}0 & 0\\ 1 & 0\end{pmatrix}=\begin{pmatrix}b & 0\\ d & 0\end{pmatrix}=b\boldsymbol{E}_{11}+d\boldsymbol{E}_{21}$,

$T(\boldsymbol{E}_{22})=\begin{pmatrix}a & b\\ c & d\end{pmatrix}\begin{pmatrix}0 & 0\\ 0 & 1\end{pmatrix}=\begin{pmatrix}0 & b\\ 0 & d\end{pmatrix}=b\boldsymbol{E}_{12}+d\boldsymbol{E}_{22}$,

从而 T 在基 $\boldsymbol{E}_{11},\boldsymbol{E}_{12},\boldsymbol{E}_{21},\boldsymbol{E}_{22}$ 下的矩阵为 $\begin{pmatrix}a & 0 & b & 0\\ 0 & a & 0 & b\\ c & 0 & d & 0\\ 0 & c & 0 & d\end{pmatrix}$.

【方法点击】　先求出基 $\boldsymbol{E}_{11},\boldsymbol{E}_{12},\boldsymbol{E}_{21},\boldsymbol{E}_{22}$ 在线性变换 T 下的像,再根据线性变换在基下的矩阵的定义即可写出矩阵.

例 2　在 P^3 中,已知 $\boldsymbol{\alpha}_1=(-1,0,2),\boldsymbol{\alpha}_2=(0,1,1),\boldsymbol{\alpha}_3=(3,-1,0)$ 是 P^3 的一组基,并且 $T\boldsymbol{\alpha}_1=(-5,0,3),T\boldsymbol{\alpha}_2=(0,-1,6),T\boldsymbol{\alpha}_3=(-5,-1,9)$. 求:

(1)线性变换 T 在基 $\boldsymbol{\alpha}_1,\boldsymbol{\alpha}_2,\boldsymbol{\alpha}_3$ 下的矩阵;

(2) T 在基 $\boldsymbol{\varepsilon}_1=(1,0,0),\boldsymbol{\varepsilon}_2=(0,1,0),\boldsymbol{\varepsilon}_3=(0,0,1)$ 下的矩阵.

【解析】　(1)设 $T\boldsymbol{\alpha}_1=x_1\boldsymbol{\alpha}_1+x_2\boldsymbol{\alpha}_2+x_3\boldsymbol{\alpha}_3$,所以有

$$\begin{cases}-x_1+3x_3=-5,\\ x_2-x_3=0,\\ 2x_1+x_2=3.\end{cases}$$

解得 $x_1=2,x_2=-1,x_3=-1$,所以 $T\boldsymbol{\alpha}_1=2\boldsymbol{\alpha}_1-\boldsymbol{\alpha}_2-\boldsymbol{\alpha}_3$.

同理,可得 $T\boldsymbol{\alpha}_2=3\boldsymbol{\alpha}_1+\boldsymbol{\alpha}_3,T\boldsymbol{\alpha}_3=5\boldsymbol{\alpha}_1-\boldsymbol{\alpha}_2$. 从而 T 在基 $\boldsymbol{\alpha}_1,\boldsymbol{\alpha}_2,\boldsymbol{\alpha}_3$ 下的矩阵为 $\begin{pmatrix}2 & 3 & 5\\ -1 & 0 & -1\\ -1 & 1 & 0\end{pmatrix}$.

(2)设 $\boldsymbol{\varepsilon}_1=x_1\boldsymbol{\alpha}_1+x_2\boldsymbol{\alpha}_2+x_3\boldsymbol{\alpha}_3$,从而有

$$\begin{cases}-x_1+3x_3=1,\\ x_2-x_3=1,\\ 2x_1+x_2=0.\end{cases}$$

解得 $x_1=-\frac{1}{7},x_2=\frac{2}{7},x_3=\frac{2}{7}$，所以 $\boldsymbol{\varepsilon}_1=-\frac{1}{7}\boldsymbol{\alpha}_1+\frac{2}{7}\boldsymbol{\alpha}_2+\frac{2}{7}\boldsymbol{\alpha}_3$.

同理，可得 $\boldsymbol{\varepsilon}_2=-\frac{3}{7}\boldsymbol{\alpha}_1+\frac{6}{7}\boldsymbol{\alpha}_2-\frac{1}{7}\boldsymbol{\alpha}_3,\boldsymbol{\varepsilon}_3=\frac{3}{7}\boldsymbol{\alpha}_1+\frac{1}{7}\boldsymbol{\alpha}_2+\frac{1}{7}\boldsymbol{\alpha}_3$.

又因为 $T\boldsymbol{\alpha}_1=(-5,0,3)=-5\boldsymbol{\varepsilon}_1+\boldsymbol{\varepsilon}_3,T\boldsymbol{\alpha}_2=(0,-1,6)=-\boldsymbol{\varepsilon}_2+6\boldsymbol{\varepsilon}_3,T\boldsymbol{\alpha}_3=(-5,-1,9)=-5\boldsymbol{\varepsilon}_1-\boldsymbol{\varepsilon}_2+9\boldsymbol{\varepsilon}_3$，从而有

$$\begin{aligned}T\boldsymbol{\varepsilon}_1&=T\left(-\frac{1}{7}\boldsymbol{\alpha}_1+\frac{2}{7}\boldsymbol{\alpha}_2+\frac{2}{7}\boldsymbol{\alpha}_3\right)=-\frac{1}{7}T\boldsymbol{\alpha}_1+\frac{2}{7}T\boldsymbol{\alpha}_2+\frac{2}{7}T\boldsymbol{\alpha}_3\\&=-\frac{1}{7}(-5\boldsymbol{\varepsilon}_1+3\boldsymbol{\varepsilon}_3)+\frac{2}{7}(-\boldsymbol{\varepsilon}_2+6\boldsymbol{\varepsilon}_3)+\frac{2}{7}(-5\boldsymbol{\varepsilon}_1-\boldsymbol{\varepsilon}_2+9\boldsymbol{\varepsilon}_3)\\&=-\frac{5}{7}\boldsymbol{\varepsilon}_1-\frac{4}{7}\boldsymbol{\varepsilon}_2+\frac{27}{7}\boldsymbol{\varepsilon}_3.\end{aligned}$$

同理，可得 $T\boldsymbol{\varepsilon}_2=\frac{20}{7}\boldsymbol{\varepsilon}_1-\frac{5}{7}\boldsymbol{\varepsilon}_2+\frac{18}{7}\boldsymbol{\varepsilon}_3,T\boldsymbol{\varepsilon}_3=-\frac{20}{7}\boldsymbol{\varepsilon}_1-\frac{2}{7}\boldsymbol{\varepsilon}_2+\frac{24}{7}\boldsymbol{\varepsilon}_3$.

所以 T 在基 $\boldsymbol{\varepsilon}_1,\boldsymbol{\varepsilon}_2,\boldsymbol{\varepsilon}_3$ 下的矩阵为 $\begin{pmatrix}-\frac{5}{7}&\frac{20}{7}&-\frac{20}{7}\\-\frac{4}{7}&-\frac{5}{7}&-\frac{2}{7}\\\frac{27}{7}&\frac{18}{7}&\frac{24}{7}\end{pmatrix}$.

【方法点击】 本题利用定义求矩阵，掌握求 $\boldsymbol{\varepsilon}_1,\boldsymbol{\varepsilon}_2,\boldsymbol{\varepsilon}_3$ 下矩阵的这种变化技巧.

例3　已知 P^3 中一组基 $\boldsymbol{\eta}_1=(-1,1,1),\boldsymbol{\eta}_2=(1,0,-1),\boldsymbol{\eta}_3=(0,1,1)$，线性变换 T 在基 $\boldsymbol{\eta}_1,\boldsymbol{\eta}_2,\boldsymbol{\eta}_3$ 下的矩阵为 $\begin{pmatrix}1&0&1\\1&1&0\\-1&2&1\end{pmatrix}$，求 T 在基 $\boldsymbol{\varepsilon}_1=(1,0,0),\boldsymbol{\varepsilon}_2=(0,1,0),\boldsymbol{\varepsilon}_3=(0,0,1)$ 下的矩阵.

【解析】 设 $\boldsymbol{\varepsilon}_1=(1,0,0),\boldsymbol{\varepsilon}_2=(0,1,0),\boldsymbol{\varepsilon}_3=(0,0,1)$，显然 $\boldsymbol{\varepsilon}_1,\boldsymbol{\varepsilon}_2,\boldsymbol{\varepsilon}_3$ 是 P^3 的一个基. 由于 $(\boldsymbol{\eta}_1,\boldsymbol{\eta}_2,\boldsymbol{\eta}_3)=(\boldsymbol{\varepsilon}_1,\boldsymbol{\varepsilon}_2,\boldsymbol{\varepsilon}_3)\begin{pmatrix}-1&1&0\\1&0&1\\1&-1&1\end{pmatrix}$，从而由基 $\boldsymbol{\eta}_1,\boldsymbol{\eta}_2,\boldsymbol{\eta}_3$ 到基 $\boldsymbol{\varepsilon}_1,\boldsymbol{\varepsilon}_2,\boldsymbol{\varepsilon}_3$ 的过渡矩阵是 $\begin{pmatrix}-1&1&0\\1&0&1\\1&-1&1\end{pmatrix}^{-1}$. 所以 T 在基 $\boldsymbol{\varepsilon}_1,\boldsymbol{\varepsilon}_2,\boldsymbol{\varepsilon}_3$ 下的矩阵是

$$\begin{aligned}&\left(\begin{pmatrix}-1&1&0\\1&0&1\\1&-1&1\end{pmatrix}^{-1}\right)^{-1}\begin{pmatrix}1&0&1\\1&1&0\\-1&2&1\end{pmatrix}\begin{pmatrix}-1&1&0\\1&0&1\\1&-1&1\end{pmatrix}^{-1}\\=&\begin{pmatrix}-1&1&0\\1&0&1\\1&-1&1\end{pmatrix}\begin{pmatrix}1&0&1\\1&1&0\\-1&2&1\end{pmatrix}\begin{pmatrix}-1&1&-1\\0&1&-1\\1&0&1\end{pmatrix}=\begin{pmatrix}-1&1&-2\\2&2&0\\3&0&2\end{pmatrix}.\end{aligned}$$

【方法点击】 掌握线性变换在两组不同基下矩阵的关系.

例 4 已知 $\boldsymbol{\varepsilon}_1=(1,0,0),\boldsymbol{\varepsilon}_2=(0,1,0),\boldsymbol{\varepsilon}_3=(0,0,1)$ 是三维线性空间 V 的一组基,线性变换 T 在基 $\boldsymbol{\varepsilon}_1,\boldsymbol{\varepsilon}_2,\boldsymbol{\varepsilon}_3$ 下的矩阵为

$$\mathbf{A}=\begin{pmatrix} a_{11} & a_{12} & a_{13} \\ a_{21} & a_{22} & a_{23} \\ a_{31} & a_{32} & a_{33} \end{pmatrix}.$$

(1)求 T 在基 $\boldsymbol{\varepsilon}_3,\boldsymbol{\varepsilon}_2,\boldsymbol{\varepsilon}_1$ 下的矩阵;

(2)求 T 在基 $\boldsymbol{\varepsilon}_1,k\boldsymbol{\varepsilon}_2,\boldsymbol{\varepsilon}_3$ 下的矩阵,其中 $k\in\mathbf{R}$ 并且 $k\neq 0$;

(3)求 T 在基 $\boldsymbol{\varepsilon}_1+\boldsymbol{\varepsilon}_3,\boldsymbol{\varepsilon}_2,\boldsymbol{\varepsilon}_3$ 下的矩阵.

【解析】 (1)因为 $T(\boldsymbol{\varepsilon}_1,\boldsymbol{\varepsilon}_2,\boldsymbol{\varepsilon}_3)=(\boldsymbol{\varepsilon}_1,\boldsymbol{\varepsilon}_2,\boldsymbol{\varepsilon}_3)\mathbf{A}$. 所以

$$\begin{aligned} T\boldsymbol{\varepsilon}_1&=a_{11}\boldsymbol{\varepsilon}_1+a_{21}\boldsymbol{\varepsilon}_2+a_{31}\boldsymbol{\varepsilon}_3, \\ T\boldsymbol{\varepsilon}_2&=a_{12}\boldsymbol{\varepsilon}_1+a_{22}\boldsymbol{\varepsilon}_2+a_{32}\boldsymbol{\varepsilon}_3, \\ T\boldsymbol{\varepsilon}_3&=a_{13}\boldsymbol{\varepsilon}_1+a_{23}\boldsymbol{\varepsilon}_2+a_{33}\boldsymbol{\varepsilon}_3, \end{aligned}$$

所以

$$\begin{aligned} T\boldsymbol{\varepsilon}_3&=a_{33}\boldsymbol{\varepsilon}_3+a_{23}\boldsymbol{\varepsilon}_2+a_{13}\boldsymbol{\varepsilon}_1, \\ T\boldsymbol{\varepsilon}_2&=a_{32}\boldsymbol{\varepsilon}_3+a_{22}\boldsymbol{\varepsilon}_2+a_{12}\boldsymbol{\varepsilon}_1, \\ T\boldsymbol{\varepsilon}_1&=a_{31}\boldsymbol{\varepsilon}_3+a_{21}\boldsymbol{\varepsilon}_2+a_{11}\boldsymbol{\varepsilon}_1, \end{aligned}$$

因而 $T(\boldsymbol{\varepsilon}_3,\boldsymbol{\varepsilon}_2,\boldsymbol{\varepsilon}_1)=(\boldsymbol{\varepsilon}_3,\boldsymbol{\varepsilon}_2,\boldsymbol{\varepsilon}_1)\begin{pmatrix} a_{33} & a_{32} & a_{31} \\ a_{23} & a_{22} & a_{21} \\ a_{13} & a_{12} & a_{11} \end{pmatrix}$,即 T 在基 $\boldsymbol{\varepsilon}_3,\boldsymbol{\varepsilon}_2,\boldsymbol{\varepsilon}_1$ 下的矩阵为 $\begin{pmatrix} a_{33} & a_{32} & a_{31} \\ a_{23} & a_{22} & a_{21} \\ a_{13} & a_{12} & a_{11} \end{pmatrix}$.

(2)因为

$$\begin{aligned} T\boldsymbol{\varepsilon}_1&=a_{11}\boldsymbol{\varepsilon}_1+\frac{1}{k}a_{21}(k\boldsymbol{\varepsilon}_2)+a_{31}\boldsymbol{\varepsilon}_3, \\ T(k\boldsymbol{\varepsilon}_2)&=ka_{12}\boldsymbol{\varepsilon}_1+a_{22}(k\boldsymbol{\varepsilon}_2)+ka_{32}\boldsymbol{\varepsilon}_3, \\ T\boldsymbol{\varepsilon}_3&=a_{13}\boldsymbol{\varepsilon}_1+\frac{1}{k}a_{23}(k\boldsymbol{\varepsilon}_2)+a_{33}\boldsymbol{\varepsilon}_3, \end{aligned}$$

所以 T 在基 $\boldsymbol{\varepsilon}_1,k\boldsymbol{\varepsilon}_2,\boldsymbol{\varepsilon}_3$ 下的矩阵为 $\begin{pmatrix} a_{11} & ka_{12} & a_{13} \\ \frac{1}{k}a_{21} & a_{22} & \frac{1}{k}a_{23} \\ a_{31} & ka_{32} & a_{33} \end{pmatrix}$.

(3)因为

$$\begin{aligned} T(\boldsymbol{\varepsilon}_1+\boldsymbol{\varepsilon}_2)&=T\boldsymbol{\varepsilon}_1+T\boldsymbol{\varepsilon}_2=(a_{11}+a_{12})\boldsymbol{\varepsilon}_1+(a_{21}+a_{22})\boldsymbol{\varepsilon}_2+(a_{31}+a_{32})\boldsymbol{\varepsilon}_3 \\ &=(a_{11}+a_{12})(\boldsymbol{\varepsilon}_1+\boldsymbol{\varepsilon}_2)+(a_{21}+a_{22}-a_{11}-a_{12})\boldsymbol{\varepsilon}_2+(a_{31}+a_{32})\boldsymbol{\varepsilon}_3, \\ T\boldsymbol{\varepsilon}_2&=a_{12}(\boldsymbol{\varepsilon}_1+\boldsymbol{\varepsilon}_2)+(a_{22}-a_{12})\boldsymbol{\varepsilon}_2+a_{32}\boldsymbol{\varepsilon}_3, \\ T\boldsymbol{\varepsilon}_3&=a_{13}(\boldsymbol{\varepsilon}_1+\boldsymbol{\varepsilon}_2)+(a_{23}-a_{13})\boldsymbol{\varepsilon}_2+a_{333}, \end{aligned}$$

所以 T 在基 $\boldsymbol{\varepsilon}_1+\boldsymbol{\varepsilon}_2,\boldsymbol{\varepsilon}_2,\boldsymbol{\varepsilon}_3$ 下的矩阵为 $\begin{pmatrix} a_{11}+a_{12} & a_{12} & a_{13} \\ a_{21}+a_{22}-a_{11}-a_{12} & a_{22}-a_{12} & a_{23}-a_{13} \\ a_{31}+a_{32} & a_{32} & a_{33} \end{pmatrix}$.

例 5 若 T 是线性空间 V 中的线性变换,并且 $T^{m-1}\boldsymbol{\alpha}\neq\mathbf{0}$,$T^m\boldsymbol{\alpha}=\mathbf{0}$,证明:$\boldsymbol{\alpha},T\boldsymbol{\alpha},\cdots,T^{m-1}\boldsymbol{\alpha}$ 线性无关.

【证明】 设有关系式 $l_1\boldsymbol{\alpha}+l_2T\boldsymbol{\alpha}+\cdots+l_mT^{m-1}\boldsymbol{\alpha}=\mathbf{0}$,用 T^{m-1} 作用关系式两端,则

$$T^{m-1}(l_1\boldsymbol{\alpha}+l_2T\boldsymbol{\alpha}+\cdots+l_mT^{m-1}\boldsymbol{\alpha})=\mathbf{0},$$

即 $l_1T^{m-1}\boldsymbol{\alpha}+l_2T^m\boldsymbol{\alpha}+\cdots+l_mT^{2m-2}\boldsymbol{\alpha}=\mathbf{0}$. 由于 $T^m\boldsymbol{\alpha}=\mathbf{0}$,所以 $l_1T^{m-1}\boldsymbol{\alpha}=\mathbf{0}$,而 $T^{m-1}\boldsymbol{\alpha}\neq\mathbf{0}$,从而 $l_1=$

0. 同理，可得 $l_2=0,\cdots,l_m=0$，所以 $\boldsymbol{\alpha},T\boldsymbol{\alpha},\cdots,T^{m-1}\boldsymbol{\alpha}$ 线性无关.

【方法点击】 本题利用线性无关的定义和线性变换的性质证明结论.

本章整合

一 本章知识图解

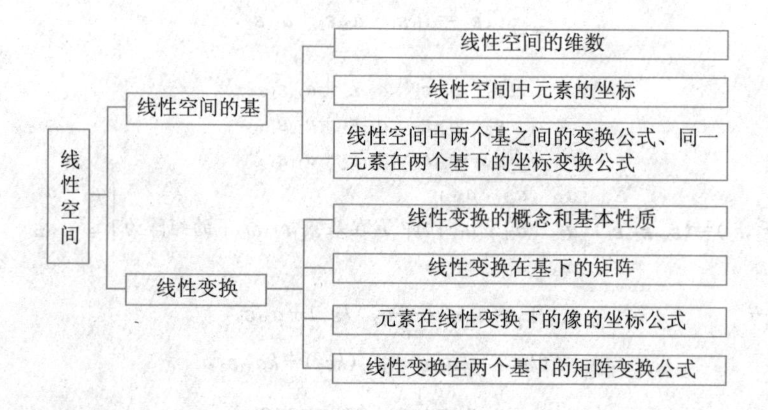

二 本章知识总结

1. 关于线性空间的小结.

判断一个集合是否为线性空间，要根据线性空间的定义验证所定义的加法和数乘封闭以及八条运算规律.

验证线性空间 V 的子集 L 是否为子空间，需验证 L 是否为非空子集，其次验证 L 对于 V 中定义的加法和数乘两种运算是否封闭.

2. 关于基、维数和坐标的小结.

线性空间 V 的一组基应满足两个条件：第一，它是线性无关的；第二，向量空间 V 中任一元素都可由它线性表示，将线性空间看作一向量组，线性空间的基实际上就是线性空间的一个最大无关组，并且线性空间的基不是唯一的，它可有多组基.

线性空间中一组基的元素的个数称为**线性空间的维数**，线性空间的基不是唯一的，但线性空间的维数是一定的，线性空间的两组不同基的元素个数是相同的.

选定线性空间 V_n 中的一组基 $\boldsymbol{\alpha}_1,\boldsymbol{\alpha}_2,\cdots,\boldsymbol{\alpha}_n$，$V_n$ 中任一元素 $\boldsymbol{\alpha}$，若 $\boldsymbol{\alpha}=x_1\boldsymbol{\alpha}_1+x_2\boldsymbol{\alpha}_2+\cdots+x_n\boldsymbol{\alpha}_n$，则方程组的解 $(x_1,x_2,\cdots,x_n)$ 就是 $\boldsymbol{\alpha}$ 在基 $\boldsymbol{\alpha}_1,\boldsymbol{\alpha}_2,\cdots,\boldsymbol{\alpha}_n$ 下的坐标. 一般地，$\boldsymbol{\alpha}$ 在不同基下的

坐标是不同的.

两组不同基可以互相线性表示,即两组基是等价的,两组基之间可由过渡矩阵联系起来,并且过渡矩阵都是可逆的.线性空间中同一向量在不同基下的坐标也可由过渡矩阵联系起来.

3. 关于线性变换的小结.

线性空间 V_n 中的线性变换 T 在一组基 $\boldsymbol{\alpha}_1,\boldsymbol{\alpha}_2,\cdots,\boldsymbol{\alpha}_n$ 下与一个 n 阶方阵 $\boldsymbol{A}$ 是一一对应的,即 $T(\boldsymbol{\alpha}_1,\boldsymbol{\alpha}_2,\cdots,\boldsymbol{\alpha}_n)=(\boldsymbol{\alpha}_1,\boldsymbol{\alpha}_2,\cdots,\boldsymbol{\alpha}_n)\boldsymbol{A}$,并且 $\boldsymbol{A}$ 的第 j 列就是 $T(\boldsymbol{\alpha}_j)$ 在基 $\boldsymbol{\alpha}_1,\boldsymbol{\alpha}_2,\cdots,\boldsymbol{\alpha}_n$ 下的坐标,线性变换 T 在不同基下对应的矩阵不一定相同,但可通过过渡矩阵联系起来.

三 本章同步自测

同步自测题

二、填空题

1. 已知三维空间的一组基为 $\boldsymbol{\alpha}_1=(1,1,0)^{\mathrm{T}},\boldsymbol{\alpha}_2=(1,0,1)^{\mathrm{T}},\boldsymbol{\alpha}_3=(0,1,1)^{\mathrm{T}}$,则向量 $\boldsymbol{\eta}=(2,0,0)^{\mathrm{T}}$ 在上述基底下的坐标是________.

2. 已知 $P_2(x)$ 的一组基为 $1,x-1,(x-2)(x-1)$,则向量 $1+x+x^2$ 在该基下的坐标为________.

3. 从 $\mathbf{R}^2$ 的基 $\boldsymbol{\alpha}_1=\begin{pmatrix}1\\0\end{pmatrix},\boldsymbol{\alpha}_2=\begin{pmatrix}1\\-1\end{pmatrix}$ 到基 $\boldsymbol{\beta}_1=\begin{pmatrix}1\\1\end{pmatrix},\boldsymbol{\beta}_2=\begin{pmatrix}1\\2\end{pmatrix}$ 的过渡矩阵为________.

二、解答题

4. 验证所有 $m\times n$ 阶实矩阵的集合构成 $\mathbf{R}$ 上的线性空间.

5. 设 V 是 2×2 阶实矩阵做成的线性空间,$\boldsymbol{A}$ 是 V 中一固定矩阵,以 $\boldsymbol{X}$ 表示 V 中任一矩阵,证明变换 $T(\boldsymbol{X})=\boldsymbol{AX}-\boldsymbol{XA}$ 是线性变换.

6. 在 P^3 中线性变换 T 在基 $\boldsymbol{\eta}_1=(-1,1,1),\boldsymbol{\eta}_2=(1,0,-1),\boldsymbol{\eta}_3=(0,1,1)$ 下的矩阵是 $\begin{pmatrix}1&0&1\\1&1&0\\-1&2&1\end{pmatrix}$,求 T 在基 $\boldsymbol{\varepsilon}_1=(1,0,0),\boldsymbol{\varepsilon}_2=(0,1,0),\boldsymbol{\varepsilon}_3=(0,0,1)$ 下的矩阵.

7. 在 P^3 中线性变换 T 把基 $\boldsymbol{\alpha}=(1,0,1)^{\mathrm{T}},\boldsymbol{\beta}=(0,1,0)^{\mathrm{T}},\boldsymbol{\gamma}=(0,0,1)^{\mathrm{T}}$ 变为基 $(1,0,2)^{\mathrm{T}},(-1,2,-1)^{\mathrm{T}},(1,0,0)^{\mathrm{T}}$,求 T 在基 $\boldsymbol{\alpha},\boldsymbol{\beta},\boldsymbol{\gamma}$ 下的矩阵.

8. 在 P^3 中,已知从基 $\boldsymbol{\varepsilon}_1,\boldsymbol{\varepsilon}_2,\boldsymbol{\varepsilon}_3$ 到基 $\boldsymbol{\varepsilon}'_1,\boldsymbol{\varepsilon}'_2,\boldsymbol{\varepsilon}'_3$ 的过渡矩阵为 $\boldsymbol{P}=\begin{pmatrix}1&0&0\\1&2&1\\2&2&4\end{pmatrix}$,而 $\boldsymbol{\varepsilon}'_1=\begin{pmatrix}1\\0\\1\end{pmatrix}$,$\boldsymbol{\varepsilon}'_2=\begin{pmatrix}1\\1\\0\end{pmatrix},\boldsymbol{\varepsilon}'_3=\begin{pmatrix}0\\0\\1\end{pmatrix}$,求 $\boldsymbol{\varepsilon}_1,\boldsymbol{\varepsilon}_2,\boldsymbol{\varepsilon}_3$.

自测题答案

一、填空题

1. $(1,1,-1)$　**2.** $(3,4,1)$　**3.** $\begin{pmatrix}2 & 3\\-1 & -2\end{pmatrix}$

二、解答题

4. 提示：验证加法和数乘运算封闭，以及线性空间八条运算规律成立.

5. 提示：证明任取 $\boldsymbol{X},\boldsymbol{Y}\in V,k\in\mathbf{R},T(\boldsymbol{X}+\boldsymbol{Y})=T(\boldsymbol{X})+T(\boldsymbol{Y}),T(k\boldsymbol{X})=kT(\boldsymbol{X})$.

6. 解：$\begin{pmatrix}-1 & 1 & -2\\2 & 2 & 0\\3 & 0 & 2\end{pmatrix}$.

7. 提示：$\begin{pmatrix}1 & -1 & 1\\0 & 2 & 0\\1 & 0 & -1\end{pmatrix}$. 将 $T(\boldsymbol{\alpha}),T(\boldsymbol{\beta}),T(\boldsymbol{\gamma})$ 用 $\boldsymbol{\alpha},\boldsymbol{\beta},\boldsymbol{\gamma}$ 线性表示.

8. 提示：因为 $(\boldsymbol{\varepsilon}_1',\boldsymbol{\varepsilon}_2',\boldsymbol{\varepsilon}_3')=(\boldsymbol{\varepsilon}_1,\boldsymbol{\varepsilon}_2,\boldsymbol{\varepsilon}_3)\boldsymbol{P}$，所以 $(\boldsymbol{\varepsilon}_1,\boldsymbol{\varepsilon}_2,\boldsymbol{\varepsilon}_3)=(\boldsymbol{\varepsilon}_1',\boldsymbol{\varepsilon}_2',\boldsymbol{\varepsilon}_3')\boldsymbol{P}^{-1}$，解得

$$\boldsymbol{\varepsilon}_1=\begin{pmatrix}\frac{2}{3}\\-\frac{1}{3}\\\frac{2}{3}\end{pmatrix},\boldsymbol{\varepsilon}_2=\begin{pmatrix}\frac{2}{3}\\\frac{2}{3}\\-\frac{1}{3}\end{pmatrix},\boldsymbol{\varepsilon}_3=\begin{pmatrix}-\frac{1}{6}\\-\frac{1}{6}\\\frac{1}{3}\end{pmatrix}.$$

教材习题全解

第一章 行列式

1. 利用对角线法则计算下列三阶行列式：

(1) $\begin{vmatrix} 2 & 0 & 1 \\ 1 & -4 & -1 \\ -1 & 8 & 3 \end{vmatrix}$；　(2) $\begin{vmatrix} a & b & c \\ b & c & a \\ c & a & b \end{vmatrix}$；

(3) $\begin{vmatrix} 1 & 1 & 1 \\ a & b & c \\ a^2 & b^2 & c^2 \end{vmatrix}$；　(4) $\begin{vmatrix} x & y & x+y \\ y & x+y & x \\ x+y & x & y \end{vmatrix}$.

解：(1)原式$=2\times(-4)\times3+0\times(-1)\times(-1)+1\times1\times8-0\times1\times3-2\times(-1)\times8-1\times(-4)\times(-1)$

$=-24+8+16-4=-4.$

(2)原式$=acb+bac+cba-bbb-aaa-ccc=3abc-a^3-b^3-c^3$.

(3)原式$=bc^2+ca^2+ab^2-ac^2-ba^2-cb^2=(a-b)(b-c)(c-a)$.

(4)原式$=x(x+y)y+yx(x+y)+(x+y)yx-y^3-(x+y)^3-x^3$

$=3xy(x+y)-y^3-3x^2y-3xy^2-x^3-y^3-x^3=-2(x^3+y^3)$.

2. 按自然数从小到大为标准次序，求下列各排列的逆序数：

(1)1 2 3 4； (2)4 1 3 2； (3)3 4 2 1； (4)2 4 1 3；

(5)1 3 … $(2n-1)$ 2 4 … $(2n)$； (6)1 3 … $(2n-1)$ $(2n)$ $(2n-2)$ … 2.

解：(1)此排列为自然排列，其逆序数为 $t=0$.

(2)逆序数 $t=0+1+1+2=4$. 此排列的首位元素 4 的逆序数为 0；第 2 位元素 1 的逆序数为 1；第 3 位元素 3 的逆序数为 1；末位数 2 的逆序数为 2.

(3)逆序数 $t=0+0+2+3=5$. 此排列前两位元素的逆序数均为 0；第 3 位元素 2 的逆序数为 2；末位元素 1 的逆序数为 3.

(4)逆序数 $t=0+0+2+1=3$. 此排列从首位元素到末位元素的逆序数依次为 0,0,2,1.

(5)逆序数 $t=\frac{n(n-1)}{2}$. 在这 $2n$ 个数的排列中，前 n 位元素之间没有逆序对，第$n+1$ 位元素 2 与它前面的 $n-1$ 个数构成逆序对，故它的逆序数为 $n-1$；同理，第 $n+2$ 个元素 4 的逆序数为 $n-2$；…；末位元素 $2n$ 的逆序数为 0. 故 $t=(n-1)+(n-2)+\cdots+2+1+0=\frac{1}{2}n(n-1)$.

(6)逆序数 $t=n(n-1)$. 与(5)类似，此排列前面 $n+1$ 位元素没有逆序对，第 $n+2$ 位元素$(2n-2)$的逆序数为 2；第 $n+3$ 位元素 $2n-4$ 与它前面 $2n-3,2n-1,2n,2n-2$ 构成逆序对，故它的逆序数为 4；……；末位元素 2 的逆序数为 $2(n-1)$. 故 $t=2+4+\cdots+2(n-1)=n(n-1)$.

3. 写出四阶行列式中含有因子 $a_{11}a_{23}$ 的项.

解：含因子 $a_{11}a_{23}$ 的项的一般形式为$(-1)^t a_{11}a_{23}a_{3r}a_{4s}$，其中 rs 是 2 和 4 构成的排列，这种排列共有两个，即 24 和 42. 所以，含因子 $a_{11}a_{23}$ 的项分别是

$$(-1)^t a_{11}a_{23}a_{32}a_{44}=(-1)^1 a_{11}a_{23}a_{32}a_{44}=-a_{11}a_{23}a_{32}a_{44},$$

$$(-1)^t a_{11}a_{23}a_{34}a_{42}=(-1)^2 a_{11}a_{23}a_{34}a_{42}=a_{11}a_{23}a_{34}a_{42}.$$

4. 计算下列各行列式：

(1) $\begin{vmatrix} 4 & 1 & 2 & 4 \\ 1 & 2 & 0 & 2 \\ 10 & 5 & 2 & 0 \\ 0 & 1 & 1 & 7 \end{vmatrix}$； (2) $\begin{vmatrix} 2 & 1 & 4 & 1 \\ 3 & -1 & 2 & 1 \\ 1 & 2 & 3 & 2 \\ 5 & 0 & 6 & 2 \end{vmatrix}$；

(3) $\begin{vmatrix} -ab & ac & ae \\ bd & -cd & de \\ bf & cf & -ef \end{vmatrix}$； (4) $\begin{vmatrix} 1 & 1 & 1 \\ a & b & c \\ b+c & c+a & a+b \end{vmatrix}$

(5) $\begin{vmatrix} a & 1 & 0 & 0 \\ -1 & b & 1 & 0 \\ 0 & -1 & c & 1 \\ 0 & 0 & -1 & d \end{vmatrix}$； (6) $\begin{vmatrix} 1 & 2 & 3 & 4 \\ 1 & 3 & 4 & 1 \\ 1 & 4 & 1 & 2 \\ 1 & 1 & 2 & 3 \end{vmatrix}$.

解：(1) $D=\begin{vmatrix} 4 & 1 & 2 & 4 \\ 1 & 2 & 0 & 2 \\ 10 & 5 & 2 & 0 \\ 0 & 1 & 1 & 7 \end{vmatrix} \overset{c_2-c_3}{\underset{c_4-7c_3}{=\!=\!=}} \begin{vmatrix} 4 & -1 & 2 & -10 \\ 1 & 2 & 0 & 2 \\ 10 & 3 & 2 & -14 \\ 0 & 0 & 1 & 0 \end{vmatrix} = \begin{vmatrix} 4 & -1 & -10 \\ 1 & 2 & 2 \\ 10 & 3 & -14 \end{vmatrix} \times (-1)^{4+3}$

$= \begin{vmatrix} 4 & -1 & 10 \\ 1 & 2 & -2 \\ 10 & 3 & 14 \end{vmatrix} \overset{c_2+c_3}{\underset{c_1+\frac{1}{2}c_3}{=\!=\!=}} \begin{vmatrix} 9 & 9 & 10 \\ 0 & 0 & -2 \\ 17 & 17 & 14 \end{vmatrix} = 0.$

(2) $D \overset{r_2+r_1}{=\!=\!=} \begin{vmatrix} 2 & 1 & 4 & 1 \\ 5 & 0 & 6 & 2 \\ 1 & 2 & 3 & 2 \\ 5 & 0 & 6 & 2 \end{vmatrix} = 0$.（因第二行与第四行相同）

(3) $D=\begin{vmatrix} -ab & ac & ae \\ bd & -cd & de \\ bf & cf & -ef \end{vmatrix} = adf \begin{vmatrix} -b & c & e \\ b & -c & e \\ b & c & -e \end{vmatrix} = adfbce \begin{vmatrix} -1 & 1 & 1 \\ 1 & -1 & 1 \\ 1 & 1 & -1 \end{vmatrix}$

$= abcdef \begin{vmatrix} -1 & 1 & 1 \\ 0 & 0 & 2 \\ 0 & 2 & 0 \end{vmatrix} = 4abcdef.$

(4) $\begin{vmatrix} 1 & 1 & 1 \\ a & b & c \\ b+c & c+a & a+b \end{vmatrix} = (-1)^{3+1} \begin{vmatrix} 1 & 1 \\ b & c \end{vmatrix} + (-1)^{3+2} \begin{vmatrix} 1 & 1 \\ a & c \end{vmatrix} + (-1)^{3+3} \begin{vmatrix} 1 & 1 \\ a & b \end{vmatrix}$

$= (c-b)-(c-a)+(b-a) = 0.$

(5) $D=\begin{vmatrix} a & 1 & 0 & 0 \\ -1 & b & 1 & 0 \\ 0 & -1 & c & 1 \\ 0 & 0 & -1 & d \end{vmatrix} \overset{r_1+ar_2}{=\!=\!=} \begin{vmatrix} 0 & 1+ab & a & 0 \\ -1 & b & 1 & 0 \\ 0 & -1 & c & 1 \\ 0 & 0 & -1 & d \end{vmatrix}$

$= (-1)(-1)^{2+1} \begin{vmatrix} 1+ab & a & 0 \\ -1 & c & 1 \\ 0 & -1 & d \end{vmatrix} \overset{c_3+dc_2}{=\!=\!=} \begin{vmatrix} 1+ab & a & ad \\ -1 & c & 1+cd \\ 0 & -1 & 0 \end{vmatrix}$

$= (-1)(-1)^{3+2} \begin{vmatrix} 1+ab & ad \\ -1 & 1+cd \end{vmatrix} = abcd+ab+cd+ad+1.$

(6) $D\xlongequal[r_4-r_1]{\substack{r_2-r_1\\r_3-r_1}}\begin{vmatrix}1&2&3&4\\1&1&1&-3\\0&2&-2&-2\\0&-1&-1&-1\end{vmatrix}=\begin{vmatrix}1&1&-3\\2&-2&-2\\-1&-1&-1\end{vmatrix}\xlongequal{c_2-c_1}\begin{vmatrix}1&0&-3\\2&-4&-2\\-1&0&-1\end{vmatrix}$

$=-4\begin{vmatrix}1&-3\\-1&-1\end{vmatrix}=16.$

5. 求解下列方程：

(1) $\begin{vmatrix}x+1&2&-1\\2&x+1&1\\-1&1&x+1\end{vmatrix}=0$；　(2) $\begin{vmatrix}1&1&1&1\\x&a&b&c\\x^2&a^2&b^2&c^2\\x^3&a^3&b^3&c^3\end{vmatrix}=0$，其中 a,b,c 互不相等.

解：(1) $\begin{vmatrix}x+1&2&-1\\2&x+1&1\\-1&1&x+1\end{vmatrix}\xlongequal{r_1+r_2}\begin{vmatrix}x+3&x+3&0\\2&x+1&1\\-1&1&x+1\end{vmatrix}=(x+3)\begin{vmatrix}1&1&0\\2&x+1&1\\-1&1&x+1\end{vmatrix}$

$$\xlongequal{c_2-c_1}(x+3)\begin{vmatrix}1&0&0\\2&x-1&1\\-1&2&x+1\end{vmatrix}=(x+3)(x^2-3),$$

于是方程的解为 $x_1=-3,x_2=\sqrt{3},x_3=-\sqrt{3}$.

(2)方程的左式为 4 阶范德蒙德行列式，由书上例 12 的结果得

$$(x-a)(x-b)(x-c)(a-b)(a-c)(b-c)=0,$$

因 a,b,c 互不相等，故方程的解为 $x_1=a,x_2=b,x_3=c$.

6. 证明：

(1) $\begin{vmatrix}a^2&ab&b^2\\2a&a+b&2b\\1&1&1\end{vmatrix}=(a-b)^3$；

(2) $\begin{vmatrix}ax+by&ay+bz&az+bx\\ay+bz&az+bx&ax+by\\az+bx&ax+by&ay+bz\end{vmatrix}=(a^3+b^3)\begin{vmatrix}x&y&z\\y&z&x\\z&x&y\end{vmatrix}$；

(3) $\begin{vmatrix}a^2&(a+1)^2&(a+2)^2&(a+3)^2\\b^2&(b+1)^2&(b+2)^2&(b+3)^2\\c^2&(c+1)^2&(c+2)^2&(c+3)^2\\d^2&(d+1)^2&(d+2)^2&(d+3)^2\end{vmatrix}=0$；

(4) $\begin{vmatrix}1&1&1&1\\a&b&c&d\\a^2&b^2&c^2&d^2\\a^4&b^4&c^4&d^4\end{vmatrix}=(a-b)(a-c)(a-d)(b-c)(b-d)(c-d)(a+b+c+d)$；

(5) $\begin{vmatrix}x&-1&0&0\\0&x&-1&0\\0&0&x&-1\\a_0&a_1&a_2&a_3\end{vmatrix}=a_3x^3+a_2x^2+a_1x+a_0$.

证：(1) $\begin{vmatrix} a^2 & ab & b^2 \\ 2a & a+b & 2b \\ 1 & 1 & 1 \end{vmatrix} \xlongequal[c_3-c_1]{c_2-c_1} \begin{vmatrix} a^2 & ab-a^2 & b^2-a^2 \\ 2a & b-a & 2b-2a \\ 1 & 0 & 0 \end{vmatrix} = (-1)^{3+1}\begin{vmatrix} ab-a^2 & b^2-a^2 \\ b-a & 2b-2a \end{vmatrix}$

$$=(b-a)(b-a)\begin{vmatrix} a & b+a \\ 1 & 2 \end{vmatrix}=(a-b)^3.$$

(2)将左边按第1列拆开，得

$$\text{左式}=a\begin{vmatrix} x & ay+bz & az+bx \\ y & az+bx & ax+by \\ z & ax+by & ay+bz \end{vmatrix}+b\begin{vmatrix} y & ay+bz & az+bx \\ z & az+bx & ax+by \\ x & ax+by & ay+bz \end{vmatrix}=aD_1+bD_2,$$

其中 $D_1=\begin{vmatrix} x & ay+bz & az+bx \\ y & az+bx & ax+by \\ z & ax+by & ay+bz \end{vmatrix} \xlongequal[c_3\div a]{c_3-bc_1} a\begin{vmatrix} x & ay+bz & z \\ y & az+bx & x \\ z & ax+by & y \end{vmatrix} \xlongequal[c_2\div a]{c_2-bc_3} a^2\begin{vmatrix} x & y & z \\ y & z & x \\ z & x & y \end{vmatrix}$,

同理，$D_2=b^2\begin{vmatrix} x & y & z \\ y & z & x \\ z & x & y \end{vmatrix}$，于是

$$D=aD_1+bD_2=(a^3+b^3)\begin{vmatrix} x & y & z \\ y & z & x \\ z & x & y \end{vmatrix}=\text{右式}.$$

(3)左式 $\xlongequal[\substack{c_3-c_2\\c_2-c_1}]{c_4-c_3} \begin{vmatrix} a^2 & 2a+1 & 2a+3 & 2a+5 \\ b^2 & 2b+1 & 2b+3 & 2b+5 \\ c^2 & 2c+1 & 2c+3 & 2c+5 \\ d^2 & 2d+1 & 2d+3 & 2d+5 \end{vmatrix} \xlongequal[c_3-c_2]{c_4-c_3} \begin{vmatrix} a^2 & 2a+1 & 2 & 2 \\ b^2 & 2b+1 & 2 & 2 \\ c^2 & 2c+1 & 2 & 2 \\ d^2 & 2d+1 & 2 & 2 \end{vmatrix}=0=\text{右式}.$

(4)左式 $\xlongequal[\substack{r_3-ar_2\\r_2-ar_1}]{r_4-a^2r_3} \begin{vmatrix} 1 & 1 & 1 & 1 \\ 0 & b-a & c-a & d-a \\ 0 & b(b-a) & c(c-a) & d(d-a) \\ 0 & b^2(b^2-a^2) & c^2(c^2-a^2) & d^2(d^2-a^2) \end{vmatrix}$

$\xlongequal[\text{各列提取公因子}]{\text{按}c_1\text{展开}} (b-a)(c-a)(d-a)\begin{vmatrix} 1 & 1 & 1 \\ b & c & d \\ b^2(b+a) & c^2(c+a) & d^2(d+a) \end{vmatrix}$

$\xlongequal[r_2-br_1]{r_3-b(b+a)r_2} (b-a)(c-a)(d-a)\cdot\begin{vmatrix} 1 & 1 & 1 \\ 0 & c-b & d-b \\ 0 & c(c-b)(c+b+a) & d(d-b)(d+b+a) \end{vmatrix}$

$=(b-a)(c-a)(d-a)(c-b)(d-b)\cdot\begin{vmatrix} 1 & 1 \\ c(c+b+a) & d(d+b+a) \end{vmatrix}$

$=(a-b)(a-c)(a-d)(b-c)(b-d)(c-d)(a+b+c+d)=\text{右式}.$

(5)**方法一**：按第1列展开得

$$D=x\begin{vmatrix} x & -1 & 0 \\ 0 & x & -1 \\ a_1 & a_2 & a_3 \end{vmatrix}-a_0\begin{vmatrix} -1 & 0 & 0 \\ x & -1 & 0 \\ 0 & x & -1 \end{vmatrix}$$

$$=x\left(x\begin{vmatrix}x & -1\\ a_2 & a_3\end{vmatrix}+a_1\begin{vmatrix}-1 & 0\\ x & -1\end{vmatrix}\right)+a_0$$（对上式第1个行列式继续按第1列展开）.

$$=a_3x^3+a_2x^2+a_1x+a_0;$$

方法二：按最后一行展开得

$$D=-a_0\begin{vmatrix}-1 & 0 & 0\\ x & -1 & 0\\ 0 & x & -1\end{vmatrix}+a_1\begin{vmatrix}x & 0 & 0\\ 0 & -1 & 0\\ 0 & x & -1\end{vmatrix}-a_2\begin{vmatrix}x & -1 & 0\\ 0 & x & 0\\ 0 & 0 & -1\end{vmatrix}+a_3\begin{vmatrix}x & -1 & 0\\ 0 & x & -1\\ 0 & 0 & x\end{vmatrix}$$

$$=a_3x^3+a_2x^2+a_1x+a_0.$$

7. 设 n 阶行列式 $D=\det(a_{ij})$，把 D 上下翻转，或逆时针旋转 $90°$，或依副对角线翻转，依次得

$$D_1=\begin{vmatrix}a_{n1} & \cdots & a_{nn}\\ \vdots & & \vdots\\ a_{11} & \cdots & a_{1n}\end{vmatrix},D_2=\begin{vmatrix}a_{1n} & \cdots & a_{nn}\\ \vdots & & \vdots\\ a_{11} & \cdots & a_{n1}\end{vmatrix},D_3=\begin{vmatrix}a_{nn} & \cdots & a_{1n}\\ \vdots & & \vdots\\ a_{n1} & \cdots & a_{11}\end{vmatrix},$$

证明：$D_1=D_2=(-1)^{\frac{n(n-1)}{2}}D$，$D_3=D$.

证：(1)先计算 D_1，D_1 的最后一行是 D 的第一行，把它依次与前面的行交换，直至换到第1行，共进行 $n-1$ 次交换，这时最后一行是 D 的第2行，把它依次与前面的行交换. 直至换到第2行，共进行 $n-2$ 次交换，……，直至最后一行是 D 的第 $n-1$ 行，再通过一次交换将它换到第 $n-1$ 行. 这样就把 D_1 变换成 D，共进行 $(n-1)+(n-2)+\cdots+1=\frac{1}{2}n(n-1)$ 次交换. 故

$$D_1=(-1)^{\frac{1}{2}n(n-1)}D.$$

(2)计算 D_2，注意到 D_2 的第 $1,2,\cdots,n$ 行恰好依次是 D 的第 $n,n-1,\cdots,1$ 列，首先将 D_2 上下翻转得 $\widetilde{D}_2$，则 $\widetilde{D}_2$ 的第 $1,2,\cdots,n$ 行依次是 D 的第 $1,2,\cdots,n$ 列，即 $\widetilde{D}_2=D^{\mathrm{T}}$，于是可由(1)得

$$D_2=(-1)^{\frac{n(n-1)}{2}}\begin{vmatrix}a_{11} & \cdots & a_{n1}\\ \vdots & & \vdots\\ a_{1n} & \cdots & a_{nn}\end{vmatrix}=(-1)^{\frac{n(n-1)}{2}}\widetilde{D}_2=(-1)^{\frac{n(n-1)}{2}}D^{\mathrm{T}}=(-1)^{\frac{n(n-1)}{2}}D.$$

(3)计算 D_3，可先将 D_3 转化为 D_2，利用上面的结论.

$$D_3=(-1)^{\frac{n(n-1)}{2}}D_2=(-1)^{\frac{n(n-1)}{2}}(-1)^{\frac{n(n-1)}{2}}D=(-1)^{n(n-1)}D=D.$$

8. 计算下列各行列式（D_k 为 k 阶行列式）：

(1) $D_n=\begin{vmatrix}a & & 1\\ & \ddots & \\ 1 & & a\end{vmatrix}$，其中对角线上元素都是 a，未写出的元素都是0；

(2) $D_n=\begin{vmatrix}x & a & \cdots & a\\ a & x & \cdots & a\\ \vdots & \vdots & & \vdots\\ a & a & \cdots & x\end{vmatrix}$；

(3) $D_{n+1}=\begin{vmatrix}a^n & (a-1)^n & \cdots & (a-n)^n\\ a^{n-1} & (a-1)^{n-1} & \cdots & (a-n)^{n-1}\\ \vdots & \vdots & & \vdots\\ a & a-1 & \cdots & a-n\\ 1 & 1 & \cdots & 1\end{vmatrix}$；

(4)$D_{2n}=\begin{vmatrix} a_n & & & & & b_n \\ & \ddots & & & \unicode{x22F0} & \\ & & a_1 & b_1 & & \\ & & c_1 & d_1 & & \\ & \unicode{x22F0} & & & \ddots & \\ c_n & & & & & d_n \end{vmatrix}$，其中未写出的元素都是 0；

(5)$D_n=\begin{vmatrix} 1+a_1 & a_1 & \cdots & a_1 \\ a_2 & 1+a_2 & \cdots & a_2 \\ \vdots & \vdots & & \vdots \\ a_n & a_n & \cdots & 1+a_n \end{vmatrix}$；

(6)$D=\det(a_{ij})$，其中 $a_{ij}=|i-j|$；

(7)$D_n=\begin{vmatrix} 1+a_1 & 1 & \cdots & 1 \\ 1 & 1+a_2 & \cdots & 1 \\ \vdots & \vdots & & \vdots \\ 1 & 1 & \cdots & 1+a_n \end{vmatrix}$，其中 $a_1a_2\cdots a_n\neq 0$.

解：(1)**方法一：**

$$D_n \xlongequal{r_2\leftrightarrow r_n} \begin{vmatrix} a & 0 & & & 1 \\ 1 & 0 & & & a \\ & & a & & \\ & & & \ddots & \\ & & & a & \\ 0 & a & & & 0 \end{vmatrix} \xlongequal{c_2\leftrightarrow c_n} \begin{vmatrix} a & 1 & & & 0 \\ 1 & a & & & \\ & & a & & \\ & & & \ddots & \\ 0 & & & & a \end{vmatrix}$$

$$=\begin{vmatrix} a & 1 \\ 1 & a \end{vmatrix} \begin{vmatrix} a & & & \\ & a & & \\ & & \ddots & \\ & & & a \end{vmatrix}=a^{n-2}(a^2-1).$$

方法二：把 D_n 按第 n 行展开，再计算.

$$D_n=\begin{vmatrix} a & 0 & 0 & \cdots & 0 & 1 \\ 0 & a & 0 & \cdots & 0 & 0 \\ 0 & 0 & a & \cdots & 0 & 0 \\ \vdots & \vdots & \vdots & & \vdots & \vdots \\ 0 & 0 & 0 & \cdots & a & 0 \\ 1 & 0 & 0 & \cdots & 0 & a \end{vmatrix}$$

$$=(-1)^{n+1}\begin{vmatrix} 0 & 0 & 0 & \cdots & 0 & 1 \\ a & 0 & 0 & \cdots & 0 & 0 \\ 0 & a & 0 & \cdots & 0 & 0 \\ \vdots & \vdots & \vdots & & \vdots & \vdots \\ 0 & 0 & 0 & \cdots & a & 0 \end{vmatrix}_{(n-1)\times(n-1)} +(-1)^{2n}\cdot a\begin{vmatrix} a & & \\ & \ddots & \\ & & a \end{vmatrix}_{(n-1)\times(n-1)}$$

$$=(-1)^{n+1}\cdot(-1)^n\begin{vmatrix} a & & \\ & \ddots & \\ & & a \end{vmatrix}_{(n-2)\times(n-2)} +a^n=a^n-a^{n-2}=a^{n-2}(a^2-1).$$

(2)利用各行(列)的元素之和相同,提取公因式.

$$D_n \xlongequal{c_1+c_2+\cdots+c_n} \begin{vmatrix} x+(n-1)a & a & \cdots & a \\ x+(n-1)a & x & \cdots & a \\ \vdots & \vdots & & \vdots \\ x+(n-1)a & a & \cdots & x \end{vmatrix} = [x+(n-1)a] \begin{vmatrix} 1 & a & \cdots & a \\ 1 & x & \cdots & a \\ \vdots & \vdots & & \vdots \\ 1 & a & \cdots & x \end{vmatrix}$$

$$\xlongequal[i=2,\cdots,n]{r_i-r_1} [x+(n-1)a] \begin{vmatrix} 1 & a & \cdots & a \\ 0 & x-a & \cdots & 0 \\ \vdots & \vdots & & \vdots \\ 0 & 0 & \cdots & x-a \end{vmatrix} = (x-a)^{n-1}[x+(n-1)a].$$

(3)参照题 7,将所给行列式上下翻转,即

$$D_{n+1} = (-1)^{\frac{n(n+1)}{2}} \begin{vmatrix} 1 & 1 & \cdots & 1 \\ a & a-1 & \cdots & a-n \\ \vdots & \vdots & & \vdots \\ a^{n-1} & (a-1)^{n-1} & \cdots & (a-n)^{n-1} \\ a^n & (a-1)^n & \cdots & (a-n)^n \end{vmatrix},$$

此行列式为范德蒙德行列式. 于是按范德蒙德行列式的结果有

$$\begin{aligned} D_{n+1} &= (-1)^{\frac{n(n+1)}{2}} \prod_{n+1\geqslant i>j\geqslant 1} [(a-i+1)-(a-j+1)] \\ &= (-1)^{\frac{n(n+1)}{2}} \prod_{n+1\geqslant i>j\geqslant 1} [-(i-j)] \\ &= (-1)^{\frac{n(n+1)}{2}} \cdot (-1)^{\frac{n+(n-1)+\cdots+1}{2}} \cdot \prod_{n+1\geqslant i>j\geqslant 1} (i-j) \\ &= \prod_{n+1\geqslant i>j\geqslant 1} (i-j). \end{aligned}$$

(4)利用递推法.

$$D_{2n} \xlongequal[c_2\leftrightarrow c_{2n}]{r_2\leftrightarrow r_{2n}} \begin{vmatrix} a_n & b_n & 0 & \cdots & 0 & 0 & 0 \\ c_n & d_n & 0 & \cdots & 0 & 0 & 0 \\ 0 & 0 & a_{n-2} & & b_{n-2} & 0 & 0 \\ & & \ddots & & \cdot^{\cdot^{\cdot}} & & \\ \vdots & \vdots & & a_1 \ b_1 & & \vdots & \vdots \\ & & & c_1 \ d_1 & & & \\ & & \cdot^{\cdot^{\cdot}} & & \ddots & & \\ 0 & 0 & c_{n-2} & & d_{n-2} & 0 & 0 \\ 0 & 0 & 0 & \cdots & 0 & d_{n-1} & c_{n-1} \\ 0 & 0 & 0 & \cdots & 0 & b_{n-1} & a_{n-1} \end{vmatrix}$$

$$= \begin{vmatrix} a_n & b_n \\ c_n & d_n \end{vmatrix} \cdot \begin{vmatrix} a_n & & & b_{n-2} & 0 & 0 \\ & \ddots & & \cdot^{\cdot^{\cdot}} & & \\ & & a_1 \ b_1 & & \vdots & \vdots \\ & & c_1 \ d_1 & & & \\ & \cdot^{\cdot^{\cdot}} & & \ddots & & \\ c_{n-2} & & & d_{n-2} & 0 & 0 \\ 0 & \cdots & & 0 & d_{n-1} & c_{n-1} \\ 0 & \cdots & & 0 & b_{n-1} & a_{n-1} \end{vmatrix}$$

教材习题全解

$$=\begin{vmatrix} a_n & b_n \\ c_n & d_n \end{vmatrix} \cdot \begin{vmatrix} a_{n-1} & & & & & & & b_{n-1} \\ & a_{n-2} & & & & & b_{n-2} & \\ & & \ddots & & & \iddots & & \\ & & & a_1 & b_1 & & & \\ & & & c_1 & d_1 & & & \\ & & \iddots & & & \ddots & & \\ & c_{n-2} & & & & & d_{n-2} & \\ c_{n-1} & & & & & & & d_{n-1} \end{vmatrix}$$

$$=(a_nd_n-b_nc_n)D_{2(n-1)},$$

即有递推公式 $D_{2n}=(a_nd_n-b_nc_n)D_{2(n-1)}$.

另外,归纳基础 $D_2=\begin{vmatrix} a_1 & b_1 \\ c_1 & d_1 \end{vmatrix}=a_1d_1-b_1c_1$,

于是递推得 $D_{2n}=(a_nd_n-b_nc_n)\cdot\cdots\cdot(a_1d_1-b_1c_1)=\prod\limits_{k=1}^{n}(a_kd_k-b_kc_k)$.

(5)把所有的行(第一行除外)都加到第一行,并提取第一行的公因子,得

$$D_n=(1+a_1+a_2+\cdots+a_n)\begin{vmatrix} 1 & 1 & \cdots & 1 \\ a_2 & 1+a_2 & \cdots & a_2 \\ \vdots & \vdots & & \vdots \\ a_n & a_n & \cdots & 1+a_n \end{vmatrix}$$

$$\xlongequal[\substack{\cdots \\ c_n-c_1}]{c_2-c_1}(1+a_1+a_2+\cdots+a_n)\begin{vmatrix} 1 & 0 & \cdots & 0 \\ a_2 & 1 & \cdots & 0 \\ \vdots & \vdots & & \vdots \\ a_n & 0 & \cdots & 1 \end{vmatrix}$$

$$=1+a_1+a_2+\cdots+a_n.$$

(6)由 $a_{ij}=|i-j|$,得

$$D_n=\det(a_{ij})=\begin{vmatrix} 0 & 1 & 2 & 3 & \cdots & n-1 \\ 1 & 0 & 1 & 2 & \cdots & n-2 \\ 2 & 1 & 0 & 1 & \cdots & n-3 \\ 3 & 2 & 1 & 0 & \cdots & n-4 \\ \vdots & \vdots & \vdots & \vdots & & \vdots \\ n-1 & n-2 & n-3 & n-4 & \cdots & 0 \end{vmatrix}$$

$$\xlongequal[\substack{r_2-r_3 \\ \cdots \\ r_{n-1}-r_n}]{r_1-r_2}\begin{vmatrix} -1 & 1 & 1 & 1 & \cdots & 1 \\ -1 & -1 & 1 & 1 & \cdots & 1 \\ -1 & -1 & -1 & 1 & \cdots & 1 \\ -1 & -1 & -1 & -1 & \cdots & 1 \\ \vdots & \vdots & \vdots & \vdots & & \vdots \\ n-1 & n-2 & n-3 & n-4 & \cdots & 0 \end{vmatrix}$$

$$\xlongequal[\substack{c_3+c_1 \\ \cdots \\ c_n+c_1}]{c_2+c_1}\begin{vmatrix} -1 & 0 & 0 & 0 & \cdots & 0 \\ -1 & -2 & 0 & 0 & \cdots & 0 \\ -1 & -2 & -2 & 0 & \cdots & 0 \\ -1 & -2 & -2 & -2 & \cdots & 0 \\ \vdots & \vdots & \vdots & \vdots & & \vdots \\ n-1 & 2n-3 & 2n-4 & 2n-5 & \cdots & n-1 \end{vmatrix}$$

$$=(-1)^{n-1}(n-1)2^{n-2}.$$

(7)将原行列式化为上三角形行列式，为此，从第 2 行起，各行均减去第 1 行，得

$$D_n \xlongequal[i=2,\cdots,n]{r_i-r_1} \begin{vmatrix} 1+a_1 & 1 & \cdots & 1 \\ -a_1 & a_2 & \cdots & 0 \\ \vdots & \vdots & & \vdots \\ -a_1 & 0 & \cdots & a_n \end{vmatrix} \xlongequal[i=2,\cdots,n]{c_1+\frac{a_1}{a_i}c_i} \begin{vmatrix} 1+a_1+a_1\sum\limits_{i=2}^{n}\frac{1}{a_i} & 1 & \cdots & 1 \\ 0 & a_2 & \cdots & 0 \\ \vdots & \vdots & & \vdots \\ 0 & 0 & \cdots & a_n \end{vmatrix}$$

$$=a_1\left(1+\sum_{i=1}^{n}\frac{1}{a_i}\right)a_2\cdot\cdots\cdot a_n=(a_1a_2a_3\cdot\cdots\cdot a_n)\left(1+\sum_{i=1}^{n}\frac{1}{a_i}\right).$$

9. 设 $D=\begin{vmatrix} 3 & 1 & -1 & 2 \\ -5 & 1 & 3 & -4 \\ 2 & 0 & 1 & -1 \\ 1 & -5 & 3 & -3 \end{vmatrix}$，$D$ 的 (i,j) 元的代数余子式记作 A_{ij}，求 $A_{31}+3A_{32}-2A_{33}+2A_{34}$.

解：$A_{31}+3A_{32}-2A_{33}+2A_{34}$ 相当于用 $1,3,-2,2$ 替换 D 中第 3 行所对应的元素，所得行列式为

$$A_{31}+3A_{32}-2A_{33}+2A_{34}=\begin{vmatrix} 3 & 1 & -1 & 2 \\ -5 & 1 & 3 & -4 \\ 1 & 3 & -2 & 2 \\ 1 & -5 & 3 & -3 \end{vmatrix} \xlongequal{c_4+c_3} \begin{vmatrix} 3 & 1 & -1 & 1 \\ -5 & 1 & 3 & -1 \\ 1 & 3 & -2 & 0 \\ 1 & -5 & 3 & 0 \end{vmatrix}$$

$$\xlongequal{r_2+r_1} \begin{vmatrix} 3 & 1 & -1 & 1 \\ -2 & 2 & 2 & 0 \\ 1 & 3 & -2 & 0 \\ 1 & -5 & 3 & 0 \end{vmatrix} \xlongequal[r_2\div(-2)]{\text{按 } c_4 \text{ 展开}} 2\begin{vmatrix} 1 & -1 & -1 \\ 1 & 3 & -2 \\ 1 & -5 & 3 \end{vmatrix}$$

$$\xlongequal[c_3+c_1]{c_2+c_1} 2\begin{vmatrix} 1 & 0 & 0 \\ 1 & 4 & -1 \\ 1 & -4 & 4 \end{vmatrix}=24.$$

第二章　矩阵及其运算

1. 计算下列乘积：

(1) $\begin{pmatrix} 4 & 3 & 1 \\ 1 & -2 & 3 \\ 5 & 7 & 0 \end{pmatrix}\begin{pmatrix} 7 \\ 2 \\ 1 \end{pmatrix}$；　(2) $(1,2,3)\begin{pmatrix} 3 \\ 2 \\ 1 \end{pmatrix}$；　(3) $\begin{pmatrix} 2 \\ 1 \\ 3 \end{pmatrix}(-1,2)$；

(4) $\begin{pmatrix} 2 & 1 & 4 & 0 \\ 1 & -1 & 3 & 4 \end{pmatrix}\begin{pmatrix} 1 & 3 & 1 \\ 0 & -1 & 2 \\ 1 & -3 & 1 \\ 4 & 0 & -2 \end{pmatrix}$；　(5) $(x_1,x_2,x_3)\begin{pmatrix} a_{11} & a_{12} & a_{13} \\ a_{12} & a_{22} & a_{23} \\ a_{13} & a_{23} & a_{33} \end{pmatrix}\begin{pmatrix} x_1 \\ x_2 \\ x_3 \end{pmatrix}$.

解：(1) $\begin{pmatrix} 4 & 3 & 1 \\ 1 & -2 & 3 \\ 5 & 7 & 0 \end{pmatrix}\begin{pmatrix} 7 \\ 2 \\ 1 \end{pmatrix}=\begin{pmatrix} 4\times7+3\times2+1\times1 \\ 1\times7+(-2)\times2+3\times1 \\ 5\times7+7\times2+0\times1 \end{pmatrix}=\begin{pmatrix} 35 \\ 6 \\ 49 \end{pmatrix}$.

(2) $(1,2,3)\begin{pmatrix}3\\2\\1\end{pmatrix}=(1\times3+2\times2+3\times1)=10.$

(3) $\begin{pmatrix}2\\1\\3\end{pmatrix}(-1,2)=\begin{pmatrix}2\times(-1) & 2\times2\\1\times(-1) & 1\times2\\3\times(-1) & 3\times2\end{pmatrix}=\begin{pmatrix}-2 & 4\\-1 & 2\\-3 & 6\end{pmatrix}.$

(4) $\begin{pmatrix}2 & 1 & 4 & 0\\1 & -1 & 3 & 4\end{pmatrix}\begin{pmatrix}1 & 3 & 1\\0 & -1 & 2\\1 & -3 & 1\\4 & 0 & -2\end{pmatrix}=\begin{pmatrix}6 & -7 & 8\\20 & -5 & -6\end{pmatrix}.$

(5) $(x_1,x_2,x_3)\begin{pmatrix}a_{11} & a_{12} & a_{13}\\a_{12} & a_{22} & a_{23}\\a_{13} & a_{23} & a_{33}\end{pmatrix}\begin{pmatrix}x_1\\x_2\\x_3\end{pmatrix}$

$$=(a_{11}x_1+a_{12}x_2+a_{13}x_3,a_{12}x_1+a_{22}x_2+a_{23}x_3,a_{13}x_1+a_{23}x_2+a_{33}x_3)\begin{pmatrix}x_1\\x_2\\x_3\end{pmatrix}$$

$$=a_{11}x_1^2+a_{22}x_2^2+a_{33}x_3^2+2a_{12}x_1x_2+2a_{13}x_1x_3+2a_{23}x_2x_3.$$

2. 设 $\boldsymbol{A}=\begin{pmatrix}1 & 1 & 1\\1 & 1 & -1\\1 & -1 & 1\end{pmatrix}$，$\boldsymbol{B}=\begin{pmatrix}1 & 2 & 3\\-1 & -2 & 4\\0 & 5 & 1\end{pmatrix}$，求 $3\boldsymbol{AB}-2\boldsymbol{A}$ 及 $\boldsymbol{A}^{\mathrm{T}}\boldsymbol{B}$.

解：$3\boldsymbol{AB}-2\boldsymbol{A}=3\begin{pmatrix}1 & 1 & 1\\1 & 1 & -1\\1 & -1 & 1\end{pmatrix}\begin{pmatrix}1 & 2 & 3\\-1 & -2 & 4\\0 & 5 & 1\end{pmatrix}-2\begin{pmatrix}1 & 1 & 1\\1 & 1 & -1\\1 & -1 & 1\end{pmatrix}$

$$=3\begin{pmatrix}0 & 5 & 8\\0 & -5 & 6\\2 & 9 & 0\end{pmatrix}-2\begin{pmatrix}1 & 1 & 1\\1 & 1 & -1\\1 & -1 & 1\end{pmatrix}=\begin{pmatrix}-2 & 13 & 22\\-2 & -17 & 20\\4 & 29 & -2\end{pmatrix},$$

$$\boldsymbol{A}^{\mathrm{T}}\boldsymbol{B}=\begin{pmatrix}1 & 1 & 1\\1 & 1 & -1\\1 & -1 & 1\end{pmatrix}\begin{pmatrix}1 & 2 & 3\\-1 & -2 & 4\\0 & 5 & 1\end{pmatrix}=\begin{pmatrix}0 & 5 & 8\\0 & -5 & 6\\2 & 9 & 0\end{pmatrix}.$$

3. 已知两个线性变换

$$\begin{cases}x_1=2y_1+y_3,\\x_2=-2y_1+3y_2+2y_3,\\x_3=4y_1+y_2+5y_3,\end{cases}\qquad\begin{cases}y_1=-3z_1+z_2,\\y_2=2z_1+z_3,\\y_3=-z_2+3z_3,\end{cases}$$

求从 z_1,z_2,z_3 到 x_1,x_2,x_3 的线性变换.

解：由已知 $\begin{pmatrix}x_1\\x_2\\x_3\end{pmatrix}=\begin{pmatrix}2 & 0 & 1\\-2 & 3 & 2\\4 & 1 & 5\end{pmatrix}\begin{pmatrix}y_1\\y_2\\y_3\end{pmatrix}=\begin{pmatrix}2 & 0 & 1\\-2 & 3 & 2\\4 & 1 & 5\end{pmatrix}\begin{pmatrix}-3 & 1 & 0\\2 & 0 & 1\\0 & -1 & 3\end{pmatrix}\begin{pmatrix}z_1\\z_2\\z_3\end{pmatrix}$

$$=\begin{pmatrix}-6 & 1 & 3\\12 & -4 & 9\\-10 & -1 & 16\end{pmatrix}\begin{pmatrix}z_1\\z_2\\z_3\end{pmatrix},$$

所以有$\begin{cases}x_1=-6z_1+z_2+3z_3,\\x_2=12z_1-4z_2+9z_3,\\x_3=-10z_1-z_2+16z_3.\end{cases}$

4. 设$\boldsymbol{A}=\begin{pmatrix}1&2\\1&3\end{pmatrix}$，$\boldsymbol{B}=\begin{pmatrix}1&0\\1&2\end{pmatrix}$，问：

(1)$\boldsymbol{AB}=\boldsymbol{BA}$吗？

(2)$(\boldsymbol{A}+\boldsymbol{B})^2=\boldsymbol{A}^2+2\boldsymbol{AB}+\boldsymbol{B}^2$吗？

(3)$(\boldsymbol{A}+\boldsymbol{B})(\boldsymbol{A}-\boldsymbol{B})=\boldsymbol{A}^2-\boldsymbol{B}^2$吗？

解：(1)因为$\boldsymbol{AB}=\begin{pmatrix}3&4\\4&6\end{pmatrix}$，$\boldsymbol{BA}=\begin{pmatrix}1&2\\3&8\end{pmatrix}$，所以$\boldsymbol{AB}\neq\boldsymbol{BA}$.

(2)因为$\boldsymbol{A}+\boldsymbol{B}=\begin{pmatrix}2&2\\2&5\end{pmatrix}$，$(\boldsymbol{A}+\boldsymbol{B})^2=\begin{pmatrix}2&2\\2&5\end{pmatrix}\begin{pmatrix}2&2\\2&5\end{pmatrix}=\begin{pmatrix}8&14\\14&29\end{pmatrix}$，但

$$\boldsymbol{A}^2+2\boldsymbol{AB}+\boldsymbol{B}^2=\begin{pmatrix}3&8\\4&11\end{pmatrix}+\begin{pmatrix}6&8\\8&12\end{pmatrix}+\begin{pmatrix}1&0\\3&4\end{pmatrix}=\begin{pmatrix}10&16\\15&27\end{pmatrix},$$

所以$(\boldsymbol{A}+\boldsymbol{B})^2\neq\boldsymbol{A}^2+2\boldsymbol{AB}+\boldsymbol{B}^2$.

(3)因为$\boldsymbol{A}+\boldsymbol{B}=\begin{pmatrix}2&2\\2&5\end{pmatrix}$，$\boldsymbol{A}-\boldsymbol{B}=\begin{pmatrix}0&2\\0&1\end{pmatrix}$，$(\boldsymbol{A}+\boldsymbol{B})(\boldsymbol{A}-\boldsymbol{B})=\begin{pmatrix}2&2\\2&5\end{pmatrix}\begin{pmatrix}0&2\\0&1\end{pmatrix}=\begin{pmatrix}0&6\\0&9\end{pmatrix}$，

而$\boldsymbol{A}^2-\boldsymbol{B}^2=\begin{pmatrix}3&8\\4&11\end{pmatrix}-\begin{pmatrix}1&0\\3&4\end{pmatrix}=\begin{pmatrix}2&8\\1&7\end{pmatrix}$，故$(\boldsymbol{A}+\boldsymbol{B})(\boldsymbol{A}-\boldsymbol{B})\neq\boldsymbol{A}^2-\boldsymbol{B}^2$.

5. 举反例说明下列命题是错误的：

(1)若$\boldsymbol{A}^2=\boldsymbol{O}$，则$\boldsymbol{A}=\boldsymbol{O}$；

(2)若$\boldsymbol{A}^2=\boldsymbol{A}$，则$\boldsymbol{A}=\boldsymbol{O}$或$\boldsymbol{A}=\boldsymbol{E}$；

(3)若$\boldsymbol{AX}=\boldsymbol{AY}$，且$\boldsymbol{A}\neq\boldsymbol{O}$，则$\boldsymbol{X}=\boldsymbol{Y}$.

解：(1)取$\boldsymbol{A}=\begin{pmatrix}0&1\\0&0\end{pmatrix}$，则$\boldsymbol{A}^2=\boldsymbol{O}$，但$\boldsymbol{A}\neq\boldsymbol{O}$.

(2)取$\boldsymbol{A}=\begin{pmatrix}1&1\\0&0\end{pmatrix}$，则$\boldsymbol{A}^2=\boldsymbol{A}$，但$\boldsymbol{A}\neq\boldsymbol{O}$且$\boldsymbol{A}\neq\boldsymbol{E}$.

(3)取$\boldsymbol{A}=\begin{pmatrix}1&0\\0&0\end{pmatrix}$，$\boldsymbol{X}=\begin{pmatrix}1&1\\-1&1\end{pmatrix}$，$\boldsymbol{Y}=\begin{pmatrix}1&1\\0&1\end{pmatrix}$，则$\boldsymbol{AX}=\boldsymbol{AY}$，且$\boldsymbol{A}\neq\boldsymbol{0}$，但$\boldsymbol{X}\neq\boldsymbol{Y}$.

6. (1)设$\boldsymbol{A}=\begin{pmatrix}1&0\\\lambda&1\end{pmatrix}$，求$\boldsymbol{A}^2,\boldsymbol{A}^3,\cdots,\boldsymbol{A}^k$；

(2)$\boldsymbol{A}=\begin{bmatrix}\lambda&1&0\\0&\lambda&1\\0&0&\lambda\end{bmatrix}$，求$\boldsymbol{A}^4$.

解：(1)$\boldsymbol{A}^2=\begin{pmatrix}1&0\\\lambda&1\end{pmatrix}\begin{pmatrix}1&0\\\lambda&1\end{pmatrix}=\begin{pmatrix}1&0\\2\lambda&1\end{pmatrix}$，

$$\boldsymbol{A}^3=\boldsymbol{A}^2\boldsymbol{A}=\begin{pmatrix}1&0\\2\lambda&1\end{pmatrix}\begin{pmatrix}1&0\\\lambda&1\end{pmatrix}=\begin{pmatrix}1&0\\3\lambda&1\end{pmatrix},$$

$$\vdots$$

$$\boldsymbol{A}^k=\begin{pmatrix}1&0\\k\lambda&1\end{pmatrix}.\text{（数学归纳法可证）}$$

$$(2)\boldsymbol{A}^2=\begin{pmatrix}\lambda&1&0\\0&\lambda&1\\0&0&\lambda\end{pmatrix}\begin{pmatrix}\lambda&1&0\\0&\lambda&1\\0&0&\lambda\end{pmatrix}=\begin{pmatrix}\lambda^2&2\lambda&1\\0&\lambda^2&2\lambda\\0&0&\lambda^2\end{pmatrix},$$

$$\boldsymbol{A}^4=\boldsymbol{A}^2\boldsymbol{A}^2=\begin{pmatrix}\lambda^2&2\lambda&1\\0&\lambda^2&2\lambda\\0&0&\lambda^2\end{pmatrix}\begin{pmatrix}\lambda^2&2\lambda&1\\0&\lambda^2&2\lambda\\0&0&\lambda^2\end{pmatrix}=\begin{pmatrix}\lambda^4&4\lambda^3&6\lambda^2\\0&\lambda^4&4\lambda^3\\0&0&\lambda^4\end{pmatrix}.$$

注：可证 $\boldsymbol{A}^n=\begin{pmatrix}\lambda^n&C_n^1\lambda^{n-1}&C_n^2\lambda^{n-2}\\0&\lambda^n&C_n^1\lambda^{n-1}\\0&0&\lambda^n\end{pmatrix}=\lambda^{n-2}\begin{pmatrix}\lambda^2&n\lambda&\frac{n(n-1)}{2}\\0&\lambda^2&n\lambda\\0&0&\lambda^2\end{pmatrix}(n\geqslant 2)$.

7. (1)设 $\boldsymbol{A}=\begin{pmatrix}3&1\\1&-3\end{pmatrix}$，求 $\boldsymbol{A}^{50}$ 和 $\boldsymbol{A}^{51}$；

(2)设 $\boldsymbol{a}=\begin{pmatrix}2\\1\\-3\end{pmatrix}$，$\boldsymbol{b}=\begin{pmatrix}1\\2\\4\end{pmatrix}$，$\boldsymbol{A}=\boldsymbol{a}\boldsymbol{b}^{\mathrm{T}}$，求 $\boldsymbol{A}^{100}$.

解：(1)$\boldsymbol{A}^2=\begin{pmatrix}3&1\\1&-3\end{pmatrix}\begin{pmatrix}3&1\\1&-3\end{pmatrix}=\begin{pmatrix}10&0\\0&10\end{pmatrix}=10\boldsymbol{E}$，于是

$$\boldsymbol{A}^{50}=(\boldsymbol{A}^2)^{25}=(10\boldsymbol{E})^{25}=10^{25}\boldsymbol{E},$$

$$\boldsymbol{A}^{51}=\boldsymbol{A}^{50}\boldsymbol{A}=10^{25}\boldsymbol{E}\boldsymbol{A}=10^{25}\boldsymbol{A}=10^{25}\begin{pmatrix}3&1\\1&-3\end{pmatrix}.$$

$$(2)\boldsymbol{A}^{100}=\underbrace{(\boldsymbol{a}\boldsymbol{b}^{\mathrm{T}})(\boldsymbol{a}\boldsymbol{b}^{\mathrm{T}})\cdots(\boldsymbol{a}\boldsymbol{b}^{\mathrm{T}})}_{100\text{个}}=\boldsymbol{a}\underbrace{(\boldsymbol{b}^{\mathrm{T}}\boldsymbol{a})(\boldsymbol{b}^{\mathrm{T}}\boldsymbol{a})\cdots(\boldsymbol{b}^{\mathrm{T}}\boldsymbol{a})}_{99\text{个}}\boldsymbol{b}^{\mathrm{T}},$$

因 $(\boldsymbol{b}^{\mathrm{T}}\boldsymbol{a})=-8$，故由上式知 $\boldsymbol{A}^{100}=(-8)^{99}(\boldsymbol{a}\boldsymbol{b}^{\mathrm{T}})=-8^{99}\begin{pmatrix}2&4&8\\1&2&4\\-3&-6&-12\end{pmatrix}$.

8. (1)设 $\boldsymbol{A},\boldsymbol{B}$ 为 n 阶矩阵，且 $\boldsymbol{A}$ 为对称矩阵，证明：$\boldsymbol{B}^{\mathrm{T}}\boldsymbol{A}\boldsymbol{B}$ 也是对称矩阵；

(2)设 $\boldsymbol{A},\boldsymbol{B}$ 都是 n 阶对称矩阵，证明：$\boldsymbol{A}\boldsymbol{B}$ 是对称矩阵的充分必要条件是 $\boldsymbol{A}\boldsymbol{B}=\boldsymbol{B}\boldsymbol{A}$.

证：(1)因为 $\boldsymbol{A}^{\mathrm{T}}=\boldsymbol{A}$，所以 $(\boldsymbol{B}^{\mathrm{T}}\boldsymbol{A}\boldsymbol{B})^{\mathrm{T}}=\boldsymbol{B}^{\mathrm{T}}(\boldsymbol{B}^{\mathrm{T}}\boldsymbol{A})^{\mathrm{T}}=\boldsymbol{B}^{\mathrm{T}}\boldsymbol{A}^{\mathrm{T}}\boldsymbol{B}=\boldsymbol{B}^{\mathrm{T}}\boldsymbol{A}\boldsymbol{B}$，从而 $\boldsymbol{B}^{\mathrm{T}}\boldsymbol{A}\boldsymbol{B}$ 是对称矩阵.

(2)充分性：因为 $\boldsymbol{A}^{\mathrm{T}}=\boldsymbol{A},\boldsymbol{B}^{\mathrm{T}}=\boldsymbol{B}$，且 $\boldsymbol{A}\boldsymbol{B}=\boldsymbol{B}\boldsymbol{A}$，所以 $(\boldsymbol{A}\boldsymbol{B})^{\mathrm{T}}=(\boldsymbol{B}\boldsymbol{A})^{\mathrm{T}}=\boldsymbol{A}^{\mathrm{T}}\boldsymbol{B}^{\mathrm{T}}=\boldsymbol{A}\boldsymbol{B}$，即 $\boldsymbol{A}\boldsymbol{B}$ 是对称矩阵.

必要性：因为 $\boldsymbol{A}^{\mathrm{T}}=\boldsymbol{A},\boldsymbol{B}^{\mathrm{T}}=\boldsymbol{B}$，且 $(\boldsymbol{A}\boldsymbol{B})^{\mathrm{T}}=\boldsymbol{A}\boldsymbol{B}$，所以 $\boldsymbol{A}\boldsymbol{B}=(\boldsymbol{A}\boldsymbol{B})^{\mathrm{T}}=\boldsymbol{B}^{\mathrm{T}}\boldsymbol{A}^{\mathrm{T}}=\boldsymbol{B}\boldsymbol{A}$.

9. 求下列矩阵的逆矩阵：

(1)$\begin{pmatrix}1&2\\2&5\end{pmatrix}$；　　(2)$\begin{pmatrix}\cos\theta&-\sin\theta\\\sin\theta&\cos\theta\end{pmatrix}$；

(3)$\begin{pmatrix}1&2&-1\\3&4&-2\\5&-4&1\end{pmatrix}$；　　(4)$\begin{pmatrix}a_1&&&0\\&a_2&&\\&&\ddots&\\0&&&a_n\end{pmatrix}$(其中 $a_1a_2\cdot\cdots\cdot a_n\neq 0$).

解：(1)$\boldsymbol{A}=\begin{pmatrix}1&2\\2&5\end{pmatrix}$，$|\boldsymbol{A}|=1\neq 0$，故 $\boldsymbol{A}^{-1}$ 存在.

因为 $A^*=\begin{pmatrix}A_{11} & A_{21}\\ A_{12} & A_{22}\end{pmatrix}=\begin{pmatrix}5 & -2\\ -2 & 1\end{pmatrix}$,所以 $A^{-1}=\dfrac{1}{|A|}A^*=\begin{pmatrix}5 & -2\\ -2 & 1\end{pmatrix}$.

(2)$A=\begin{pmatrix}\cos\theta & -\sin\theta\\ \sin\theta & \cos\theta\end{pmatrix}$,$|A|=1\neq 0$,故 A^{-1} 存在.

因为 $A^*=\begin{pmatrix}A_{11} & A_{21}\\ A_{12} & A_{22}\end{pmatrix}=\begin{pmatrix}\cos\theta & \sin\theta\\ -\sin\theta & \cos\theta\end{pmatrix}$,所以 $A^{-1}=\dfrac{1}{|A|}A^*=\begin{pmatrix}\cos\theta & \sin\theta\\ -\sin\theta & \cos\theta\end{pmatrix}$.

(3)$A=\begin{bmatrix}1 & 2 & -1\\ 3 & 4 & -2\\ 5 & -4 & 1\end{bmatrix}$,$|A|=2\neq 0$,故 A^{-1} 存在.

因为 $A^*=\begin{bmatrix}A_{11} & A_{21} & A_{31}\\ A_{12} & A_{22} & A_{32}\\ A_{13} & A_{23} & A_{33}\end{bmatrix}=\begin{bmatrix}-4 & 2 & 0\\ -13 & 6 & -1\\ -32 & 14 & -2\end{bmatrix}$,所以 $A^{-1}=\dfrac{1}{|A|}A^*=\begin{bmatrix}-2 & 1 & 0\\ -\dfrac{13}{2} & 3 & -\dfrac{1}{2}\\ -16 & 7 & -1\end{bmatrix}$.

(4)$A=\begin{bmatrix}a_1 & & & 0\\ & a_2 & & \\ & & \ddots & \\ 0 & & & a_n\end{bmatrix}$,由对角矩阵的性质知 $A^{-1}=\begin{bmatrix}\dfrac{1}{a_1} & & & 0\\ & \dfrac{1}{a_2} & & \\ & & \ddots & \\ 0 & & & \dfrac{1}{a_n}\end{bmatrix}$.

注:本题结论可当作公式运用.

10. 已知线性变换 $\begin{cases}x_1=2y_1+2y_2+y_3,\\ x_2=3y_1+y_2+5y_3,\\ x_3=3y_1+2y_2+3y_3,\end{cases}$ 求从变量 x_1,x_2,x_3 到变量 y_1,y_2,y_3 的线性变换.

解:由已知可得 $\begin{bmatrix}x_1\\ x_2\\ x_3\end{bmatrix}=\begin{bmatrix}2 & 2 & 1\\ 3 & 1 & 5\\ 3 & 2 & 3\end{bmatrix}\begin{bmatrix}y_1\\ y_2\\ y_2\end{bmatrix}$,因为 $\begin{vmatrix}2 & 2 & 1\\ 3 & 1 & 5\\ 3 & 2 & 3\end{vmatrix}=1\neq 0$,所以 $\begin{bmatrix}2 & 2 & 1\\ 3 & 1 & 5\\ 3 & 2 & 3\end{bmatrix}$ 可逆. 故

$$\begin{bmatrix}y_1\\ y_2\\ y_3\end{bmatrix}=\begin{bmatrix}2 & 2 & 1\\ 3 & 1 & 5\\ 3 & 2 & 3\end{bmatrix}^{-1}\begin{bmatrix}x_1\\ x_2\\ x_3\end{bmatrix}=\begin{bmatrix}-7 & -4 & 9\\ 6 & 3 & -7\\ 3 & 2 & -4\end{bmatrix}\begin{bmatrix}x_1\\ x_2\\ x_3\end{bmatrix},$$

从而 $\begin{cases}y_1=-7x_1-4x_2+9x_3,\\ y_2=6x_1+3x_2-7x_3,\\ y_3=3x_1+2x_2-4x_3.\end{cases}$

11. 设 J 是元素全为 1 的 $n(\geqslant 2)$ 阶方阵. 证明:$E-J$ 是可逆矩阵,且 $(E-J)^{-1}=E-\dfrac{1}{n-1}J$,这里 E 是与 J 同阶的单位矩阵.

证:因为

$$J^2=\begin{bmatrix}1 & \cdots & 1\\ \vdots & & \vdots\\ 1 & \cdots & 1\end{bmatrix}\begin{bmatrix}1 & \cdots & 1\\ \vdots & & \vdots\\ 1 & \cdots & 1\end{bmatrix}=\begin{bmatrix}n & \cdots & n\\ \vdots & & \vdots\\ n & \cdots & n\end{bmatrix}=nJ,$$

于是 $(E-J)\left(E-\dfrac{1}{n-1}J\right)=E-J-\dfrac{1}{n-1}J+\dfrac{1}{n-1}J^2=E-\dfrac{n}{n-1}J+\dfrac{n}{n-1}J=E$,由定理 2 的推论,$E-J$

是可逆矩阵,且$(\boldsymbol{E}-\boldsymbol{J})^{-1}=\boldsymbol{E}-\dfrac{1}{n-1}\boldsymbol{J}$.

12. 设$\boldsymbol{A}^k=\boldsymbol{O}$ (k 为正整数),证明:$(\boldsymbol{E}-\boldsymbol{A})^{-1}=\boldsymbol{E}+\boldsymbol{A}+\boldsymbol{A}^2+\cdots+\boldsymbol{A}^{k-1}$.

证:方法一:因为$\boldsymbol{A}^k=\boldsymbol{O}$,所以$\boldsymbol{E}-\boldsymbol{A}^k=\boldsymbol{E}$.

又因为$\boldsymbol{E}-\boldsymbol{A}^k=(\boldsymbol{E}-\boldsymbol{A})(\boldsymbol{E}+\boldsymbol{A}+\boldsymbol{A}^2+\cdots+\boldsymbol{A}^{k+1})$,所以

$$(\boldsymbol{E}-\boldsymbol{A})(\boldsymbol{E}+\boldsymbol{A}+\boldsymbol{A}^2+\cdots+\boldsymbol{A}^{k-1})=\boldsymbol{E},$$

由定理 2 推论知$\boldsymbol{E}-\boldsymbol{A}$可逆,且

$$(\boldsymbol{E}-\boldsymbol{A})^{-1}=\boldsymbol{E}+\boldsymbol{A}+\boldsymbol{A}^2+\cdots+\boldsymbol{A}^{k-1}.$$

方法二:一方面,有$\boldsymbol{E}=(\boldsymbol{E}-\boldsymbol{A})^{-1}(\boldsymbol{E}-\boldsymbol{A})$.另一方面,由$\boldsymbol{A}^k=\boldsymbol{O}$,有

$$\begin{aligned}\boldsymbol{E}&=(\boldsymbol{E}-\boldsymbol{A})+(\boldsymbol{A}-\boldsymbol{A}^2)+\boldsymbol{A}^2-\cdots-\boldsymbol{A}^{k-1}+(\boldsymbol{A}^{k-1}-\boldsymbol{A}^k)\\&=(\boldsymbol{E}+\boldsymbol{A}+\boldsymbol{A}^2+\cdots+\boldsymbol{A}^{k-1})(\boldsymbol{E}-\boldsymbol{A}),\end{aligned}$$

故$(\boldsymbol{E}-\boldsymbol{A})^{-1}(\boldsymbol{E}-\boldsymbol{A})=(\boldsymbol{E}+\boldsymbol{A}+\boldsymbol{A}^2+\cdots+\boldsymbol{A}^{k-1})(\boldsymbol{E}-\boldsymbol{A})$.两端同时右乘$(\boldsymbol{E}-\boldsymbol{A})^{-1}$,就有

$$(\boldsymbol{E}-\boldsymbol{A})^{-1}=\boldsymbol{E}+\boldsymbol{A}+\boldsymbol{A}^2+\cdots+\boldsymbol{A}^{k-1}.$$

13. 设方阵$\boldsymbol{A}$满足$\boldsymbol{A}^2-\boldsymbol{A}-2\boldsymbol{E}=\boldsymbol{O}$,证明:$\boldsymbol{A}$及$\boldsymbol{A}+2\boldsymbol{E}$都可逆,并求$\boldsymbol{A}^{-1}$及$(\boldsymbol{A}+2\boldsymbol{E})^{-1}$.

证:方法一:由$\boldsymbol{A}^2-\boldsymbol{A}-2\boldsymbol{E}=\boldsymbol{O}$,得$\boldsymbol{A}^2-\boldsymbol{A}=2\boldsymbol{E}$,即

$$\boldsymbol{A}(\boldsymbol{A}-\boldsymbol{E})=2\boldsymbol{E}\text{ 或 }\boldsymbol{A}\cdot\frac{1}{2}(\boldsymbol{A}-\boldsymbol{E})=\boldsymbol{E},$$

由定理 2 推论知$\boldsymbol{A}$可逆,且$\boldsymbol{A}^{-1}=\dfrac{1}{2}(\boldsymbol{A}-\boldsymbol{E})$.

由$\boldsymbol{A}^2-\boldsymbol{A}-2\boldsymbol{E}=\boldsymbol{O}$得$\boldsymbol{A}^2-\boldsymbol{A}-6\boldsymbol{E}=-4\boldsymbol{E}$,即

$$(\boldsymbol{A}+2\boldsymbol{E})(\boldsymbol{A}-3\boldsymbol{E})=-4\boldsymbol{E}\text{ 或}(\boldsymbol{A}+2\boldsymbol{E})\cdot\frac{1}{4}(3\boldsymbol{E}-\boldsymbol{A})=\boldsymbol{E},$$

由定理 2 推论知$\boldsymbol{A}+2\boldsymbol{E}$可逆,且$(\boldsymbol{A}+2\boldsymbol{E})^{-1}=\dfrac{1}{4}(3\boldsymbol{E}-\boldsymbol{A})$.

方法二:由$\boldsymbol{A}^2-\boldsymbol{A}-2\boldsymbol{E}=\boldsymbol{O}$得$\boldsymbol{A}^2-\boldsymbol{A}=2\boldsymbol{E}$,两端同时取行列式得$|\boldsymbol{A}^2-\boldsymbol{A}|=2$,即$|\boldsymbol{A}||\boldsymbol{A}-\boldsymbol{E}|=2$,故$|\boldsymbol{A}|\neq0$,所以$\boldsymbol{A}$可逆,而$\boldsymbol{A}+2\boldsymbol{E}=\boldsymbol{A}^2$,$|\boldsymbol{A}+2\boldsymbol{E}|=|\boldsymbol{A}^2|=|\boldsymbol{A}|^2\neq0$,故$\boldsymbol{A}+2\boldsymbol{E}$也可逆.

由$\boldsymbol{A}^2-\boldsymbol{A}-2\boldsymbol{E}=\boldsymbol{O}\Rightarrow\boldsymbol{A}(\boldsymbol{A}-\boldsymbol{E})=2\boldsymbol{E}\Rightarrow\boldsymbol{A}^{-1}\boldsymbol{A}(\boldsymbol{A}-\boldsymbol{E})=2\boldsymbol{A}^{-1}\boldsymbol{E}$,故

$$\boldsymbol{A}^{-1}=\frac{1}{2}(\boldsymbol{A}-\boldsymbol{E}),$$

又由$\boldsymbol{A}^2-\boldsymbol{A}-2\boldsymbol{E}=\boldsymbol{O}\Rightarrow(\boldsymbol{A}+2\boldsymbol{E})\boldsymbol{A}-3(\boldsymbol{A}+2\boldsymbol{E})=-4\boldsymbol{E}\Rightarrow(\boldsymbol{A}+2\boldsymbol{E})(\boldsymbol{A}-3\boldsymbol{E})=-4\boldsymbol{E}$,所以

$$(\boldsymbol{A}+2\boldsymbol{E})^{-1}(\boldsymbol{A}+2\boldsymbol{E})(\boldsymbol{A}-3\boldsymbol{E})=-4(\boldsymbol{A}+2\boldsymbol{E})^{-1}\text{,即}(\boldsymbol{A}+2\boldsymbol{E})^{-1}=\frac{1}{4}(3\boldsymbol{E}-\boldsymbol{A}).$$

14. 解下列矩阵方程:

(1) $\begin{pmatrix}2&5\\1&3\end{pmatrix}\boldsymbol{X}=\begin{pmatrix}4&-6\\2&1\end{pmatrix}$;

(2) $\boldsymbol{X}\begin{pmatrix}2&1&-1\\2&1&0\\1&-1&1\end{pmatrix}=\begin{pmatrix}1&-1&3\\4&3&2\end{pmatrix}$;

(3) $\begin{pmatrix}1&4\\-1&2\end{pmatrix}\boldsymbol{X}\begin{pmatrix}2&0\\-1&1\end{pmatrix}=\begin{pmatrix}3&1\\0&-1\end{pmatrix}$;

(4) $\boldsymbol{AXB}=\boldsymbol{C}$,其中$\boldsymbol{A}=\begin{pmatrix}2&1\\5&4\end{pmatrix}$,$\boldsymbol{B}=\begin{pmatrix}1&3&3\\1&4&3\\1&3&4\end{pmatrix}$,$\boldsymbol{C}=\begin{pmatrix}1&0&-1\\1&-2&0\end{pmatrix}$.

解:(1)因为$\begin{vmatrix}2&5\\1&3\end{vmatrix}\neq 0$,所以$\begin{pmatrix}2&5\\1&3\end{pmatrix}$可逆. 方程两边同时左乘它的逆矩阵,得

$$X=\begin{pmatrix}2&5\\1&3\end{pmatrix}^{-1}\begin{pmatrix}4&-6\\2&1\end{pmatrix}=\begin{pmatrix}3&-5\\-1&2\end{pmatrix}\begin{pmatrix}4&-6\\2&1\end{pmatrix}=\begin{pmatrix}2&-23\\0&8\end{pmatrix}.$$

(2)因为$\begin{vmatrix}2&1&-1\\2&1&0\\1&-1&1\end{vmatrix}=3\neq 0$,所以$\begin{pmatrix}2&1&-1\\2&1&0\\1&-1&1\end{pmatrix}$可逆.

方程两边同时右乘它的逆矩阵得

$$X=\begin{pmatrix}1&-1&3\\4&3&2\end{pmatrix}\begin{pmatrix}2&1&-1\\2&1&0\\1&-1&1\end{pmatrix}^{-1}=\frac{1}{3}\begin{pmatrix}1&-1&3\\4&3&2\end{pmatrix}\begin{pmatrix}1&0&1\\-2&3&-2\\-3&3&0\end{pmatrix}$$

$$=\begin{pmatrix}-2&2&1\\-\frac{8}{3}&5&-\frac{2}{3}\end{pmatrix}.$$

(3)记$A=\begin{pmatrix}1&4\\-1&2\end{pmatrix}$,$B=\begin{pmatrix}2&0\\-1&1\end{pmatrix}$,$C=\begin{pmatrix}3&1\\0&-1\end{pmatrix}$,则矩阵方程可写为$AXB=C$.

因为$|A|=6\neq 0$,$|B|=2\neq 0$,所以A,B均可逆,依次用A^{-1}和B^{-1}左乘和右乘方程两边,得

$$X=A^{-1}CB^{-1}=\begin{pmatrix}1&4\\-1&2\end{pmatrix}^{-1}\begin{pmatrix}3&1\\0&-1\end{pmatrix}\begin{pmatrix}2&0\\-1&1\end{pmatrix}^{-1}$$

$$=\frac{1}{12}\begin{pmatrix}2&-4\\1&1\end{pmatrix}\begin{pmatrix}3&1\\0&-1\end{pmatrix}\begin{pmatrix}1&0\\1&2\end{pmatrix}=\frac{1}{12}\begin{pmatrix}6&6\\3&0\end{pmatrix}\begin{pmatrix}1&0\\1&2\end{pmatrix}=\begin{pmatrix}1&1\\\frac{1}{4}&0\end{pmatrix}.$$

(4)因$|A|=3$,$|B|=1$,故A,B均是可逆矩阵,且

$$A^{-1}=\frac{1}{3}\begin{pmatrix}4&-1\\-5&2\end{pmatrix},B^{-1}=\begin{pmatrix}7&-3&-3\\-1&1&0\\-1&0&1\end{pmatrix}.$$

分别用A^{-1}和B^{-1}左乘和右乘方程两边得

$$X=A^{-1}CB^{-1}=\frac{1}{3}\begin{pmatrix}4&-1\\-5&2\end{pmatrix}\begin{pmatrix}1&0&-1\\1&-2&0\end{pmatrix}\begin{pmatrix}7&-3&-3\\-1&1&0\\-1&0&1\end{pmatrix}$$

$$=\frac{1}{3}\begin{pmatrix}4&-1\\-5&2\end{pmatrix}\begin{pmatrix}8&-3&-4\\9&-5&-3\end{pmatrix}=\frac{1}{3}\begin{pmatrix}23&-7&-13\\-22&5&14\end{pmatrix}.$$

15. 分别应用克默法则和逆矩阵解下列线性方程组:

(1)$\begin{cases}x_1+2x_2+3x_3=1,\\2x_1+2x_2+5x_3=2,\\3x_1+5x_2+x_2=3;\end{cases}$　　(2)$\begin{cases}x_1+x_2+x_3=2,\\x_1+2x_2+4x_3=3,\\x_1+3x_2+9x_3=5.\end{cases}$

解:(1)**方法一:**用克拉默法则.

因系数矩阵的行列式$|A|=\begin{vmatrix}1&2&3\\2&2&5\\3&5&1\end{vmatrix}=15\neq 0$,由克拉默法则,方程组有惟一解,且

$$x_1=\frac{1}{15}\begin{vmatrix}1&2&3\\2&2&5\\3&5&1\end{vmatrix}=1,x_2=\frac{1}{15}\begin{vmatrix}1&1&3\\2&2&5\\3&3&1\end{vmatrix}=0,x_3=\frac{1}{15}\begin{vmatrix}1&2&1\\2&2&2\\3&5&3\end{vmatrix}=0.$$

方法二:用逆矩阵方法.

因$|\boldsymbol{A}|\neq 0$,故$\boldsymbol{A}$可逆,于是

$$\boldsymbol{x}=\boldsymbol{A}^{-1}\boldsymbol{b}=\begin{pmatrix}1&2&3\\2&2&5\\3&5&1\end{pmatrix}^{-1}\begin{pmatrix}1\\2\\3\end{pmatrix}=\frac{1}{15}\begin{pmatrix}-23&13&4\\13&-8&1\\4&1&-2\end{pmatrix}\begin{pmatrix}1\\2\\3\end{pmatrix}=\frac{1}{15}\begin{pmatrix}15\\0\\0\end{pmatrix}=\begin{pmatrix}1\\0\\0\end{pmatrix},$$

即 $x_1=1,x_2=0,x_3=0$.

(2)**方法一:**用克拉默法则.

因系数矩阵的行列式$|\boldsymbol{A}|=\begin{vmatrix}1&1&1\\1&2&4\\1&3&9\end{vmatrix}=2\neq 0$,由克拉默法则知方程组有惟一解,且

$$x_1=\frac{1}{2}\begin{vmatrix}2&1&1\\3&2&4\\5&3&9\end{vmatrix}=2,x_2=\frac{1}{2}\begin{vmatrix}1&2&1\\1&3&4\\1&5&9\end{vmatrix}=-\frac{1}{2},x_3=\frac{1}{2}\begin{vmatrix}1&1&2\\1&2&3\\1&3&5\end{vmatrix}=\frac{1}{2}.$$

方法二:用逆矩阵方法.

因$|\boldsymbol{A}|=2\neq 0$,故$\boldsymbol{A}$可逆,于是$x=\boldsymbol{A}^{-1}\boldsymbol{b}$,易求得$\boldsymbol{A}^{-1}=\frac{1}{2}\begin{pmatrix}6&-6&2\\-5&8&-3\\1&-2&1\end{pmatrix}$,代入,得

$$\begin{pmatrix}x_1\\x_2\\x_3\end{pmatrix}=\frac{1}{2}\begin{pmatrix}6&-6&2\\-5&8&-3\\1&-2&1\end{pmatrix}\begin{pmatrix}2\\3\\5\end{pmatrix}=\frac{1}{2}\begin{pmatrix}4\\-1\\1\end{pmatrix}=\begin{pmatrix}2\\-\frac{1}{2}\\\frac{1}{2}\end{pmatrix}.$$

16. 设$\boldsymbol{A}$为3阶矩阵,$|\boldsymbol{A}|=\frac{1}{2}$,求$|(2\boldsymbol{A})^{-1}-5\boldsymbol{A}^*|$.

解:因为$\boldsymbol{A}^{-1}=\frac{1}{|\boldsymbol{A}|}\boldsymbol{A}^*$,所以

$$\begin{aligned}|(2\boldsymbol{A})^{-1}-5\boldsymbol{A}^*|&=\left|\frac{1}{2}\boldsymbol{A}^{-1}-5|\boldsymbol{A}|\boldsymbol{A}^{-1}\right|=\left|\frac{1}{2}\boldsymbol{A}^{-1}-\frac{5}{2}\boldsymbol{A}^{-1}\right|\\&=|-2\boldsymbol{A}^{-1}|=(-2)^3|\boldsymbol{A}^{-1}|=-8|\boldsymbol{A}|^{-1}=-8\times 2=-16.\end{aligned}$$

注:先化简矩阵,再取行列式计算,会变得简单.

17. 设$\boldsymbol{A}=\begin{pmatrix}0&3&3\\1&1&0\\-1&2&3\end{pmatrix}$,且$\boldsymbol{AB}=\boldsymbol{A}+2\boldsymbol{B}$,求$\boldsymbol{B}$.

解:由$\boldsymbol{AB}=\boldsymbol{A}+2\boldsymbol{B}$,可得$(\boldsymbol{A}-2\boldsymbol{E})\boldsymbol{B}=\boldsymbol{A}$.

因为$|\boldsymbol{A}-2\boldsymbol{E}|=\begin{vmatrix}-2&3&3\\1&-1&0\\-1&2&1\end{vmatrix}=2\neq 0$,所以$\boldsymbol{A}-2\boldsymbol{E}$可逆.故

$$\boldsymbol{B}=(\boldsymbol{A}-2\boldsymbol{E})^{-1}\boldsymbol{A}=\begin{pmatrix}-2&3&3\\1&-1&0\\-1&2&1\end{pmatrix}^{-1}\begin{pmatrix}0&3&3\\1&1&0\\-1&2&3\end{pmatrix}=\begin{pmatrix}0&3&3\\-1&2&3\\1&1&0\end{pmatrix}.$$

18. 设$\boldsymbol{A}=\begin{pmatrix}1&0&1\\0&2&0\\1&0&1\end{pmatrix}$,且$\boldsymbol{AB}+\boldsymbol{E}=\boldsymbol{A}^2+\boldsymbol{B}$,求$\boldsymbol{B}$.

解：由 $AB+E=A^2+B$，得 $(A-E)B=A^2-E$，即 $(A-E)B=(A-E)(A+E)$.

因为 $|A-E|=\begin{vmatrix}0&0&1\\0&1&0\\1&0&0\end{vmatrix}=-1\neq 0$，所以 $A-E$ 可逆. 从而

$$B=(A-E^{-1})(A-E)(A+E)=A+E=\begin{pmatrix}2&0&1\\0&3&0\\1&0&2\end{pmatrix}.$$

19. 设 $A=\mathrm{diag}(1,-2,1)$，且 $A^*BA=2BA-8E$，求 B.

解：由 $A^*BA=2BA-8E$，得 $(A^*-2E)BA=-8E$，方程两边同时左乘 A，得 $(AA^*-2A)BA=-8A$.

因为 $|A|=-2\neq 0$，所以 A 可逆，上式两边同时右乘 A^{-1}，得

$$(|A|E-2A)B=-8E，即 (A+E)B=4E.$$

由于 $A+E=\mathrm{diag}(2,-1,2)$ 可逆，且 $(A+E)^{-1}=\mathrm{diag}\left(\frac{1}{2},-1,\frac{1}{2}\right)$. 所以

$$B=4(A+E)^{-1}=4\mathrm{diag}\left(\frac{1}{2},-1,\frac{1}{2}\right)=\mathrm{diag}(2,-4,2).$$

20. 已知矩阵 A 的伴随阵 $A^*=\mathrm{diag}(1,1,1,8)$，且 $ABA^{-1}=BA^{-1}+3E$，求 B.

解：由 $|A^*|=|A|^3=8$，得 $|A|=2$.

由 $ABA^{-1}=BA^{-1}+3E$，得 $B=A^{-1}B+3E$，即 $(E-A^{-1})B=3E$，所以

$$B=3(E-A^{-1})^{-1}=3\left(E-\frac{1}{2}A^*\right)^{-1}=6(2E-A^*)^{-1}$$

$$=6[\mathrm{diag}(1,1,1,-6)]^{-1}=\mathrm{diag}(6,6,6,-1).$$

21. 设 $P^{-1}AP=\Lambda$，其中 $P=\begin{pmatrix}-1&-4\\1&1\end{pmatrix}$，$\Lambda=\begin{pmatrix}-1&0\\0&2\end{pmatrix}$，求 A^{11}.

解：由 $P^{-1}AP=\Lambda$，得 $A=P\Lambda P^{-1}$，所以 $A^{11}=P\Lambda^{11}P^{-1}$. 又

$$|P|=3,P^*=\begin{pmatrix}1&4\\-1&1\end{pmatrix},P^{-1}=\frac{1}{3}\begin{pmatrix}1&4\\-1&-1\end{pmatrix},$$

且 $\Lambda^{11}=\begin{pmatrix}-1&0\\0&2\end{pmatrix}^{11}=\begin{pmatrix}-1&0\\0&2^{11}\end{pmatrix}$，故

$$A^{11}=\begin{pmatrix}-1&-4\\1&1\end{pmatrix}\begin{pmatrix}-1&0\\0&2^{11}\end{pmatrix}\begin{pmatrix}\frac{1}{3}&\frac{4}{3}\\-\frac{1}{3}&-\frac{1}{3}\end{pmatrix}=\begin{pmatrix}2\,731&2\,732\\-683&-684\end{pmatrix}.$$

22. 设 $AP=P\Lambda$，其中 $P=\begin{pmatrix}1&1&1\\1&0&-2\\1&-1&1\end{pmatrix}$，$\Lambda=\begin{pmatrix}-1&&\\&1&\\&&5\end{pmatrix}$，求 $\varphi(A)=A^8(5E-6A+A^2)$.

解：因为 $|P|=\begin{vmatrix}1&1&1\\1&0&-2\\1&-1&1\end{vmatrix}=-6\neq 0$，故 P 可逆.

由 $AP=P\Lambda$ 得 $A=P\Lambda P^{-1}$，并记多项式 $\varphi(x)=x^8(5-6x+x^2)$，有 $\varphi(A)=P\varphi(\Lambda)P^{-1}$. 而

$$\begin{aligned}\varphi(\Lambda)&=\Lambda^8(5E-6\Lambda+\Lambda^2)\\&=\mathrm{diag}(1,1,5^8)[\mathrm{diag}(5,5,5)-\mathrm{diag}(-6,6,30)+\mathrm{diag}(1,1,25)]\\&=\mathrm{diag}(1,1,5^8)\mathrm{diag}(12,0,0)=12\mathrm{diag}(1,0,0).\end{aligned}$$

所以

$$\varphi(A)=P\varphi(\Lambda)P^{-1}=\frac{1}{|P|}P\varphi(\Lambda)P^{*}$$

$$=-2\begin{pmatrix}1&1&1\\1&0&-2\\1&-1&1\end{pmatrix}\begin{pmatrix}1&0&0\\0&0&0\\0&0&0\end{pmatrix}\begin{pmatrix}-2&-2&-2\\-3&0&3\\-1&2&-1\end{pmatrix}=4\begin{pmatrix}1&1&1\\1&1&1\\1&1&1\end{pmatrix}.$$

23. 设矩阵 A 可逆，证明其伴随阵 A^* 也可逆，且 $(A^*)^{-1}=(A^{-1})^*$.

证：由 $A^{-1}=\frac{1}{|A|}A^*$，得 $A^*=|A|A^{-1}$，所以，当 A 可逆时，有

$$|A^*|=|A|^n|A^{-1}|=|A|^{n-1}\neq 0,$$

从而 A^* 也可逆.

因为 $A^*=|A|A^{-1}$，所以 $(A^*)^{-1}=|A|^{-1}A$. 又

$$A=\frac{1}{|A^{-1}|}(A^{-1})^*=|A|(A^{-1})^*,$$

所以 $(A^*)^{-1}=|A|^{-1}A=|A|^{-1}|A|(A^{-1})^*=(A^{-1})^*$.

24. 设 n 阶矩阶 A 的伴随矩阵为 A^*，证明：

(1)若 $|A|=0$，则 $|A^*|=0$； (2) $|A^*|=|A|^{n-1}$.

证：(1)用反证法证明. 假设 $|A^*|\neq 0$，则有 $A^*(A^*)^{-1}=E$，由此得

$$A=AA^*(A^*)^{-1}=|A|E(A^*)^{-1}=O,$$

所以 $A^*=O$，这与 $|A^*|\neq 0$ 矛盾，故当 $|A|=0$ 时，有 $|A^*|=0$.

(2)由于 $A^{-1}=\frac{1}{|A|}A^*$，则 $AA^*=|A|E$，取行列式得到

$$|A||A^*|=|A|^n.$$

若 $|A|\neq 0$，则 $|A^*|=|A|^{n-1}$；

若 $|A|=0$，由(1)知 $|A^*|=0$，此时命题也成立.

因此 $|A^*|=|A|^{n-1}$.

25. 计算 $\begin{pmatrix}1&2&1&0\\0&1&0&1\\0&0&2&1\\0&0&0&3\end{pmatrix}\begin{pmatrix}1&0&3&1\\0&1&2&-1\\0&0&-2&3\\0&0&0&-3\end{pmatrix}$.

解：设 $A_1=\begin{pmatrix}1&2\\0&1\end{pmatrix}$，$A_2=\begin{pmatrix}2&1\\0&3\end{pmatrix}$，$B_1=\begin{pmatrix}3&1\\2&-1\end{pmatrix}$，$B_2=\begin{pmatrix}-2&3\\0&-3\end{pmatrix}$，则

$$\begin{pmatrix}A_1&E\\O&A_2\end{pmatrix}\begin{pmatrix}E&B_1\\O&B_2\end{pmatrix}=\begin{pmatrix}A_1&A_1B_1+B_2\\O&A_2B_2\end{pmatrix},$$

而 $A_1B_1+B_2=\begin{pmatrix}1&2\\0&1\end{pmatrix}\begin{pmatrix}3&1\\2&-1\end{pmatrix}+\begin{pmatrix}-2&3\\0&-3\end{pmatrix}=\begin{pmatrix}5&2\\2&-4\end{pmatrix}$,

$$A_2B_2=\begin{pmatrix}2&1\\0&3\end{pmatrix}\begin{pmatrix}-2&3\\0&-3\end{pmatrix}=\begin{pmatrix}-4&3\\0&-9\end{pmatrix},$$

所以 $\begin{pmatrix}A_1&E\\O&A_2\end{pmatrix}\begin{pmatrix}E&B_1\\O&B_2\end{pmatrix}=\begin{pmatrix}A_1&A_1B_1+B_2\\O&A_2B_2\end{pmatrix}=\begin{pmatrix}1&2&5&2\\0&1&2&-4\\0&0&-4&3\\0&0&0&-9\end{pmatrix}$，即

$$\begin{pmatrix}1&2&1&0\\0&1&0&1\\0&0&2&1\\0&0&0&3\end{pmatrix}\begin{pmatrix}1&0&3&1\\0&1&2&-1\\0&0&-2&3\\0&0&0&-3\end{pmatrix}=\begin{pmatrix}1&2&5&2\\0&1&2&-4\\0&0&-4&3\\0&0&0&-9\end{pmatrix}.$$

26. 设 $\boldsymbol{A}=\begin{pmatrix}3&4&0&0\\4&-3&0&0\\0&0&2&0\\0&0&2&2\end{pmatrix}$，求 $|\boldsymbol{A}^8|$ 及 $\boldsymbol{A}^4$.

解：令 $\boldsymbol{A}_1=\begin{pmatrix}3&4\\4&-3\end{pmatrix}$，$\boldsymbol{A}_2=\begin{pmatrix}2&0\\2&2\end{pmatrix}$，则 $\boldsymbol{A}=\begin{pmatrix}\boldsymbol{A}_1&\boldsymbol{O}\\\boldsymbol{O}&\boldsymbol{A}_2\end{pmatrix}$，故

$$\boldsymbol{A}^8=\begin{pmatrix}\boldsymbol{A}_1&\boldsymbol{O}\\\boldsymbol{O}&\boldsymbol{A}_2\end{pmatrix}^8=\begin{pmatrix}\boldsymbol{A}_1^8&\boldsymbol{O}\\\boldsymbol{O}&\boldsymbol{A}_2^8\end{pmatrix},$$

所以

$$|\boldsymbol{A}^8|=|\boldsymbol{A}_1^8||\boldsymbol{A}_2^8|=|\boldsymbol{A}_1|^8|\boldsymbol{A}_2|^8=10^{16},$$

$$\boldsymbol{A}^4=\begin{pmatrix}\boldsymbol{A}_1^4&\boldsymbol{O}\\\boldsymbol{O}&\boldsymbol{A}_2^4\end{pmatrix}=\begin{pmatrix}5^4&0&0&0\\0&5^4&0&0\\0&0&2^4&0\\0&0&2^6&2^4\end{pmatrix}.$$

27. 设 n 阶矩阵 $\boldsymbol{A}$ 及 s 阶矩阵 $\boldsymbol{B}$ 都可逆，求 $\begin{pmatrix}\boldsymbol{O}&\boldsymbol{A}\\\boldsymbol{B}&\boldsymbol{O}\end{pmatrix}^{-1}$.

解：设 $\begin{pmatrix}\boldsymbol{O}&\boldsymbol{A}\\\boldsymbol{B}&\boldsymbol{O}\end{pmatrix}^{-1}=\begin{pmatrix}\boldsymbol{C}_1&\boldsymbol{C}_2\\\boldsymbol{C}_3&\boldsymbol{C}_4\end{pmatrix}$，则

$$\begin{pmatrix}\boldsymbol{O}&\boldsymbol{A}\\\boldsymbol{B}&\boldsymbol{O}\end{pmatrix}\begin{pmatrix}\boldsymbol{C}_1&\boldsymbol{C}_2\\\boldsymbol{C}_3&\boldsymbol{C}_4\end{pmatrix}=\begin{pmatrix}\boldsymbol{AC}_3&\boldsymbol{AC}_4\\\boldsymbol{BC}_1&\boldsymbol{BC}_2\end{pmatrix}=\begin{pmatrix}\boldsymbol{E}_n&\boldsymbol{O}\\\boldsymbol{O}&\boldsymbol{E}_s\end{pmatrix}.$$

由此，得 $\begin{cases}\boldsymbol{AC}_3=\boldsymbol{E}_n,\\\boldsymbol{AC}_4=\boldsymbol{O},\\\boldsymbol{BC}_1=\boldsymbol{O},\\\boldsymbol{BC}_2=\boldsymbol{E}_s\end{cases}\Rightarrow\begin{cases}\boldsymbol{C}_3=\boldsymbol{A}^{-1},\\\boldsymbol{C}_4=\boldsymbol{O},\\\boldsymbol{C}_1=\boldsymbol{O},\\\boldsymbol{C}_2=\boldsymbol{B}^{-1},\end{cases}$ 所以 $\begin{pmatrix}\boldsymbol{O}&\boldsymbol{A}\\\boldsymbol{B}&\boldsymbol{O}\end{pmatrix}^{-1}=\begin{pmatrix}\boldsymbol{O}&\boldsymbol{B}^{-1}\\\boldsymbol{A}^{-1}&\boldsymbol{O}\end{pmatrix}$.

28. 求下列矩阵的逆阵：

(1) $\begin{pmatrix}5&2&0&0\\2&1&0&0\\0&0&8&3\\0&0&5&2\end{pmatrix}$；　　(2) $\begin{pmatrix}0&0&\frac{1}{5}\\2&1&0\\4&3&0\end{pmatrix}$.

解：(1) 设 $\boldsymbol{A}=\begin{pmatrix}5&2\\2&1\end{pmatrix}$，$\boldsymbol{B}=\begin{pmatrix}8&3\\5&2\end{pmatrix}$，则

$$\boldsymbol{A}^{-1}=\begin{pmatrix}5&2\\2&1\end{pmatrix}^{-1}=\begin{pmatrix}1&-2\\-2&5\end{pmatrix},\boldsymbol{B}^{-1}=\begin{pmatrix}8&3\\5&2\end{pmatrix}^{-1}=\begin{pmatrix}2&-3\\-5&8\end{pmatrix}.$$

于是 $\begin{pmatrix}5&2&0&0\\2&1&0&0\\0&0&8&3\\0&0&5&2\end{pmatrix}^{-1}=\begin{pmatrix}\boldsymbol{A}&\boldsymbol{O}\\\boldsymbol{O}&B\end{pmatrix}^{-1}=\begin{pmatrix}\boldsymbol{A}^{-1}&\boldsymbol{O}\\\boldsymbol{O}&\boldsymbol{B}^{-1}\end{pmatrix}=\begin{pmatrix}1&-2&0&0\\-2&5&0&0\\0&0&2&-3\\0&0&-5&8\end{pmatrix}$.

(2)将 A 分块为$\begin{pmatrix} O & A \\ B & O \end{pmatrix}$,其中 $A=\left(\frac{1}{5}\right)$,$B=\begin{pmatrix} 2 & 4 \\ 4 & 3 \end{pmatrix}$,因 A,B 均可逆,由题 27 得

$$A^{-1}=\begin{pmatrix} O & B^{-1} \\ A^{-1} & O \end{pmatrix}=\begin{pmatrix} 0 & \frac{3}{2} & -\frac{1}{2} \\ 0 & -2 & 1 \\ 5 & 0 & 0 \end{pmatrix}=\frac{1}{2}\begin{pmatrix} 0 & 3 & -1 \\ 0 & -4 & 2 \\ 10 & 0 & 0 \end{pmatrix}.$$

第三章　矩阵的初等变换与线性方程组

1. 用初等行变换把下列矩阵化为行最简形矩阵:

(1)$\begin{pmatrix} 1 & 0 & 2 & -1 \\ 2 & 0 & 3 & 1 \\ 3 & 0 & 4 & 3 \end{pmatrix}$;　(2)$\begin{pmatrix} 0 & 2 & -3 & 1 \\ 0 & 3 & -4 & 3 \\ 0 & 4 & -7 & -1 \end{pmatrix}$;

(3)$\begin{pmatrix} 1 & -1 & 3 & -4 & 3 \\ 3 & -3 & 5 & -4 & 1 \\ 2 & -2 & 3 & -2 & 0 \\ 3 & -3 & 4 & -2 & -1 \end{pmatrix}$;　(4)$\begin{pmatrix} 2 & 3 & 1 & -3 & -7 \\ 1 & 2 & 0 & -2 & -4 \\ 3 & -2 & 8 & 3 & 0 \\ 2 & -3 & 7 & 4 & 3 \end{pmatrix}$.

解:(1)
$$\begin{pmatrix} 1 & 0 & 2 & -1 \\ 2 & 0 & 3 & 1 \\ 3 & 0 & 4 & 3 \end{pmatrix}\xrightarrow[r_3-3r_1]{r_2-2r_1}\begin{pmatrix} 1 & 0 & 2 & -1 \\ 0 & 0 & -1 & 3 \\ 0 & 0 & -2 & 6 \end{pmatrix}$$
$$\xrightarrow[(-1)r_2]{r_3-2r_1}\begin{pmatrix} 1 & 0 & 2 & -1 \\ 0 & 0 & 1 & -3 \\ 0 & 0 & 0 & 0 \end{pmatrix}\xrightarrow{r_1-2r_2}\begin{pmatrix} 1 & 0 & 0 & 5 \\ 0 & 0 & 1 & -3 \\ 0 & 0 & 0 & 0 \end{pmatrix}.$$

(2)
$$\begin{pmatrix} 0 & 2 & -3 & 1 \\ 0 & 3 & -4 & 3 \\ 0 & 4 & -7 & -1 \end{pmatrix}\xrightarrow[r_3-2r_1]{r_2\times 2-3r_1}\begin{pmatrix} 0 & 2 & -3 & 1 \\ 0 & 0 & 1 & 3 \\ 0 & 0 & -1 & -3 \end{pmatrix}$$
$$\xrightarrow[r_1+3r_2]{r_3+r_2}\begin{pmatrix} 0 & 2 & 0 & 10 \\ 0 & 0 & 1 & 3 \\ 0 & 0 & 0 & 0 \end{pmatrix}\xrightarrow{r_1\div 2}\begin{pmatrix} 0 & 1 & 0 & 5 \\ 0 & 0 & 1 & 3 \\ 0 & 0 & 0 & 0 \end{pmatrix}.$$

(3)
$$\begin{pmatrix} 1 & -1 & 3 & -4 & 3 \\ 3 & -3 & 5 & -4 & 1 \\ 2 & -2 & 3 & -2 & 0 \\ 3 & -3 & 4 & -2 & -1 \end{pmatrix}\xrightarrow[\substack{r_3-2r_1 \\ r_4-3r_1}]{r_2-3r_1}\begin{pmatrix} 1 & -1 & 3 & -4 & 3 \\ 0 & 0 & -4 & 8 & -8 \\ 0 & 0 & -3 & 6 & -6 \\ 0 & 0 & -5 & 10 & -10 \end{pmatrix}$$
$$\xrightarrow[\substack{r_3\div(-3) \\ r_4\div(-5)}]{r_2\div(-4)}\begin{pmatrix} 1 & -1 & 3 & -4 & 3 \\ 0 & 0 & 1 & -2 & 2 \\ 0 & 0 & 1 & -2 & 2 \\ 0 & 0 & 1 & -2 & 2 \end{pmatrix}\xrightarrow[\substack{r_3-r_2 \\ r_4-r_2}]{r_1-3r_2}\begin{pmatrix} 1 & -1 & 0 & 2 & -3 \\ 0 & 0 & 1 & -2 & 2 \\ 0 & 0 & 0 & 0 & 0 \\ 0 & 0 & 0 & 0 & 0 \end{pmatrix}.$$

(4) $\begin{pmatrix} 2 & 3 & 1 & -3 & -7 \\ 1 & 2 & 0 & -2 & -4 \\ 3 & -2 & 8 & 3 & 0 \\ 2 & -3 & 7 & 4 & 3 \end{pmatrix} \xrightarrow[\substack{r_3-3r_2 \\ r_4-2r_2}]{r_1-2r_2} \begin{pmatrix} 0 & -1 & 1 & 1 & 1 \\ 1 & 2 & 0 & -2 & -4 \\ 0 & -8 & 8 & 9 & 12 \\ 0 & -7 & 7 & 8 & 11 \end{pmatrix}$

$$\xrightarrow[\substack{r_3-8r_1 \\ r_4-7r_1}]{r_2+2r_1} \begin{pmatrix} 0 & -1 & 1 & 1 & 1 \\ 1 & 0 & 2 & 0 & -2 \\ 0 & 0 & 0 & 1 & 4 \\ 0 & 0 & 0 & 1 & 4 \end{pmatrix} \xrightarrow[\substack{r_2\times(-1) \\ r_4-r_3}]{r_1\leftrightarrow r_2} \begin{pmatrix} 1 & 0 & 2 & 0 & -2 \\ 0 & 1 & -1 & -1 & -1 \\ 0 & 0 & 0 & 1 & 4 \\ 0 & 0 & 0 & 0 & 0 \end{pmatrix}$$

$$\xrightarrow{r_2+r_3} \begin{pmatrix} 1 & 0 & 2 & 0 & -2 \\ 0 & 1 & -1 & 0 & 3 \\ 0 & 0 & 0 & 1 & 4 \\ 0 & 0 & 0 & 0 & 0 \end{pmatrix}.$$

2. 设 $\boldsymbol{A}=\begin{pmatrix} 1 & 2 & 3 & 4 \\ 2 & 3 & 4 & 5 \\ 5 & 4 & 3 & 2 \end{pmatrix}$，求一个可逆矩阵 $\boldsymbol{P}$，使 $\boldsymbol{PA}$ 为行最简形矩阵.

解：$(\boldsymbol{A},\boldsymbol{E})=\begin{pmatrix} 1 & 2 & 3 & 4 & 1 & 0 & 0 \\ 2 & 3 & 4 & 5 & 0 & 1 & 0 \\ 5 & 4 & 3 & 2 & 0 & 0 & 1 \end{pmatrix} \xrightarrow[r_3-5r_1]{r_2-2r_1} \begin{pmatrix} 1 & 2 & 3 & 4 & 1 & 0 & 0 \\ 0 & -1 & -2 & -3 & -2 & 1 & 0 \\ 0 & -6 & -12 & -18 & -5 & 0 & 1 \end{pmatrix}$

$$\xrightarrow[\substack{r_1-2r_2 \\ r_3+6r_2}]{r_2\times(-1)} \begin{pmatrix} 1 & 0 & -1 & -2 & -3 & 2 & 0 \\ 0 & 1 & 2 & 3 & 2 & -1 & 0 \\ 0 & 0 & 0 & 0 & 7 & -6 & 1 \end{pmatrix},$$

故 $\boldsymbol{P}=\begin{pmatrix} -3 & 2 & 0 \\ 2 & -1 & 0 \\ 7 & -6 & 1 \end{pmatrix}$，并且 $\boldsymbol{A}$ 的行最简形为 $\boldsymbol{PA}=\begin{pmatrix} 1 & 0 & -1 & -2 \\ 0 & 1 & 2 & 3 \\ 0 & 0 & 0 & 0 \end{pmatrix}$.

3. 设 $\boldsymbol{A}=\begin{pmatrix} -5 & 3 & 1 \\ 2 & -1 & 1 \end{pmatrix}$. 求：

(1) 可逆矩阵 $\boldsymbol{P}$，使 $\boldsymbol{PA}$ 为行最简形矩阵；

(2) 可逆矩阵 $\boldsymbol{Q}$，使 $\boldsymbol{QA}^{\mathrm{T}}$ 为行最简形矩阵.

解：(1) $(\boldsymbol{A},\boldsymbol{E})=\begin{pmatrix} -5 & 3 & 1 & 1 & 0 \\ 2 & -1 & 1 & 0 & 1 \end{pmatrix} \xrightarrow{r_1+3r_2} \begin{pmatrix} 1 & 0 & 4 & 1 & 3 \\ 2 & -1 & 1 & 0 & 1 \end{pmatrix} \xrightarrow[r_2\times(-1)]{r_2-2r_1} \begin{pmatrix} 1 & 0 & 4 & 1 & 3 \\ 0 & 1 & 7 & 2 & 5 \end{pmatrix}$，

于是 $\boldsymbol{P}=\begin{pmatrix} 1 & 3 \\ 2 & 5 \end{pmatrix}$，且 $\boldsymbol{PA}=\begin{pmatrix} 1 & 0 & 4 \\ 0 & 1 & 7 \end{pmatrix}$ 为 $\boldsymbol{A}$ 的行最简形.

(2) $(\boldsymbol{A}^{\mathrm{T}},\boldsymbol{E})=\begin{pmatrix} -5 & 2 & 1 & 0 & 0 \\ 3 & -1 & 0 & 1 & 0 \\ 1 & 1 & 0 & 0 & 1 \end{pmatrix} \xrightarrow{r_1+2r_2} \begin{pmatrix} 1 & 0 & 1 & 2 & 0 \\ 3 & -1 & 0 & 1 & 0 \\ 1 & 1 & 0 & 0 & 1 \end{pmatrix}$

$$\xrightarrow[r_3-r_1]{r_2-3r_1} \begin{pmatrix} 1 & 0 & 1 & 2 & 0 \\ 0 & -1 & -3 & -5 & 0 \\ 0 & 1 & -1 & -2 & 1 \end{pmatrix} \xrightarrow[r_3-r_2]{r_2\times(-1)} \begin{pmatrix} 1 & 0 & 1 & 2 & 0 \\ 0 & 1 & 3 & 5 & 0 \\ 0 & 0 & -4 & -7 & 1 \end{pmatrix},$$

于是 $\boldsymbol{Q}=\begin{pmatrix} 1 & 2 & 0 \\ 3 & 5 & 0 \\ -4 & -7 & 1 \end{pmatrix}$，并且 $\boldsymbol{QA}^{\mathrm{T}}=\begin{pmatrix} 1 & 0 \\ 0 & 1 \\ 0 & 0 \end{pmatrix}$ 为 $\boldsymbol{A}^{\mathrm{T}}$ 的行最简形.

4. 试利用矩阵的初等变换,求下列方阵的逆矩阵:

(1) $\begin{pmatrix}3&2&1\\3&1&5\\3&2&3\end{pmatrix}$;　　(2) $\begin{pmatrix}3&-2&0&-1\\0&2&2&1\\1&-2&-3&-2\\0&1&2&1\end{pmatrix}$.

解:(1) $(\boldsymbol{A} \vdots \boldsymbol{E})=\left(\begin{array}{ccc:ccc}3&2&1&1&0&0\\3&1&5&0&1&0\\3&2&3&0&0&1\end{array}\right)\longrightarrow\left(\begin{array}{ccc:ccc}3&2&1&1&0&0\\0&-1&4&-1&1&0\\0&0&2&-1&0&1\end{array}\right)$

$$\longrightarrow\left(\begin{array}{ccc:ccc}3&2&1&1&0&0\\0&-1&0&1&1&-2\\0&0&1&-\frac{1}{2}&0&\frac{1}{2}\end{array}\right)\longrightarrow\left(\begin{array}{ccc:ccc}3&2&0&\frac{3}{2}&0&-\frac{1}{2}\\0&-1&0&1&1&-2\\0&0&1&-\frac{1}{2}&0&\frac{1}{2}\end{array}\right)$$

$$\longrightarrow\left(\begin{array}{ccc:ccc}1&0&0&\frac{7}{6}&\frac{2}{3}&-\frac{3}{2}\\0&1&0&-1&-1&2\\0&0&1&-\frac{1}{2}&0&\frac{1}{2}\end{array}\right),$$

故 $\boldsymbol{A}^{-1}=\begin{pmatrix}\frac{7}{6}&\frac{2}{3}&-\frac{3}{2}\\-1&-1&2\\-\frac{1}{2}&0&\frac{1}{2}\end{pmatrix}$.

(2) $(\boldsymbol{A} \vdots \boldsymbol{E})=\left(\begin{array}{cccc:cccc}3&-2&0&-1&1&0&0&0\\0&2&2&1&0&1&0&0\\1&-2&-3&-2&0&0&1&0\\0&1&2&1&0&0&0&1\end{array}\right)\longrightarrow\left(\begin{array}{cccc:cccc}1&-2&-3&-2&0&0&1&0\\0&1&2&1&0&0&0&1\\0&2&2&1&0&1&0&0\\0&4&9&5&1&0&-3&0\end{array}\right)$

$$\longrightarrow\left(\begin{array}{cccc:cccc}1&-2&-3&-2&0&0&1&0\\0&1&2&1&0&0&0&1\\0&0&-2&-1&0&1&0&-2\\0&0&1&1&1&0&-3&-4\end{array}\right)$$

$$\longrightarrow\left(\begin{array}{cccc:cccc}1&-2&-3&-2&0&0&1&0\\0&1&2&1&0&0&0&1\\0&0&1&1&1&0&-3&-4\\0&0&0&1&2&1&-6&-10\end{array}\right)$$

$$\longrightarrow\left(\begin{array}{cccc:cccc}1&-2&0&0&1&-1&-2&-2\\0&1&0&0&0&1&0&-1\\0&0&1&0&-1&-1&3&6\\0&0&0&1&2&1&-6&-10\end{array}\right)$$

$$\longrightarrow\left(\begin{array}{cccc:cccc}1&0&0&0&1&1&-2&-4\\0&1&0&0&0&1&0&-1\\0&0&1&0&-1&-1&3&6\\0&0&0&1&2&1&-6&-10\end{array}\right),$$

故 $\boldsymbol{A}^{-1}=\begin{pmatrix}1&1&-2&-4\\0&1&0&-1\\-1&-1&3&6\\2&1&-6&-10\end{pmatrix}$.

5. 试利用矩阵的初等行变换，求解第 2 章习题二第 15 题之(2).

解：对增广矩阵作初等行变换，得

$$\boldsymbol{B}=\begin{pmatrix}1&1&1&2\\1&2&4&3\\1&3&9&5\end{pmatrix}\xrightarrow[r_2-r_1]{r_3-r_2}\begin{pmatrix}1&1&1&2\\0&1&3&1\\0&1&5&2\end{pmatrix}\xrightarrow[\substack{r_3-r_2\\r_3\times\frac{1}{2}}]{r_1-r_2}\begin{pmatrix}1&0&-2&1\\0&1&3&1\\0&0&1&\frac{1}{2}\end{pmatrix}\xrightarrow[r_2-3r_3]{r_1+2r_3}\begin{pmatrix}1&0&0&2\\0&1&0&-\frac{1}{2}\\0&0&1&\frac{1}{2}\end{pmatrix}.$$

由此得方程组的解为 $x_1=2,x_2=-\frac{1}{2},x_3=\frac{1}{2}$.

6. (1)设 $\boldsymbol{A}=\begin{pmatrix}4&1&-2\\2&2&1\\3&1&-1\end{pmatrix},\boldsymbol{B}=\begin{pmatrix}1&-3\\2&2\\3&-1\end{pmatrix}$，求 $\boldsymbol{X}$，使 $\boldsymbol{AX}=\boldsymbol{B}$；

(2)设 $\boldsymbol{A}=\begin{pmatrix}0&2&1\\2&-1&3\\-3&3&-4\end{pmatrix},\boldsymbol{B}=\begin{pmatrix}1&2&3\\2&-3&1\end{pmatrix}$，求 $\boldsymbol{X}$，使 $\boldsymbol{XA}=\boldsymbol{B}$；

(3)设 $\boldsymbol{A}=\begin{pmatrix}1&-1&0\\0&1&-1\\-1&0&1\end{pmatrix}$，且 $\boldsymbol{AX}=2\boldsymbol{X}+\boldsymbol{A}$，求 $\boldsymbol{X}$.

解：(1)因为

$$(\boldsymbol{A},\boldsymbol{B})=\begin{pmatrix}4&1&-2&1&-3\\2&2&1&2&2\\3&1&-1&3&-1\end{pmatrix}\xrightarrow{r_1-r_3}\begin{pmatrix}1&0&-1&-2&-2\\2&2&1&2&2\\3&1&-1&3&-1\end{pmatrix}$$

$$\xrightarrow[r_3-3r_1]{r_2-2r_1}\begin{pmatrix}1&0&-1&-2&2\\0&2&3&6&6\\0&1&2&9&5\end{pmatrix}\xrightarrow[r_3-2r_2]{r_2\leftrightarrow r_3}\begin{pmatrix}1&0&-1&-2&2\\0&1&2&9&5\\0&0&-1&-12&-4\end{pmatrix}$$

$$\xrightarrow[\substack{r_1+r_3\\r_2-3r_3}]{r_3\times(-1)}\begin{pmatrix}1&0&0&10&2\\0&1&0&-15&-3\\0&0&1&12&4\end{pmatrix},$$

所以 $\boldsymbol{X}=\boldsymbol{A}^{-1}\boldsymbol{B}=\begin{pmatrix}10&2\\-15&-3\\12&4\end{pmatrix}$.

(2)考虑 $\boldsymbol{A}^{\mathrm{T}}\boldsymbol{X}^{\mathrm{T}}=\boldsymbol{B}^{\mathrm{T}}$. 因为

$$(\boldsymbol{A}^{\mathrm{T}},\boldsymbol{B}^{\mathrm{T}})=\begin{pmatrix}0&2&-3&1&2\\2&-1&3&2&-3\\1&3&-4&3&1\end{pmatrix}\xrightarrow[r_2-2r_1]{r_1\leftrightarrow r_3}\begin{pmatrix}1&3&-4&3&1\\0&-7&11&-4&-5\\0&2&-3&1&2\end{pmatrix}$$

$$\xrightarrow{r_2+4r_3}\begin{pmatrix}1&3&-4&3&1\\0&1&-1&0&3\\0&2&-3&1&2\end{pmatrix}\xrightarrow[r_3-2r_2]{r_1-3r_2}\begin{pmatrix}1&0&-1&3&-8\\0&1&-1&0&3\\0&0&-1&1&-4\end{pmatrix}$$

$$\xrightarrow[\substack{r_2-r_3\\ r_3\times(-1)}]{r_1-r_3}\begin{pmatrix}1&0&0&2&-4\\0&1&0&-1&7\\0&0&1&-1&4\end{pmatrix},$$

所以 $\boldsymbol{X}^{\mathrm{T}}=(\boldsymbol{A}^{\mathrm{T}})^{-1}\boldsymbol{B}^{\mathrm{T}}=\begin{pmatrix}2&-4\\-1&7\\-1&4\end{pmatrix}$，从而

$$\boldsymbol{X}=\boldsymbol{B}\boldsymbol{A}^{-1}=\begin{pmatrix}2&-1&-1\\-4&7&4\end{pmatrix}.$$

(3)原方程化为 $(\boldsymbol{A}-2\boldsymbol{E})\boldsymbol{X}=\boldsymbol{A}$. 因为

$$(\boldsymbol{A}-2\boldsymbol{E},\boldsymbol{A})=\begin{pmatrix}-1&-1&0&1&-1&0\\0&-1&-1&0&1&-1\\-1&0&-1&-1&0&1\end{pmatrix}$$

$$\xrightarrow[\substack{r_3+r_1\\ r_2\times(-1)}]{r_1\times(-1)}\begin{pmatrix}1&1&0&-1&1&0\\0&1&1&0&-1&1\\0&1&-1&-2&1&1\end{pmatrix},$$

$$\xrightarrow[r_3-r_2]{r_1-r_2}\begin{pmatrix}1&0&-1&-1&2&-1\\0&1&1&0&-1&1\\0&0&-2&-2&2&0\end{pmatrix}$$

$$\xrightarrow[\substack{r_1+r_3\\ r_2-r_3}]{r_3\times\left(-\frac{1}{2}\right)}\begin{pmatrix}1&0&0&0&1&-1\\0&1&0&-1&0&1\\0&0&1&1&-1&0\end{pmatrix}$$

所以 $\boldsymbol{X}=(\boldsymbol{A}-2\boldsymbol{E})^{-1}\boldsymbol{A}=\begin{pmatrix}0&1&-1\\-1&0&1\\1&-1&0\end{pmatrix}$.

7. 在秩是 r 的矩阵中，有没有等于 0 的 $r-1$ 阶子式？有没有等于 0 的 r 阶子式？

解：在秩是 r 的矩阵中，可能存在等于 0 的 $r-1$ 阶子式，也可能存在等于 0 的 r 阶子式.

例如，$\boldsymbol{A}=\begin{pmatrix}1&0&0&0\\0&1&0&0\\0&0&1&0\end{pmatrix}$，$R(\boldsymbol{A})=3$. 其中，$\begin{vmatrix}0&0\\0&0\end{vmatrix}$ 是等于 0 的 2 阶子式，$\begin{vmatrix}0&0&0\\1&0&0\\0&1&0\end{vmatrix}$ 是等于 0 的 3 阶子式.

8. 从矩阵 $\boldsymbol{A}$ 中划去一行得到矩阵 $\boldsymbol{B}$，问 $\boldsymbol{A},\boldsymbol{B}$ 的秩的关系怎样？

解：$R(\boldsymbol{A})\geqslant R(\boldsymbol{B})\geqslant R(\boldsymbol{A})-1$. 这是因为 $\boldsymbol{B}$ 的非零子式必是 $\boldsymbol{A}$ 的非零子式，故 $\boldsymbol{A}$ 的秩不会小于 $\boldsymbol{B}$ 的秩.

9. 求作一个秩是 4 的方阵，它的两个行向量是 $(1,0,1,0,0)$，$(1,-1,0,0,0)$.

解：用已知向量容易构成一个有 4 个非零行的 5 阶下三角矩阵：

$$\begin{pmatrix}1&0&0&0&0\\1&-1&0&0&0\\1&0&1&0&0\\0&0&0&1&0\\0&0&0&0&0\end{pmatrix},$$

此矩阵的秩为 4，其第 2 行和第 3 行是已知向量.

10. 求下列矩阵的秩：

(1) $\begin{pmatrix}3&1&0&2\\1&-1&2&-1\\1&3&-4&4\end{pmatrix}$；　(2) $\begin{pmatrix}3&2&-1&-3&-1\\2&-1&3&1&-3\\7&0&5&-1&-8\end{pmatrix}$；　(3) $\begin{pmatrix}2&1&8&3&7\\2&-3&0&7&-5\\3&-2&5&8&0\\1&0&3&2&0\end{pmatrix}$.

解：(1) $\begin{pmatrix}3&1&0&2\\1&-1&2&-1\\1&3&-4&4\end{pmatrix}\xrightarrow{r_1\leftrightarrow r_2}\begin{pmatrix}1&-1&2&-1\\3&1&0&2\\1&3&-4&4\end{pmatrix}$

$$\xrightarrow[r_3-r_1]{r_2-3r_1}\begin{pmatrix}1&-1&2&-1\\0&4&-6&5\\0&4&-6&5\end{pmatrix}\xrightarrow{r_3-r_2}\begin{pmatrix}1&-1&2&-1\\0&4&-6&5\\0&0&0&0\end{pmatrix},$$

故矩阵的秩为 2.

(2) $\begin{pmatrix}3&2&-1&-3&-2\\2&-1&3&1&-3\\7&0&5&-1&-8\end{pmatrix}\xrightarrow[\substack{r_2-2r_1\\r_3-7r_1}]{r_1-r_2}\begin{pmatrix}1&3&-4&-4&2\\0&-7&11&9&-7\\0&-21&33&27&-22\end{pmatrix}$

$$\xrightarrow{r_3-3r_2}\begin{pmatrix}1&3&-4&-4&2\\0&-7&11&9&-7\\0&0&0&0&-1\end{pmatrix},$$

故矩阵的秩是 3.

(3) $\begin{pmatrix}2&1&8&3&7\\2&-3&0&7&-5\\3&-2&5&8&0\\1&0&3&2&0\end{pmatrix}\xrightarrow[\substack{r_2-2r_4\\r_3-3r_4}]{r_1-2r_4}\begin{pmatrix}0&1&2&-1&7\\0&-3&-6&3&-5\\0&-2&-4&2&0\\1&0&3&2&0\end{pmatrix}$

$$\xrightarrow[\substack{r_3+2r_1\\r_1\leftrightarrow r_4}]{r_2+3r_1}\begin{pmatrix}1&0&3&2&0\\0&0&0&0&16\\0&0&0&0&14\\0&1&2&-1&7\end{pmatrix}\xrightarrow[r_2-16r_3]{r_3\times\frac{1}{14}}\begin{pmatrix}1&0&3&2&0\\0&0&0&0&0\\0&0&0&0&1\\0&1&2&-1&7\end{pmatrix}$$

$$\xrightarrow{r_2\leftrightarrow r_4}\begin{pmatrix}1&0&3&2&0\\0&1&2&-1&7\\0&0&0&0&1\\0&0&0&0&0\end{pmatrix},$$

故矩阵的秩为 3.

11. 设 $\boldsymbol{A},\boldsymbol{B}$ 都是 $m\times n$ 矩阵，证明：$\boldsymbol{A}\sim\boldsymbol{B}$ 的充分必要条件是 $R(\boldsymbol{A})=R(\boldsymbol{B})$.

证：根据教材第三节定理 2，必要性是成立的.

充分性：设 $R(\boldsymbol{A})=R(\boldsymbol{B})$，则 $\boldsymbol{A}$ 与 $\boldsymbol{B}$ 的标准形是相同的.

设 $\boldsymbol{A}$ 与 $\boldsymbol{B}$ 的标准形为 $\boldsymbol{D}$，则有 $\boldsymbol{A}\sim\boldsymbol{D},\boldsymbol{D}\sim\boldsymbol{B}$.

由相似关系的传递性，有 $\boldsymbol{A}\sim\boldsymbol{B}$.

12. 设 $\boldsymbol{A}=\begin{pmatrix}1&-2&3k\\-1&2k&-3\\k&-2&3\end{pmatrix}$，问 k 为何值时，可使：

(1)$R(\boldsymbol{A})=1$；　(2)$R(\boldsymbol{A})=2$；　(3)$R(\boldsymbol{A})=3$.

解：方法一：对 $\boldsymbol{A}$ 施行初等行变换：

$$\boldsymbol{A}=\begin{pmatrix}1&-2&3k\\-1&2k&-3\\k&-2&3\end{pmatrix}\xrightarrow[r_3-kr_1]{r_2+r_1}\begin{pmatrix}1&-2&3k\\0&2(k-1)&3(k-1)\\0&2(k-1)&-3(k^2-1)\end{pmatrix}$$

$$\xrightarrow{r_3-r_2}\begin{pmatrix}1&-2&3k\\0&2(k-1)&3(k-1)\\0&0&-3(k-1)(k+2)\end{pmatrix},$$

所以，(1)当 $k=1$ 时，$R(\boldsymbol{A})=1$；

(2)当 $k=-2$ 时，$R(\boldsymbol{A})=2$；

(3)当 $k\neq1$ 且 $k\neq-2$ 时，$R(\boldsymbol{A})=3$.

方法二：因为 $\boldsymbol{A}$ 是3阶方阵，所以 $R(\boldsymbol{A})=3\Leftrightarrow|\boldsymbol{A}|\neq0$，而

$$|\boldsymbol{A}|=\begin{vmatrix}1&-2&3k\\-1&2k&-3\\k&-2&3\end{vmatrix}=\begin{vmatrix}1&-2&3k\\0&2(k-1)&3(k-1)\\0&2(k-1)&-3(k^2-1)\end{vmatrix}$$

$$=\begin{vmatrix}1&-2&3k\\0&2(k-1)&3(k-1)\\0&0&-3(k-1)(k+2)\end{vmatrix}=-6(k-1)^2(k+2).$$

所以，(1)当 $k\neq1$ 且 $k\neq-2$ 时，$R(\boldsymbol{A})=3$；

(2)当 $k=1$ 时，$\boldsymbol{A}=\begin{pmatrix}1&-2&3\\-1&2&3\\1&-2&3\end{pmatrix}\longrightarrow\begin{pmatrix}1&-2&3\\0&0&0\\0&0&0\end{pmatrix}$，则 $R(\boldsymbol{A})=1$；

(3)当 $k=-2$ 时，$R(\boldsymbol{A})\leqslant2$，又 $\boldsymbol{A}$ 的一个二阶子式 $\begin{vmatrix}1&-2\\-1&-4\end{vmatrix}\neq0$，所以 $R(\boldsymbol{A})\geqslant2$，从而 $R(\boldsymbol{A})=2$.

13. 求解下列齐次线性方程组：

(1) $\begin{cases}x_1+x_2+2x_3-x_4=0,\\2x_1+x_2+x_3-x_4=0,\\2x_1+2x_2+x_3+2x_4=0;\end{cases}$

(2) $\begin{cases}x_1+2x_2+x_3-x_4=0,\\3x_1+6x_2-x_3-3x_4=0,\\5x_1+10x_2+x_3-5x_4=0;\end{cases}$

(3) $\begin{cases}2x_1+3x_2-x_3-7x_4=0,\\3x_1+x_2+2x_3-7x_4=0,\\4x_1+x_2-3x_3+6x_4=0,\\x_1-2x_2+5x_3-5x_4=0;\end{cases}$

(4) $\begin{cases}3x_1+4x_2-5x_3+7x_4=0,\\2x_1-3x_2+3x_3-2x_4=0,\\4x_1+11x_2-13x_3+16x_4=0,\\7x_1-2x_2+x_3+3x_4=0.\end{cases}$

解：(1)对系数矩阵 $\boldsymbol{A}$ 施行初等行变换，有：

$$\boldsymbol{A}=\begin{pmatrix}1&1&2&-1\\2&1&1&-1\\2&2&1&2\end{pmatrix}\xrightarrow[r_3-2r_1]{r_2-2r_1}\begin{pmatrix}1&1&2&-1\\0&-1&-3&1\\0&0&-3&4\end{pmatrix}\xrightarrow[r_3\times\left(-\frac{1}{3}\right)]{r_2\times(-1)}\begin{pmatrix}1&1&2&-1\\0&1&3&-1\\0&0&1&-\frac{4}{3}\end{pmatrix}$$

$$\xrightarrow{r_1-r_2}\begin{pmatrix}1&0&-1&0\\0&1&3&-1\\0&0&1&-\frac{4}{3}\end{pmatrix}\xrightarrow[r_2-3r_3]{r_1+r_3}\begin{pmatrix}1&0&0&-\frac{4}{3}\\0&1&0&3\\0&0&1&-\frac{4}{3}\end{pmatrix},$$

取 x_4 为自由未知量,得同解方程组 $\begin{cases} x_1=\dfrac{4}{3}x_4, \\ x_2=-3x_4, \\ x_3=\dfrac{4}{3}x_4, \\ x_4=x_4. \end{cases}$ 令 $x_4=k$,故方程组的解为

$$\begin{pmatrix} x_1 \\ x_2 \\ x_3 \\ x_4 \end{pmatrix}=k\begin{pmatrix} \dfrac{4}{3} \\ -3 \\ \dfrac{4}{3} \\ 1 \end{pmatrix},k \text{ 为任意实数.}$$

(2)对系数矩阵 $\mathbf{A}$ 进行初等行变换,有:

$$\mathbf{A}=\begin{pmatrix} 1 & 2 & 1 & -1 \\ 3 & 6 & -1 & -3 \\ 5 & 10 & 1 & -5 \end{pmatrix}\xrightarrow[r_3-5r_1]{r_2-3r_1}\begin{pmatrix} 1 & 2 & 1 & -1 \\ 0 & 0 & -4 & 0 \\ 0 & 0 & -4 & 0 \end{pmatrix}\xrightarrow[\substack{r_1-r_2 \\ r_3+4r_2}]{r_2\times\left(-\frac{1}{4}\right)}\begin{pmatrix} 1 & 2 & 0 & -1 \\ 0 & 0 & 1 & 0 \\ 0 & 0 & 0 & 0 \end{pmatrix},$$

取 x_2 和 x_4 为自由未知量,得同解方程组 $\begin{cases} x_1=-2x_2+x_4, \\ x_2=x_2, \\ x_3=0, \\ x_4=x_4. \end{cases}$ 令 $x_2=k_1,x_4=k_2$,故方程组的解为

$$\begin{pmatrix} x_1 \\ x_2 \\ x_3 \\ x_4 \end{pmatrix}=k_1\begin{pmatrix} -2 \\ 1 \\ 0 \\ 0 \end{pmatrix}+k_2\begin{pmatrix} 1 \\ 0 \\ 0 \\ 1 \end{pmatrix},k_1,k_2 \text{ 为任意实数.}$$

(3)对系数矩阵 $\mathbf{A}$ 进行初等行变换,有:

$$\mathbf{A}=\begin{pmatrix} 2 & 3 & -1 & -7 \\ 3 & 1 & 2 & -7 \\ 4 & 1 & -3 & 6 \\ 1 & -2 & 5 & -5 \end{pmatrix}\xrightarrow[\substack{r_3-4r_1 \\ r_4-2r_1}]{\substack{r_1\leftrightarrow r_4 \\ r_2-3r_1}}\begin{pmatrix} 1 & -2 & 5 & -5 \\ 0 & 7 & -13 & 8 \\ 0 & 9 & -23 & 26 \\ 0 & 7 & -11 & 3 \end{pmatrix}\xrightarrow[r_4-r_2]{r_3-r_2}\begin{pmatrix} 1 & -2 & 5 & -5 \\ 0 & 7 & -13 & 8 \\ 0 & 2 & -10 & 18 \\ 0 & 0 & 2 & -5 \end{pmatrix}$$

$$\xrightarrow[\substack{r_1+2r_3 \\ r_3-7r_2}]{\substack{r_2\leftrightarrow r_3 \\ r_2\times\frac{1}{2}}}\begin{pmatrix} 1 & 0 & -5 & 13 \\ 0 & 1 & -5 & 9 \\ 0 & 0 & 22 & -55 \\ 0 & 0 & 2 & -5 \end{pmatrix}\xrightarrow[\substack{r_2+5r_3 \\ r_4-2r_3}]{\substack{r_3\times\frac{1}{22} \\ r_1+5r_3}}\begin{pmatrix} 1 & 0 & 0 & \dfrac{1}{2} \\ 0 & 1 & 0 & -\dfrac{7}{2} \\ 0 & 0 & 1 & -\dfrac{5}{2} \\ 0 & 0 & 0 & 0 \end{pmatrix},$$

取 x_4 为自由未知量,得同解方程组 $\begin{cases} x_1=-\dfrac{1}{2}x_4, \\ x_2=\dfrac{7}{2}x_4, \\ x_3=\dfrac{5}{2}x_4, \\ x_4=x_4. \end{cases}$ 令 $x_4=k$,故方程组的解为

$$\begin{pmatrix} x_1 \\ x_2 \\ x_3 \\ x_4 \end{pmatrix} = k \begin{pmatrix} -\frac{1}{2} \\ \frac{7}{2} \\ \frac{5}{2} \\ 1 \end{pmatrix}, k \text{ 为任意实数}.$$

(4)对系数矩阵 $\boldsymbol{A}$ 进行初等行变换,有

$$\boldsymbol{A} = \begin{pmatrix} 3 & 4 & -5 & 7 \\ 2 & -3 & 3 & -2 \\ 4 & 11 & -13 & 16 \\ 7 & -2 & 1 & 3 \end{pmatrix} \xrightarrow{r_1 - r_2} \begin{pmatrix} 1 & 7 & -8 & 9 \\ 2 & -3 & 3 & -2 \\ 4 & 11 & -13 & 16 \\ 7 & -2 & 1 & 3 \end{pmatrix} \xrightarrow[\substack{r_3 - 4r_1 \\ r_4 - 7r_1}]{r_2 - 2r_1} \begin{pmatrix} 1 & 7 & -8 & 9 \\ 0 & -17 & 19 & -20 \\ 0 & -17 & 19 & -20 \\ 0 & -51 & 57 & -60 \end{pmatrix}$$

$$\xrightarrow[\substack{r_4 - 3r_2 \\ r_2 \times \left(-\frac{1}{17}\right)}]{r_3 - r_2} \begin{pmatrix} 1 & 7 & -8 & 9 \\ 0 & 1 & -\frac{19}{17} & \frac{20}{17} \\ 0 & 0 & 0 & 0 \\ 0 & 0 & 0 & 0 \end{pmatrix} \xrightarrow{r_1 - 7r_2} \begin{pmatrix} 1 & 0 & -\frac{3}{17} & \frac{13}{17} \\ 0 & 1 & -\frac{19}{17} & \frac{20}{17} \\ 0 & 0 & 0 & 0 \\ 0 & 0 & 0 & 0 \end{pmatrix},$$

取 x_3, x_4 为自由未知量. 得同解方程组 $\begin{cases} x_1 = \frac{3}{17}x_3 - \frac{13}{17}x_4, \\ x_2 = \frac{19}{17}x_3 - \frac{20}{17}x_4, \\ x_3 = x_3, \\ x_4 = x_4. \end{cases}$ 令 $x_3 = k_1, x_4 = k_2$,故方程组的解为

$$\begin{pmatrix} x_1 \\ x_2 \\ x_3 \\ x_4 \end{pmatrix} = k_1 \begin{pmatrix} \frac{3}{17} \\ \frac{19}{17} \\ 1 \\ 0 \end{pmatrix} + k_2 \begin{pmatrix} -\frac{13}{17} \\ -\frac{20}{17} \\ 0 \\ 1 \end{pmatrix}, k_1, k_2 \text{ 为任意实数}.$$

14. 求解下列非齐次线性方程组:

(1) $\begin{cases} 4x_1 + 2x_2 - x_3 = 2, \\ 3x_1 - x_2 + 2x_3 = 10, \\ 11x_1 + 3x_2 = 8; \end{cases}$　　(2) $\begin{cases} 2x + 3y + z = 4, \\ x - 2y + 4z = -5, \\ 3x + 8y - 2z = 13, \\ 4x - y + 9z = -6; \end{cases}$

(3) $\begin{cases} 2x + y - z + w = 1, \\ 4x + 2y - 2z + w = 2, \\ 2x + y - z - w = 1; \end{cases}$　　(4) $\begin{cases} 2x + y - z + w = 1, \\ 3x - 2y + z - 3w = 4, \\ x + 4y - 3z + 5w = -2. \end{cases}$

解:(1)对增广矩阵 $\boldsymbol{B}$ 进行初等行变换,有

$$\boldsymbol{B} = \begin{pmatrix} 4 & 2 & -1 & 2 \\ 3 & -1 & 2 & 10 \\ 11 & 3 & 0 & 8 \end{pmatrix} \xrightarrow{r_1 - r_2} \begin{pmatrix} 1 & 3 & -3 & -8 \\ 3 & -1 & 2 & 10 \\ 11 & 3 & 0 & 8 \end{pmatrix}$$

$$\xrightarrow[r_3 - 11r_1]{r_2 - 3r_1} \begin{pmatrix} 1 & 3 & -3 & -8 \\ 0 & -10 & 11 & 34 \\ 0 & -30 & 33 & 96 \end{pmatrix} \xrightarrow{r_3 - 3r_2} \begin{pmatrix} 1 & 3 & -3 & -8 \\ 0 & -10 & 11 & 34 \\ 0 & 0 & 0 & -6 \end{pmatrix},$$

于是 $R(\boldsymbol{A}) = 2$,而 $R(\boldsymbol{B}) = 3$, $R(\boldsymbol{A}) \neq R(\boldsymbol{B})$,故方程组无解.

(2)对增广矩阵$\boldsymbol{B}$进行初等行变换,有:

$$\boldsymbol{B}=\begin{pmatrix}2&3&1&4\\1&-2&4&-5\\3&8&-2&13\\4&-1&9&-6\end{pmatrix}\xrightarrow{r_1\leftrightarrow r_2}\begin{pmatrix}1&-2&4&-5\\2&3&1&4\\3&8&-2&13\\4&-1&9&-6\end{pmatrix}\xrightarrow[\substack{r_3-3r_1\\r_4-4r_1}]{r_2-2r_1}\begin{pmatrix}1&-2&4&-5\\0&7&-7&14\\0&14&-14&28\\0&7&-7&14\end{pmatrix}$$

$$\xrightarrow[\substack{r_3-14r_2\\r_4-7r_2}]{r_2\times\frac{1}{7}}\begin{pmatrix}1&-2&4&-5\\0&1&-1&2\\0&0&0&0\\0&0&0&0\end{pmatrix}\xrightarrow{r_1+2r_2}\begin{pmatrix}1&0&2&-1\\0&1&-1&2\\0&0&0&0\\0&0&0&0\end{pmatrix},$$

因为$R(\mathbf{A})=R(\boldsymbol{B})=2<3$,故方程组有无限多解,并且有$3-R(\mathbf{A})=1$个自由未知量$z$,得同解方程组$\begin{cases}x=-2z-1,\\y=z+2,\\z=z.\end{cases}$ 令$z=k$,故方程组的解为

$$\begin{pmatrix}x\\y\\z\end{pmatrix}=k\begin{pmatrix}-2\\1\\1\end{pmatrix}+\begin{pmatrix}-1\\2\\0\end{pmatrix},k\text{ 为任意实数}.$$

(3)对增广矩阵$\boldsymbol{B}$进行初等行变换,有:

$$\boldsymbol{B}=\begin{pmatrix}2&1&-1&1&1\\4&2&-2&1&2\\2&1&-1&-1&1\end{pmatrix}\xrightarrow[r_3-r_1]{r_2-2r_1}\begin{pmatrix}2&1&-1&1&1\\0&0&0&-1&0\\0&0&0&-2&0\end{pmatrix}$$

$$\xrightarrow[r_3-2r_2]{r_1+r_2}\begin{pmatrix}2&1&-1&0&1\\0&0&0&-1&0\\0&0&0&0&0\end{pmatrix}\xrightarrow[r_2\times(-1)]{r_1\times\frac{1}{2}}\begin{pmatrix}1&\frac{1}{2}&-\frac{1}{2}&0&\frac{1}{2}\\0&0&0&1&0\\0&0&0&0&0\end{pmatrix},$$

取y,z为自由未知量,得同解方程组$\begin{cases}x=-\frac{1}{2}y+\frac{1}{2}z+\frac{1}{2},\\y=y,\\z=z,\\w=0.\end{cases}$ 令$y=k_1,z=k_2$,故方程组的解为

$$\begin{pmatrix}x\\y\\z\\w\end{pmatrix}=k_1\begin{pmatrix}-\frac{1}{2}\\1\\0\\0\end{pmatrix}+k_2\begin{pmatrix}\frac{1}{2}\\0\\1\\0\end{pmatrix}+\begin{pmatrix}\frac{1}{2}\\0\\0\\0\end{pmatrix},k_1,k_2\text{ 为任意实数}.$$

(4)对增广矩阵$\boldsymbol{B}$进行初等行变换,有:

$$\boldsymbol{B}=\begin{pmatrix}2&1&-1&1&1\\3&-2&1&-3&4\\1&4&-3&5&-2\end{pmatrix}\xrightarrow{r_1\leftrightarrow r_3}\begin{pmatrix}1&4&-3&5&-2\\3&-2&1&-3&4\\2&1&-1&1&1\end{pmatrix}$$

$$\xrightarrow[r_3-2r_1]{r_2-3r_1}\begin{pmatrix}1&4&-3&5&-2\\0&-14&10&-18&10\\0&-7&5&-9&5\end{pmatrix}\xrightarrow[r_2\times\left(-\frac{1}{14}\right)]{r_3-\frac{1}{2}r_2}\begin{pmatrix}1&4&-3&5&-2\\0&1&-\frac{5}{7}&\frac{9}{7}&-\frac{5}{7}\\0&0&0&0&0\end{pmatrix}$$

$$\xrightarrow{r_1-4r_2}\left(\begin{array}{cccc|c}1 & 0 & -\frac{1}{7} & -\frac{1}{7} & \frac{6}{7}\\ 0 & 1 & -\frac{5}{7} & \frac{9}{7} & -\frac{5}{7}\\ 0 & 0 & 0 & 0 & 0\end{array}\right),$$

取 z,w 为自由未知量,得同解方程组 $\begin{cases}x=\frac{1}{7}z+\frac{1}{7}w+\frac{6}{7},\\ y=\frac{5}{7}z-\frac{9}{7}w-\frac{5}{7},\\ z=z,\\ w=w.\end{cases}$,令 $z=k_1,w=k_2$,故方程组的解为

$$\begin{pmatrix}x\\y\\z\\w\end{pmatrix}=k_1\begin{pmatrix}\frac{1}{7}\\ \frac{5}{7}\\ 1\\ 0\end{pmatrix}+k_2\begin{pmatrix}\frac{1}{7}\\ -\frac{9}{7}\\ 0\\ 1\end{pmatrix}+\begin{pmatrix}\frac{6}{7}\\ -\frac{5}{7}\\ 0\\ 0\end{pmatrix},k_1,k_2\text{ 为任意实数.}$$

15. 写出一个以 $\boldsymbol{x}=c_1\begin{pmatrix}2\\-3\\1\\0\end{pmatrix}+c_2\begin{pmatrix}-2\\4\\0\\1\end{pmatrix}$ 为通解的齐次线性方程组.

解:根据已知,可得 $\begin{pmatrix}x_1\\x_2\\x_3\\x_4\end{pmatrix}=c_1\begin{pmatrix}2\\-3\\1\\0\end{pmatrix}+c_2\begin{pmatrix}-2\\4\\0\\1\end{pmatrix}$,与此等价地可以写成

$$\begin{cases}x_1=2c_1-2c_2,\\ x_2=-3c_1+4c_2,\\ x_3=c_1,\\ x_4=c_2\end{cases}\text{或}\begin{cases}x_1=2x_3-2x_4,\\ x_2=-3x_3+4x_4\end{cases}\text{或}\begin{cases}x_1-2x_3+2x_4=0,\\ x_2+3x_3-4x_4=0,\end{cases}$$

这就是一个满足题目要求的齐次线性方程组.

16. 设有线性方程组

$$\begin{pmatrix}1 & \lambda-1 & -2\\ 0 & \lambda-2 & \lambda+1\\ 0 & 0 & 2\lambda+1\end{pmatrix}\begin{pmatrix}x_1\\x_2\\x_3\end{pmatrix}=\begin{pmatrix}1\\3\\5\end{pmatrix},$$

问 λ 为何值时,(1)有惟一解;(2)无解;(3)有无限多解? 并在有无限多解时求其通解.

解:
$$|\boldsymbol{A}|=\begin{vmatrix}1 & \lambda-1 & -2\\ 0 & \lambda-2 & \lambda+1\\ 0 & 0 & 2\lambda+1\end{vmatrix}=(\lambda-2)(2\lambda+1).$$

(1)当 $|\boldsymbol{A}|\neq 0$,即 $\lambda\neq 2$ 且 $\lambda\neq -\frac{1}{2}$ 时,$R(\boldsymbol{A})=R(\boldsymbol{B})=3$,方程组有惟一解.

(2)当 $\lambda=-\frac{1}{2}$ 时,$R(\boldsymbol{A})=2$,$R(\boldsymbol{B})=3$,故方程组无解.

(3)当 $\lambda=2$ 时,

$$B=\begin{pmatrix}1&1&-2&1\\0&0&3&3\\0&0&5&5\end{pmatrix}\longrightarrow\begin{pmatrix}1&1&0&3\\0&0&1&1\\0&0&0&0\end{pmatrix},$$

所以,$R(\boldsymbol{A})=R(\boldsymbol{B})=2<3$,故方程组有无限多解,且同解方程组为$\begin{cases}x_1=-x_2+3,\\x_3=1.\end{cases}$

令 $x_2=k$,故方程组的通解为$\begin{pmatrix}x_1\\x_2\\x_3\end{pmatrix}=k\begin{pmatrix}-1\\1\\0\end{pmatrix}+\begin{pmatrix}3\\0\\1\end{pmatrix}$,$k$ 为任意实数.

17. λ 取何值时,非齐次线性方程组

$$\begin{cases}\lambda x_1+x_2+x_3=1,\\x_1+\lambda x_2+x_3=\lambda,\\x_1+x_2+\lambda x_3=\lambda^2\end{cases}$$

(1)有惟一解;(2)无解;(3)有无限多个解?并在有无限多解时求其通解.

解:方法一: $\boldsymbol{B}=\begin{pmatrix}\lambda&1&1&1\\1&\lambda&1&\lambda\\1&1&\lambda&\lambda^2\end{pmatrix}\xrightarrow{r_1\leftrightarrow r_3}\begin{pmatrix}1&1&\lambda&\lambda^2\\1&\lambda&1&\lambda\\\lambda&1&1&1\end{pmatrix}\xrightarrow[r_3-\lambda r_1]{r_2-r_1}\begin{pmatrix}1&1&\lambda&\lambda^2\\0&\lambda-1&1-\lambda&\lambda(1-\lambda)\\0&1-\lambda&1-\lambda^2&1-\lambda^3\end{pmatrix}$

$$\xrightarrow{r_3+r_2}\begin{pmatrix}1&1&\lambda&\lambda^2\\0&\lambda-1&1-\lambda&\lambda(1-\lambda)\\0&0&(1-\lambda)(2+\lambda)&(1-\lambda)(\lambda+1)^2\end{pmatrix}.$$

(1)要使方程组有惟一解,必须 $R(\boldsymbol{A})=3$.因此,当 $\lambda\neq1$ 且 $\lambda\neq-2$ 时,方程组有惟一解.

(2)要使方程组无解,必须 $R(\boldsymbol{A})<R(\boldsymbol{B})$,故

$$(1-\lambda)(2+\lambda)=0,(1-\lambda)(\lambda+1)^2\neq0.$$

因此,当 $\lambda=-2$ 时,方程组无解.

(3)要使方程组有无限多个解,必须 $R(\boldsymbol{A})=R(\boldsymbol{B})<3$,故

$$(1-\lambda)(2+\lambda)=0,(1-\lambda)(\lambda+1)^2=0.$$

因此,当 $\lambda=1$ 时,方程组有无限多个解.

此时,$\boldsymbol{B}=\begin{pmatrix}1&1&1&1\\1&1&1&1\\1&1&1&1\end{pmatrix}\longrightarrow\begin{pmatrix}1&1&1&1\\0&0&0&0\\0&0&0&0\end{pmatrix}$,其同解方程组为 $x_1=-x_2-x_3+1$,令 $x_2=k_1$,

$x_3=k_2$,故方程组的通解为

$$\begin{pmatrix}x_1\\x_2\\x_3\end{pmatrix}=k_1\begin{pmatrix}-1\\1\\0\end{pmatrix}+k_2\begin{pmatrix}-1\\0\\1\end{pmatrix}+\begin{pmatrix}1\\0\\0\end{pmatrix},k_1,k_2\text{ 为任意实数}.$$

方法二: $|\boldsymbol{A}|=\begin{vmatrix}\lambda&1&1\\1&\lambda&1\\1&1&\lambda\end{vmatrix}=(\lambda+2)\begin{vmatrix}1&1&1\\1&\lambda&1\\1&1&\lambda\end{vmatrix}=(\lambda+2)\begin{vmatrix}1&1&1\\0&\lambda-1&0\\0&0&\lambda-1\end{vmatrix}=(\lambda+2)(\lambda-1)^2.$

(1)当 $|\boldsymbol{A}|\neq0$,即 $\lambda\neq1$ 且 $\lambda\neq-2$ 时,$R(\boldsymbol{A})=3$,方程组有惟一解.

(2)当 $\lambda=-2$ 时,

$$B=\begin{pmatrix}-2&1&1&1\\1&-2&1&-2\\1&1&-2&4\end{pmatrix}\xrightarrow[\substack{r_2-r_1\\r_3+2r_1}]{r_3\leftrightarrow r_1}\begin{pmatrix}1&1&-2&4\\0&-3&3&-6\\0&3&-3&9\end{pmatrix}$$

$$\xrightarrow{r_3+r_2}\begin{pmatrix}1&1&-2&4\\0&-3&3&-6\\0&0&0&3\end{pmatrix},$$

可见$R(\boldsymbol{A})=2,R(\boldsymbol{B})=3,R(\boldsymbol{A})\neq R(\boldsymbol{B})$,于是方程组无解.

(3)当$\lambda=1$时,增广矩阵$\boldsymbol{B}=\begin{pmatrix}1&1&1&1\\1&1&1&1\\1&1&1&1\end{pmatrix}\longrightarrow\begin{pmatrix}1&1&1&1\\0&0&0&0\\0&0&0&0\end{pmatrix}$,

可见$R(\boldsymbol{A})=R(\boldsymbol{B})=1<3$,方程组有无限多个解.

因同解方程组为$x_1=-x_2-x_3+1$,

令$x_2=k_1,x_2=k_2$,故方程组的通解为

$$\begin{pmatrix}x_1\\x_2\\x_3\end{pmatrix}=k_1\begin{pmatrix}-1\\1\\0\end{pmatrix}+k_2\begin{pmatrix}-1\\0\\1\end{pmatrix}+\begin{pmatrix}1\\0\\0\end{pmatrix},k_1,k_2\text{ 为任意实数.}$$

18. 非齐次线性方程组$\begin{cases}-2x_1+x_2+x_3=-2,\\x_1-2x_2+x_3=\lambda,\\x_1+x_2-2x_3=\lambda^2.\end{cases}$ 当λ取何值时,有解?并求出它的通解.

解:对增广矩阵施行初等行变换:

$$\boldsymbol{B}=\begin{pmatrix}-2&1&1&-2\\1&-2&1&\lambda\\1&1&-2&\lambda^2\end{pmatrix}\xrightarrow{r_1\leftrightarrow r_2}\begin{pmatrix}1&-2&1&\lambda\\-2&1&1&-2\\1&1&-2&\lambda^2\end{pmatrix}$$

$$\xrightarrow[r_3-r_1]{r_2+2r_1}\begin{pmatrix}1&-2&1&\lambda\\0&-3&3&-2+2\lambda\\0&3&-3&\lambda^2-\lambda\end{pmatrix}\xrightarrow[r_3+3r_2]{r_2\times\left(-\frac{1}{3}\right)}\begin{pmatrix}1&-2&1&\lambda\\0&1&-1&\frac{2}{3}(1-\lambda)\\0&0&0&(\lambda-1)(\lambda+2)\end{pmatrix},$$

因为$R(\boldsymbol{A})=2$,故当$R(\boldsymbol{B})=2$即$\lambda=1$或$\lambda=-2$时,方程组有解.

当$\lambda=1$时,$\boldsymbol{B}=\begin{pmatrix}-2&1&1&-2\\1&-2&1&1\\1&1&-2&1\end{pmatrix}\longrightarrow\begin{pmatrix}1&0&-1&1\\0&1&-1&0\\0&0&0&0\end{pmatrix}$,

得同解方程组$\begin{cases}x_1=x_3+1,\\x_2=x_3\end{cases}$或$\begin{cases}x_1=x_3+1,\\x_2=x_3,\\x_3=x_3.\end{cases}$ 令$x_3=k$,故方程组的通解为

$$\begin{pmatrix}x_1\\x_2\\x_3\end{pmatrix}=k\begin{pmatrix}1\\1\\1\end{pmatrix}+\begin{pmatrix}1\\0\\0\end{pmatrix},k\text{ 为任意实数.}$$

当 $\lambda=-2$ 时，$\boldsymbol{B}=\begin{pmatrix}-2 & 1 & 1 & -2\\ 1 & -2 & 1 & -2\\ 1 & 1 & -2 & 4\end{pmatrix}\longrightarrow\begin{pmatrix}1 & 0 & -1 & 2\\ 0 & 1 & -1 & 2\\ 0 & 0 & 0 & 0\end{pmatrix}$，

得同解方程组 $\begin{cases}x_1=x_3+2,\\ x_2=x_3+2\end{cases}$ 或 $\begin{cases}x_1=x_3+2,\\ x_2=x_3+2,\\ x_3=x_3.\end{cases}$ 令 $x_3=k$，故方程组的通解为

$$\begin{pmatrix}x_1\\ x_2\\ x_3\end{pmatrix}=k\begin{pmatrix}1\\ 1\\ 1\end{pmatrix}+\begin{pmatrix}2\\ 2\\ 0\end{pmatrix},k\text{ 为任意实数.}$$

19. 设 $\begin{cases}(2-\lambda)x_1+2x_2-2x_3=1,\\ 2x_1+(5-\lambda)x_2-4x_3=2,\\ -2x_1-4x_2+(5-\lambda)x_3=-\lambda-1.\end{cases}$ 问 λ 为何值时，此方程组有惟一解、无解或有无限多解？并在有无限多解时求出通解.

解：**方法一**：$\boldsymbol{B}=\begin{pmatrix}2-\lambda & 2 & -2 & 1\\ 2 & 5-\lambda & -4 & 2\\ -2 & -4 & 5-\lambda & -\lambda-1\end{pmatrix}\longrightarrow\begin{pmatrix}2 & 5-\lambda & -4 & 2\\ 0 & 1-\lambda & 1-\lambda & 1-\lambda\\ 0 & 0 & (1-\lambda)(10-\lambda) & (1-\lambda)(4-\lambda)\end{pmatrix}$.

要使方程组有惟一解，必须 $R(\boldsymbol{A})=R(\boldsymbol{B})=3$，即必须 $(1-\lambda)(10-\lambda)\neq0$，

所以，当 $\lambda\neq1$ 且 $\lambda\neq10$ 时，方程组有惟一解.

要使方程组无解，必须 $R(\boldsymbol{A})<R(\boldsymbol{B})$，即必须 $(1-\lambda)(10-\lambda)=0$ 且 $(1-\lambda)(4-\lambda)\neq0$，

所以，当 $\lambda=10$ 时，方程组无解.

要使方程组有无限多解，必须 $R(\boldsymbol{A})=R(\boldsymbol{B})<3$，即必须 $(1-\lambda)(10-\lambda)=0$ 且 $(1-\lambda)(4-\lambda)=0$，

所以，当 $\lambda=1$ 时，方程组有无限多解，此时，增广矩阵

$$\boldsymbol{B}=\begin{pmatrix}1 & 2 & -2 & 1\\ 2 & 4 & -4 & 2\\ -2 & -4 & 4 & -2\end{pmatrix}\longrightarrow\begin{pmatrix}1 & 2 & -2 & 1\\ 0 & 0 & 0 & 0\\ 0 & 0 & 0 & 0\end{pmatrix},$$

得同解方程组 $\begin{cases}x_1=-2x_2+2x_3+1,\\ x_2=x_2,\\ x_3=x_3.\end{cases}$ 令 $x_2=k_1,x_3=k_2$，故方程组的通解为

$$\begin{pmatrix}x_1\\ x_2\\ x_3\end{pmatrix}=k_1\begin{pmatrix}-2\\ 1\\ 0\end{pmatrix}+k_2\begin{pmatrix}2\\ 0\\ 1\end{pmatrix}+\begin{pmatrix}1\\ 0\\ 0\end{pmatrix},k_1,k_2\text{ 为任意实数.}$$

方法二：由于系数矩阵是方阵，其行列式

$$|\boldsymbol{A}|=\begin{vmatrix}2-\lambda & 2 & -2\\ 2 & 5-\lambda & -4\\ -2 & -4 & 5-\lambda\end{vmatrix}\xlongequal[c_3+c_2]{r_3+r_2}\begin{vmatrix}2-\lambda & 2 & 0\\ 2 & 5-\lambda & 1-\lambda\\ 0 & 1-\lambda & 2(1-\lambda)\end{vmatrix}$$

$$=(1-\lambda)\begin{vmatrix}2-\lambda & 2 & 0\\ 2 & 5-\lambda & 1-\lambda\\ 0 & 1 & 2\end{vmatrix}\xlongequal{c_3-2c_2}(1-\lambda)\begin{vmatrix}2-\lambda & 2 & -4\\ 2 & 5-\lambda & \lambda-9\\ 0 & 1 & 0\end{vmatrix}$$

$$=(\lambda-1)\begin{vmatrix}2-\lambda & 4\\ 2 & \lambda-9\end{vmatrix}=-(\lambda-1)^2(\lambda-10).$$

当 $|\boldsymbol{A}|\neq0$，即 $\lambda\neq1$ 且 $\lambda\neq10$ 时，方程组有惟一解.

当 $\lambda=10$ 时,增广矩阵

$$B=\begin{pmatrix}-8&2&-2&1\\2&-5&-4&2\\-2&-4&-5&-10\end{pmatrix}\xrightarrow[\substack{r_3+r_1\\r_2+4r_1}]{r_1\leftrightarrow r_2}\begin{pmatrix}2&-5&-4&2\\0&-18&-18&9\\0&-9&-9&-9\end{pmatrix}\longrightarrow\begin{pmatrix}2&-5&-4&2\\0&1&1&\frac{1}{2}\\0&0&0&1\end{pmatrix},$$

可见 $R(\boldsymbol{A})=2,R(\boldsymbol{B})=3,R(\boldsymbol{A})\neq R(\boldsymbol{B})$,方程组无解.

当 $\lambda=1$ 时,$\boldsymbol{B}=\begin{pmatrix}1&2&-2&1\\2&4&-4&2\\-2&-4&4&-2\end{pmatrix}\xrightarrow[r_3+2r_1]{r_2-2r_1}\begin{pmatrix}1&2&-2&1\\0&0&0&0\\0&0&0&0\end{pmatrix}$,

可见 $R(\boldsymbol{A})=R(\boldsymbol{B})=1<3$,方程组有无限多解,且其通解为

$$\begin{pmatrix}x_1\\x_2\\x_3\end{pmatrix}=k_1\begin{pmatrix}-2\\1\\0\end{pmatrix}+k_2\begin{pmatrix}2\\0\\1\end{pmatrix}+\begin{pmatrix}1\\0\\0\end{pmatrix},k_1,k_2\text{ 为任意实数.}$$

20. 证明 $R(\boldsymbol{A})=1$ 的充分必要条件是存在非零列向量 $\boldsymbol{a}$ 及非零行向量 $\boldsymbol{b}^{\mathrm{T}}$,使 $\boldsymbol{A}=\boldsymbol{ab}^{\mathrm{T}}$.

证: 必要性:由 $R(\boldsymbol{A})=1$ 知 $\boldsymbol{A}$ 的标准形为

$$\begin{pmatrix}1&0&\cdots&0\\0&0&\cdots&0\\\vdots&\vdots&&\vdots\\0&0&\cdots&0\end{pmatrix}=\begin{pmatrix}1\\0\\\vdots\\0\end{pmatrix}(1,0,\cdots,0),$$

即存在可逆矩阵 $\boldsymbol{P}$ 和 $\boldsymbol{Q}$,使

$$\boldsymbol{PAQ}=\begin{pmatrix}1\\0\\\vdots\\0\end{pmatrix}(1,0,\cdots,0)\text{或 }\boldsymbol{A}=\boldsymbol{P}^{-1}\begin{pmatrix}1\\0\\\vdots\\0\end{pmatrix}(1,0,\cdots,0)\boldsymbol{Q}^{-1}.$$

令 $\boldsymbol{a}=\boldsymbol{P}^{-1}\begin{pmatrix}1\\0\\\vdots\\0\end{pmatrix}$,$\boldsymbol{b}^{\mathrm{T}}=(1,0,\cdots,0)\boldsymbol{Q}^{-1}$,则 $\boldsymbol{a}$ 是非零列向量,$\boldsymbol{b}^{\mathrm{T}}$ 是非零行向量,且 $\boldsymbol{A}=\boldsymbol{ab}^{\mathrm{T}}$.

充分性:因为 $\boldsymbol{a}$ 与 $\boldsymbol{b}^{\mathrm{T}}$ 都是非零向量,所以 $\boldsymbol{A}$ 是非零矩阵,从而 $R(\boldsymbol{A})\geqslant 1$.

又因为 $1\leqslant R(\boldsymbol{A})=R(\boldsymbol{ab}^{\mathrm{T}})\leqslant\min\{R(\boldsymbol{a}),R(\boldsymbol{b}^{\mathrm{T}})\}=\min\{1,1\}=1$,所以 $R(\boldsymbol{A})=1$.

21. 设 $\boldsymbol{A}$ 为列满秩矩阵,$\boldsymbol{AB}=\boldsymbol{C}$,证明方程 $\boldsymbol{Bx}=\boldsymbol{0}$ 与 $\boldsymbol{Cx}=\boldsymbol{0}$ 同解.

证: 若 $\boldsymbol{x}$ 满足 $\boldsymbol{Bx}=\boldsymbol{0}$,则 $\boldsymbol{ABx}=\boldsymbol{0}$,即 $\boldsymbol{Cx}=\boldsymbol{0}$.

若 $\boldsymbol{x}$ 满足 $\boldsymbol{Cx}=\boldsymbol{0}$,即 $\boldsymbol{ABx}=\boldsymbol{0}$,因 $\boldsymbol{A}$ 是列满秩矩阵,可知方程 $\boldsymbol{Ay}=\boldsymbol{0}$ 只有零解,故 $\boldsymbol{Bx}=\boldsymbol{0}$.

综上即知方程 $\boldsymbol{Bx}=\boldsymbol{0}$ 与 $\boldsymbol{Cx}=\boldsymbol{0}$ 同解.

22. 设 $\boldsymbol{A}$ 为 $m\times n$ 矩阵,证明方程 $\boldsymbol{AX}=\boldsymbol{E}_m$ 有解的充分必要条件是 $R(\boldsymbol{A})=m$.

证: 方程 $\boldsymbol{AX}=\boldsymbol{E}_m$ 有解的充分必要条件是 $R(\boldsymbol{A})=R(\boldsymbol{A},\boldsymbol{E}_m)$,而 $|\boldsymbol{E}_m|$ 是矩阵 $(\boldsymbol{A},\boldsymbol{E}_m)$ 的最高阶非零子式,故 $R(\boldsymbol{A})=R(\boldsymbol{A},\boldsymbol{E}_m)=m$.

因此,方程 $\boldsymbol{AX}=\boldsymbol{E}_m$ 有解的充分必要条件是 $R(\boldsymbol{A})=m$.

第四章　向量组的线性相关性

1. 已知向量组

$$A: \boldsymbol{a}_1=(0,1,2,3)^{\mathrm{T}}, \boldsymbol{a}_2=(3,0,1,2)^{\mathrm{T}}, \boldsymbol{a}_3=(2,3,0,1)^{\mathrm{T}};$$

$$B: \boldsymbol{b}_1=(2,1,1,2)^{\mathrm{T}}, \boldsymbol{b}_2=(0,-2,1,1)^{\mathrm{T}}, \boldsymbol{b}_3=(4,4,1,3)^{\mathrm{T}}.$$

证明：向量组 B 能由向量组 A 线性表示，但向量组 A 不能由向量组 B 线性表示.

证： 记矩阵 $\boldsymbol{A}=(\boldsymbol{a}_1,\boldsymbol{a}_2,\boldsymbol{a}_3)$，$\boldsymbol{B}=(\boldsymbol{b}_1,\boldsymbol{b}_2,\boldsymbol{b}_3)$.

向量组 B 能向量组 A 线性表示$\Leftrightarrow R(\boldsymbol{A},\boldsymbol{B})=R(\boldsymbol{A})$；

向量组 A 不能由向量组 B 线性表示$\Leftrightarrow R(\boldsymbol{B},\boldsymbol{A})>R(\boldsymbol{B})$.

具体计算如下：

$$(\boldsymbol{A},\boldsymbol{B})=\begin{pmatrix}0&3&2&2&0&4\\1&0&3&1&-2&4\\2&1&0&1&1&1\\3&2&1&2&1&3\end{pmatrix}\longrightarrow\begin{pmatrix}1&0&3&1&-2&4\\0&3&2&2&0&4\\0&1&-6&-1&5&-7\\0&2&-8&-1&7&-9\end{pmatrix}$$

$$\longrightarrow\begin{pmatrix}1&0&3&1&-2&4\\0&1&-6&-1&5&-7\\0&0&20&5&-15&25\\0&0&4&1&-3&5\end{pmatrix}\longrightarrow\begin{pmatrix}1&0&3&1&-2&4\\0&1&-6&-1&5&-7\\0&0&4&1&-3&5\\0&0&0&0&0&0\end{pmatrix},$$

知 $R(\boldsymbol{A})=R(\boldsymbol{A},\boldsymbol{B})=3$，所以向量组 B 能由向量组 A 线性表示. 由

$$\boldsymbol{B}=\begin{pmatrix}2&0&4\\1&-2&4\\1&1&1\\2&1&3\end{pmatrix}\longrightarrow\begin{pmatrix}1&0&2\\0&-2&2\\0&1&-1\\0&1&-1\end{pmatrix}\longrightarrow\begin{pmatrix}1&0&2\\0&1&-1\\0&0&0\\0&0&0\end{pmatrix},$$

知 $R(\boldsymbol{B})=2$. 因为 $R(\boldsymbol{B})\neq R(\boldsymbol{B},\boldsymbol{A})$，所以向量组 A 不能由向量组 B 线性表示.

2. 已知向量组

$$A: \boldsymbol{a}_1=(0,1,1)^{\mathrm{T}}, \boldsymbol{a}_2=(1,1,0)^{\mathrm{T}};$$

$$B: \boldsymbol{b}_1=(-1,0,1)^{\mathrm{T}}, \boldsymbol{b}_2=(1,2,1)^{\mathrm{T}}, \boldsymbol{b}_3=(3,2,-1)^{\mathrm{T}}.$$

证明：向量组 A 与向量组 B 等价.

证： 记矩阵 $\boldsymbol{A}=(\boldsymbol{a}_1,\boldsymbol{a}_2)$，$\boldsymbol{B}=(\boldsymbol{b}_1,\boldsymbol{b}_2,\boldsymbol{b}_3)$.

因向量组 A 与向量组 B 等价$\Leftrightarrow R(\boldsymbol{A})=R(\boldsymbol{B})=R(\boldsymbol{A},\boldsymbol{B})$，且

$$(\boldsymbol{B},\boldsymbol{A})=\begin{pmatrix}-1&1&3&0&1\\0&2&2&1&1\\1&1&-1&1&0\end{pmatrix}\longrightarrow\begin{pmatrix}-1&1&3&0&1\\0&2&2&1&1\\0&2&2&1&1\end{pmatrix}\longrightarrow\begin{pmatrix}-1&1&3&0&1\\0&2&2&1&1\\0&0&0&0&0\end{pmatrix},$$

知 $R(\boldsymbol{B})=R(\boldsymbol{B},\boldsymbol{A})=2$. 显然在 $\boldsymbol{A}$ 中有二阶非零子式，故 $R(\boldsymbol{A})\geqslant 2$.

又 $R(\boldsymbol{A})\leqslant R(\boldsymbol{B},\boldsymbol{A})=2$，所以 $R(\boldsymbol{A})=2$，从而 $R(\boldsymbol{A})=R(\boldsymbol{B})=R(\boldsymbol{A},\boldsymbol{B})$.

因此，向量组 A 与向量组 B 等价.

3. 判定下列向量组是线性相关还是线性无关：

(1) $(-1,3,1)^{\mathrm{T}},(2,1,0)^{\mathrm{T}},(1,4,1)^{\mathrm{T}}$； (2) $(2,3,0)^{\mathrm{T}},(-1,4,0)^{\mathrm{T}},(0,0,2)^{\mathrm{T}}$.

解：(1)以所给向量为列向量的矩阵记为 $\boldsymbol{A}$. 因为

$$\boldsymbol{A}=\begin{pmatrix}-1&2&1\\3&1&4\\1&0&1\end{pmatrix}\longrightarrow\begin{pmatrix}-1&2&1\\0&7&7\\0&2&2\end{pmatrix}\longrightarrow\begin{pmatrix}-1&2&1\\0&1&1\\0&0&0\end{pmatrix},$$

所以 $R(\boldsymbol{A})=2$，小于向量的个数，从而所给向量组线性相关.

(2)以所给向量为列向量的矩阵记为 $\boldsymbol{B}$. 因为

$$|\boldsymbol{B}|=\begin{vmatrix}2&-1&0\\3&4&0\\0&0&2\end{vmatrix}=22\neq 0,$$

所以 $R(\boldsymbol{B})=3$，等于向量的个数，从而所给向量组线性无关.

4. 问 a 取什么值时，下列向量组线性相关？

$$\boldsymbol{a}_1=(a,1,1)^{\mathrm{T}},\boldsymbol{a}_2=(1,a,-1)^{\mathrm{T}},\boldsymbol{a}_3=(1,-1,a)^{\mathrm{T}}.$$

解：记 $\boldsymbol{A}=(\boldsymbol{a}_1,\boldsymbol{a}_2,\boldsymbol{a}_3)$，则

$$|\boldsymbol{A}|=\begin{vmatrix}a&1&1\\1&a&-1\\1&-1&a\end{vmatrix}=\begin{vmatrix}a&1&1\\a+1&a+1&0\\1&-1&a\end{vmatrix}=\begin{vmatrix}a-1&1&1\\0&a+1&0\\2&-1&a\end{vmatrix}=(a+1)^2(a-2),$$

于是，当 $a=-1$ 或 $a=2$ 时，$|\boldsymbol{A}|=0$. 即 $R(\boldsymbol{A})<3$，此时向量组 $\boldsymbol{a}_1,\boldsymbol{a}_2,\boldsymbol{a}_3$ 线性相关.

5. 设矩阵 $\boldsymbol{A}=\boldsymbol{a}\boldsymbol{a}^{\mathrm{T}}+\boldsymbol{b}\boldsymbol{b}^{\mathrm{T}}$，这里 $\boldsymbol{a},\boldsymbol{b}$ 为 n 维列向量.

证明：(1) $R(\boldsymbol{A})\leqslant 2$；

(2)当 $\boldsymbol{a},\boldsymbol{b}$ 线性相关时，$R(\boldsymbol{A})\leqslant 1$.

证：(1)由矩阵秩的性质，可得

$$R(\boldsymbol{A})=R(\boldsymbol{a}\boldsymbol{a}^{\mathrm{T}}+\boldsymbol{b}\boldsymbol{b}^{\mathrm{T}})\leqslant \mathrm{R}(\boldsymbol{a})+R(\boldsymbol{b})\leqslant 1+1=2.$$

(2)当 $\boldsymbol{a},\boldsymbol{b}$ 线性相关时，若 $\boldsymbol{a},\boldsymbol{b}$ 均为零向量，则 $\boldsymbol{A}=\boldsymbol{O}$，结论成立；若 $\boldsymbol{a},\boldsymbol{b}$ 不全为零向量，不妨设 $\boldsymbol{a}\neq 0$，因此时 $\boldsymbol{a}$ 与 $\boldsymbol{b}$ 成比例，有 $\boldsymbol{b}=\lambda\boldsymbol{a}$（$\lambda$ 可能为 0），于是 $\boldsymbol{a}\boldsymbol{a}^{\mathrm{T}}+\boldsymbol{b}\boldsymbol{b}^{\mathrm{T}}=(1+\lambda^2)\boldsymbol{a}\boldsymbol{a}^{\mathrm{T}}$，从而有

$$\mathrm{R}(\boldsymbol{A})=R((1+\lambda^2)\boldsymbol{a}\boldsymbol{a}^{\mathrm{T}})=\mathrm{R}(\boldsymbol{a}\boldsymbol{a}^{\mathrm{T}})\leqslant \mathrm{R}(\boldsymbol{a})=1.$$

6. 设 $\boldsymbol{a}_1,\boldsymbol{a}_2$ 线性无关，$\boldsymbol{a}_1+\boldsymbol{b},\boldsymbol{a}_2+\boldsymbol{b}$ 线性相关，求向量 $\boldsymbol{b}$ 用 $\boldsymbol{a}_1,\boldsymbol{a}_2$ 线性表示的表达式.

解：**方法一**：因为 $\boldsymbol{a}_1+\boldsymbol{b},\boldsymbol{a}_2+\boldsymbol{b}$ 线性相关，故存在不全为零的数 λ_1,λ_2，使

$$\lambda_1(\boldsymbol{a}_1+\boldsymbol{b})+\lambda_2(\boldsymbol{a}_2+\boldsymbol{b})=\boldsymbol{0},$$

由此得 $\boldsymbol{b}=-\dfrac{\lambda_1}{\lambda_1+\lambda_2}\boldsymbol{a}_1-\dfrac{\lambda_2}{\lambda_1+\lambda_2}\boldsymbol{a}_2,\lambda_1,\lambda_2\in\mathbf{R}$，且 $\lambda_1+\lambda_2\neq 0$.

方法二：因 $\boldsymbol{a}_1+\boldsymbol{b},\boldsymbol{a}_2+\boldsymbol{b}$ 线性相关，故 $(\boldsymbol{a}_1+\boldsymbol{b})-(\boldsymbol{a}_2+\boldsymbol{b}),\boldsymbol{a}_2+\boldsymbol{b}$ 线性相关，即 $\boldsymbol{a}_1-\boldsymbol{a}_2,\boldsymbol{a}_2+\boldsymbol{b}$ 线性相关. 又因 $\boldsymbol{a}_1,\boldsymbol{a}_2$ 线性无关，故 $\boldsymbol{a}_1-\boldsymbol{a}_2\neq\boldsymbol{0}$，于是存在 λ，使

$$\boldsymbol{a}_2+\boldsymbol{b}=\lambda(\boldsymbol{a}_1-\boldsymbol{a}_2)\text{，即 }\boldsymbol{b}=\lambda\boldsymbol{a}_1-(\lambda+1)\boldsymbol{a}_2,\lambda\in\mathbf{R}.$$

这与方法一的结果相同.

7. 设 $\boldsymbol{a}_1,\boldsymbol{a}_2$ 线性相关，$\boldsymbol{b}_1,\boldsymbol{b}_2$ 也线性相关，问 $\boldsymbol{a}_1+\boldsymbol{b}_1,\boldsymbol{a}_2+\boldsymbol{b}_2$ 是否一定线性相关？试举例说明之.

解：向量组 $\boldsymbol{a}_1+\boldsymbol{b}_1,\boldsymbol{a}_2+\boldsymbol{b}_2$ 不一定线性相关.

例如：$\boldsymbol{a}_1=(1,2)^{\mathrm{T}},\boldsymbol{a}_2=(2,4)^{\mathrm{T}}$，则 $\boldsymbol{a}_1,\boldsymbol{a}_2$ 线性相关；

$\boldsymbol{b}_1=(-1,-1)^{\mathrm{T}},\boldsymbol{b}_2=(0,0)^{\mathrm{T}}$，则 $\boldsymbol{b}_1,\boldsymbol{b}_2$ 也线性相关.

但向量组 $\boldsymbol{a}_1+\boldsymbol{b}_1=(0,1)^{\mathrm{T}},\boldsymbol{a}_2+\boldsymbol{b}_2=(2,4)^{\mathrm{T}}$，可见 $\boldsymbol{a}_1+\boldsymbol{b}_1,\boldsymbol{a}_2+\boldsymbol{b}_2$ 的对应分量不成比例，是线性无关的.

8. 举例说明下列各命题是错误的：

(1)若向量组 $\boldsymbol{a}_1,\boldsymbol{a}_2,\cdots,\boldsymbol{a}_m$ 是线性相关的，则 $\boldsymbol{a}_1$ 可由 $\boldsymbol{a}_2,\cdots,\boldsymbol{a}_m$ 线性表示.

(2)若有不全为 0 的数 $\lambda_1,\lambda_2,\cdots,\lambda_m$，使 $\lambda_1\boldsymbol{a}_1+\cdots+\lambda_m\boldsymbol{a}_m+\lambda_1\boldsymbol{b}_1+\cdots+\lambda_m\boldsymbol{b}_m=\boldsymbol{0}$ 成立，则 $\boldsymbol{a}_1,\boldsymbol{a}_2,\cdots,\boldsymbol{a}_m$ 线性相关，$\boldsymbol{b}_1,\boldsymbol{b}_2,\cdots,\boldsymbol{b}_m$ 亦线性相关.

(3)若只有当 $\lambda_1,\lambda_2,\cdots,\lambda_m$ 全为 0 时，等式 $\lambda_1\boldsymbol{a}_1+\cdots+\lambda_m\boldsymbol{a}_m+\lambda_1\boldsymbol{b}_1+\cdots+\lambda_m\boldsymbol{b}_m=\boldsymbol{0}$ 才能成立，则 $\boldsymbol{a}_1,\boldsymbol{a}_2,\cdots,\boldsymbol{a}_m$ 线性无关，$\boldsymbol{b}_1,\boldsymbol{b}_2,\cdots,\boldsymbol{b}_m$ 亦线性无关.

(4)若 $\boldsymbol{a}_1,\boldsymbol{a}_2,\cdots,\boldsymbol{a}_m$ 线性相关，$\boldsymbol{b}_1,\boldsymbol{b}_2,\cdots,\boldsymbol{b}_m$ 亦线性相关，则有不全为 0 的数 $\lambda_1,\lambda_2,\cdots,\lambda_m$，使 $\lambda_1\boldsymbol{a}_1+\cdots+\lambda_m\boldsymbol{a}_m=\boldsymbol{0}$，$\lambda_1\boldsymbol{b}_1+\cdots+\lambda_m\boldsymbol{b}_m=\boldsymbol{0}$ 同时成立.

解：(1)取向量 $\boldsymbol{a}_1=\boldsymbol{e}_1=(1,0,0,\cdots,0)^{\mathrm{T}}$，$\boldsymbol{a}_2=\boldsymbol{a}_3=\cdots=\boldsymbol{a}_m=\boldsymbol{0}$，则 $\boldsymbol{a}_1,\boldsymbol{a}_2,\cdots,\boldsymbol{a}_m$ 是线性相关的，但 $\boldsymbol{a}_1$ 并不能由 $\boldsymbol{a}_2,\boldsymbol{a}_3,\cdots,\boldsymbol{a}_m$ 线性表示.

(2)取 $\boldsymbol{a}_1=\boldsymbol{e}_1,\boldsymbol{a}_2=\boldsymbol{e}_2,\cdots,\boldsymbol{a}_m=\boldsymbol{e}_m$ 为单位坐标向量组，取 $\boldsymbol{b}_1=-\boldsymbol{a}_1,\boldsymbol{b}_2=-\boldsymbol{a}_2,\cdots,\boldsymbol{b}_m=-\boldsymbol{a}_m$，取不全为 0 的数 $\lambda_1,\lambda_2,\cdots,\lambda_m$，则有 $\lambda_1\boldsymbol{a}_1+\cdots+\lambda_m\boldsymbol{a}_m+\lambda_1\boldsymbol{b}_1+\cdots+\lambda_m\boldsymbol{b}_m=\boldsymbol{0}$ 成立，但 $\boldsymbol{a}_1,\boldsymbol{a}_2,\cdots,\boldsymbol{a}_m$ 和 $\boldsymbol{b}_1,\boldsymbol{b}_2,\cdots,\boldsymbol{b}_m$ 均线性无关.

(3)取 $\boldsymbol{a}_1=\boldsymbol{a}_2=\cdots=\boldsymbol{a}_m=\boldsymbol{0}$，取 $\boldsymbol{b}_1,\boldsymbol{b}_2,\cdots,\boldsymbol{b}_m$ 为线性无关组，则它们满足只有当 $\lambda_1,\lambda_2,\cdots,\lambda_m$ 全为零时，等式 $\lambda_1\boldsymbol{a}_1+\cdots+\lambda_m\boldsymbol{a}_m+\lambda_1\boldsymbol{b}_1+\cdots+\lambda_m\boldsymbol{b}_m=\boldsymbol{0}$ 成立，但 $\boldsymbol{a}_1,\boldsymbol{a}_2,\cdots,\boldsymbol{a}_m$ 线性相关.

(4)取 $\boldsymbol{a}_1=(1,0)^{\mathrm{T}}$，$\boldsymbol{a}_2=(2,0)^{\mathrm{T}}$，$\boldsymbol{b}_1=(0,3)^{\mathrm{T}}$，$\boldsymbol{b}_2=(0,4)^{\mathrm{T}}$，则向量组 $\boldsymbol{a}_1,\boldsymbol{a}_2$ 和向量组 $\boldsymbol{b}_1,\boldsymbol{b}_2$ 均线性相关，$\lambda_1\boldsymbol{a}_1+\lambda_2\boldsymbol{a}_2=\boldsymbol{0}\Rightarrow\lambda_1=-2\lambda_2$，$\lambda_1\boldsymbol{b}_1+\lambda_2\boldsymbol{b}_2=\boldsymbol{0}\Rightarrow\lambda_1=-\dfrac{3}{4}\lambda_2$. 所以，可以推出 $\lambda_1=\lambda_2=0$ 与题设矛盾.

9. 设 $\boldsymbol{b}_1=\boldsymbol{a}_1+\boldsymbol{a}_2,\boldsymbol{b}_2=\boldsymbol{a}_2+\boldsymbol{a}_3,\boldsymbol{b}_3=\boldsymbol{a}_3+\boldsymbol{a}_4,\boldsymbol{b}_4=\boldsymbol{a}_4+\boldsymbol{a}_1$，证明：向量组 $\boldsymbol{b}_1,\boldsymbol{b}_2,\boldsymbol{b}_3,\boldsymbol{b}_4$ 线性相关.

证：方法一：$\boldsymbol{b}_1-\boldsymbol{b}_2+\boldsymbol{b}_3-\boldsymbol{b}_4=(\boldsymbol{a}_1+\boldsymbol{a}_2)-(\boldsymbol{a}_2+\boldsymbol{a}_3)+(\boldsymbol{a}_3+\boldsymbol{a}_4)-(\boldsymbol{a}_4+\boldsymbol{a}_1)=\boldsymbol{0}$.

由线性相关定义，知向量组 $\boldsymbol{b}_1,\boldsymbol{b}_2,\boldsymbol{b}_3,\boldsymbol{b}_4$ 线性相关.

方法二：两向量组线性表示的矩阵形式为

$$(\boldsymbol{b}_1,\boldsymbol{b}_2,\boldsymbol{b}_3,\boldsymbol{b}_4)=(\boldsymbol{a}_1,\boldsymbol{a}_2,\boldsymbol{a}_3,\boldsymbol{a}_4)\boldsymbol{K},$$

其中 $\boldsymbol{K}=\begin{pmatrix}1&0&0&1\\1&1&0&0\\0&1&1&0\\0&0&1&1\end{pmatrix}$，而 $|\boldsymbol{K}|=\begin{vmatrix}1&0&0&1\\1&1&0&0\\0&1&1&0\\0&0&1&1\end{vmatrix}=0$，故 $R(\boldsymbol{K})<4$，由矩阵秩的性质，知 $R(\boldsymbol{b}_1,\boldsymbol{b}_2,\boldsymbol{b}_3,\boldsymbol{b}_4)\leqslant R(\boldsymbol{K})<4$，由此可证向量组 $\boldsymbol{b}_1,\boldsymbol{b}_2,\boldsymbol{b}_3,\boldsymbol{b}_4$ 线性相关.

10. 设 $\boldsymbol{b}_1=\boldsymbol{a}_1,\boldsymbol{b}_2=\boldsymbol{a}_1+\boldsymbol{a}_2,\cdots,\boldsymbol{b}_r=\boldsymbol{a}_1+\boldsymbol{a}_2+\cdots+\boldsymbol{a}_r$，且向量组 $\boldsymbol{a}_1,\boldsymbol{a}_2,\cdots,\boldsymbol{a}_r$ 线性无关，证明：向量组 $\boldsymbol{b}_1,\boldsymbol{b}_2,\cdots,\boldsymbol{b}_r$ 线性无关.

证：先把向量组 $\boldsymbol{b}_1,\boldsymbol{b}_2,\cdots,\boldsymbol{b}_r$ 由向量组 $\boldsymbol{a}_1,\boldsymbol{a}_2,\cdots,\boldsymbol{a}_r$ 线性表示的关系式写成矩阵形式

$$(\boldsymbol{b}_1,\boldsymbol{b}_2,\cdots,\boldsymbol{b}_r)=(\boldsymbol{a}_1,\boldsymbol{a}_2,\cdots,\boldsymbol{a}_r)\begin{pmatrix}1&1&\cdots&1\\0&1&\cdots&1\\\vdots&\vdots&&\vdots\\0&0&\cdots&1\end{pmatrix}=(\boldsymbol{a}_1,\boldsymbol{a}_2,\cdots,\boldsymbol{a}_r)\boldsymbol{K},$$

上式记为 $\boldsymbol{B}=\boldsymbol{A}\boldsymbol{K}$. 因为 $|\boldsymbol{K}|=1\neq0$，$\boldsymbol{K}$ 可逆，所以 $R(\boldsymbol{B})=R(\boldsymbol{A})=r$，

从而，向量组 $\boldsymbol{b}_1,\boldsymbol{b}_2,\cdots,\boldsymbol{b}_r$ 线性无关.

11. 设向量组 $\boldsymbol{a}_1,\boldsymbol{a}_2,\boldsymbol{a}_3$ 线性无关，判断向量组 $\boldsymbol{b}_1,\boldsymbol{b}_2,\boldsymbol{b}_3$ 的线性相关性：

(1)$\boldsymbol{b}_1=\boldsymbol{a}_1+\boldsymbol{a}_2,\boldsymbol{b}_2=2\boldsymbol{a}_2+3\boldsymbol{a}_3,\boldsymbol{b}_3=5\boldsymbol{a}_1+3\boldsymbol{a}_2$；

(2)$\boldsymbol{b}_1=\boldsymbol{a}_1+2\boldsymbol{a}_2+3\boldsymbol{a}_3,\boldsymbol{b}_2=2\boldsymbol{a}_1+2\boldsymbol{a}_2+4\boldsymbol{a}_3,\boldsymbol{b}_3=3\boldsymbol{a}_1+\boldsymbol{a}_2+3\boldsymbol{a}_3$；

(3)$\boldsymbol{b}_1=\boldsymbol{a}_1-\boldsymbol{a}_2,\boldsymbol{b}_2=2\boldsymbol{a}_2+\boldsymbol{a}_3,\boldsymbol{b}_3=\boldsymbol{a}_1+\boldsymbol{a}_2+\boldsymbol{a}_3$.

解:(1)$(\boldsymbol{b}_1,\boldsymbol{b}_2,\boldsymbol{b}_3)=(\boldsymbol{a}_1,\boldsymbol{a}_2,\boldsymbol{a}_3)\begin{pmatrix}1&0&5\\1&2&3\\0&3&0\end{pmatrix}$,而$\begin{vmatrix}1&0&5\\1&2&3\\0&3&0\end{vmatrix}=6\neq0$,

于是 $R(\boldsymbol{b}_1,\boldsymbol{b}_2,\boldsymbol{b}_3)=R(\boldsymbol{a}_1,\boldsymbol{a}_2,\boldsymbol{a}_3)=3$,$\boldsymbol{b}_1,\boldsymbol{b}_2,\boldsymbol{b}_3$ 线性无关.

(2)$(\boldsymbol{b}_1,\boldsymbol{b}_2,\boldsymbol{b}_3)=(\boldsymbol{a}_1,\boldsymbol{a}_2,\boldsymbol{a}_3)\begin{pmatrix}1&2&3\\2&2&1\\3&4&3\end{pmatrix}$,而$\begin{vmatrix}1&2&3\\2&2&1\\3&4&3\end{vmatrix}=2\neq0$,

于是,与(1)同理,$\boldsymbol{b}_1,\boldsymbol{b}_2,\boldsymbol{b}_3$ 线性无关.

(3)$(\boldsymbol{b}_1,\boldsymbol{b}_2,\boldsymbol{b}_3)=(\boldsymbol{a}_1,\boldsymbol{a}_2,\boldsymbol{a}_3)\begin{pmatrix}1&0&1\\-1&2&1\\0&1&1\end{pmatrix}$,而$\begin{vmatrix}1&0&1\\-1&2&1\\0&1&1\end{vmatrix}=0$,

于是,$R(\boldsymbol{b}_1,\boldsymbol{b}_2,\boldsymbol{b}_3)\leqslant2$,$\boldsymbol{b}_1,\boldsymbol{b}_2,\boldsymbol{b}_3$ 线性相关.

12. 设向量组 B:$\boldsymbol{b}_1,\cdots,\boldsymbol{b}_r$ 能由向量组 A:$\boldsymbol{a}_1,\cdots,\boldsymbol{a}_s$ 线性表示为

$$(\boldsymbol{b}_1,\cdots,\boldsymbol{b}_r)=(\boldsymbol{a}_1,\cdots,\boldsymbol{a}_s)\boldsymbol{K},$$

其中 $\boldsymbol{K}$ 为 $s\times r$ 矩阵,且 A 组线性无关. 证明:向量组 B 线性无关的充分必要条件是矩阵 $\boldsymbol{K}$ 的秩$R(\boldsymbol{K})=r$.

证:令 $\boldsymbol{B}=(\boldsymbol{b}_1,\cdots,\boldsymbol{b}_r)$,$\boldsymbol{A}=(\boldsymbol{a}_1,\cdots,\boldsymbol{a}_s)$,则有 $\boldsymbol{B}=\boldsymbol{AK}$.

必要性:设向量组 $\boldsymbol{B}$ 线性无关,即 $R(\boldsymbol{B})=r$. 由向量组 $\boldsymbol{B}$ 线性无关及矩阵秩的性质,有

$$r=R(\boldsymbol{B})=R(\boldsymbol{AK})\leqslant\min\{R(\boldsymbol{A}),R(\boldsymbol{K})\}\leqslant R(\boldsymbol{K}),\text{以及 }R(\boldsymbol{K})\leqslant\min\{r,s\}\leqslant r,$$

即 $R(\boldsymbol{K})=r$,$\boldsymbol{K}$ 为列满秩矩阵.

充分性:因为 $R(\boldsymbol{K})=r$,所以,存在可逆矩阵 $\boldsymbol{C}$,使 $\boldsymbol{KC}=\begin{pmatrix}\boldsymbol{e}_r\\\boldsymbol{O}\end{pmatrix}$为 $\boldsymbol{K}$ 的标准形. 于是

$$(\boldsymbol{b}_1,\cdots,\boldsymbol{b}_r)\boldsymbol{C}=(\boldsymbol{a}_1,\cdots,\boldsymbol{a}_s)\boldsymbol{KC}=(\boldsymbol{a}_1,\cdots,\boldsymbol{a}_r).$$

因为 $\boldsymbol{C}$ 可逆,所以 $R(\boldsymbol{b}_1,\cdots,\boldsymbol{b}_r)=R(\boldsymbol{a}_1,\cdots,\boldsymbol{a}_r)=r$,从而 $\boldsymbol{b}_1,\cdots,\boldsymbol{b}_r$ 线性无关.

13. 求下列向量组的秩,并求一个最大无关组:

(1)$\boldsymbol{a}_1=(1,2,-1,4)^{\mathrm{T}}$,$\boldsymbol{a}_2=(9,100,10,4)^{\mathrm{T}}$,$\boldsymbol{a}_3=(-2,-4,2,-8)^{\mathrm{T}}$;

(2)$\boldsymbol{a}_1=(1,2,1,3)^{\mathrm{T}}$,$\boldsymbol{a}_2=(4,-1,-5,-6)^{\mathrm{T}}$,$\boldsymbol{a}_3=(1,-3,-4,-7)^{\mathrm{T}}$.

解:(1)对 $\boldsymbol{A}=(\boldsymbol{a}_1,\boldsymbol{a}_2,\boldsymbol{a}_3)$作初等行变换,化成行最简形

$$\boldsymbol{A}=(\boldsymbol{a}_1,\boldsymbol{a}_2,\boldsymbol{a}_3)=\begin{pmatrix}1&9&-2\\2&100&-4\\-1&10&2\\4&4&-8\end{pmatrix}\longrightarrow\begin{pmatrix}1&9&-2\\0&82&0\\0&19&0\\0&-32&0\end{pmatrix}\longrightarrow\begin{pmatrix}1&9&-2\\0&1&0\\0&0&0\\0&0&0\end{pmatrix},$$

知 $R(\boldsymbol{a}_1,\boldsymbol{a}_2,\boldsymbol{a}_3)=2$. 因为向量 $\boldsymbol{a}_1$ 与 $\boldsymbol{a}_2$ 的分量不成比例,故 $\boldsymbol{a}_1,\boldsymbol{a}_2$ 线性无关,所以 $\boldsymbol{a}_1,\boldsymbol{a}_2$ 是一个最大无关组.

(2)对 $\boldsymbol{A}=(\boldsymbol{a}_1,\boldsymbol{a}_2,\boldsymbol{a}_3)$作初等行变换,化成行最简形

$$\boldsymbol{A}=(\boldsymbol{a}_1,\boldsymbol{a}_2,\boldsymbol{a}_3)=\begin{pmatrix}1&4&1\\2&-1&-3\\1&-5&-4\\3&-6&-7\end{pmatrix}\longrightarrow\begin{pmatrix}1&4&1\\0&-9&-5\\0&-9&-5\\0&-18&-10\end{pmatrix}\longrightarrow\begin{pmatrix}1&4&1\\0&9&5\\0&0&0\\0&0&0\end{pmatrix},$$

由此可知 $R(\boldsymbol{a}_1,\boldsymbol{a}_2,\boldsymbol{a}_3)=2$,并且 $\boldsymbol{a}_1,\boldsymbol{a}_2$ 是它的一个最大无关组.

14. 利用初等行变换求下列矩阵的列向量组的一个最大无关组，并把其余列向量用最大无关组线性表示.

(1) $\begin{pmatrix}25&31&17&43\\75&94&53&132\\75&94&54&134\\25&32&20&48\end{pmatrix}$；　(2) $\begin{pmatrix}1&1&2&2&1\\0&2&1&5&-1\\2&0&3&-1&3\\1&1&0&4&-1\end{pmatrix}$.

解：(1)记 $\boldsymbol{A}=\begin{pmatrix}25&31&17&43\\75&94&53&132\\75&94&54&134\\25&32&20&48\end{pmatrix}=(\boldsymbol{a}_1,\boldsymbol{a}_2,\boldsymbol{a}_3,\boldsymbol{a}_4)$，对 $\boldsymbol{A}$ 作初等行变换，化成行最简形矩阵

$$\boldsymbol{A}=\begin{pmatrix}25&31&17&43\\75&94&53&132\\75&94&54&134\\25&32&20&48\end{pmatrix}\xrightarrow[r_4-r_1]{\substack{r_2-3r_1\\r_3-3r_1}}\begin{pmatrix}25&31&17&43\\0&1&2&3\\0&1&3&5\\0&1&3&5\end{pmatrix}\xrightarrow[r_3-r_2]{r_4-r_3}\begin{pmatrix}25&31&17&43\\0&1&2&3\\0&0&1&3\\0&0&0&0\end{pmatrix}$$

$$\xrightarrow[r_2-2r_3]{r_1-17r_3}\begin{pmatrix}25&31&0&9\\0&1&0&-1\\0&0&1&2\\0&0&0&0\end{pmatrix}\xrightarrow{r_1-31r_2}\begin{pmatrix}25&0&0&40\\0&1&0&-1\\0&0&1&2\\0&0&0&0\end{pmatrix}\xrightarrow{r_1\div 25}\begin{pmatrix}1&0&0&\frac{8}{5}\\0&1&0&-1\\0&0&1&2\\0&0&0&0\end{pmatrix},$$

由 $\boldsymbol{A}$ 的行最简形可知 $\boldsymbol{a}_1,\boldsymbol{a}_2,\boldsymbol{a}_3$ 是 $\boldsymbol{A}$ 的列向量组的一个最大无关组，且

$$\boldsymbol{a}_4=\frac{8}{5}\boldsymbol{a}_1-\boldsymbol{a}_2+2\boldsymbol{a}_3.$$

(2)记 $\boldsymbol{A}=\begin{pmatrix}1&1&2&2&1\\0&2&1&5&-1\\2&0&3&-1&3\\1&1&0&4&-1\end{pmatrix}=(\boldsymbol{a}_1,\boldsymbol{a}_2,\boldsymbol{a}_3,\boldsymbol{a}_4,\boldsymbol{a}_5)$，对 $\boldsymbol{A}$ 作初等行变换，化成行最简形

$$\boldsymbol{A}=\begin{pmatrix}1&1&2&2&1\\0&2&1&5&-1\\2&0&3&-1&3\\1&1&0&4&-1\end{pmatrix}\xrightarrow[r_4-r_1]{r_3-2r_1}\begin{pmatrix}1&1&2&2&1\\0&2&1&5&-1\\0&-2&-1&-5&1\\0&0&-2&2&-2\end{pmatrix}$$

$$\xrightarrow[r_3\leftrightarrow r_4]{r_3+r_2}\begin{pmatrix}1&1&2&2&1\\0&2&1&5&-1\\0&0&-2&2&-2\\0&0&0&0&0\end{pmatrix}\xrightarrow[r_2-r_3]{r_1-2r_3}\begin{pmatrix}1&1&0&4&-1\\0&2&0&6&-2\\0&0&1&-1&1\\0&0&0&0&0\end{pmatrix}\xrightarrow[r_1-r_2]{r_2\div 2}\begin{pmatrix}1&0&0&1&0\\0&1&0&3&-1\\0&0&1&-1&1\\0&0&0&0&0\end{pmatrix},$$

由 $\boldsymbol{A}$ 的行最简形可知 $\boldsymbol{a}_1,\boldsymbol{a}_2,\boldsymbol{a}_3$ 是 $\boldsymbol{A}$ 的列向量组的一个最大无关组，且

$$\boldsymbol{a}_4=\boldsymbol{a}_1+3\boldsymbol{a}_2-\boldsymbol{a}_3,\boldsymbol{a}_5=-\boldsymbol{a}_2+\boldsymbol{a}_3.$$

15. 设向量组 $\boldsymbol{a}_1=(a,3,1)^{\mathrm{T}},\boldsymbol{a}_2=(2,b,3)^{\mathrm{T}},\boldsymbol{a}_3=(1,2,1)^{\mathrm{T}},\boldsymbol{a}_4=(2,3,1)^{\mathrm{T}}$ 的秩为2，求参数 a,b.

解：对含参数 a 和 b 的矩阵 $(\boldsymbol{a}_1,\boldsymbol{a}_2,\boldsymbol{a}_3,\boldsymbol{a}_4)$ 作初等行变换，化成行最简形

$$(\boldsymbol{a}_3,\boldsymbol{a}_4,\boldsymbol{a}_1,\boldsymbol{a}_2)=\begin{pmatrix}1&2&a&2\\2&3&3&b\\1&1&1&3\end{pmatrix}\rightarrow\begin{pmatrix}1&1&1&3\\0&1&a-1&-1\\0&1&1&b-6\end{pmatrix}\rightarrow\begin{pmatrix}1&1&1&3\\0&1&a-1&-1\\0&0&2-a&b-5\end{pmatrix},$$

而$R(\boldsymbol{a}_1,\boldsymbol{a}_2,\boldsymbol{a}_3,\boldsymbol{a}_4)=2$，所以 $a=2,b=5$.

16. 设向量组 $A:\boldsymbol{a}_1,\boldsymbol{a}_2$;向量组 $B:\boldsymbol{a}_1,\boldsymbol{a}_2,\boldsymbol{a}_3$;向量组 $C:\boldsymbol{a}_1,\boldsymbol{a}_2,\boldsymbol{a}_4$ 的秩为 $R_A=R_B=2,R_C=3$,求向量组 $D:\boldsymbol{a}_1,\boldsymbol{a}_2,2\boldsymbol{a}_3-3\boldsymbol{a}_4$ 的秩.

解:由 $R_A=2$ 知,$\boldsymbol{a}_1,\boldsymbol{a}_2$ 线性无关;由 $R_B=2$ 知,$\boldsymbol{a}_1,\boldsymbol{a}_2,\boldsymbol{a}_3$ 线性相关,故 $\boldsymbol{a}_3$ 可由 $\boldsymbol{a}_1,\boldsymbol{a}_2$ 线性表示为 $\boldsymbol{a}_3=k_1\boldsymbol{a}_1+k_2\boldsymbol{a}_2$;将其代入向量组 D 得

$$(\boldsymbol{a}_1,\boldsymbol{a}_2,2\boldsymbol{a}_3-3\boldsymbol{a}_4)=(\boldsymbol{a}_1,\boldsymbol{a}_2,2k_1\boldsymbol{a}_1+2k_2\boldsymbol{a}_2-3\boldsymbol{a}_4)=(\boldsymbol{a}_1,\boldsymbol{a}_2,\boldsymbol{a}_4)\begin{pmatrix}1&0&2k_1\\0&1&2k_2\\0&0&-3\end{pmatrix},$$

因 $\begin{vmatrix}1&0&2k_1\\0&1&2k_2\\0&0&-3\end{vmatrix}=-3\neq0$,故 $R_D=R_C=3$.

17. 设有 n 维向量组 $A:\boldsymbol{a}_1,\boldsymbol{a}_2,\cdots\boldsymbol{a}_n$,证明:它们线性无关的充分必要条件是任一 n 维向量都可由它们线性表示.

证:必要性:设 $\boldsymbol{a}$ 为任一 n 维向量.因为 $\boldsymbol{a}_1,\boldsymbol{a}_2,\cdots,\boldsymbol{a}_n$ 线性无关,而 $\boldsymbol{a}_1,\boldsymbol{a}_2,\cdots,\boldsymbol{a}_n,\boldsymbol{a}$ 是 $n+1$ 个 n 维向量,是线性相关的,用定理 5(3)可知,向量 $\boldsymbol{a}$ 能由 $\boldsymbol{a}_1,\boldsymbol{a}_2,\cdots,\boldsymbol{a}_n$ 线性表示,且表示式是惟一的.

充分性:已知任一 n 维向量都可由 $\boldsymbol{a}_1,\boldsymbol{a}_2,\cdots,\boldsymbol{a}_n$ 线性表示,

特别地,n 维单位坐标向量组 $\boldsymbol{e}_1,\boldsymbol{e}_2,\cdots,\boldsymbol{e}_n$ 能由 $\boldsymbol{a}_1,\boldsymbol{a}_2,\cdots,\boldsymbol{a}_n$ 线性表示,于是有

$$n=R(\boldsymbol{e}_1,\boldsymbol{e}_2,\cdots,\boldsymbol{e}_n)\leqslant R(\boldsymbol{a}_1,\boldsymbol{a}_2,\cdots,\boldsymbol{a}_n)\leqslant n,$$

即 $R(\boldsymbol{a}_1,\boldsymbol{a}_2,\cdots,\boldsymbol{a}_n)=n$,所以 $\boldsymbol{a}_1,\boldsymbol{a}_2,\cdots,\boldsymbol{a}_n$ 线性无关.

18. 设向量组 $\boldsymbol{a}_1,\boldsymbol{a}_2,\cdots,\boldsymbol{a}_m$ 线性相关,且 $\boldsymbol{a}_1\neq\boldsymbol{0}$,证明:存在某个向量 $\boldsymbol{a}_k(2\leqslant k\leqslant m)$,使 $\boldsymbol{a}_k$ 能由 $\boldsymbol{a}_1,\boldsymbol{a}_2,\cdots,\boldsymbol{a}_{k-1}$线性表示.

证:因为 $\boldsymbol{a}_1,\boldsymbol{a}_2,\cdots,\boldsymbol{a}_m$ 线性相关,所以,存在不全为零的数 $\lambda_1,\lambda_2,\cdots,\lambda_m$,使

$$\lambda_1\boldsymbol{a}_1+\lambda_2\boldsymbol{a}_2+\cdots+\lambda_m\boldsymbol{a}_m=\boldsymbol{0},$$

而且 $\lambda_2,\lambda_3,\cdots,\lambda_m$ 不全为零.这是因为,如若不然,则 $\lambda_1\boldsymbol{a}_1=\boldsymbol{0}$,由 $\boldsymbol{a}_1\neq\boldsymbol{0}$ 知 $\lambda_1=0$,矛盾.因此,存在 $k(2\leqslant k\leqslant m)$,使 $\lambda_k\neq0,\lambda_{k+1}=\lambda_{k+2}=\cdots=\lambda_m=0$,于是

$$\lambda_1\boldsymbol{a}_1+\lambda_2\boldsymbol{a}_2+\cdots+\lambda_k\boldsymbol{a}_k=\boldsymbol{0},\text{且 }\lambda_k\neq0,k\geqslant2.$$

则 $\boldsymbol{a}_k=-(1/\lambda_k)(\lambda_1\boldsymbol{a}_1+\lambda_2\boldsymbol{a}_2+\cdots+\lambda_{k-1}\boldsymbol{a}_{k-1})$,即 $\boldsymbol{a}_k$ 能由 $\boldsymbol{a}_1,\boldsymbol{a}_2,\cdots,\boldsymbol{a}_{k-1}$线性表示.

19. 设$\begin{cases}\boldsymbol{\beta}_1=\boldsymbol{\alpha}_2+\boldsymbol{\alpha}_3+\cdots+\boldsymbol{\alpha}_n,\\\boldsymbol{\beta}_2=\boldsymbol{\alpha}_1+\boldsymbol{\alpha}_3+\cdots+\boldsymbol{\alpha}_n,\\\vdots\\\boldsymbol{\beta}_n=\boldsymbol{\alpha}_1+\boldsymbol{\alpha}_2+\boldsymbol{\alpha}_3+\cdots+\boldsymbol{\alpha}_{n-1},\end{cases}$ 证明:向量组 $\boldsymbol{\alpha}_1,\boldsymbol{\alpha}_2,\cdots,\boldsymbol{\alpha}_n$ 与向量组 $\boldsymbol{\beta}_1,\boldsymbol{\beta}_2,\cdots,\boldsymbol{\beta}_n$ 等价.

证:列向量组 $\boldsymbol{\alpha}_1,\boldsymbol{\alpha}_2,\cdots,\boldsymbol{\alpha}_n$ 与 $\boldsymbol{\beta}_1,\boldsymbol{\beta}_2,\cdots,\boldsymbol{\beta}_n$ 依次构成矩阵 $\boldsymbol{A}$ 和 $\boldsymbol{B}$,有

$$(\boldsymbol{\beta}_1,\boldsymbol{\beta}_2,\cdots,\boldsymbol{\beta}_n)=(\boldsymbol{\alpha}_1,\boldsymbol{\alpha}_2\cdots,\boldsymbol{\alpha}_n)\begin{pmatrix}0&1&1&\cdots&1\\1&0&1&\cdots&1\\1&1&0&\cdots&1\\\vdots&\vdots&\vdots&&\vdots\\1&1&1&\cdots&0\end{pmatrix},$$

上式记为 $\boldsymbol{B}=\boldsymbol{AK}$.因为行列式$|\boldsymbol{K}|=(-1)^{n-1}(n-1)\neq0(n\geqslant2)$,所以 $\boldsymbol{K}$ 可逆,故有 $\boldsymbol{A}=\boldsymbol{BK}^{-1}$.由 $\boldsymbol{B}=\boldsymbol{AK}$ 和 $\boldsymbol{A}=\boldsymbol{BK}^{-1}$可知向量组 $\boldsymbol{\alpha}_1,\boldsymbol{\alpha}_2,\cdots,\boldsymbol{\alpha}_n$ 与向量组 $\boldsymbol{\beta}_1,\boldsymbol{\beta}_2,\cdots,\boldsymbol{\beta}_n$可相互线性表示.因此,向量组 $\boldsymbol{\alpha}_1,\boldsymbol{\alpha}_2,\cdots,\boldsymbol{\alpha}_n$ 与 $\boldsymbol{\beta}_1,\boldsymbol{\beta}_2,\cdots,\boldsymbol{\beta}_n$ 等价.

20. 已知 3 阶矩阵 $\boldsymbol{A}$ 与 3 维列向量 $\boldsymbol{x}$ 满足 $\boldsymbol{A}^3\boldsymbol{x}=3\boldsymbol{Ax}-\boldsymbol{A}^2\boldsymbol{x}$,且向量组 $\boldsymbol{x},\boldsymbol{Ax},\boldsymbol{A}^2\boldsymbol{x}$ 线性无关.

(1)记 $\boldsymbol{y}=\boldsymbol{Ax},\boldsymbol{z}=\boldsymbol{Ay},\boldsymbol{P}=(\boldsymbol{x},\boldsymbol{y},\boldsymbol{z})$,求 3 阶矩阵 $\boldsymbol{B}$,使 $\boldsymbol{AP}=\boldsymbol{PB}$;

(2)求$|\boldsymbol{A}|$.

解:(1)因矩阵$\boldsymbol{P}$的列向量组线性无关,故$\boldsymbol{P}$可逆,因为

$$\boldsymbol{AP}=\boldsymbol{A}(\boldsymbol{x},\boldsymbol{y},\boldsymbol{z})=(\boldsymbol{Ax},\boldsymbol{Ay},\boldsymbol{Ay})=(\boldsymbol{Ax},\boldsymbol{A}^2\boldsymbol{x},\boldsymbol{A}^3\boldsymbol{x})$$

$$=(\boldsymbol{Ax},\boldsymbol{A}^2\boldsymbol{x},3\boldsymbol{Ax}-\boldsymbol{A}^2\boldsymbol{x})=(\boldsymbol{x},\boldsymbol{Ax},\boldsymbol{A}^2\boldsymbol{x})\begin{pmatrix}0&0&0\\1&0&3\\0&1&-1\end{pmatrix},$$

所以$\boldsymbol{B}=\begin{pmatrix}0&0&0\\1&0&3\\0&1&-1\end{pmatrix}$.

(2)由$\boldsymbol{B}=\boldsymbol{P}^{-1}\boldsymbol{AP}$两边取行列式,有$|\boldsymbol{A}|=|\boldsymbol{B}|=0$.

21. 求下列齐次线性方程组的基础解系:

(1)$\begin{cases}x_1-8x_2+10x_3+2x_4=0,\\2x_1+4x_2+5x_3-x_4=0,\\3x_1+8x_2+6x_3-2x_4=0;\end{cases}$　　(2)$\begin{cases}2x_1-3x_2-2x_3+x_4=0,\\3x_1+5x_2+4x_3-2x_4=0,\\8x_1+7x_2+6x_3-3x_4=0;\end{cases}$

(3)$nx_1+(n-1)x_2+\cdots+2x_{n-1}+x_n=0$.

解:(1)对系数矩阵进行初等行变换,有

$$\boldsymbol{A}=\begin{pmatrix}1&-8&10&2\\2&4&5&-1\\3&8&6&-2\end{pmatrix}\longrightarrow\begin{pmatrix}1&0&4&0\\0&1&-\frac{3}{4}&-\frac{1}{4}\\0&0&0&0\end{pmatrix},$$

可得原方程组的同解方程组$\begin{cases}x_1=-4x_3,\\x_2=\frac{3}{4}x_3+\frac{1}{4}x_4,\end{cases}$

取$(x_3,x_4)^{\mathrm{T}}=(4,0)^{\mathrm{T}}$,得$(x_1,x_2)^{\mathrm{T}}=(-16,3)^{\mathrm{T}}$;取$(x_3,x_4)^{\mathrm{T}}=(0,4)^{\mathrm{T}}$,得$(x_1,x_2)^{\mathrm{T}}=(0,1)^{\mathrm{T}}$.
因此,方程组的基础解系为

$$\boldsymbol{\xi}_1=(-16,3,4,0)^{\mathrm{T}},\boldsymbol{\xi}_2=(0,1,0,4)^{\mathrm{T}}.$$

(2)对系数矩阵作初等行变换,有

$$\boldsymbol{A}=\begin{pmatrix}2&-3&-2&1\\3&5&4&-2\\8&7&6&-3\end{pmatrix}\longrightarrow\begin{pmatrix}2&-3&-2&1\\7&-1&0&0\\14&-2&0&0\end{pmatrix}\longrightarrow\begin{pmatrix}-19&0&-2&1\\-7&1&0&0\\0&0&0&0\end{pmatrix},$$

可得同解方程组$\begin{cases}x_2=7x_1,\\x_4=19x_1+2x_3,\end{cases}$分别取$\begin{pmatrix}x_1\\x_2\end{pmatrix}=\begin{pmatrix}1\\0\end{pmatrix}$和$\begin{pmatrix}0\\1\end{pmatrix}$,得基础解系为

$$\boldsymbol{\xi}_1=(1,7,0,19)^{\mathrm{T}},\boldsymbol{\xi}_2=(0,0,1,2)^{\mathrm{T}}.$$

(3)由$\boldsymbol{A}=(n,n-1,\cdots,1)$可见$R(\boldsymbol{A})=1$,从而有$n-R(\boldsymbol{A})=n-1$个线性无关的解,构成此方程的基础解系,并且由

$$x_n=-nx_1-(n-1)x_2-\cdots-2x_{n-1},$$

分别取$\begin{pmatrix}x_1\\x_2\\\vdots\\x_{n-1}\end{pmatrix}$为$\begin{pmatrix}1\\0\\\vdots\\0\end{pmatrix},\begin{pmatrix}0\\1\\\vdots\\0\end{pmatrix},\cdots,\begin{pmatrix}0\\0\\\vdots\\1\end{pmatrix}$,代入上式就得到方程组的基础解系为

$$\boldsymbol{\xi}_1=\begin{pmatrix}1\\0\\\vdots\\-n\end{pmatrix},\boldsymbol{\xi}_2=\begin{pmatrix}0\\1\\\vdots\\-(n-1)\end{pmatrix},\cdots,\boldsymbol{\xi}_{n-1}=\begin{pmatrix}0\\\vdots\\1\\-2\end{pmatrix}.$$

22. 设 $\boldsymbol{A}=\begin{pmatrix}2&-2&1&3\\9&-5&2&8\end{pmatrix}$，求一个 4×2 矩阵 $\boldsymbol{B}$，使 $\boldsymbol{AB}=\boldsymbol{O}$，且 $R(\boldsymbol{B})=2$.

解：将 $\boldsymbol{B}$ 按列分块为 $\boldsymbol{B}=(\boldsymbol{\xi}_1,\boldsymbol{\xi}_2)$，因 $R(\boldsymbol{B})=2$，故 $\boldsymbol{\xi}_1,\boldsymbol{\xi}_2$ 线性无关.

又因 $\boldsymbol{AB}=\boldsymbol{O}\Rightarrow\boldsymbol{A}(\boldsymbol{\xi}_1,\boldsymbol{\xi}_2)=\boldsymbol{O}\Rightarrow\boldsymbol{\xi}_1,\boldsymbol{\xi}_2$ 是方程组的解.

由题设可知 $R(\boldsymbol{A})=2$，于是可知 $\boldsymbol{\xi}_1,\boldsymbol{\xi}_2$ 是方程 $\boldsymbol{Ax}=\boldsymbol{0}$ 的一个基础解系. 因为

$$\boldsymbol{A}=\begin{pmatrix}2&-2&1&3\\9&-5&2&8\end{pmatrix}\longrightarrow\begin{pmatrix}1&0&-\frac{1}{8}&\frac{1}{8}\\0&1&-\frac{5}{8}&-\frac{11}{8}\end{pmatrix},$$

所以与方程组 $\boldsymbol{AB}=\boldsymbol{O}$ 同解的方程组为 $\begin{cases}x_1=\frac{1}{8}x_3-\frac{1}{8}x_4,\\x_2=\frac{5}{8}x_3+\frac{11}{8}x_4.\end{cases}$

取 $(x_3,x_4)^{\mathrm{T}}=(8,0)^{\mathrm{T}}$，得 $(x_1,x_2)^{\mathrm{T}}=(1,5)^{\mathrm{T}}$；取 $(x_3,x_4)^{\mathrm{T}}=(0,8)^{\mathrm{T}}$，得 $(x_1,x_2)^{\mathrm{T}}=(-1,11)^{\mathrm{T}}$.

方程组 $\boldsymbol{AB}=\boldsymbol{O}$ 的基础解系为

$$\boldsymbol{\xi}_1=(1,5,8,0)^{\mathrm{T}},\boldsymbol{\xi}_2=(-1,11,0,8)^{\mathrm{T}}.$$

因此，所求矩阵为 $\boldsymbol{B}=\begin{pmatrix}1&-1\\5&11\\8&0\\0&8\end{pmatrix}$.

23. 求一个齐次线性方程组，使它的基础解系为 $\boldsymbol{\xi}_1=(0,1,2,3)^{\mathrm{T}},\boldsymbol{\xi}_2=(3,2,1,0)^{\mathrm{T}}$.

解：显然原方程组的通解为

$$\begin{pmatrix}x_1\\x_2\\x_3\\x_4\end{pmatrix}=k_1\begin{pmatrix}0\\1\\2\\3\end{pmatrix}+k_2\begin{pmatrix}3\\2\\1\\0\end{pmatrix},\text{即}\begin{cases}x_1=3k_2,\\x_2=k_1+2k_2,\\x_3=2k_1+k_2,\\x_4=3k_1\end{cases}(k_1,k_2\in\mathbf{R}),$$

消去 k_1,k_2 得 $\begin{cases}2x_1-3x_2+x_4=0,\\x_1-3x_3+2x_4=0,\end{cases}$ 此即为所求的齐次线性方程组.

24. 设四元齐次线性方程组

$$\text{Ⅰ}:\begin{cases}x_1+x_2=0,\\x_2-x_4=0;\end{cases}\quad\text{Ⅱ}:\begin{cases}x_1-x_2+x_3=0,\\x_2-x_3+x_4=0.\end{cases}$$

求：(1)方程组Ⅰ与Ⅱ的基础解系；(2)Ⅰ与Ⅱ的公共解.

解：(1)由方程组Ⅰ得 $\begin{cases}x_1=-x_2,\\x_2=x_4.\end{cases}$

取 $(x_3,x_4)^{\mathrm{T}}=(1,0)^{\mathrm{T}}$，得 $(x_1,x_2)^{\mathrm{T}}=(0,0)^{\mathrm{T}}$；取 $(x_3,x_4)^{\mathrm{T}}=(0,1)^{\mathrm{T}}$，得 $(x_1,x_2)^{\mathrm{T}}=(-1,1)^{\mathrm{T}}$.

因此，方程Ⅰ的基础解系为

$$\boldsymbol{\xi}_1=(-1,1,0,1)^{\mathrm{T}},\boldsymbol{\xi}_2=(0,0,1,0)^{\mathrm{T}}.$$

求方程组Ⅱ的基础解系，系数矩阵为 $\begin{pmatrix}1&-1&1&0\\0&1&-1&1\end{pmatrix}$，故可取其基础解系为

$$\xi_1=(1,1,0,-1)^T,\xi_2=(-1,0,1,1)^T.$$

(2)设 $x=(x_1,x_2,x_3,x_4)^T$ 为Ⅰ与Ⅱ的公共解.下面用两种方法求 x 的一般表达式.

方法一:以Ⅰ的通解 $x=(-C_1,C_1,C_2,C_1)^T$ 代入Ⅱ得

$$\begin{cases}-C_1-C_1+C_2=0,\\ C_1-C_2+C_1=0\end{cases}\Rightarrow C_2=2C_1.$$

这表明Ⅰ的解中所有形如 $(-C_1,C_1,2C_1,C_1)^T$ 的解也是Ⅱ的解,从而是Ⅰ和Ⅱ的公共解,即为

$$x=k(-1,1,2,1)^T,k\in\mathbf{R}.$$

方法二:x 是Ⅰ与Ⅱ的公共解⇔x 是方程组Ⅲ的解,方程组Ⅲ为Ⅰ与Ⅱ合起来的方程组,

即Ⅲ: $\begin{cases}x_1+x_2=0,\\ x_2-x_4=0,\\ x_1-x_2+x_3=0,\\ x_2-x_3+x_4=0,\end{cases}$ 其系数矩阵

$$\begin{pmatrix}1&1&0&0\\0&1&0&-1\\1&-1&1&0\\0&1&-1&1\end{pmatrix}\longrightarrow\begin{pmatrix}1&0&0&1\\0&1&0&-1\\0&0&1&-2\\0&0&0&0\end{pmatrix},$$

取其基础解系为 $(-1,1,2,1)^T$,于是Ⅰ和Ⅱ的公共解为

$$x=k(-1,1,2,1)^T,k\in\mathbf{R}.$$

25. 设 n 阶矩阵 A 满足 $A^2=A$,E 为 n 阶单位矩阵,证明:

$$R(A)+R(A-E)=n.$$

提示:利用矩阵的性质⑥和⑧.

证:因为 $A(A-E)=A^2-A=A-A=0$,所以 $R(A)+R(A-E)\leqslant n$.又 $R(A-E)=R(E-A)$,可知

$$R(A)+R(A-E)=R(A)+R(E-A)\geqslant R(A+E-A)=R(E)=n.$$

因此 $R(A)+R(A-E)=n$.

26. 设 A 为 n 阶矩阵($n\geqslant2$),A^* 为 A 的伴随矩阵,证明:

$$R(A^*)=\begin{cases}n, & R(A)=n,\\ 1, & R(A)=n-1,\\ 0, & R(A)\leqslant n-2.\end{cases}$$

证:(1)当 $R(A)=n$ 时,$|A|\neq0$,故有

$$|AA^*|=||A|E|=|A|^n\neq0,|A^*|\neq0,$$

所以 $R(A^*)=n$.

(2)当 $R(A)=n-1$ 时,$|A|=0$,故有

$$AA^*=|A|E=O,$$

即 A^* 的列向量都是方程组 $Ax=0$ 的解.

因为 $R(A)=n-1$,所以方程组 $Ax=0$ 的基础解系中只含一个解向量,即基础解系的秩为1,因此 $R(A^*)=1$.

(3)当 $R(A)\leqslant n-2$ 时,A 中每个元素的代数余子式都为0,故 $A^*=O$,从而 $R(A^*)=0$.

27. 求下列非齐次方程组的一个解及对应的齐次线性方程组的基础解系:

(1) $\begin{cases}x_1+x_2=5,\\ 2x_1+x_2+x_3+2x_4=1,\\ 5x_1+3x_2+2x_3+2x_4=3;\end{cases}$　(2) $\begin{cases}x_1-5x_2+2x_3-3x_4=11,\\ 5x_1+3x_2+6x_3-x_4=-1,\\ 2x_1+4x_2+2x_3+x_4=-6.\end{cases}$

解：(1)对增广矩阵进行初等行变换，有

$$B=\begin{pmatrix}1&1&0&0&5\\2&1&1&2&1\\5&3&2&2&3\end{pmatrix}\longrightarrow\begin{pmatrix}1&0&1&0&-8\\0&1&-1&0&13\\0&0&0&1&2\end{pmatrix},$$

得原方程组的同解方程组为$\begin{cases}x_1=-x_3-8,\\x_2=x_3+13,\\x_4=2.\end{cases}$

取 $x_3=0$ 得特解 $\boldsymbol{\eta}=(-8,13,0,2)^{\mathrm{T}}$；

取 $x_3=1$ 得对应齐次方程组的基础解系为 $\boldsymbol{\xi}=(-1,1,1,0)^{\mathrm{T}}$.

(2)对增广矩阵进行初等行变换，有

$$B=\begin{pmatrix}1&-5&2&-3&11\\5&3&6&-1&-1\\2&4&2&1&-6\end{pmatrix}\longrightarrow\begin{pmatrix}1&0&\frac{9}{7}&-\frac{1}{2}&1\\0&1&-\frac{1}{7}&\frac{1}{2}&-2\\0&0&0&0&0\end{pmatrix},$$

得原方程组的同解方程组为

$$\begin{cases}x_1=-\frac{9}{7}x_3+\frac{1}{2}x_4+1,\\x_2=\frac{1}{7}x_3-\frac{1}{2}x_4-2.\end{cases}$$

当 $x_3=x_4=0$ 时，得所给方程组的一个特解 $\boldsymbol{\eta}=(1,-2,0,0)^{\mathrm{T}}$.

对应的齐次方程组的同解方程组为

$$\begin{cases}x_1=-\frac{9}{7}x_3+\frac{1}{2}x_4,\\x_2=\frac{1}{7}x_3-\frac{1}{2}x_4.\end{cases}$$

分别取 $(x_3,x_4)^{\mathrm{T}}=(1,0)^{\mathrm{T}},(0,1)^{\mathrm{T}}$，得对应的齐次方程组的基础解系为

$$\boldsymbol{\xi}_1=(-9,1,7,0)^{\mathrm{T}},\boldsymbol{\xi}_2=(1,-1,0,2)^{\mathrm{T}}.$$

28. 设四元非齐次线性方程组的系数矩阵的秩为 3，已知 $\boldsymbol{\eta}_1,\boldsymbol{\eta}_2,\boldsymbol{\eta}_3$ 是它的三个解向量，且 $\boldsymbol{\eta}_1=(2,3,4,5)^{\mathrm{T}},\boldsymbol{\eta}_2+\boldsymbol{\eta}_3=(1,2,3,4)^{\mathrm{T}}$，求该方程组的通解.

解：由于方程组中未知数的个数是 4，系数矩阵的秩为 3，所以，对应的齐次线性方程组的基础解系含有一个向量，且由于 $\boldsymbol{\eta}_1,\boldsymbol{\eta}_2,\boldsymbol{\eta}_3$ 均为方程组的解，由非齐次线性方程组解的结构性质，得

$$2\boldsymbol{\eta}_1-(\boldsymbol{\eta}_2+\boldsymbol{\eta}_3)=(\boldsymbol{\eta}_1-\boldsymbol{\eta}_2)+(\boldsymbol{\eta}_1-\boldsymbol{\eta}_3)=(3,4,5,6)^{\mathrm{T}}$$

为对应的齐次线性方程组的基础解系向量，故此方程组的通解为

$$\boldsymbol{x}=k(3,4,5,6)^{\mathrm{T}}+(2,3,4,5)^{\mathrm{T}},k\in\mathbf{R}.$$

29. 设有向量组 A：$\boldsymbol{a}_1=(\alpha,2,10)^{\mathrm{T}},\boldsymbol{a}_2=(-2,1,5)^{\mathrm{T}},\boldsymbol{a}_3=(-1,1,4)^{\mathrm{T}}$ 及向量 $\boldsymbol{b}=(1,\beta,-1)^{\mathrm{T}}$，问 α,β 为何值时：

(1)向量 $\boldsymbol{b}$ 不能由向量组 A 线性表示；

(2)向量 $\boldsymbol{b}$ 能由向量组 A 线性表示，且表示式惟一；

(3)向量 $\boldsymbol{b}$ 能由向量组 A 线性表示，且表示式不惟一，并求一般表示式.

解：设矩阵 $\mathbf{A}=(\boldsymbol{a}_1,\boldsymbol{a}_2,\boldsymbol{a}_3)$，那么方程 $\mathbf{A}\boldsymbol{x}=\boldsymbol{b}$ 有解$\Leftrightarrow\boldsymbol{b}$ 可由向量组 A 线性表示，因而本题可归结为含参数的非齐次线性方程组求解问题.

$$(\boldsymbol{a}_3,\boldsymbol{a}_2,\boldsymbol{a}_1,\boldsymbol{b})=\begin{pmatrix}-1&-2&\alpha&1\\1&1&2&\beta\\4&5&10&-1\end{pmatrix}\longrightarrow\begin{pmatrix}-1&-2&\alpha&1\\0&-1&2+\alpha&\beta+1\\0&0&4+\alpha&-3\beta\end{pmatrix}.$$

(1)当 $\alpha=-4,\beta\neq0$ 时，$R(\mathbf{A})\neq R(\mathbf{A},\boldsymbol{b})$，此时向量 $\boldsymbol{b}$ 不能由向量组 A 线性表示；

(2)当 $\alpha\neq-4$ 时，$R(\mathbf{A})=R(\mathbf{A},\boldsymbol{b})=3$，此时向量组 $\boldsymbol{a}_1,\boldsymbol{a}_2,\boldsymbol{a}_3$ 线性无关，而向量组 $\boldsymbol{a}_1,\boldsymbol{a}_2,\boldsymbol{a}_3,\boldsymbol{b}$ 线性相关，故向量 $\boldsymbol{b}$ 能由向量组 A 线性表示，且表示式惟一；

(3)当 $\alpha=-4,\beta=0$ 时，$R(\mathbf{A})=R(\mathbf{A},\boldsymbol{b})=2$，此时向量 $\boldsymbol{b}$ 能由向量组 A 线性表示，且表示式不惟一.

当 $\alpha=-4,\beta=0$ 时，

$$(\boldsymbol{a}_3,\boldsymbol{a}_2,\boldsymbol{a}_1,\boldsymbol{b})=\begin{pmatrix}-1&-2&-4&1\\1&1&2&0\\4&5&10&-1\end{pmatrix}\longrightarrow\begin{pmatrix}1&0&-2&1\\0&1&3&-1\\0&0&0&0\end{pmatrix},$$

方程组 $(\boldsymbol{a}_3,\boldsymbol{a}_2,\boldsymbol{a}_1)\boldsymbol{x}=\boldsymbol{b}$ 的解为

$$\begin{pmatrix}x_1\\x_2\\x_3\end{pmatrix}=c\begin{pmatrix}2\\-3\\1\end{pmatrix}+\begin{pmatrix}1\\-1\\0\end{pmatrix}=\begin{pmatrix}2c+1\\-3c-1\\c\end{pmatrix},c\in\mathbf{R}.$$

因此 $\boldsymbol{b}=(2c+1)\boldsymbol{a}_3+(-3c-1)\boldsymbol{a}_2+c\boldsymbol{a}_1$，即 $\boldsymbol{b}=c\boldsymbol{a}_1+(-3c-1)\boldsymbol{a}_2+(2c+1)\boldsymbol{a}_3,c\in\mathbf{R}$.

30. 设 $\boldsymbol{a}=(a_1,a_2,a_3)^{\mathrm{T}},\boldsymbol{b}=(b_1,b_2,b_3)^{\mathrm{T}},\boldsymbol{c}=(c_1,c_2,c_3)^{\mathrm{T}}$，证明三直线

$$\begin{cases}l_1:a_1x+b_1y+c_1=0,\\l_2:a_2x+b_2y+c_2=0,(a_i{}^2+b_i{}^2\neq0,i=1,2,3),\\l_3:a_3x+b_3y+c_3=0\end{cases}$$

相交于一点的充分必要条件为：向量组 $\boldsymbol{a},\boldsymbol{b}$ 线性无关，且向量组 $\boldsymbol{a},\boldsymbol{b},\boldsymbol{c}$ 线性相关.

证：三直线 l_1,l_2,l_3 相交于一点 $\Leftrightarrow$ 非齐次方程 $(\boldsymbol{a},\boldsymbol{b})\begin{pmatrix}x\\y\end{pmatrix}=-\boldsymbol{c}$ 有惟一解

$\Leftrightarrow R(\boldsymbol{a},\boldsymbol{b})=R(\boldsymbol{a},\boldsymbol{b},\boldsymbol{c})=2$

$\Leftrightarrow$ 向量组 $\boldsymbol{a},\boldsymbol{b}$ 线性无关，且向量组 $\boldsymbol{a},\boldsymbol{b},\boldsymbol{c}$ 线性相关.

31. 设矩阵 $\mathbf{A}=(\boldsymbol{a}_1,\boldsymbol{a}_2,\boldsymbol{a}_3,\boldsymbol{a}_4)$，其中 $\boldsymbol{a}_2,\boldsymbol{a}_3,\boldsymbol{a}_4$ 线性无关，$\boldsymbol{a}_1=2\boldsymbol{a}_2-\boldsymbol{a}_3$，向量 $\boldsymbol{b}=\boldsymbol{a}_1+\boldsymbol{a}_2+\boldsymbol{a}_3+\boldsymbol{a}_4$，求方程 $\mathbf{A}\boldsymbol{x}=\boldsymbol{b}$ 的通解.

解：由 $\boldsymbol{b}=\boldsymbol{a}_1+\boldsymbol{a}_2+\boldsymbol{a}_3+\boldsymbol{a}_4$ 知 $\boldsymbol{\eta}=(1,1,1,1)^{\mathrm{T}}$ 是方程 $\mathbf{A}\boldsymbol{x}=\boldsymbol{b}$ 的一个解.

又由 $\boldsymbol{a}_1=2\boldsymbol{a}_2-\boldsymbol{a}_3$，得 $\boldsymbol{a}_1-2\boldsymbol{a}_2+\boldsymbol{a}_3=\mathbf{0}$，知 $\boldsymbol{\xi}=(1,-2,1,0)^{\mathrm{T}}$ 是 $\mathbf{A}\boldsymbol{x}=\mathbf{0}$ 的一个解.

因 $\boldsymbol{a}_2,\boldsymbol{a}_3,\boldsymbol{a}_4$ 线性无关，知 $R(\mathbf{A})=3$，故方程 $\mathbf{A}\boldsymbol{x}=\boldsymbol{b}$ 所对应的齐次方程 $\mathbf{A}\boldsymbol{x}=\mathbf{0}$ 的基础解系中含一个解向量，因此，$\boldsymbol{\xi}=(1,-2,1,0)^{\mathrm{T}}$ 是方程 $\mathbf{A}\boldsymbol{x}=\mathbf{0}$ 的基础解系.

故方程 $\mathbf{A}\boldsymbol{x}=\boldsymbol{b}$ 的通解为

$$\boldsymbol{x}=c(1,-2,1,0)^{\mathrm{T}}+(1,1,1,1)^{\mathrm{T}},c\in\mathbf{R}.$$

32. 设 $\boldsymbol{\eta}^*$ 是非齐次线性方程组 $\mathbf{A}\boldsymbol{x}=\boldsymbol{b}$ 的一个解，$\boldsymbol{\xi}_1,\boldsymbol{\xi}_2,\cdots,\boldsymbol{\xi}_{n-r}$ 是对应的齐次线性方程组的一个基础解系，证明：

(1) $\boldsymbol{\eta}^*,\boldsymbol{\xi}_1,\cdots,\boldsymbol{\xi}_{n-r}$ 线性无关；

(2) $\boldsymbol{\eta}^*,\boldsymbol{\eta}^*+\boldsymbol{\xi}_1,\cdots,\boldsymbol{\eta}^*+\boldsymbol{\xi}_{n-r}$ 线性无关.

证：(1)反证法，假设 $\boldsymbol{\eta}^*,\boldsymbol{\xi}_1,\boldsymbol{\xi}_2,\cdots,\boldsymbol{\xi}_{n-r}$ 线性相关. 因为 $\boldsymbol{\xi}_1,\boldsymbol{\xi}_2,\cdots,\boldsymbol{\xi}_{n-r}$ 线性无关，而 $\boldsymbol{\eta}^*,\boldsymbol{\xi}_1,\boldsymbol{\xi}_2,\cdots,\boldsymbol{\xi}_{n-r}$ 线性相关，所以 $\boldsymbol{\eta}^*$ 可由 $\boldsymbol{\xi}_1,\boldsymbol{\xi}_2,\cdots,\boldsymbol{\xi}_{n-r}$ 线性表示，且表示式是惟一的，这说明 $\boldsymbol{\eta}^*$ 也是齐次线性方程组的解，与题设矛盾，故 $\boldsymbol{\eta}^*,\boldsymbol{\xi}_1,\boldsymbol{\xi}_2,\cdots,\boldsymbol{\xi}_{n-r}$ 线性无关.

注：本题(1)也可用定义直接证明.

(2)**方法一**：显然向量组 $\boldsymbol{\eta}^*,\boldsymbol{\eta}^*+\boldsymbol{\xi}_1,\boldsymbol{\eta}^*+\boldsymbol{\xi}_2,\cdots,\boldsymbol{\eta}^*+\boldsymbol{\xi}_{n-r}$ 与向量组 $\boldsymbol{\eta}^*,\boldsymbol{\xi}_1,\boldsymbol{\xi}_2,\cdots,\boldsymbol{\xi}_{n-r}$ 可以相互表示，故这两个向量组等价，而由(1)知向量组 $\boldsymbol{\eta}^*,\boldsymbol{\xi}_1,\boldsymbol{\xi}_2,\cdots,\boldsymbol{\xi}_{n-r}$ 线性无关，所以向量组 $\boldsymbol{\eta}^*,\boldsymbol{\eta}^*+\boldsymbol{\xi}_1,\boldsymbol{\eta}^*+\boldsymbol{\xi}_2,\cdots,\boldsymbol{\eta}^*+\boldsymbol{\xi}_{n-r}$ 也线性无关.

方法二：设有关系式

$$\lambda_0\boldsymbol{\eta}^*+\lambda_1(\boldsymbol{\eta}^*+\boldsymbol{\xi}_1)+\cdots+\lambda_{n-r}(\boldsymbol{\eta}^*+\boldsymbol{\xi}_{n-r})=\mathbf{0},$$

即 $(\lambda_0+\lambda_1+\cdots+\lambda_{n-r})\boldsymbol{\eta}^*+\lambda_1\boldsymbol{\xi}_1+\cdots+\lambda_{n-r}\boldsymbol{\xi}_{n-r}=\mathbf{0}$，由(1)知向量组 $\boldsymbol{\eta}^*,\boldsymbol{\xi}_1,\cdots,\boldsymbol{\xi}_{n-r}$ 线性无关，故

$$\lambda_1=\lambda_2=\cdots=\lambda_{n-r}=0,$$

且 $\lambda_0+\lambda_1+\cdots+\lambda_{n-r}=0$，故 $\lambda_0=0$.

因此，向量组 $\boldsymbol{\eta}^*,\boldsymbol{\eta}^*+\boldsymbol{\xi}_1,\cdots,\boldsymbol{\eta}^*+\boldsymbol{\xi}_{n-r}$ 线性无关.

33. 设 $\boldsymbol{\eta}_1,\boldsymbol{\eta}_2,\cdots,\boldsymbol{\eta}_s$ 是非齐次线性方程组 $\boldsymbol{Ax}=\boldsymbol{b}$ 的 s 个解，$k_1,k_2,\cdots,k_s$ 为实数，满足 $k_1+k_2+\cdots+k_s=1$. 证明：

$$\boldsymbol{x}=k_1\boldsymbol{\eta}_1+k_2\boldsymbol{\eta}_2+\cdots+k_s\boldsymbol{\eta}_s$$

也是它的解.

证：因为 $\boldsymbol{\eta}_1,\boldsymbol{\eta}_2,\cdots,\boldsymbol{\eta}_s$ 都是方程组 $\boldsymbol{Ax}=\boldsymbol{b}$ 的解，所以

$$\boldsymbol{A\eta}_i=\boldsymbol{b},i=1,2,\cdots,s,$$

从而

$$\begin{aligned}\boldsymbol{A}(k_1\boldsymbol{\eta}_1+k_2\boldsymbol{\eta}_2+\cdots+k_s\boldsymbol{\eta}_s)&=k_1\boldsymbol{A\eta}_1+k_2\boldsymbol{A\eta}_2+\cdots+k_s\boldsymbol{A\eta}_s\\&=(k_1+k_2+\cdots+k_s)\boldsymbol{b}=\boldsymbol{b}.\end{aligned}$$

故 $\boldsymbol{x}=k_1\boldsymbol{\eta}_1+k_2\boldsymbol{\eta}_2+\cdots+k_s\boldsymbol{\eta}_s$ 也是方程 $\boldsymbol{Ax}=\boldsymbol{b}$ 的解.

34. 设非齐次线性方程组 $\boldsymbol{Ax}=\boldsymbol{b}$ 的系数矩阵的秩为 r，$\boldsymbol{\eta}_1,\boldsymbol{\eta}_2,\cdots,\boldsymbol{\eta}_{n-r+1}$ 是它的 $n-r+1$ 个线性无关的解. 试证它的任一解可表示为

$$\boldsymbol{x}=k_1\boldsymbol{\eta}_1+k_2\boldsymbol{\eta}_2+\cdots+k_{n-r+1}\boldsymbol{\eta}_{n-r+1}\text{（其中 }k_1+k_2+\cdots+k_{n-r+1}=1\text{）}.$$

证：因为 $\boldsymbol{\eta}_1,\boldsymbol{\eta}_2,\cdots,\boldsymbol{\eta}_{n-r+1}$ 均为 $\boldsymbol{Ax}=\boldsymbol{b}$ 的解，所以 $\boldsymbol{\xi}_1=\boldsymbol{\eta}_2-\boldsymbol{\eta}_1,\boldsymbol{\xi}_2=\boldsymbol{\eta}_3-\boldsymbol{\eta}_1,\cdots,\boldsymbol{\xi}_{n-r}=\boldsymbol{\eta}_{n-r+1}-\boldsymbol{\eta}_1$ 均为 $\boldsymbol{Ax}=\mathbf{0}$ 的解.

用反证法证 $\boldsymbol{\xi}_1,\boldsymbol{\xi}_2,\cdots,\boldsymbol{\xi}_{n-r}$ 线性无关.

设它们线性相关，则存在不全为零的数 $\lambda_1,\lambda_2,\cdots,\lambda_{n-r}$，使得

$$\lambda_1\boldsymbol{\xi}_1+\lambda_2\boldsymbol{\xi}_2+\cdots+\lambda_{n-r}\boldsymbol{\xi}_{n-r}=\mathbf{0},$$

即 $\lambda_1(\boldsymbol{\eta}_2-\boldsymbol{\eta}_1)+\lambda_2(\boldsymbol{\eta}_3-\boldsymbol{\eta}_1)+\cdots+\lambda_{n-r}(\boldsymbol{\eta}_{n-r+1}-\boldsymbol{\eta}_1)=\mathbf{0}$，整理得

$$-(\lambda_1+\lambda_2+\cdots+\lambda_{n-r})\boldsymbol{\eta}_1+\lambda_1\boldsymbol{\eta}_2+\lambda_2\boldsymbol{\eta}_3+\cdots+\lambda_{n-r}\boldsymbol{\eta}_{n-r+1}=\mathbf{0},$$

由题设 $\boldsymbol{\eta}_1,\boldsymbol{\eta}_2,\cdots,\boldsymbol{\eta}_{n-r+1}$ 线性无关，知

$$(\lambda_1+\lambda_2+\cdots+\lambda_{n-r})=\lambda_1=\lambda_2=\cdots=\lambda_{n-r}=0,$$

与假设矛盾，因此，$\boldsymbol{\xi}_1,\boldsymbol{\xi}_2,\cdots,\boldsymbol{\xi}_{n-r}$ 线性无关，且为 $\boldsymbol{Ax}=\boldsymbol{b}$ 的一个基础解系.

设 $\boldsymbol{x}$ 为 $\boldsymbol{Ax}=\boldsymbol{b}$ 的任意解，则 $\boldsymbol{x}-\boldsymbol{\eta}_1$ 为 $\boldsymbol{Ax}=\mathbf{0}$ 的解，故 $\boldsymbol{x}-\boldsymbol{\eta}_1$ 可由 $\boldsymbol{\xi}_1,\boldsymbol{\xi}_2,\cdots,\boldsymbol{\xi}_{n-r}$ 线性表出，设

$$\boldsymbol{x}-\boldsymbol{\eta}_1=k_2\boldsymbol{\xi}_1+k_3\boldsymbol{\xi}_2+\cdots+k_{n-r+1}\boldsymbol{\xi}_{n-r}=k_2(\boldsymbol{\eta}_2-\boldsymbol{\eta}_1)+k_3(\boldsymbol{\eta}_3-\boldsymbol{\eta}_1)+\cdots+k_{n-r+1}(\boldsymbol{\eta}_{n-r+1}-\boldsymbol{\eta}_1),$$

即 $\boldsymbol{x}=\boldsymbol{\eta}_1(1-k_2-k_3\cdots-k_{n-r+1})+k_2\boldsymbol{\eta}_2+k_3\boldsymbol{\eta}_3+\cdots+k_{n-r+1}\boldsymbol{\eta}_{n-r+1}$.

令 $k_1=1-k_2-k_3-\cdots-k_{n-r+1}$，则 $k_1+k_2+k_3+\cdots+k_{n-r+1}=1$，于是，它的任一解可表示为

$$\boldsymbol{x}=k_1\boldsymbol{\eta}_1+k_2\boldsymbol{\eta}_2+\cdots+k_{n-r+1}\boldsymbol{\eta}_{n-r+1},k_1+k_2+\cdots+k_{n-r+1}=1.$$

35. 设

$$V_1=\{\boldsymbol{x}=(x_1,x_2,\cdots,x_n)^{\mathrm{T}}\mid x_1,\cdots,x_n\in\mathbf{R}\text{ 满足 }x_1+x_2+\cdots+x_n=0\},$$

$$V_2=\{\boldsymbol{x}=(x_1,x_2,\cdots,x_n)^{\mathrm{T}}\mid x_1,\cdots,x_n\in\mathbf{R}\text{ 满足 }x_1+x_2+\cdots+x_n=1\}.$$

问 V_1,V_2 是不是向量空间？为什么？

解：V_1 是向量空间，因为任取

$$\boldsymbol{\alpha}=(a_1,a_2,\cdots,a_n)^{\mathrm{T}}\in V_1,\boldsymbol{\beta}=(b_1,b_2,\cdots,b_n)^{\mathrm{T}}\in V_1,\lambda\in\mathbf{R},$$

有 $a_1+a_2+\cdots+a_n=0,b_1+b_2+\cdots+b_n=0$，从而

$$(a_1+b_1)+(a_2+b_2)+\cdots+(a_n+b_n)=(a_1+a_2+\cdots+a_n)+(b_1+b_2+\cdots+b_n)=0,$$

$$\lambda a_1+\lambda a_2+\cdots+\lambda a_n=\lambda(a_1+a_2+\cdots+a_n)=0,$$

所以 $\boldsymbol{\alpha}+\boldsymbol{\beta}=(a_1+b_1,a_2+b_2,\cdots,a_n+b_n)^{\mathrm{T}}\in V_1,\lambda\boldsymbol{\alpha}=(\lambda a_1,\lambda a_2,\cdots,\lambda a_n)^{\mathrm{T}}\in V_1$.

故 V_1 是向量空间.

V_2 不是向量空间，因为任取

$$\boldsymbol{\alpha}=(a_1,a_2,\cdots,a_n)^{\mathrm{T}}\in V_1,\boldsymbol{\beta}=(b_1,b_2,\cdots,b_n)^{\mathrm{T}}\in V_1,$$

有 $a_1+a_2+\cdots+a_n=1,b_1+b_2+\cdots+b_n=1$，

从而

$$(a_1+b_1)+(a_2+b_2)+\cdots+(a_n+b_n)=(a_1+a_2+\cdots+a_n)+(b_1+b_2+\cdots+b_n)=2,$$

所以 $\boldsymbol{\alpha}+\boldsymbol{\beta}=(a_1+b_1,a_2+b_2,\cdots,a_n+b_n)^{\mathrm{T}}\notin V_1$.

故 V_2 不是向量空间.

36. 由 $\boldsymbol{a}_1=(1,1,0,0)^{\mathrm{T}},\boldsymbol{a}_2=(1,0,1,1)^{\mathrm{T}}$ 所生成的向量空间记作 L_1，由 $\boldsymbol{b}_1=(2,-1,3,3)^{\mathrm{T}},\boldsymbol{b}_2=(0,1,-1,-1)^{\mathrm{T}}$ 所生成的向量空间记作 L_2，试证 $L_1=L_2$.

证：设 $\boldsymbol{A}=(\boldsymbol{a}_1,\boldsymbol{a}_2),\boldsymbol{B}=(\boldsymbol{b}_1,\boldsymbol{b}_2)$. 显然 $R(\boldsymbol{A})=R(\boldsymbol{B})=2$，又由

$$(\boldsymbol{A},\boldsymbol{B})=\begin{pmatrix}1&1&2&0\\1&0&-1&1\\0&1&3&-1\\0&1&3&-1\end{pmatrix}\longrightarrow\begin{pmatrix}1&1&2&0\\0&-1&-3&1\\0&0&0&0\\0&0&0&0\end{pmatrix},$$

知 $R(\boldsymbol{A},\boldsymbol{B})=2$，所以 $R(\boldsymbol{A})=R(\boldsymbol{B})=R(\boldsymbol{A},\boldsymbol{B})$，从而向量组 $\boldsymbol{a}_1,\boldsymbol{a}_2$ 与向量组 $\boldsymbol{b}_1,\boldsymbol{b}_2$ 等价. 因为向量组 $\boldsymbol{a}_1,\boldsymbol{a}_2$ 与向量组 $\boldsymbol{b}_1,\boldsymbol{b}_2$ 等价，所以，这两个向量组所生成的向量空间相同，即 $L_1=L_2$.

37. 验证 $\boldsymbol{a}_1=(1,-1,0)^{\mathrm{T}},\boldsymbol{a}_2=(2,1,3)^{\mathrm{T}},\boldsymbol{a}_3=(3,1,2)^{\mathrm{T}}$ 为 $\mathbf{R}^3$ 的一个基，并把 $\boldsymbol{v}_1=(5,0,7)^{\mathrm{T}},\boldsymbol{v}_2=(-9,-8,-13)^{\mathrm{T}}$ 用这个基线性表示.

解：**方法一**：设 $\boldsymbol{A}=(\boldsymbol{a}_1,\boldsymbol{a}_2,\boldsymbol{a}_3)$. 由

$$|(\boldsymbol{a}_1,\boldsymbol{a}_2,\boldsymbol{a}_3)|=\begin{vmatrix}1&2&3\\-1&1&1\\0&3&2\end{vmatrix}=-6\neq0,$$

知 $R(\boldsymbol{A})=3$，故 $\boldsymbol{a}_1,\boldsymbol{a}_2,\boldsymbol{a}_3$ 线性无关，所以 $\boldsymbol{a}_1,\boldsymbol{a}_2,\boldsymbol{a}_3$ 为 $\mathbf{R}^3$ 的一个基.

设 $x_1\boldsymbol{a}_1+x_2\boldsymbol{a}_2+x_3\boldsymbol{a}_3=\boldsymbol{v}_1$，则

$$\begin{cases}x_1+2x_2+3x_3=5,\\-x_1+x_2+x_3=0,\\3x_2+2x_3=7,\end{cases}$$

解之得 $x_1=2,x_2=3,x_3=-1$，故线性表示为 $\boldsymbol{v}_1=2\boldsymbol{a}_1+3\boldsymbol{a}_2-\boldsymbol{a}_3$.

设 $x_1\boldsymbol{a}_1+x_2\boldsymbol{a}_2+x_3\boldsymbol{a}_3=\boldsymbol{v}_2$，则

$$\begin{cases}x_1+2x_2+3x_3=-9,\\-x_1+x_2+x_3=-8,\\3x_2+2x_3=-13,\end{cases}$$

解之得 $x_1=3,x_2=-3,x_3=-2$，故线性表示为 $\boldsymbol{v}_2=3\boldsymbol{a}_1-3\boldsymbol{a}_2-2\boldsymbol{a}_3$.

方法二：由$(\boldsymbol{a}_1,\boldsymbol{a}_2,\boldsymbol{a}_3,\boldsymbol{v}_1,\boldsymbol{v}_2)=\begin{pmatrix}1&2&3&5&-9\\-1&1&1&0&-8\\0&3&2&7&-13\end{pmatrix}\longrightarrow\begin{pmatrix}1&0&0&2&3\\0&1&0&3&-3\\0&0&1&-1&-2\end{pmatrix}$，

可知$R(\boldsymbol{a}_1,\boldsymbol{a}_2,\boldsymbol{a}_3)=3$. 故$\boldsymbol{a}_1,\boldsymbol{a}_2,\boldsymbol{a}_3$为$\mathbf{R}^3$的一个基，$\boldsymbol{v}_1,\boldsymbol{v}_2$用此基线性表示为

$$\boldsymbol{v}_1=2\boldsymbol{a}_1+3\boldsymbol{a}_2-\boldsymbol{a}_3,\boldsymbol{v}_2=3\boldsymbol{a}_1-3\boldsymbol{a}_2-2\boldsymbol{a}_3.$$

38. 已知$\mathbf{R}^3$的两个基为

$$\boldsymbol{a}_1=(1,1,1)^{\mathrm{T}},\boldsymbol{a}_2=(1,0,-1)^{\mathrm{T}},\boldsymbol{a}_3=(1,0,1)^{\mathrm{T}},$$
$$\boldsymbol{b}_1=(1,2,1)^{\mathrm{T}},\boldsymbol{b}_2=(2,3,4)^{\mathrm{T}},\boldsymbol{b}_3=(3,4,3)^{\mathrm{T}}.$$

(1)求由基$\boldsymbol{a}_1,\boldsymbol{a}_2,\boldsymbol{a}_3$到基$\boldsymbol{b}_1,\boldsymbol{b}_2,\boldsymbol{b}_3$的过渡矩阵$\boldsymbol{P}$；

(2)设向量$\boldsymbol{x}$在前一基中的坐标为$(1,1,3)^{\mathrm{T}}$，求它在后一基中的坐标.

解：(1)设$\boldsymbol{e}_1,\boldsymbol{e}_2,\boldsymbol{e}_3$是三维单位坐标向量组，则

$$(\boldsymbol{a}_1,\boldsymbol{a}_2,\boldsymbol{a}_3)=(\boldsymbol{e}_1,\boldsymbol{e}_2,\boldsymbol{e}_3)\begin{pmatrix}1&1&1\\1&0&0\\1&-1&1\end{pmatrix},$$

$$(\boldsymbol{e}_1,\boldsymbol{e}_2,\boldsymbol{e}_3)=(\boldsymbol{a}_1,\boldsymbol{a}_2,\boldsymbol{a}_3)\begin{pmatrix}1&1&1\\1&0&0\\1&-1&1\end{pmatrix}^{-1},$$

于是$(\boldsymbol{b}_1,\boldsymbol{b}_2,\boldsymbol{b}_3)=(\boldsymbol{e}_1,\boldsymbol{e}_2,\boldsymbol{e}_3)\begin{pmatrix}1&2&3\\2&3&4\\1&4&3\end{pmatrix}=(\boldsymbol{a}_1,\boldsymbol{a}_2,\boldsymbol{a}_3)\begin{pmatrix}1&1&1\\1&0&0\\1&-1&1\end{pmatrix}^{-1}\begin{pmatrix}1&2&3\\2&3&4\\1&4&3\end{pmatrix}$，

故由基$\boldsymbol{a}_1,\boldsymbol{a}_2,\boldsymbol{a}_3$到基$\boldsymbol{b}_1,\boldsymbol{b}_2,\boldsymbol{b}_3$的过渡矩阵为

$$\boldsymbol{P}=\begin{pmatrix}1&1&1\\1&0&0\\1&-1&1\end{pmatrix}^{-1}\begin{pmatrix}1&2&3\\2&3&4\\1&4&3\end{pmatrix}=\begin{pmatrix}2&3&4\\0&-1&0\\-1&0&-1\end{pmatrix}.$$

(2)由$(\boldsymbol{a}_1,\boldsymbol{a}_2,\boldsymbol{a}_3)\begin{pmatrix}1\\1\\3\end{pmatrix}=(\boldsymbol{b}_1,\boldsymbol{b}_2,\boldsymbol{b}_3)\begin{pmatrix}y_1\\y_2\\y_3\end{pmatrix}$，这里$y_1,y_2,y_3$是$\boldsymbol{x}$在后一基中的坐标，得

$$\begin{pmatrix}y_1\\y_2\\y_3\end{pmatrix}=(\boldsymbol{b}_1,\boldsymbol{b}_2,\boldsymbol{b}_3)^{-1}(\boldsymbol{a}_1,\boldsymbol{a}_2,\boldsymbol{a}_3)\begin{pmatrix}1\\1\\3\end{pmatrix}=\boldsymbol{B}^{-1}\boldsymbol{A}\begin{pmatrix}1\\1\\3\end{pmatrix}=\boldsymbol{P}^{-1}\begin{pmatrix}1\\1\\3\end{pmatrix}.$$

因$\boldsymbol{P}^{-1}=-\frac{1}{2}\begin{pmatrix}1&3&4\\0&2&0\\-1&-3&-2\end{pmatrix}$，故

$$\begin{pmatrix}y_1\\y_2\\y_3\end{pmatrix}=-\frac{1}{2}\begin{pmatrix}1&3&4\\0&2&0\\-1&-3&-2\end{pmatrix}\begin{pmatrix}1\\1\\3\end{pmatrix}=\begin{pmatrix}-8\\-1\\5\end{pmatrix}.$$

第五章　相似矩阵及二次型

1. 设 $\boldsymbol{a}=(1,0,-2)^{\mathrm{T}}$，$\boldsymbol{b}=(-4,2,3)^{\mathrm{T}}$，$\boldsymbol{c}$ 与 $\boldsymbol{a}$ 正交，且 $\boldsymbol{b}=\lambda\boldsymbol{a}+\boldsymbol{c}$，求 λ 和 $\boldsymbol{c}$.

解：以 $\boldsymbol{a}^{\mathrm{T}}$ 左乘题设关系式，得

$$\boldsymbol{a}^{\mathrm{T}}\boldsymbol{b}=\lambda\boldsymbol{a}^{\mathrm{T}}\boldsymbol{a}+\boldsymbol{a}^{\mathrm{T}}\boldsymbol{c},$$

因为 $\boldsymbol{a}$ 与 $\boldsymbol{c}$ 正交，故 $\boldsymbol{a}^{\mathrm{T}}\boldsymbol{c}=0$；又因为 $\boldsymbol{a}\neq\boldsymbol{0}$，所以 $\boldsymbol{a}^{\mathrm{T}}\boldsymbol{a}\neq 0$. 故有

$$\lambda=\frac{\boldsymbol{a}^{\mathrm{T}}\boldsymbol{b}}{\boldsymbol{a}^{\mathrm{T}}\boldsymbol{a}}=\frac{-10}{5}=-2,$$

而 $\boldsymbol{c}=\boldsymbol{b}-\lambda\boldsymbol{a}=\begin{pmatrix}-4\\2\\3\end{pmatrix}+2\begin{pmatrix}1\\0\\-2\end{pmatrix}=\begin{pmatrix}-2\\2\\-1\end{pmatrix}$.

2. 试用把下列向量组施密特正交化，然后再单位化：

(1) $(\boldsymbol{a}_1,\boldsymbol{a}_2,\boldsymbol{a}_3)=\begin{pmatrix}1&1&1\\1&2&4\\1&3&9\end{pmatrix}$；　(2) $(\boldsymbol{a}_1,\boldsymbol{a}_2,\boldsymbol{a}_3)=\begin{pmatrix}1&1&-1\\0&-1&1\\-1&0&1\\1&1&0\end{pmatrix}$.

解：(1) $\boldsymbol{b}_1=\boldsymbol{a}_1=\begin{pmatrix}1\\1\\1\end{pmatrix}$，$\boldsymbol{b}_2=\boldsymbol{a}_2-\frac{[\boldsymbol{b}_1,\boldsymbol{a}_2]}{[\boldsymbol{b}_1,\boldsymbol{b}_1]}\boldsymbol{b}_1=\begin{pmatrix}-1\\0\\1\end{pmatrix}$，$\boldsymbol{b}_3=\boldsymbol{a}_3-\frac{[\boldsymbol{b}_1,\boldsymbol{a}_3]}{[\boldsymbol{b}_1,\boldsymbol{b}_1]}\boldsymbol{b}_1-\frac{[\boldsymbol{b}_2,\boldsymbol{a}_3]}{[\boldsymbol{b}_2,\boldsymbol{b}_2]}\boldsymbol{b}_2=\frac{1}{3}\begin{pmatrix}1\\-2\\1\end{pmatrix}$，

再把它们单位化，得.

$$\boldsymbol{e}_1=\frac{\boldsymbol{b}_1}{\|\boldsymbol{b}\|}=\frac{1}{\sqrt{3}}\begin{pmatrix}1\\1\\1\end{pmatrix},\boldsymbol{e}_2=\frac{\boldsymbol{b}_2}{\|\boldsymbol{b}_2\|}=\frac{1}{\sqrt{2}}\begin{pmatrix}-1\\0\\1\end{pmatrix},\boldsymbol{e}_3=\frac{\boldsymbol{b}_3}{\|\boldsymbol{b}_3\|}=\frac{\sqrt{6}}{6}\begin{pmatrix}1\\-2\\1\end{pmatrix}.$$

(2) $\boldsymbol{b}_1=\boldsymbol{a}_1=\begin{pmatrix}1\\0\\-1\\1\end{pmatrix}$，$\boldsymbol{b}_2=\boldsymbol{a}_2-\frac{[\boldsymbol{b}_1,\boldsymbol{a}_2]}{[\boldsymbol{b}_1,\boldsymbol{b}_1]}\boldsymbol{b}_1=\frac{1}{3}\begin{pmatrix}1\\-3\\2\\1\end{pmatrix}$，$\boldsymbol{b}_3=\boldsymbol{a}_3-\frac{[\boldsymbol{b}_1,\boldsymbol{a}_3]}{[\boldsymbol{b}_1,\boldsymbol{b}_1]}\boldsymbol{b}_1-\frac{[\boldsymbol{b}_2,\boldsymbol{a}_3]}{[\boldsymbol{b}_2,\boldsymbol{b}_2]}\boldsymbol{b}_2=\frac{1}{5}\begin{pmatrix}-1\\3\\3\\4\end{pmatrix}$.

再把它们单位化，

$$\boldsymbol{e}_1=\frac{\boldsymbol{b}_1}{\|\boldsymbol{b}_1\|}=\frac{1}{\sqrt{3}}\begin{pmatrix}1\\0\\-1\\1\end{pmatrix},\boldsymbol{e}_2=\frac{\boldsymbol{b}_2}{\|\boldsymbol{b}_2\|}=\frac{1}{\sqrt{15}}\begin{pmatrix}1\\-3\\2\\1\end{pmatrix},\boldsymbol{e}_3=\frac{\boldsymbol{b}_3}{\|\boldsymbol{b}_3\|}=\frac{1}{\sqrt{35}}\begin{pmatrix}-1\\3\\3\\4\end{pmatrix}.$$

3. 下列矩阵是不是正交矩阵？并说明理由.

(1) $\begin{pmatrix} 1 & -\frac{1}{2} & \frac{1}{3} \\ -\frac{1}{2} & 1 & \frac{1}{2} \\ \frac{1}{3} & \frac{1}{2} & -1 \end{pmatrix}$；　　(2) $\begin{pmatrix} \frac{1}{9} & -\frac{8}{9} & -\frac{4}{9} \\ -\frac{8}{9} & \frac{1}{9} & -\frac{4}{9} \\ -\frac{4}{9} & -\frac{4}{9} & \frac{7}{9} \end{pmatrix}$.

解：(1)不是，此矩阵的第一个列向量非单位向量，故不是正交阵.

(2)是，因为此矩阵的3个列向量构成规范正交基，即它们两两正交，并且都是单位向量.

4. (1)设 $\boldsymbol{x}$ 为 n 维列向量，$\boldsymbol{x}^{\mathrm{T}}\boldsymbol{x}=1$，令 $\boldsymbol{H}=\boldsymbol{E}-2\boldsymbol{x}\boldsymbol{x}^{\mathrm{T}}$，证明：$\boldsymbol{H}$ 是对称的正交阵.

(2)设 $\boldsymbol{A}$ 与 $\boldsymbol{B}$ 都是 n 阶正交阵，证明：$\boldsymbol{AB}$ 也是正交阵.

证：对称性：因为 $\boldsymbol{H}^{\mathrm{T}}=(\boldsymbol{E}-2\boldsymbol{x}\boldsymbol{x}^{\mathrm{T}})^{\mathrm{T}}=\boldsymbol{E}-2(\boldsymbol{x}\boldsymbol{x}^{\mathrm{T}})^{\mathrm{T}}=\boldsymbol{E}-2(\boldsymbol{x}^{\mathrm{T}})^{\mathrm{T}}\boldsymbol{x}^{\mathrm{T}}=\boldsymbol{E}-2\boldsymbol{x}\boldsymbol{x}^{\mathrm{T}}=\boldsymbol{H}$，

所以 $\boldsymbol{H}$ 是对称矩阵；

正交性：因为

$$\begin{aligned}\boldsymbol{H}^{\mathrm{T}}\boldsymbol{H}=\boldsymbol{H}\boldsymbol{H}&=(\boldsymbol{E}-2\boldsymbol{x}\boldsymbol{x}^{\mathrm{T}})(\boldsymbol{E}-2\boldsymbol{x}\boldsymbol{x}^{\mathrm{T}})=\boldsymbol{E}-2\boldsymbol{x}\boldsymbol{x}^{\mathrm{T}}-2\boldsymbol{x}\boldsymbol{x}^{\mathrm{T}}+(2\boldsymbol{x}\boldsymbol{x}^{\mathrm{T}})(2\boldsymbol{x}\boldsymbol{x}^{\mathrm{T}})\\&=\boldsymbol{E}-4\boldsymbol{x}\boldsymbol{x}^{\mathrm{T}}+4\boldsymbol{x}(\boldsymbol{x}^{\mathrm{T}}\boldsymbol{x})\boldsymbol{x}^{\mathrm{T}}=\boldsymbol{E}-4\boldsymbol{x}\boldsymbol{x}^{\mathrm{T}}+4\boldsymbol{x}\boldsymbol{x}^{\mathrm{T}}=\boldsymbol{E}\quad(\boldsymbol{x}^{\mathrm{T}}\boldsymbol{x}=1),\end{aligned}$$

所以 $\boldsymbol{H}$ 是正交矩阵.

即 $\boldsymbol{H}$ 是对称的正交阵.

(2)**方法一**：因为 $\boldsymbol{A},\boldsymbol{B}$ 是 n 阶正交阵，故 $\boldsymbol{A}^{-1}=\boldsymbol{A}^{\mathrm{T}},\boldsymbol{B}^{-1}=\boldsymbol{B}^{\mathrm{T}}$，

$$(\boldsymbol{AB})^{\mathrm{T}}(\boldsymbol{AB})=\boldsymbol{B}^{\mathrm{T}}\boldsymbol{A}^{\mathrm{T}}\boldsymbol{AB}=\boldsymbol{B}^{-1}\boldsymbol{A}^{-1}\boldsymbol{AB}=\boldsymbol{E},$$

故 $\boldsymbol{AB}$ 也是正交阵.

方法二：因 $\boldsymbol{A}^{-1}=\boldsymbol{A}^{\mathrm{T}},\boldsymbol{B}^{-1}=\boldsymbol{B}^{\mathrm{T}}$，于是 $\boldsymbol{AB}$ 可逆，且有

$$(\boldsymbol{AB})^{-1}=\boldsymbol{B}^{-1}\boldsymbol{A}^{-1}=\boldsymbol{B}^{\mathrm{T}}\boldsymbol{A}^{\mathrm{T}}=(\boldsymbol{AB})^{\mathrm{T}},$$

从而 $\boldsymbol{AB}$ 是正交阵.

5. 设 $\boldsymbol{a}_1,\boldsymbol{a}_2,\boldsymbol{a}_3$ 为两两正交的单位向量组，$\boldsymbol{b}_1=-\frac{1}{3}\boldsymbol{a}_1+\frac{2}{3}\boldsymbol{a}_2-\frac{2}{3}\boldsymbol{a}_3$，$\boldsymbol{b}_2=\frac{2}{3}\boldsymbol{a}_1+\frac{2}{3}\boldsymbol{a}_2-\frac{1}{3}\boldsymbol{a}_3$，$\boldsymbol{b}_3=-\frac{2}{3}\boldsymbol{a}_1+\frac{1}{3}\boldsymbol{a}_2-\frac{2}{3}\boldsymbol{a}_3$，证明：$\boldsymbol{b}_1,\boldsymbol{b}_2,\boldsymbol{b}_3$ 也是两两正交的单位向量组.

证：

$$\begin{aligned}[\boldsymbol{b}_1,\boldsymbol{b}_2]&=\left[-\frac{1}{3}\boldsymbol{a}_1+\frac{2}{3}\boldsymbol{a}_2+\frac{2}{3}\boldsymbol{a}_3,\frac{2}{3}\boldsymbol{a}_1+\frac{2}{3}\boldsymbol{a}_2-\frac{1}{3}\boldsymbol{a}_3\right]\\&=-\frac{2}{9}[\boldsymbol{a}_1,\boldsymbol{a}_1]+\frac{4}{9}[\boldsymbol{a}_2,\boldsymbol{a}_2]-\frac{2}{9}[\boldsymbol{a}_2,\boldsymbol{a}_3]=-\frac{2}{9}+\frac{4}{9}-\frac{2}{9}=0,\end{aligned}$$

故 $\boldsymbol{b}_1$ 与 $\boldsymbol{b}_2$ 正交，类似可证 $\boldsymbol{b}_1$ 与 $\boldsymbol{b}_3$，$\boldsymbol{b}_2$ 与 $\boldsymbol{b}_3$ 正交；又

$$\begin{aligned}[\boldsymbol{b}_1,\boldsymbol{b}_1]&=\left[-\frac{1}{3}\boldsymbol{a}_1+\frac{2}{3}\boldsymbol{a}_2+\frac{2}{3}\boldsymbol{a}_3,-\frac{1}{3}\boldsymbol{a}_1+\frac{2}{3}\boldsymbol{a}_2+\frac{2}{3}\boldsymbol{a}_3\right]\\&=\frac{1}{9}[\boldsymbol{a}_1,\boldsymbol{a}_1]+\frac{4}{9}[\boldsymbol{a}_2,\boldsymbol{a}_2]+\frac{4}{9}[\boldsymbol{a}_3,\boldsymbol{a}_3]=\frac{1}{9}+\frac{4}{9}+\frac{4}{9}=1,\end{aligned}$$

故 $\boldsymbol{b}_1$ 为单位向量，类似可证 $\boldsymbol{b}_2,\boldsymbol{b}_3$ 为单位向量.

所以 $\boldsymbol{b}_1,\boldsymbol{b}_2,\boldsymbol{b}_3$ 是两两正交的单位向量组.

6. 求下列矩阵的特征值和特征向量：

(1) $\begin{pmatrix} 2 & -1 & 2 \\ 5 & -3 & 3 \\ -1 & 0 & -2 \end{pmatrix}$；　　(2) $\begin{pmatrix} 1 & 2 & 3 \\ 2 & 1 & 3 \\ 3 & 3 & 6 \end{pmatrix}$；　　(3) $\begin{pmatrix} 0 & 0 & 0 & 1 \\ 0 & 0 & 1 & 0 \\ 0 & 1 & 0 & 0 \\ 1 & 0 & 0 & 0 \end{pmatrix}$.

解：(1) $|\boldsymbol{A}-\lambda\boldsymbol{E}|=\begin{vmatrix}2-\lambda & -1 & 2\\ 5 & -3-\lambda & 3\\ -1 & 0 & -2-\lambda\end{vmatrix}\xlongequal{c_3-(\lambda+2)c_1}\begin{vmatrix}2-\lambda & -1 & \lambda^2-2\\ 5 & -3-\lambda & -7-5\lambda\\ -1 & 0 & 0\end{vmatrix}$

$=\begin{vmatrix}-1 & \lambda^2-2\\ 3+\lambda & 7+5\lambda\end{vmatrix}=-(1+\lambda)^3$,

故 $\boldsymbol{A}$ 的特征值为 $\lambda=-1$（三重）.

对于特征值 $\lambda=-1$，解方程 $(\boldsymbol{A}+\boldsymbol{E})\boldsymbol{x}=\boldsymbol{0}$. 因为

$$\boldsymbol{A}+\boldsymbol{E}=\begin{pmatrix}3 & -1 & 2\\ 5 & -2 & 3\\ -1 & 0 & -1\end{pmatrix}\longrightarrow\begin{pmatrix}1 & 0 & 1\\ 0 & 1 & 1\\ 0 & 0 & 0\end{pmatrix},$$

得方程 $(\boldsymbol{A}+\boldsymbol{E})\boldsymbol{x}=\boldsymbol{0}$ 的基础解系 $\boldsymbol{p}_1=(1,1,-1)^{\mathrm{T}}$，向量 $\boldsymbol{p}_1$ 就是对应于特征值 $\lambda=-1$ 的特征值向量.

(2) $|\boldsymbol{A}-\lambda\boldsymbol{E}|=\begin{vmatrix}1-\lambda & 2 & 3\\ 2 & 1-\lambda & 3\\ 3 & 3 & 6-\lambda\end{vmatrix}\xlongequal{c_1-c_2}\begin{vmatrix}-(1+\lambda) & 2 & 3\\ 1+\lambda & 1-\lambda & 3\\ 0 & 3 & 6-\lambda\end{vmatrix}$

$\xlongequal[r_2+r_1]{c_1\div(1+\lambda)}(1+\lambda)\begin{vmatrix}-1 & 2 & 3\\ 0 & 3-\lambda & 6\\ 0 & 3 & 6-\lambda\end{vmatrix}=-\lambda(\lambda+1)(\lambda-9)$,

所以 $\boldsymbol{A}$ 的特征值为 $\lambda_1=0,\lambda_2=-1,\lambda_3=9$.

当 $\lambda_1=0$ 时，解方程 $\boldsymbol{A}\boldsymbol{x}=\boldsymbol{0}$，由

$$\boldsymbol{A}=\begin{pmatrix}1 & 2 & 3\\ 2 & 1 & 3\\ 3 & 3 & 6\end{pmatrix}\longrightarrow\begin{pmatrix}1 & 2 & 3\\ 0 & -3 & -3\\ 0 & -3 & -3\end{pmatrix}\longrightarrow\begin{pmatrix}1 & 2 & 2\\ 0 & 1 & 1\\ 0 & 0 & 0\end{pmatrix}\longrightarrow\begin{pmatrix}1 & 0 & 1\\ 0 & 1 & 1\\ 0 & 0 & 0\end{pmatrix},$$

得对应的特征向量 $\boldsymbol{p}_1=(-1,-1,1)^{\mathrm{T}}$；

当 $\lambda_2=-1$ 时，解方程 $(\boldsymbol{A}+\boldsymbol{E})\boldsymbol{x}=\boldsymbol{0}$，由

$$\boldsymbol{A}+\boldsymbol{E}=\begin{pmatrix}2 & 2 & 3\\ 2 & 2 & 3\\ 3 & 3 & 7\end{pmatrix}\longrightarrow\begin{pmatrix}1 & 1 & 4\\ 0 & 0 & 1\\ 0 & 0 & 0\end{pmatrix}\longrightarrow\begin{pmatrix}1 & 1 & 0\\ 0 & 0 & 1\\ 0 & 0 & 0\end{pmatrix},$$

得对应的特征向量 $\boldsymbol{p}_2=(-1,1,0)^{\mathrm{T}}$；

当 $\lambda_3=9$ 时，解方程 $(\boldsymbol{A}-9\boldsymbol{E})\boldsymbol{x}=\boldsymbol{0}$，由

$$\boldsymbol{A}-9\boldsymbol{E}=\begin{pmatrix}-8 & 2 & 3\\ 2 & -8 & 3\\ 3 & 3 & -3\end{pmatrix}\longrightarrow\begin{pmatrix}-5 & 5 & 0\\ 5 & -5 & 0\\ -1 & -1 & 1\end{pmatrix}\longrightarrow\begin{pmatrix}0 & 0 & 0\\ 1 & -1 & 0\\ 0 & -2 & 1\end{pmatrix}\longrightarrow\begin{pmatrix}1 & -1 & 0\\ 0 & -2 & 1\\ 0 & 0 & 0\end{pmatrix},$$

得对应的特征向量 $\boldsymbol{p}_3=(1,1,2)^{\mathrm{T}}$.

(3) $|\boldsymbol{A}-\lambda\boldsymbol{E}|=\begin{vmatrix}-\lambda & 0 & 0 & 1\\ 0 & -\lambda & 1 & 0\\ 0 & 1 & -\lambda & 0\\ 1 & 0 & 0 & -\lambda\end{vmatrix}\xlongequal[c_4\leftrightarrow c_3,\ c_3\leftrightarrow c_2]{r_4\leftrightarrow r_3,\ r_3\leftrightarrow r_2}\begin{vmatrix}-\lambda & 1 & 0 & 0\\ 1 & -\lambda & 0 & 0\\ 0 & 0 & -\lambda & 1\\ 0 & 0 & 1 & -\lambda\end{vmatrix}$

$=\begin{vmatrix}-\lambda & 1\\ 1 & -\lambda\end{vmatrix}\begin{vmatrix}-\lambda & 1\\ 1 & -\lambda\end{vmatrix}=(\lambda^2-1)^2$,

故 $\boldsymbol{A}$ 的特征值为 $\lambda_1=\lambda_2=-1,\lambda_3=\lambda_4=1$.

对于特征值 $\lambda_1=\lambda_2=-1$,由

$$A+E=\begin{pmatrix}1&0&0&1\\0&1&1&0\\0&1&1&0\\1&0&0&1\end{pmatrix}\longrightarrow\begin{pmatrix}1&0&0&1\\0&1&1&0\\0&0&0&0\\0&0&0&0\end{pmatrix},$$

得方程 $(A+E)x=0$ 的基础解系 $p_1=(1,0,0,-1)^T$,$p_2=(0,1,-1,0)^T$,向量 p_1 和 p_2 是对应于特征值 $\lambda_1=\lambda_2=-1$ 的线性无关特征值向量;

对于特征值 $\lambda_3=\lambda_4=1$,由

$$A-E=\begin{pmatrix}-1&0&0&1\\0&-1&1&0\\0&1&-1&0\\1&0&0&-1\end{pmatrix}\longrightarrow\begin{pmatrix}1&0&0&-1\\0&1&-1&0\\0&0&0&0\\0&0&0&0\end{pmatrix},$$

得方程 $(A-E)x=0$ 的基础解系 $p_3=(1,0,0,1)^T$,$p_4=(0,1,1,0)^T$,向量 p_3 和 p_4 是对应于特征值 $\lambda_3=\lambda_4=1$ 的线性无关特征值向量.

7. 设 A 为 n 阶矩阵,证明:A^T 与 A 的特征值相同.

证: 因为 $|A^T-\lambda E|=|(A-\lambda E)^T|=|A-\lambda E|^T=|A-\lambda E|$,所以 A^T 与 A 的特征多项式相同,从而 A^T 与 A 的特征值相同.

8. 设 n 阶矩阵 A,B 满足 $R(A)+R(B)<n$,证明:A 与 B 有公共的特征值,有公共的特征向量.

证: **方法一:** 显然 $R(A)<n$,另外,$R(A)<n\Leftrightarrow A$ 不可逆 $\Leftrightarrow 0$ 是 A 的特征值.

同理,0 也是 B 的特征值. 于是 A 与 B 有公共的特征值 0.

A 与 B 的对应 $\lambda=0$ 的特征向量依次是方程 $Ax=0$ 和 $Bx=0$ 的非零解. 于是

$$A\text{ 与 }B\text{ 有对应于}\lambda=0\text{ 的公共特征向量}\Leftrightarrow\text{方程组}\begin{cases}Ax=0,\\Bx=0\end{cases}\text{有非零解}$$

$$\Leftrightarrow\text{方程}\begin{pmatrix}A\\B\end{pmatrix}x=0\text{ 有非零解}$$

$$\Leftrightarrow R\begin{pmatrix}A\\B\end{pmatrix}<n.$$

另外,由矩阵秩的性质,可得

$$R\begin{pmatrix}A\\B\end{pmatrix}=R(A^T,B^T)\leqslant R(A^T)+R(B^T)=R(A)+R(B)<n,$$

综上,A 与 B 有公共的特征向量.

方法二: 设 $R(A)=r$,$R(B)=t$,则 $r+t<n$.

若 $a_1,a_2,\cdots,a_{n-r}$ 是齐次方程组 $Ax=0$ 的基础解系,显然它们是 A 的对应于特征值 $\lambda=0$ 的线性无关的特征向量.

类似地,设 $b_1,b_2,\cdots,b_{n-t}$ 是齐次方程组 $Bx=0$ 的基础解系,则它们是 B 的对应于特征值 $\lambda=0$ 的线性无关的特征向量.

由于 $(n-r)+(n-t)=n+(n-r-t)>n$,故 $a_1,a_2,\cdots,a_{n-r},b_1,b_2,\cdots,b_{n-t}$ 必线性相关. 于是存在不全为 0 的数 $k_1,k_2,\cdots,k_{n-r},l_1,l_2,\cdots,l_{n-t}$,使

$$k_1a_1+k_2a_2+\cdots+k_{n-r}a_{n-r}+l_1b_1+l_2b_2+\cdots+l_{n-t}b_{n-t}=0.$$

记 $\gamma=k_1a_1+k_2a_2+\cdots+k_{n-r}a_{n-r}=-(l_1b_1+l_2b_2+\cdots+l_{n-t}b_{n-t})$,则 $k_1,k_2,\cdots,k_{n-r}$ 不全为 0,否则 $l_1,l_2,\cdots,l_{n-t}$ 不全为 0,而

$$l_1b_1+l_2b_2+\cdots\cdots+l_{n-t}b_{n-t}=0$$

与 $b_1, b_2, \cdots\cdots, b_{n-t}$ 线性无关相矛盾.

因此，$\gamma \neq 0$，γ 是 A 的也是 B 的关于 $\lambda=0$ 的特征向量，所以，A 与 B 有公共的特征值，有公共的特征向量.

9. 设 $A^2-3A+2E=O$，证明：A 的特征值只能取 1 或 2.

证：设 λ 是 A 的任意一个特征值，x 是 A 的对应于 λ 的特征向量，则

$$(A^2-3A+2E)x=\lambda^2 x-3\lambda x+2x=(\lambda^2-3\lambda+2)x=0.$$

因为 $x\neq 0$，所以 $\lambda^2-3\lambda+2=0$，即 λ 是方程 $\lambda^2-3\lambda+2=0$ 的根，所以 $\lambda=1$ 或 $\lambda=2$.

10. 设 A 为正交矩阵，且 $|A|=-1$，证明 $\lambda=-1$ 是 A 的特征值.

证：由特征方程的定义，$\lambda=-1$ 是 A 的特征值 $\Leftrightarrow |A+E|=0$.

因此，只需证 $|A+E|=0$. 而

$$|A+E|=|A+A^{\mathrm{T}}A|=|(E+A^{\mathrm{T}})A|=|A+E||A|=-|A+E|,$$

从而 $2|A+E|=0 \Rightarrow |A+E|=0$.

11. 设 $\lambda\neq 0$ 是 m 阶矩阵 $A_{m\times n}B_{n\times m}$ 的特征值，证明：λ 也是 n 阶矩阵 BA 的特征值.

证：根据特征值的定义证明.

设 λ 是矩阵 AB 的任一非零特征值，x 是 AB 的对应于 $\lambda\neq 0$ 的特征向量，则有

$$(AB)x=\lambda x,$$

于是 $B(AB)x=B(\lambda x)$，则

$$BA(Bx)=\lambda(Bx),$$

从而 λ 是 BA 的特征值，且 Bx 是 BA 的对应于 λ 的特征向量.

12. 已知 3 阶矩阵 A 的特征值为 1,2,3. 求 $|A^3-5A^2+7A|$.

解：令 $\varphi(\lambda)=\lambda^3-5\lambda^2+7\lambda$. 因 1,2,3 是 A 的特征值，故 $\varphi(1)=3$，$\varphi(2)=2$，$\varphi(3)=3$ 是 $\varphi(A)=A^3-5A^2+7A$ 的特征值.

又因 $\varphi(A)$ 为 3 阶方阵，于是 $\varphi(1)$，$\varphi(2)$，$\varphi(3)$ 是 $\varphi(A)$ 的全部特征值. 由特征值性质得

$$\det[\varphi(A)]=\varphi(1)\cdot\varphi(2)\cdot\varphi(3)=3\times 2\times 3=18.$$

13. 已知 3 阶矩阵 A 的特征值为 1,2,−3，求 $|A^*+3A+2E|$.

解：因为 $|A|=1\times 2\times(-3)=-6\neq 0$，则 A 可逆，故

$$A^*=|A|A^{-1}=-6A^{-1},$$

$$A^*+3A+2E=-6A^{-1}+3A+2E.$$

令 $\varphi(\lambda)=-6\lambda^{-1}+3\lambda+2$，则 $\varphi(1)=-1$，$\varphi(2)=5$，$\varphi(-3)=-5$ 是 $\varphi(A)$ 的特征值，故

$$\begin{aligned}|A^*+3A+2E|&=|-6A^{-1}+3A+2E|=|\varphi(A)|\\&=\varphi(1)\cdot\varphi(2)\cdot\varphi(-3)=-1\times 5\times(-5)=25.\end{aligned}$$

14. 设 A,B 都是 n 阶矩阵，且 A 可逆，证明：AB 与 BA 相似.

证：因 A 可逆，取 $P=A$，则

$$P^{-1}ABP=A^{-1}ABA=BA,$$

即 AB 与 BA 相似.

15. 设矩阵 $A=\begin{pmatrix}2&0&1\\3&1&x\\4&0&5\end{pmatrix}$ 可相似对角化，求 x.

解：先求 A 的特征值. 由

$$|A-\lambda E|=\begin{vmatrix}2-\lambda&0&1\\3&1-\lambda&x\\4&0&5-\lambda\end{vmatrix}=-(\lambda-1)^2(\lambda-6),$$

得 $\boldsymbol{A}$ 的特征值为 $\lambda_1=6,\lambda_2=\lambda_3=1$.

因为 $\boldsymbol{A}$ 可相似对角化,所以,对于 $\lambda_2=\lambda_3=1$,齐次线性方程组 $(\boldsymbol{A}-\boldsymbol{E})\boldsymbol{x}=\boldsymbol{0}$ 有两个线性无关的解,因此,$R(\boldsymbol{A}-\boldsymbol{E})=1$. 由

$$\boldsymbol{A}-\boldsymbol{E}=\begin{pmatrix}1&0&1\\3&0&x\\4&0&4\end{pmatrix}\longrightarrow\begin{pmatrix}1&0&1\\0&0&x-3\\0&0&0\end{pmatrix},$$

知当 $x=3$ 时,$R(\boldsymbol{A}-\boldsymbol{E})=1$,即 $x=3$ 为所求.

16. 已知 $\boldsymbol{p}=(1,1,-1)^{\mathrm{T}}$ 是矩阵 $\boldsymbol{A}=\begin{pmatrix}2&-1&2\\5&a&3\\-1&b&-2\end{pmatrix}$ 的一个特征向量.

(1)求参数 a,b 及特征向量 $\boldsymbol{p}$ 所对应的特征值;

(2)问 $\boldsymbol{A}$ 能不能相似对角化?并说明理由.

解:(1)利用特征值和特征向量的定义.

设 $\boldsymbol{p}$ 所对应的特征值是 λ,则由题设 $(\boldsymbol{A}-\lambda\boldsymbol{E})\boldsymbol{p}=\boldsymbol{0}$,即

$$\begin{pmatrix}2-\lambda&-1&2\\5&a-\lambda&3\\-1&b&-2-\lambda\end{pmatrix}\begin{pmatrix}1\\1\\-1\end{pmatrix}=\begin{pmatrix}0\\0\\0\end{pmatrix},$$

于是,得到以 a,b,λ 为未知数的线性方程组

$$\begin{cases}\lambda+1=0,\\a-\lambda+2=0,\\b+\lambda+1=0\end{cases}\Rightarrow\lambda=-1,a=-3,b=0.$$

(2) $\boldsymbol{A}$ 不能相似对角化.

当 $a=-3,b=0$ 时,$|\boldsymbol{A}-\lambda\boldsymbol{E}|=\begin{vmatrix}2-\lambda&-1&2\\5&-3-\lambda&3\\-1&0&-2-\lambda\end{vmatrix}=-(\lambda+1)^3$,

故 $\lambda=-1$ 是 $\boldsymbol{A}$ 的三重特征值,有

$$\boldsymbol{A}+\boldsymbol{E}=\begin{pmatrix}3&-1&2\\5&-2&3\\-1&0&-1\end{pmatrix}\longrightarrow\begin{pmatrix}1&0&1\\0&1&1\\0&0&0\end{pmatrix},$$

由此可知 $R(\boldsymbol{A}+\boldsymbol{E})=2$,所以,齐次线性方程组 $(\boldsymbol{A}+\boldsymbol{E})\boldsymbol{x}=\boldsymbol{0}$ 的基础解系只有一个解向量,没有 3 个线性无关的特征向量. 因此,$\boldsymbol{A}$ 不能相似对角化.

17. 设 $\boldsymbol{A}=\begin{pmatrix}1&4&2\\0&-3&4\\0&4&3\end{pmatrix}$,求 $\boldsymbol{A}^{100}$.

解:利用矩阵 $\boldsymbol{A}$ 的相似对角阵来求 $\boldsymbol{A}^{100}$.

(1)求 $\boldsymbol{A}$ 的特征值. 由

$$|\boldsymbol{A}-\lambda\boldsymbol{E}|=\begin{vmatrix}1-\lambda&4&2\\0&-3-\lambda&4\\0&4&3-\lambda\end{vmatrix}=(1-\lambda)\begin{vmatrix}-3-\lambda&4\\4&3-\lambda\end{vmatrix}$$

$$=(1-\lambda)(\lambda-5)(\lambda+5),$$

所以 $\boldsymbol{A}$ 的特征值为 $\lambda_1=1,\lambda_2=5,\lambda_3=-5$,并且它们互不相同. 由定理可知,$\boldsymbol{A}$ 可对角化.

(2)对应 $\lambda_1=1$,解方程 $(\boldsymbol{A}-\boldsymbol{E})\boldsymbol{x}=\boldsymbol{0}$. 由

$$\boldsymbol{A}-\boldsymbol{E}=\begin{pmatrix}0&4&2\\0&-4&4\\0&4&2\end{pmatrix}\longrightarrow\begin{pmatrix}0&1&0\\0&0&1\\0&0&0\end{pmatrix},$$

得特征向量 $\boldsymbol{p}_1=(1,0,0)^{\mathrm{T}}$.

对应 $\lambda_2=5$,解方程 $(\boldsymbol{A}-5\boldsymbol{E})\boldsymbol{x}=\boldsymbol{0}$. 由

$$\boldsymbol{A}-5\boldsymbol{E}=\begin{pmatrix}-4&4&2\\0&-8&4\\0&4&-2\end{pmatrix}\longrightarrow\begin{pmatrix}1&-2&0\\0&-2&1\\0&0&0\end{pmatrix},$$

得特征向量 $\boldsymbol{p}_2=(2,1,2)^{\mathrm{T}}$;

对应 $\lambda_3=-5$,解方程 $(\boldsymbol{A}+5\boldsymbol{E})\boldsymbol{x}=\boldsymbol{0}$. 由

$$\boldsymbol{A}+5\boldsymbol{E}=\begin{pmatrix}6&4&2\\0&2&4\\0&4&8\end{pmatrix}\longrightarrow\begin{pmatrix}1&0&-1\\0&1&2\\0&0&0\end{pmatrix},$$

得特征向量 $\boldsymbol{p}_3=(1,-2,1)^{\mathrm{T}}$;

令 $\boldsymbol{P}=(\boldsymbol{p}_1,\boldsymbol{p}_2,\boldsymbol{p}_3)$,则

$$\boldsymbol{P}^{-1}\boldsymbol{A}\boldsymbol{P}=\mathrm{diag}(1,5,-5)=\boldsymbol{\Lambda},\boldsymbol{A}=\boldsymbol{P}\boldsymbol{\Lambda}\boldsymbol{P}^{-1},\boldsymbol{A}^{100}=\boldsymbol{P}\boldsymbol{\Lambda}^{100}\boldsymbol{P}^{-1}.$$

因为 $\boldsymbol{\Lambda}^{100}=\mathrm{diag}(1,5^{100},5^{100})$,

$$\boldsymbol{P}^{-1}=\begin{pmatrix}1&2&1\\0&1&-2\\0&2&1\end{pmatrix}^{-1}=\frac{1}{5}\begin{pmatrix}5&0&-5\\0&1&2\\0&-2&1\end{pmatrix},$$

故 $\boldsymbol{A}^{100}=\dfrac{1}{5}\begin{pmatrix}1&2&1\\0&1&-2\\0&2&1\end{pmatrix}\begin{pmatrix}1&&\\&5^{100}&\\&&5^{100}\end{pmatrix}\begin{pmatrix}5&0&-5\\0&1&2\\0&-2&1\end{pmatrix}=\begin{pmatrix}1&0&5^{100}-1\\0&5^{100}&0\\0&0&5^{100}\end{pmatrix}$.

18. 在某国,每年有比例为 p 的农村居民移居城镇,有比例为 q 的城镇居民移居农村,假设该国总人口数不变,且上述人口迁移的规律也不变. 把 n 年后农村人口和城镇人口占总人口的比例依次记为 x_n 和 y_n $(x_n+y_n=1)$.

(1)求关系式 $\begin{pmatrix}x_{n+1}\\y_{n+1}\end{pmatrix}=\boldsymbol{A}\begin{pmatrix}x_n\\y_n\end{pmatrix}$ 中的矩阵 $\boldsymbol{A}$;

(2)设目前农村人口与城镇人口相等,即 $\begin{pmatrix}x_0\\y_0\end{pmatrix}=\begin{pmatrix}0.5\\0.5\end{pmatrix}$,求 $\begin{pmatrix}x_n\\y_n\end{pmatrix}$.

解:(1)这是一个应用问题. 关系式 $\begin{pmatrix}x_{n+1}\\y_{n+1}\end{pmatrix}=\boldsymbol{A}\begin{pmatrix}x_n\\y_n\end{pmatrix}$ 可看作是向量 $\begin{pmatrix}x_n\\y_n\end{pmatrix}$ 到 $\begin{pmatrix}x_{n+1}\\y_{n+1}\end{pmatrix}$ 的递推关系式,从而有

$$\begin{pmatrix}x_n\\y_n\end{pmatrix}=\boldsymbol{A}\begin{pmatrix}x_{n-1}\\y_{n-1}\end{pmatrix}=\cdots=\boldsymbol{A}^n\begin{pmatrix}x_0\\y_0\end{pmatrix}=\frac{1}{2}\boldsymbol{A}^n\begin{pmatrix}1\\1\end{pmatrix},$$

即把应用问题归结为求 $\boldsymbol{A}$ 的幂 $\boldsymbol{A}^n$,遵循这一思路,先求 $\boldsymbol{A}$.

由题意知
$$x_{n+1}=x_n+qy_n-px_n=(1-p)x_n+qy_n,$$
$$y_{n+1}=y_n+px_n-qy_n=px_n+(1-q)y_n,$$

可用矩阵表示为

$$\begin{pmatrix} x_{n+1} \\ y_{n+1} \end{pmatrix} = \begin{pmatrix} 1-p & q \\ p & 1-q \end{pmatrix} \begin{pmatrix} x_n \\ y_n \end{pmatrix},$$

因此 $\boldsymbol{A}=\begin{pmatrix} 1-p & q \\ p & 1-q \end{pmatrix}$.

下面求 $\boldsymbol{A}$ 的特征值和特征向量. 由

$$|\boldsymbol{A}-\lambda\boldsymbol{E}|=\begin{vmatrix} 1-p-\lambda & q \\ p & 1-q-\lambda \end{vmatrix}=(\lambda-1)(\lambda-1+p+q),$$

得 $\boldsymbol{A}$ 的特征值为 $\lambda_1=1,\lambda_2=r$,其中 $r=1-p-q$.

对于 $\lambda_1=1$,解方程 $(\boldsymbol{A}-\boldsymbol{E})\boldsymbol{x}=\boldsymbol{0}$,得特征向量 $\boldsymbol{p}_1=(q,p)^{\mathrm{T}}$;

对于 $\lambda_2=r$,解方程 $(\boldsymbol{A}-r\boldsymbol{E})\boldsymbol{x}=\boldsymbol{0}$,得特征向量 $\boldsymbol{p}_2=(-1,1)^{\mathrm{T}}$.

令 $\boldsymbol{P}=(\boldsymbol{p}_1,\boldsymbol{p}_2)=\begin{pmatrix} q & -1 \\ p & 1 \end{pmatrix}$,则 $\boldsymbol{P}$ 可逆,且

$$\boldsymbol{P}^{-1}\boldsymbol{A}\boldsymbol{P}=\mathrm{diag}(1,r)=\boldsymbol{\Lambda},\boldsymbol{A}=\boldsymbol{P}\boldsymbol{\Lambda}\boldsymbol{P}^{-1},\boldsymbol{A}^n=\boldsymbol{P}\boldsymbol{\Lambda}^n\boldsymbol{P}^{-1}.$$

于是

$$\boldsymbol{A}^n=\begin{pmatrix} q & -1 \\ p & 1 \end{pmatrix}\begin{pmatrix} 1 & 0 \\ 0 & r \end{pmatrix}^n\begin{pmatrix} q & -1 \\ p & 1 \end{pmatrix}^{-1}=\frac{1}{p+q}\begin{pmatrix} q & -1 \\ p & 1 \end{pmatrix}\begin{pmatrix} 1 & 0 \\ 0 & r^n \end{pmatrix}\begin{pmatrix} 1 & 1 \\ -p & q \end{pmatrix}$$

$$=\frac{1}{p+q}\begin{pmatrix} q+pr^n & q-qr^n \\ p-pr^n & p+qr^n \end{pmatrix},$$

$$\begin{pmatrix} x_n \\ y_n \end{pmatrix}=\frac{1}{p+q}\begin{pmatrix} q+pr^n & q-qr^n \\ p-pr^n & p+qr^n \end{pmatrix}\begin{pmatrix} 0.5 \\ 0.5 \end{pmatrix}=\frac{1}{2(p+q)}\begin{pmatrix} 2q+(p-q)r^n \\ 2p+(q-p)r^n \end{pmatrix},\gamma=1-p-q.$$

19. 试求一个正交的相似变换矩阵,将下列对称阵化为对角矩阵:

(1) $\begin{pmatrix} 2 & -2 & 0 \\ -2 & 1 & -2 \\ 0 & -2 & 0 \end{pmatrix}$;　　(2) $\begin{pmatrix} 2 & 2 & -2 \\ 2 & 5 & -4 \\ -2 & -4 & 5 \end{pmatrix}$.

解:(1)将所给矩阵记为 $\boldsymbol{A}$. 由

$$|\boldsymbol{A}-\lambda\boldsymbol{E}|=\begin{vmatrix} 2-\lambda & -2 & 0 \\ -2 & 1-\lambda & -2 \\ 0 & -2 & -\lambda \end{vmatrix}=(1-\lambda)(\lambda-4)(\lambda+2),$$

得矩阵 $\boldsymbol{A}$ 的特征值为 $\lambda_1=-2,\lambda_2=1,\lambda_3=4$.

对于 $\lambda_1=-2$,解方程 $(\boldsymbol{A}+2\boldsymbol{E})\boldsymbol{x}=\boldsymbol{0}$,即

$$\boldsymbol{A}+2\boldsymbol{E}=\begin{pmatrix} 4 & -2 & 0 \\ -2 & 3 & -2 \\ 0 & -2 & 2 \end{pmatrix}\longrightarrow\begin{pmatrix} 2 & 0 & -1 \\ 0 & 1 & -1 \\ 0 & 0 & 0 \end{pmatrix},$$

得特征向量 $(1,2,2)^{\mathrm{T}}$,单位化得 $\boldsymbol{p}_1=\left(\frac{1}{3},\frac{2}{3},\frac{2}{3}\right)^{\mathrm{T}}$.

对于 $\lambda_2=1$,解方程 $(\boldsymbol{A}-\boldsymbol{E})\boldsymbol{x}=\boldsymbol{0}$,即

$$\boldsymbol{A}-\boldsymbol{E}=\begin{pmatrix} 1 & -2 & 0 \\ -2 & 0 & -2 \\ 0 & -2 & -1 \end{pmatrix}\longrightarrow\begin{pmatrix} 1 & -2 & 0 \\ 0 & 2 & 1 \\ 0 & 0 & 0 \end{pmatrix},$$

得特征向量 $(2,1,-2)^{\mathrm{T}}$,单位化得 $\boldsymbol{p}_2=\left(\frac{2}{3},\frac{1}{3},-\frac{2}{3}\right)^{\mathrm{T}}$;

对于 $\lambda_3=4$,解方程 $(\boldsymbol{A}-4\boldsymbol{E})\boldsymbol{x}=\boldsymbol{0}$,即

$$\boldsymbol{A}-4\boldsymbol{E}=\begin{pmatrix}-2&-2&0\\-2&-3&-2\\0&-2&-4\end{pmatrix}\longrightarrow\begin{pmatrix}1&0&-2\\0&1&2\\0&0&0\end{pmatrix},$$

得特征向量 $(2,-2,1)^{\mathrm{T}}$,单位化得 $\boldsymbol{p}_3=\left(\frac{2}{3},-\frac{2}{3},\frac{1}{3}\right)^{\mathrm{T}}$.

于是有正交阵 $\boldsymbol{P}=(\boldsymbol{p}_1,\boldsymbol{p}_2,\boldsymbol{p}_3)$,使 $\boldsymbol{P}^{-1}\boldsymbol{AP}=\mathrm{diag}(-2,1,4)$.

(2)将所给矩阵记为 $\boldsymbol{A}$. 由

$$|\boldsymbol{A}-\lambda\boldsymbol{E}|=\begin{vmatrix}2-\lambda&2&-2\\2&5-\lambda&-4\\-2&-4&5-\lambda\end{vmatrix}=-(\lambda-1)^2(\lambda-10),$$

得矩阵 $\boldsymbol{A}$ 的特征值为 $\lambda_1=\lambda_2=1,\lambda_3=10$.

对于 $\lambda_1=\lambda_2=1$,解方程 $(\boldsymbol{A}-\boldsymbol{E})\boldsymbol{x}=\boldsymbol{0}$,即

$$\boldsymbol{A}-\boldsymbol{E}=\begin{pmatrix}1&2&-2\\2&4&-4\\-2&-4&4\end{pmatrix}\longrightarrow\begin{pmatrix}1&2&-2\\0&0&0\\0&0&0\end{pmatrix},$$

得线性无关的特征向量 $\boldsymbol{a}_1=(0,1,1)^{\mathrm{T}},\boldsymbol{a}_2=(2,0,1)^{\mathrm{T}}$.

将 $\boldsymbol{a}_1$ 和 $\boldsymbol{a}_2$ 正交化,得

$$\boldsymbol{b}_1=\boldsymbol{a}_1=\begin{pmatrix}0\\1\\1\end{pmatrix},\boldsymbol{b}_2=\boldsymbol{a}_2-\frac{(\boldsymbol{b}_1,\boldsymbol{a}_2)}{(\boldsymbol{b}_1,\boldsymbol{b}_1)}\boldsymbol{b}_1=\begin{pmatrix}2\\0\\1\end{pmatrix}-\frac{1}{2}\begin{pmatrix}0\\1\\1\end{pmatrix}=\frac{1}{2}\begin{pmatrix}4\\-1\\1\end{pmatrix}.$$

再分别单位化得 $\boldsymbol{p}_1=\frac{1}{\sqrt{2}}\begin{pmatrix}0\\1\\1\end{pmatrix},\boldsymbol{p}_2=\frac{1}{3\sqrt{2}}\begin{pmatrix}4\\-1\\1\end{pmatrix}$;

对于 $\lambda_3=10$,解方程 $(\boldsymbol{A}-10\boldsymbol{E})\boldsymbol{x}=\boldsymbol{0}$,即

$$\boldsymbol{A}-10\boldsymbol{E}=\begin{pmatrix}-8&2&-2\\2&-5&-4\\-2&-4&-5\end{pmatrix}\longrightarrow\begin{pmatrix}2&0&1\\0&1&1\\0&0&0\end{pmatrix},$$

得特征向量 $(1,2,-2)^{\mathrm{T}}$,单位化得 $\boldsymbol{p}_3=\frac{1}{3}(1,2,-2)^{\mathrm{T}}$.

令 $\boldsymbol{P}=(\boldsymbol{p}_1,\boldsymbol{p}_2,\boldsymbol{p}_3)=\begin{pmatrix}0&\frac{4}{3\sqrt{2}}&\frac{1}{3}\\\frac{1}{\sqrt{2}}&-\frac{1}{3\sqrt{2}}&\frac{2}{3}\\\frac{1}{\sqrt{2}}&\frac{1}{3\sqrt{2}}&-\frac{2}{3}\end{pmatrix}$,则 $\boldsymbol{P}$ 为正交阵,且有

$$\boldsymbol{P}^{-1}\boldsymbol{AP}=\boldsymbol{P}^{\mathrm{T}}\boldsymbol{AP}=\begin{pmatrix}1&&\\&1&\\&&10\end{pmatrix}.$$

20. 设矩阵 $\boldsymbol{A}=\begin{pmatrix}1&-2&-4\\-2&x&-2\\-4&-2&1\end{pmatrix}$ 与 $\boldsymbol{\Lambda}=\begin{pmatrix}5&&\\&-4&\\&&y\end{pmatrix}$ 相似,求 x,y,并求一个正交阵 $\boldsymbol{P}$,使 $\boldsymbol{P}^{-1}\boldsymbol{AP}=\boldsymbol{\Lambda}$.

解：已知相似矩阵有相同的特征值，显然 $\lambda=5,\lambda=-4,\lambda=y$ 是 $\boldsymbol{A}$ 的特征值，故它们也是 $\boldsymbol{A}$ 的特征值. 因为 $\lambda=-4$ 是 $\boldsymbol{A}$ 的特征值，所以

$$|\boldsymbol{A}+4\boldsymbol{E}|=\begin{vmatrix}5 & -2 & -4\\ -2 & x+4 & -2\\ -4 & -2 & 5\end{vmatrix}=9(x-4)=0,$$

解之得 $x=4$. 由特征值性质，得

$$5+(-4)+y=\boldsymbol{A}\text{ 的特征值之和}=\boldsymbol{A}\text{ 的主对角线元素之和}=2+x,$$

得 $y=1+x$，所以 $y=5$. 于是 $\boldsymbol{A}$ 的特征值为 $\lambda_1=\lambda_3=5,\lambda_2=-4$.

对于 $\lambda=5$，解方程 $(\boldsymbol{A}-5\boldsymbol{E})\boldsymbol{x}=\boldsymbol{0}$，得两个线性无关的特征向量 $(1,0,-1)^{\mathrm{T}},(1,-2,0)^{\mathrm{T}}$. 将它们正交化、单位化，得

$$\boldsymbol{p}_1=\frac{1}{\sqrt{2}}(1,0,-1)^{\mathrm{T}},\boldsymbol{p}_2=\frac{1}{3\sqrt{2}}(1,-4,1)^{\mathrm{T}};$$

对于 $\lambda=-4$，解方程 $(\boldsymbol{A}+4\boldsymbol{E})\boldsymbol{x}=\boldsymbol{0}$，得特征向量 $(2,1,2)^{\mathrm{T}}$，单位化得

$$\boldsymbol{p}_3=\frac{1}{3}(2,1,2)^{\mathrm{T}}.$$

令 $\boldsymbol{P}=(\boldsymbol{p}_1,\boldsymbol{p}_2,\boldsymbol{p}_3)$，于是有正交矩阵 $\boldsymbol{P}=\begin{pmatrix}\frac{1}{\sqrt{2}} & \frac{2}{3} & \frac{1}{3\sqrt{2}}\\ 0 & \frac{1}{3} & -\frac{4}{3\sqrt{2}}\\ -\frac{1}{\sqrt{2}} & \frac{2}{3} & \frac{1}{3\sqrt{2}}\end{pmatrix}$，且有 $\boldsymbol{P}^{-1}\boldsymbol{AP}=\boldsymbol{P}^{\mathrm{T}}\boldsymbol{AP}=\boldsymbol{\Lambda}$.

21. 设 3 阶方阵 $\boldsymbol{A}$ 的特征值为 $\lambda_1=2,\lambda_2=-2,\lambda_3=1$；对应的特征向量依次为 $\boldsymbol{p}_1=(0,1,1)^{\mathrm{T}},\boldsymbol{p}_2=(1,1,1)^{\mathrm{T}},\boldsymbol{p}_3=(1,1,0)^{\mathrm{T}}$，求 $\boldsymbol{A}$.

解：令 $\boldsymbol{P}=(\boldsymbol{p}_1,\boldsymbol{p}_2,\boldsymbol{p}_3)$，则 $\boldsymbol{P}^{-1}\boldsymbol{AP}=\mathrm{diag}(2,-2,1)=\boldsymbol{\Lambda},\boldsymbol{A}=\boldsymbol{P\Lambda P}^{-1}$. 因为

$$\boldsymbol{P}^{-1}=\begin{pmatrix}0 & 1 & 1\\ 1 & 1 & 1\\ 1 & 1 & 0\end{pmatrix}^{-1}=\begin{pmatrix}-1 & 1 & 0\\ 1 & -1 & 1\\ 0 & 1 & -1\end{pmatrix},$$

所以 $\boldsymbol{A}=\boldsymbol{P\Lambda P}^{-1}=\begin{pmatrix}0 & 1 & 1\\ 1 & 1 & 1\\ 1 & 1 & 0\end{pmatrix}\begin{pmatrix}2 & 0 & 0\\ 0 & -2 & 0\\ 0 & 0 & 1\end{pmatrix}\begin{pmatrix}-1 & 1 & 0\\ 1 & -1 & 1\\ 0 & 1 & -1\end{pmatrix}=\begin{pmatrix}-2 & 3 & -3\\ -4 & 5 & -3\\ -4 & 4 & -2\end{pmatrix}$.

22. 设 3 阶对称阵 $\boldsymbol{A}$ 的特征值为 $\lambda_1=1,\lambda_2=-1,\lambda_3=0$；对应 λ_1,λ_2 的特征向量依次为 $\boldsymbol{p}_1=(1,2,2)^{\mathrm{T}},\boldsymbol{p}_2=(2,1,-2)^{\mathrm{T}}$，求 $\boldsymbol{A}$.

解：因为 $\boldsymbol{A}$ 是对称矩阵，则必有正交阵 $\boldsymbol{Q}=(\boldsymbol{q}_1,\boldsymbol{q}_2,\boldsymbol{q}_3)$，使

$$\boldsymbol{Q}^{\mathrm{T}}\boldsymbol{AQ}=\boldsymbol{Q}^{-1}\boldsymbol{AQ}=\begin{pmatrix}1 & & \\ & -1 & \\ & & 0\end{pmatrix},$$

显然 $\boldsymbol{q}_1,\boldsymbol{q}_2$ 可依次取为 $\boldsymbol{p}_1,\boldsymbol{p}_2$ 的单位化向量，即得

$$\boldsymbol{q}_1=\frac{1}{3}\begin{pmatrix}1\\ 2\\ 2\end{pmatrix},\boldsymbol{q}_2=\frac{1}{3}\begin{pmatrix}2\\ 1\\ -2\end{pmatrix};$$

由于 $\boldsymbol{q}_3$ 与 $\boldsymbol{p}_1,\boldsymbol{p}_2$ 正交，于是 $\boldsymbol{q}_3$ 可取为方程 $\begin{pmatrix}\boldsymbol{p}_1^{\mathrm{T}}\\ \boldsymbol{p}_2^{\mathrm{T}}\end{pmatrix}\boldsymbol{x}=\boldsymbol{0}$ 的单位解向量.

由 $\begin{pmatrix}\boldsymbol{p}_1^{\mathrm{T}}\\ \boldsymbol{p}_2^{\mathrm{T}}\end{pmatrix}=\begin{pmatrix}1&2&2\\2&1&-2\end{pmatrix}\longrightarrow\begin{pmatrix}1&0&-2\\0&1&2\end{pmatrix}$，可知 $\boldsymbol{q}_3=\frac{1}{3}\begin{pmatrix}2\\-2\\1\end{pmatrix}$. 于是

$$\boldsymbol{A}=\boldsymbol{Q}\mathrm{diag}(1,-1,0)\boldsymbol{Q}^{\mathrm{T}}=\frac{1}{9}\begin{pmatrix}1&2&2\\2&1&-2\\2&-2&1\end{pmatrix}\begin{pmatrix}1&&\\&-1&\\&&0\end{pmatrix}\begin{pmatrix}1&2&2\\2&1&-2\\2&-2&1\end{pmatrix}=\frac{1}{3}\begin{pmatrix}-1&0&2\\0&1&2\\2&2&0\end{pmatrix}.$$

23. 设 3 阶对称矩阵 $\boldsymbol{A}$ 的特征值 $\lambda_1=6,\lambda_2=3,\lambda_3=3$，与特征值 $\lambda_1=6$ 对应的特征向量为 $\boldsymbol{p}_1=(1,1,1)^{\mathrm{T}}$，求 $\boldsymbol{A}$.

解：方法一：求矩阵 $\boldsymbol{A}$ 的对应于特征值 $\lambda_2=\lambda_3=3$ 的两个线性无关的特征向量 $\boldsymbol{p}_2,\boldsymbol{p}_3$. 由对称矩阵特征向量的性质，知 $\boldsymbol{p}_1$ 与 $\boldsymbol{p}_2$ 和 $\boldsymbol{p}_3$ 都正交，即有

$$\begin{cases}\boldsymbol{p}_1^{\mathrm{T}}\boldsymbol{p}_2=0,\\ \boldsymbol{p}_1^{\mathrm{T}}\boldsymbol{p}_3=0,\end{cases}$$

其系数矩阵 $\boldsymbol{p}_1^{\mathrm{T}}$ 的秩等于 1. 于是 $\boldsymbol{p}_2,\boldsymbol{p}_3$ 是它的一个基础解系. 取其为

$$\boldsymbol{p}_2=(-1,1,0)^{\mathrm{T}},\boldsymbol{p}_3=(-1,0,1)^{\mathrm{T}}.$$

再把向量组 $\boldsymbol{p}_2,\boldsymbol{p}_3$ 正交化，得 $\widetilde{\boldsymbol{p}_2}=\begin{pmatrix}-1\\1\\0\end{pmatrix}$，$\widetilde{\boldsymbol{p}_3}=\frac{1}{2}\begin{pmatrix}-1\\-1\\2\end{pmatrix}$.

分别将向量 $\boldsymbol{p}_1,\widetilde{\boldsymbol{p}_2},\widetilde{\boldsymbol{p}_3}$ 单位化得

$$\boldsymbol{\xi}_1=\frac{1}{\sqrt{3}}\begin{pmatrix}1\\1\\1\end{pmatrix},\boldsymbol{\xi}_2=\frac{1}{\sqrt{2}}\begin{pmatrix}-1\\1\\0\end{pmatrix},\boldsymbol{\xi}_3=\frac{1}{\sqrt{6}}\begin{pmatrix}-1\\-1\\2\end{pmatrix}.$$

令 $\boldsymbol{P}=(\boldsymbol{\xi}_1,\boldsymbol{\xi}_2,\boldsymbol{\xi}_3)=\begin{pmatrix}\frac{1}{\sqrt{3}}&-\frac{1}{\sqrt{2}}&-\frac{1}{\sqrt{6}}\\ \frac{1}{\sqrt{3}}&\frac{1}{\sqrt{2}}&-\frac{1}{\sqrt{6}}\\ \frac{1}{\sqrt{3}}&0&\frac{2}{\sqrt{6}}\end{pmatrix}$，则 $\boldsymbol{P}$ 为正交矩阵，并有

$$\boldsymbol{P}^{\mathrm{T}}\boldsymbol{A}\boldsymbol{P}=\boldsymbol{P}^{-1}\boldsymbol{A}\boldsymbol{P}=\mathrm{diag}(6,3,3),$$

于是 $\boldsymbol{A}=\boldsymbol{P}\mathrm{diag}(6,3,3)\boldsymbol{P}^{-1}=\boldsymbol{P}\mathrm{diag}(6,3,3)\boldsymbol{P}^{\mathrm{T}}=\begin{pmatrix}4&1&1\\1&4&1\\1&1&4\end{pmatrix}$.

方法二：设 $\boldsymbol{A}=\begin{pmatrix}x_1&x_2&x_3\\x_2&x_4&x_5\\x_3&x_5&x_6\end{pmatrix}$. 因为 $\lambda_1=6$ 对应的特征向量为 $\boldsymbol{p}_1=(1,1,1)^{\mathrm{T}}$，所以有

$$\boldsymbol{A}\begin{pmatrix}1\\1\\1\end{pmatrix}=6\begin{pmatrix}1\\1\\1\end{pmatrix}，即\begin{cases}x_1+x_2+x_3=6,\\x_2+x_4+x_5=6,\\x_3+x_5+x_6=6.\end{cases}\qquad ①$$

$\lambda_2=\lambda_3=3$ 是 $\boldsymbol{A}$ 的二重特征值，根据实对称矩阵的性质定理知 $R(\boldsymbol{A}-3\boldsymbol{E})=1$. 利用①可推出

$$A-3E=\begin{pmatrix} x_1-3 & x_2 & x_3 \\ x_2 & x_4-3 & x_5 \\ x_3 & x_5 & x_6-3 \end{pmatrix} \longrightarrow \begin{pmatrix} 1 & 1 & 1 \\ x_2 & x_4-3 & x_5 \\ x_3 & x_5 & x_6-3 \end{pmatrix}.$$

因为 $R(A-3E)=1$，所以 $x_2=x_4-3=x_5$ 且 $x_3=x_5=x_6-3$，解之得

$$x_2=x_3=x_5=1, x_1=x_4=x_6=4.$$

因此 $A=\begin{pmatrix} 4 & 1 & 1 \\ 1 & 4 & 1 \\ 1 & 1 & 4 \end{pmatrix}$.

24. 设 $\boldsymbol{a}=(a_1,a_2,\cdots,a_n)^T$，$a_1\neq 0$，$A=\boldsymbol{a}\boldsymbol{a}^T$.

(1)证明：$\lambda=0$ 是 A 的 $n-1$ 重特征值；

(2)求 A 的非零特征值及 n 个线性无关的特征向量.

证：(1)首先证明 $\lambda=0$ 是 A 的 $n-1$ 重特征值.

设 λ 是 A 的任意一个特征值，x 是 A 的对应于 λ 的特征向量，则有 $Ax=\lambda x$.

$$\lambda^2 x=A^2 x=\boldsymbol{a}\boldsymbol{a}^T\boldsymbol{a}\boldsymbol{a}^T x=\boldsymbol{a}^T\boldsymbol{a}Ax=\lambda\boldsymbol{a}^T\boldsymbol{a}x,$$

于是可得 $\lambda^2=\lambda\boldsymbol{a}^T\boldsymbol{a}$，从而 $\lambda=0$ 或 $\lambda=\boldsymbol{a}^T\boldsymbol{a}$.

设 $\lambda_1,\lambda_2,\cdots,\lambda_n$ 是 A 的所有特征值，因为 $A=\boldsymbol{a}\boldsymbol{a}^T$ 的主对角线上的元素为 $a_1^2,a_2^2,\cdots,a_n^2$，所以

$$a_1^2+a_2^2+\cdots+a_n^2=\boldsymbol{a}^T\boldsymbol{a}=\lambda_1+\lambda_2+\cdots+\lambda_n,$$

这说明在 $\lambda_1,\lambda_2,\cdots,\lambda_n$ 中有且只有一个等于 $\boldsymbol{a}^T\boldsymbol{a}$，而其余 $n-1$ 个全为 0，即 $\lambda=0$ 是 A 的 $n-1$ 重特征值.

(2)设 $\lambda_1=\boldsymbol{a}^T\boldsymbol{a}$，$\lambda_2=\cdots=\lambda_n=0$.

因为 $A\boldsymbol{\alpha}=\boldsymbol{a}\boldsymbol{a}^T\boldsymbol{a}=(\boldsymbol{a}^T\boldsymbol{a})\boldsymbol{a}=\lambda_1\boldsymbol{a}$，所以 $\boldsymbol{p}_1=\boldsymbol{a}$ 是对应于 $\lambda_1=\boldsymbol{a}^T\boldsymbol{a}$ 的特征向量.

对于 $\lambda_2=\cdots=\lambda_n=0$，解方程 $Ax=\boldsymbol{0}$，即 $\boldsymbol{a}\boldsymbol{a}^T x=\boldsymbol{0}$. 因为 $\boldsymbol{a}\neq\boldsymbol{0}$，所以 $\boldsymbol{a}^T x=\boldsymbol{0}$，即

$$a_1x_1+a_2x_2+\cdots+a_nx_n=0,$$

其线性无关解为：

$$\boldsymbol{p}_2=(-a_2,a_1,0,\cdots,0)^T,$$
$$\boldsymbol{p}_3=(-a_3,0,a_1,\cdots,0)^T,$$
$$\vdots$$
$$\boldsymbol{p}_n=(-a_n,0,0,\cdots,a_1)^T.$$

因此，n 个线性无关特征向量构成的矩阵为

$$(\boldsymbol{p}_1,\boldsymbol{p}_2,\cdots,\boldsymbol{p}_n)=\begin{pmatrix} a_1 & -a_2 & \cdots & -a_n \\ a_2 & a_1 & \cdots & 0 \\ \vdots & \vdots & & \vdots \\ a_n & 0 & \cdots & a_1 \end{pmatrix}.$$

25. (1)设 $A=\begin{pmatrix} 3 & -2 \\ -2 & 3 \end{pmatrix}$，求 $\varphi(A)=A^{10}-5A^9$；

(2)设 $A=\begin{pmatrix} 2 & 1 & 2 \\ 1 & 2 & 2 \\ 2 & 2 & 1 \end{pmatrix}$，求 $\varphi(A)=A^{10}-6A^9+5A^8$.

解：(1)由

$$|A-\lambda E|=\begin{vmatrix} 3-\lambda & -2 \\ -2 & 3-\lambda \end{vmatrix}=(\lambda-1)(\lambda-5),$$

得 A 的特征值为 $\lambda_1=1$，$\lambda_2=5$.

对于 $\lambda_1=1$，解方程 $(\boldsymbol{A}-\boldsymbol{E})\boldsymbol{x}=\boldsymbol{0}$，得单位特征向量 $\boldsymbol{p}_1=\frac{1}{\sqrt{2}}(1,1)^{\mathrm{T}}$；

对于 $\lambda_2=5$，解方程 $(\boldsymbol{A}-5\boldsymbol{E})\boldsymbol{x}=\boldsymbol{0}$，得单位特征向量 $\boldsymbol{p}_2=\frac{1}{\sqrt{2}}(-1,1)^{\mathrm{T}}$.

令 $\boldsymbol{P}=(\boldsymbol{p}_1,\boldsymbol{p}_2)=\frac{1}{\sqrt{2}}\begin{pmatrix}1&-1\\1&1\end{pmatrix}$，则 $\boldsymbol{P}$ 是正交阵，且有

$$\boldsymbol{P}^{-1}\boldsymbol{A}\boldsymbol{P}=\mathrm{diag}(1,5)=\boldsymbol{\Lambda},$$

从而 $\boldsymbol{A}=\boldsymbol{P}\boldsymbol{\Lambda}\boldsymbol{P}^{-1}$，$\boldsymbol{A}^k=\boldsymbol{P}\boldsymbol{\Lambda}^k\boldsymbol{P}^{-1}$. 因此

$$\begin{aligned}\varphi(\boldsymbol{A})&=\boldsymbol{P}\varphi(\boldsymbol{\Lambda})\boldsymbol{P}^{-1}=\boldsymbol{P}(\boldsymbol{\Lambda}^{10}-5\boldsymbol{\Lambda}^9)\boldsymbol{P}^{-1}=\boldsymbol{P}\mathrm{diag}(-4,0)\boldsymbol{P}^{-1}\\&=\frac{1}{\sqrt{2}}\begin{pmatrix}1&-1\\1&1\end{pmatrix}\begin{pmatrix}-4&0\\0&0\end{pmatrix}\frac{1}{\sqrt{2}}\begin{pmatrix}1&1\\-1&1\end{pmatrix}=\begin{pmatrix}-2&-2\\-2&-2\end{pmatrix}=-2\begin{pmatrix}1&1\\1&1\end{pmatrix}.\end{aligned}$$

(2)由

$$|\boldsymbol{A}-\lambda\boldsymbol{E}|=\begin{vmatrix}2-\lambda&1&2\\1&2-\lambda&2\\2&2&1-\lambda\end{vmatrix}=(1-\lambda)(1+\lambda)(\lambda-5),$$

得 $\boldsymbol{A}$ 的特征值为 $\lambda_1=-1,\lambda_2=1,\lambda_3=5$.

因为 $\boldsymbol{A}$ 是对称阵，一定存在正交阵 $\boldsymbol{P}=(\boldsymbol{\xi}_1,\boldsymbol{\xi}_2,\boldsymbol{\xi}_3)$，使

$$\boldsymbol{P}^{\mathrm{T}}\boldsymbol{A}\boldsymbol{P}=\boldsymbol{P}^{-1}\boldsymbol{A}\boldsymbol{P}=\mathrm{diag}(-1,1,5)=\boldsymbol{\Lambda},$$

即 $\boldsymbol{A}=\boldsymbol{P}\boldsymbol{\Lambda}\boldsymbol{P}^{\mathrm{T}}$，并且 $\boldsymbol{P}$ 的列向量 $\boldsymbol{\xi}_i$ 是对应于特征值 λ_i 的单位特征向量，$i=1,2,3$. 从而有

$$\begin{aligned}\varphi(\boldsymbol{A})&=\boldsymbol{P}\varphi(\boldsymbol{\Lambda})\boldsymbol{P}^{-1}=\boldsymbol{P}(\boldsymbol{\Lambda}^{10}-6\boldsymbol{\Lambda}^9+5\boldsymbol{\Lambda}^8)\boldsymbol{P}^{-1}=\boldsymbol{P}[\boldsymbol{\Lambda}^8(\boldsymbol{\Lambda}-\boldsymbol{E})(\boldsymbol{\Lambda}-5\boldsymbol{E})]\boldsymbol{P}^{-1}\\&=\boldsymbol{P}[\mathrm{diag}(1,1,5^8)\mathrm{diag}(-2,0,4)\mathrm{diag}(-6,-4,0)]\boldsymbol{P}^{-1}=\boldsymbol{P}\mathrm{diag}(12,0,0)\boldsymbol{P}^{-1}\\&=(\boldsymbol{\xi}_1,\boldsymbol{\xi}_2,\boldsymbol{\xi}_3)\begin{pmatrix}12&0&0\\0&0&0\\0&0&0\end{pmatrix}\begin{pmatrix}\boldsymbol{\xi}_1^{\mathrm{T}}\\\boldsymbol{\xi}_2^{\mathrm{T}}\\\boldsymbol{\xi}_3^{\mathrm{T}}\end{pmatrix}=12\boldsymbol{\xi}_1\boldsymbol{\xi}_1^{\mathrm{T}}.\end{aligned}\qquad ①$$

这样只需要计算出 $\boldsymbol{\xi}_1$，即对应于 $\lambda=-1$ 的单位特征向量.

解方程 $(\boldsymbol{A}+\boldsymbol{E})\boldsymbol{x}=\boldsymbol{0}$，由

$$\boldsymbol{A}+\boldsymbol{E}\longrightarrow\begin{pmatrix}1&-1&0\\0&2&1\\0&0&0\end{pmatrix},$$

得单位特征向量 $\boldsymbol{\xi}_1=\frac{1}{\sqrt{6}}\begin{pmatrix}1\\1\\-2\end{pmatrix}$，代入①，即求得

$$\varphi(\boldsymbol{A})=2\begin{pmatrix}1&1&-2\\1&1&-2\\-2&-2&4\end{pmatrix}.$$

26. 用矩阵记号表示下列二次型：

(1) $f=x^2+4xy+4y^2+2xz+z^2+4yz$；

(2) $f=x^2+y^2-7z^2-2xy-4xy-4yz$；

(3) $f=x_1^2+x_2^2+x_3^2-2x_1x_2+6x_2x_3$.

解：(1) $f=(x,y,z)\begin{pmatrix}1&2&1\\2&4&2\\1&2&1\end{pmatrix}\begin{pmatrix}x\\y\\z\end{pmatrix}$；

$$(2)f=(x,y,z)\begin{pmatrix}1&-1&-2\\-1&1&-2\\-2&-2&-7\end{pmatrix}\begin{pmatrix}x\\y\\z\end{pmatrix};$$

$$(3)f=(x_1,x_2,x_3)\begin{pmatrix}1&-1&0\\-1&1&3\\0&3&1\end{pmatrix}\begin{pmatrix}x_1\\x_2\\x_3\end{pmatrix}.$$

27. 写出下列二次型的矩阵：

(1)$f(\boldsymbol{x})=\boldsymbol{x}^{\mathrm{T}}\begin{pmatrix}2&1\\3&1\end{pmatrix}\boldsymbol{x}$； (2)$f(\boldsymbol{x})=\boldsymbol{x}^{\mathrm{T}}\begin{pmatrix}1&2&3\\4&5&6\\7&8&9\end{pmatrix}\boldsymbol{x}$.

解：(1)令 $\boldsymbol{x}=\begin{pmatrix}x_1\\x_2\end{pmatrix}$，则

$$f(\boldsymbol{x})=(x_1,x_2)\begin{pmatrix}2&1\\3&1\end{pmatrix}\begin{pmatrix}x_1\\x_2\end{pmatrix}=2x_1^2+x_2^2+x_1x_2+3x_2x_1$$

$$=2x_1^2+x_2^2+4x_1x_2=(x_1,x_2)\begin{pmatrix}2&2\\2&1\end{pmatrix}\begin{pmatrix}x_1\\x_2\end{pmatrix},$$

故二次型 f 的矩阵为$\begin{pmatrix}2&2\\2&1\end{pmatrix}$.

(2)方法同上，可得 $f(\boldsymbol{x})=\boldsymbol{x}^{\mathrm{T}}\begin{pmatrix}1&2&3\\4&5&6\\7&8&9\end{pmatrix}\boldsymbol{x}=\boldsymbol{x}^{\mathrm{T}}\begin{pmatrix}1&3&5\\3&5&7\\5&7&9\end{pmatrix}\boldsymbol{x}$，故二次型 f 的矩阵为$\begin{pmatrix}1&3&5\\3&5&7\\5&7&9\end{pmatrix}$.

28. 求一个正交变换，将下列二次型化成标准形：

(1)$f=2x_1^2+3x_2^2+3x_3^3+4x_2x_3$；

(2)$f=x_1^2+x_3^2+2x_1x_2-2x_2x_3$.

解：(1)二次型的矩阵为 $\boldsymbol{A}=\begin{pmatrix}2&0&0\\0&3&2\\0&2&3\end{pmatrix}$. 由

$$|\boldsymbol{A}-\lambda\boldsymbol{E}|=\begin{vmatrix}2-\lambda&0&0\\0&3-\lambda&2\\0&2&3-\lambda\end{vmatrix}=(2-\lambda)(5-\lambda)(1-\lambda),$$

得 $\boldsymbol{A}$ 的特征值为 $\lambda_1=2,\lambda_2=5,\lambda_3=1$.

当 $\lambda_1=2$ 时，解方程$(\boldsymbol{A}-2\boldsymbol{E})\boldsymbol{x}=\boldsymbol{0}$，由

$$\boldsymbol{A}-2\boldsymbol{E}=\begin{pmatrix}0&0&0\\0&1&2\\0&2&1\end{pmatrix}\longrightarrow\begin{pmatrix}0&1&0\\0&0&1\\0&0&0\end{pmatrix},$$

得特征向量$(1,0,0)^{\mathrm{T}}$，取 $\boldsymbol{p}_1=(1,0,0)^{\mathrm{T}}$；

当 $\lambda_2=5$ 时，解方程$(\boldsymbol{A}-5\boldsymbol{E})\boldsymbol{x}=\boldsymbol{0}$，由

$$\boldsymbol{A}-5\boldsymbol{E}=\begin{pmatrix}-3&0&0\\0&-2&2\\0&2&-2\end{pmatrix}\longrightarrow\begin{pmatrix}1&0&0\\0&1&-1\\0&0&0\end{pmatrix},$$

得特征向量$(0,1,1)^{\mathrm{T}}$，取 $\boldsymbol{p}_2=\left(0,\frac{1}{\sqrt{2}},\frac{1}{\sqrt{2}}\right)^{\mathrm{T}}$；

当 $\lambda_3=1$ 时，解方程 $(\boldsymbol{A}-\boldsymbol{E})\boldsymbol{x}=\boldsymbol{0}$，由

$$\boldsymbol{A}-\boldsymbol{E}=\begin{pmatrix}1&0&0\\0&2&2\\0&2&2\end{pmatrix}\longrightarrow\begin{pmatrix}1&0&0\\0&1&1\\0&0&0\end{pmatrix},$$

得特征向量 $(0,-1,1)^{\mathrm{T}}$，取 $\boldsymbol{p}_3=\left(0,-\frac{1}{\sqrt{2}},\frac{1}{\sqrt{2}}\right)^{\mathrm{T}}$.

于是有正交矩阵 $\boldsymbol{P}=(\boldsymbol{p}_1,\boldsymbol{p}_2,\boldsymbol{p}_3)$，作正交变换 $\boldsymbol{x}=\boldsymbol{P}\boldsymbol{y}$，使

$$f=2y_1^2+5y_2^2+y_3^2.$$

(2)二次型矩阵为 $\boldsymbol{A}=\begin{pmatrix}1&1&0\\1&0&-1\\0&-1&1\end{pmatrix}$，由

$$|\boldsymbol{A}-\lambda\boldsymbol{E}|=\begin{vmatrix}1-\lambda&1&0\\1&-\lambda&-1\\0&-1&1-\lambda\end{vmatrix}=-(\lambda-2)(\lambda-1)(\lambda+1),$$

得 $\boldsymbol{A}$ 的特征值为 $\lambda_1=2,\lambda_2=1,\lambda_3=-1$.

当 $\lambda_1=2$ 时，解方程 $(\boldsymbol{A}-2\boldsymbol{E})\boldsymbol{x}=\boldsymbol{0}$，由

$$\boldsymbol{A}-2\boldsymbol{E}=\begin{pmatrix}-1&1&0\\1&-2&-1\\0&-1&-1\end{pmatrix}\longrightarrow\begin{pmatrix}1&-1&0\\0&1&1\\0&0&0\end{pmatrix},$$

得单位特征向量 $\boldsymbol{p}_1=\frac{1}{\sqrt{3}}(1,1,-1)^{\mathrm{T}}$；

当 $\lambda_2=1$ 时，解方程 $(\boldsymbol{A}-\boldsymbol{E})\boldsymbol{x}=\boldsymbol{0}$，由

$$\boldsymbol{A}-\boldsymbol{E}=\begin{pmatrix}0&1&0\\1&-1&-1\\0&-1&0\end{pmatrix}\longrightarrow\begin{pmatrix}1&0&-1\\0&1&0\\0&0&0\end{pmatrix},$$

得单位特征向量 $\boldsymbol{p}_2=\frac{1}{\sqrt{2}}(1,0,1)^{\mathrm{T}}$.

当 $\lambda_3=-1$ 时，解方程 $(\boldsymbol{A}+\boldsymbol{E})\boldsymbol{x}=\boldsymbol{0}$，由

$$\boldsymbol{A}+\boldsymbol{E}=\begin{pmatrix}2&1&0\\1&1&-1\\0&-1&2\end{pmatrix}\longrightarrow\begin{pmatrix}1&0&1\\0&1&-2\\0&0&0\end{pmatrix},$$

得单位特征向量 $\boldsymbol{p}_3=\frac{1}{\sqrt{6}}(-1,2,1)^{\mathrm{T}}$.

令 $\boldsymbol{P}=(\boldsymbol{p}_1,\boldsymbol{p}_2,\boldsymbol{p}_3)$，则 $\boldsymbol{P}$ 为正交矩阵，再作正交变换 $\boldsymbol{x}=\boldsymbol{P}\boldsymbol{y}$，即

$$\begin{pmatrix}x_1\\x_2\\x_3\end{pmatrix}=\begin{pmatrix}\frac{1}{\sqrt{3}}&\frac{1}{\sqrt{2}}&\frac{1}{\sqrt{6}}\\\frac{1}{\sqrt{3}}&0&\frac{2}{\sqrt{6}}\\\frac{1}{\sqrt{3}}&\frac{1}{\sqrt{2}}&\frac{1}{\sqrt{6}}\end{pmatrix}\begin{pmatrix}y_1\\y_2\\y_3\end{pmatrix},$$

则化二次型 f 为标准形 $f=2y_1^2+y_2^2-y_3^2$.

29. 求一个正交变换,把二次曲面的方程

$$3x^2+5y^2+5z^2+4xy-4xz-10yz=1$$

化成标准方程.

解:令二次型的矩阵为 $\boldsymbol{A}=\begin{pmatrix}3&2&-2\\2&5&-5\\-2&-5&5\end{pmatrix}$. 由

$$|\boldsymbol{A}-\lambda\boldsymbol{E}|=\begin{vmatrix}3-\lambda&2&-2\\2&5-\lambda&-5\\-2&-5&5-\lambda\end{vmatrix}=-\lambda(\lambda-2)(\lambda-11),$$

得 $\boldsymbol{A}$ 的特征值为 $\lambda_1=2,\lambda_2=11,\lambda_3=0$.

对于 $\lambda_1=2$,解方程 $(\boldsymbol{A}-2\boldsymbol{E})\boldsymbol{x}=\boldsymbol{0}$,得特征向量 $(4,-1,1)^{\mathrm{T}}$,单位化得

$$\boldsymbol{p}_1=\left(\frac{4}{3\sqrt{2}},-\frac{1}{3\sqrt{2}},\frac{1}{3\sqrt{2}}\right);$$

对于 $\lambda_2=11$,解方程 $(\boldsymbol{A}-11\boldsymbol{E})\boldsymbol{x}=\boldsymbol{0}$,得特征向量 $(1,2,-2)^{\mathrm{T}}$,单位化得

$$\boldsymbol{p}_2=\left(\frac{1}{3},\frac{2}{3},-\frac{2}{3}\right);$$

对于 $\lambda_3=0$,解方程 $\boldsymbol{A}\boldsymbol{x}=\boldsymbol{0}$,得特征向量 $(0,1,1)^{\mathrm{T}}$,单位化得

$$\boldsymbol{p}_3=\left(0,\frac{1}{\sqrt{2}},\frac{1}{\sqrt{2}}\right).$$

于是有正交矩阵 $\boldsymbol{P}=(\boldsymbol{p}_1,\boldsymbol{p}_2,\boldsymbol{p}_3)$,使 $\boldsymbol{P}^{-1}\boldsymbol{A}\boldsymbol{P}=\mathrm{diag}(2,11,0)$,从而有正交变换

$$\begin{pmatrix}x\\y\\z\end{pmatrix}=\begin{pmatrix}\frac{4}{3\sqrt{2}}&\frac{1}{3}&0\\-\frac{1}{3\sqrt{2}}&\frac{2}{3}&\frac{1}{\sqrt{2}}\\\frac{1}{3\sqrt{2}}&-\frac{2}{3}&\frac{1}{\sqrt{2}}\end{pmatrix}\begin{pmatrix}u\\v\\w\end{pmatrix},$$

使原二次方程变为标准方程 $2u^2+11v^2=1$(它是椭圆柱面).

30. 证明:二次型 $f=\boldsymbol{x}^{\mathrm{T}}\boldsymbol{A}\boldsymbol{x}$ 在 $\|\boldsymbol{x}\|=1$ 时的最大值为矩阵 $\boldsymbol{A}$ 的最大特征值.

证:$\boldsymbol{A}$ 为实对称矩阵,则有一正交矩阵 $\boldsymbol{T}$,使得

$$\boldsymbol{T}\boldsymbol{A}\boldsymbol{T}^{-1}=\mathrm{diag}(\lambda_1,\lambda_2,\cdots,\lambda_n)=\boldsymbol{\Lambda}$$

成立,其中 $\lambda_1,\lambda_2,\cdots,\lambda_n$ 为 $\boldsymbol{A}$ 的特征值,不妨设 λ_1 最大. 作正交变换 $\boldsymbol{y}=\boldsymbol{T}\boldsymbol{x}$,即 $\boldsymbol{x}=\boldsymbol{T}^{-1}\boldsymbol{y}$,注意到 $\boldsymbol{T}^{-1}=\boldsymbol{T}^{\mathrm{T}}$,有

$$f=\boldsymbol{x}^{\mathrm{T}}\boldsymbol{A}\boldsymbol{x}=\boldsymbol{y}^{\mathrm{T}}\boldsymbol{T}\boldsymbol{A}\boldsymbol{T}^{\mathrm{T}}\boldsymbol{y}=\boldsymbol{y}^{\mathrm{T}}\boldsymbol{\Lambda}\boldsymbol{y}=\lambda_1y_1^2+\lambda_2y_2^2+\cdots+\lambda_ny_n.$$

因为 $\boldsymbol{y}=\boldsymbol{T}\boldsymbol{x}$ 为正交变换,所以,当 $\|\boldsymbol{x}\|=1$ 时,有

$$\|\boldsymbol{y}\|=\|\boldsymbol{x}\|=1,\text{即 } y_1^2+y_2^2+\cdots+y_n^2=1.$$

另一方面,$f=\lambda_1y_1^2+\lambda_2y_2^2+\cdots+\lambda_ny_n^2\leqslant\lambda_1\quad(y_1^2+y_2^2+\cdots+y_n^2\leqslant\lambda_1)$,

又当 $y_1=1,y_2=y_3=\cdots=y_n=0$ 时,$f=\lambda_1$,所以 $f_{\max}=\lambda_1$.

31. 用配方法化下列二次型为规范形,并写出所用的变换矩阵:

(1)$f(x_1,x_2,x_3)=x_1^2+3x_2^2+5x_3^2+2x_1x_2-4x_1x_3$;

(2)$f(x_1,x_2,x_3)=x_1^2+2x_3^2+2x_1x_3+2x_2x_3$;

(3)$f(x_1,x_2,x_3)=2x_1^2+x_2^2+4x_3^2+2x_1x_2-2x_2x_3$.

解:(1)由于 f 中含有变量 x_1 的平方项,故把含 x_1 的项归并起来,配方可得

$$f(x_1,x_2,x_3)=x_1^2+3x_2^2+5x_3^2+2x_1x_2-4x_1x_3$$
$$=(x_1+x_2-2x_3)^2+4x_2x_3+2x_2^2+x_3^2$$
$$=(x_1+x_2-2x_3)^2+2(x_2+x_3)^2-x_3^2,$$

令$\begin{cases}y_1=x_1+x_2-2x_3,\\ y_2=\sqrt{2}(x_2+x_3),\\ y_3=x_3,\end{cases}$ 即$\begin{cases}x_1=y_1-\frac{1}{\sqrt{2}}y_2+3y_3,\\ x_2=\frac{1}{\sqrt{2}}y_2-y_3,\\ x_3=y_3,\end{cases}$

写成矩阵形式 $\boldsymbol{x}=\boldsymbol{C}\boldsymbol{y}$,这里 $\boldsymbol{C}=\begin{pmatrix}1 & -\frac{1}{\sqrt{2}} & 3\\ 0 & \frac{1}{\sqrt{2}} & -1\\ 0 & 0 & 1\end{pmatrix}$ 为可逆阵,在此可逆变换下,二次型 f 化为规范形:

$$f(\boldsymbol{x})=f(\boldsymbol{C}\boldsymbol{y})=y_1^2+y_2^2-y_3^2.$$

(2)由于 f 中含有变量 x_1 的平方项,故把含 x_1 的项归并起来,配方可得

$$f(x_1,x_2,x_3)=x_1^2+2x_3^2+2x_1x_3+2x_2x_3=(x_1+x_3)^2+{x_3}^2+2x_2x_3$$
$$=(x_1+x_3)^2-{x_2}^2+(x_2+x_3)^2.$$

令$\begin{cases}y_1=x_1+x_3,\\ y_2=x_2,\\ y_3=x_2+x_3,\end{cases}$ 即$\begin{cases}x_1=y_1+y_2-y_3,\\ x_2=y_2,\\ x_3=-y_2+y_3,\end{cases}$

写成矩阵形式 $\boldsymbol{x}=\boldsymbol{C}\boldsymbol{y}$,这里 $\boldsymbol{C}=\begin{pmatrix}1 & 1 & -1\\ 0 & 1 & 0\\ 0 & -1 & 1\end{pmatrix}$ 为可逆阵,在此可逆变换下,二次型 f 化为规范形

$$f(\boldsymbol{x})=f(\boldsymbol{C}\boldsymbol{y})=y_1^2-y_2^2+y_3^2.$$

(3)由于 $f(x)$ 中含变量 x_1 的平方项,故把含 x_1 的项归并起来,配方可得

$$f(x_1,x_2,x_3)=2x_1^2+x_2^2+4x_3^2+2x_1x_2-2x_2x_3$$
$$=2\left(x_1+\frac{1}{2}x_2\right)^2+\frac{1}{2}x_2^2+4x_3^2-2x_2x_3$$
$$=2\left(x_1+\frac{1}{2}x_2\right)^2+\frac{1}{2}(x_2-2x_3)^2+2x_3^2.$$

令$\begin{cases}y_1=\sqrt{2}\left(x_1+\frac{1}{2}x_2\right),\\ y_2=\frac{1}{\sqrt{2}}(x_2-2x_3),\\ y_3=\sqrt{2}x_3,\end{cases}$ 即$\begin{cases}x_1=\frac{1}{\sqrt{2}}y_1-\frac{1}{\sqrt{2}}y_2-\frac{1}{\sqrt{2}}y_3,\\ x_2=\sqrt{2}y_2+\frac{2}{\sqrt{2}}y_3,\\ x_3=\frac{1}{\sqrt{2}}y_3,\end{cases}$

写成矩阵形式 $\boldsymbol{x}=\boldsymbol{C}\boldsymbol{y}$,这里 $\boldsymbol{C}=\frac{1}{\sqrt{2}}\begin{pmatrix}1 & -1 & -1\\ 0 & 2 & 2\\ 0 & 0 & 1\end{pmatrix}$ 为可逆矩阵,在此可逆变换下,二次型 f 化为规范形

教材习题全解

$$f(\boldsymbol{x})=f(\boldsymbol{Cy})=y_1^2+y_2^2+y_3^2.$$

32. 设 $f=x_1^2+x_2^2+5x_3^2+2ax_1x_2-2x_1x_3+4x_2x_3$ 为正定二次型,求 a.

解:二次型的矩阵为 $\boldsymbol{A}=\begin{pmatrix}1 & a & -1\\ a & 1 & 2\\ -1 & 2 & 5\end{pmatrix}$,其主子式为

$$a_{11}=1,\begin{vmatrix}1 & a\\ a & 1\end{vmatrix}=1-a^2,\begin{vmatrix}1 & a & -1\\ a & 1 & 2\\ -1 & 2 & 5\end{vmatrix}=-a(5a+4).$$

由定理可知,$\boldsymbol{A}$ 正定$\Rightarrow\begin{vmatrix}1 & a\\ a & 1\end{vmatrix}>0$,且$|\boldsymbol{A}|>0$,所以必有 $1-a^2>0$ 且$-a(5a+4)>0$,解之得 $-\frac{4}{5}<a<0$. 当$-\frac{4}{5}<a<0$ 时,$\boldsymbol{A}$ 正定,从而二次型 f 正定.

33. 判别下列二次型的正定性:

(1) $f=-2x_1^2-6x_2^2-4x_3^2+2x_1x_2+2x_1x_3$;

(2) $f=x_1^2+3x_2^2+9x_3^2-2x_1x_2+4x_1x_3$.

解:(1)二次型 f 的矩阵为 $\boldsymbol{A}=\begin{pmatrix}-2 & 1 & 1\\ 1 & -6 & 0\\ 1 & 0 & -4\end{pmatrix}$. 因为

$$a_{11}=-2<0,\begin{vmatrix}-2 & 1\\ 1 & -6\end{vmatrix}=11>0,|\boldsymbol{A}|=-38<0,$$

所以二次型 f 为负定二次型.

(2)二次型 f 的矩阵为 $\boldsymbol{A}=\begin{pmatrix}1 & -1 & 2\\ -1 & 3 & 0\\ 2 & 0 & 9\end{pmatrix}$. 因为

$$a_{11}=1>0,\begin{vmatrix}1 & -1\\ -1 & 3\end{vmatrix}=2>0,|\boldsymbol{A}|=6>0,$$

由定理可知,二次型 f 为正定二次型.

34. 证明对称阵 $\boldsymbol{A}$ 为正定的充分必要条件是:存在可逆矩阵 $\boldsymbol{U}$,使 $\boldsymbol{A}=\boldsymbol{U}^{\mathrm{T}}\boldsymbol{U}$,即 $\boldsymbol{A}$ 与单位矩阵 $\boldsymbol{E}$ 合同.

证:充分性:若存在可逆阵 $\boldsymbol{U}$,使 $\boldsymbol{A}=\boldsymbol{U}^{\mathrm{T}}\boldsymbol{U}$,任取 $\boldsymbol{x}\in\mathbf{R}^n$, $\boldsymbol{x}\neq\boldsymbol{0}$ 就有 $\boldsymbol{Ux}\neq\boldsymbol{0}$,并且 $\boldsymbol{A}$ 的二次型在该处的值

$$f(\boldsymbol{x})=\boldsymbol{x}^{\mathrm{T}}\boldsymbol{Ax}=\boldsymbol{x}^{\mathrm{T}}\boldsymbol{U}^{\mathrm{T}}\boldsymbol{Ux}=[\boldsymbol{Ux},\boldsymbol{Ux}]>0,$$

即矩阵 $\boldsymbol{A}$ 的二次型是正定的,从而由定义知,$\boldsymbol{A}$ 是正定矩阵.

必要性:因 $\boldsymbol{A}$ 是对称阵,必存在正交阵 $\boldsymbol{Q}$,使得

$$\boldsymbol{Q}^{\mathrm{T}}\boldsymbol{AQ}=\boldsymbol{\Lambda}=\mathrm{diag}(\lambda_1,\lambda_2,\cdots,\lambda_n),$$

其中 $\lambda_1,\lambda_2,\cdots,\lambda_n$ 是 $\boldsymbol{A}$ 的全部特征值,由 $\boldsymbol{A}$ 为正定矩阵,故 $\lambda_i>0,i=1,2,\cdots,n$.

令对角阵 $\boldsymbol{\Lambda}_1=\mathrm{diag}(\sqrt{\lambda_1},\sqrt{\lambda_2},\cdots,\sqrt{\lambda_n})$,则有

$$\boldsymbol{\Lambda}_1^2=\mathrm{diag}(\sqrt{\lambda_1},\sqrt{\lambda_2},\cdots,\sqrt{\lambda_n})\mathrm{diag}(\sqrt{\lambda_1},\sqrt{\lambda_2},\cdots,\sqrt{\lambda_n})=\boldsymbol{\Lambda},$$

从而

$$\boldsymbol{A}=\boldsymbol{Q\Lambda Q}^{\mathrm{T}}=\boldsymbol{Q\Lambda}_1\boldsymbol{\Lambda}_1\boldsymbol{Q}^{\mathrm{T}}=(\boldsymbol{Q\Lambda}_1)(\boldsymbol{Q\Lambda}_1)^{\mathrm{T}},$$

记 $\boldsymbol{U}=(\boldsymbol{Q\Lambda}_1)^{\mathrm{T}}$,显然 $\boldsymbol{U}$ 可逆,即 $\boldsymbol{A}=\boldsymbol{U}^{\mathrm{T}}\boldsymbol{U}$.

第六章　线性空间与线性变换

1. 验证：

(1)2 阶矩阵的全体 S_1；

(2)主对角线上的元素之和等于 0 的 2 阶矩阵的全体 S_2；

(3)2 阶对称矩阵的全体 S_3.

对于矩阵的加法和数乘运算构成线性空间，并写出各个空间的一个基.

解：(1)设 $\boldsymbol{A},\boldsymbol{B}$ 分别为二阶矩阵，则 $\boldsymbol{A},\boldsymbol{B}\in S_1$.

因为$(\boldsymbol{A}+\boldsymbol{B})\in S_1$，$k\boldsymbol{A}\in S_1$，并且满足线性运算八条规律，所以 S_1 对于矩阵的加法和数乘运算构成线性空间. 取向量组 π_1：

$$\boldsymbol{\varepsilon}_1=\begin{pmatrix}1&0\\0&0\end{pmatrix},\boldsymbol{\varepsilon}_2=\begin{pmatrix}0&1\\0&0\end{pmatrix},\boldsymbol{\varepsilon}_3=\begin{pmatrix}0&0\\1&0\end{pmatrix},\boldsymbol{\varepsilon}_4=\begin{pmatrix}0&0\\0&1\end{pmatrix},$$

则向量组 π_1 线性无关. 事实上，若有

$$\lambda_1\boldsymbol{\varepsilon}_1+\lambda_2\boldsymbol{\varepsilon}_2+\lambda_3\boldsymbol{\varepsilon}_3+\lambda_4\boldsymbol{\varepsilon}_4=0,$$

则由 $\begin{pmatrix}\lambda_1&\lambda_2\\\lambda_3&\lambda_4\end{pmatrix}=\boldsymbol{O}$，推出 $\lambda_i=0,i=1,2,3,4$.

另外，对任给 $\boldsymbol{A}=\begin{pmatrix}a_{11}&a_{12}\\a_{21}&a_{22}\end{pmatrix}\in S_1$，都有 $\boldsymbol{A}=a_{11}\boldsymbol{\varepsilon}_1+a_{12}\boldsymbol{\varepsilon}_2+a_{21}\boldsymbol{\varepsilon}_3+a_{22}\boldsymbol{\varepsilon}_4$.

即 $\boldsymbol{A}$ 可由向量组 π_1 线性表示，综上，向量组 π_1 是 S_1 的一个基(从而 S_1 的维数是 4).

(2)设 $\boldsymbol{A}=\begin{pmatrix}-a&b\\c&a\end{pmatrix},\boldsymbol{B}=\begin{pmatrix}-d&e\\f&d\end{pmatrix},\boldsymbol{A},\boldsymbol{B}\in S_2$.

因为 $\boldsymbol{A}+\boldsymbol{B}=\begin{pmatrix}-(a+d)&c+b\\c+a&a+d\end{pmatrix}\in S_2$，$k\boldsymbol{A}=\begin{pmatrix}-ka&kb\\kc&ka\end{pmatrix}\in S_2$，并且满足线性运算八条规律，所以 S_2 对于矩阵的加法和乘数运算构成线性空间.

类似(1)易证向量组 π_2：

$$\boldsymbol{\varepsilon}_1=\begin{pmatrix}1&0\\0&-1\end{pmatrix},\boldsymbol{\varepsilon}_2=\begin{pmatrix}0&1\\0&0\end{pmatrix},\boldsymbol{\varepsilon}_3=\begin{pmatrix}0&0\\1&0\end{pmatrix}$$

是 S_2 的一个基.

(3)设 $\boldsymbol{A},\boldsymbol{B}\in S_3$，则 $\boldsymbol{A}^{\mathrm{T}}=\boldsymbol{A},\boldsymbol{B}^{\mathrm{T}}=\boldsymbol{B}$. 因为$(\boldsymbol{A}+\boldsymbol{B})^{\mathrm{T}}=\boldsymbol{A}^{\mathrm{T}}+\boldsymbol{B}^{\mathrm{T}}=\boldsymbol{A}+\boldsymbol{B}$，$(\boldsymbol{A}+\boldsymbol{B})\in S_3$，$(k\boldsymbol{A})^{\mathrm{T}}=k\boldsymbol{A}^{\mathrm{T}}=k\boldsymbol{A}$，$k\boldsymbol{A}\in S_3$，并且满足线性运算八条规律，所以 S_3 对于加法和数乘运算构成线性空间. 类似(1)易证向量组 π_3：

$$\boldsymbol{\varepsilon}_1=\begin{pmatrix}1&0\\0&0\end{pmatrix},\boldsymbol{\varepsilon}_2=\begin{pmatrix}0&1\\1&0\end{pmatrix},\boldsymbol{\varepsilon}_3=\begin{pmatrix}0&0\\0&1\end{pmatrix}$$

是 S_3 的一个基.

2. 验证：与向量$(0,0,1)^{\mathrm{T}}$ 不平行的全体 3 维数组向量，对于数组向量的加法和数乘运算不构成线性空间.

解：设 $V=\{$与向量$(0,0,1)^{\mathrm{T}}$ 不平行的全体三维向量$\}$，设 $\boldsymbol{r}_1=(1,1,0)^{\mathrm{T}}$，$\boldsymbol{r}_2=(-1,0,1)^{\mathrm{T}}$，则 $\boldsymbol{r}_1,\boldsymbol{r}_2\in V$，

但 $\boldsymbol{r}_1+\boldsymbol{r}_2=(0,0,1)^{\mathrm{T}}\notin V$，即 V 不是线性空间.

3. 在线性空间 $P[x]_3$ 中，下列向量组是否为一个基？

(1) Ⅰ：$1+x,x+x^2,1+x^3,2+2x+x^2+x^3$；

(2) Ⅱ：$-1+x,1-x^2,-2+2x+x^2,x^3$.

解：(1)设 $k_1(1+x)+k_2(x+x^2)+k_3(1+x^3)+k_4(2+2x+x^2+x^3)=0$，得 $(k_1+k_3+2k_4)+(k_1+k_2+2k_4)x+(k_2+k_4)x^2+(k_3+k_4)x^3=0$. 因 $1,x,x^2,x^3$ 线性无关，故上式中它们的系数均为 0，即有关于未知数 k_1,k_2,k_3,k_4 的齐次方程组，其系数矩阵

$$\begin{pmatrix}1&0&1&2\\1&1&0&2\\0&1&0&1\\0&0&1&1\end{pmatrix}\longrightarrow\begin{pmatrix}1&0&1&2\\0&1&-1&0\\0&0&1&1\\0&0&0&0\end{pmatrix},$$

显然，其秩为 3，故齐次方程组有非零解，从而向量组Ⅰ线性相关，不是基.

(2)类似地，对于向量组Ⅱ，设

$$k_1(-1+x)+k_2(1-x^2)+k_3(-2+2x+x^2)+k_4x^3=0,$$

因 $1,x,x^2,x^3$ 线性无关可得齐次线性方程组

$$\begin{cases}-k_1+k_2-2k_3=0,\\k_1+2k_3=0,\\-k_2+k_3=0,\\k_4=0,\end{cases}\quad 即\quad\begin{pmatrix}-1&1&-2&0\\1&0&2&0\\0&-1&1&0\\0&0&0&1\end{pmatrix}\begin{pmatrix}k_1\\k_2\\k_3\\k_4\end{pmatrix}=\begin{pmatrix}0\\0\\0\\0\end{pmatrix},$$

它的系数矩阵秩为 4，故只有零解，从而向量组Ⅱ线性无关，且含 4 个向量，故是 $P[x]_3$ 的一个基.

4. 在 $\mathbf{R}^3$ 中求向量 $\boldsymbol{\alpha}=(7,3,1)^{\mathrm{T}}$ 在基 $\boldsymbol{\alpha}_1=\begin{pmatrix}1\\3\\5\end{pmatrix},\boldsymbol{\alpha}_2=\begin{pmatrix}6\\3\\2\end{pmatrix},\boldsymbol{\alpha}_3=\begin{pmatrix}3\\1\\0\end{pmatrix}$ 下的坐标.

解：由定义，向量 $\boldsymbol{\alpha}$ 在基 $\boldsymbol{\alpha}_1,\boldsymbol{\alpha}_2,\boldsymbol{\alpha}_3$ 下的坐标就是 $\boldsymbol{\alpha}$ 由向量组 $\boldsymbol{\alpha}_1,\boldsymbol{\alpha}_2,\boldsymbol{\alpha}_3$ 线性表示式中对应的系数，也就是方程 $(\boldsymbol{\alpha}_1,\boldsymbol{\alpha}_2,\boldsymbol{\alpha}_3)\boldsymbol{x}=\boldsymbol{\alpha}$ 的解. 由

$$(\boldsymbol{\alpha}_1,\boldsymbol{\alpha}_2,\boldsymbol{\alpha}_3,\boldsymbol{\alpha})=\begin{pmatrix}1&6&3&7\\3&3&1&3\\5&2&0&1\end{pmatrix}\xrightarrow[r_2\leftrightarrow r_3]{r_1-3r_2}\begin{pmatrix}-8&-3&0&-2\\5&2&0&1\\3&3&1&3\end{pmatrix}$$

$$\xrightarrow[\substack{r_1+2r_2\\r_2-2r_1}]{r_3+r_1}\begin{pmatrix}2&1&0&0\\1&0&0&1\\-5&0&1&1\end{pmatrix}\xrightarrow[\substack{r_3+5r_2\\r_1\leftrightarrow r_2}]{r_1-2r_2}\begin{pmatrix}1&0&0&1\\0&1&0&-2\\0&0&1&6\end{pmatrix},$$

于是，$\boldsymbol{\alpha}$ 在所给基下的坐标为 $(1,-2,6)^{\mathrm{T}}$.

5. 在 $\mathbf{R}^3$ 中取两个基：

$$\boldsymbol{\alpha}_1=\begin{pmatrix}1\\2\\1\end{pmatrix},\boldsymbol{\alpha}_2=\begin{pmatrix}2\\3\\3\end{pmatrix},\boldsymbol{\alpha}_3=\begin{pmatrix}3\\7\\-2\end{pmatrix};\boldsymbol{\beta}_1=\begin{pmatrix}3\\1\\4\end{pmatrix},\boldsymbol{\beta}_2=\begin{pmatrix}5\\2\\1\end{pmatrix},\boldsymbol{\beta}_3=\begin{pmatrix}1\\1\\-6\end{pmatrix},$$

试求坐标变换公式.

解：设 $(\boldsymbol{\alpha}_1,\boldsymbol{\alpha}_2,\boldsymbol{\alpha}_3)=\boldsymbol{A}$，$(\boldsymbol{\beta}_1,\boldsymbol{\beta}_2,\boldsymbol{\beta}_3)=\boldsymbol{B}$，于是

$$(\boldsymbol{\beta}_1,\boldsymbol{\beta}_2,\boldsymbol{\beta}_3)=(\boldsymbol{\alpha}_1,\boldsymbol{\alpha}_2,\boldsymbol{\alpha}_3)\boldsymbol{A}^{-1}\boldsymbol{B}.$$

即从基 $\boldsymbol{\alpha}_1,\boldsymbol{\alpha}_2,\boldsymbol{\alpha}_3$ 到基 $\boldsymbol{\beta}_1,\boldsymbol{\beta}_2,\boldsymbol{\beta}_3$ 的过渡矩阵为 $\boldsymbol{A}^{-1}\boldsymbol{B}$，

故由定理可得坐标变换公式为 $\begin{pmatrix}x_1'\\x_2'\\x_3'\end{pmatrix}=\boldsymbol{B}^{-1}\mathbf{A}\begin{pmatrix}x_1\\x_2\\x_3\end{pmatrix}$.

用矩阵的初等行变换求 $\boldsymbol{B}^{-1}\mathbf{A}$:

$$(\boldsymbol{B},\mathbf{A})=\left(\begin{array}{ccc:ccc}3&5&1&1&2&3\\1&2&1&2&3&7\\4&1&-6&1&3&-2\end{array}\right)\xrightarrow{r_1\leftrightarrow r_2}\left(\begin{array}{ccc:ccc}1&2&1&2&3&7\\3&5&1&1&2&3\\4&1&-6&1&3&-2\end{array}\right)$$

$$\xrightarrow[r_3-4r_1]{r_2-3r_1}\left(\begin{array}{ccc:ccc}1&2&1&2&3&7\\0&-1&-2&-5&-7&-18\\0&-7&-10&-7&-9&-30\end{array}\right)$$

$$\xrightarrow[\substack{r_3-7r_2\\r_2\times(-1)}]{r_1+2r_2}\left(\begin{array}{ccc:ccc}1&0&-3&-8&-11&-29\\0&1&2&5&7&18\\0&0&4&28&40&96\end{array}\right)$$

$$\xrightarrow[\substack{r_1+3r_3\\r_2-2r_1}]{r_3\times\frac{1}{4}}\left(\begin{array}{ccc:ccc}1&0&0&13&19&43\\0&1&0&-9&-13&-30\\0&0&1&7&10&24\end{array}\right),$$

所以,所求坐标变换公式为

$$\begin{pmatrix}x_1'\\x_2'\\x_3'\end{pmatrix}=\begin{pmatrix}13&19&43\\-9&-13&-30\\7&10&24\end{pmatrix}\begin{pmatrix}x_1\\x_2\\x_3\end{pmatrix}.$$

6. 在 $\mathbf{R}^4$ 中取两个基:

$$\boldsymbol{e}_1=(1,0,0,0)^{\mathrm{T}},\boldsymbol{e}_2=(0,1,0,0)^{\mathrm{T}},\boldsymbol{e}_3=(0,0,1,0)^{\mathrm{T}},\boldsymbol{e}_4=(0,0,0,1)^{\mathrm{T}};$$

$$\boldsymbol{\alpha}_1=(2,1,-1,1)^{\mathrm{T}},\boldsymbol{\alpha}_2=(0,3,1,0)^{\mathrm{T}},\boldsymbol{\alpha}_3=(5,3,2,1)^{\mathrm{T}},\boldsymbol{\alpha}_3=(6,6,1,3)^{\mathrm{T}}.$$

(1)求由前一个基到后一个基的过渡矩阵;

(2)求向量 $(x_1,x_2,x_3,x_4)^{\mathrm{T}}$ 在后一个基下的坐标;

(3)求在两个基下有相同坐标的向量.

解:(1)由题意知

$$(\boldsymbol{\alpha}_1,\boldsymbol{\alpha}_2,\boldsymbol{\alpha}_3,\boldsymbol{\alpha}_4)=(\boldsymbol{e}_1,\boldsymbol{e}_2,\boldsymbol{e}_3,\boldsymbol{e}_4)\begin{pmatrix}2&0&5&6\\1&3&3&6\\-1&1&2&1\\1&0&1&3\end{pmatrix},$$

从而由前一个基到后一个基的过渡矩阵为

$$\boldsymbol{P}=\begin{pmatrix}2&0&5&6\\1&3&3&6\\-1&1&2&1\\1&0&1&3\end{pmatrix}.$$

(2)设向量在后一个基$\{\boldsymbol{\alpha}_i\}$下的坐标为$(x_1',x_2',x_3',x_4')$,则由坐标变换公式,有

$$\begin{pmatrix}x_1'\\x_2'\\x_3'\\x_4'\end{pmatrix}=\boldsymbol{P}^{-1}\begin{pmatrix}x_1\\x_2\\x_3\\x_4\end{pmatrix}=\frac{1}{27}\begin{pmatrix}12&9&-27&-33\\1&12&-9&-23\\9&0&0&-18\\-7&-3&9&26\end{pmatrix}\begin{pmatrix}x_1\\x_2\\x_3\\x_4\end{pmatrix}.$$

(3)设向量 $\boldsymbol{y}$ 在两个基下有相同的坐标$(y_1,y_2,y_3,y_4)^{\mathrm{T}}$，由坐标变换公式，并仍记坐标向量$(y_1,y_2,y_3,y_4)^{\mathrm{T}}$ 为 $\boldsymbol{y}$，则 $\boldsymbol{y}=\boldsymbol{P}^{-1}\boldsymbol{y}$，即$(\boldsymbol{P}-\boldsymbol{E})\boldsymbol{y}=\boldsymbol{0}$. 易求得此齐次线性方程组系数矩阵的秩 $R(\boldsymbol{P}-\boldsymbol{E})=3$，从而解空间的维数等于 1，且 $\boldsymbol{\zeta}=(1,1,1,-1)^{\mathrm{T}}$ 为它的一个基础解系，故所求向量为

$$k\begin{pmatrix}1\\1\\1\\-1\end{pmatrix},k\in\mathbf{R}.$$

7. 设线性空间 S_1(习题六第 1 题(1))中向量

$$\boldsymbol{a}_1=\begin{pmatrix}1&2\\1&0\end{pmatrix},\boldsymbol{a}_2=\begin{pmatrix}-1&-1\\1&1\end{pmatrix},\boldsymbol{b}_1=\begin{pmatrix}1&3\\3&1\end{pmatrix},\boldsymbol{b}_2=\begin{pmatrix}2&-1\\4&1\end{pmatrix}.$$

(1)问 $\boldsymbol{b}_1$ 能否由 $\boldsymbol{a}_1,\boldsymbol{a}_2$ 线性表示？$\boldsymbol{b}_2$ 能否由 $\boldsymbol{a}_1,\boldsymbol{a}_2$ 线性表示？

(2)求由向量组 $\boldsymbol{a}_1,\boldsymbol{a}_2.\ \boldsymbol{b}_1,\boldsymbol{b}_2$ 所生成的向量空间 L 的维数和一个基.

解：写出 $\boldsymbol{a}_1,\boldsymbol{a}_2,\boldsymbol{b}_1,\boldsymbol{b}_2$ 在基$\begin{pmatrix}1&0\\0&0\end{pmatrix},\begin{pmatrix}0&1\\0&0\end{pmatrix},\begin{pmatrix}0&0\\1&0\end{pmatrix},\begin{pmatrix}0&0\\0&1\end{pmatrix}$下的坐标所构成的矩阵

$$\begin{pmatrix}1&-1&1&2\\2&-1&3&-1\\1&1&3&4\\0&1&1&1\end{pmatrix}\longrightarrow\begin{pmatrix}1&0&2&-3\\0&1&1&-5\\0&0&0&1\\0&0&0&0\end{pmatrix}.$$

(1)$R(\boldsymbol{a}_1,\boldsymbol{a}_2,\boldsymbol{b}_1)=R(\boldsymbol{a}_1,\boldsymbol{a}_2)=2$，故 $\boldsymbol{b}_1$ 可由 $\boldsymbol{a}_1,\boldsymbol{a}_2$ 惟一地线性表示为 $\boldsymbol{b}_1=2\boldsymbol{a}_1+\boldsymbol{a}_2$；

$R(\boldsymbol{a}_1,\boldsymbol{a}_2,\boldsymbol{b}_2)=3>R(\boldsymbol{a}_1,\boldsymbol{a}_2)=2$，故 $\boldsymbol{b}_2$ 不能由 $\boldsymbol{a}_1,\boldsymbol{a}_2$ 线性表示.

(2)$R(\boldsymbol{a}_1,\boldsymbol{a}_2,\boldsymbol{b}_1,\boldsymbol{b}_2)=R(\boldsymbol{a}_1,\boldsymbol{a}_2,\boldsymbol{b}_2)=3$，于是 $\boldsymbol{a}_1,\boldsymbol{a}_2,\boldsymbol{b}_2$ 线性无关，且可作为由 $\boldsymbol{a}_1,\boldsymbol{a}_2,\boldsymbol{b}_1,\boldsymbol{b}_2$ 所生成空间 L 的一个基.

8. 说明 xOy 平面上变换 $T\begin{pmatrix}x\\y\end{pmatrix}=\boldsymbol{A}\begin{pmatrix}x\\y\end{pmatrix}$的几何意义，其中：

(1)$\boldsymbol{A}=\begin{pmatrix}-1&0\\0&1\end{pmatrix}$；　　(2)$\boldsymbol{A}=\begin{pmatrix}0&0\\0&1\end{pmatrix}$；

(3)$\boldsymbol{A}=\begin{pmatrix}0&1\\1&0\end{pmatrix}$；　　(4)$\boldsymbol{A}=\begin{pmatrix}0&1\\-1&0\end{pmatrix}$.

解：(1)因为 $T\begin{pmatrix}x\\y\end{pmatrix}=\begin{pmatrix}-1&0\\0&1\end{pmatrix}\begin{pmatrix}x\\y\end{pmatrix}=\begin{pmatrix}-x\\y\end{pmatrix}$，所以，在此变换下 $T(\boldsymbol{\alpha})$与 $\boldsymbol{\alpha}$ 关于 y 轴对称.

(2)因为 $T\begin{pmatrix}x\\y\end{pmatrix}=\begin{pmatrix}0&0\\0&1\end{pmatrix}\begin{pmatrix}x\\y\end{pmatrix}=\begin{pmatrix}0\\y\end{pmatrix}$，所以，在此变换下 $T(\boldsymbol{\alpha})$是 $\boldsymbol{\alpha}$ 在 y 轴上的投影.

(3)因为 $T\begin{pmatrix}x\\y\end{pmatrix}=\begin{pmatrix}0&1\\1&0\end{pmatrix}\begin{pmatrix}x\\y\end{pmatrix}=\begin{pmatrix}y\\x\end{pmatrix}$，所以，在此变换下 $T(\boldsymbol{\alpha})$与 $\boldsymbol{\alpha}$ 关于直线 $y=x$ 对称.

(4)因为 $T\begin{pmatrix}x\\y\end{pmatrix}=\begin{pmatrix}0&1\\-1&0\end{pmatrix}\begin{pmatrix}x\\y\end{pmatrix}=\begin{pmatrix}y\\-x\end{pmatrix}$，所以，在此变换下 $T(\boldsymbol{\alpha})$是将 $\boldsymbol{\alpha}$ 顺时针旋转$\frac{\pi}{2}$.

9. n 阶对称矩阵的全体 V 对于矩阵的线性运算构成一个$\frac{n(n+1)}{2}$维线性空间. 给出 n 阶矩阵 $\boldsymbol{P}$，以 $\boldsymbol{A}$ 表示 V 中的任一元素，试证合同变换 $T(\boldsymbol{A})=\boldsymbol{P}^{\mathrm{T}}\boldsymbol{A}\boldsymbol{P}$ 是 V 中的线性变换.

证：设 $\boldsymbol{A},\boldsymbol{B}\in V$，则 $\boldsymbol{A}^{\mathrm{T}}=\boldsymbol{A},\boldsymbol{B}^{\mathrm{T}}=\boldsymbol{B}$.

由变换 T 的定义，有

$$[T(\boldsymbol{A})]^{\mathrm{T}}=(\boldsymbol{P}^{\mathrm{T}}\boldsymbol{A}\boldsymbol{P})^{\mathrm{T}}=\boldsymbol{P}^{\mathrm{T}}\boldsymbol{A}^{\mathrm{T}}\boldsymbol{P}=\boldsymbol{P}^{\mathrm{T}}\boldsymbol{A}\boldsymbol{P}=T(\boldsymbol{A}).$$

因此，$T(\boldsymbol{A})\in V$，即 T 是 V 中的变换. 又

$$\begin{aligned}T(\boldsymbol{A}+\boldsymbol{B})&=\boldsymbol{P}^{\mathrm{T}}(\boldsymbol{A}+\boldsymbol{B})\boldsymbol{P}=\boldsymbol{P}^{\mathrm{T}}(\boldsymbol{A}+\boldsymbol{B})^{\mathrm{T}}\boldsymbol{P}=[(\boldsymbol{A}+\boldsymbol{B})\boldsymbol{P}]^{\mathrm{T}}\boldsymbol{P}=(\boldsymbol{A}\boldsymbol{P}+\boldsymbol{B}\boldsymbol{P})^{\mathrm{T}}\boldsymbol{P}\\&=(\boldsymbol{P}^{\mathrm{T}}\boldsymbol{A}+\boldsymbol{P}^{\mathrm{T}}\boldsymbol{B})\boldsymbol{P}=\boldsymbol{P}^{\mathrm{T}}\boldsymbol{A}\boldsymbol{P}+\boldsymbol{P}^{\mathrm{T}}\boldsymbol{B}\boldsymbol{P}=T(\boldsymbol{A})+T(\boldsymbol{B}),\end{aligned}$$

$$T(k\boldsymbol{A})=\boldsymbol{P}^{\mathrm{T}}(k\boldsymbol{A})\boldsymbol{P}=k\boldsymbol{P}^{\mathrm{T}}\boldsymbol{A}\boldsymbol{P}=kT(\boldsymbol{A}),$$

由线性变换的定义，知 T 是 V 中的线性变换.

10. 函数集合

$$V_3=\{\boldsymbol{\alpha}=(a_2x^2+a_1x+a_0)\mathrm{e}^x\,|\,a_2,a_1,a_0\in\mathbf{R}\}$$

对于函数的线性运算构成 3 维线性空间. 在 V_3 中取一个基

$$\boldsymbol{\alpha}_1=x^2\mathrm{e}^x,\boldsymbol{\alpha}_2=x\mathrm{e}^x,\boldsymbol{\alpha}_3=\mathrm{e}^x,$$

求微分运算 D 在这个基下的矩阵.

解： 根据微分运算的规则，容易看出 D 是 V_3 中的一个线性变换，直接计算向量在 D 下的像，即可求得 D 在上述基下的矩阵：

$$D(\boldsymbol{\alpha}_1)=D(x^2\mathrm{e}^x)=x^2\mathrm{e}^x+2x\mathrm{e}^x=(\boldsymbol{\alpha}_1,\boldsymbol{\alpha}_2,\boldsymbol{\alpha}_3)\begin{pmatrix}1\\2\\0\end{pmatrix};$$

$$D(\boldsymbol{\alpha}_2)=D(x\mathrm{e}^x)=x\mathrm{e}^x+\mathrm{e}^x=(\boldsymbol{\alpha}_1,\boldsymbol{\alpha}_2,\boldsymbol{\alpha}_3)\begin{pmatrix}0\\1\\1\end{pmatrix};$$

$$D(\boldsymbol{\alpha}_3)=D(\mathrm{e}^x)=\mathrm{e}^x=(\boldsymbol{\alpha}_1,\boldsymbol{\alpha}_2,\boldsymbol{\alpha}_3)\begin{pmatrix}0\\0\\1\end{pmatrix}.$$

于是有 $D(\boldsymbol{\alpha}_1,\boldsymbol{\alpha}_2,\boldsymbol{\alpha}_3)=(\boldsymbol{\alpha}_1,\boldsymbol{\alpha}_2,\boldsymbol{\alpha}_3)\begin{pmatrix}1&0&0\\2&1&0\\0&1&1\end{pmatrix}$.

故矩阵 $\begin{pmatrix}1&0&0\\2&1&0\\0&1&1\end{pmatrix}$ 就是 D 在上述基下的矩阵.

11. 2 阶对称矩阵的全体

$$V_3=\left\{\boldsymbol{A}=\begin{pmatrix}x_1&x_2\\x_2&x_3\end{pmatrix}\middle|\,x_1,x_2,x_3\in\mathbf{R}\right\},$$

对于矩阵的线性运算，构成 3 维线性空间. 在 V_3 中取一个基

$$\boldsymbol{A}_1=\begin{pmatrix}1&0\\0&0\end{pmatrix},\boldsymbol{A}_2=\begin{pmatrix}0&1\\1&0\end{pmatrix},\boldsymbol{A}_3=\begin{pmatrix}0&0\\0&1\end{pmatrix},$$

在 V_3 中定义合同变换

$$T(\boldsymbol{A})=\begin{pmatrix}1&0\\1&1\end{pmatrix}\boldsymbol{A}\begin{pmatrix}1&1\\0&1\end{pmatrix}.$$

求 T 在基 $\boldsymbol{A}_1,\boldsymbol{A}_2,\boldsymbol{A}_3$ 下的矩阵.

解： 对于 $i=1,2,3$，把 $\boldsymbol{A}_i$ 看作 V_3 中的向量，并记为 $\boldsymbol{\alpha}_i$，分别计算基向量在 T 下的像如下：

$$T(\boldsymbol{\alpha}_1)=\begin{pmatrix}1&0\\1&1\end{pmatrix}\begin{pmatrix}1&0\\0&0\end{pmatrix}\begin{pmatrix}1&1\\0&1\end{pmatrix}=\begin{pmatrix}1&1\\1&1\end{pmatrix}$$

$$=\boldsymbol{\alpha}_1+\boldsymbol{\alpha}_2+\boldsymbol{\alpha}_3=(\boldsymbol{\alpha}_1,\boldsymbol{\alpha}_2,\boldsymbol{\alpha}_3)\begin{pmatrix}1\\1\\1\end{pmatrix};$$

$$T(\boldsymbol{\alpha}_2)=\begin{pmatrix}1&0\\1&1\end{pmatrix}\begin{pmatrix}0&1\\1&0\end{pmatrix}\begin{pmatrix}1&1\\0&1\end{pmatrix}=\begin{pmatrix}0&1\\1&2\end{pmatrix}=\boldsymbol{\alpha}_2+2\boldsymbol{\alpha}_3=(\boldsymbol{\alpha}_1,\boldsymbol{\alpha}_2,\boldsymbol{\alpha}_3)\begin{pmatrix}0\\1\\2\end{pmatrix};$$

$$T(\boldsymbol{\alpha}_3)=\begin{pmatrix}1&0\\1&1\end{pmatrix}\begin{pmatrix}0&0\\0&1\end{pmatrix}\begin{pmatrix}1&1\\0&1\end{pmatrix}=\begin{pmatrix}0&0\\0&1\end{pmatrix}=\boldsymbol{\alpha}_3=(\boldsymbol{\alpha}_1,\boldsymbol{\alpha}_2,\boldsymbol{\alpha}_3)\begin{pmatrix}0\\0\\1\end{pmatrix}.$$

从而 $T(\boldsymbol{\alpha}_1,\boldsymbol{\alpha}_2,\boldsymbol{\alpha}_3)=(\boldsymbol{\alpha}_1,\boldsymbol{\alpha}_2,\boldsymbol{\alpha}_3)\begin{pmatrix}1&0&0\\1&1&0\\1&2&1\end{pmatrix}$，

故 T 在基 $\boldsymbol{\alpha}_1,\boldsymbol{\alpha}_2,\boldsymbol{\alpha}_3$ 下的矩阵是 $\begin{pmatrix}1&0&0\\1&1&0\\1&2&1\end{pmatrix}$.